# Premiere Pro 2020全面精通

## 视频剪辑+颜色调整+转场特效+字幕制作+案例实战

周玉姣◎编著

清华大学出版社
北 京

## 内 容 简 介

本书从两条线，帮助读者从入门到精通Premiere视频的剪辑、合成与视频特效处理。

一条是纵向技能线，介绍了Premiere视频处理与特效制作的核心技法：视频剪辑+颜色调整+转场特效+字幕制作+实战案例，对Premiere进行了全面的讲解。

另一条是横向案例线，通过对各种类型的视频、照片素材进行后期剪辑与特效制作，如星空延时《灿若星河》、图书宣传《广告设计》、抖音视频《夜景卡点》、3D相册《快乐宝贝》等。通过对这些内容的学习，读者可以融会贯通、举一反三，完成自己的视频作品。

本书适合Premiere的初、中级读者包括广大视频爱好者阅读，同时也可以作为各类计算机培训机构、中等职业学校、中等专业学校、职业高中和技工学校的辅导教材。



图书在版编目(CIP)数据

Premiere Pro 2020全面精通：视频剪辑+颜色调整+转场特效+字幕制作+案例实战/周玉姣编著. —北京：清华大学出版社，2021.4（2023.1重印）

ISBN 978-7-302-57177-3

Ⅰ.①P… Ⅱ.①周… Ⅲ. ①视频编辑软件 Ⅳ.①TN94

中国版本图书馆CIP数据核字(2020)第260271号

**责任编辑**：韩宜波
**封面设计**：杨玉兰
**责任校对**：周剑云
**责任印制**：刘海龙
**出版发行**：清华大学出版社
网　址：http://www.tup.com.cn，http://www.wqbook.com
地　址：北京清华大学学研大厦A座　　邮　编：100084
社 总 机：010-83470000　　邮　购：010-62786544
投稿与读者服务：010-62776969，c-service@tup.tsinghua.edu.cn
质量反馈：010-62772015，zhiliang@tup.tsinghua.edu.cn
**印 装 者**：北京博海升彩色印刷有限公司
**经　销**：全国新华书店
**开　本**：190mm×260mm　　**印　张**：20.75　　**字　数**：501千字
**版　次**：2021年4月第1版　　**印　次**：2023年1月第3次印刷
**定　价**：99.00 元

---

产品编号：088258-01

## 写作驱动

Premiere Pro 2020 是美国 Adobe 公司出品的视音频非线性编辑软件，是视频编辑爱好者和专业人士必不可少的编辑工具，可以支持当前所有标清和高清格式的实时编辑。它提供了采集、剪辑、调色、美化音频、字幕添加、输出、DVD 刻录等一整套流程，并和其他 Adobe 软件高效集成，满足用户创建高质量作品的要求。目前，这款软件广泛应用于影视编辑、广告制作和电视节目制作中。

Premiere Pro 2020 全面精通

分 为

纵向技能线

| | | |
|---|---|---|
| 基础知识 | 添加素材 | 元素设计 |
| 调整色彩 | 视频转场 | 转场特效 |
| 影视滤镜 | 创建字幕 | 编辑音频 |

横向案例线

| | | |
|---|---|---|
| 视频运动 | 覆叠特效 | 星空延时 |
| 图书宣传 | 夜景卡点 | 3D 相册 |
| 动态特效 | 导出视频 | 视频合成 |

## 本书特色

**1. 5 大篇幅内容安排：** 本书结构清晰，共分为 5 大篇：视频剪辑篇、颜色调整篇、转场特效篇、字幕制作篇以及实战案例篇，帮助读者循序渐进，稳扎稳打，掌握软件的核心技能与各种视频剪辑的操作技巧，通过大量实战演练，提高水平，学有所成。

**2. 4 大专题实战：** 本书从星空延时、图书宣传、抖音视频、3D 相册 4 个方面，精心挑选素材并制作了 4 个大型影像案例：《灿若星河》《广告设计》《夜景卡点》以及《快乐宝贝》，帮助读者掌握 Premiere Pro 2020 的精髓内容。

**3. 140 多个技能实例演练：** 本书通过大量的技能实例来辅助讲解软件，共计 148 个，帮助读者在实战演练中逐步掌握软件的核心技能与操作技巧。与同类书相比，学习本书读者更能快速掌握 Premiere Pro 软件的操作技能，从新手快速进入设计高手的行列。

**4. 300 分钟视频演示：** 书中 140 多个技能实例的操作，以及最后 4 大专题案例全部录制了带语音讲解的演示视频，时间长达 300 分钟，重现书中所有技能实例的操作。读者可以结合书本，也可以独立观看视频演示来学习软件操作。

**5. 1300 多张图片全程图解：** 本书采用了 1330 张图片，对软件的技术、实例的讲解、效果的展示，进行了全程式的图解，通过这些大量清晰的图片，让实例的内容变得更通俗易懂，读者可以一目了然，制作出更加精美漂亮的素材效果。

## 特别提醒

本书采用 Premiere Pro 2020 软件编写，请用户一定要使用同版本软件。直接打开资源中的效果时，会弹出重新链接素材的提示，如音频、视频、图像素材，甚至提示丢失信息等，这是因为每个用户安装的 Premiere Pro 2020 及素材与效果文件的路径不一致或发生了改变，这都属于正常现象，用户只需将这些素材重新链接素材文件夹中的相应文件，即可正常使用。

## 版权声明



## 作者售后

本书由周玉姣编著，其他参与编写的人员还有禹乐等人，在此表示感谢。由于作者知识水平有限，书中难免存在疏漏之处，恳请广大读者批评、指正。

本书提供了大量技能实例的素材文件和效果文件，扫一扫下面的二维码，推送到自己的邮箱后下载获取。

效果

素材

编　者

# 目录

CONTENTS

# 第1章

# 新手启蒙：Premiere Pro 2020 入门

## 章前知识导读

使用 Premiere Pro 2020 非线性影视编辑软件编辑视频和音频文件之前，首先需要了解软件相关的基础知识，如了解项目的新建与保存功能，以及了解启动和退出 Premiere Pro 2020 的方法等内容，从而为用户制作绚丽的影视作品奠定良好的基础。通过本章的学习，读者可以掌握 Premiere Pro 入门知识。

## 新手重点索引

- 认识 Premiere Pro 工作界面
- 了解 Premiere Pro 操作界面
- 掌握项目文件的基础知识
- 掌握素材文件的基本操作
- 掌握各种工具的操作方法

## 效果图片欣赏

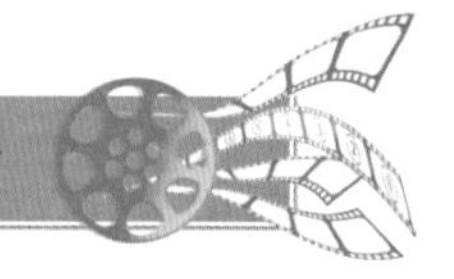

# 1.1 认识 Premiere Pro 2020 工作界面

在启动 Premiere Pro 2020 软件后，便可以看到 Premiere Pro 2020 简洁的工作界面。其中主要包括标题栏、监视器面板以及“历史记录”面板等。本节将对 Premiere Pro 2020 工作界面的一些常用内容进行介绍。

## 1.1.1 认识标题栏：显示系统运行的文件信息

标题栏位于 Premiere Pro 2020 软件窗口的最上方，显示了系统当前正在运行的程序名及文件名等信息。Premiere Pro 2020 默认的文件名称为“未命名”，单击标题栏右侧的按钮组 - ▫ ×，可以最小化、最大化或关闭 Premiere Pro 2020 程序窗口。

## 1.1.2 监视器面板：Premiere Pro 2020 的显示模式

启动 Premiere Pro 2020 软件并任意打开一个项目文件后，此时默认的监视器面板分为“源监视器”和“节目监视器”两部分，如图 1-1 所示。

图 1-1 默认显示模式

用户也可以在“节目监视器”面板上用鼠标右键单击☰按钮，在弹出的列表中选择“浮动面板”选项，即可设置为浮动模式，如图 1-2 所示。

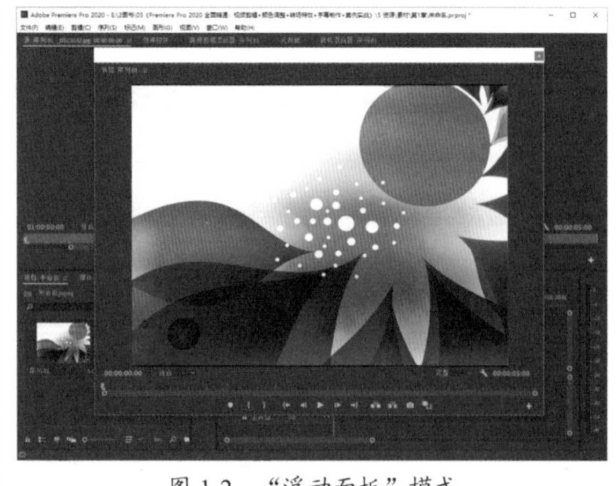

图 1-2 “浮动面板”模式

### 1.1.3 监视器面板：预览与剪辑项目素材文件

监视器面板可以分为以下两种。

- "源监视器"面板：在该面板中可以对项目进行剪辑和预览。
- "节目监视器"面板：在该面板中可以预览项目素材，如图 1-3 所示。

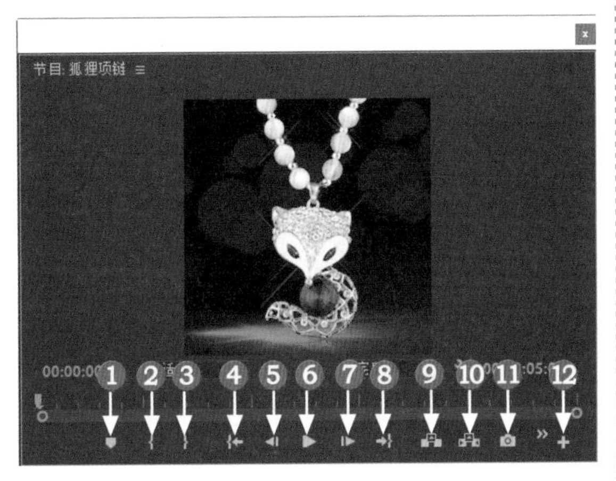


图 1-3　"节目监视器"面板

在"节目监视器"面板中各个图标的含义如下。

❶ 添加标记：单击该按钮，可以添加标记。

❷ 标记入点：单击该按钮，可以将时间轴标尺所在的位置标记为素材入点。

❸ 标记出点：单击该按钮，可以将时间轴标尺所在的位置标记为素材出点。

❹ 转到入点：单击该按钮，可以跳转到入点。

❺ 后退一帧：每单击该按钮一次，可将素材后退一帧。

❻ 播放停止切换：单击该按钮即播放所选素材，再次单击该按钮则会停止播放。

❼ 前进一帧：每单击该按钮一次，可使素材前进一帧。

❽ 转到出点：单击该按钮，可以跳转到出点。

❾ 提升：单击该按钮，可以将在播放窗口中标注的素材从"时间轴"面板中提出，其他素材的位置不变。

❿ 提取：单击该按钮，可以将在播放窗口中标注的素材从"时间轴"面板中提取，后面的素材位置自动向前对齐填补间隙。

⓫ 导出帧：单击该按钮，可以将在播放窗口中设置的关键帧从"时间轴"面板中导出来。

⓬ 按钮编辑器：单击该按钮，将弹出"按钮编辑器"面板，在该面板中可以重新布局监视器面板中的按钮。

### 1.1.4 "历史记录"面板：记录项目的操作命令

在 Premiere Pro 2020 中，"历史记录"面板主要用于记录编辑操作时执行的每一个命令。

用户可以通过在"历史记录"面板中删除指定的命令来还原之前的编辑操作，如图 1-4 所示。当用户选择"历史记录"面板中的历史记录后，单击"历史记录"面板右下角的"删除重做操作"按钮，即可将当前历史记录删除。

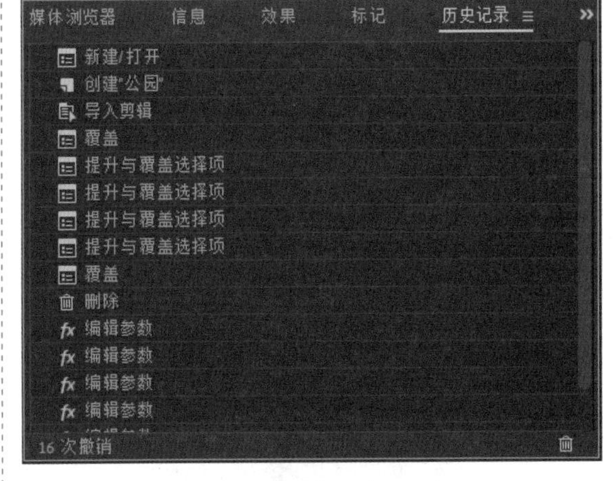


图 1-4　"历史记录"面板

### 1.1.5 "信息"面板：显示素材的当前序列信息

"信息"面板用于显示所选素材以及当前序列中素材的信息。"信息"面板中包括素材本身的帧速率、分辨率、素材长度和素材在序列中的位置等，如图 1-5 所示。在 Premiere Pro 2020 中，不同的素材类型，"信息"面板中所显示的内容也会不一样。

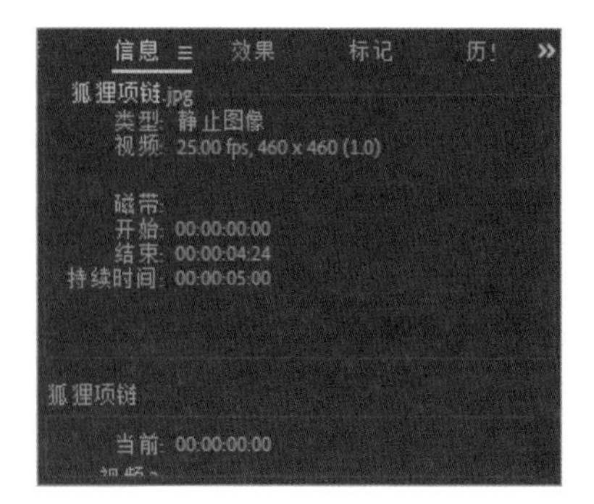


图 1-5 “信息”面板

## 1.1.6 认识菜单栏：了解菜单选项的组成定义

与 Adobe 公司其他产品一样，标题栏位于 Premiere Pro 2020 工作界面的最上方；而菜单栏提供了 8 组菜单选项，位于标题栏的下方。Premiere Pro 2020 的菜单栏由“文件”“编辑”“剪辑”“序列”“标记”“图形”“视图”“窗口”和“帮助”菜单组成。下面将对各菜单的含义进行介绍。

- “文件”菜单：“文件”菜单主要用于对项目文件进行操作。在“文件”菜单中包含“新建”“打开项目”“关闭项目”“保存”“另存为”“保存副本”“捕捉”“批量捕捉”“导入”“导出”以及“退出”等命令，如图 1-6 所示。
- “编辑”菜单：“编辑”菜单主要用于一些常规编辑操作。在“编辑”菜单中包含“撤销”“重做”“剪切”“复制”“粘贴”“清除”“波纹删除”“全选”“查找”“标签”“快捷键”以及“首选项”等命令，如图 1-7 所示。

**专家指点**

当用户将鼠标指针移至菜单中带有三角图标的命令时，该命令将会自动弹出子菜单；如果命令呈灰色显示，表示该命令在当前状态下无法使用；单击带有省略号的命令，将会弹出相应的对话框。

- “剪辑”菜单：“剪辑”菜单用于实现对素材的具体操作，Premiere Pro 2020 中剪辑影片的大多数命令都位于该菜单中，如“重命名”“修改”“视频选项”“捕捉设置”“覆盖”以及“替换素材”等命令，如图 1-8 所示。

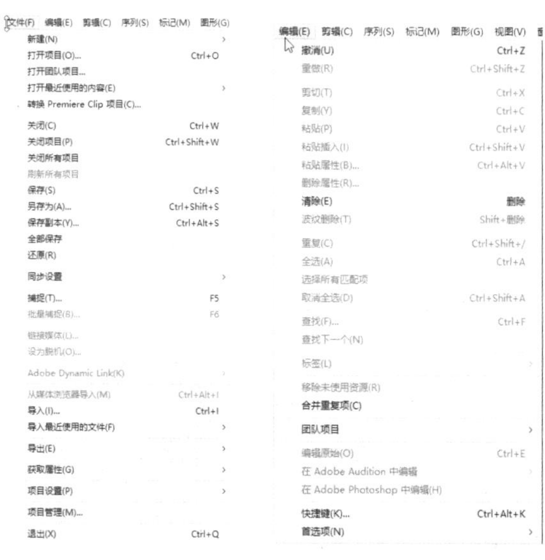

图 1-6 “文件”菜单　　图 1-7 “编辑”菜单

- “序列”菜单：Premiere Pro 2020 的“序列”菜单主要用于对项目中当前活动的序列进行编辑和处理。在“序列”菜单中包含“序列设置”“渲染音频”“提升”“提取”“放大”“缩小”“添加轨道”以及“删除轨道”等命令，如图 1-9 所示。

图 1-8 “剪辑”菜单　　图 1-9 “序列”菜单

- “标记”菜单：“标记”菜单用于对素材和场景序列的标记进行编辑处理。在“标记”菜单中包含“标记入点”“标记出点”“跳到入点”“跳到出点”“添加标记”以及“清除所选标记”等命令，如图 1-10 所示。

- “图形”菜单：“图形”菜单主要用于实现图形制作过程中的各项编辑和调整操作。在“图形”菜单中包含“对齐”“排列”“升级为主图”以及“导出为动态图形模板”等命令，如图 1-11 所示。
- “视图”菜单：“视图”菜单用于查看素材的画面。在“视图”菜单中包含“回放分辨率”“暂停分辨率”“高品质回放”“显示模式”“放大率”以及“参考线模板”等命令，如图 1-12 所示。
- “窗口”菜单：“窗口”菜单主要用于实现对各种编辑窗口和控制面板的管理操作。在“窗口”菜单中包含“工作区”“扩展”“事件”“信息”“历史记录”以及“参考监视器”等命令，如图 1-13 所示。
- “帮助”菜单：Premiere Pro 2020 中的“帮助”菜单可以为用户提供在线帮助。在“帮助”菜单中包含“Adobe Premiere Pro 帮助”“Adobe Premiere Pro 应用内教程”“键盘”“登录”以及“更新”等命令，如图 1-14 所示。

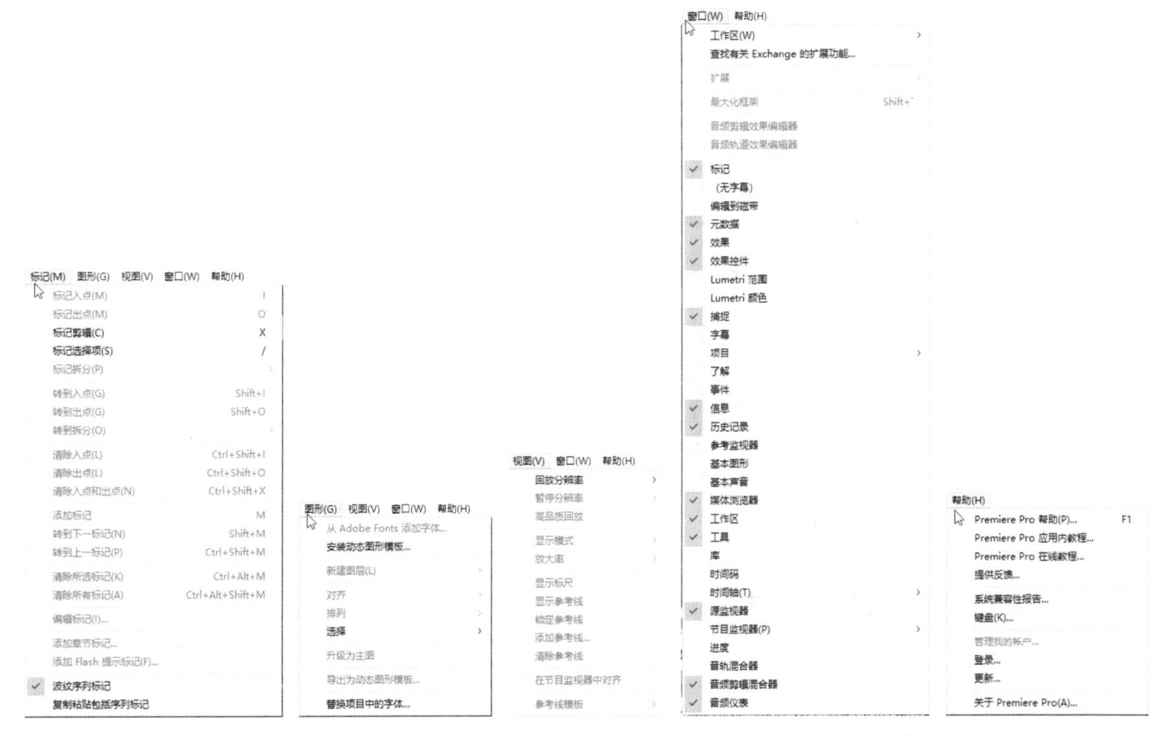


图 1-10 “标记”菜单　图 1-11 “图形”菜单　图 1-12 “视图”菜单　图 1-13 “窗口”菜单　图 1-14 “帮助”菜单

## 1.2 了解 Premiere Pro 2020 操作界面

除了菜单栏与标题栏外，“项目”面板、“效果”面板、“时间轴”面板以及工具箱等，都是 Premiere Pro 2020 操作界面中十分重要的组成部分。

### 1.2.1 “项目”面板：素材文件的输入存储路径

Premiere Pro 2020 的“项目”面板主要用于输入和存储供“时间线”面板编辑合成的素材文件。“项目”面板由 3 个部分构成，最上面的一部分为查找区；位于查找区下方的是素材目录栏；最下面是工具栏，也就是菜单命令的快捷按钮，单击这些按钮可以方便地实现一些常用操作，如图 1-15 所示。默认情况下，“项

目”面板不会显示素材预览区，只有单击面板左上角的下三角按钮☰，在弹出的列表中选择“预览区域”选项，如图 1-16 所示，才会显示素材预览区。

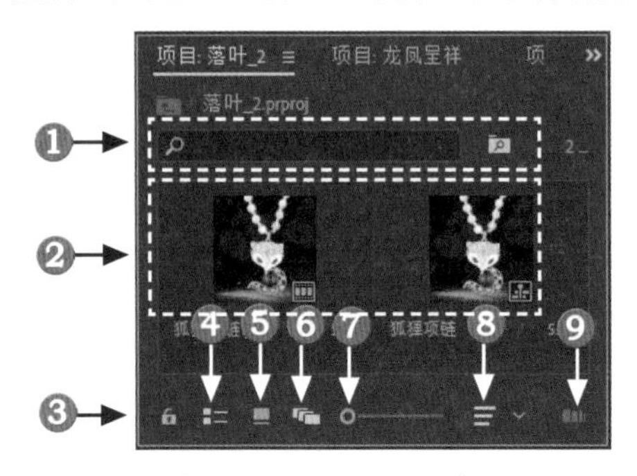


图 1-15　“项目”面板

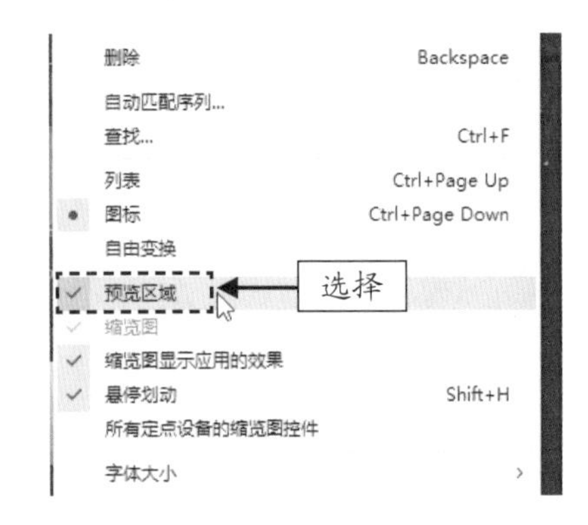


图 1-16　选择“预览区域”选项

在“项目”面板中各个图标的含义如下。

❶ 查找区：该选项区主要用于查找需要的素材。

❷ 素材目录栏：该选项区的主要作用是将导入的素材以目录的方式编排起来。

❸ “项目可写”按钮🔓：单击该按钮，可以将项目更改为只读模式，将项目锁定不可编辑，同时按钮颜色会由绿色变为红色。

❹ “列表视图”按钮☷：单击该按钮，可以将素材以列表形式显示，如图 1-17 所示。

❺ “图标视图”按钮■：单击该按钮，可以将素材以图标形式显示。

❻ “自由变换视图”按钮▣：单击该按钮，可以将素材的自由变换显示出来。

❼ “调整图标和缩览图的大小”滑块○：单击鼠标左键并左右拖动此滑块，可以调整素材目录栏中的图标和缩览图显示的大小。

❽ “排序图标”按钮☰：单击该按钮，弹出“排序图标”列表，选择相应的选项，可以按一定顺序将素材进行排序，如图 1-18 所示。

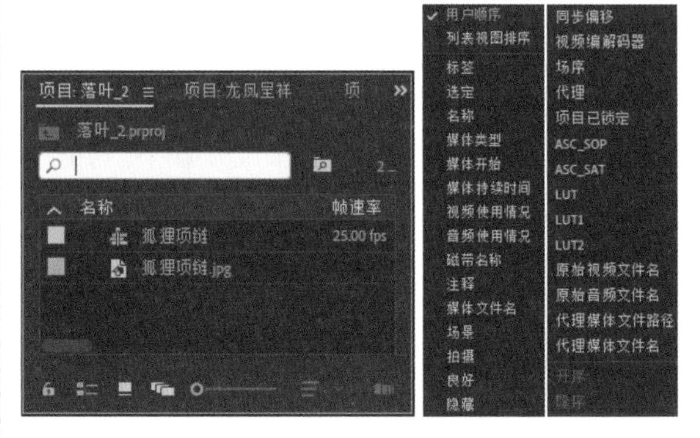


图 1-17　将素材以列表形式显示　　图 1-18　“排序图标”列表

❾ “自动匹配序列”按钮▥：单击该按钮，可以将“项目”面板中所选的素材自动排列到“时间轴”面板的时间轴页面中。

## 1.2.2　“效果”面板：各种特效类型的容纳箱

在 Premiere Pro 2020 中，“效果”面板包括“预设”“视频效果”“音频效果”“音频过渡”和“视频过渡”选项。

在“效果”面板中，各种选项以效果类型分组的方式存放视频、音频的效果和转场。通过对素材应用视频效果，可以调整素材的色调、明度等效果；应用音频效果，可以调整素材音频的音量和均衡等效果，如图 1-19 所示。在“效果”面板中，单击“视频过渡”效果前面的三角按钮，即可展开“视频过渡”效果列表，如图 1-20 所示。

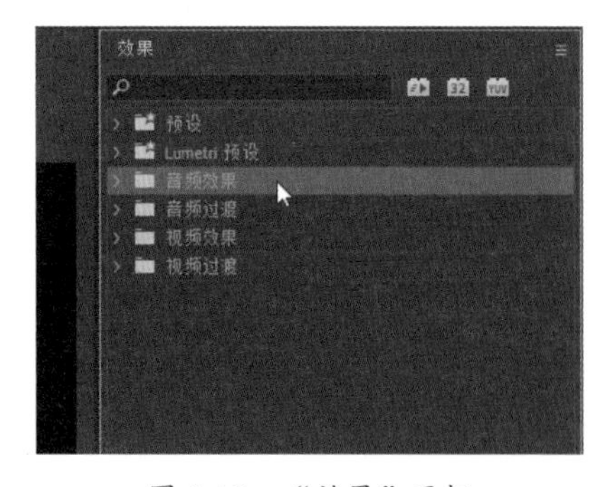


图 1-19　“效果”面板

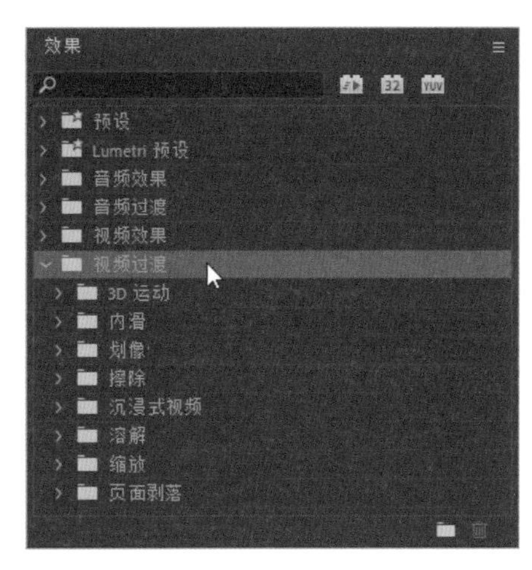


图 1-20　“视频过渡”效果列表

## 1.2.3　“效果控件”面板：控制视频与设置属性

“效果控件”面板主要用于控制对象的运动、透明度、切换效果以及改变效果的参数等，如图 1-21 所示。图 1-22 所示为视频效果的属性。

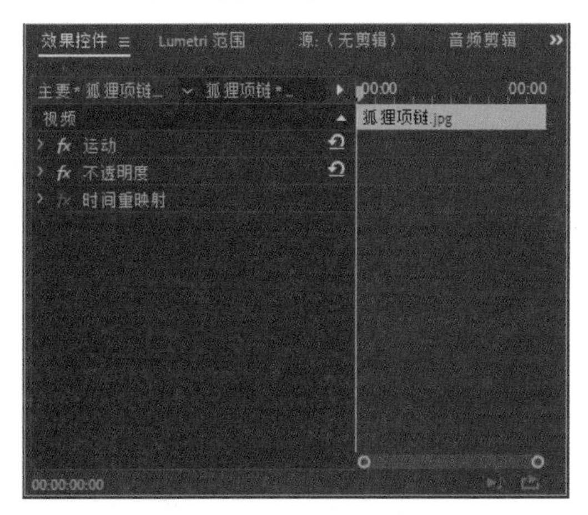


图 1-21　“效果控件”面板

**专家指点**

在“效果”面板中选择需要的视频效果，将其添加至视频素材上，然后选择视频素材，进入“效果控件”面板，就可以为添加的效果设置属性。如果用户在工作界面中没有找到“效果控件”面板，可以选择“窗口”|“效果控件”命令，即可展开“效果控件”面板。

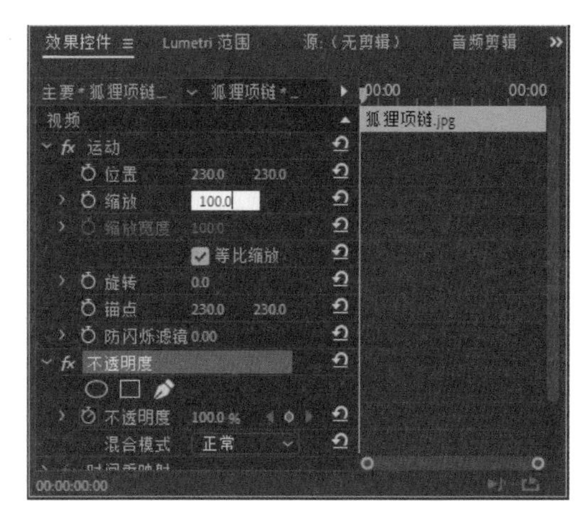


图 1-22　视频效果的属性

## 1.2.4　工具箱：添加与编辑项目素材文件

工具箱位于“时间轴”面板的左侧，主要包括选择工具、向前选择轨道工具、波纹编辑工具、剃刀工具、外滑工具、钢笔工具、手形工具、文字工具，如图 1-23 所示。下面将介绍各工具的选项含义。

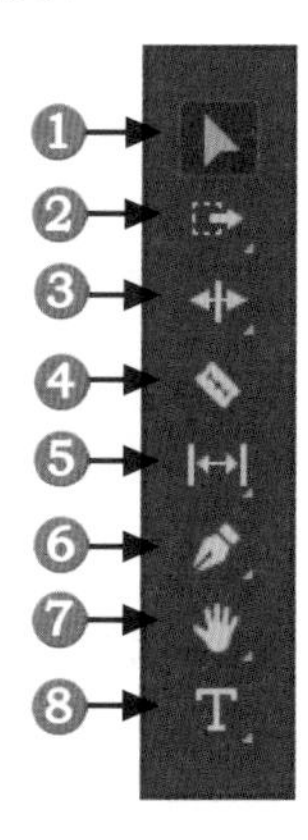


图 1-23　工具箱

在工具箱中各个工具的含义如下。

❶ 选择工具：该工具主要用于选择素材、移动素材以及调节素材关键帧。将该工具移至素材的边缘，光标将变成拉伸图标，可以拉伸素材，为素材设置入点和出点。

❷ 向前选择轨道工具：该工具主要用于选择某一轨道上的所有素材，按住 Shift 键可以选择单独轨道。

❸ 波纹编辑工具：该工具主要用于拖动素材的出点以改变所选素材的长度，而轨道上其他素材的长度不受影响。

❹ 剃刀工具：该工具主要用于分割素材，将素材分割为两段，产生新的入点和出点。

❺ 外滑工具：选择此工具时，可同时更改“时间轴”面板中某素材的入点和出点，并保留入点和出点之间的时间间隔不变。例如，如果将“时间轴”面板中的一个 10 秒的素材剪辑修剪到了 5 秒，可以使用外滑工具来确定素材的哪个 5 秒部分显示在“时间轴”面板中。

❻ 钢笔工具：该工具主要用于调整素材的关键帧。

❼ 手形工具：该工具主要用于改变“时间轴”面板的可视区域，在编辑一些较长的素材时，使用该工具操作非常方便。

❽ 文字工具：选择此工具，可以为素材添加字幕文件。

**专家指点**

工具箱主要是使用选择工具对“时间轴”面板中的素材进行编辑、添加或删除。因此，默认状态下工具箱将自动激活选择工具。

### 1.2.5 “时间轴”面板：编辑素材的重要窗口

“时间轴”面板是 Premiere Pro 2020 中进行视频、音频编辑的重要窗口之一，在面板中可以轻松实现对素材的剪辑、插入、调整以及添加关键帧等操作，如图 1-24 所示。

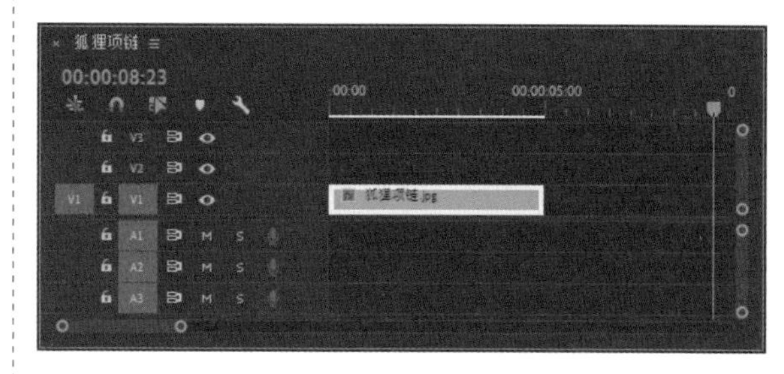


图 1-24 “时间轴”面板

## 1.3 掌握项目文件的基础知识

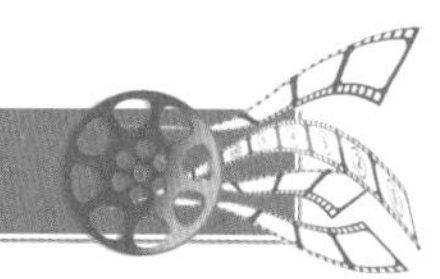

本节主要介绍创建项目文件、打开项目文件、保存和关闭项目文件等内容，以供读者掌握项目文件的基本操作。

### 1.3.1 创建项目：运用新建“项目”命令

| 素材文件 | 无 |
|---|---|
| 效果文件 | 无 |
| 视频文件 | 视频 \ 第 1 章 \1.3.1 创建项目：运用新建“项目”命令 .mp4 |

在启动 Premiere Pro 2020 软件后，用户首先需要做的就是创建一个新的工作项目。为此，Premiere Pro 2020 提供了多种创建项目的方法。在“欢迎使用 Adobe Premiere Pro”对话框中，可以执行相应的操作进行项目创建。

当用户启动 Premiere Pro 2020 软件后，系统将自动弹出欢迎界面，界面中有“新建项目”“打开项目”“新建团队项目”“打开团队项目”等不同功能的按钮，此时用户可以单击“新建项目”按钮，弹出“新建项目”对话框，如图 1-25 所示，单击“确定”按钮，即可创建一个新的项目。

用户除了通过欢迎界面新建项目外，也可以进入到 Premiere Pro 主界面中，通过“文件”菜单进行创建，具体操作方法如下。

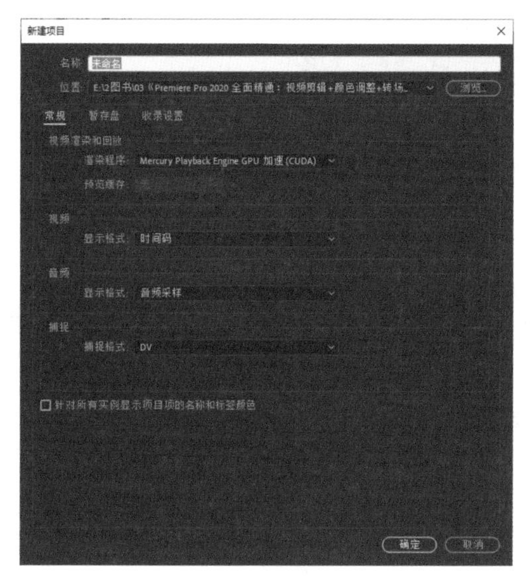

图 1-25　“新建项目”对话框

## 【操练 + 视频】
## ——创建项目：运用新建“项目”命令

STEP 01 选择“文件”|“新建”|“项目”命令，如图 1-26 所示。

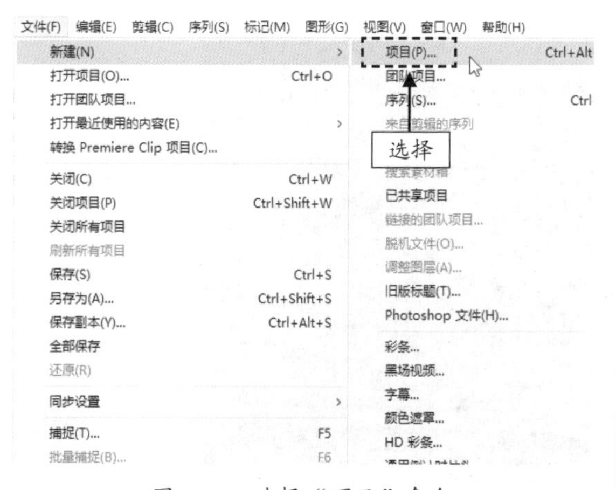


图 1-26　选择“项目”命令

STEP 02 弹出“新建项目”对话框，单击“浏览”按钮，如图 1-27 所示。

STEP 03 弹出“请选择新项目的目标路径”对话框，在其中选择合适的文件夹，如图 1-28 所示。

STEP 04 单击“选择文件夹”按钮，返回到“新建项目”对话框，设置“名称”为“新建项目”，如图 1-29 所示。

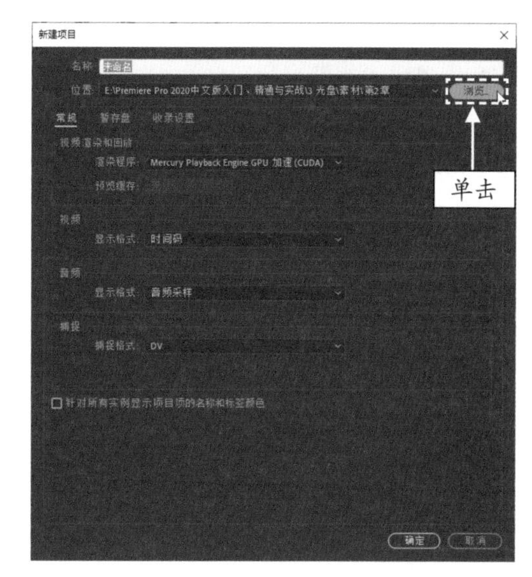


图 1-27　单击“浏览”按钮

图 1-28　选择合适的文件夹

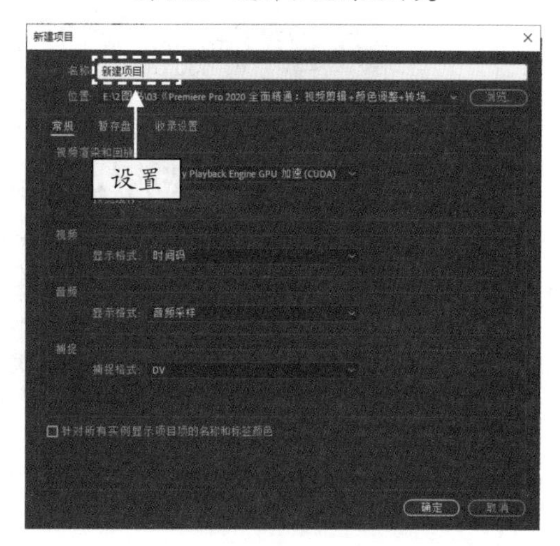


图 1-29　设置项目名称

STEP 05 单击“确定”按钮，选择“文件”|“新建”|“序列”命令，弹出“新建序列”对话框，单击“确定”按钮，如图 1-30 所示，即可使用“文件”菜单创建项目文件。

**专家指点**

除了上述两种创建新项目的方法外，用户还可以使用 Ctrl ＋ Alt ＋ N 组合键，快速创建一个项目文件。

图 1-30 “新建序列”对话框

## 1.3.2 打开项目：运用“打开项目”命令

当用户启动 Premiere Pro 2020 软件后，可以选择打开一个项目的方式进入系统程序。在欢迎界面中，除了可以创建项目文件外，还可以打开项目文件。当用户启动 Premiere Pro 2020 软件后，系统将自动弹出欢迎界面。此时，用户可以单击“打开项目”按钮，如图 1-31 所示，即可弹出“打开项目”对话框，选择需要打开的编辑项目，单击“打开项目”按钮即可。在 Premiere Pro 2020 中，用户可以根据需要打开保存的项目文件。

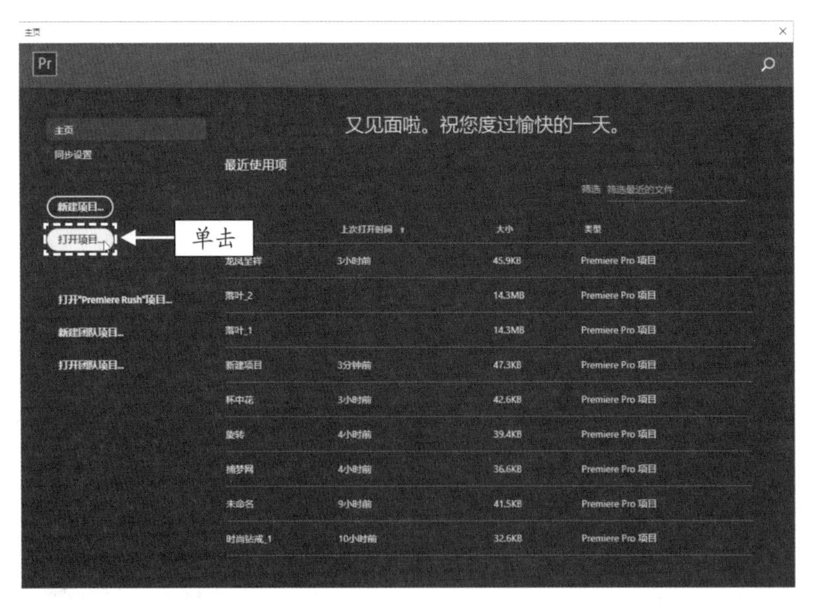


图 1-31 单击“打开项目”按钮

下面介绍使用“文件”菜单命令打开项目的操作方法。

|  | 素材文件 | 素材 \ 第 1 章 \ 荷花 .prproj |
|---|---|---|
| | 效果文件 | 无 |
| | 视频文件 | 视频\第 1 章\1.3.2 打开项目：运用“打开项目”命令 .mp4 |

**【操练 + 视频】**
**——打开项目：运用“打开项目”命令**

**STEP 01** 选择“文件”|“打开项目”命令，如图 1-32 所示。

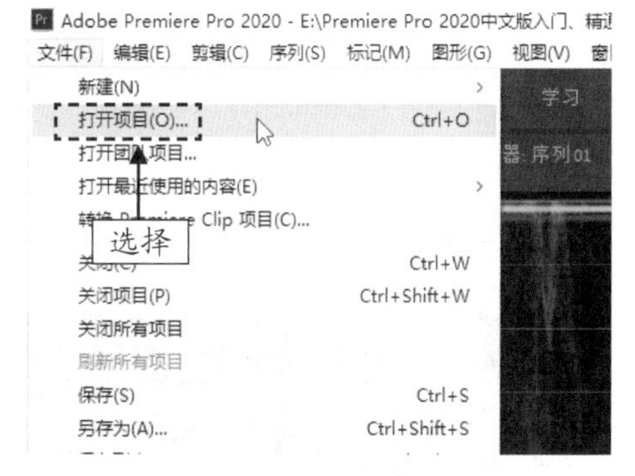


图 1-32　选择“打开项目”命令

**STEP 02** 弹出“打开项目”对话框，选择文件“素材 \ 第 1 章 \ 荷花 .prproj”，如图 1-33 所示。

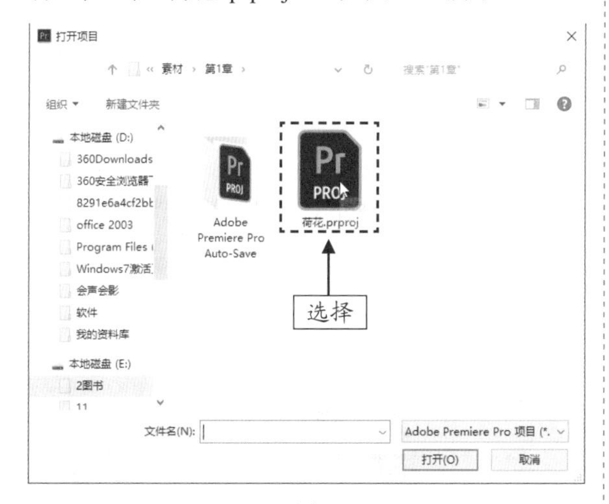


图 1-33　选择项目文件

**STEP 03** 单击“打开”按钮，即可使用“文件”菜单命令打开项目文件，如图 1-34 所示。

启动软件后，用户可以单击位于欢迎界面中间部分的名称来打开上次编辑的项目，如图 1-35 所示；另外，用户还可以进入 Premiere Pro 2020 操作界面，选择“文件”|“打开最近使用的内容”命令，如图 1-36 所示，在弹出的子菜单中选择需要打开的项目。

图 1-34　打开项目文件

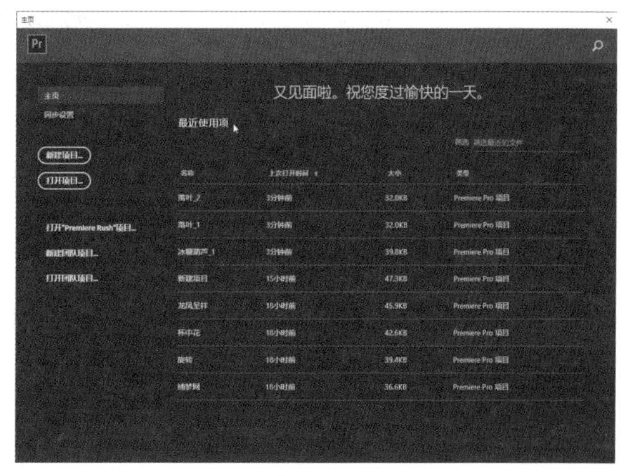


图 1-35　最近使用项目

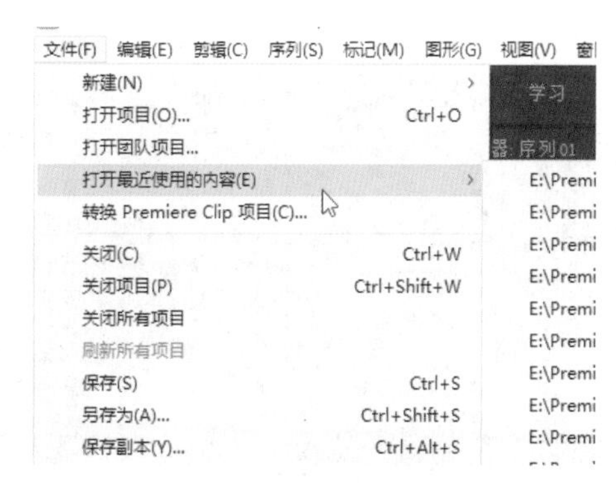


图 1-36　选择“打开最近使用的内容”命令

## 1.3.3　保存项目：运用“保存”项目命令

为了确保用户所编辑的项目文件不会丢失，当用户编辑完当前项目文件后，可以将项目文件进行保存，以便下次进行修改操作。

| | | |
|---|---|---|
|  | 素材文件 | 素材 \ 第 1 章 \ 天空 .prproj |
| | 效果文件 | 效果 \ 第 1 章 \ 天空 .prproj |
| | 视频文件 | 视频\第 1 章\1.3.3　保存项目：运用“保存”项目命令 .mp4 |

**【操练 + 视频】**
**——保存项目：运用“保存”项目命令**

STEP 01 按 Ctrl ＋ O 组合键，打开文件“素材 \ 第 1 章 \ 天空 .prproj”，如图 1-37 所示。

图 1-37　打开项目文件

STEP 02 在“时间轴”面板中调整素材的长度，持续时间为 00:00:03:00，如图 1-38 所示。

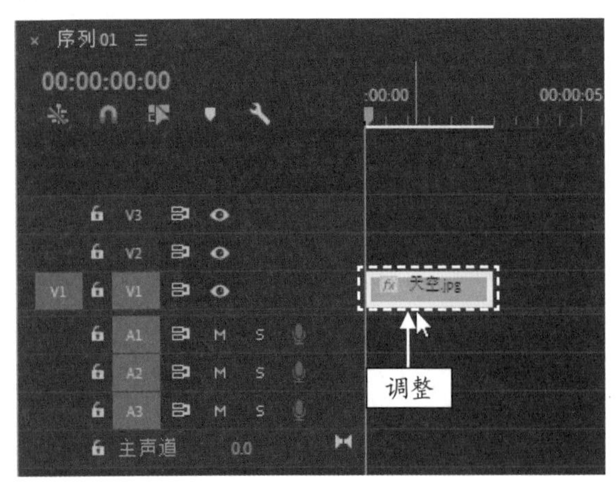


图 1-38　调整素材的长度

STEP 03 选择“文件”|“保存”命令，如图 1-38 所示。

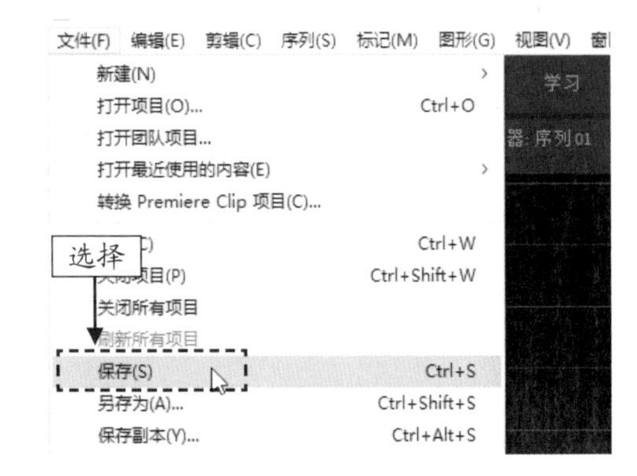


图 1-39　选择“保存”命令

STEP 04 弹出“保存项目”对话框，显示保存进度，完成即可保存项目，如图 1-40 所示。

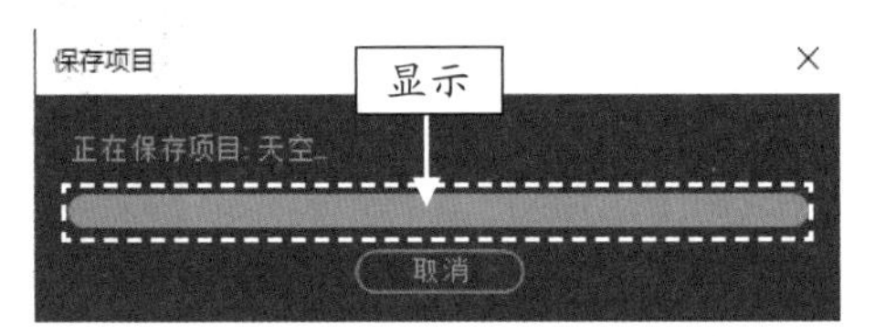


图 1-40　显示保存进度

使用快捷键保存项目是一种快捷的保存方法，用户可以按 Ctrl ＋ S 组合键来弹出“保存项目”对话框。如果用户已经对文件进行过一次保存，则再次保存文件时将不会弹出“保存项目”对话框。

用户也可以按 Ctrl ＋ Alt ＋ S 组合键，在弹出的“保存项目”对话框中将项目作为副本保存，如图 1-41 所示。

图 1-41　“保存项目”对话框

当用户完成所有的编辑操作并将文件进行了保存，可以将当前项目关闭。下面介绍关闭项目的 3 种方法。

- 选择“文件”|“关闭”命令，如图 1-42 所示。
- 选择“文件”|“关闭项目”命令，如图 1-43 所示。
- 按 Ctrl ＋ W 组合键，或者按 Ctrl ＋ Shift ＋ W 组合键，执行关闭项目的操作。

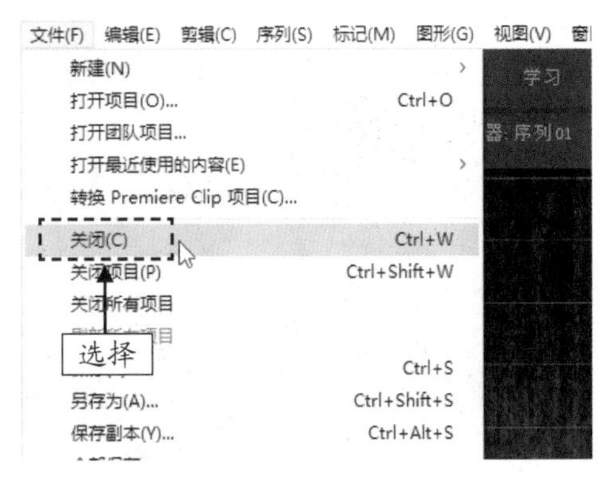


图 1-42　选择“关闭”命令

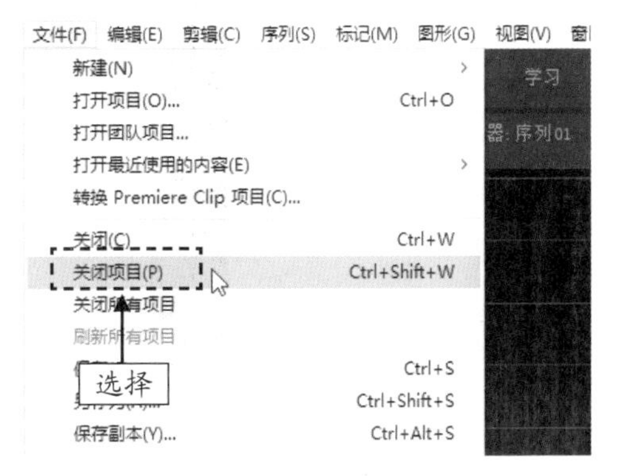


图 1-43　选择“关闭项目”命令

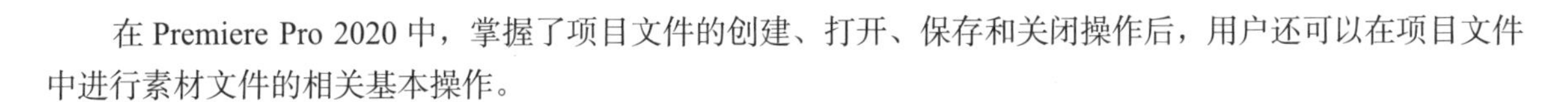

## 1.4 掌握素材文件的基本操作

在 Premiere Pro 2020 中，掌握了项目文件的创建、打开、保存和关闭操作后，用户还可以在项目文件中进行素材文件的相关基本操作。

### 1.4.1　导入素材：运用“导入”命令

导入素材是 Premiere 编辑的首要前提，通常所指的素材包括视频文件、音频文件、图像文件等。

|  | 素材文件 | 素材 \ 第 1 章 \ 塔 .jpg |
|---|---|---|
| | 效果文件 | 无 |
| | 视频文件 | 视频 \ 第 1 章 \1.4.1　导入素材：运用“导入”命令 .mp4 |

**【操练 + 视频】**
**——导入素材：运用“导入”命令**

STEP 01 按 Ctrl ＋ Alt ＋ N 组合键，弹出“新建项目”对话框，单击“确定”按钮，如图 1-44 所示，即可创建一个项目文件。按 Ctrl ＋ N 组合键新建序列。

STEP 02 选择“文件”|“导入”命令，如图 1-45 所示。

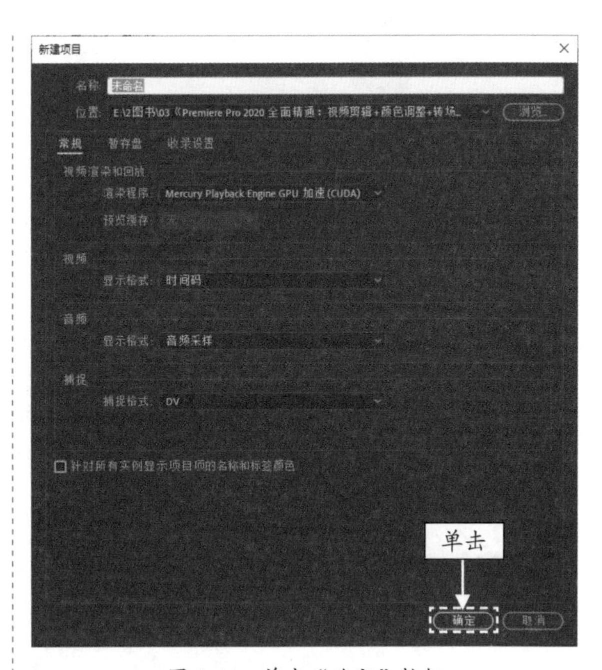


图 1-44　单击“确定”按钮

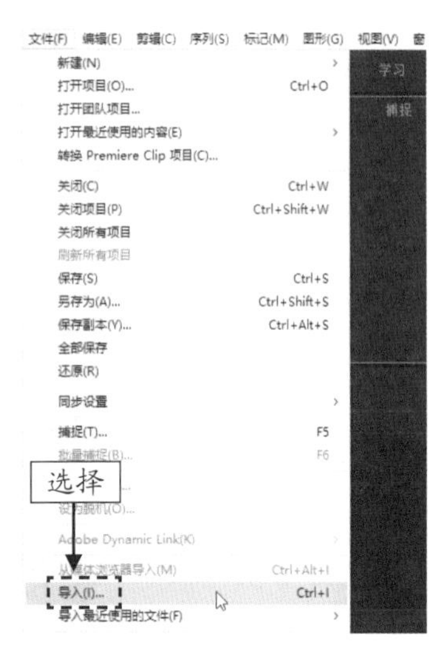


图 1-45　选择“导入”命令

**STEP 03** 在弹出的“导入”对话框中，❶选择项目文件“素材\第 1 章\塔.jpg”；❷单击“打开”按钮，如图 1-46 所示。

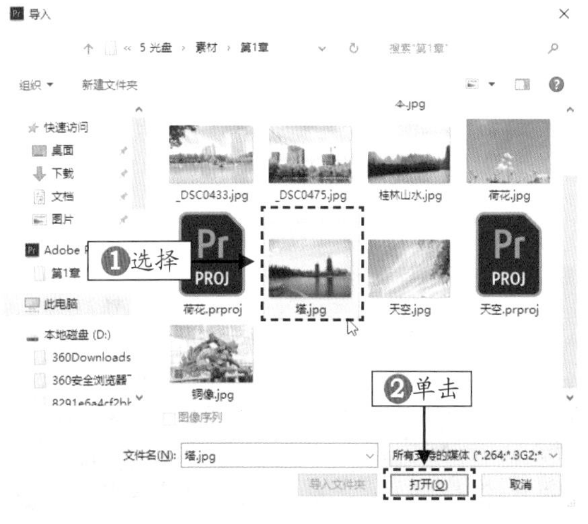


图 1-46　单击“打开”按钮

**STEP 04** 执行上述操作后，即可在“项目”面板中查看导入的图像素材文件缩略图，如图 1-47 所示。

图 1-47　查看素材文件

**STEP 05** 将图像素材拖曳至“时间轴”面板中，并预览图像效果，如图 1-48 所示。

图 1-48　预览图像效果

**专家指点**

当用户使用的素材数量较多时，除了使用“项目”面板来对素材进行管理外，还可以将素材进行统一规划，并将其放置于同一文件夹内。

打包项目素材的具体方法如下：

❶选择“文件”|“项目管理”命令，如图 1-49 所示，在弹出的“项目管理器”对话框中，选择需要保留的序列。接着在“生成项目”选项区内设置项目文件归档方式，❷单击“确定”按钮，如图 1-50 所示。

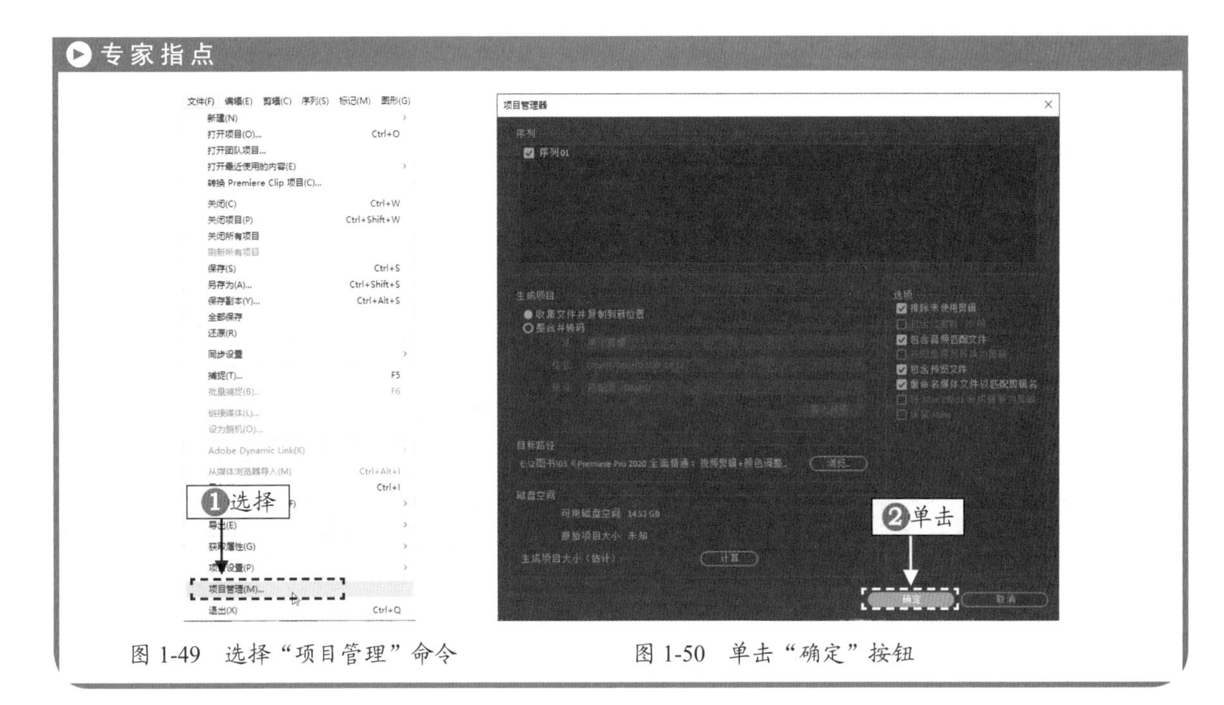


图 1-49　选择“项目管理”命令　　　　图 1-50　单击“确定”按钮

## 1.4.2　播放素材：运用“播放 - 停止切换”按钮

在 Premiere Pro 2020 中，导入素材文件后，用户可以根据需要播放导入的素材。

|  | 素材文件 | 素材 \ 第 1 章 \ 铜像 .prproj |
|---|---|---|
| | 效果文件 | 无 |
| | 视频文件 | 视频 \ 第 1 章 \1.4.2　播放素材：运用“播放 - 停止切换”按钮 .mp4 |

**【操练 + 视频】**
**——播放素材：运用“播放 - 停止切换”按钮**

STEP 01 按 Ctrl ＋ O 组合键，打开文件“素材 \ 第 1 章 \ 铜像 .prproj”，如图 1-51 所示。

图 1-51　打开项目文件

STEP 02 在“节目监视器”面板中，单击“播放 - 停止切换”按钮，如图 1-52 所示。

图 1-52 单击“播放 - 停止切换”按钮

STEP 03 执行操作后，即可播放导入的素材。在“节目监视器”面板中可预览图像素材效果，如图 1-53 所示。

图 1-53 预览图像素材效果

## 1.4.3 编组素材：运用“编组”命令

当用户在 Premiere Pro 2020 中添加两个或两个以上的素材文件时，可以同时对多个素材进行整体编辑操作。

| | | |
|---|---|---|
|  | 素材文件 | 素材 \ 第 1 章 \ 桂林山水 .prproj |
| | 效果文件 | 效果 \ 第 1 章 \ 桂林山水 .prproj |
| | 视频文件 | 视频 \ 第 1 章 \1.4.3 编组素材：运用“编组”命令 .mp4 |

**【操练 + 视频】**
**——编组素材：运用“编组”命令**

STEP 01 按 Ctrl ＋ O 组合键，打开文件“素材 \ 第 1 章 \ 桂林山水 .prproj”，选择两个素材，如图 1-54 所示。

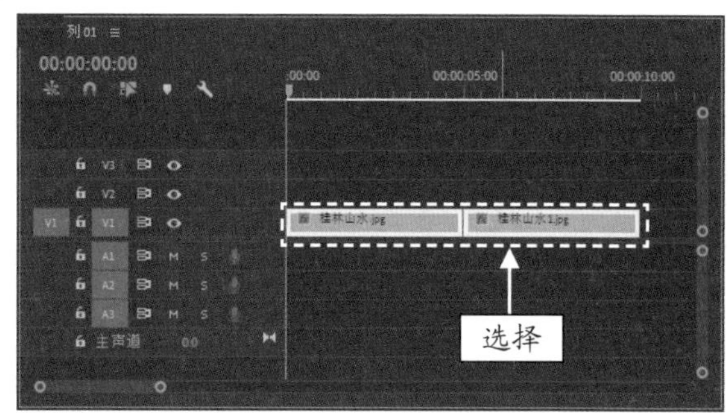


图 1-54 选择两个素材

STEP 02 在“时间轴”面板的素材上，单击鼠标右键，在弹出的快捷菜单中选择“编组”命令，如图 1-55 所示。执行操作后，即可编组素材文件。

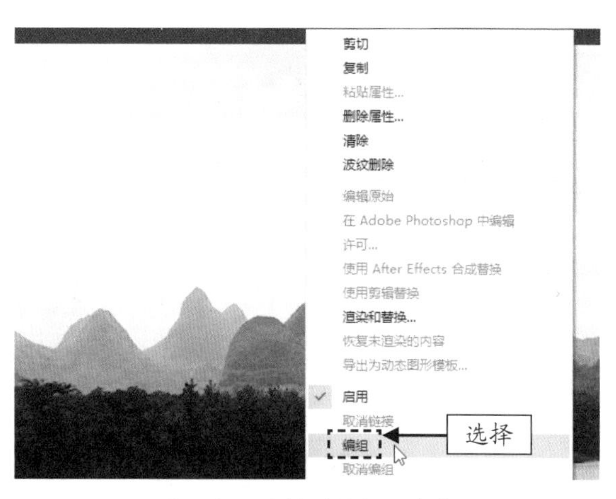


图 1-55 选择“编组”命令

## 1.4.4 嵌套素材：运用“嵌套”命令

Premiere Pro 2020 中的嵌套功能是将一个时间线嵌套至另一个时间线中，作为一整段素材使用，这能在很大程度上提高工作效率，具体操作方法如下。

| | | |
|---|---|---|
|  | 素材文件 | 素材 \ 第 1 章 \ 花 .prproj |
| | 效果文件 | 效果 \ 第 1 章 \ 花 .prproj |
| | 视频文件 | 视频 \ 第 1 章 \1.4.4 嵌套素材：运用“嵌套”命令 .mp4 |

**【操练 + 视频】**
**——嵌套素材：运用“嵌套”命令**

**STEP 01** 按 Ctrl ＋ O 组合键，打开文件“素材 \ 第 1 章 \ 花 .prproj”，选择两个素材，如图 1-56 所示。

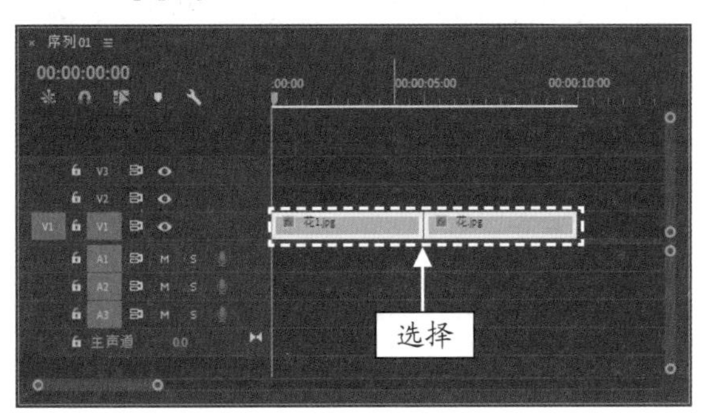


图 1-56　选择两个素材

**STEP 02** 在“时间轴”面板的素材上，单击鼠标右键，在弹出的快捷菜单中选择“嵌套”命令，如图 1-57 所示。

**STEP 03** 执行操作后，即可嵌套素材文件。在“项目”面板中将新增一个“嵌套序列 01”的文件，如图 1-58 所示。

> **专家指点**
>
> 当用户为一个嵌套的序列应用特效时，Premiere Pro 2020 会自动将特效应用于嵌套序列中的所有素材，这样可以将复杂的操作简单化。

图 1-57　选择“嵌套”命令

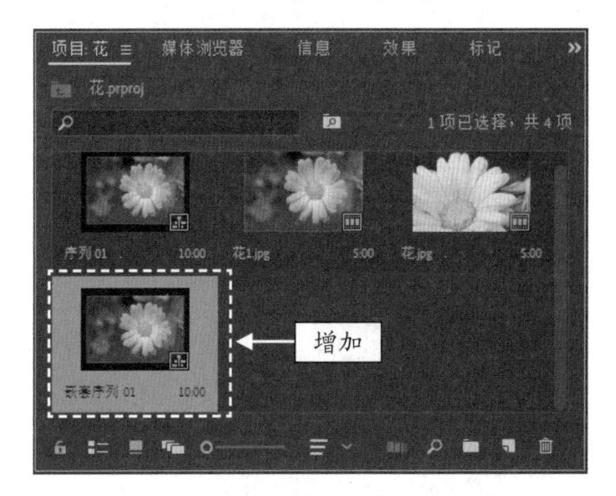


图 1-58　增加“嵌套序列 01”文件

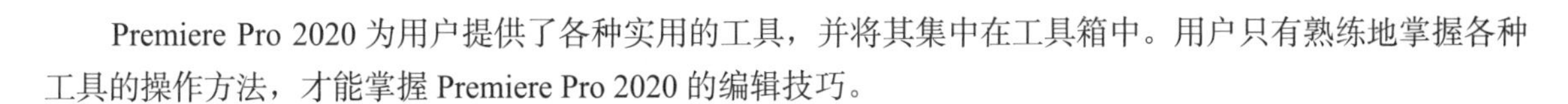

## 1.5　掌握各种工具的操作方法

Premiere Pro 2020 为用户提供了各种实用的工具，并将其集中在工具箱中。用户只有熟练地掌握各种工具的操作方法，才能掌握 Premiere Pro 2020 的编辑技巧。

### 1.5.1　选择素材：运用选择工具

选择工具作为 Premiere Pro 2020 使用最为频繁的工具之一，其主要功能是选择一个或多个片段。

|  | 素材文件 | 无 |
|---|---|---|
| | 效果文件 | 无 |
| | 视频文件 | 视频 \ 第 1 章 \1.5.1　选择素材：运用选择工具 .mp4 |

**【操练 + 视频】**
**——选择素材：运用选择工具**

STEP 01 如果用户需要选择单个片段，在该片段上单击鼠标左键即可，如图 1-59 所示。

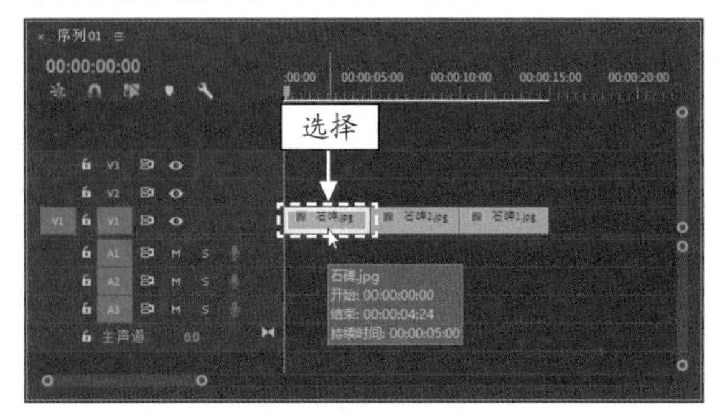


图 1-59　选择单个素材

STEP 02 如果用户需要选择多个片段，可以按住鼠标左键并拖曳，框选需要选择的多个片段，如图 1-60 所示。

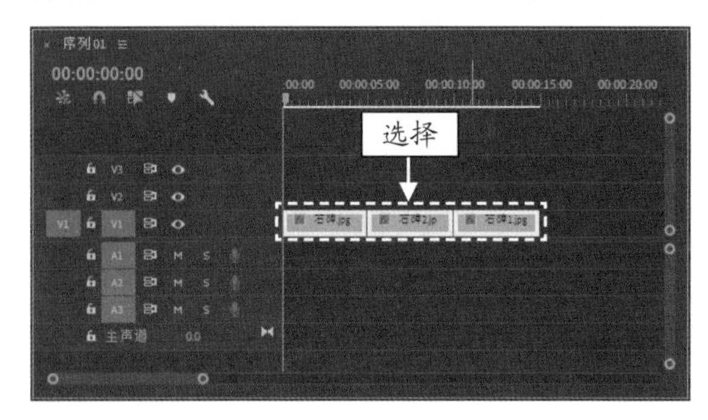


图 1-60　选择多个素材

## 1.5.2　剪切素材：运用剃刀工具

剃刀工具可对一段选中的素材文件进行剪切，将其分成两段或几段独立的素材片段。

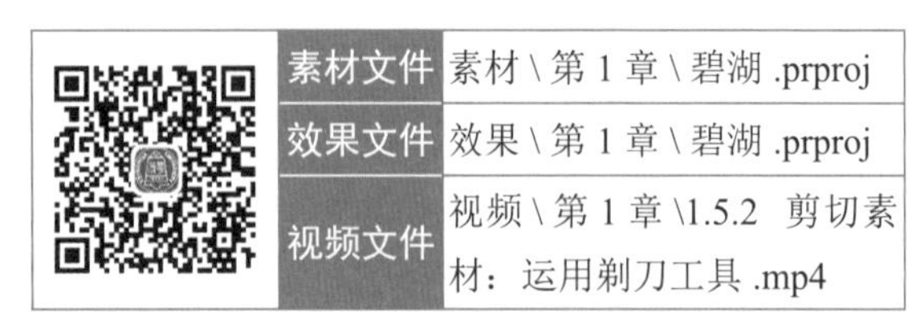

| | | |
|---|---|---|
| | 素材文件 | 素材 \ 第 1 章 \ 碧湖 .prproj |
| | 效果文件 | 效果 \ 第 1 章 \ 碧湖 .prproj |
| | 视频文件 | 视频 \ 第 1 章 \1.5.2　剪切素材：运用剃刀工具 .mp4 |

**【操练 + 视频】**
**——剪切素材：运用剃刀工具**

STEP 01 按 Ctrl + O 组合键，打开文件“素材 \ 第 1 章 \ 碧湖 .prproj”，选择素材，如图 1-61 所示。

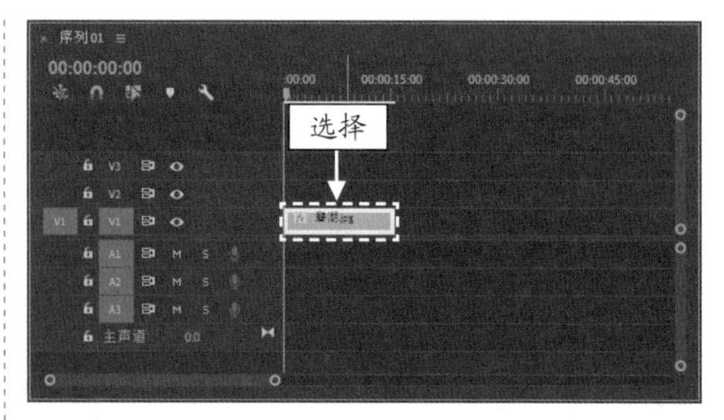


图 1-61　选择素材

STEP 02 选取剃刀工具，在“时间轴”面板的素材上依次单击鼠标左键，即可剪切素材，如图 1-62 所示。

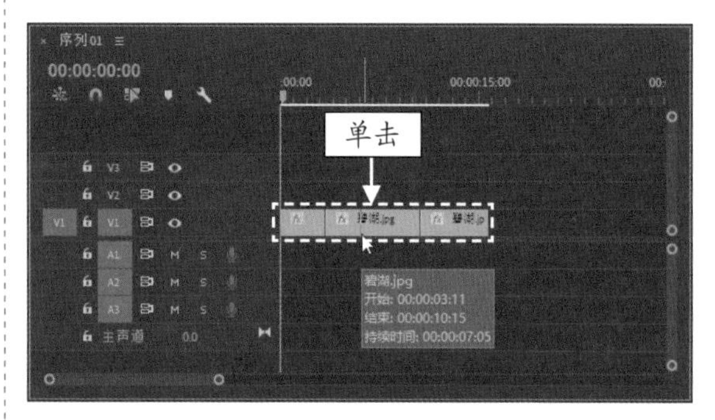


图 1-62　剪切素材效果

## 1.5.3　移动素材：运用外滑工具

外滑工具用于移动“时间轴”面板中素材的位置，该工具会影响相邻素材片段的出入点和长度。使用外滑工具时，可以同时更改“时间轴”面板中某剪辑的入点和出点，并保留入点和出点之间的时间间隔不变。

| | | |
|---|---|---|
|  | 素材文件 | 素材 \ 第 1 章 \ 风景 .prproj |
| | 效果文件 | 效果 \ 第 1 章 \ 风景 .prproj |
| | 视频文件 | 视频 \ 第 1 章 \1.5.3　移动素材：运用外滑工具 .mp4 |

**【操练 + 视频】**
**——移动素材：运用外滑工具**

STEP 01 按 Ctrl + O 组合键，打开文件“素材 \ 第 1 章 \ 风景 .prproj”，如图 1-63 所示。

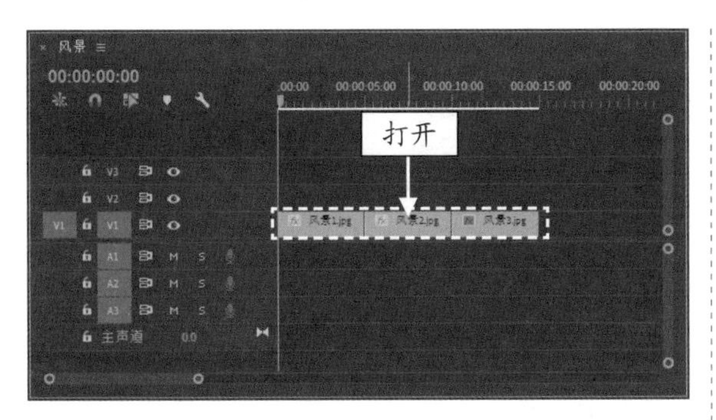


图 1-63　打开项目文件

STEP 02 选取外滑工具，如图 1-64 所示。

STEP 03 在 V1 轨道上的“风景（2）”素材对象上按住鼠标左键并拖曳，在“节目监视器”面板中即可显示更改素材入点和出点的效果，如图 1-65 所示。

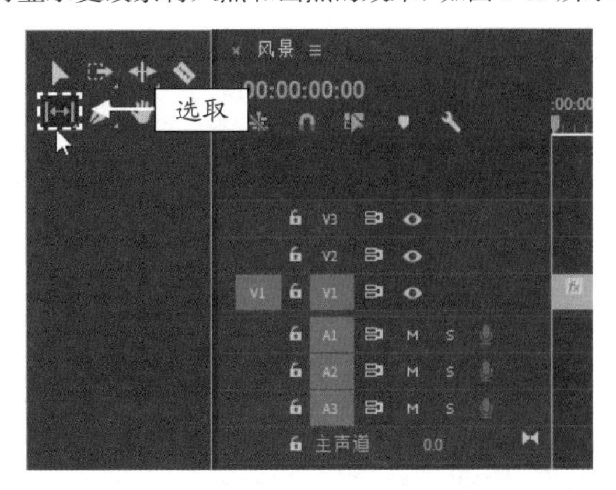


图 1-64　选取外滑工具

图 1-65　显示更改素材入点和出点的效果

## 1.5.4　改变素材长度：运用波纹编辑工具

使用波纹编辑工具拖曳素材的出点可以改变所选素材的长度，而轨道上其他素材的长度不受影响。

|  | 素材文件 | 素材 \ 第 1 章 \ 公园 .prproj |
|---|---|---|
| | 效果文件 | 效果 \ 第 1 章 \ 公园 .prproj |
| | 视频文件 | 视频 \ 第 1 章 \1.5.4　改变素材长度：运用波纹编辑工具 .mp4 |

**【操练 + 视频】**
**——改变素材长度：运用波纹编辑工具**

STEP 01 按 Ctrl ＋ O 组合键，打开文件“素材 \ 第 1 章 \ 公园 .prproj”，选取工具箱中的波纹编辑工具，如图 1-66 所示。

STEP 02 选择素材向右拖曳至合适位置，即可改变素材长度，如图 1-67 所示。

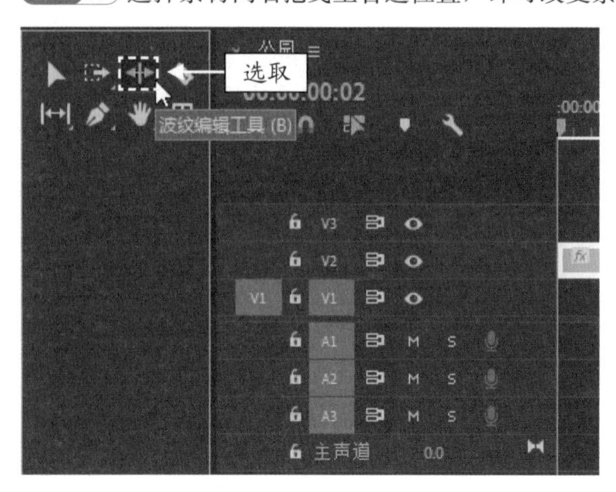


图 1-66 选取波纹编辑工具

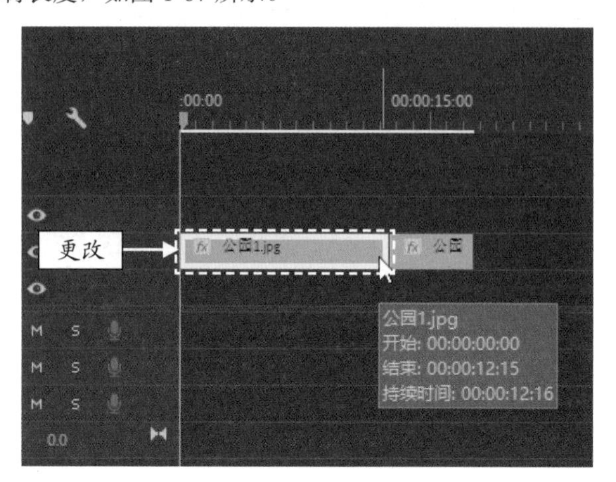


图 1-67 改变素材长度

# 第2章 基础知识：掌握软件的基本操作

## 章前知识导读

Premiere Pro 2020是一款适用性很强的视频编辑软件，可以对视频、图像以及音频等多种素材进行处理和加工，能得到令人满意的影视文件。本章将从添加与导入视频素材的操作方法讲起，包括添加视频素材、复制粘贴影视视频以及剪辑影视素材等内容，逐渐提升用户对Premiere Pro 2020的熟练度。

## 新手重点索引

- 添加并导入影视素材
- 编辑影视素材的技巧
- 调整影视素材的最佳效果
- 剪辑与组合影视素材

## 效果图片欣赏

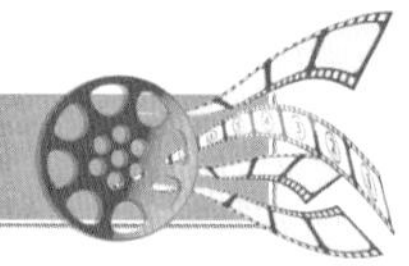

## 2.1 添加并导入影视素材

制作视频影片的首要操作就是添加素材。本节主要介绍在 Premiere Pro 2020 中添加影视素材的方法，包括添加视频素材、音频素材、静态图像及图层图像等。

### 2.1.1 添加视频素材：运用“导入”命令

添加一段视频素材是指将一个源素材导入到素材库中，并将素材库的原素材添加到“时间轴”面板中的视频轨道上的过程。下面通过“导入”命令介绍添加视频素材的方法。

| | | |
|---|---|---|
|  | 素材文件 | 素材\第 2 章\视频背景 .prproj |
| | 效果文件 | 效果\第 2 章\视频背景 .prproj |
| | 视频文件 | 视频\第 2 章\2.1.1 添加视频素材：运用“导入”命令 .mp4 |

**【操练 + 视频】**
**——添加视频素材：运用“导入”命令**

STEP 01 在 Premiere Pro 2020 界面中，打开文件“素材\第 2 章\视频背景 .prproj”，选择“文件”|“导入”命令，如图 2-1 所示。

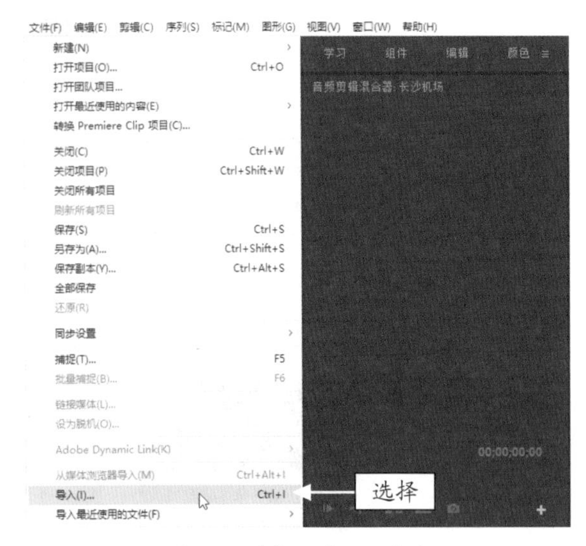

图 2-1　选择“导入”命令

STEP 02 弹出“导入”对话框，选择“视频背景 .mp4”视频素材，如图 2-2 所示。

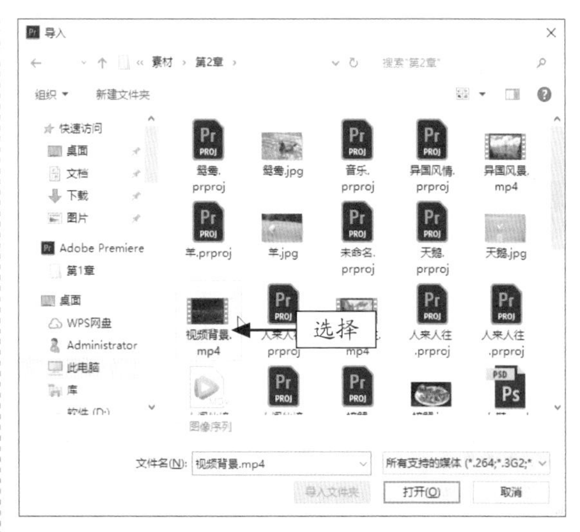

图 2-2　选择视频素材

STEP 03 单击“打开”按钮，将视频素材导入至“项目”面板中，如图 2-3 所示。

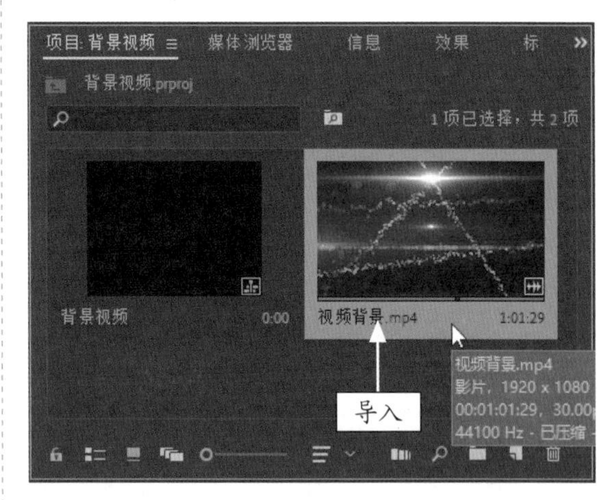

图 2-3　导入视频素材

STEP 04 在“项目”面板中，选择视频文件，将其拖曳至“时间轴”面板的 V1 轨道中，即可添加视频素材，如图 2-4 所示。

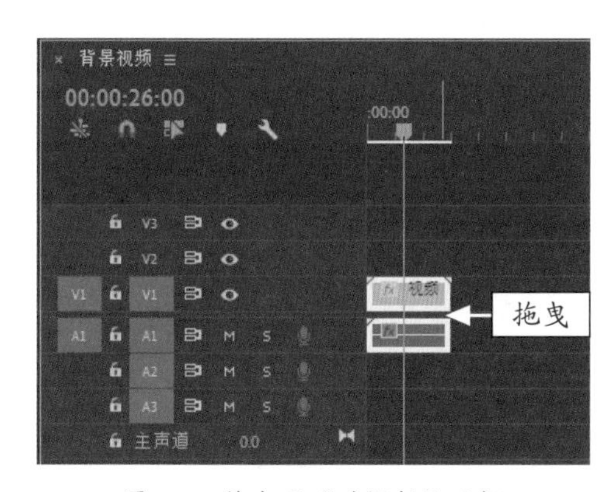


图 2-4　拖曳至“时间轴”面板

## 2.1.2　添加音频素材：根据影片需求完成添加

为了使影片更加完善，用户可以根据需要为影片添加音频素材。下面将介绍添加音频素材的操作方法。

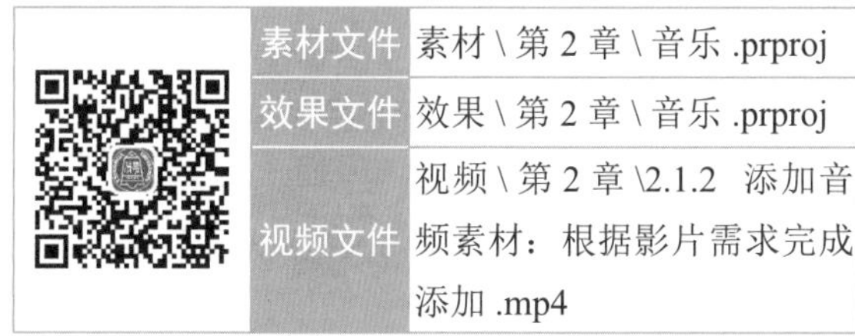

| | | |
|---|---|---|
| | 素材文件 | 素材 \ 第 2 章 \ 音乐 .prproj |
| | 效果文件 | 效果 \ 第 2 章 \ 音乐 .prproj |
| | 视频文件 | 视频 \ 第 2 章 \2.1.2　添加音频素材：根据影片需求完成添加 .mp4 |

**【操练 + 视频】**
**——添加音频素材：根据影片需求完成添加**

STEP 01 按 Ctrl + O 组合键，打开文件“素材 \ 第 2 章 \ 音乐 .prproj”，选择“文件” | “导入”命令，弹出“导入”对话框，选择需要添加的音频素材，如图 2-5 所示。

图 2-5　选择需要添加的音频素材

STEP 02 单击“打开”按钮，将音频素材导入至“项目”面板中。选择素材文件，将其拖曳至“时间轴”面板的 A1 轨道中，即可添加音频素材，如图 2-6 所示。

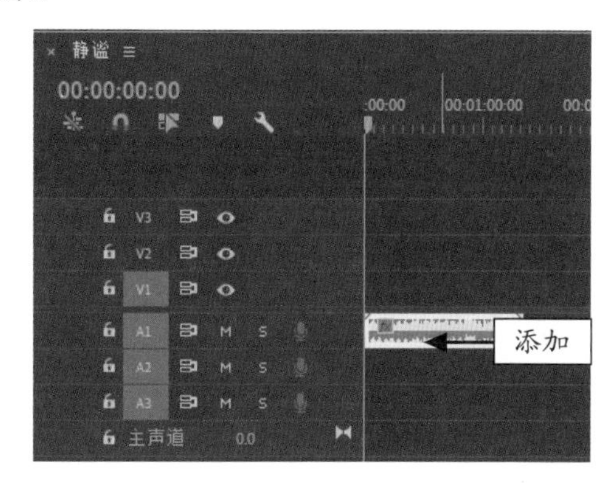


图 2-6　添加音频文件

## 2.1.3　添加图像：让影片内容更加丰富多彩

为了使影片内容更加丰富多彩，在进行影片编辑的过程中，用户可以根据需要添加各种静态的图像。下面将介绍添加图像的操作方法。

| | | |
|---|---|---|
|  | 素材文件 | 素材 \ 第 2 章 \ 螃蟹 .prproj |
| | 效果文件 | 效果 \ 第 2 章 \ 螃蟹 .prproj |
| | 视频文件 | 视频 \ 第 2 章 \2.1.3　添加图像：让影片内容更加丰富多彩 .mp4 |

**【操练 + 视频】**
**——添加图像：让影片内容更加丰富多彩**

STEP 01 按 Ctrl + O 组合键，打开文件“素材 \ 第 2 章 \ 螃蟹 .prproj”，选择“文件” | “导入”命令，弹出“导入”对话框，选择需要添加的图像，单击“打开”按钮，导入一幅静态图像，如图 2-7 所示。

STEP 02 在“项目”面板中，选择图像素材文件，将其拖曳至“时间轴”面板的 V1 轨道中，即可添加静态图像，如图 2-8 所示。

> **专家指点**
>
> 在 Premiere Pro 2020 中，导入素材除了运用上述方法外，还可以双击“项目”面板空白位置，会快速弹出“导入”对话框。

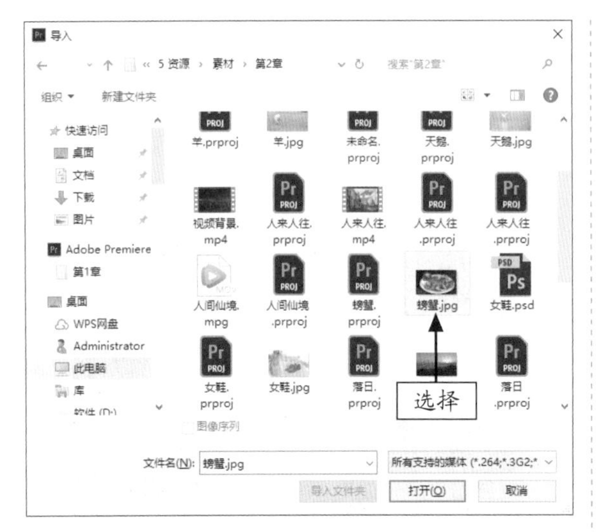


图 2-7　选择要添加的图像

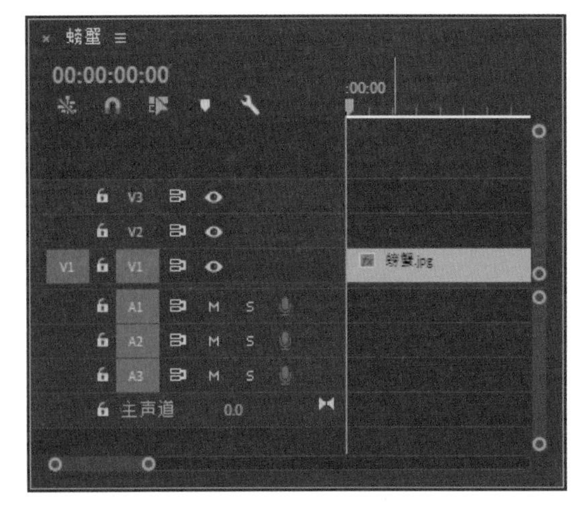


图 2-8　添加静态图像

## 2.1.4　添加图层图像：运用“导入”命令

在 Premiere Pro 2020 中，不仅可以导入视频、音频以及静态图像素材，还可以导入图层图像素材。下面介绍添加图层图像的操作方法。

|  | 素材文件 | 素材 \ 第 2 章 \ 女鞋 .prproj |
|---|---|---|
| | 效果文件 | 效果 \ 第 2 章 \ 女鞋 .prproj |
| | 视频文件 | 视频 \ 第 2 章 \2.1.4　添加图层图像：运用“导入”命令 .mp4 |

【操练 + 视频】
——添加图层图像：运用“导入”命令

STEP 01 按 Ctrl + O 组合键，打开项目文件“素材 \ 第 2 章 \ 女鞋 .prproj”，选择“文件” | “导入”命令，弹出“导入”对话框，选择需要的图像，如图 2-9 所示，单击“打开”按钮。

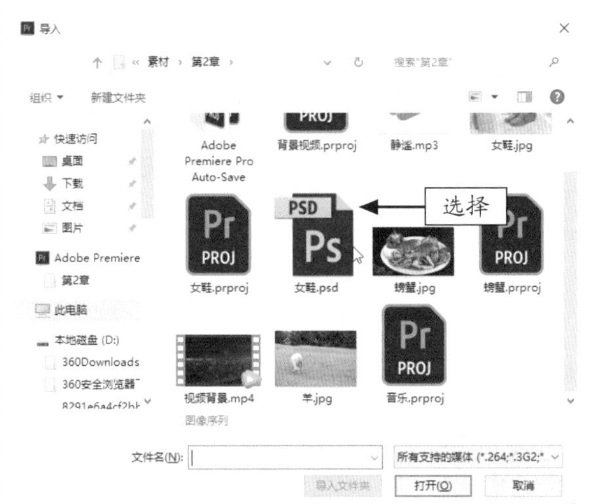


图 2-9　选择需要的图像

STEP 02 弹出“导入分层文件：女鞋”对话框，单击“确定”按钮，如图 2-10 所示，将所选择的 PSD 图像导入至“项目”面板中。

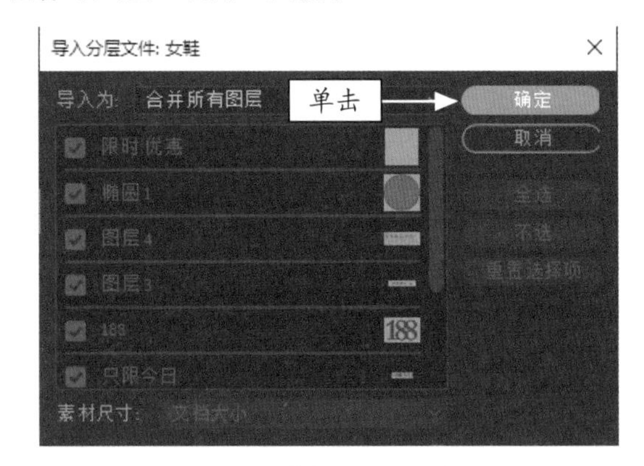


图 2-10　单击“确定”按钮

STEP 03 选择导入的 PSD 图像，并将其拖曳至“时间轴”面板的 V1 轨道中，即可添加图层图像，如图 2-11 所示。

STEP 04 执行操作后，在“节目监视器”面板中可以预览添加的图层图像效果，如图 2-12 所示。

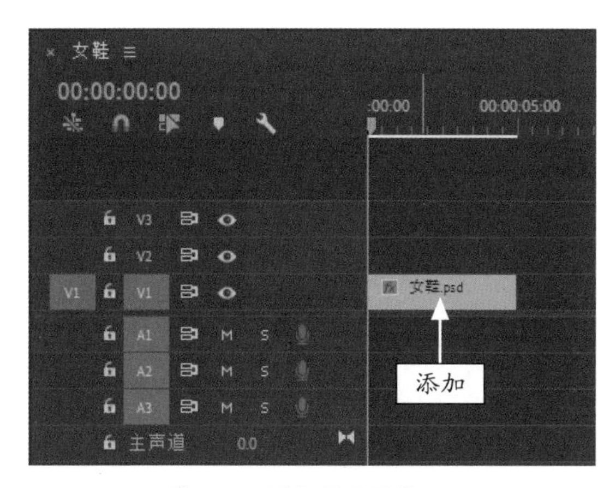


图 2-11　添加图层图像

图 2-12　预览图层图像效果

## 2.2 编辑影视素材的技巧

对影片素材进行编辑是整个影片编辑过程中的一个重要环节，同样也是 Premiere Pro 2020 的功能体现。本节将详细介绍编辑影视素材的操作方法。

### 2.2.1　复制素材：节约用户时间提高工作效率

复制是指将文件从一处复制一份完全一样的到另一处，而原来的一份依然保留。复制影视视频的具体方法是：在“时间轴”面板中，选择需要复制的视频文件，选择“编辑”|“复制”命令，即可复制影视视频。

粘贴素材可以为用户节约许多不必要的重复操作，让用户的工作效率得到提高。下面介绍通过快捷键复制粘贴视频素材的方法。

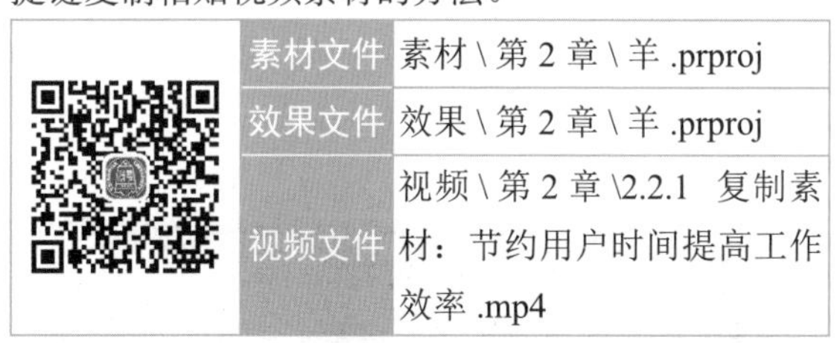

| | | |
|---|---|---|
| | 素材文件 | 素材 \ 第 2 章 \ 羊 .prproj |
| | 效果文件 | 效果 \ 第 2 章 \ 羊 .prproj |
| | 视频文件 | 视频 \ 第 2 章 \2.2.1　复制素材：节约用户时间提高工作效率 .mp4 |

**【操练 + 视频】**
**——复制素材：节约用户时间提高工作效率**

STEP 01 按 Ctrl + O 组合键，打开文件“素材 \ 第 2 章 \ 羊 .prproj”，在视频轨道上选择素材文件，如图 2-13 所示。

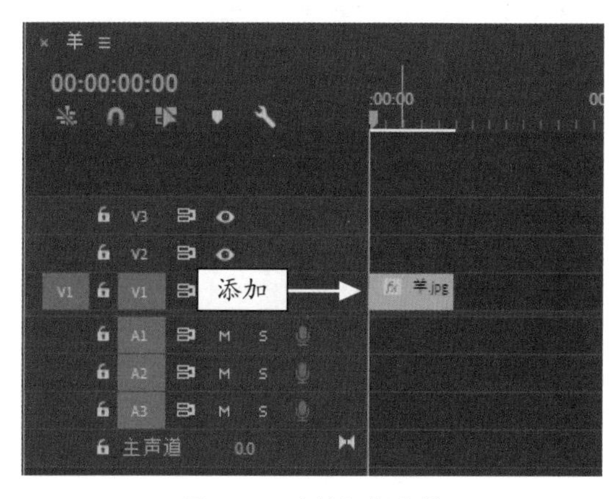


图 2-13　选择视频文件

STEP 02 切换时间至 00:00:02:20 的位置，选择“编辑”|“复制”命令，如图 2-14 所示。

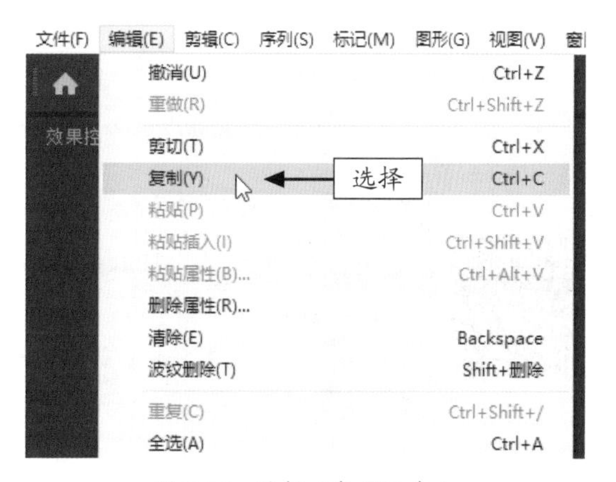


图 2-14　选择“复制”命令

STEP 03 执行操作后，即可复制文件。按 Ctrl ＋ V 组合键，即可将复制的素材粘贴至 V1 轨道中时间指示器的位置，如图 2-15 所示。

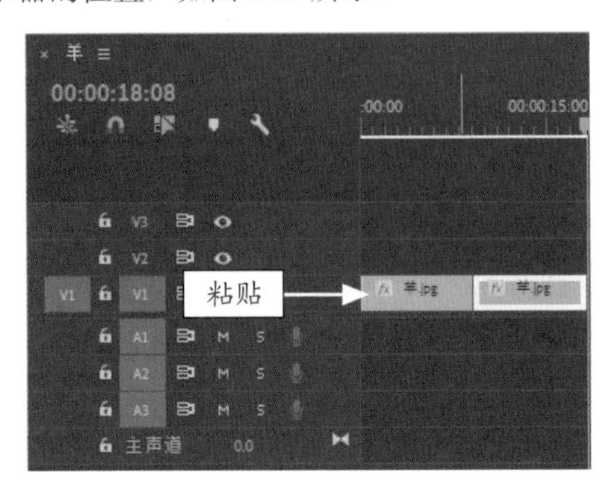


图 2-15　粘贴素材文件

STEP 04 将当前时间指示器移至视频的开始位置，单击“播放 - 停止切换”按钮，即可预览素材效果，如图 2-16 所示。

图 2-16　预览素材效果

## 2.2.2　分离视频：使影视获得更好的音乐效果

为了使影视获得更好的音乐效果，许多影视都会在后期重新配音，这时需要用到分离影视素材的操作。

|  | 素材文件 | 素材 \ 第 2 章 \ 异国风景 .prproj |
| --- | --- | --- |
| | 效果文件 | 效果 \ 第 2 章 \ 异国风景 .prproj |
| | 视频文件 | 视频 \ 第 2 章 \2.2.2　分离视频：使影视获得更好的音乐效果 .mp4 |

【操练 + 视频】
——分离视频：使影视获得更好的音乐效果

STEP 01 按 Ctrl ＋ O 组合键，打开项目文件“素材 \ 第 2 章 \ 异国风景 .prproj”，如图 2-17 所示。

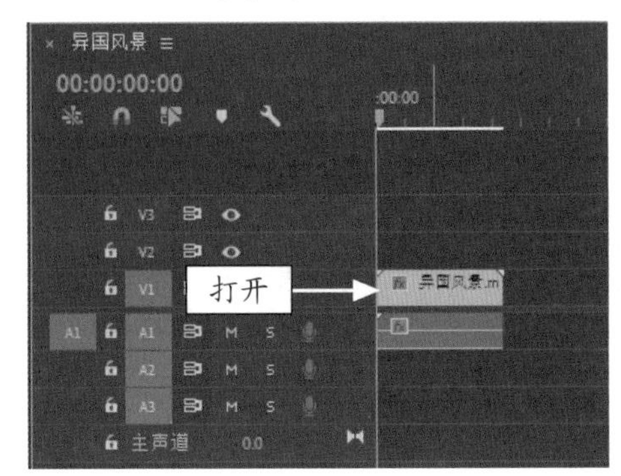


图 2-17　打开项目文件

STEP 02 选择 V1 轨道上的视频素材，选择“剪辑”|“取消链接”命令，如图 2-18 所示。

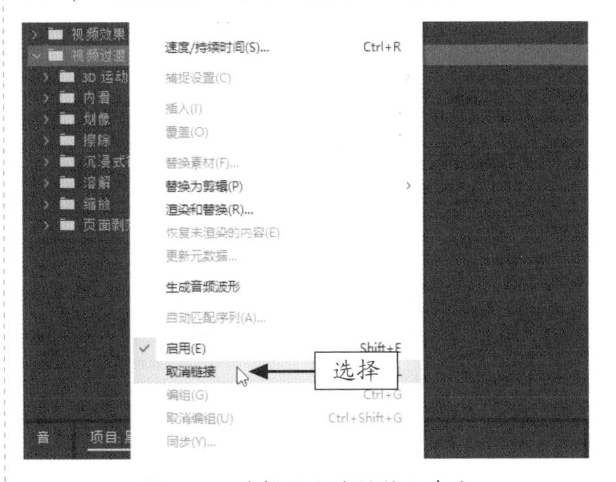


图 2-18　选择“取消链接”命令

STEP 03 即可将视频与音频分离。选择 V1 轨道上的视频素材，按住鼠标左键并拖曳，即可单独移动视频素材，如图 2-19 所示。

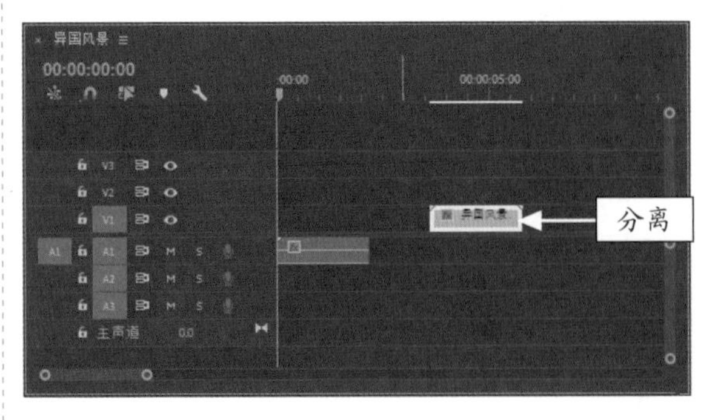


图 2-19　移动视频素材

STEP 04 在“节目监视器”面板上，单击“播放 - 停止切换”按钮，预览视频效果，如图 2-20 所示。

图 2-20　分离影片的效果

## 2.2.3　组合视频：运用“链接”命令

在对视频文件和音频文件重新进行编辑后，可以对其进行组合操作。下面介绍通过“剪辑”|“链接”命令组合影视视频文件的操作方法。

|  | 素材文件 | 素材 \ 第 2 章 \ 天鹅 .prproj |
|---|---|---|
| | 效果文件 | 效果 \ 第 2 章 \ 天鹅 .prproj |
| | 视频文件 | 视频 \ 第 2 章 \2.2.3　组合视频：运用“链接”命令 .mp4 |

**【操练 + 视频】**
**——组合视频：运用“链接”命令**

STEP 01 按 Ctrl ＋ O 组合键，打开项目文件“素材 \ 第 2 章 \ 天鹅 .prproj”，如图 2-21 所示。

图 2-21　打开项目文件

STEP 02 在“时间轴”面板中，选择所有的素材，如图 2-22 所示。

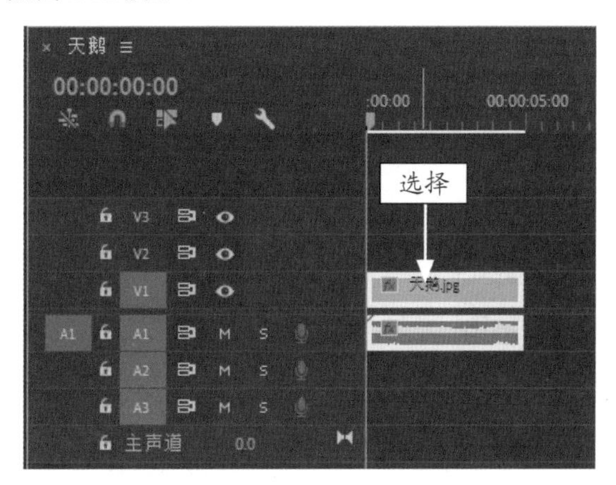


图 2-22　选择所有的素材

STEP 03 选择“剪辑”|“链接”命令，如图 2-23 所示。

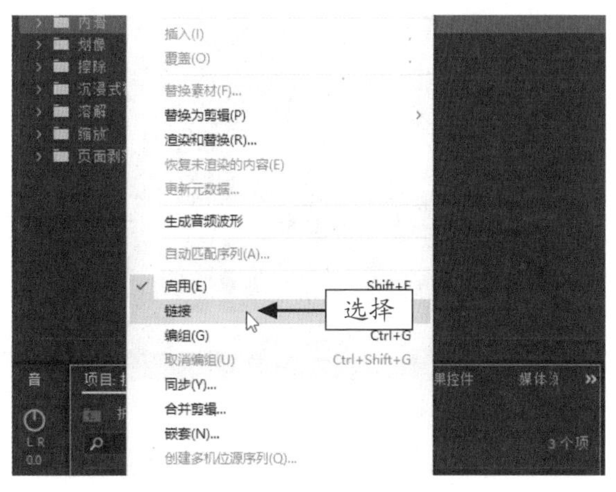


图 2-23　选择“链接”命令

STEP 04 执行操作后，即可组合影视视频，如图2-24所示。

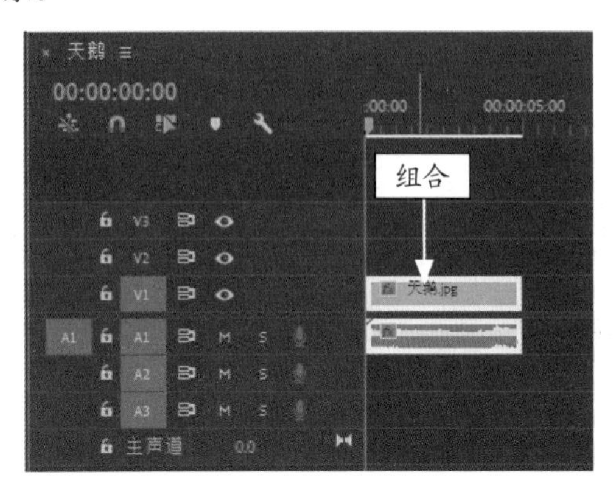


图2-24　组合影视视频

## 2.2.4　删除视频：运用“清除”命令

在进行影视素材编辑的过程中，用户可能需要删除一些不需要的视频素材。下面介绍通过“编辑”|“清除”命令删除影视视频的操作方法。

| | |
|---|---|
| 素材文件 | 素材\第2章\鸳鸯.prproj |
| 效果文件 | 效果\第2章\鸳鸯.prproj |
| 视频文件 | 视频\第2章\2.2.4　删除视频：运用“清除”命令.mp4 |

**【操练+视频】**
**——删除视频：运用“清除”命令**

STEP 01 按Ctrl+O组合键，打开文件“素材\第2章\鸳鸯.prproj”，如图2-25所示。

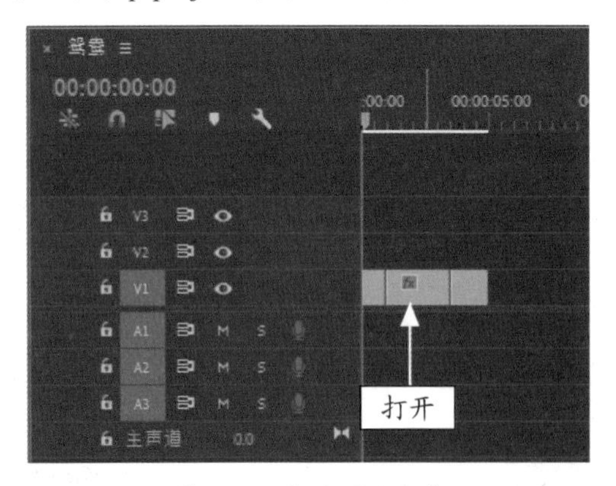


图2-25　打开项目文件

STEP 02 在“时间轴”面板中选择中间的“鸳鸯”素材，选择“编辑”|“清除”命令，如图2-26所示。

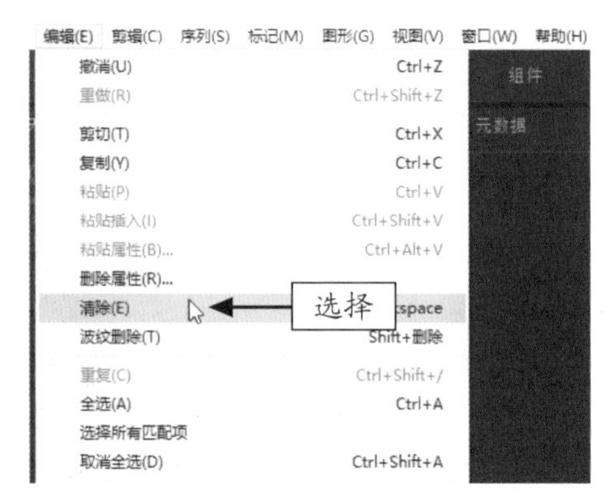


图2-26　选择“清除”命令

STEP 03 执行上述操作后，即可删除目标素材。在V1轨道上选择左侧的“鸳鸯”素材，如图2-27所示。

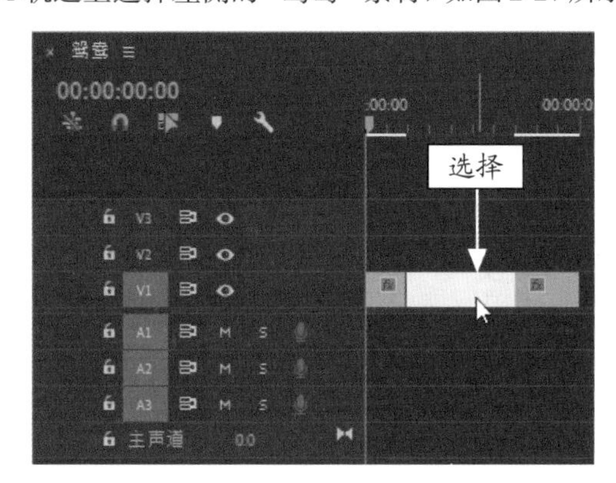


图2-27　选择左侧素材

STEP 04 在素材上单击鼠标右键，在弹出的快捷菜单中选择“波纹删除”命令，如图2-28所示。

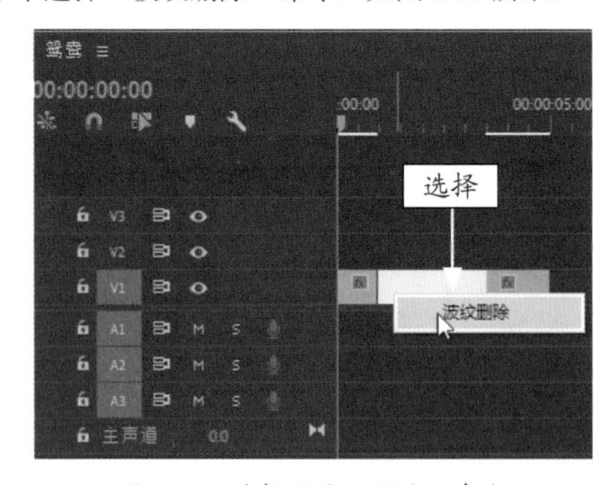


图2-28　选择“波纹删除”命令

STEP 05 执行上述操作后，即可在V1轨道上删除“鸳鸯”素材。此时，第3段素材将会移动到第2段素材的位置，如图2-29所示。

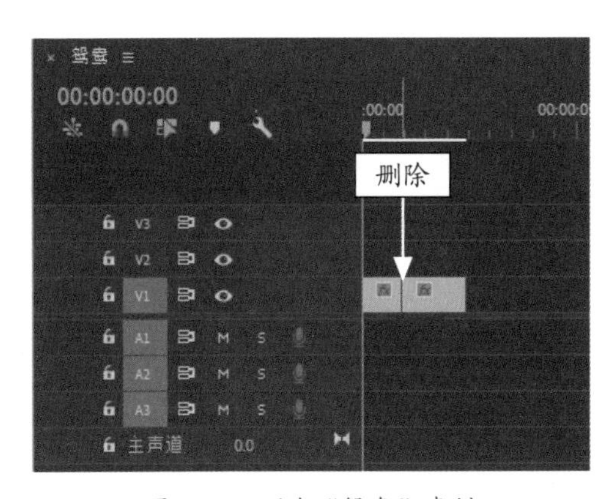


图 2-29　删除“鸳鸯”素材

STEP 06 在“节目监视器”面板上，单击“播放 - 停止切换”按钮，预览视频效果，如图 2-30 所示。

图 2-30　预览视频效果

**专家指点**

在 Premiere Pro 2020 中，除了上述方法可以删除素材对象外，用户还可以在选择素材对象后，使用以下快捷键：

- 按 Delete 键，快速删除选择的素材对象。
- 按 Backspace 键，快速删除选择的素材对象。
- 按 Shift + Delete 组合键，快速对素材进行波纹删除操作。
- 按 Shift + Backspace 组合键，快速对素材进行波纹删除操作。

## 2.2.5　设置入点：运用“标记入点”命令

在 Premiere Pro 2020 中，设置素材的入点可以标识素材起始点时间的可用部分。下面通过“标记入点”命令设置素材入点。

|  | 素材文件 | 素材 \ 第 2 章 \ 风景如画 .prproj |
|---|---|---|
| | 效果文件 | 效果 \ 第 2 章 \ 风景如画 .prproj |
| | 视频文件 | 视频 \ 第 2 章 \2.2.5　设置入点：运用“标记入点”命令 .mp4 |

**【操练 + 视频】**
**——设置入点：运用“标记入点”命令**

STEP 01 按 Ctrl + O 组合键，打开文件“素材 \ 第 2 章 \ 风景如画 .prproj”，在“节目监视器”面板中拖曳当前时间指示器至合适位置，如图 2-31 所示。

图 2-31　拖曳当前时间指示器

STEP 02 单击画面下方的“标记入点”按钮，如图 2-32 所示。执行操作后，即可设置素材的入点。

图 2-32　单击“标记入点”按钮

### 2.2.6 设置出点：运用“标记出点”命令

在 Premiere Pro 2020 中，设置素材的出点可以标识素材结束点时间的可用部分。下面通过“标记出点”命令设置素材出点。

|  | 素材文件 | 无 |
|---|---|---|
| | 效果文件 | 效果 \ 第 2 章 \ 风景如画 .prproj |
| | 视频文件 | 视频 \ 第 2 章 \2.2.6 设置出点：运用“标记出点”命令 .mp4 |

【操练 + 视频】
——设置出点：运用“标记出点”命令

STEP 01 以上一例的素材为例，在“节目监视器”面板中拖曳当前时间指示器至合适位置，如图 2-33 所示。

STEP 02 单击画面下方的“标记出点”按钮，如图 2-34 所示。执行操作后，即可设置素材的出点。

图 2-33 拖曳当前时间指示器

图 2-34 单击“标记出点”按钮

## 2.3 调整影视素材的最佳效果

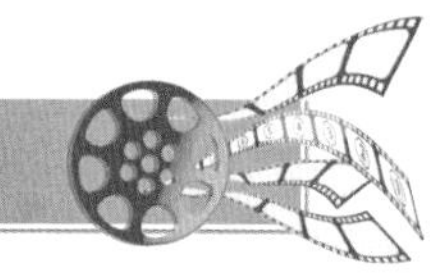

在编辑影片时，有时需要调整项目尺寸来放大显示素材，有时需要调整播放时间或播放速度，这些操作可以在 Premiere Pro 2020 中实现。

### 2.3.1 显示方式：通过控制条调整项目尺寸长短

在编辑影片时，由于素材的尺寸长短不一，常常需要通过时间标尺栏上的控制条来调整项目尺寸的长短。

|  | 素材文件 | 素材 \ 第 2 章 \ 落日 .jpg |
|---|---|---|
| | 效果文件 | 无 |
| | 视频文件 | 视频 \ 第 2 章 \2.3.1 显示方式：通过控制条调整项目尺寸长短 .mp4 |

## 【操练 + 视频】
## ——显示方式：通过控制条调整项目尺寸长短

STEP 01 在 Premiere Pro 2020 欢迎界面中，单击“新建项目”按钮，弹出“新建项目”对话框，设置“名称”为“落日”，单击“确定”按钮，便可以新建一个项目文件，如图 2-35 所示。

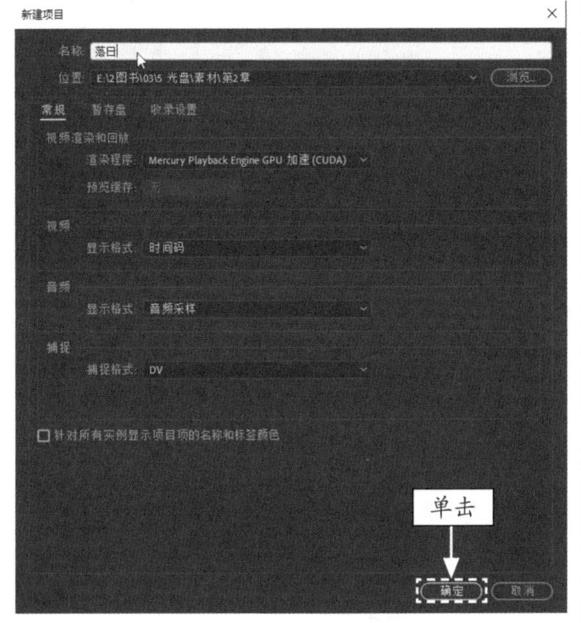


图 2-35　单击“确定”按钮

STEP 02 按 Ctrl + N 组合键，弹出“新建序列”对话框，单击“确定”按钮，即可新建一个“序列 01”序列，如图 2-36 所示。

图 2-36　新建序列

STEP 03 选择“文件”|“导入”命令，弹出“导入”对话框，选择文件“素材 \ 第 2 章 \ 落日 .jpg”，如图 2-37 所示。

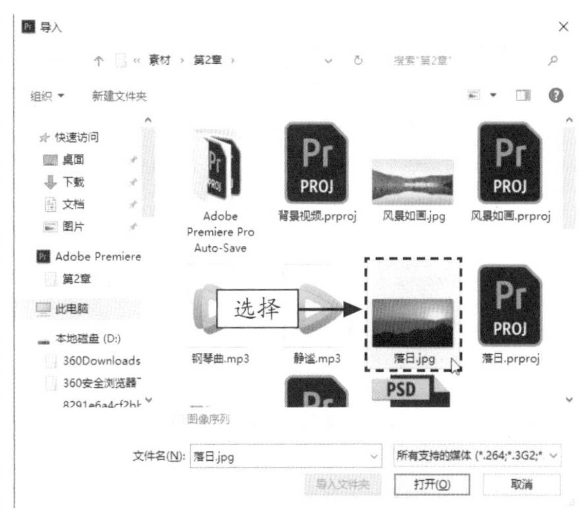


图 2-37　选择文件

STEP 04 单击“打开”按钮，导入素材文件，如图 2-38 所示。

图 2-38　打开素材

STEP 05 选择“项目”面板中的素材文件，并将其拖曳至“时间轴”面板的 V1 轨道中，如图 2-39 所示。

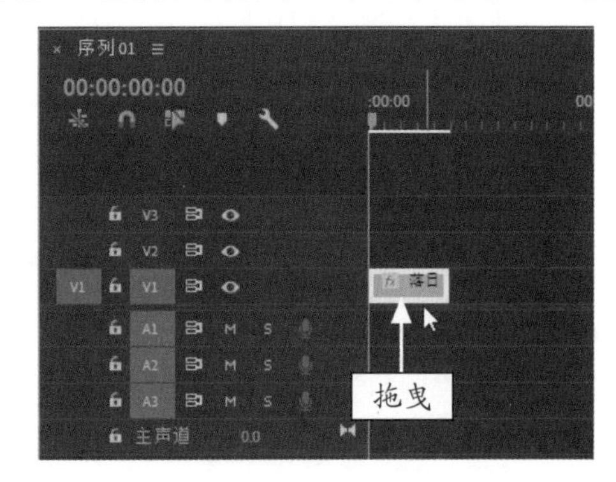


图 2-39　拖曳至 VI 轨道中

STEP 06 选择素材文件，将鼠标移至时间标尺栏下方的控制条上，按住鼠标左键并向右拖曳，即可加长项目的尺寸，如图 2-40 所示。

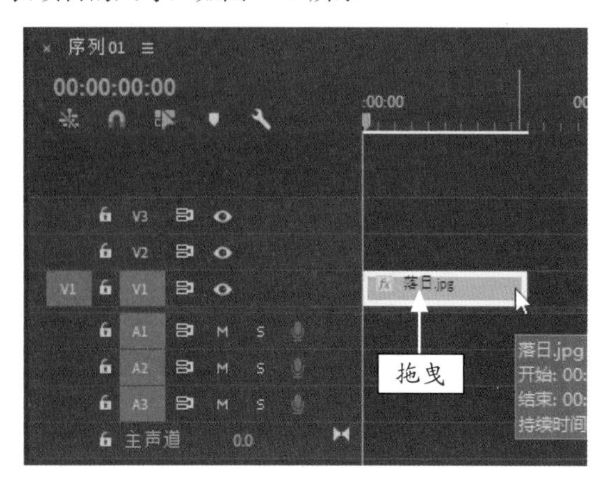


图 2-40　加长项目的尺寸

STEP 07 执行上述操作后，在控制条上双击鼠标左键，即可将控制条调整至与素材相同的长度，如图 2-41 所示。

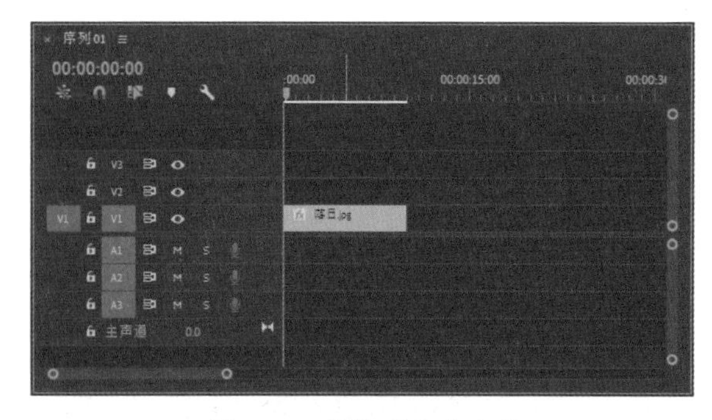

图 2-41　调整项目的尺寸

**专家指点**

在“时间轴”面板的左上角“序列 01”名称上单击鼠标右键，在弹出的快捷菜单中选择“工作区域栏”命令，在标尺栏下方即可出现一个控制条。

## 2.3.2　调整时间：调整播放时间改变影视素材

在编辑影片的过程中，很多时候需要对素材本身的播放时间进行调整。

调整播放时间的具体方法是：使用选择工具选择视频轨道上的素材，并将鼠标拖曳至素材右端的结束点，当鼠标呈红色双向箭头形状时，按住鼠标左键并拖曳，即可调整素材的播放时间，如图 2-42 所示。

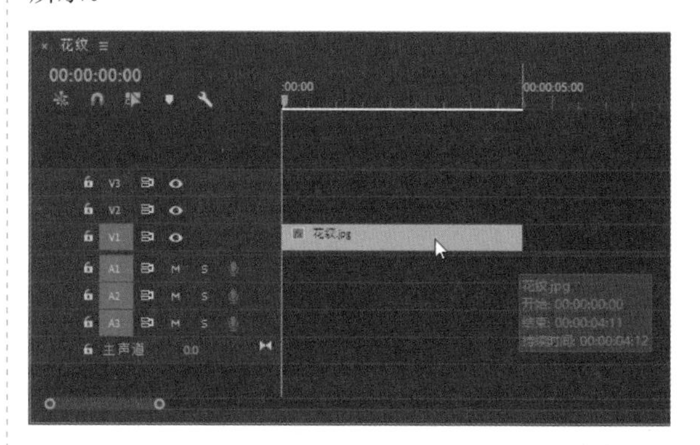

图 2-42　调整素材的播放时间

## 2.3.3　调整速度：通过“速度 / 持续时间”进行调整

每一种素材都具有特定的播放速度。视频素材可以通过调整其播放速度来制作快镜头或慢镜头效果。下面介绍通过“速度 / 持续时间”功能调整播放速度的操作方法。

|  | 素材文件 | 素材 \ 第 2 章 \ 人来人往 .mp4 |
|---|---|---|
| | 效果文件 | 效果 \ 第 2 章 \ 人来人往 .prproj |
| | 视频文件 | 视频 \ 第 2 章 \2.3.3　调整速度：通过“速度 / 持续时间”进行调整 .mp4 |

**【操练 + 视频】**
**——调整速度：通过“速度 / 持续时间”进行调整**

STEP 01 在 Premiere Pro 2020 欢迎界面中，单击“新建项目”按钮，弹出“新建项目”对话框，设置“名称”为“人来人往”，单击“确定”按钮，即可新建项目文件，如图 2-43 所示。

STEP 02 按 Ctrl ＋ N 组合键，弹出“新建序列”对话框，新建一个“序列 01”序列，单击“确定”按钮，即可创建序列，如图 2-44 所示。

STEP 03 按 Ctrl ＋ I 组合键，弹出“导入”对话框，选择文件“素材 \ 第 2 章 \ 人来人往 .mp4”，如图 2-45 所示。

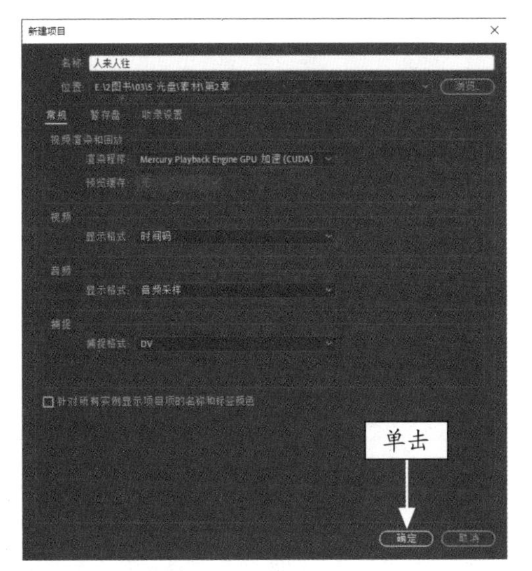


图 2-43　新建项目文件

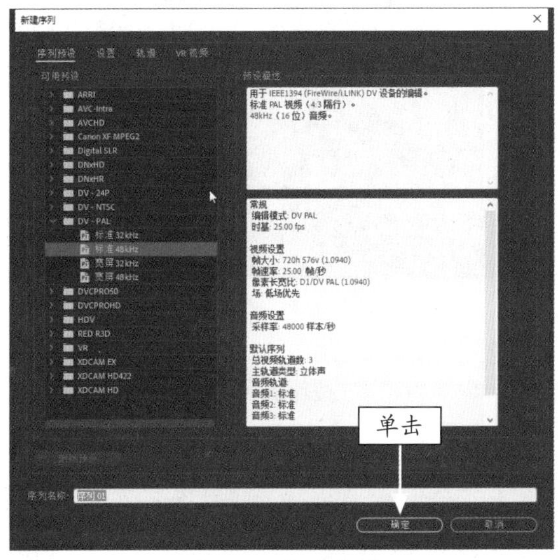


图 2-44　新建序列

图 2-45　选择文件

**STEP 04** 单击“打开”按钮，导入素材文件，如图 2-46 所示。

图 2-46　导入素材

**STEP 05** 选择“项目”面板中的素材文件，并将其拖曳至“时间轴”面板的 V1 轨道中，如图 2-47 所示。

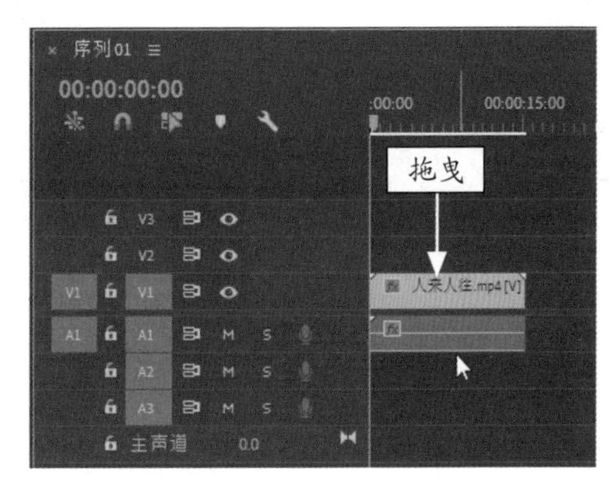


图 2-47　拖曳至 V1 轨道中

**STEP 06** 选择 V1 轨道上的素材，单击鼠标右键，在弹出的快捷菜单中选择“速度 / 持续时间”命令，如图 2-48 所示。

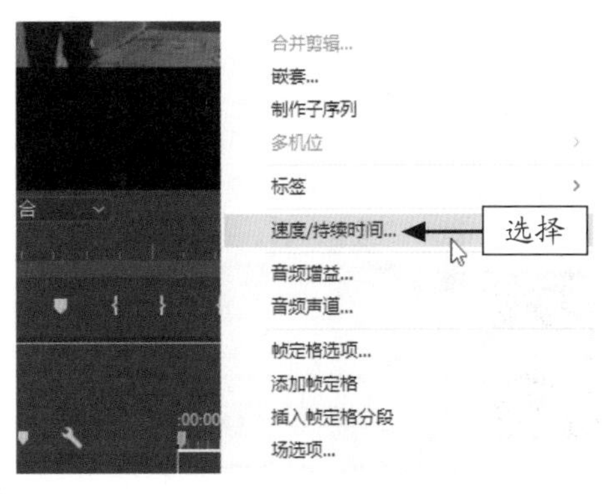


图 2-48　选择“速度 / 持续时间”命令

STEP 07 弹出“剪辑速度 / 持续时间”对话框，设置“速度”为 20%，如图 2-49 所示。

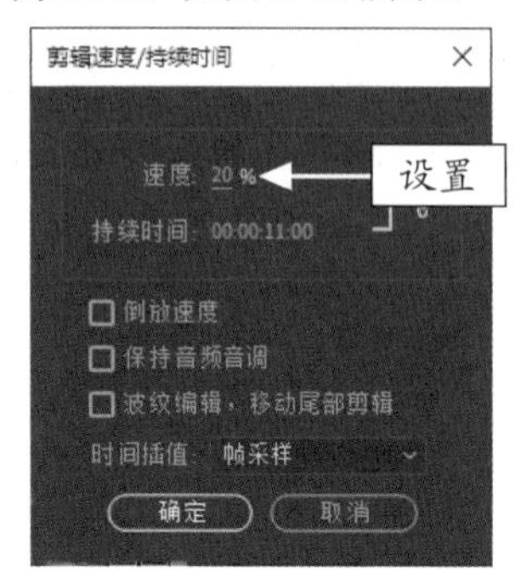


图 2-49 设置参数值

STEP 08 设置完成后，单击“确定”按钮，即可在“节目监视器”面板中查看调整播放速度后的效果，如图 2-50 所示。

图 2-50 查看调整播放速度后的效果

**专家指点**

在“剪辑速度 / 持续时间”对话框中，可以设置“速度”值来控制剪辑的播放时间。当“速度”值设置在 100% 以上时，值越大则速度越快，播放时间就越短；当“速度”值设置在 100% 以下时，值越大则速度越慢，播放时间就越长。

## 2.3.4 调整位置：根据素材需求调整轨道位置

如果对添加到视频轨道上的素材位置不满意，可以根据需要对其进行调整，并且可以将素材调整到不同的轨道位置。

|  | 素材文件 | 素材 \ 第 2 章 \ 风车 .jpg |
|---|---|---|
| | 效果文件 | 效果 \ 第 2 章 \ 风车 .prproj |
| | 视频文件 | 视频 \ 第 2 章 \2.3.4 调整位置：根据素材需求调整轨道位置 .mp4 |

**【操练 + 视频】**
**——调整位置：根据素材需求调整轨道位置**

STEP 01 在 Premiere Pro 2020 欢迎界面中，单击“新建项目”按钮，弹出“新建项目”对话框，设置“名称”为“风车”，单击“确定”按钮，即可以新建一个项目文件，如图 2-51 所示。

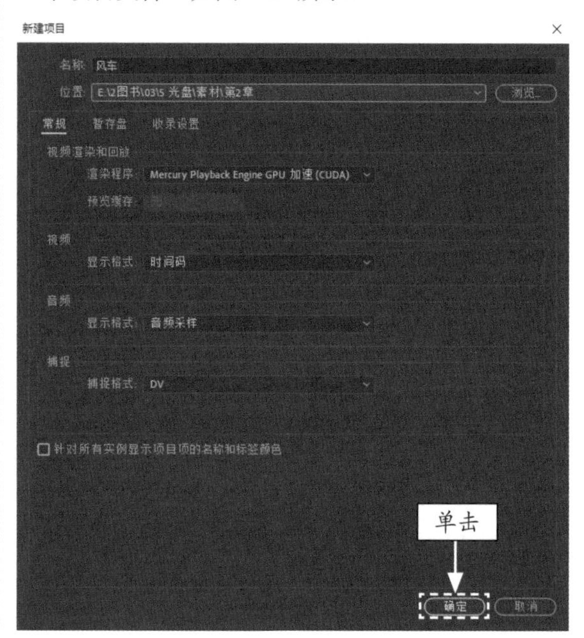


图 2-51 单击“确定”按钮

STEP 02 按 Ctrl ＋ N 组合键，弹出“新建序列”对话框，单击“确定”按钮即可新建一个“序列 01”序列，如图 2-52 所示。

图 2-52 单击“确定”按钮

STEP 03 按 Ctrl + I 组合键，弹出“导入”对话框，选择文件“素材\第 2 章\风车.jpg”，如图 2-53 所示。

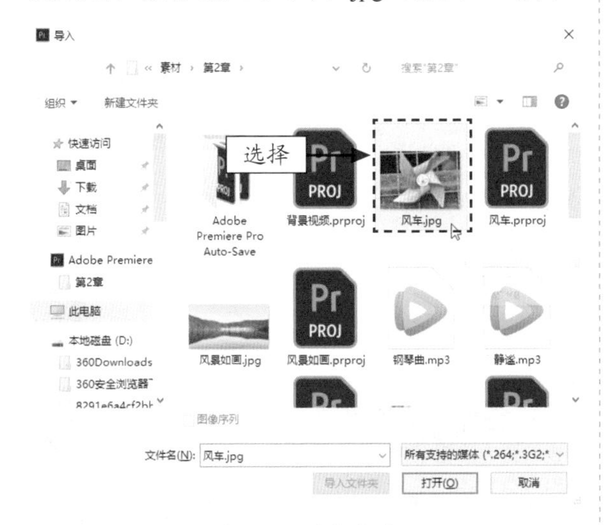


图 2-53　选择文件

STEP 04 单击“打开”按钮，导入素材文件，如图 2-54 所示。

图 2-54　导入素材

STEP 05 使用工具箱中的选择工具选择导入的素材文件，按住鼠标左键并拖曳至“时间轴”面板中，如图 2-55 所示。

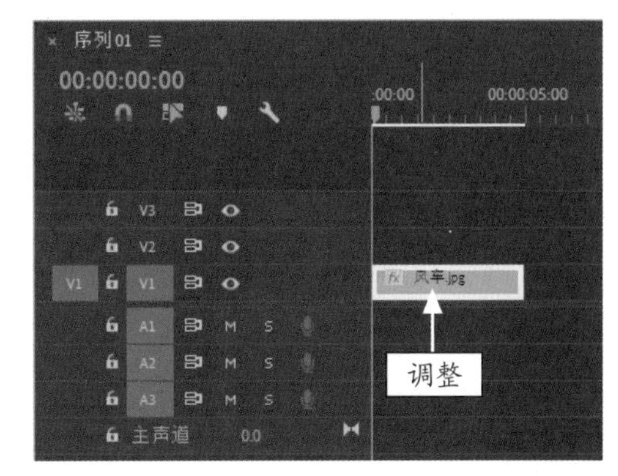


图 2-55　调整素材的位置

STEP 06 执行上述操作后，选择 V1 轨道中的素材文件，并将其拖曳至 V2 轨道中，如图 2-56 所示。在“节目监视器”面板中即可播放素材文件。

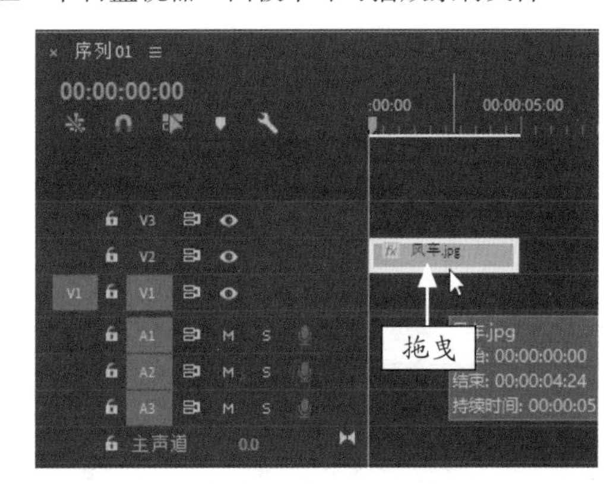


图 2-56　拖曳至其他轨道

## 2.4 剪辑与组合影视素材

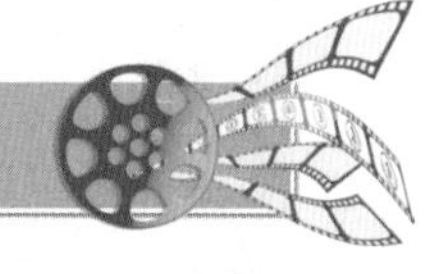

剪辑就是通过为素材设置出点和入点，从而截取其中较好的片段，然后将截取的影视片段与新的素材片段组合。

三点编辑和四点编辑是专业视频影视编辑工作中常常运用到的编辑方法。本节主要介绍在 Premiere Pro 2020 中剪辑影视素材的方法。

### 2.4.1　三点剪辑：通过三点替换影片部分内容

“三点剪辑技术”是将素材中的部分内容替换影片剪辑中的部分内容。

在进行剪辑操作时，需要 3 个重要的点，下面将分别进行介绍。

- 素材的入点：是指素材在影片剪辑内部首先出现的帧。
- 剪辑的入点：是指剪辑内被替换部分在当前序列上的第一帧。
- 剪辑的出点：是指剪辑内被替换部分在当前序列上的最后一帧。

三点剪辑是指将素材中的部分内容替换影片剪辑中的部分内容。下面介绍运用三点剪辑技术的操作方法。

|  | 素材文件 | 素材 \ 第 2 章 \ 人间仙境 .mpg |
|---|---|---|
| | 效果文件 | 效果 \ 第 2 章 \ 人间仙境 .prproj |
| | 视频文件 | 视频 \ 第 2 章 \2.4.1　三点剪辑：通过三点替换影片部分内容 .mp4 |

## 【操练 + 视频】
## ——三点剪辑：通过三点替换影片部分内容

STEP 01 在 Premiere Pro 2020 欢迎界面中，单击“新建项目”按钮，弹出“新建项目”对话框，设置“名称”为“人间仙境”，如图 2-57 所示。单击“确定”按钮，即可新建一个项目文件。

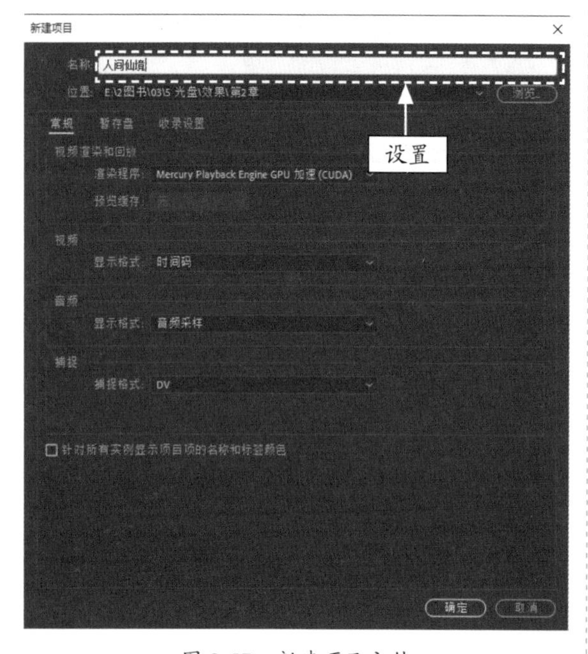


图 2-57　新建项目文件

STEP 02 按 Ctrl ＋ N 组合键，弹出“新建序列”对话框，单击“确定”按钮，即可新建“序列 01”序列，如图 2-58 所示。

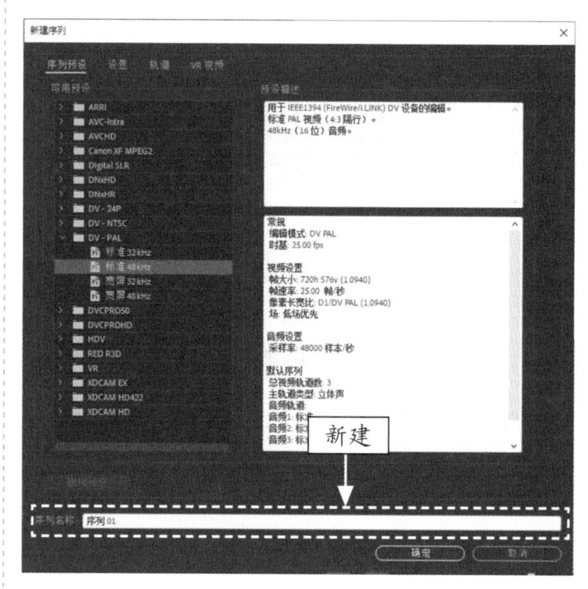


图 2-58　新建序列

STEP 03 按 Ctrl ＋ I 组合键，弹出“导入”对话框，选择文件“素材 \ 第 2 章 \ 人间仙境 .mpg”，如图 2-59 所示。

图 2-59　选择文件

STEP 04 单击“打开”按钮，导入素材文件，如图 2-60 所示。

STEP 05 选择“项目”面板中的视频素材文件，并将其拖曳至“时间轴”面板的 V1 轨道中，如图 2-61 所示。

图 2-60　导入素材

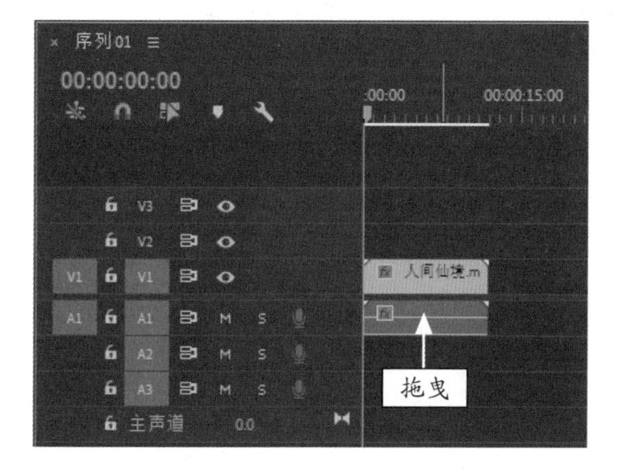


图 2-61　拖曳至 V1 轨道中

STEP 06 设置时间为 00:00:02:02，单击“标记入点”按钮，添加标记，如图 2-62 所示。

图 2-62　单击“标记入点”按钮

STEP 07 在“节目监视器”面板中设置时间为 00:00:04:00，并单击“标记出点”按钮，如图 2-63 所示。

图 2-63　单击“标记出点”按钮

STEP 08 在“项目”面板中双击视频，在“源监视器”面板中设置时间为 00:00:01:12，并单击“标记入点”按钮，如图 2-64 所示。

图 2-64　单击“标记入点”按钮

STEP 09 执行操作后，单击“源监视器”面板中的“覆盖”按钮，即可将当前序列的 00:00:02:02 ～ 00:00:04:00 时间段的内容替换为从 00:00:01:12 为起始点至对应时间段的素材内容，如图 2-65 所示。

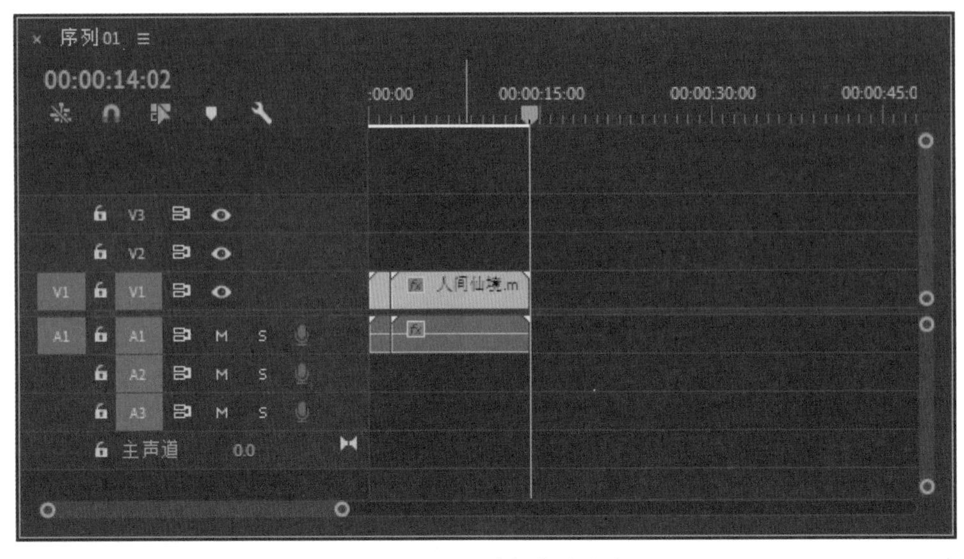


图 2-65　三点剪辑素材效果

## 2.4.2　四点剪辑：通过四点替换影片部分内容

“四点剪辑技术”比三点剪辑多一个点，需要设置源素材的出点。“四点编辑技术”同样需要运用到设置入点和出点的操作，下面介绍具体步骤。

| | | |
|---|---|---|
|  | 素材文件 | 素材 \ 第 2 章 \ 冰雪 .prproj |
| | 效果文件 | 效果 \ 第 2 章 \ 冰雪 .prproj |
| | 视频文件 | 视频 \ 第 2 章 \2.4.2　四点剪辑：通过四点替换影片部分内容 .mp4 |

**【操练 + 视频】**
**——四点剪辑：通过四点替换影片部分内容**

STEP 01 在 Premiere Pro 2020 界面中，按 Ctrl ＋ O 组合键，打开文件“素材 \ 第 2 章 \ 冰雪 .prproj”，如图 2-66 所示。

STEP 02 选择“项目”面板中的视频素材文件，并将其拖曳至“时间轴”面板的 V1 轨道中，如图 2-67 所示。

图 2-66　打开项目文件

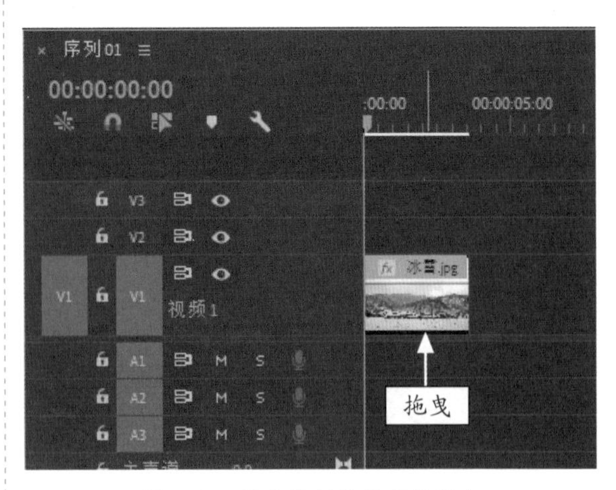


图 2-67　拖曳素材至视频轨道中

STEP 03 在“节目监视器”面板中设置时间为 00:00:02:20，并单击“标记入点”按钮，如图 2-68 所示。

图 2-68　单击“标记入点”按钮

STEP 04 在“节目监视器”面板中设置时间为 00:00:03:05，并单击“标记出点”按钮，如图 2-69 所示。

图 2-69　单击“标记出点”按钮

STEP 05 在“项目”面板中双击视频素材，在“源监视器”面板中设置时间为 00:00:07:00，并单击“标记入点”按钮，如图 2-70 所示。

STEP 06 在“源监视器”面板中设置时间为 00:00:28:00，并单击“标记出点”按钮，如图 2-71 所示。

图 2-70　单击“标记入点”按钮

图 2-71　单击“标记出点”按钮

**专家指点**

在 Premiere Pro 2020 中编辑某个视频作品，若只需要使用中间部分或者视频的开始部分、结尾部分，此时就可以通过四点剪辑素材实现操作。

STEP 07 在“源监视器”面板中单击“覆盖”按钮，即可完成四点剪辑的操作，如图 2-72 所示。

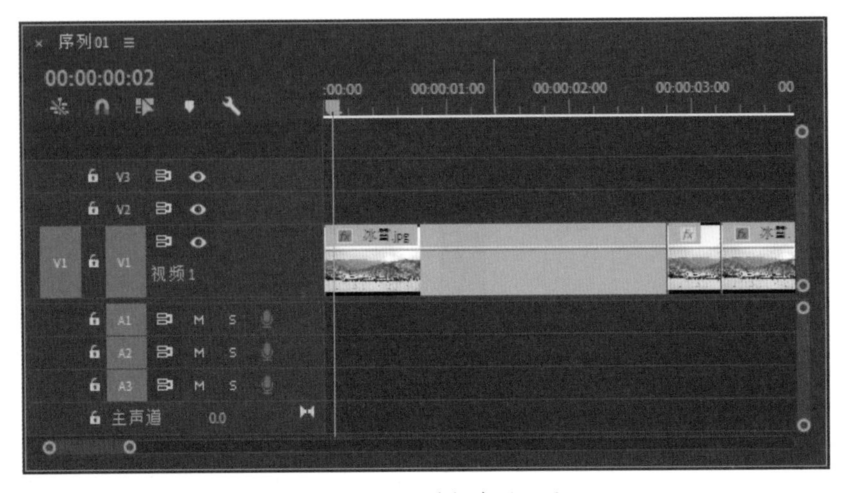


图 2-72　四点剪辑素材效果

STEP 08 单击“播放”按钮，预览视频效果，如图 2-73 所示。

图 2-73　预览视频效果

# 第3章

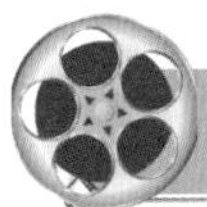

## 章前知识导读

色彩色调在影视视频的编辑中是必不可少的重要元素，合理的色彩搭配总能为视频增添几分亮点。本章内容主要包括调整图像的色彩知识、色彩的校正、色彩的调整等，并将详细介绍影视素材文件调色的操作方法。

## 新手重点索引

- 了解色彩基础
- 校正图像颜色
- 调整图像色彩

## 效果图片欣赏

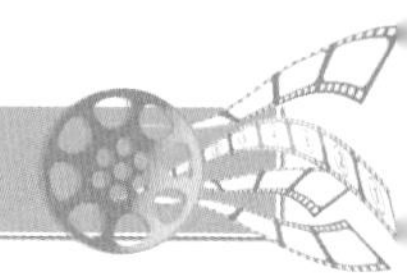

## 3.1 了解色彩基础

色彩在影视视频的编辑中是必不可少的一个重要元素，合理的色彩搭配加上靓丽的色彩感，总能为视频增添几分亮点。因此，用户在学习调整视频素材的颜色之前，必须对色彩的基础知识有一个基本的了解。

### 3.1.1 色彩的概念

色彩是由于光线刺激人的眼睛而产生的一种视觉效应，因此光线是影响色彩明亮度和鲜艳度的一个重要因素。

从物理角度来讲，可见光是电磁波的一部分，其波长大致为 400 ～ 700nm，位于该范围内的光线被称为可视光线区域。自然的光线可以分为红、橙、黄、绿、青、蓝和紫 7 种不同的色彩，如图 3-1 所示。

图 3-1 颜色的划分

**专家指点**

在红、橙、黄、绿、青、蓝和紫 7 种不同的光谱色中，其中黄色的明度最高（最亮），橙和绿色的明度低于黄色，红、青色又低于橙色和绿色，紫色的明度最低（最暗）。

自然界中的大多数物体都拥有吸收、反射和透射光线的特性，由于其本身并不能发光，因此人们看到大多是剩余光线的混合色彩，如图 3-2 所示。

图 3-2 自然界中的色彩

### 3.1.2 色相

色相是指颜色的“相貌”，主要用于区别色彩的种类和名称。

每一种颜色都会表示着一种具体的色相，其区别在于它们之间的色相差别。不同的颜色可以让人产生温暖和寒冷的感觉，如红色能带来温暖、激情的感觉，蓝色则带给人寒冷、平稳的感觉。色环中的冷暖色如图 3-3 所示。

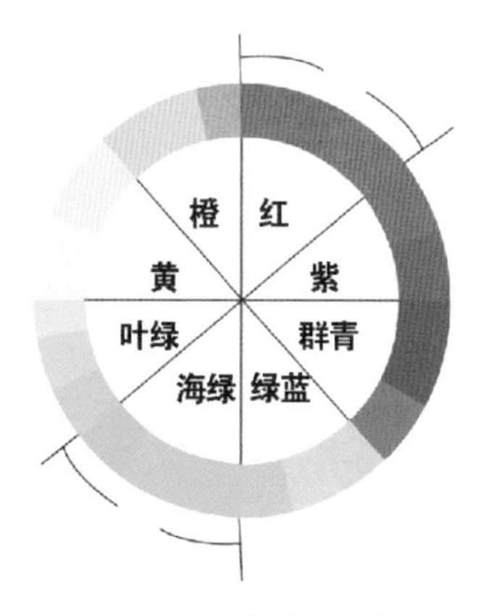


图 3-3　色环中的冷暖色

**专家指点**

当人们看到红色和橙红色时，很自然地便联想到太阳、火焰，因而感到温暖。青色、蓝色、紫色等冷色为主的画面称之为冷色调，其中以青色最“冷”。

### 3.1.3　亮度和饱和度

亮度是指色彩明暗程度，几乎所有的颜色都具有亮度的属性；饱和度是指色彩的鲜艳程度，由颜色的波长决定。

若表现物体的立体感与空间感，则需要通过不同亮度的对比来实现。简单地讲，色彩的亮度越高，颜色就越淡；反之，亮度越低，颜色就越重，并最终表现为黑色。从色彩的成分来讲，饱和度取决于色彩中含色成分与消色成分之间的比例。含色成分越多，饱和度则越高；反之，消色成分越多，则饱和度越低，如图 3-4 所示。

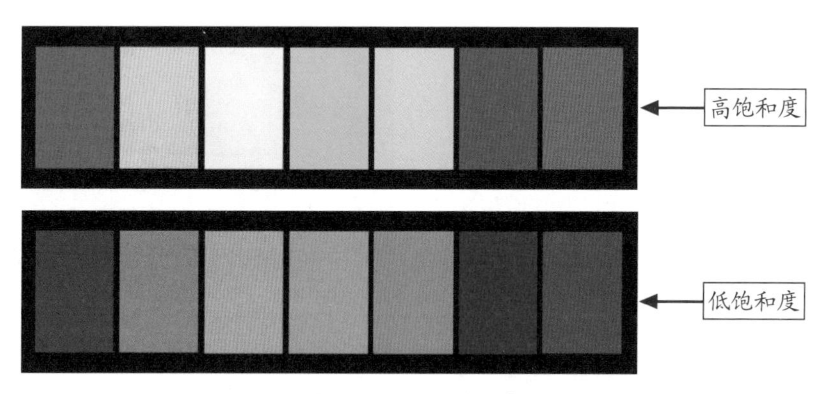


图 3-4　不同的饱和度

### 3.1.4　RGB 色彩模式

RGB 是指由红、绿、蓝三原色组成的色彩模式，三原色中的每一种色彩都包含 256 种亮度，合成 3 个通道即可显示完整的色彩图像。在 Premiere Pro 2020 中，可以通过对红、绿、蓝 3 个通道的数值调整，来改变对象的色彩。图 3-5 所示为 RGB 色彩模式的视频画面。

图 3-5　RGB 色彩模式的视频画面

### 3.1.5 灰度模式

灰度模式的图像不包含颜色，彩色图像转换为该模式后，色彩信息都会被删除。灰度模式是一种无色模式，其中含有 256 种亮度级别和一个 Black 通道。因此，用户看到的图像都是由 256 种不同强度的黑色所组成。图 3-6 所示为灰度模式的视频画面。

图 3-6 灰度模式的视频画面

### 3.1.6 HLS 色彩模式

HLS 色彩模式是一种颜色标准，是通过对色相、亮度、饱和度 3 个颜色通道的变化以及它们相互之间的叠加来得到各式各样的颜色。

HLS 色彩模式是基于人对色彩的心理感受，将色彩分为色相（Hue）、亮度（Luminance）、饱和度（Saturation）3 个要素，这种色彩模式更加符合人的主观感受，让用户觉得更加直观。

> **专家指点**
>
> 当用户需要使用灰色时，由于已知任何饱和度为 0 的 HLS 颜色均为中性灰色，因此只需要调整亮度即可。

### 3.1.7 Lab 色彩模式

Lab 色彩模式由一个亮度通道和两个色彩通道组成，该色彩模式是一个彩色测量的国际标准。

Lab 颜色模式的色域最广，是唯一不依赖于设备的颜色模式。Lab 颜色模式由 3 个通道组成，一个通道是亮度（L），另外两个是色彩通道，用 a 和 b 来表示。a 通道包括的颜色是从深绿色到灰色再到红色；b 通道则是从亮蓝色到灰色再到黄色。因此，这种色彩混合后将产生明亮的色彩。图 3-7 所示为 Lab 颜色模式的视频画面。

图 3-7 Lab 颜色模式的视频画面

## 3.2 校正图像颜色

在 Premiere Pro 2020 中编辑影片时，往往需要对影视素材的色彩进行校正，调整素材的颜色。本节主要介绍校正视频色彩的技巧。

### 3.2.1 明暗调整：应用 RGB 曲线功能

“RGB 曲线”特效主要通过调整画面的明暗关系和色彩变化来实现画面颜色的校正。

| 素材文件 | 素材 \ 第 3 章 \ 房子 .prproj |
| --- | --- |
| 效果文件 | 效果 \ 第 3 章 \ 房子 .prproj |
| 视频文件 | 视频 \ 第 3 章 \3.2.1 明暗调整：应用 RGB 曲线功能 .mp4 |

【操练 + 视频】
——明暗调整：应用 RGB 曲线功能

STEP 01 在 Premiere Pro 2020 界面中，按 Ctrl ＋ O 组合键，打开文件“素材 \ 第 3 章 \ 房子 .prproj”，如图 3-8 所示。

图 3-8　打开项目文件

STEP 02 选择“项目”面板中的素材文件，并将其拖曳至“时间轴”面板的 V1 轨道中，如图 3-9 所示。

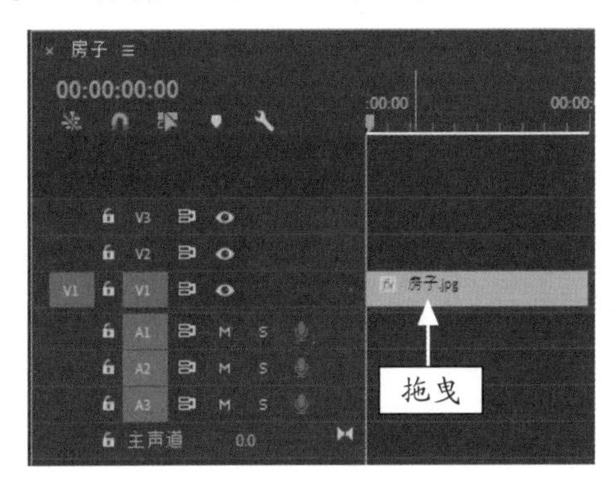


图 3-9　拖曳至 V1 轨道中

STEP 03 在“时间轴”面板中添加素材后，在“节目监视器”面板中可以查看素材画面，如图 3-10 所示。

图 3-10　查看素材画面

STEP 04 在“效果”面板中，展开“视频效果”|“过时”选项，在其中选择“RGB 曲线”视频特效，如图 3-11 所示。

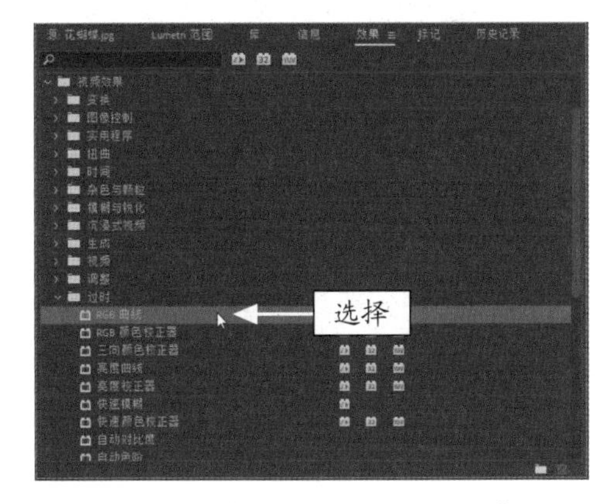


图 3-11　选择“RGB 曲线”视频特效

STEP 05 按住鼠标左键将其拖曳至“时间轴”面板的素材上，如图 3-12 所示，释放鼠标即可添加视频特效。

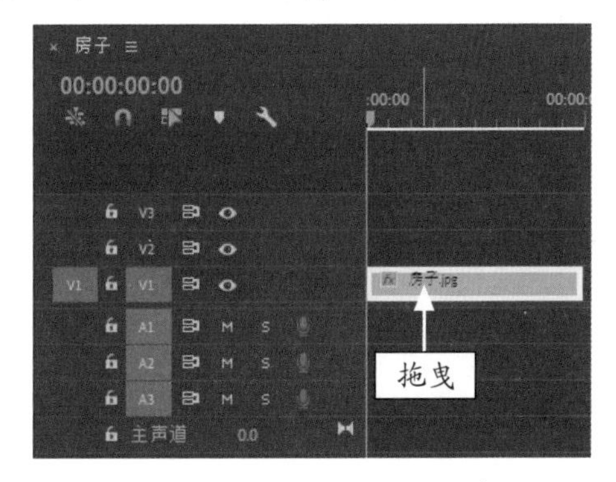


图 3-12　拖曳“RGB 曲线”特效

STEP 06 选择 V1 轨道上的素材，在“效果控件”面板中，展开“RGB 曲线”选项，如图 3-13 所示。

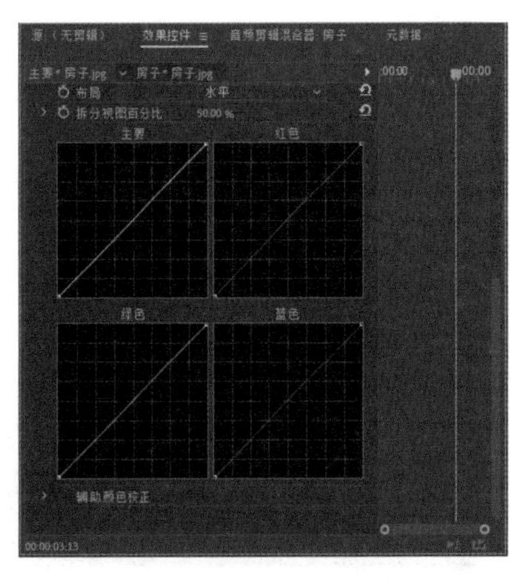

图 3-13　展开“RGB 曲线”选项

STEP 07 在红色矩形区域中按住鼠标左键并拖曳，创建并移动控制点，如图 3-14 所示。

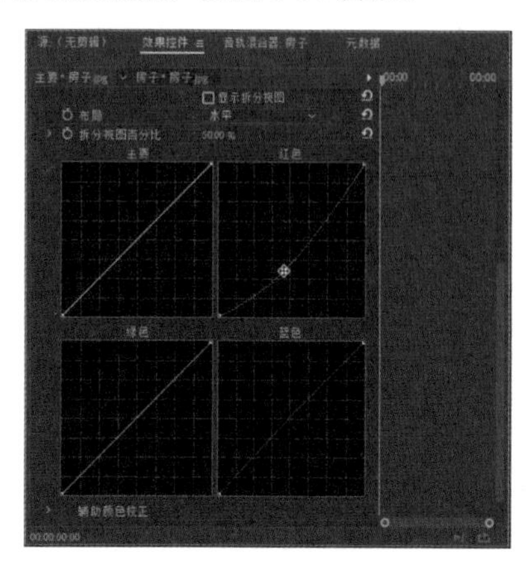

图 3-14　创建并移动控制点

STEP 08 执行上述操作后，即可完成运用 RGB 曲线校正色彩，如图 3-15 所示。

图 3-15　运用 RGB 曲线校正色彩

**专家指点**

在“RGB 曲线”特效中，用户还可以设置以下选项。

- 显示拆分视图：将图像的一部分显示为校正视图，而将其他图像的另一部分显示为未校正视图。
- 主要通道：在更改曲线形状时改变所有通道的亮度和对比度。使曲线向上弯曲会使剪辑变亮，使曲线向下弯曲会使剪辑变暗。曲线较陡峭的部分表示图像中对比度较高的部分。通过单击可将点添加到曲线上，而通过拖动点可操控形状，将点拖离图表可以删除点。曲线向上弯曲会使通道变亮，使曲线向下弯曲会使通道变暗。
- 辅助颜色校正：指定由效果校正的颜色范围，可以通过色相、饱和度和明亮度定义颜色。单击三角形可访问控件。
- 中央：在用户指定的范围中定义中央颜色，选择吸管工具，然后在屏幕上单击任意位置以指定颜色，此颜色会显示在色板中。用户也可以单击色板来打开 Adobe 拾色器，然后选择中央颜色。
- 色相、饱和度和亮度：根据色相、饱和度或明亮度指定要校正的颜色范围。单击选项名称旁边的三角形，可以访问阈值和柔和度（羽化）控件，用于定义色相、饱和度或明亮度范围。
- 结尾柔和度：使指定区域的边界模糊，从而使校正更大程度上与原始图像混合。注意，较高的值会增加柔和度。
- 边缘细化：使指定区域有更清晰的边界，校正显得更明显，较高的值会增加指定区域的边缘清晰度。
- 反转：校正所有的颜色，可使用“辅助颜色校正”设置指定的颜色范围除外。

STEP 09 单击“播放 - 停止切换”按钮，预览视频效果，如图 3-16 所示。

图 3-16　RGB 曲线调整的前后对比效果

**专家指点**

“辅助颜色校正”属性用来指定使用效果校正的颜色范围，可以通过色相、饱和度和明亮度指定颜色或颜色范围，将颜色校正效果隔离到图像的特定区域。这类似于在 Photoshop 中执行选择或遮蔽图像，“辅助颜色校正”属性可供“亮度校正器”“亮度曲线”“RGB 颜色校正器”“RGB 曲线”以及“三向颜色校正器”等效果使用。

## 3.2.2　校正颜色：替换颜色转换色彩效果

更改颜色是指通过指定一种颜色，然后将另一种新的来替换用户指定的颜色，达到色彩转换的效果。

|  | 素材文件 | 素材 \ 第 3 章 \ 鞋子 .prproj |
|---|---|---|
| | 效果文件 | 效果 \ 第 3 章 \ 鞋子 .prproj |
| | 视频文件 | 视频 \ 第 3 章 \3.2.2　校正颜色：替换颜色转换色彩效果 .mp4 |

**【操练 + 视频】**
**——校正颜色：替换颜色转换色彩效果**

STEP 01 按 Ctrl + O 组合键，打开文件“素材 \ 第 3 章 \ 鞋子 .prproj”，如图 3-17 所示。

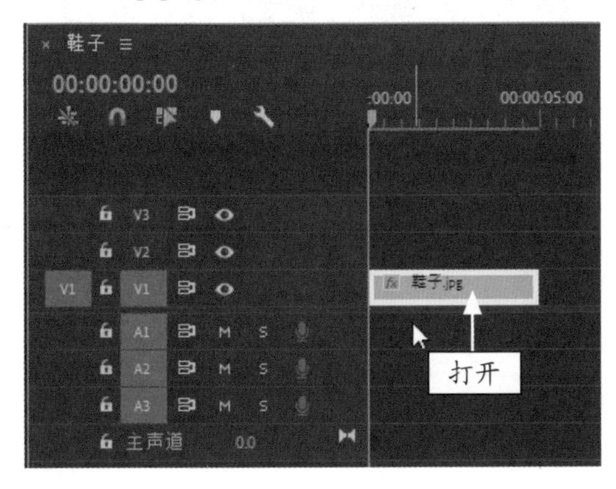


图 3-17　打开项目文件

STEP 02 打开项目文件后，在“节目监视器”面板中便可以查看素材画面，如图 3-18 所示。

STEP 03 在“效果”面板中，展开“视频效果”|“颜色校正”选项，在其中选择“更改颜色”视频特效，如图 3-19 所示。

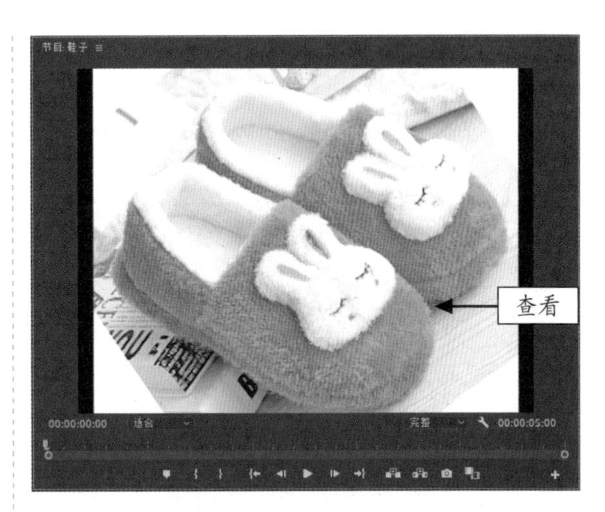


图 3-18　查看素材画面

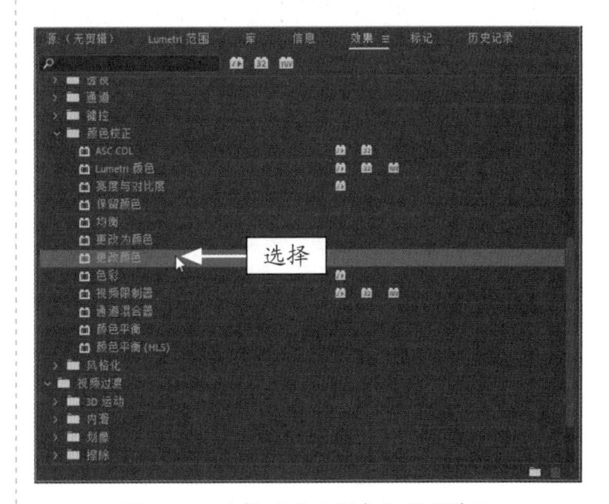


图 3-19　选择“更改颜色”视频特效

STEP 04 按住鼠标左键并拖曳“更改颜色”特效至“时间轴”面板中的素材文件上，如图 3-20 所示，释放鼠标即可添加视频特效。

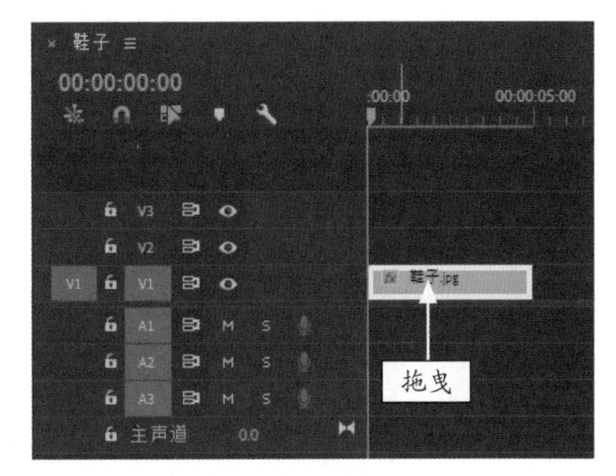


图 3-20　拖曳“更改颜色”特效

STEP 05 选择 V1 轨道上的素材，在“效果控件”面板中，展开“更改颜色”选项，单击“要更改的颜色”选项右侧的吸管图标，如图 3-21 所示。

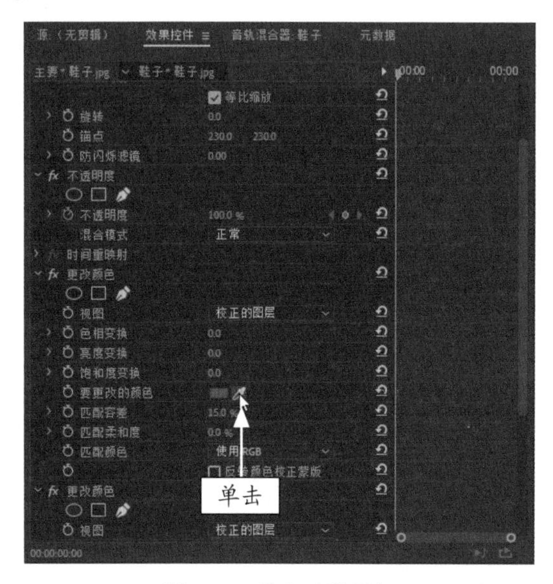


图 3-21 单击吸管图标

STEP 06 在“节目监视器”面板中的合适位置单击，进行采样，如图 3-22 所示。

STEP 07 取样完成后，在“效果控件”面板中，展开“更改颜色”选项，设置“色相变换”为 - 175、“亮度变换”为 8、“匹配容差”为 28%，如图 3-23 所示。

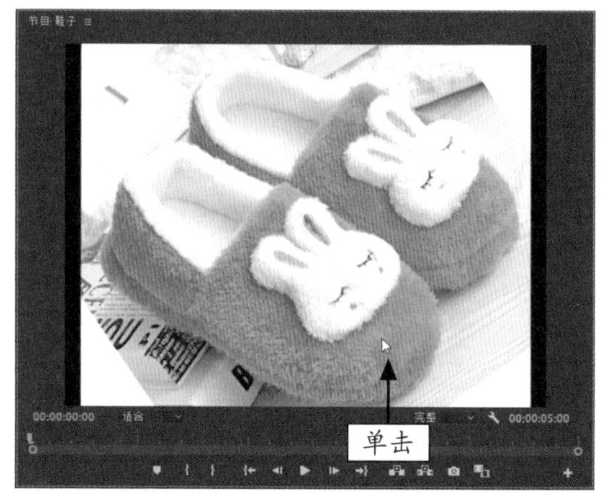


图 3-22 进行采样

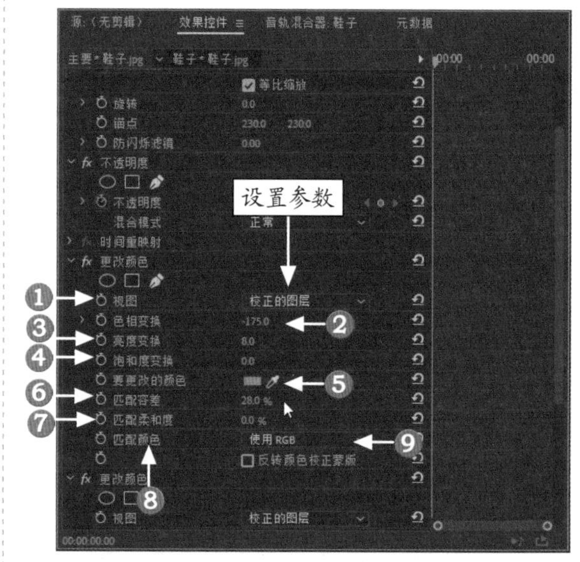


图 3-23 设置相应的选项

## 专家指点

更换颜色主要选项介绍如下。

❶ 视图：“校正的图层”显示更改颜色效果的结果。“颜色校正遮罩”显示将要更改的图层的区域。颜色校正遮罩中的白色区域的变化最大，黑暗区域变化最小。

❷ 色相变换：色相的调整量。

❸ 亮度变换：正值使匹配的像素变亮，负值使它们变暗。

❹ 饱和度变换：正值增加匹配的像素的饱和度（向纯色移动），负值降低匹配的像素的饱和度（向灰色移动）。

❺ 要更改的颜色：素材范围中要更改的中央颜色。

❻ 匹配容差：设置颜色可以在多大程度上不同于“要匹配的颜色”但仍然匹配。

❼ 匹配柔和度：不匹配像素受效果影响的程度，与“要匹配的颜色”的相似性成对应比例。

❽ 匹配颜色：确定一个在其中比较颜色以确定相似性的色彩空间。RGB 在 RGB 色彩空间中比较颜色。色相在颜色的色相上做比较，忽略饱和度和亮度，如鲜红和浅粉匹配。色度使用两个色度分量来确定相似性，忽略明亮度（亮度）。

❾ 反转颜色校正蒙版：反转用于确定哪些颜色受影响的蒙版。

STEP 08 执行上述操作后，即可运用“更改颜色”特效调整色彩，如图 3-24 所示。

图 3-24　运用“更改颜色”特效调整色彩

STEP 09 单击“播放 - 停止切换”按钮，预览视频效果，效果对比如图 3-25 所示。

图 3-25　更改颜色调整的前后对比效果

**专家指点**

当用户第一次确认需要修改的颜色时，只需要选择近似的颜色即可，因为在了解颜色替换效果后才能精确调整替换的颜色。“更改颜色”特效是通过调整素材色彩范围内色相、亮度以及饱和度的数值，来改变色彩范围内的颜色的。

在 Premiere Pro 2020 中，用户也可以使用“更改为颜色”特效，调整色相、亮度和饱和度（HLS）值，将用户在图像中选择的颜色更改为另一种颜色，且保持其他颜色不受影响。

“更改为颜色”特效提供了“更改颜色”效果未能提供的灵活性和选项。这些选项包括用于精确颜色匹配的色相、亮度和饱和度容差滑块，以及选择用户希望更改成的目标颜色的精确 RGB 值。“更改为颜色”特效选项如图 3-26 所示。

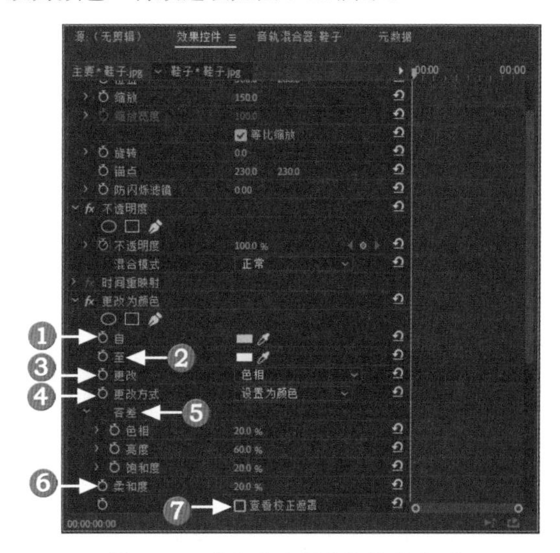


图 3-26　“更改为颜色”特效选项

❶ 自：要更改的颜色范围的中心。

❷ 至：将匹配的像素更改成的颜色（要将素材设置动画化颜色变化，要为“至”颜色设置关键帧）。

❸ 更改：选择受影响的通道。

❹ 更改方式：如何更改颜色，“设置为颜色”表示将受影响的像素直接更改为目标颜色；“变换为颜色”表示使用 HLS 插值向目标颜色变换受影响的像素值，每个像素的更改量取决于像素的颜色与“自”颜色的接近程度。

❺ 容差：颜色可以在多大程度上不同于“自”

颜色并且仍然匹配，展开此控件可以显示色相、亮度以及饱和度值的单独滑块。

❻ 柔和度：用于校正遮罩边缘的羽化量，较高的值将在受颜色更改影响的区域与不受影响的区域之间创建更平滑的过渡。

❼ 查看校正遮罩：显示灰度遮罩，表示效果影响每个像素的程度，白色区域的变化最大，黑暗区域的变化最小。

将素材添加到“时间轴”面板的轨道上后，为素材添加“更改为颜色”特效，在“效果控件”面板中，展开“更改为颜色”选项，单击“自”右侧的色块，在弹出的“拾色器”对话框中设置 RGB 参数为 3、231、72；单击“至”右侧的色块，在弹出的“拾色器”对话框中设置RGB参数为251、275、80；设置“色相”为 20%、“亮度”为 60%、“饱和度”为 20%、“柔和度”为 20%，调整效果如图 3-27 所示。

图 3-27　调整效果

### 3.2.3　平衡颜色：调整画面平衡素材颜色

HLS 表示色相、亮度以及饱和度 3 个颜色通道的简称。“颜色平衡（HLS）”特效能够通过调整画面的色相、饱和度以及明度来达到平衡素材颜色的作用。

| | |
|---|---|
| 素材文件 | 素材 \ 第 3 章 \ 亭子 .prproj |
| 效果文件 | 效果 \ 第 3 章 \ 亭子 .prproj |
| 视频文件 | 视频 \ 第 3 章 \3.2.3　平衡颜色：调整画面平衡素材颜色 .mp4 |

**【操练 + 视频】**
**——平衡颜色：调整画面平衡素材颜色**

STEP 01 按 Ctrl + O 组合键，打开文件“素材 \ 第 3 章 \ 亭子 .prproj”，如图 3-28 所示。

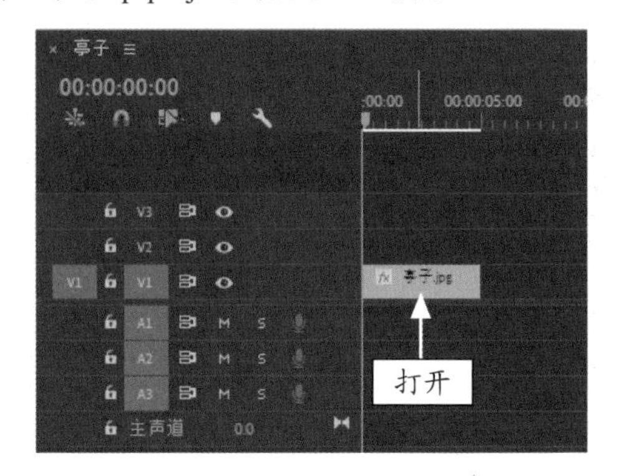


图 3-28　打开项目文件

STEP 02 打开项目文件，在“节目监视器”面板中即可查看素材画面，如图 3-29 所示。

图 3-29　查看素材画面

STEP 03 在“效果”面板中，展开“视频效果”|“颜色校正”选项，在其中选择“颜色平衡（HLS）”视频特效，如图 3-30 所示。

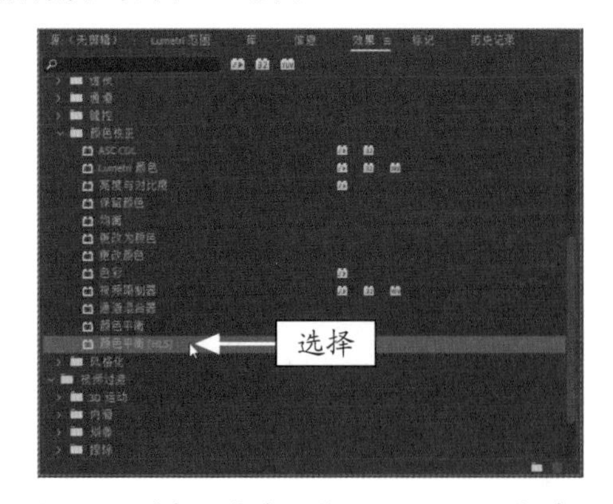


图 3-30　选择“颜色平衡（HLS）”视频特效

STEP 04 按住鼠标左键并拖曳“颜色平衡（HLS）”特效至“时间轴”面板中的素材文件上，如图 3-31 所示，释放鼠标即可添加视频特效。

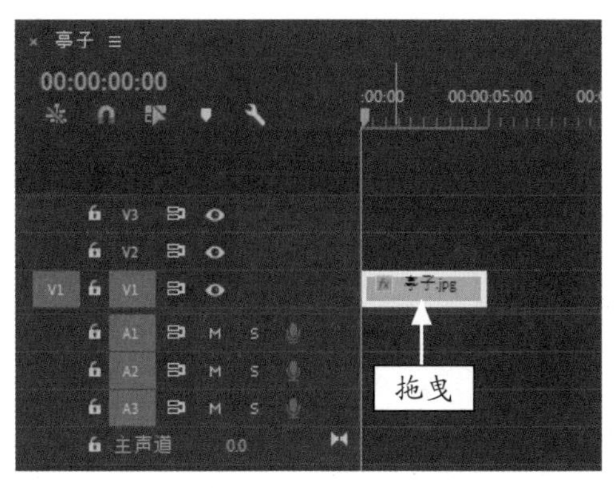


图 3-31　拖曳“颜色平衡（HLS）”特效

STEP 05 选择 V1 轨道上的素材，在“效果控件”面板中，展开“颜色平衡（HLS）”选项，如图 3-32 所示。

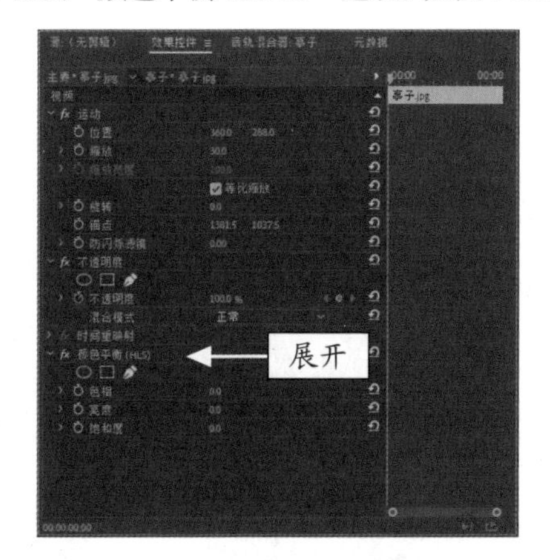


图 3-32　展开“颜色平衡（HLS）”选项

STEP 06 在“效果控件”面板中，设置“色相”为 - 20.0°、“亮度”为 0.0、“饱和度”为 0.0，如图 3-33 所示。

STEP 07 执行以上操作后，即可运用“颜色平衡（HLS）”调整色彩。单击“播放 - 停止切换”按钮，预览视频效果，效果对比如图 3-34 所示。

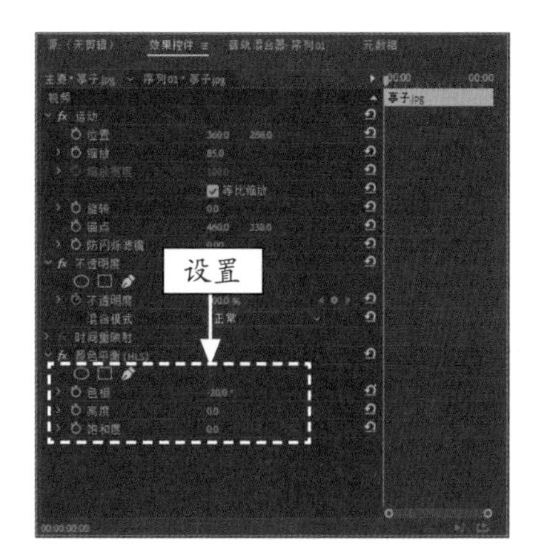


图 3-33　设置相应的数值

图 3-34　“颜色平衡（HLS）”特效调整的前后对比效果

## 3.3 调整图像色彩

色彩的调整主要是针对素材中的对比度、亮度、颜色以及通道等项目进行特殊的调整和处理。在 Premiere Pro 2020 中，系统为用户提供了 9 种特殊效果，本节将对其中几种常用特效进行介绍。

## 3.3.1 自动色阶：调整每一个位置的颜色

在 Premiere Pro 2020 中，“自动色阶”特效可以自动调整素材画面的高光、阴影，并可以调整每一个位置的颜色。下面介绍运用“自动色阶”特效调整图像的操作方法。

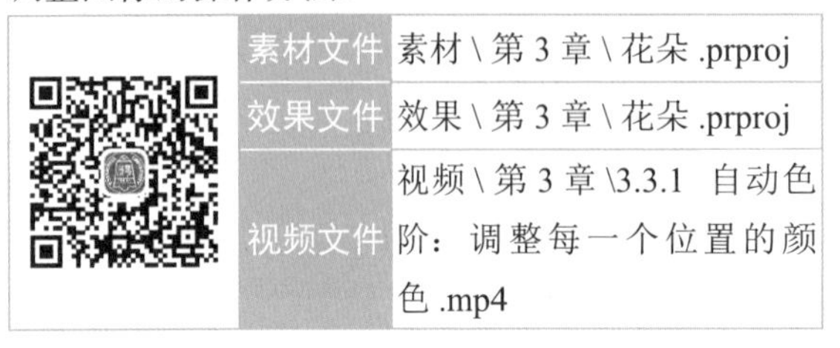

| | 素材文件 | 素材 \ 第 3 章 \ 花朵 .prproj |
|---|---|---|
| | 效果文件 | 效果 \ 第 3 章 \ 花朵 .prproj |
| | 视频文件 | 视频 \ 第 3 章 \3.3.1 自动色阶：调整每一个位置的颜色 .mp4 |

**【操练 + 视频】**
**——自动色阶：调整每一个位置的颜色**

STEP 01 选择“文件”|“打开项目”命令，打开文件“素材 \ 第 3 章 \ 花朵 .prproj”，如图 3-35 所示。

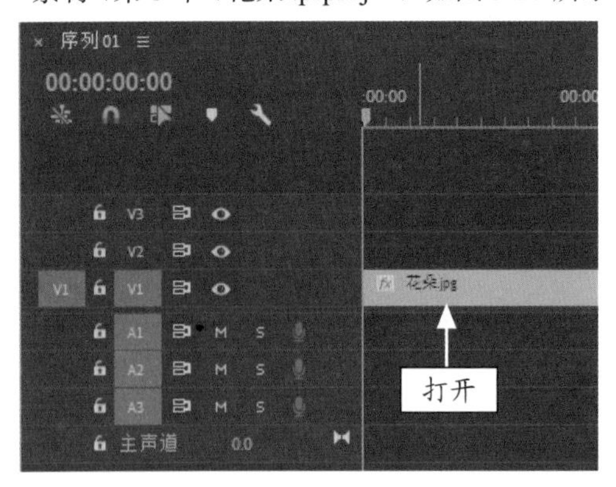


图 3-35 打开项目文件

STEP 02 打开项目文件后，在“节目监视器”面板中能查看素材画面，如图 3-36 所示。

图 3-36 查看素材画面

STEP 03 在“效果”面板中，展开“视频效果”|“过时”选项，在其中选择“自动色阶”特效，如图 3-37 所示。

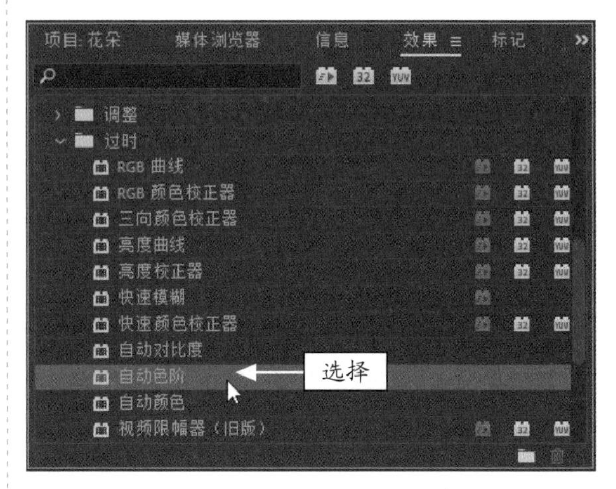


图 3-37 选择“自动色阶”特效

STEP 04 按住鼠标左键并拖曳“自动色阶”特效至“时间轴”面板中的素材文件上，如图 3-38 所示，释放鼠标即可添加视频特效。

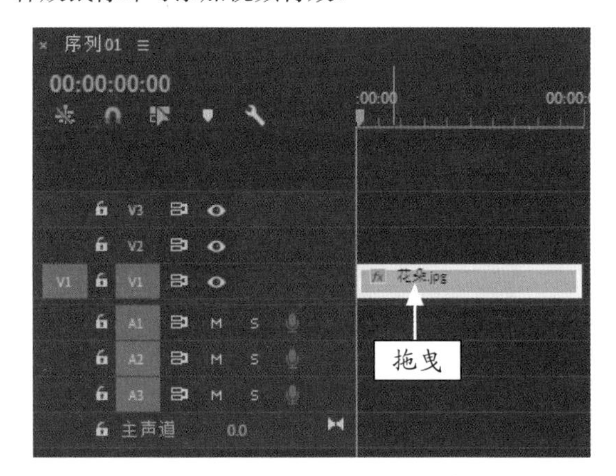


图 3-38 拖曳“自动色阶”特效

STEP 05 选择 V1 轨道上的素材，在“效果控件”面板中，展开“自动色阶”选项，如图 3-39 所示。

STEP 06 在“效果控件”面板中，设置“减少黑色像素”为 8%、“减少白色像素”为 3%、“与原始图像混合”为 5%，如图 3-40 所示。

STEP 07 执行以上操作后，即可运用“自动色阶”特效调整色彩。单击“播放 - 停止切换”按钮，预览视频效果，效果对比如图 3-41 所示。

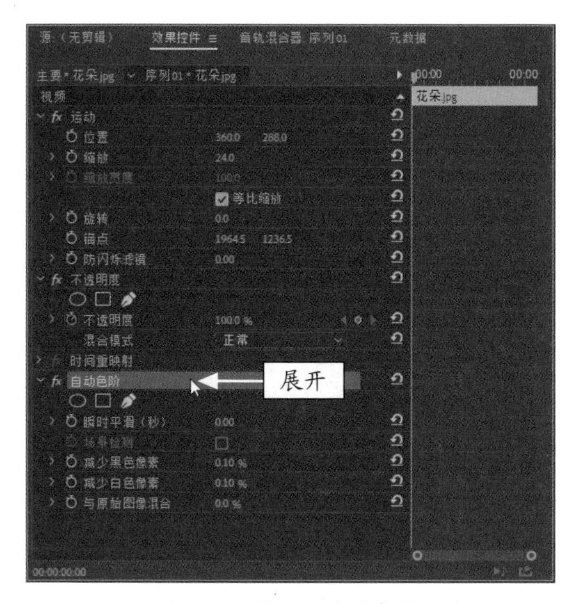


图 3-39　展开“自动色阶”选项

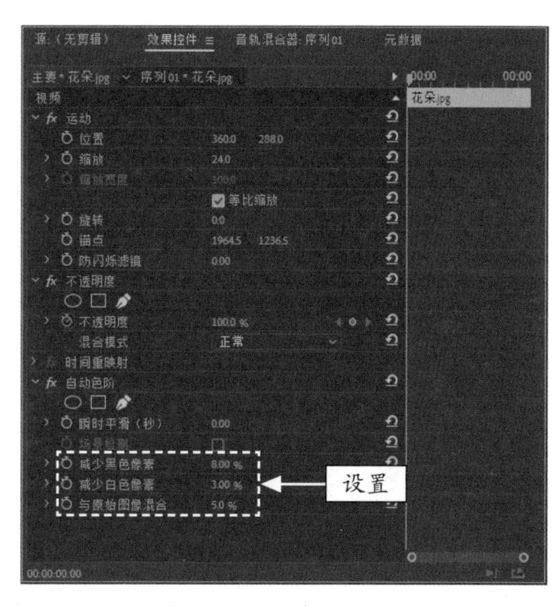


图 3-40　设置相应的数值

图 3-41　自动色阶调整的前后对比效果

## 3.3.2　卷积内核：改变素材的每一个像素

在 Premiere Pro 2020 中，“卷积内核”特效可以根据数学卷积分的运算来改变素材中的每一个像素。下面介绍运用“卷积内核”特效调整图像的操作方法。

**专家指点**

在 Premiere Pro 2020 中，“卷积内核”视频特效主要用于以某种预先指定的数字计算方法来改变图像中像素的亮度值，从而得到丰富的视频效果。在“效果控件”面板的“卷积内核”选项下，单击各选项前的三角形按钮，在其下方可以通过拖动滑块来调整数值。

|  | 素材文件 | 素材 \ 第 3 章 \ 沙发 .prproj |
|---|---|---|
| | 效果文件 | 效果 \ 第 3 章 \ 沙发 .prproj |
| | 视频文件 | 视频 \ 第 3 章 \3.3.2　卷积内核：改变素材的每一个像素 .mp4 |

**【操练 + 视频】**
**——卷积内核：改变素材的每一个像素**

STEP 01 选择“文件”|“打开项目”命令，打开文件“素材 \ 第 3 章 \ 沙发 .prproj”，如图 3-42 所示。

STEP 02 打开项目文件后，在“节目监视器”面板中可以查看素材画面，其效果如图 3-43 所示。

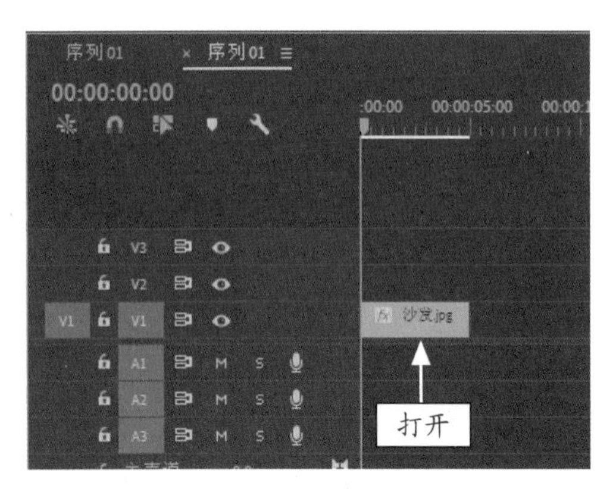


图 3-42　打开项目文件

图 3-43　查看素材画面

STEP 03 在“效果”面板中，展开“视频效果”|“调整”选项，在其中选择“卷积内核”特效，如图 3-44 所示。

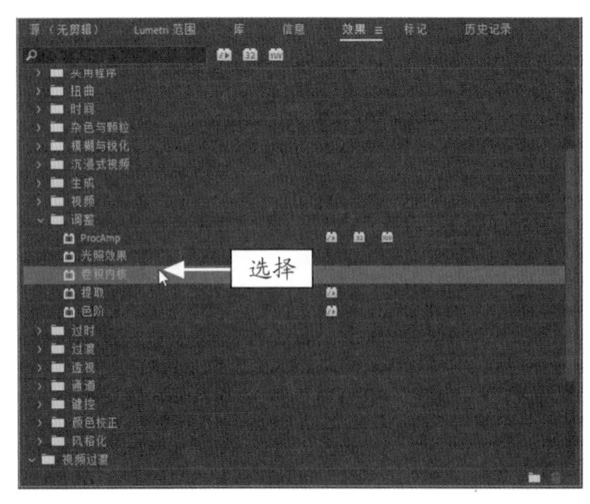


图 3-44　选择“卷积内核”特效

STEP 04 按住鼠标左键并拖曳“卷积内核”特效至“时间轴”面板中的素材文件上，如图 3-45 所示，释放鼠标即可添加视频特效。

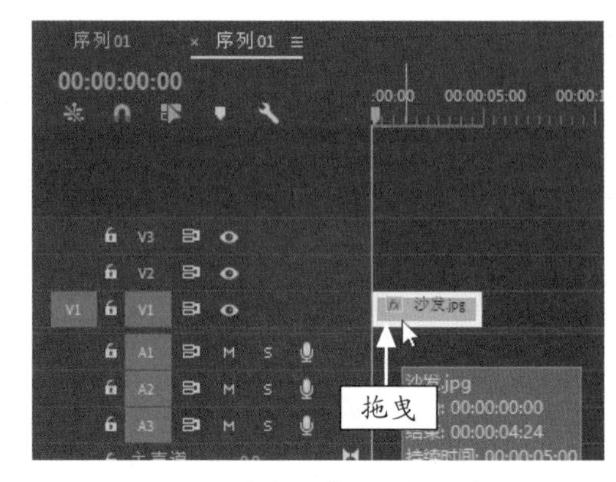


图 3-45　拖曳“卷积内核”特效

STEP 05 选择 V1 轨道上的素材，在“效果控件”面板中，展开“卷积内核”选项，如图 3-46 所示。

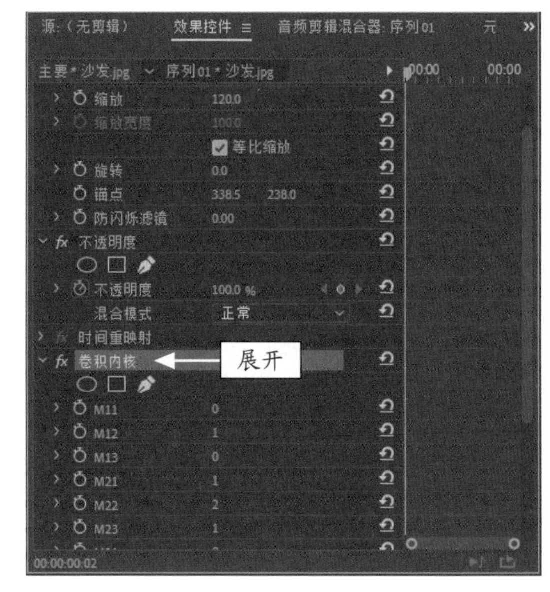


图 3-46　展开“卷积内核”选项

STEP 06 在“效果控件”面板中，设置 M11 为 2，如图 3-47 所示。

**专家指点**

在“卷积内核”特效中，每项以字母 M 开头的设置均表示 3×3 矩阵中的一个单元格。例如，M11 表示第 1 行第 1 列的单元格，M22 表示矩阵中心的单元格。单击任何单元格设置旁边的数字，可以输入要作为该像素亮度值的倍数的值。

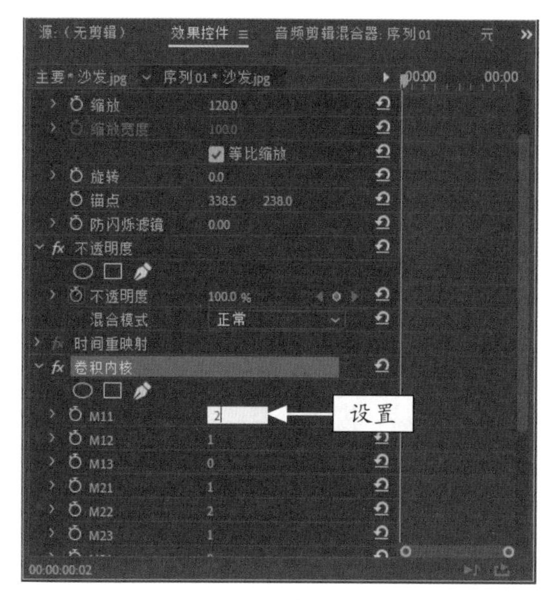


图 3-47　设置相应的数值

STEP 07 执行以上操作后，即可运用“卷积内核”特效调整色彩。单击“播放 - 停止切换”按钮，预览视频效果，效果对比如图 3-48 所示。

图 3-48　卷积内核调整的前后对比效果

**专家指点**

在“卷积内核”特效中，单击“偏移”选项旁边的数字并输入一个值，此值将与缩放计算的结果相加；单击“缩放”选项旁边的数字并输入一个值，计算中的像素亮度值总和将除以此值。

### 3.3.3　光照效果：制作图像中的照明效果

“光照效果”视频特效可以用来在图像中制作并应用多种照明效果。

| | | |
|---|---|---|
|  | 素材文件 | 素材 \ 第 3 章 \ 梅花 .prproj |
| | 效果文件 | 效果 \ 第 3 章 \ 梅花 .prproj |
| | 视频文件 | 视频\第 3 章\3.3.3 光照效果：制作图像中的照明效果 .mp4 |

**【操练 + 视频】**
**——光照效果：制作图像中的照明效果**

STEP 01 选择“文件”|“打开项目”命令，打开文件“素材 \ 第 3 章 \ 梅花 .prproj”，如图 3-49 所示。

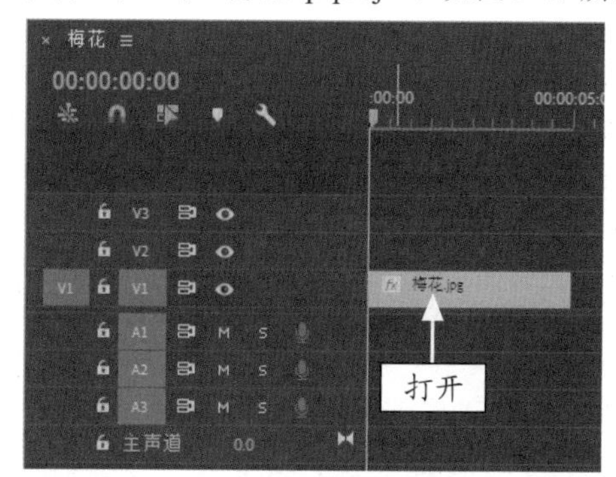


图 3-49　打开项目文件

STEP 02 打开项目文件后，在“节目监视器”面板中便可以查看素材画面，如图 3-50 所示。

图 3-50　查看素材画面

STEP 03 在“效果”面板中，展开“视频效果”|“调整”选项，在其中选择“光照效果”特效，如图 3-51 所示。

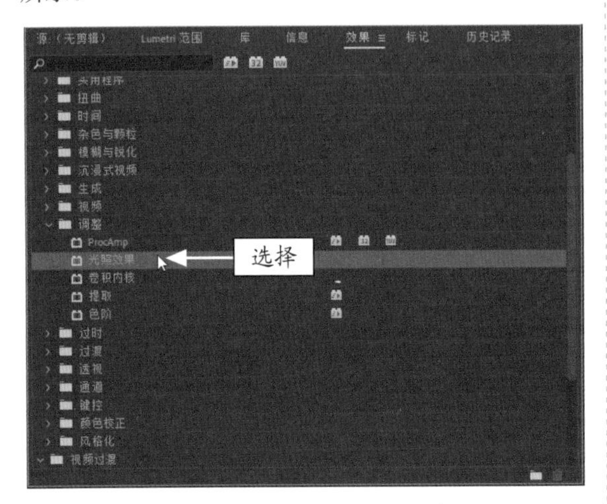


图 3-51　选择“光照效果”特效

STEP 04 按住鼠标左键并拖曳“光照效果”特效至“时间轴”面板中的素材文件上，如图 3-52 所示，释放鼠标即可添加视频特效。

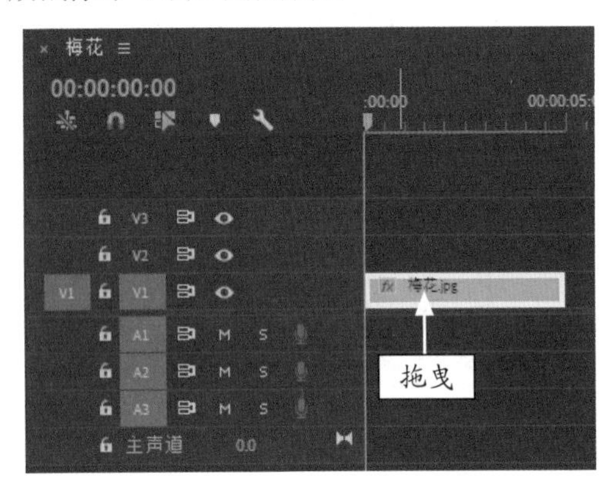


图 3-52　拖曳“光照效果”特效

▶ 专家指点

在“光照效果”特效中，用户还可以设置以下选项。

- 表面材质：用于确定反射率较高者是光本身还是光照对象。值 -100 表示反射光的颜色，值 100 表示反射对象的颜色。
- 曝光：用于增加（正值）或减少（负值）光照的亮度。光照的默认亮度值为 0。

STEP 05 选择 V1 轨道上的素材，在“效果控件”面板中，展开“光照效果”选项，再展开“光照 1”选项，如图 3-53 所示。

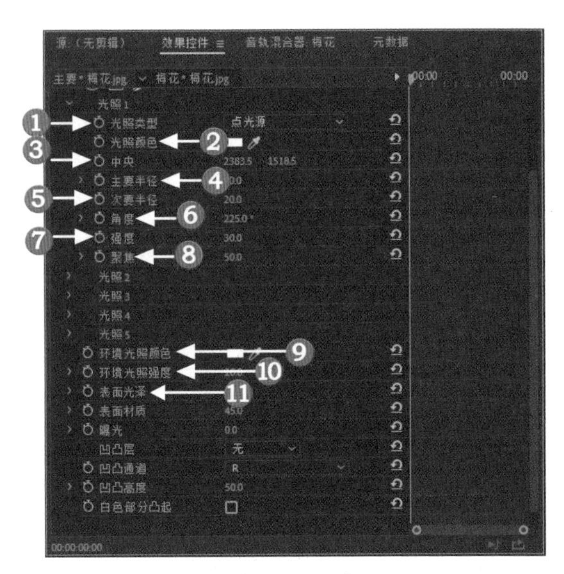


图 3-53　展开“光照效果”选项

▶ 专家指点

主要选项介绍如下。

❶ 光照类型：选择光照类型以指定光源。“无”表示关闭光照；“方向型”表示从远处提供光照，使光线角度不变；“全光源”表示直接在图像上方提供四面八方的光照，类似于灯泡照在一张纸上的情形；“聚光”表示投射椭圆形光束。

❷ 光照颜色：用来指定光照颜色。可以单击色板使用 Adobe 拾色器选择颜色，然后单击“确定”按钮；也可以单击吸管图标，然后单击计算机桌面上的任意位置以选择颜色。

❸ 中央：使用光照中心的 X 和 Y 坐标值移动光照，也可以通过在“节目监视器”面板中拖动中心圆来定位光照。

❹ 主要半径：调整全光源或点光源的长度，也可以在“节目监视器”面板中拖动手柄来调整。

❺ 次要半径：用于调整点光源的宽度。光照变为圆形后，增加次要半径也就会增加主要半径，也可以在“节目监视器”面板中拖动手柄来调整此属性。

❻ 角度：用于更改平行光或点光源的方向。通过指定度数值可以调整此项控制，也可在“节目监视器”面板中将指针移至控制柄之外，直至其变成双头弯箭头，再进行拖动以旋转光。

❼ 强度：该选项用于控制光照的明亮强度。

> **专家指点**
>
> ❽ 聚焦：该选项用于调整点光源的最明亮区域的大小。
>
> ❾ 环境光照颜色：该选项用于更改环境光的颜色。
>
> ❿ 环境光照强度：提供漫射光，就像该光照与室内其他光照（如日光或荧光）相混合一样。值 100 表示仅使用光源，值 -100 表示移除光源。要更改环境光的颜色，可以单击颜色框并使用出现的拾色器进行设置。
>
> ⓫ 表面光泽：决定表面反射多少光（类似在一张照相纸的表面上），值介于 -100（低反射）～ 100（高反射）之间。

**STEP 06** 在“效果控件”面板中，设置“光照类型”为“点光源”、“中央”为（2811.3，2071.7）、“主要半径”为 28.7、“次要半径”为 20.0、“角度”为 225.0°、“强度”为 13、“聚焦”为 10.0，如图 3-54 所示。

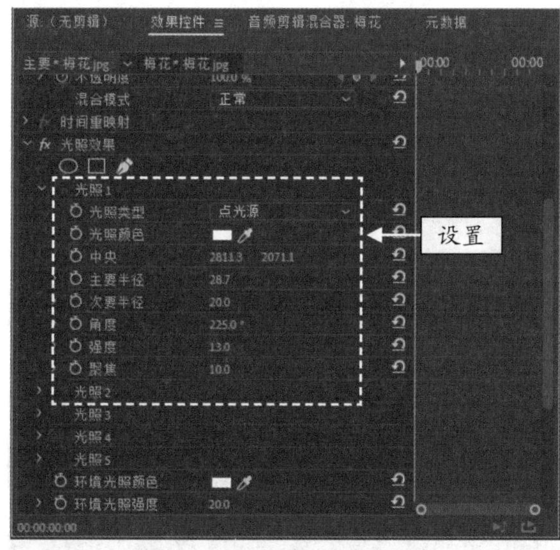


图 3-54　设置相应的数值

**STEP 07** 执行上述操作后，即可运用“光照效果”调整色彩。单击“播放 - 停止切换”按钮，预览视频效果，效果对比如图 3-55 所示。

> **专家指点**
>
> 在 Premiere Pro 2020 中，对剪辑应用“光照效果”时，最多可采用 5 个光照来产生有创意的光照效果。“光照效果”可用于控制光照属性，如光照类型、方向、强度、颜色、光照中心和光照传播。Premiere Pro 2020 中还有一个“凹凸层”控件，可以使用其他素材中的纹理或图案产生特殊光照效果，如类似 3D 表面的效果。

图 3-55　“光照效果”调整的前后对比效果

## 3.3.4　黑白效果：将素材画面转换为灰度图像

“黑白”特效主要是用于将素材画面转换为灰度图像。下面将介绍调整图像的黑白效果的操作方法。

| | | |
|---|---|---|
|  | 素材文件 | 素材 \ 第 3 章 \ 结香 .prproj |
| | 效果文件 | 效果 \ 第 3 章 \ 结香 .prproj |
| | 视频文件 | 视频 \ 第 3 章 \3.3.4　黑白效果：将素材画面转换为灰度图像 .mp4 |

**【操练 + 视频】**
**——黑白效果：将素材画面转换为灰度图像**

**STEP 01** 选择“文件”|“打开项目”命令，打开文件“素材 \ 第 3 章 \ 结香 .prproj”，如图 3-56 所示。

**STEP 02** 打开项目文件后，在“节目监视器”面板中便可以查看素材画面，如图 3-57 所示。

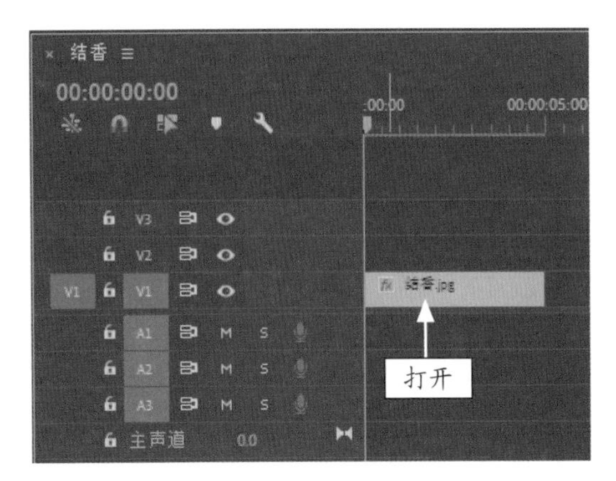


图 3-56　打开项目文件

图 3-57　查看素材画面

STEP 03 在“效果”面板中，展开“视频效果”|“图像控制”选项，在其中选择“黑白”特效，如图 3-58 所示。

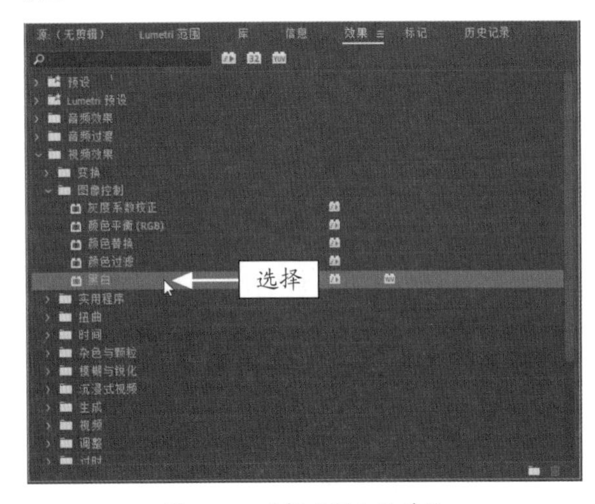


图 3-58　选择“黑白”特效

STEP 04 按住鼠标左键并拖曳“黑白”特效至“时间轴”面板中的素材文件上，如图 3-59 所示，释放鼠标即可添加视频特效。

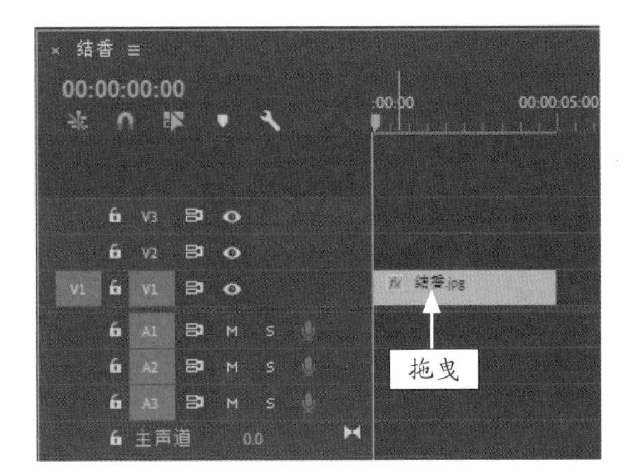


图 3-59　拖曳“黑白”特效

STEP 05 选择 V1 轨道上的素材，在“效果控件”面板中，展开“黑白”特效，保持默认设置即可，如图 3-60 所示。

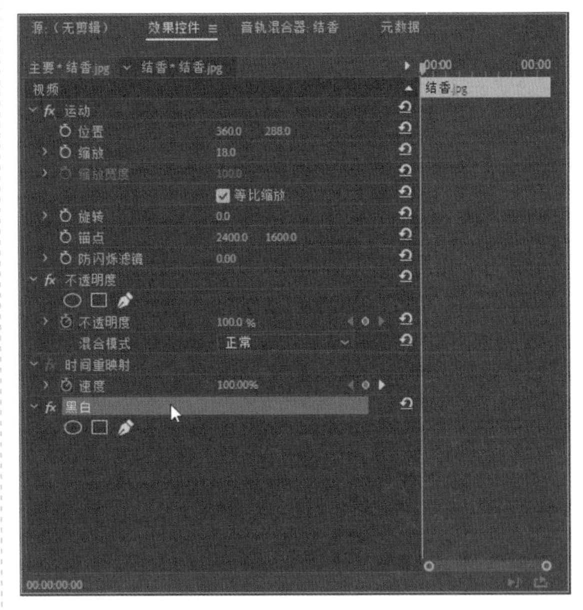

图 3-60　保持默认设置

STEP 06 执行以上操作后，即可运用“黑白”调整色彩。单击“播放 - 停止切换”按钮，预览视频效果，如图 3-61 所示。

图 3-61　预览视频效果

## 3.3.5　颜色过滤：过滤图像中的指定颜色

“颜色过滤”特效主要用于将图像中某一指定颜色外的其他部分转换为灰度图像。下面将介绍过滤图像中的指定颜色的操作方法。

<table>
<tr><td rowspan="3"></td><td>素材文件</td><td>素材 \ 第 3 章 \ 海豚 .prproj</td></tr>
<tr><td>效果文件</td><td>效果 \ 第 3 章 \ 海豚 .prproj</td></tr>
<tr><td>视频文件</td><td>视频 \ 第 3 章 \3.3.5 颜色过滤：过滤图像中的指定颜色 .mp4</td></tr>
</table>

**【操练 + 视频】**
**——颜色过滤：过滤图像中的指定颜色**

STEP 01 选择“文件”|“打开项目”命令，打开文件“素材 \ 第 3 章 \ 海豚 .prproj”文件，如图 3-62 所示。

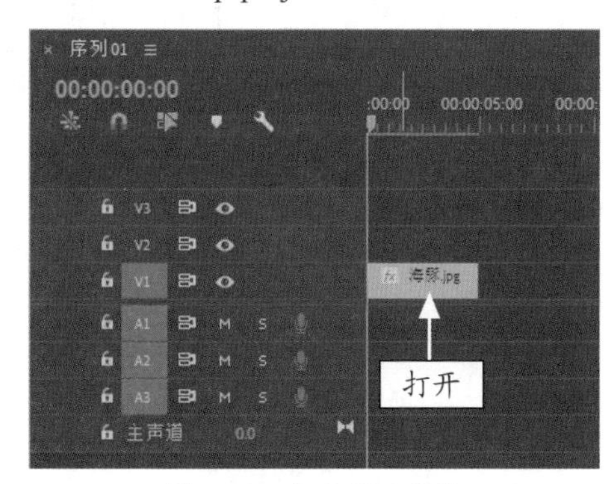


图 3-62　打开项目文件

STEP 02 打开项目文件后，在“节目监视器”面板中便可以查看素材画面，如图 3-63 所示。

STEP 03 在“效果”面板中，展开“视频效果”|“图像控制”选项，在其中选择“颜色过滤”视频特效，如图 3-64 所示。

图 3-63　查看素材画面

图 3-64　选择“颜色过滤”特效

STEP 04 按住鼠标左键并拖曳“颜色过滤”特效至“时间轴”面板中的素材文件上，如图 3-65 所示，释放鼠标即可添加视频特效。

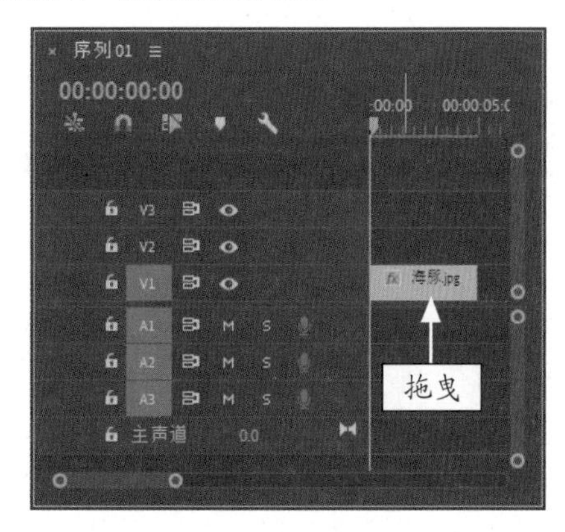


图 3-65　拖曳“颜色过滤”特效

STEP 05 选择 V1 轨道上的素材，在“效果控件”面板中，展开“颜色过滤”选项，如图 3-66 所示。

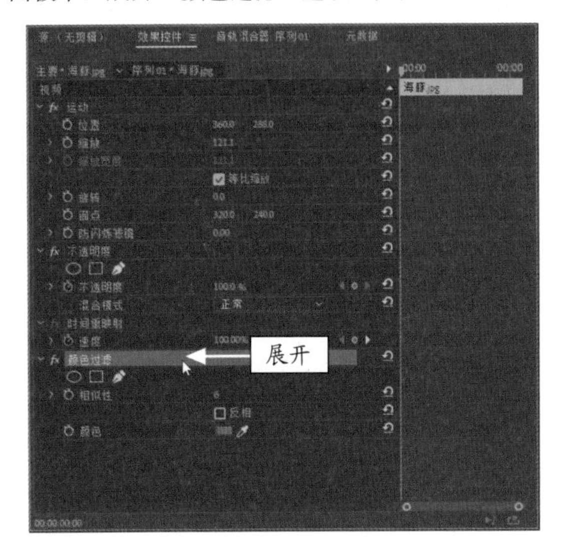


图 3-66 展开“颜色过滤”选项

STEP 06 在“效果控件”面板中，单击“颜色”右侧的吸管图标，在“节目监视器”面板素材背景中的蓝色部分单击，进行采样，如图 3-67 所示。

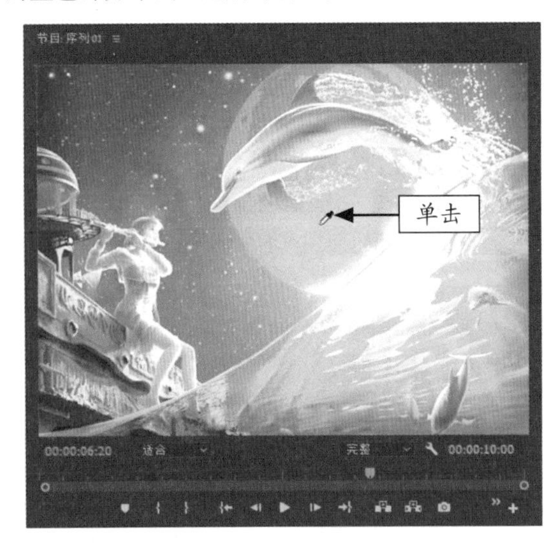


图 3-67 进行采样

STEP 07 取样完成后，在“效果控件”面板中，设置“相似性”为 20，如图 3-68 所示。

STEP 08 执行以上操作后，即可运用“颜色过滤”调整色彩，如图 3-69 所示。

STEP 09 单击“播放 - 停止切换”按钮，预览视频效果，效果对比如图 3-70 所示。

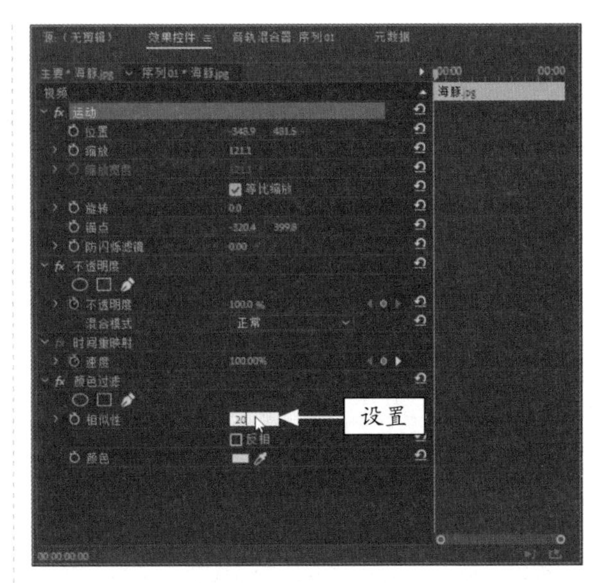


图 3-68 设置相应选项

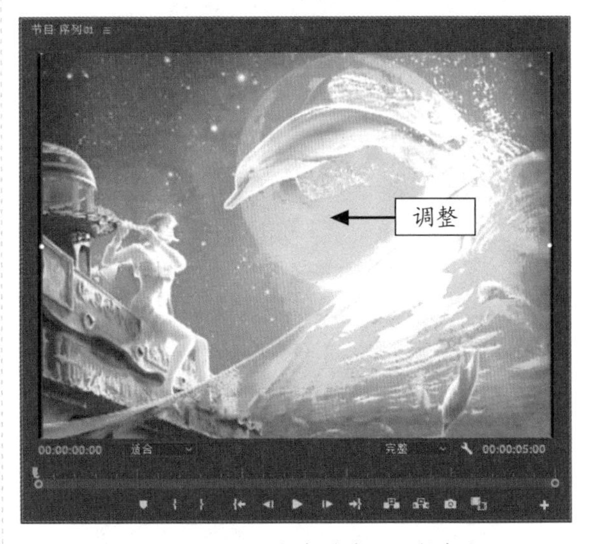


图 3-69 运用“颜色过滤”调整色彩

图 3-70 颜色过滤调整的前后对比效果

图 3-70　颜色过滤调整的前后对比效果（续）

### 3.3.6　颜色替换：替换图像中指定的颜色

“颜色替换”特效主要是通过目标颜色来改变素材中的颜色。下面将介绍调整图像的颜色替换的操作方法。

|  | 素材文件 | 素材 \ 第 3 章 \ 郁金香 .prproj |
|---|---|---|
| | 效果文件 | 效果 \ 第 3 章 \ 郁金香 .prproj |
| | 视频文件 | 视频 \ 第 3 章 \3.3.6 颜色替换：替换图像中指定的颜色 .mp4 |

**【操练 + 视频】**
**——颜色替换：替换图像中指定的颜色**

STEP 01 选择“文件”|“打开项目”命令，打开文件“素材 \ 第 3 章 \ 郁金香 .prproj”文件，如图 3-71 所示。

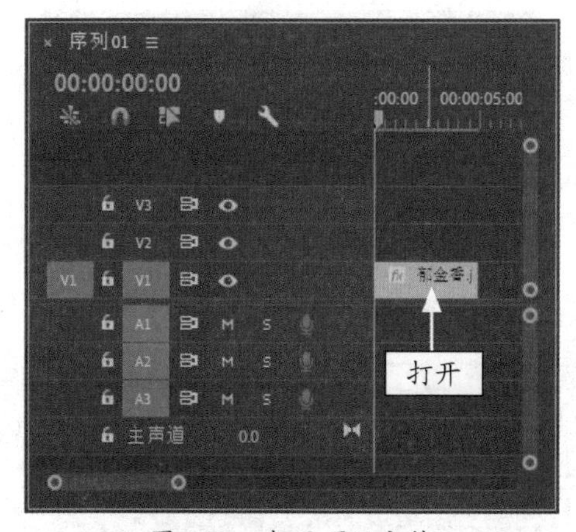


图 3-71　打开项目文件

STEP 02 打开项目文件后，在“节目监视器”面板中便可以查看到素材的画面，如图 3-72 所示。

STEP 03 在“效果”面板中，展开“视频效果”|“图像控制”选项，在其中选择“颜色替换”视频特效，如图 3-73 所示。

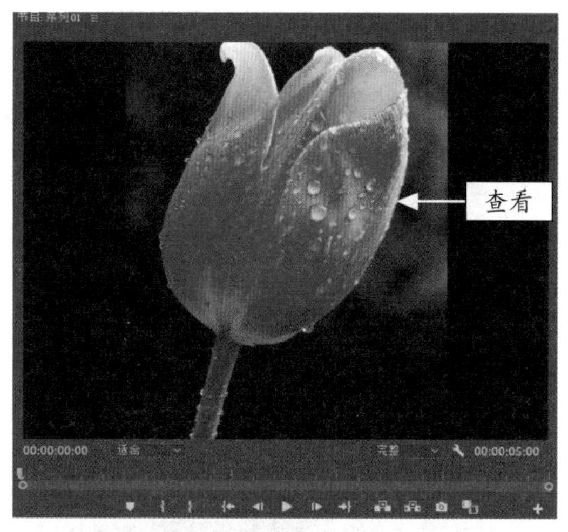


图 3-72　查看素材画面

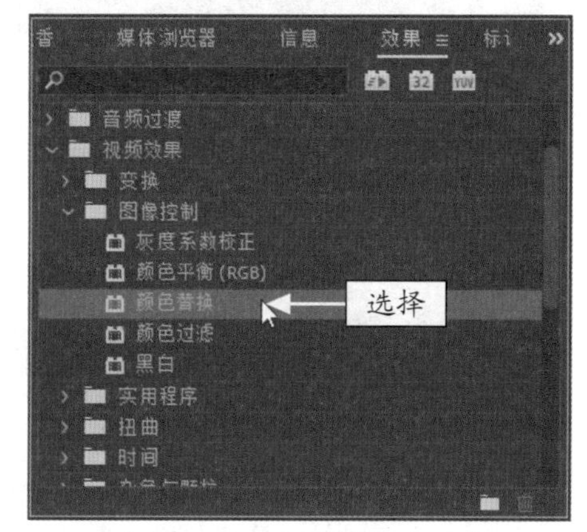


图 3-73　选择“颜色替换”特效

STEP 04 按住鼠标左键并拖曳“颜色替换”特效至“时间轴”面板中的素材文件上，如图 3-74 所示，释放鼠标即可添加视频特效。

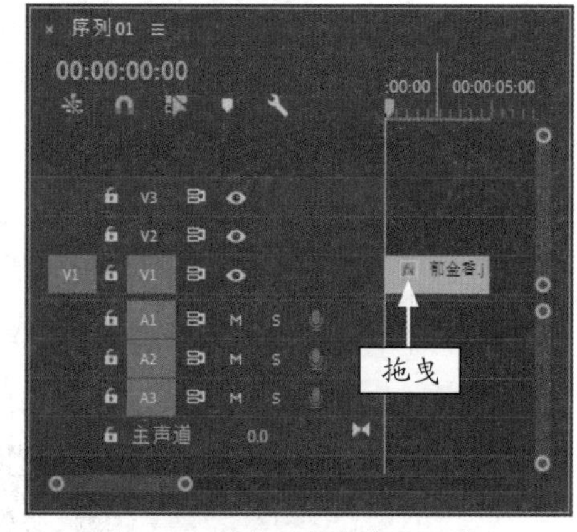


图 3-74　拖曳“颜色替换”特效

STEP 05 选择 V1 轨道上的素材，在“效果控件”面板中，展开“颜色替换”选项，如图 3-75 所示。

STEP 06 在“效果控件”面板中，单击“目标颜色”右侧的吸管图标，并在“节目监视器”面板素材背景中吸取枝干颜色，进行采样，如图 3-76 所示。

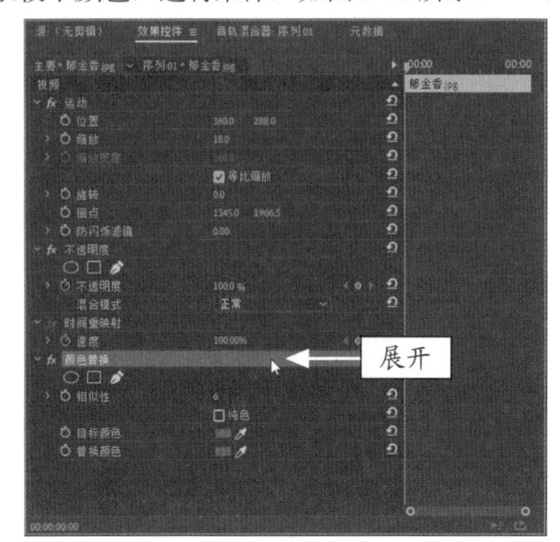

图 3-75　展开“颜色替换”选项

图 3-76　进行采样

STEP 07 取样完成后，在“效果控件”面板中，设置“替换颜色”为黄色（RGB 参数值为 255、255、0），设置“相似性”为 30，如图 3-77 所示。

STEP 08 执行以上操作后，即可运用“颜色替换”调整色彩，如图 3-78 所示。

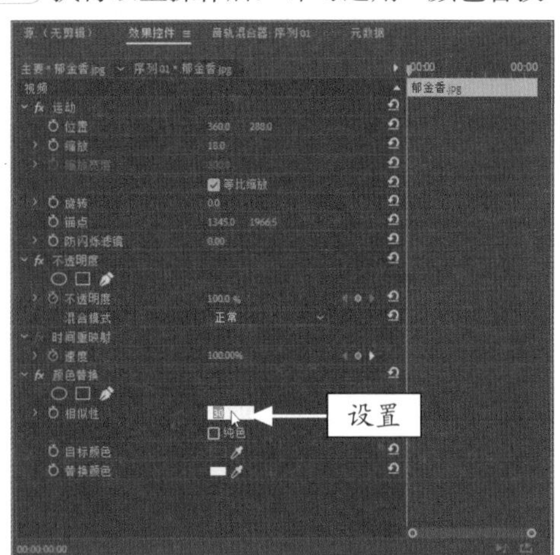

图 3-77　设置相应选项

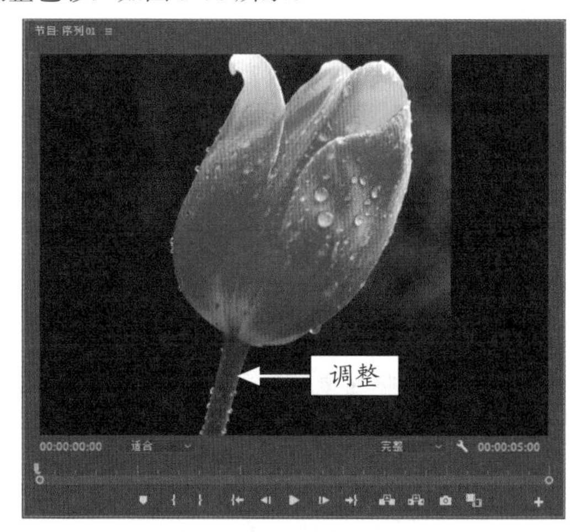

图 3-78　预览视频效果

STEP 09 单击“播放 - 停止切换”按钮，预览视频效果，效果对比如图 3-79 所示。

图 3-79　颜色替换调整的前后对比效果

# 第4章

# 影视转场：制作视频的转场特效

## 章前知识导读

转场主要利用某些特殊的效果，在素材与素材之间产生自然、平滑、美观以及流畅的过渡效果，可以让视频画面更富表现力。合理地运用转场效果，可以制作出让人赏心悦目的影视片段。本章将详细介绍编辑与设置视频转场效果的方法。

## 新手重点索引

- 掌握转场基础知识
- 编辑转场效果
- 设置转场属性
- 应用转场特效

## 效果图片欣赏

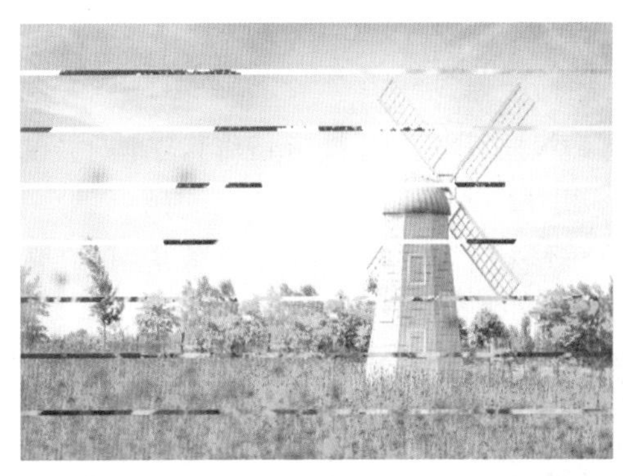

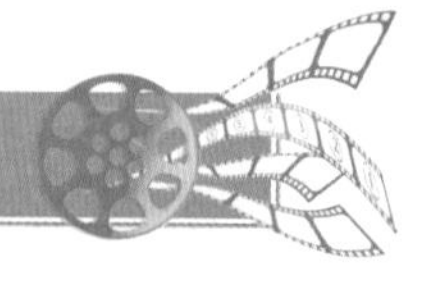

## 4.1 掌握转场基础知识

在两个镜头之间添加转场效果，可使镜头与镜头之间的过渡更为平滑。本节将对转场的相关基础知识进行介绍。

### 4.1.1 了解转场功能

视频影片是由镜头与镜头之间的连接组建起来的，镜头与镜头的切换过程，难免会显得过于僵硬，所以需要选择不同的转场来达到过渡效果，如图 4-1 所示。转场除了平滑两个镜头的过渡外，还能起到画面和视角之间的切换作用。

图 4-1　转场效果

### 4.1.2 了解转场分类

Premiere Pro 2020 中提供了多种多样的典型转换效果，根据不同的类型，系统将其分别归类在不同的文件夹中。

Premiere Pro 2020 中包含的转场效果分别有 3D 运动效果、划像效果、页面剥落效果、溶解效果、擦除效果、内滑效果、缩放效果以及其他的特殊效果等。图 4-2 所示为"划像"转场效果。

图 4-2　"划像"转场效果

### 4.1.3　了解转场应用

构成影片的最小单位是镜头，一个个镜头连接在一起形成的镜头序列叫作段落。每个段落都具有某个单一的、相对完整的意思。而段落与段落之间、场景与场景之间的过渡或转换，就叫作转场。不同的转场效果应用在不同的领域，可以使其效果更佳，如图 4-3 所示。

图 4-3　“百叶窗”转场效果

在影视科技不断发展的今天，转场的应用已经从单纯的影视效果发展到许多商业的动态广告、游戏的开场动画以及网络视频的制作中。如 3D 转场中的“帘式”转场，多用于娱乐节目的 MTV 中，让节目看起来更加生动。叠化转场中的“白场过渡与黑场过渡”转场效果常用在影视节目的片头和片尾处，这种缓慢的过渡可以避免让观众产生过于突然的感觉。

## 4.2　编辑转场效果

用户在两个镜头之间添加转场效果，可以使镜头与镜头之间的过渡更为平滑。本节主要介绍转场效果的基本编辑操作方法。

### 4.2.1　视频过渡：制作小狗转场效果

在 Premiere Pro 2020 中，转场效果被放置在“效果”面板的“视频过渡”文件夹中，用户只需将转场效果拖入视频轨道中即可。下面介绍添加转场效果的操作方法。

| 素材文件 | 素材 \ 第 4 章 \ 小狗 .prproj |
| --- | --- |
| 效果文件 | 效果 \ 第 4 章 \ 小狗 .prproj |
| 视频文件 | 视频 \ 第 4 章 \4.2.1　视频过渡：制作小狗转场效果 .mp4 |

**【操练 + 视频】**

**——视频过渡：制作小狗转场效果**

STEP 01 选择“文件”|“打开项目”命令，打开文件“素材 \ 第 4 章 \ 小狗 .prproj”，如图 4-4 所示。

图 4-4　打开项目文件

STEP 02 在“效果控件”面板中调整素材的缩放比例，在“效果”面板中展开“视频过渡”选项，如图 4-5 所示。

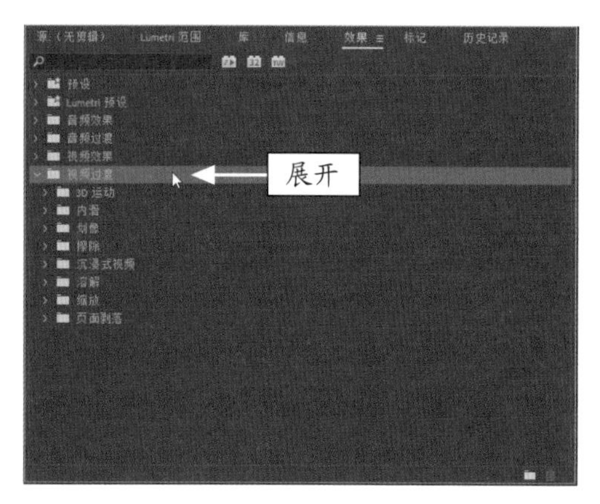


图 4-5　展开“视频过渡”选项

STEP 03 在其中展开“3D 运动”选项，选择“翻转”转场效果，如图 4-6 所示。

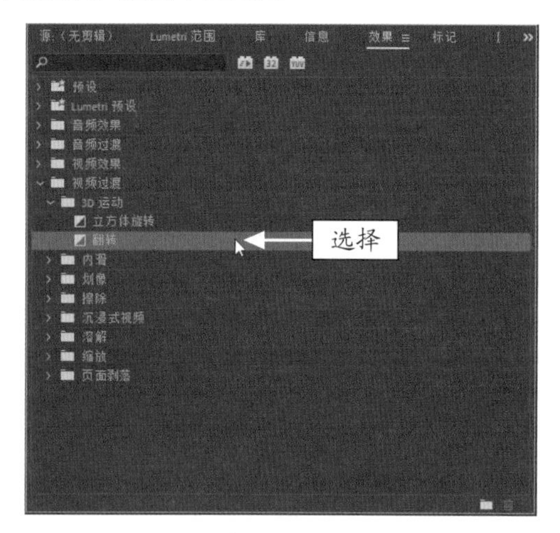


图 4-6　选择“翻转”转场效果

STEP 04 按住鼠标左键并将其拖曳至 V1 轨道的两个素材之间，即可添加转场效果，如图 4-7 所示。

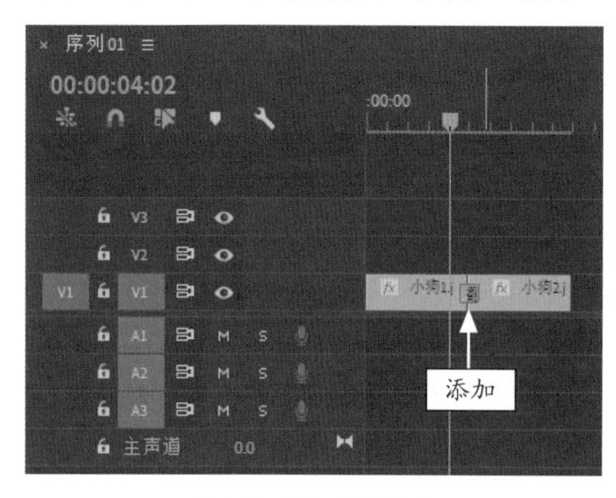


图 4-7　添加转场效果

STEP 05 执行上述操作后，单击“节目监视器”面板中的“播放 - 停止切换”按钮，即可预览转场效果，如图 4-8 所示。

图 4-8　预览转场效果

## 4.2.2　轨道转场：制作美食视频效果

在 Premiere Pro 2020 中，不仅可以在同一个轨道中添加转场效果，还可以在不同的轨道中添加转场效果。下面介绍为不同的轨道添加转场效果的操作方法。

|  | 素材文件 | 素材 \ 第 4 章 \ 美食 .prproj |
| --- | --- | --- |
| | 效果文件 | 效果 \ 第 4 章 \ 美食 .prproj |
| | 视频文件 | 视频 \ 第 4 章 \4.2.2　轨道转场：制作美食视频效果 .mp4 |

**【操练 + 视频】**
**——轨道转场：制作美食视频效果**

STEP 01 选择“文件” | “打开项目”命令，打开文件“素材 \ 第 4 章 \ 美食 .prproj”，如图 4-9 所示。

图 4-9　打开项目文件

STEP 02 拖曳“项目”面板中的素材至 V1 轨道和 V2 轨道上，并使素材与素材之间有适当的交叉，如图 4-10 所示，在“效果控件”面板中调整素材的缩放比例。

**专家指点**

在 Premiere Pro 2020 中为不同的轨道添加转场效果时，需要注意将不同轨道的素材与素材进行适当的交叉，否则会出现黑屏过渡效果。

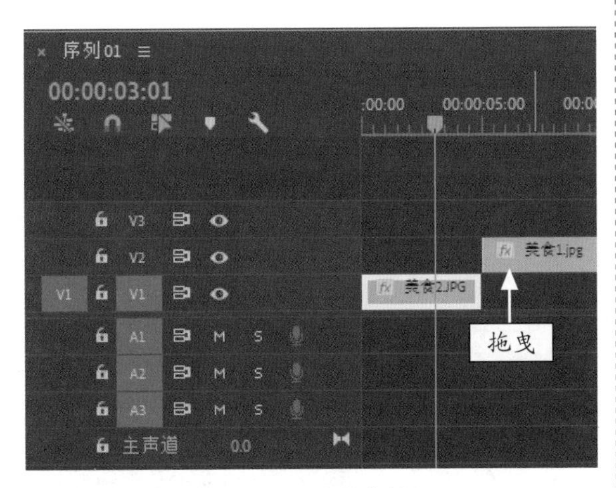


图 4-10　拖曳素材

STEP 03 在“效果”面板中展开“视频过渡”|“3D 运动”选项，选择“立方体旋转”转场效果，如图 4-11 所示。

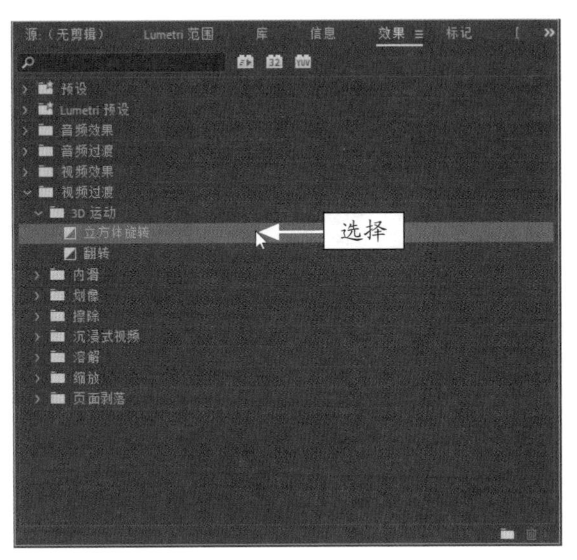


图 4-11　选择“立方体旋转”转场效果

STEP 04 按住鼠标左键，将其拖曳至 V2 轨道的素材上，便可以添加转场效果，如图 4-12 所示。

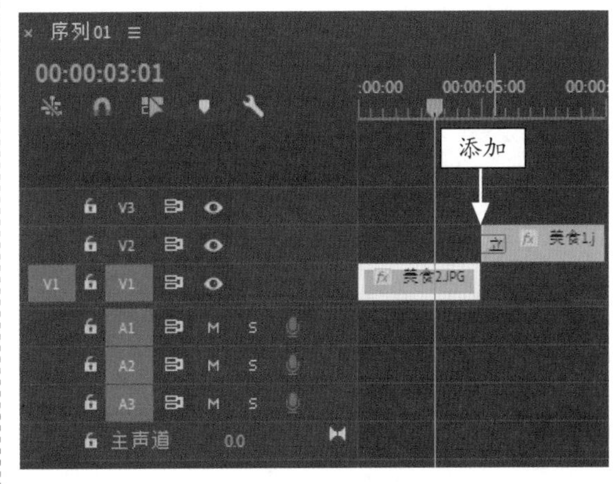


图 4-12　添加转场效果

STEP 05 执行上述操作后，单击“节目监视器”面板中的“播放 - 停止切换”按钮，即可预览转场效果，如图 4-13 所示。

**专家指点**

在 Premiere Pro 2020 中，将多个素材依次在轨道中连接时，要注意前一个素材的最后一帧与后一个素材的第一帧之间的衔接性，两个素材一定要紧密地连接在一起。如果中间留有时间空隙，则会在最终的影片播放中出现黑场。

图 4-13　预览转场效果

## 4.2.3　替换删除：制作深秋视频效果

在 Premiere Pro 2020 中，当用户发现添加的转场效果并不满意时，可以替换或删除转场效果。下面介绍替换和删除转场效果的操作方法。

| | | |
|---|---|---|
|  | 素材文件 | 素材 \ 第 4 章 \ 深秋 .prproj |
| | 效果文件 | 效果 \ 第 4 章 \ 深秋 .prproj |
| | 视频文件 | 视频 \ 第 4 章 \4.2.3　替换删除：制作深秋视频效果 .mp4 |

**【操练 + 视频】**
**——替换删除：制作深秋视频效果**

**STEP 01** 选择“文件”|“打开项目”命令，打开文件“素材 \ 第 4 章 \ 深秋 .prproj”，如图 4-14 所示。

图 4-14　打开项目文件

**STEP 02** 在“时间轴”面板的 V1 轨道中可以查看转场效果，如图 4-15 所示。

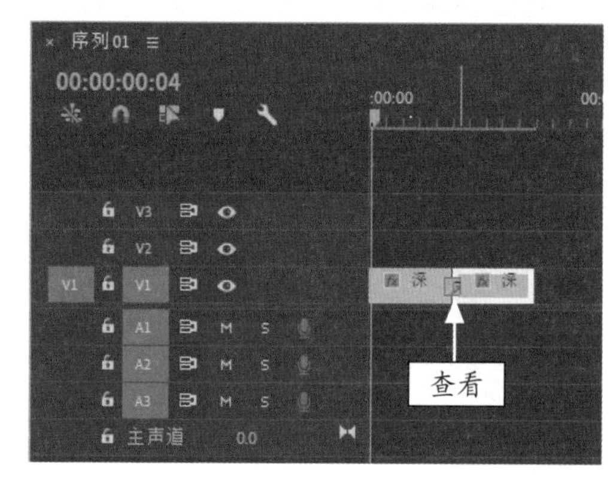


图 4-15　查看转场效果

**专家指点**

在 Premiere Pro 2020 中，如果用户不再需要某个转场效果，可以在“时间轴”面板中选择该转场效果，按 Delete 键删除。

**STEP 03** 在“效果”面板中展开“视频过渡”|“划像”选项，选择“圆划像”转场效果，如图 4-16 所示。

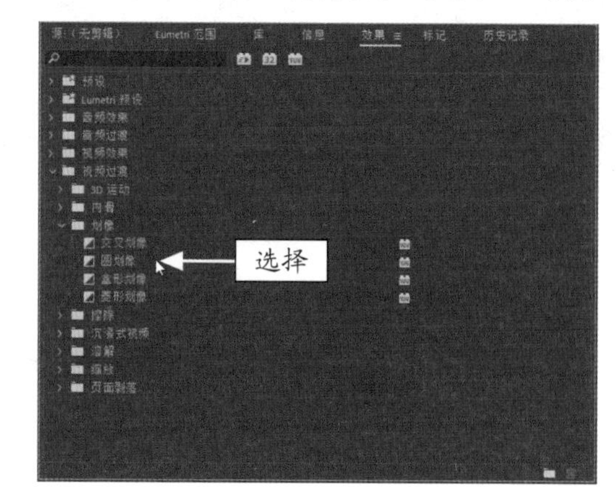


图 4-16　选择“圆划像”转场效果

STEP 04 按住鼠标左键并将其拖曳至 V1 轨道的原转场效果所在位置，即可替换转场效果，如图 4-17 所示。

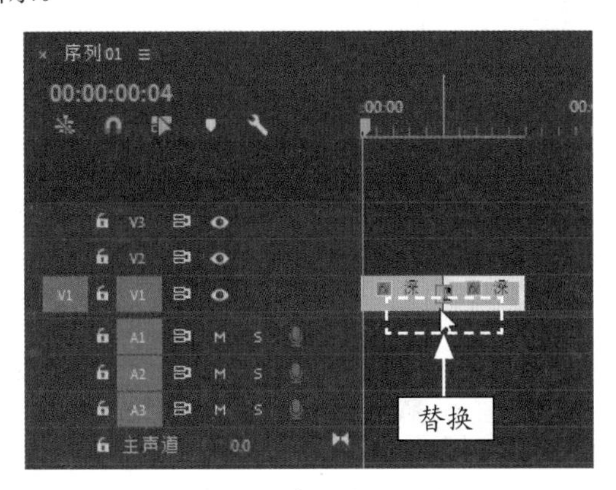


图 4-17　替换转场效果

STEP 05 执行上述操作后，单击“节目监视器”面板中的“播放 - 停止切换”按钮，即可预览替换后的转场效果，如图 4-18 所示。

STEP 06 在“时间轴”面板中选择转场效果，单击鼠标右键，在弹出的快捷菜单中选择“清除”命令，如图 4-19 所示，即可删除转场效果。

图 4-18　预览转场效果

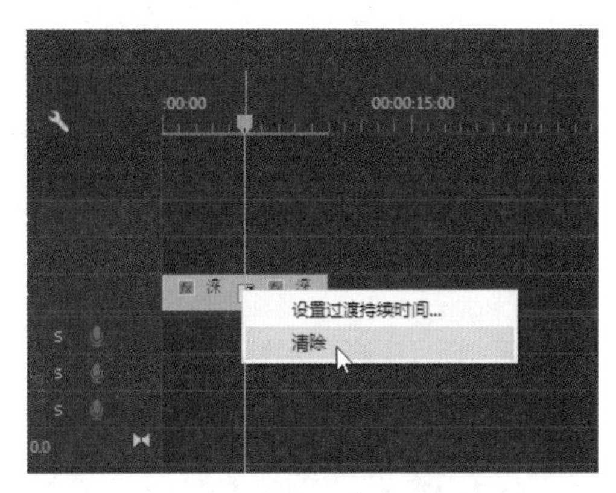


图 4-19　选择“清除”命令

## 4.3 设置转场属性

在 Premiere Pro 2020 中，可以对添加后的转场效果进行相应设置，从而达到美化转场效果的目的。本节主要介绍设置转场效果属性的方法。

### 4.3.1　时间设置：制作张家界视频效果

在默认情况下，添加的视频转场效果有 30 帧的播放时间，用户可以根据需要对转场的播放时间进行调整。下面介绍设置转场播放时间的操作方法。

| | | |
|---|---|---|
| | 素材文件 | 素材 \ 第 4 章 \ 张家界 .prproj |
| | 效果文件 | 效果 \ 第 4 章 \ 张家界 .prproj |
| | 视频文件 | 视频 \ 第 4 章 \4.3.1　时间设置：制作张家界视频效果 .mp4 |

**【操练 + 视频】**
**——时间设置：制作张家界视频效果**

STEP 01 在 Premiere Pro 2020 界面中，选择“文件”|“打开项目”命令，打开文件“素材 \ 第 4 章 \ 张家界 .prproj”，如图 4-20 所示。

图 4-20　打开项目文件

STEP 02 在“效果控件”面板中调整素材的缩放比例，在“效果”面板中展开“视频过渡”|“划像”选项，选择“菱形划像”转场效果，如图 4-21 所示。

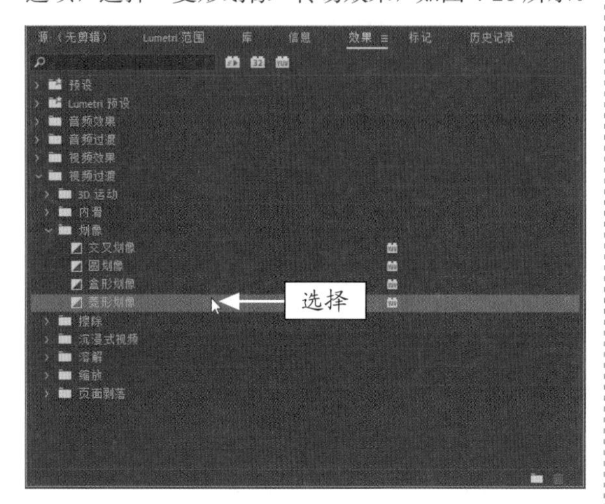


图 4-21 选择“菱形划像”转场效果

STEP 03 按住鼠标左键并将其拖曳至 V1 轨道的两个素材之间，即可添加转场效果，如图 4-22 所示。

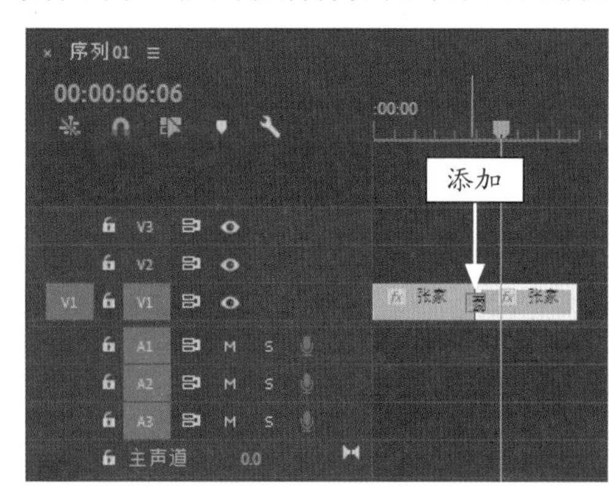


图 4-22 添加转场效果

STEP 04 在“时间轴”面板的 V1 轨道中选择添加的转场效果，在“效果控件”面板中设置“持续时间”为 00:00:05:00，如图 4-23 所示。

STEP 05 执行上述操作后，即可设置转场时间。单击“节目监视器”面板中的“播放 - 停止切换”按钮，即可预览转场效果，如图 4-24 所示。

**专家指点**

在 Premiere Pro 2020 的“效果控件”面板中，不仅可以设置转场效果的持续时间，还可以显示素材的实际来源、边宽、边色、反向以及抗锯齿品质等。

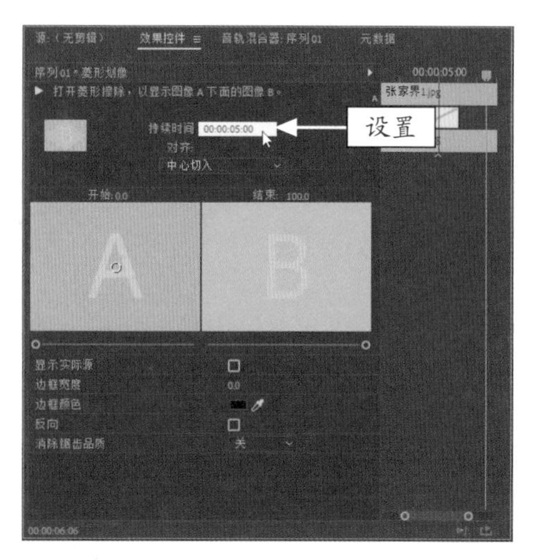


图 4-23 设置持续时间

图 4-24 预览转场效果

## 4.3.2 对齐转场：制作向日葵视频效果

在 Premiere Pro 2020 中，用户可以根据需要对添加的转场效果设置对齐方式。下面介绍对齐转场效果的操作方法。

| | 素材文件 | 素材 \ 第 4 章 \ 向日葵 .prproj |
|---|---|---|
| | 效果文件 | 效果 \ 第 4 章 \ 向日葵 .prproj |
| | 视频文件 | 视频 \ 第 4 章 \4.3.2　对齐转场：制作向日葵视频效果 .mp4 |

### 【操练 + 视频】
### ——对齐转场：制作向日葵视频效果

**STEP 01** 在 Premiere Pro 2020 界面中，选择“文件”|“打开项目”命令，打开文件“素材 \ 第 4 章 \ 向日葵 .prproj”，如图 4-25 所示。

图 4-25　打开项目文件

**STEP 02** 在“节目监视器”面板中可以查看素材画面，在“效果控件”面板中调整素材的缩放比例，在“效果”面板中展开“视频过渡”|“页面剥落”选项，选择“页面剥落”转场效果，如图 4-26 所示。

**STEP 03** 按住鼠标左键并将其拖曳至 V1 轨道的两个素材之间，即可添加转场效果，如图 4-27 所示。

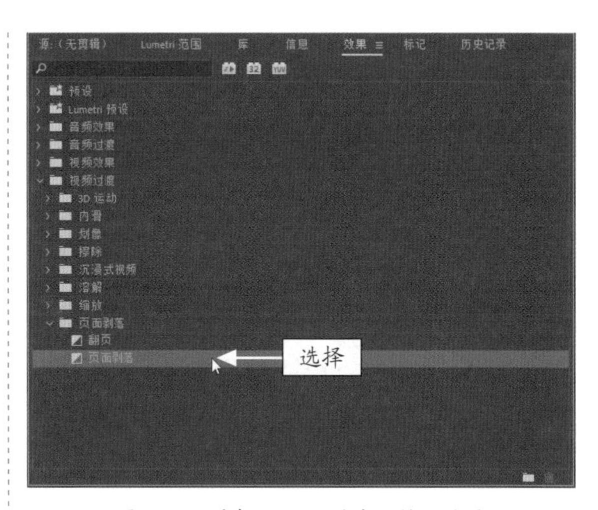


图 4-26　选择“页面剥落”转场效果

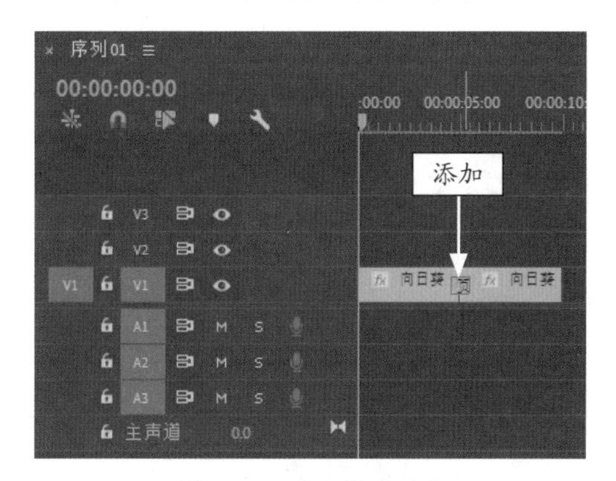


图 4-27　添加转场效果

**STEP 04** 单击添加的转场效果，在“效果控件”面板中单击“对齐”下拉按钮，在弹出的列表中选择“起点切入”选项，如图 4-28 所示。

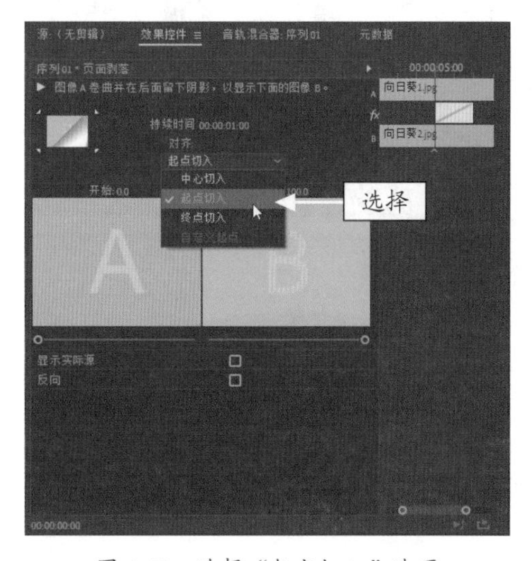


图 4-28　选择“起点切入”选项

STEP 05 执行上述操作后，V1 轨道上的转场效果即可对齐到“起点切入”位置，如图 4-29 所示。

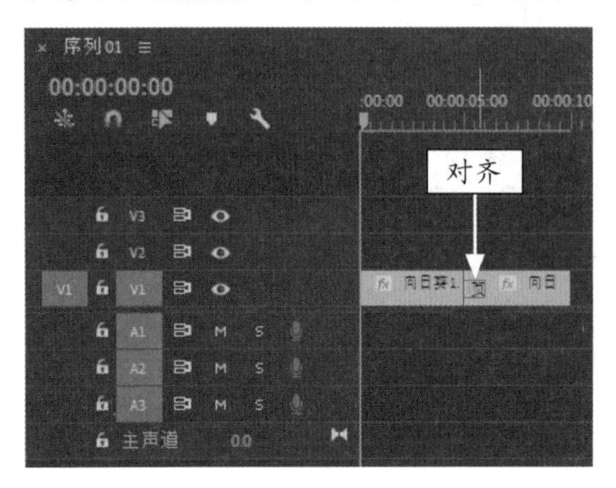


图 4-29 添加“对齐转场”效果

STEP 06 单击“节目监视器”面板中的“播放 - 停止切换”按钮，即可预览转场效果，如图 4-30 所示。

图 4-30 预览转场效果

**专家指点**

Premiere Pro 2020 的“效果控件”面板中，系统默认的对齐方式为中心切入，用户还可以设置对齐方式为自定义切入、起点切入或者终点切入。

### 4.3.3 反向转场：制作菊花视频效果

在 Premiere Pro 2020 中，将转场效果设置反向，预览转场效果时可以反向预览显示效果。下面介绍反向转场效果的操作方法。

|  | 素材文件 | 素材 \ 第 4 章 \ 菊花 .prproj |
|---|---|---|
| | 效果文件 | 效果 \ 第 4 章 \ 菊花 .prproj |
| | 视频文件 | 视频 \ 第 4 章 \4.3.3 反向转场：制作菊花视频效果 .mp4 |

**【操练 + 视频】**
**——反向转场：制作菊花视频效果**

STEP 01 在 Premiere Pro 2020 界面中，选择“文件”|“打开项目”命令，打开文件“素材 \ 第 4 章 \ 菊花 .prproj”，如图 4-31 所示。

图 4-31 打开项目文件

STEP 02 在“时间轴”面板中选择转场效果，如图 4-32 所示。

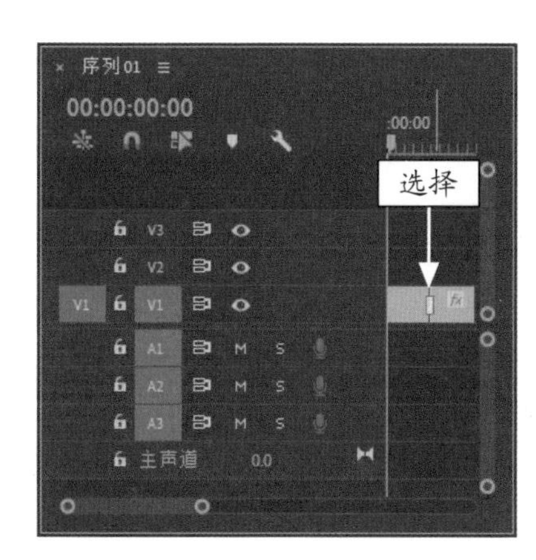


图 4-32　选择转场效果

STEP 03 执行上述操作后，展开“效果控件”面板，如图 4-33 所示。

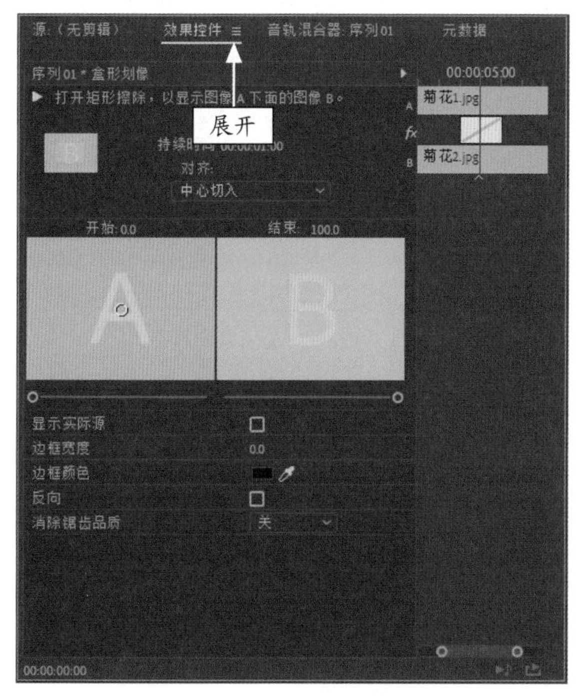


图 4-33　展开“效果控件”面板

STEP 04 在“效果控件”面板中选中“反向”复选框，如图 4-34 所示。

STEP 05 执行上述操作后，单击“节目监视器”面板中的“播放 - 停止切换”按钮，即可预览反向转场效果，如图 4-35 所示。

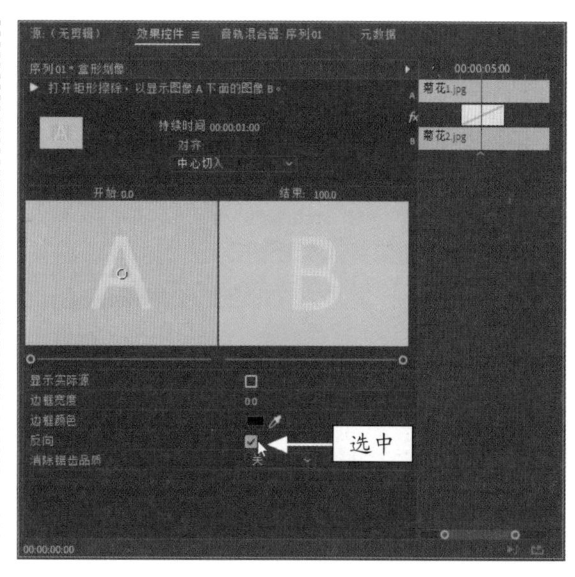


图 4-34　选中“反向”复选框

图 4-35　预览反向转场效果

## 4.3.4　显示来源：制作夜幕视频效果

在 Premiere Pro 2020 中，系统默认的转场效果并不会显示原始素材，用户可以通过设置“效果控件”面板来显示素材来源。下面介绍显示实际来源的操作方法。

|  | 素材文件 | 素材 \ 第 4 章 \ 夜幕 .prproj |
|---|---|---|
| | 效果文件 | 效果 \ 第 4 章 \ 夜幕 .prproj |
| | 视频文件 | 视频 \ 第 4 章 \4.3.4　显示来源：制作夜幕视频效果 .mp4 |

**【操练 + 视频】**

**——显示来源：制作夜幕视频效果**

STEP 01 在 Premiere Pro 2020 界面中，选择“文

件”|“打开项目”命令，打开文件“素材\第4章\夜幕.prproj”，如图4-36所示。

图 4-36　打开项目文件

**STEP 02** 在“时间轴”面板的V1轨道中单击转场效果，展开“效果控件”面板，如图4-37所示。

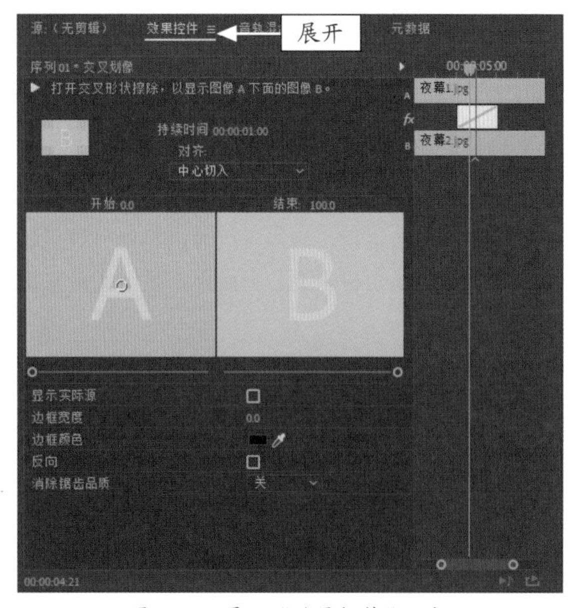


图 4-37　展开“效果控件”面板

**STEP 03** 在其中选中“显示实际源”复选框。执行上述操作后，即可显示实际源，查看到转场的开始与结束点，如图4-38所示。

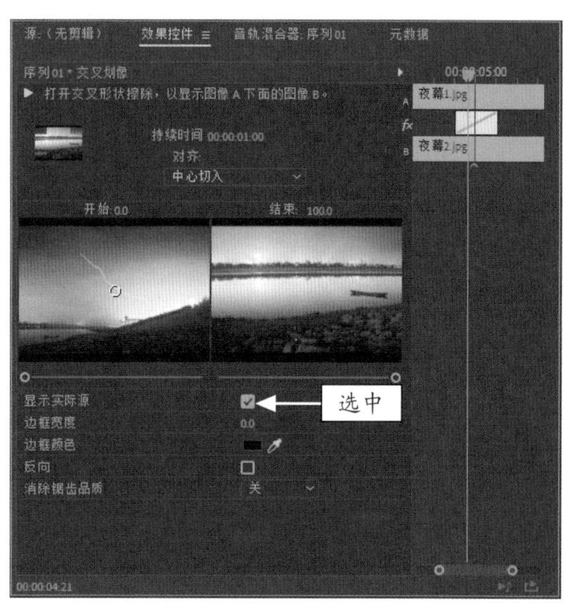


图 4-38　显示实际源

**专家指点**

在“效果控件”面板中选中“显示实际源”复选框，则两个预览区中显示的分别是视频轨道上第一段素材转场的开始帧和第二段素材的结束帧。

## 4.3.5　设置边框：制作水珠视频效果

在Premiere Pro 2020中，用户不仅可以对齐转场、设置转场播放时间、反向效果等，还可以设置边框宽度及边框颜色。下面介绍设置边框宽度与颜色的操作方法。

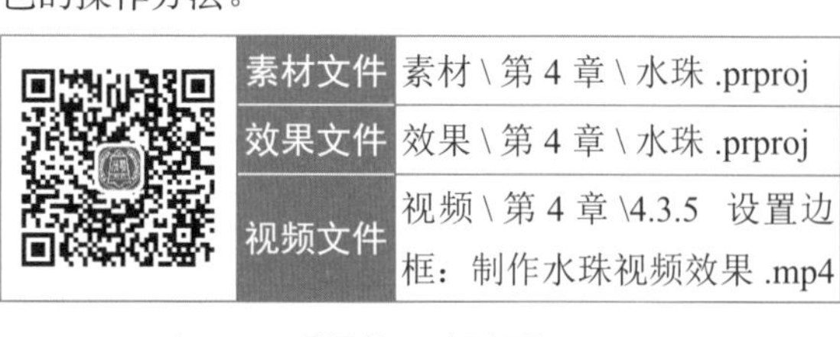

| | | |
|---|---|---|
| | 素材文件 | 素材\第4章\水珠.prproj |
| | 效果文件 | 效果\第4章\水珠.prproj |
| | 视频文件 | 视频\第4章\4.3.5　设置边框：制作水珠视频效果.mp4 |

**【操练＋视频】**
**——设置边框：制作水珠视频效果**

**STEP 01** 在Premiere Pro 2020界面中，选择“文件”|“打开项目”命令，打开文件“素材\第4章\水珠.prproj”，如图4-39所示。

图 4-39　打开项目文件

STEP 02 在“时间轴”面板中选择转场效果，如图 4-40 所示。

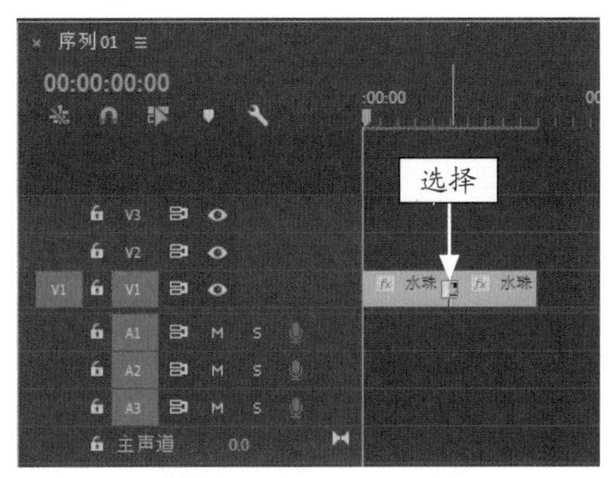


图 4-40　选择转场效果

STEP 03 在“效果控件”面板中单击“边框颜色”右侧的色块，弹出“拾色器”对话框，设置颜色为黄色（RGB 颜色值为 255、255、0），如图 4-41 所示。

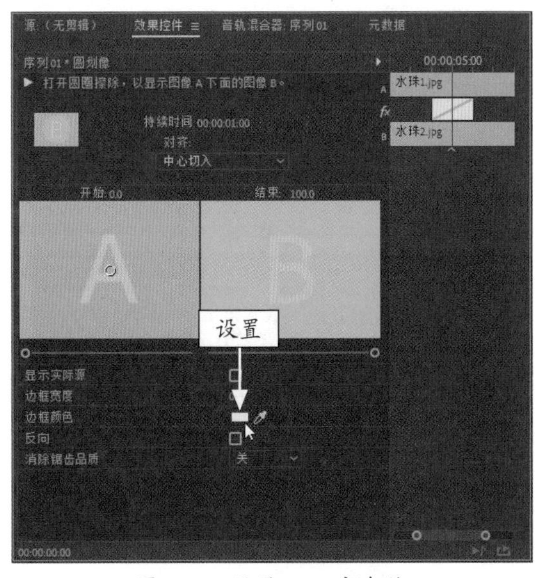


图 4-41　设置 RGB 颜色值

STEP 04 单击“确定”按钮，在“效果控件”面板中设置“边框宽度”为 5，如图 4-42 所示。

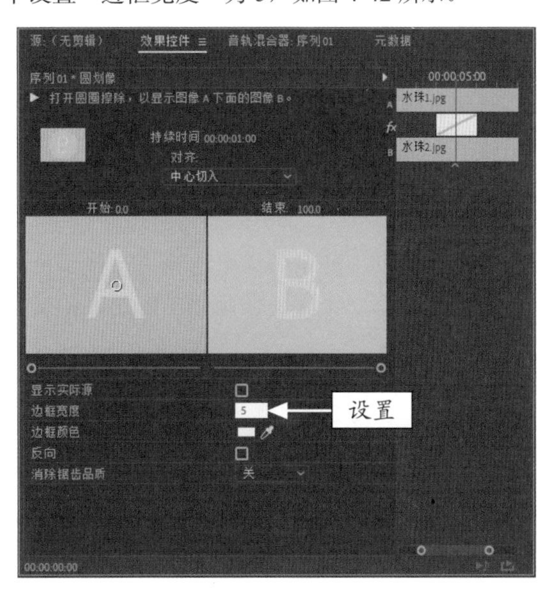


图 4-42　设置边宽值

STEP 05 执行上述操作后，单击“节目监视器”面板中的“播放 - 停止切换”按钮，即可预览设置边框宽度和颜色后的转场效果，如图 4-43 所示。

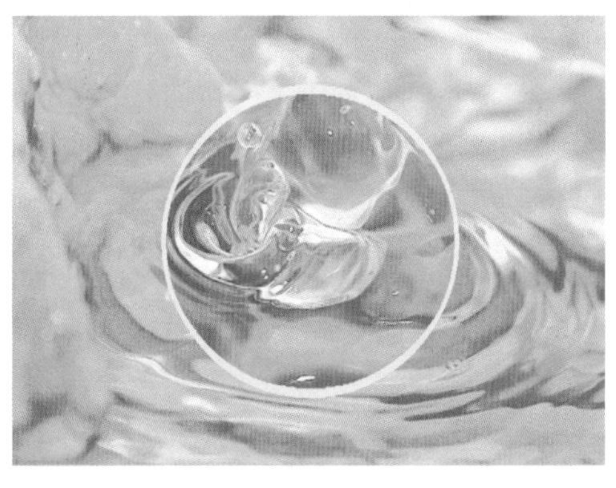

图 4-43　预览转场效果

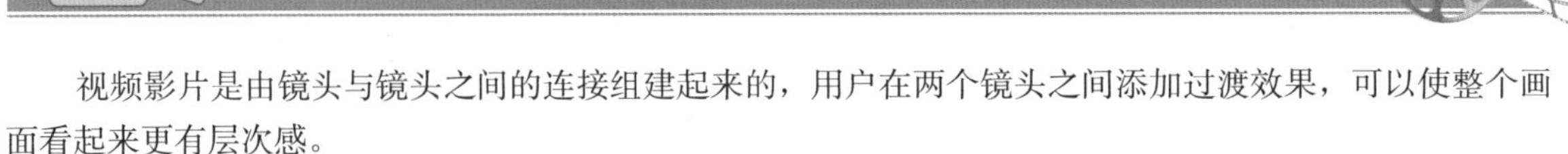

## 4.4 应用转场特效

视频影片是由镜头与镜头之间的连接组建起来的，用户在两个镜头之间添加过渡效果，可以使整个画面看起来更有层次感。

### 4.4.1 叠加溶解：制作烟花视频效果

“叠加溶解”转场效果是将第一个镜头的画面融化消失，第二个镜头的画面同时出现的转场效果。

|  | 素材文件 | 素材 \ 第 4 章 \ 烟花 .prproj |
|---|---|---|
| | 效果文件 | 效果 \ 第 4 章 \ 烟花 .prproj |
| | 视频文件 | 视频 \ 第 4 章 \4.4.1　叠加溶解：制作烟花视频效果 .mp4 |

**【操练 + 视频】**
**——叠加溶解：制作烟花视频效果**

**STEP 01** 在 Premiere Pro 2020 界面中，按 Ctrl + O 组合键，打开文件“素材 \ 第 4 章 \ 烟花 .prproj”，如图 4-44 所示。

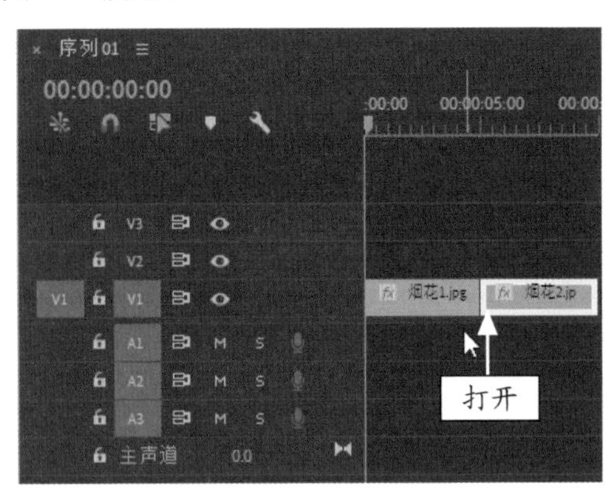


图 4-44　打开项目文件

**STEP 02** 打开项目文件后，在“节目监视器”面板中可以查看素材画面，如图 4-45 所示。

**STEP 03** 在“效果”面板中，❶展开“视频过渡”|“溶解”选项，❷在其中选择“叠加溶解”视频过渡，如图 4-46 所示。

**STEP 04** 将“叠加溶解”视频过渡添加到“时间轴”面板中相应的两个素材文件之间，如图 4-47 所示。

图 4-45　查看素材画面

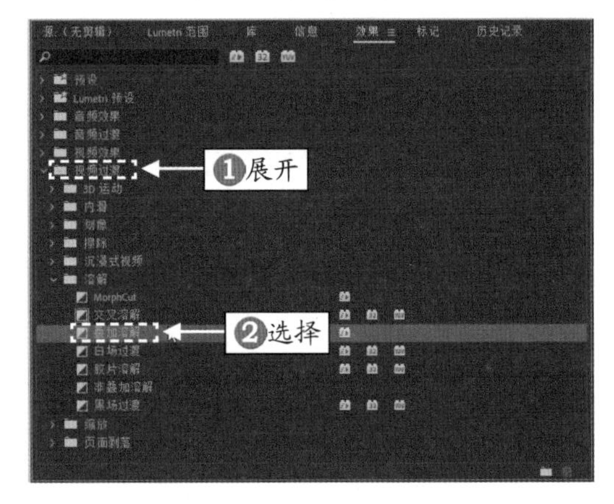


图 4-46　选择“叠加溶解”视频过渡

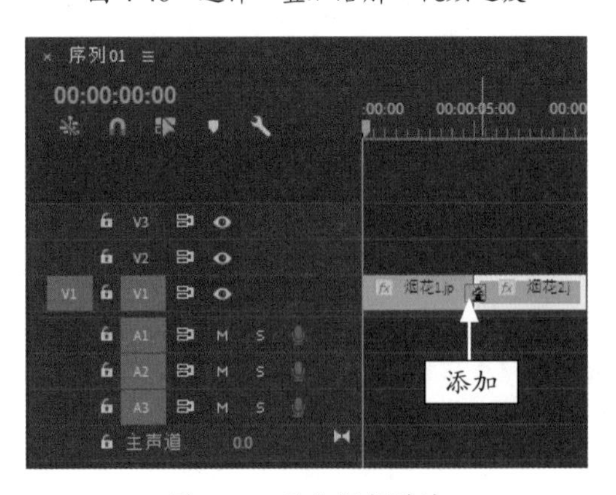


图 4-47　添加视频过渡

STEP 05 在"时间轴"面板中选择"叠加溶解"视频过渡，切换至"效果控件"面板，将鼠标指针移至效果图标 fx 右侧的视频过渡效果上，当鼠标指针呈红色拉伸形状时，按住鼠标左键并向右拖曳，如图 4-48 所示，即可调整视频过渡效果的播放时间。

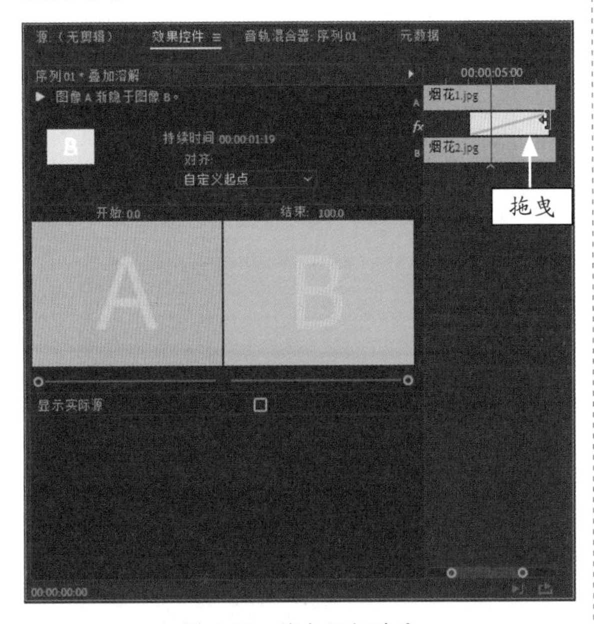


图 4-48　拖曳视频过渡

STEP 06 执行上述操作后，即可设置"叠加溶解"转场效果，如图 4-49 所示。

图 4-49　设置"叠加溶解"转场效果

STEP 07 在"节目监视器"面板中，单击"播放 - 停止切换"按钮，预览视频效果，如图 4-50 所示。

图 4-50　预览视频效果

**专家指点**

在"时间轴"面板中也可以对视频过渡效果进行简单的设置，将鼠标指针移至视频过渡效果图标上，当鼠标指针呈白色三角形状时，按住鼠标左键并拖曳，可以调整视频过渡效果的切入位置；将鼠标指针移至视频过渡效果图标的一侧，当鼠标指针呈红色拉伸形状时，按住鼠标左键并拖曳，可以调整视频过渡效果的播放时间。

## 4.4.2　中心拆分：制作福元桥视频效果

"中心拆分"转场效果是将第一个镜头的画面从中心拆分为 4 个画面，并向 4 个角落移动，逐渐过渡至第二个镜头的转场效果。

| 素材文件 | 素材 \ 第 4 章 \ 福元桥 .prproj |
| --- | --- |
| 效果文件 | 效果 \ 第 4 章 \ 福元桥 .prproj |
| 视频文件 | 视频 \ 第 4 章 \4.4.2　中心拆分：制作福元桥视频效果 .mp4 |

【操练＋视频】
——中心拆分：制作福元桥视频效果

STEP 01 在 Premiere Pro 2020 界面中，按 Ctrl ＋ O 组合键，打开文件“素材\第 4 章\福元桥 .prproj”，如图 4-51 所示。

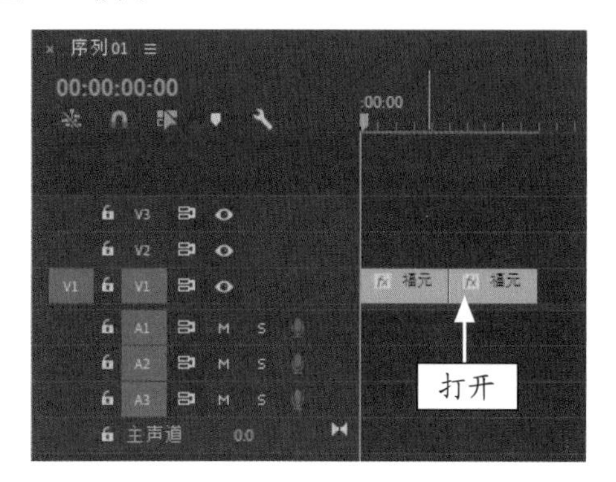


图 4-51　打开项目文件

STEP 02 打开项目文件后，在“节目监视器”面板中可以查看素材画面，如图 4-52 所示。

图 4-52　查看素材画面

STEP 03 在“效果”面板中，❶展开“视频过渡”|“内滑”选项，❷在其中选择“中心拆分”视频过渡，如图 4-53 所示。

STEP 04 将“中心拆分”视频过渡添加到“时间轴”面板中相应的两个素材文件之间，如图 4-54 所示。

STEP 05 在“时间轴”面板中选择“中心拆分”视频过渡，切换至“效果控件”面板，设置“边框宽度”为 2.0、“边框颜色”为白色，如图 4-55 所示。

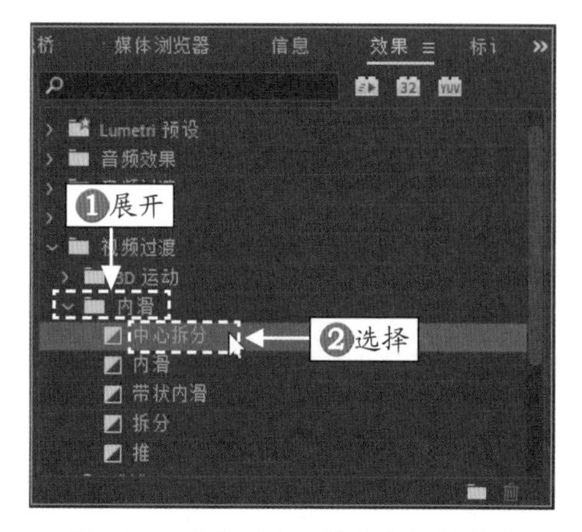


图 4-53　选择“中心拆分”视频过渡

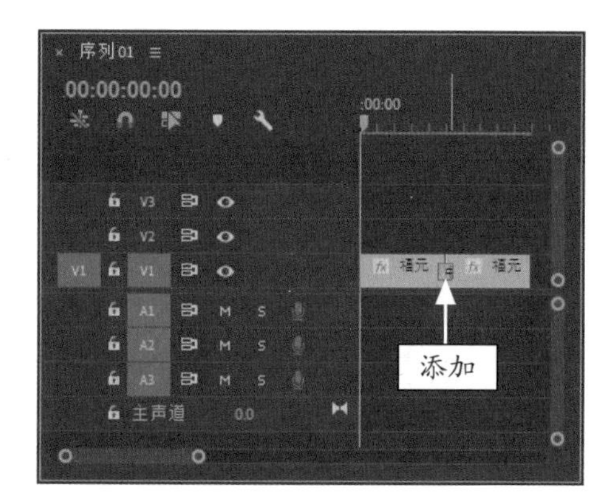


图 4-54　添加视频过渡

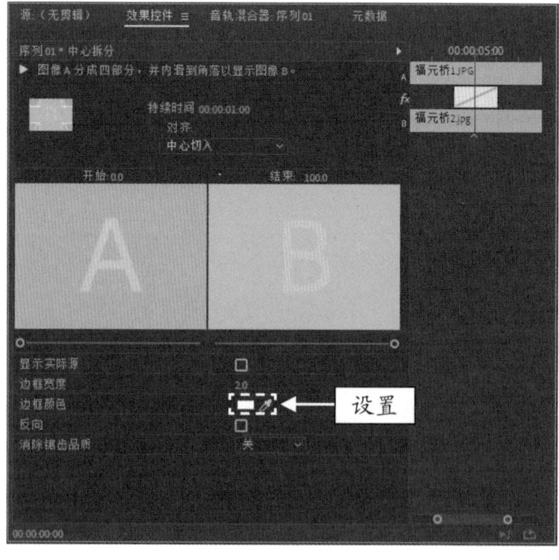


图 4-55　设置边框颜色为白色

STEP 06 执行上述操作后，即可设置“中心拆分”转场效果，如图 4-56 所示。

图 4-56　设置“中心拆分”转场效果

STEP 07 在“节目监视器”面板中，单击“播放 - 停止切换”按钮，预览视频效果，如图 4-57 所示。

图 4-57　预览视频效果

### 4.4.3　渐变擦除：制作东江湖视频效果

“渐变擦除”转场效果是将第二个镜头的画面以渐变的方式逐渐取代第一个镜头的转场效果。

|  | 素材文件 | 素材 \ 第 4 章 \ 东江湖 .prproj |
| --- | --- | --- |
| | 效果文件 | 效果 \ 第 4 章 \ 东江湖 .prproj |
| | 视频文件 | 视频 \ 第 4 章 \4.4.3　渐变擦除：制作东江湖视频效果 .mp4 |

**【操练 + 视频】**
**——渐变擦除：制作东江湖视频效果**

STEP 01 在 Premiere Pro 2020 界面中，按 Ctrl + O 组合键，打开文件“素材 \ 第 4 章 \ 东江湖 .prproj”，如图 4-58 所示。

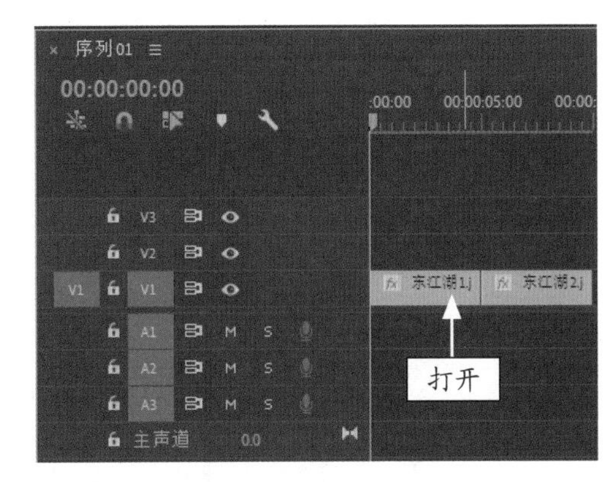


图 4-58　打开项目文件

STEP 02 打开项目文件后，在“节目监视器”面板中，单击“播放 - 停止切换”按钮可以查看素材画面，如图 4-59 所示。

图 4-59　查看素材画面

STEP 03 在“效果”面板中，展开“视频过渡”|“擦除”选项，在其中选择“渐变擦除”视频过渡，如图 4-60 所示。

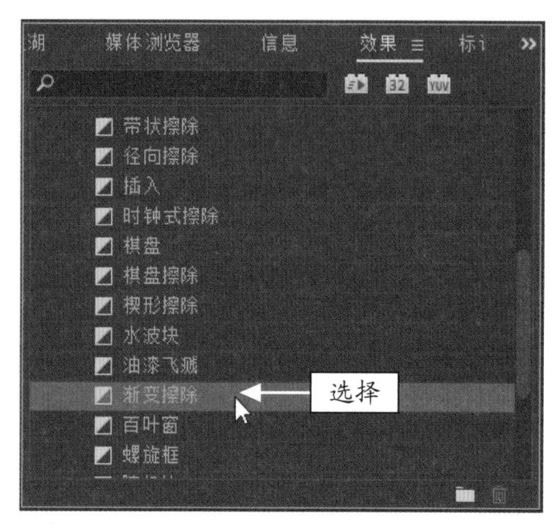


图 4-60　选择“渐变擦除”视频过渡

STEP 04 将“渐变擦除”视频过渡拖曳到“时间轴”面板中相应的两个素材文件之间，如图 4-61 所示。

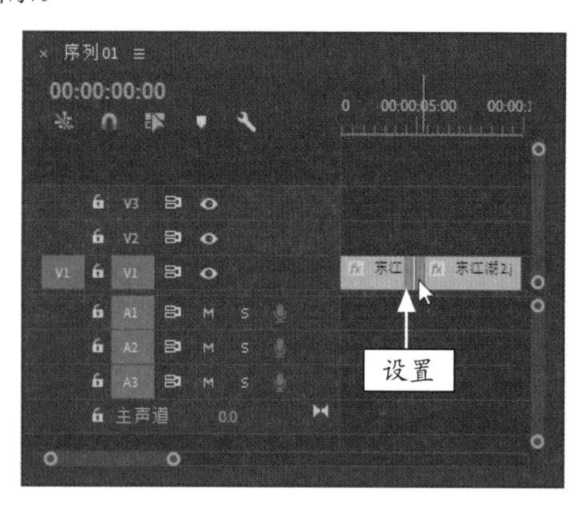


图 4-61　拖曳视频过渡

STEP 05 释放鼠标，弹出“渐变擦除设置”对话框，设置“柔和度”为 0，如图 4-62 所示。

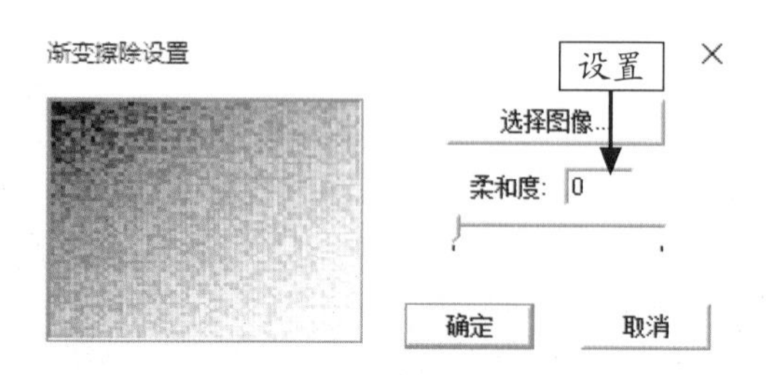


图 4-62　设置“柔和度”

STEP 06 单击“确定”按钮，即可设置“渐变擦除”转场效果，如图 4-63 所示。

图 4-63　设置“渐变擦除”转场效果

STEP 07 单击“播放 - 停止切换”按钮，预览视频效果，如图 4-64 所示。

图 4-64　预览视频效果

### 4.4.4　翻页特效：制作建筑视频效果

“翻页”转场效果主要是将第一幅图像以翻页的形式从一角卷起，最终将第二幅图像显示出来。

| | | |
|---|---|---|
| | 素材文件 | 素材 \ 第 4 章 \ 建筑 .prproj |
| | 效果文件 | 效果 \ 第 4 章 \ 建筑 .prproj |
| | 视频文件 | 视频 \ 第 4 章 \4.4.4　翻页特效：制作建筑视频效果 .mp4 |

**【操练 + 视频】**
**——翻页特效：制作建筑视频效果**

STEP 01 按 Ctrl + O 组合键，打开文件“素材 \ 第 4 章 \ 建筑 .prproj”，如图 4-65 所示。

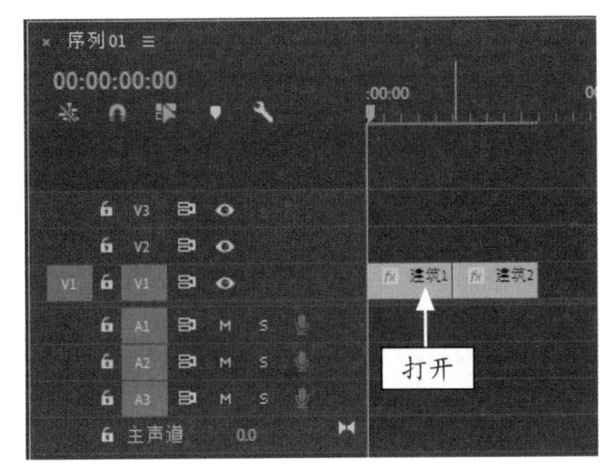


图 4-65　打开项目文件

STEP 02 打开项目文件后，在“节目监视器”面板中可以查看素材画面，如图 4-66 所示。

图 4-66　查看素材画面

STEP 03 在“效果”面板中，❶展开“视频过渡”|“页面剥落”选项，❷在其中选择“翻页”视频过渡，如图 4-67 所示。

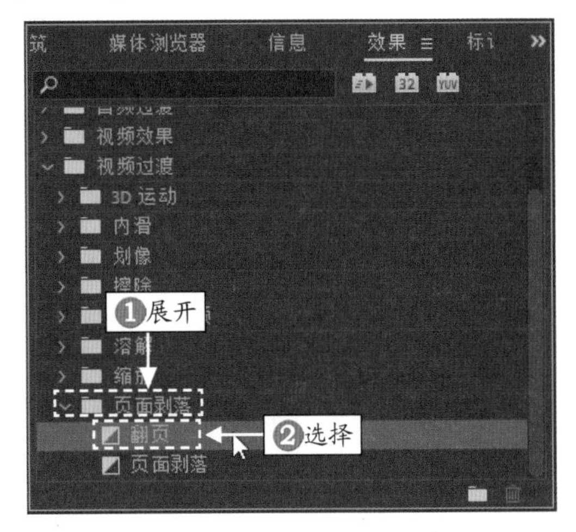


图 4-67　选择“翻页”视频过渡

STEP 04 将“翻页”视频过渡拖曳至“时间轴”面板中相应的两个素材文件之间，如图 4-68 所示。

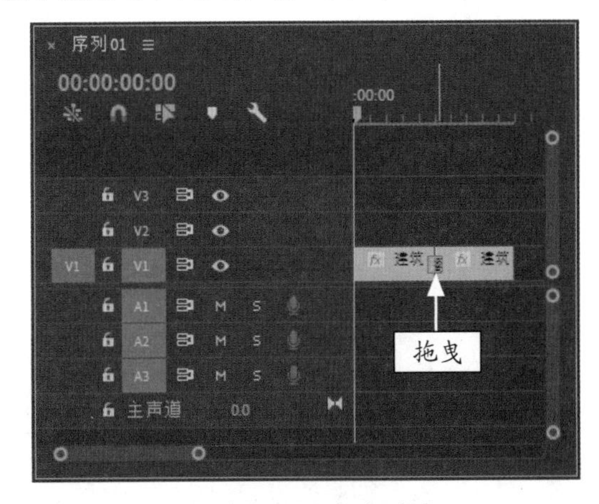


图 4-68　添加视频过渡

STEP 05 执行操作后，即可添加“翻页”转场效果，在“节目监视器”面板中，单击“播放 - 停止切换”按钮，预览添加转场后的视频效果，如图 4-69 所示。

**专家指点**

用户在“效果”面板的“页面剥落”选项下选择“翻页”转场效果后，可以单击鼠标右键，在弹出的快捷菜单中选择“设置所选择为默认过渡”命令，即可将“翻页”转场效果设置为默认转场。

图 4-69　预览视频效果

## 4.4.5　带状内滑：制作山村视频效果

“带状内滑”转场效果能够将第二个镜头画面从预览窗口中的左右两边以带状形式向中间滑动拼接显示出来。

| | |
|---|---|
| 素材文件 | 素材 \ 第 4 章 \ 山村 .prproj |
| 效果文件 | 效果 \ 第 4 章 \ 山村 .prproj |
| 视频文件 | 视频 \ 第 4 章 \4.4.5　带状内滑：制作山村视频效果 .mp4 |

**【操练 + 视频】**
**——带状内滑：制作山村视频效果**

STEP 01 按 Ctrl ＋ O 组合键，打开文件“素材 \ 第 4 章 \ 山村 .prproj”，如图 4-70 所示。

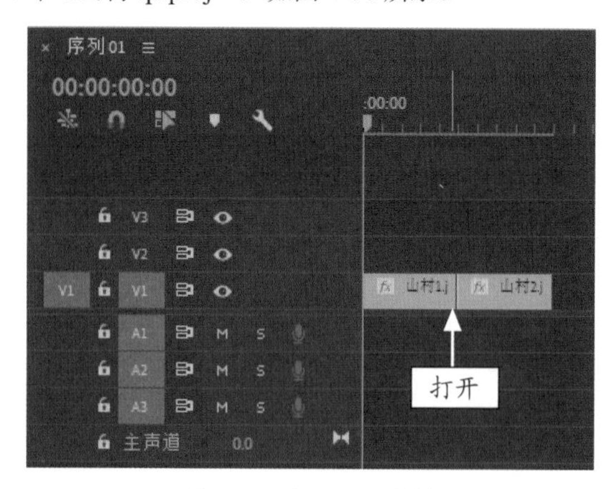


图 4-70　打开项目文件

STEP 02 打开项目文件后，在“节目监视器”面板中可以查看素材画面，如图 4-71 所示。

图 4-71　查看素材画面

STEP 03 在“效果”面板中，❶展开“视频过渡”|“内滑”选项，❷在其中选择“带状内滑”视频过渡，如图 4-72 所示。

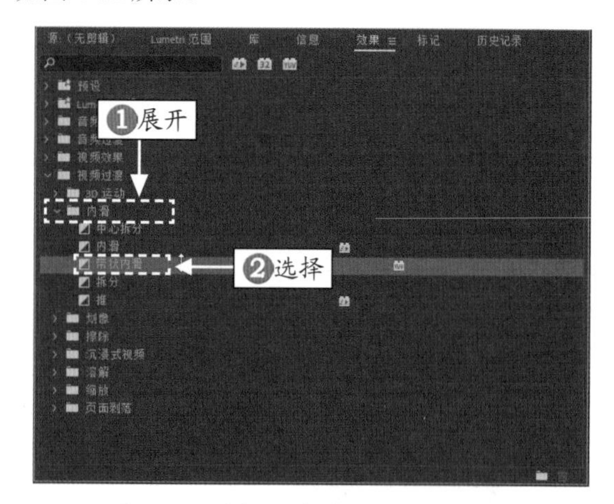


图 4-72　选择“带状内滑”视频过渡

STEP 04 将“带状内滑”视频过渡拖曳到“时间轴”面板中相应的两个素材文件之间，如图 4-73 所示。

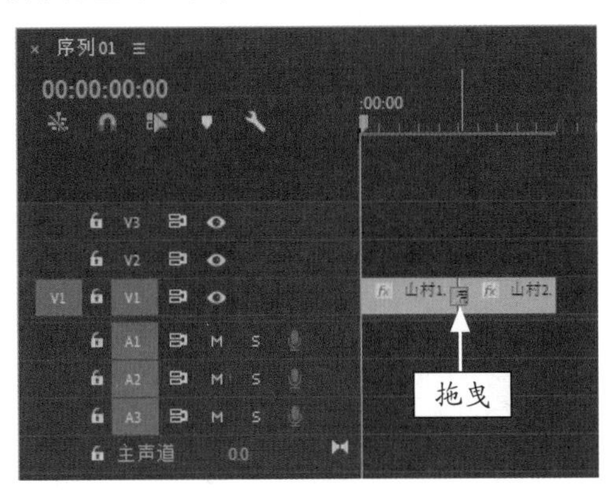


图 4-73　拖曳视频过渡

**专家指点**

在 Premiere Pro 2020 中，“内滑”转场效果是以画面滑动的方式进行转换的，共有 5 种转场效果。

STEP 05 在添加的视频过渡上单击鼠标右键，在弹出的快捷菜单中选择“设置过渡持续时间”命令，如图 4-74 所示。

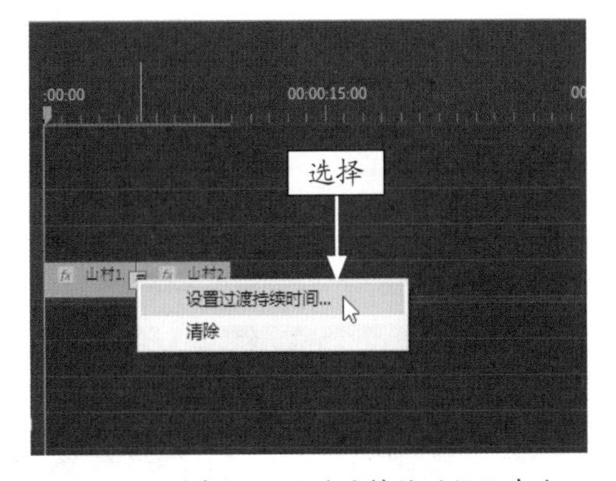


图 4-74　选择“设置过渡持续时间”命令

STEP 06 在弹出的“设置过渡持续时间”对话框中，设置“持续时间”为 00:00:03:00，如图 4-75 所示。

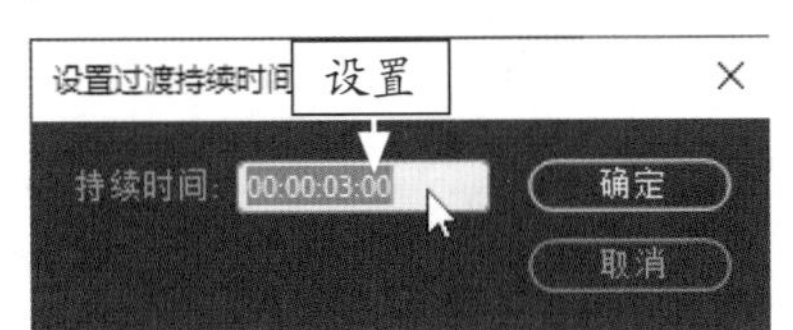


图 4-75　设置过渡持续时间

STEP 07 单击“确定”按钮，设置过渡持续时间，如图 4-76 所示。

STEP 08 执行上述操作后，即可设置“带状内滑”转场效果，如图 4-77 所示。

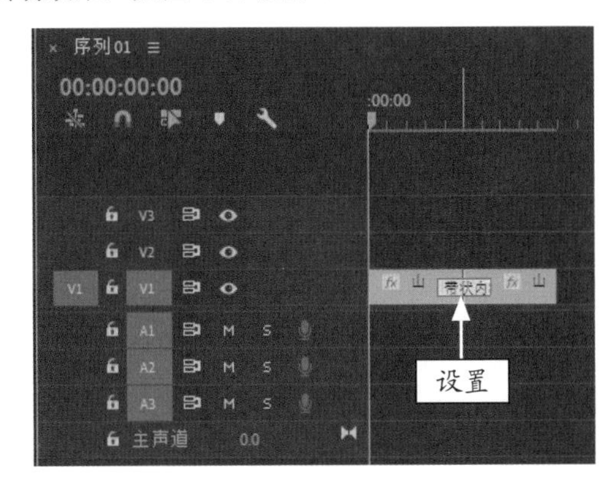


图 4-76　设置过渡持续时间效果

图 4-77　设置“带状内滑”转场效果

STEP 09 在“节目监视器”面板中，单击“播放 - 停止切换”按钮，预览添加转场后的视频效果，如图 4-78 所示。

图 4-78　预览视频效果

图 4-78　预览视频效果（续）

### 4.4.6　内滑特效：制作树叶视频效果

“内滑”转场效果不改变第一镜头画面，而是直接将第二画面滑入第一镜头中。

| | |
|---|---|
| 素材文件 | 素材 \ 第 4 章 \ 树叶 .prproj |
| 效果文件 | 效果 \ 第 4 章 \ 树叶 .prproj |
| 视频文件 | 视频 \ 第 4 章 \4.4.6　内滑特效：制作树叶视频效果 .mp4 |

**【操练 + 视频】**
**——内滑特效：制作树叶视频效果**

STEP 01 打开文件“素材 \ 第 4 章 \ 树叶 .prproj”，在“效果”面板的“内滑”下选择“内滑”选项，如图 4-79 所示。

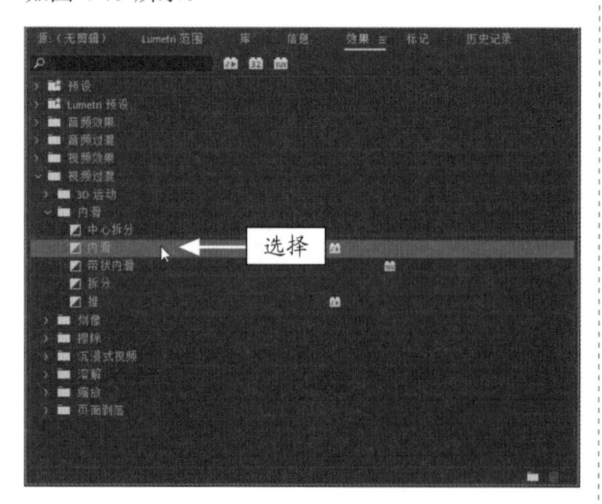


图 4-79　选择“滑动”选项

STEP 02 按住鼠标左键，将“内滑”视频过渡拖曳至“时间轴”面板中相应的两个素材文件之间，如图 4-80 所示。

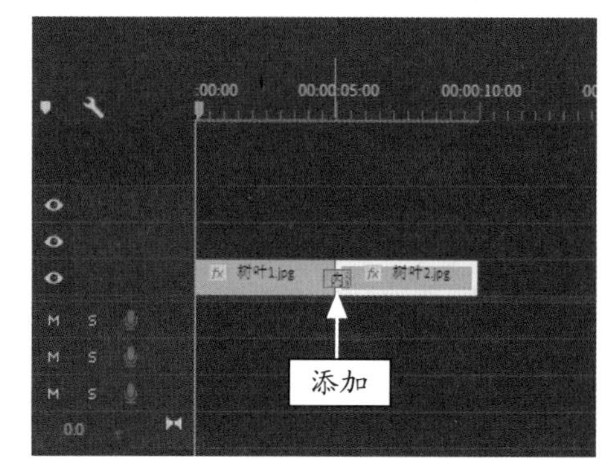


图 4-80　添加转场效果

STEP 03 执行操作后，即可添加“内滑”转场效果。在“节目监视器”面板中，单击“播放 - 停止切换”按钮，预览添加转场后的视频效果，如图 4-81 所示。

图 4-81　预览视频效果

# 第5章

# 影视滤镜：制作炫酷的视频特效

## 章前知识导读

随着数字时代的发展，添加影视效果这一复杂的工作已经得到了简化。在Premiere Pro 2020强大的视频效果的帮助下，可以对视频、图像以及音频等多种素材进行处理和加工。本章将讲解Premiere Pro 2020中提供的多种视频效果的编辑与应用方法。

## 新手重点索引

- 编辑视频效果
- 应用常用特效

## 效果图片欣赏

## 5.1 编辑视频效果

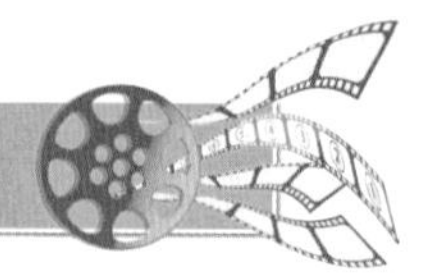

Premiere Pro 2020 根据视频效果的作用，将提供的 130 多种视频效果分为“变换”“图像控制”“实用程序”“扭曲”“时间”“杂色与颗粒”“模糊与锐化”“生成”“视频”“调整”“过渡”“透视”“通道”“键控”“颜色校正”“风格化”等 18 个文件夹，放置在“效果”面板的“视频效果”文件夹中，如图 5-1 所示。为了更好地应用这些绚丽的效果，用户首先需要掌握视频效果的基本操作方法。

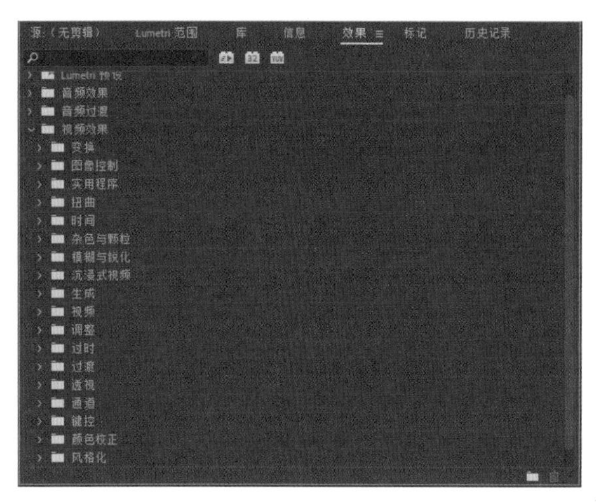


图 5-1 “视频效果”文件夹

### 5.1.1 单个特效：添加单个视频效果

对于已添加视频效果的素材，右侧的“不透明度”按钮 fx 都会变成紫色 fx，以便于用户区分素材是否添加了视频效果。单击“不透明度”按钮 fx，即可在弹出的列表中查看添加的视频效果，如图 5-2 所示。

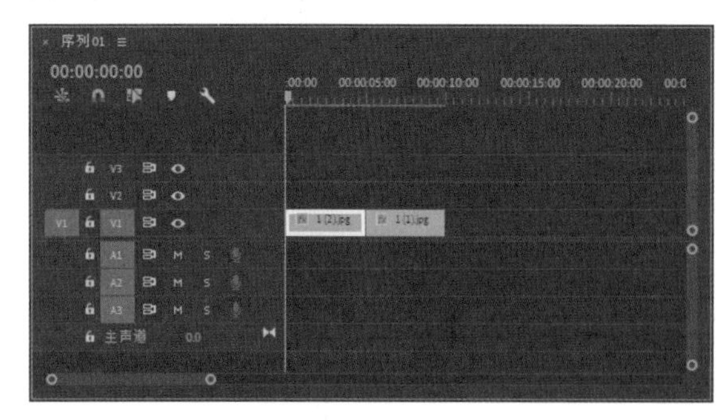


图 5-2 查看添加的视频效果

在 Premiere Pro 2020 中，添加到“时间轴”面板的每个视频都会预先应用或内置固定效果。固定效果可控制剪辑的固有属性，用户可以在“效果控件”面板中调整所有的固定效果属性来激活它们。固定效果包括以下内容。

- 运动：包括多种属性，用于旋转和缩放视频，调整视频的防闪烁属性，或将这些视频与其他视频进行合成。
- 不透明度：允许降低视频的不透明度，用于实现叠加、淡化和溶解之类的效果。
- 时间重映射：允许针对视频的任何部分减速、加速、倒放或者将帧冻结。
- 音量：控制视频中的音频音量。

为素材添加视频效果后，用户还可以在“效果控件”面板中展开相应的效果选项，为添加的特效设置参数，如图 5-3 所示。

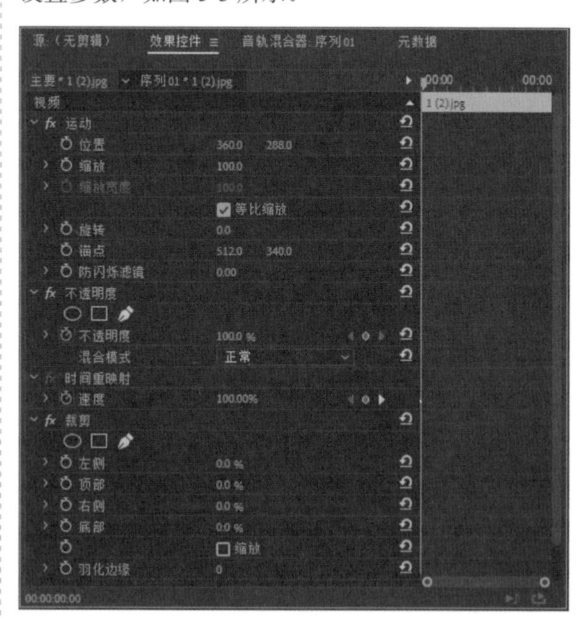


图 5-3 设置视频效果选项

**专家指点**

Premiere Pro 2020 在应用视频的所有标准效果后渲染固定效果，标准效果会按照从上往下出现的顺序进行渲染。可以在“效果控件”面板中将标准效果拖到新的位置来更改它们的顺序，但是不能重新排列固定效果的顺序。这些操作可能会影响到视频效果的最终效果。

### 5.1.2　多个效果：添加多个视频效果

在 Premiere Pro 2020 中，将素材拖入“时间轴”面板后，用户可以将“效果”面板中的视频效果依次拖曳至“时间轴”面板的素材中，实现多个视频效果的添加。下面介绍添加多个视频效果的方法。

选择“窗口”|“效果”命令，展开“效果”面板，如图 5-4 所示。展开“视频效果”文件夹，为素材添加“扭曲”子文件夹中的“放大”视频效果，如图 5-5 所示。

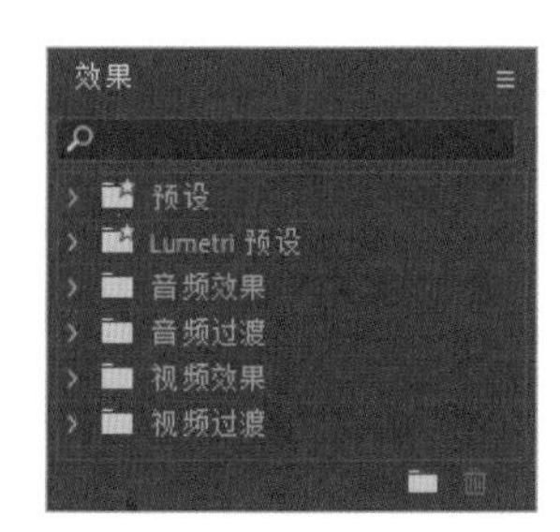


图 5-4　“效果”面板

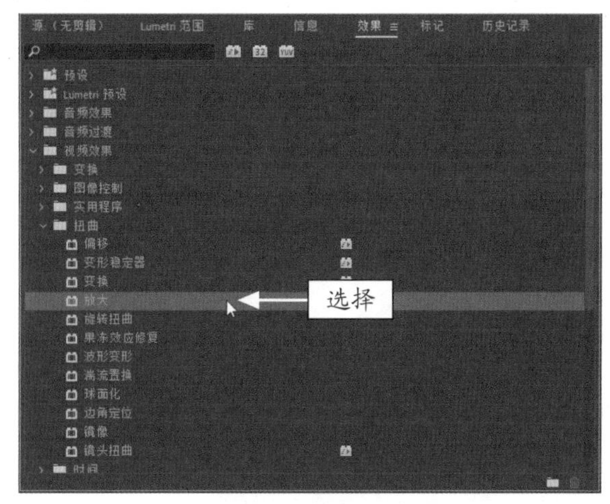


图 5-5　“放大”特效

当用户完成单个视频效果的添加后，可以在“效果控件”面板中查看到已添加的视频效果，如图 5-6 所示。接下来，用户可以继续拖曳其他视频效果来完成多视频效果的添加，执行操作后，“效果控件”面板中即可显示添加的其他视频效果，如图 5-7 所示。

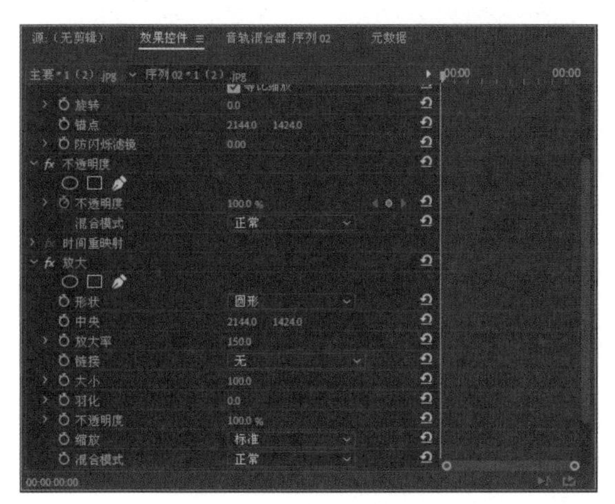

图 5-6　添加单个视频效果

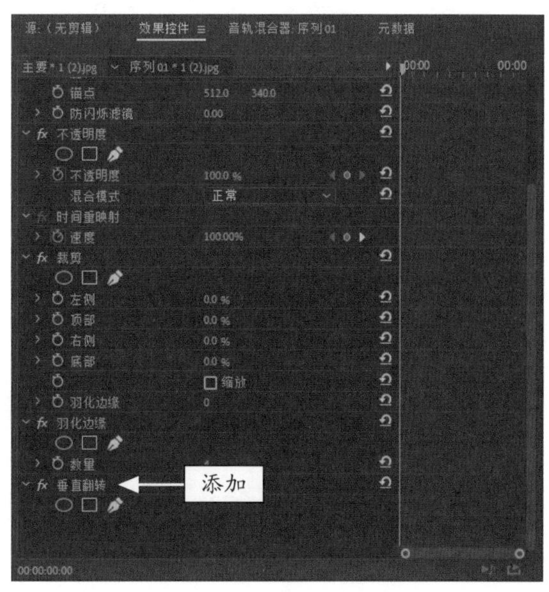


图 5-7　添加多个视频效果

### 5.1.3 复制特效：制作珠峰白云视频效果

使用“复制”功能可以对视频效果进行复制操作。用户在执行复制操作时，可以在“时间轴”面板中选择已添加视频效果的源素材，并在“效果控件”面板中选择视频效果，单击鼠标右键，在弹出的快捷菜单中选择“复制”命令即可。下面介绍复制粘贴视频效果的操作步骤。

|  | 素材文件 | 素材 \ 第 5 章 \ 珠峰白云 .prproj |
|---|---|---|
| | 效果文件 | 效果 \ 第 5 章 \ 珠峰白云 .prproj |
| | 视频文件 | 视频 \ 第 5 章 \5.1.3 复制特效：制作珠峰白云视频效果 .mp4 |

**【操练 + 视频】**
**——复制特效：制作珠峰白云视频效果**

STEP 01 在 Premiere Pro 2020 界面中，按 Ctrl ＋ O 组合键，打开文件“素材 \ 第 5 章 \ 珠峰白云 .prproj”，如图 5-8 所示。

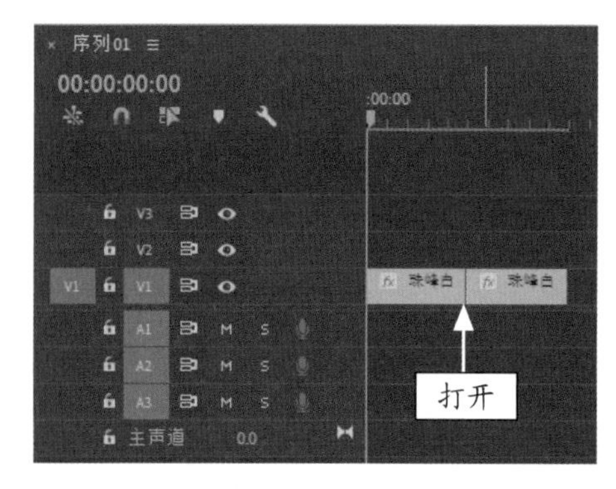


图 5-8　打开项目文件

STEP 02 打开项目文件后，在“节目监视器”面板中可以查看素材画面，如图 5-9 所示。

图 5-9　查看素材画面

STEP 03 在“效果”面板中，展开“视频效果”|“调整”选项，在其中选择 ProcAmp 视频效果，如图 5-10 所示。

图 5-10　选择 ProcAmp 视频效果

STEP 04 将 ProcAmp 视频效果拖曳至“时间轴”面板中的“珠峰白云 1”素材上，切换至“效果控件”面板，设置“亮度”为 1.0、“对比度”为 108.0、“饱和度”为 155.0。在 ProcAmp 选项上单击鼠标右键，在弹出的快捷菜单中选择“复制”命令，如图 5-11 所示。

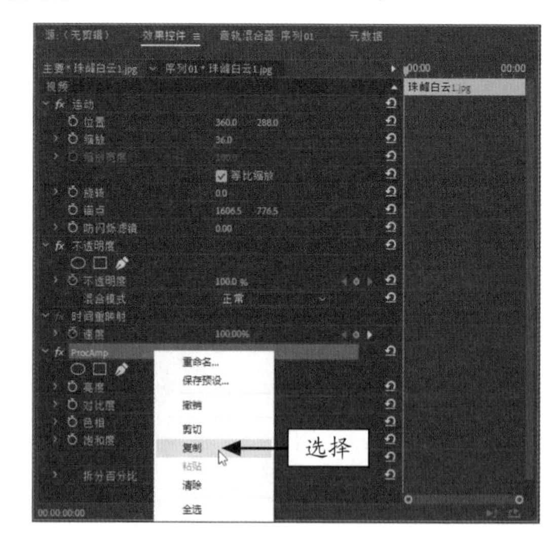


图 5-11　选择“复制”命令

STEP 05 在“时间轴”面板中，选择“珠峰白云 2”素材文件，如图 5-12 所示。

STEP 06 在“效果控件”面板中的空白位置处单击鼠标右键，在弹出的快捷菜单中选择“粘贴”命令，如图 5-13 所示。

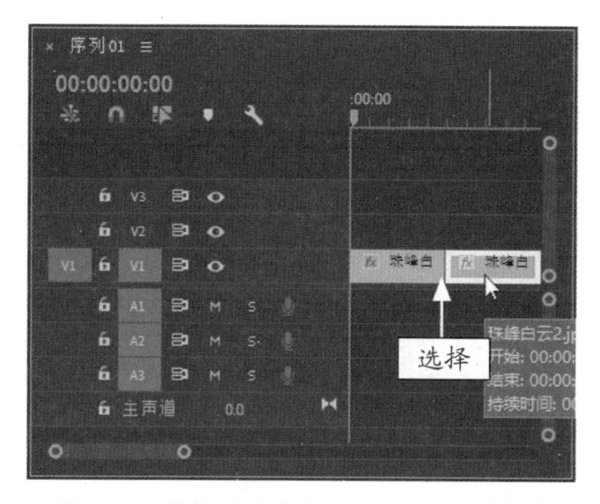


图 5-12　选择“珠峰白云（2）”素材文件

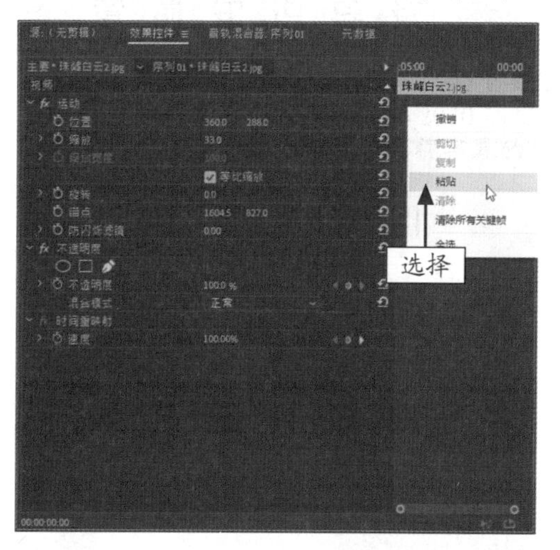


图 5-13　选择“粘贴”命令

STEP 07 执行上述操作后，即可将复制的视频效果粘贴到“珠峰白云 2”素材中，如图 5-14 所示。

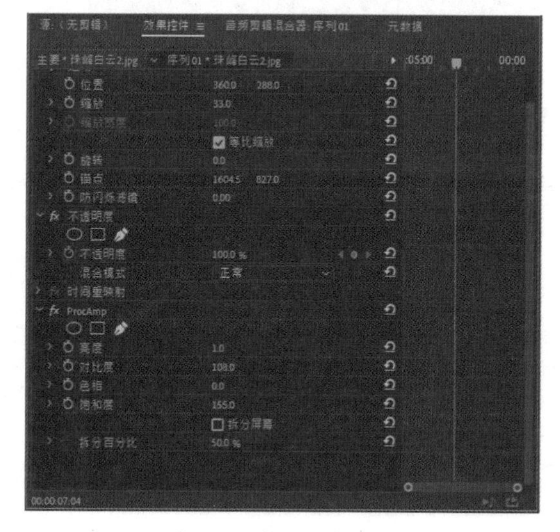

图 5-14　粘贴视频效果

STEP 08 单击“播放 - 停止切换”按钮，预览视频效果，如图 5-15 所示。

图 5-15　预览视频效果

## 5.1.4　删除特效：制作谢谢你视频效果

用户在进行视频效果添加的过程中，如果对添加的视频效果不满意，可以通过“清除”命令来删除效果。下面介绍通过“清除”命令删除效果的操作步骤。

<table>
<tr><td rowspan="3"></td><td>素材文件</td><td>素材\第 5 章\谢谢你 .prproj</td></tr>
<tr><td>效果文件</td><td>效果\第 5 章\谢谢你 .prproj</td></tr>
<tr><td>视频文件</td><td>视频\第 5 章\5.1.4　删除特效：制作谢谢你视频效果 .mp4</td></tr>
</table>

**【操练 + 视频】**

**——删除特效：制作谢谢你视频效果**

STEP 01 在 Premiere Pro 2020 界面中，按 Ctrl ＋ O 组合键，打开文件“素材\第 5 章\谢谢你 .prproj”，如图 5-16 所示。

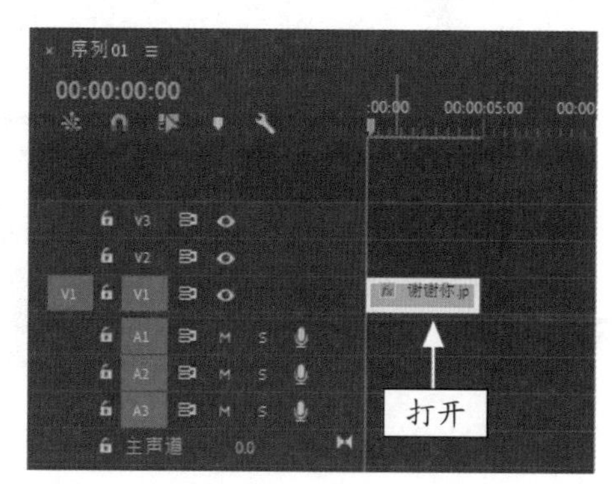


图 5-16　打开项目文件

STEP 02 打开项目文件后，在“节目监视器”面板中可以查看素材画面，如图 5-17 所示。

图 5-17　查看素材画面

STEP 03 切换至“效果控件”面板，在“波形变形”选项上单击鼠标右键，在弹出的快捷菜单中选择“清除”命令，如图 5-18 所示。

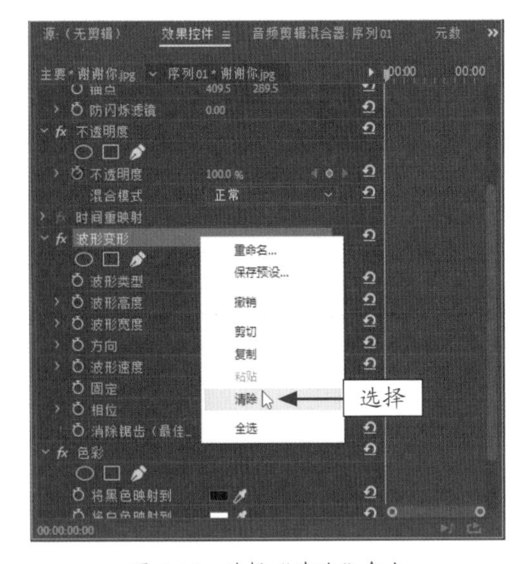


图 5-18　选择“清除”命令

STEP 04 执行上述操作后，即可清除“波形变形”视频效果。选择“色彩”选项，如图 5-19 所示。

STEP 05 在“色彩”选项上单击鼠标右键，选择“清除”命令，如图 5-20 所示。

STEP 06 执行操作后，即可清除“色彩”视频效果，如图 5-21 所示。

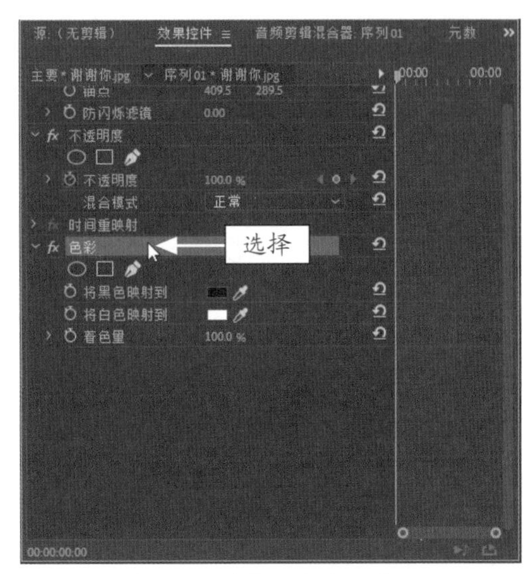


图 5-19　选择“色彩”选项

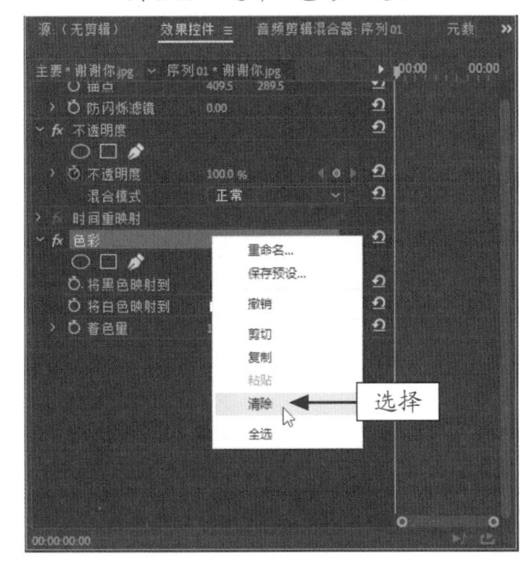


图 5-20　选择“清除”命令

图 5-21　清除“色彩”视频效果

STEP 07 单击“播放 - 停止切换”按钮，预览视频效果，效果对比如图 5-22 所示。

图 5-22 删除视频效果后的前后对比效果

## 5.1.5 关闭特效：隐藏已添加的视频特效

关闭视频效果是指将已添加的视频效果暂时隐藏，如果需要再次显示该效果，用户可以重新启用，而无须再次添加。

在 Premiere Pro 2020 中，用户单击“效果控件”面板中的“切换效果开关”按钮，如图 5-23 所示，即可隐藏该素材的视频效果。当用户再次单击“切换效果开关”按钮，即可重新显示视频效果，如图 5-24 所示。

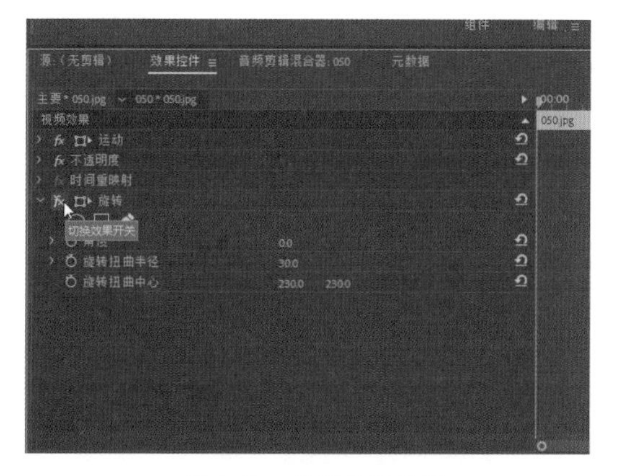


图 5-23 关闭视频效果

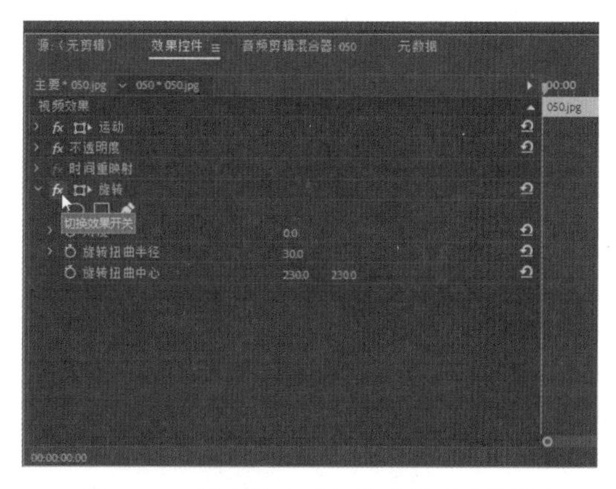


图 5-24 再次单击“切换效果开关”按钮

# 5.2 应用常用特效

系统根据视频效果的作用和效果，将视频效果分为“变换”“图像控制”“实用程序”“扭曲”以及“时间”等多种类别。本节将向用户介绍几种常用的视频效果的添加方法。

## 5.2.1 添加键控：制作鼎的视频效果

“键控”视频效果主要针对视频图像的特定键进行处理。下面介绍“颜色键”视频效果的添加方法。

| | | |
|---|---|---|
|  | 素材文件 | 素材 \ 第 5 章 \ 鼎 .prproj |
| | 效果文件 | 效果 \ 第 5 章 \ 鼎 .prproj |
| | 视频文件 | 视频 \ 第 5 章 \5.2.1 添加键控：制作鼎的视频效果 .mp4 |

## 【操练 + 视频】——添加键控：制作鼎的视频效果

STEP 01 在 Premiere Pro 2020 界面中，按 Ctrl ＋ O 组合键，打开文件“素材 \ 第 5 章 \ 鼎 .prproj”，如图 5-25 所示。

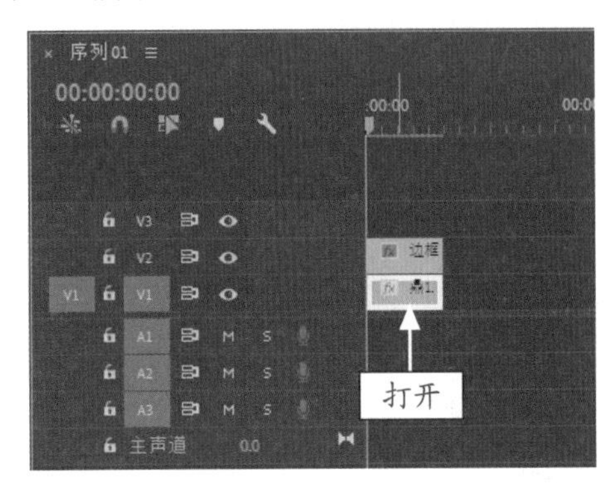


图 5-25 打开项目文件

STEP 02 打开项目文件后，在“节目监视器”面板中可以查看素材画面，如图 5-26 所示。

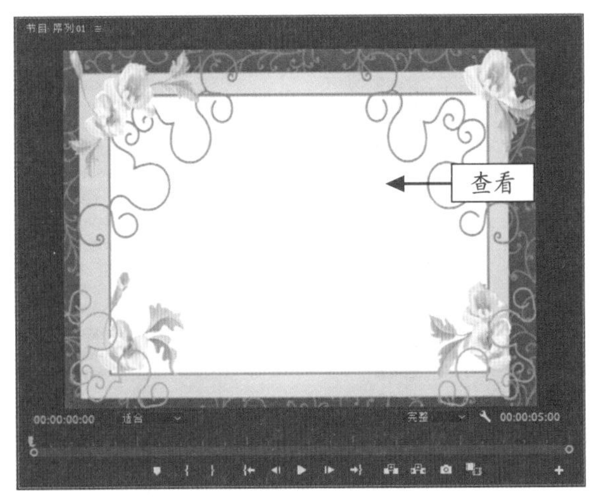


图 5-26 查看素材画面

STEP 03 在“效果”面板中，展开“视频效果”|“键控”选项，在其中选择“颜色键”视频效果，如图 5-27 所示。

STEP 04 将“颜色键”特效拖曳至“时间轴”面板中的“边框 2”素材文件上，如图 5-28 所示。

STEP 05 在“效果控件”面板中，展开“颜色键”选项，设置“主要颜色”为白色、“颜色容差”为 4.0，如图 5-29 所示。

STEP 06 执行上述操作后，即可运用“键控”特效编辑素材，如图 5-30 所示。

图 5-27 选择“颜色键”视频效果

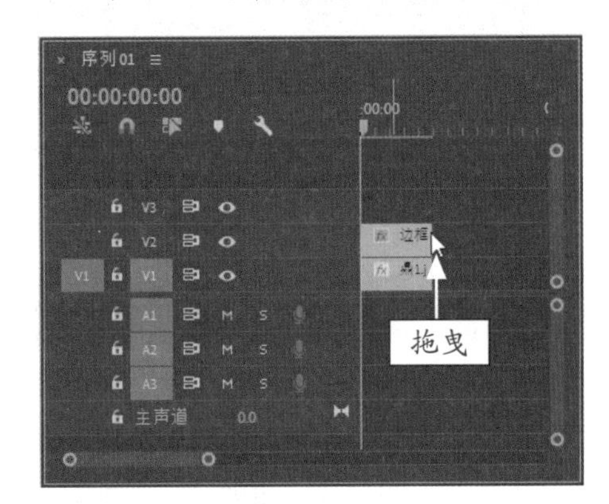


图 5-28 拖曳“颜色键”视频效果

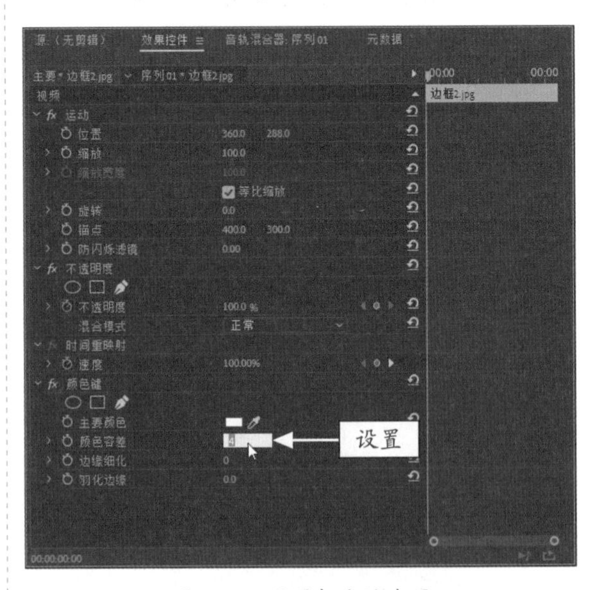


图 5-29 设置相应的选项

图 5-30 预览视频效果

STEP 07 单击“播放 - 停止切换”按钮，预览视频效果，如图 5-31 所示。

图 5-31 预览视频效果

**专家指点**

在“键控”文件夹中，用户还可以设置以下选项。

- 轨道遮罩键：使用轨道遮罩键移动或更改透明区域。轨道遮罩键通过一个剪辑（叠加的剪辑）显示另一个剪辑（背景剪辑），此过程中使用第三个文件作为遮罩，在叠加的剪辑中创建透明区域。此效果需要两个剪辑和一个遮罩，每个剪辑位于自身的轨道上。遮罩中的白色区域在叠加的剪辑中是不透明的，防止底层剪辑显示出来。遮罩中的黑色区域是透明的，而灰色区域是部分透明的。
- 非红色键：非红色键效果基于绿色或蓝色背景创建透明度。此键类似于蓝屏键效果，但是它还允许用户混合两个剪辑。此外，非红色键效果有助于减少不透明对象边缘的边纹。在需要控制混合时，或蓝屏键效果无法产生满意结果时，可使用非红色键效果抠出绿色屏。
- 颜色键：颜色键效果抠出所有类似于指定的主要颜色的视频像素。此效果仅修改剪辑的 Alpha 通道。
- Alpha 调整：需要更改固定效果的默认渲染顺序时，可使用“Alpha 调整”效果代替不透明度效果。更改不透明度百分比可创建透明度级别。
- 亮度键：亮度键效果可以抠出图层中指定明亮度或亮度的所有区域。
- 图像遮罩键：图像遮罩键效果根据静止视频剪辑（充当遮罩）的亮度值抠出剪辑视频的区域。透明区域显示下方轨道上的剪辑产生的视频，可以指定项目中要充当遮罩的任何静止视频剪辑，不必位于序列中。要使用移动视频作为遮罩，应改用轨道遮罩键效果。
- 差值遮罩：差值遮罩效果创建透明度的方法是将源剪辑和差值剪辑进行比较，然后在源视频中抠出与差值视频中的位置和颜色均匹配的像素。通常，此效果用于抠出移动物体后面的静态背景，然后放在不同的背景上。差值剪辑通常仅是背景素材的帧（在移动物体进入场景之前）。鉴于此，差值遮罩效果最适合使用固定摄像机和静止背景拍摄的场景。
- 移除遮罩：移除遮罩效果从某种颜色的剪辑中移除颜色边纹。将 Alpha 通道与独立文件中的填充纹理相结合时，此效果很有用。如果导入具有预乘 Alpha 通道的素材，或使用 After Effects 创建 Alpha 通道，则可能需要从视频中移除光晕。光晕源于视频的颜色和背景之间或遮罩与颜色之间较大的对比度，移除或更改遮罩的颜色可以移除光晕。

### 5.2.2 垂直翻转：制作摩天轮视频效果

“垂直翻转”视频效果用于将视频上下垂直反转。下面将介绍添加“垂直翻转”效果的操作方法。

|  | 素材文件 | 素材 \ 第 5 章 \ 摩天轮 .prproj |
|---|---|---|
| | 效果文件 | 效果 \ 第 5 章 \ 摩天轮 .prproj |
| | 视频文件 | 视频 \ 第 5 章 \5.2.2 垂直翻转：制作摩天轮视频效果 .mp4 |

【操练 + 视频】
——垂直翻转：制作摩天轮视频效果

STEP 01 在 Premiere Pro 2020 界面中，按 Ctrl ＋ O 组合键，打开文件“素材 \ 第 5 章 \ 摩天轮 .prproj”，如图 5-32 所示。

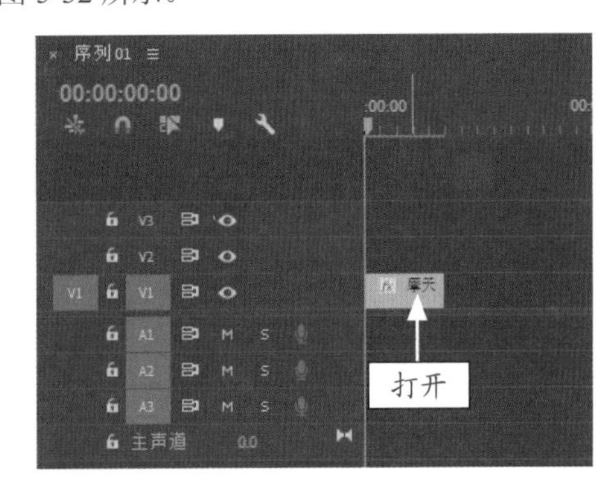


图 5-32 打开项目文件

STEP 02 打开项目文件后，在“节目监视器”面板中可以查看素材画面，如图 5-33 所示。

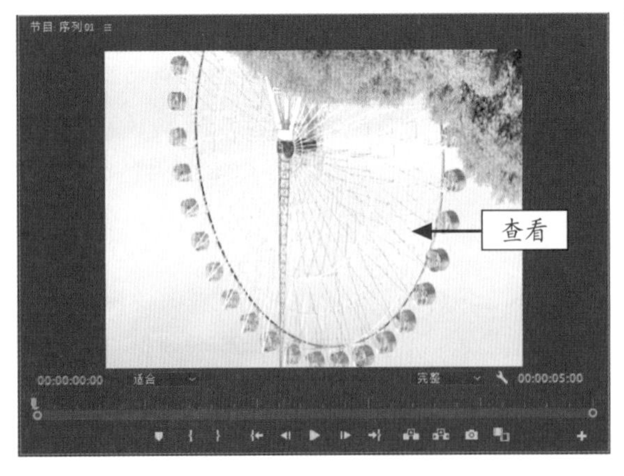


图 5-33 查看素材画面

STEP 03 在“效果”面板中，展开“视频效果”|“变换”选项，在其中选择“垂直翻转”视频效果，如图 5-34 所示。

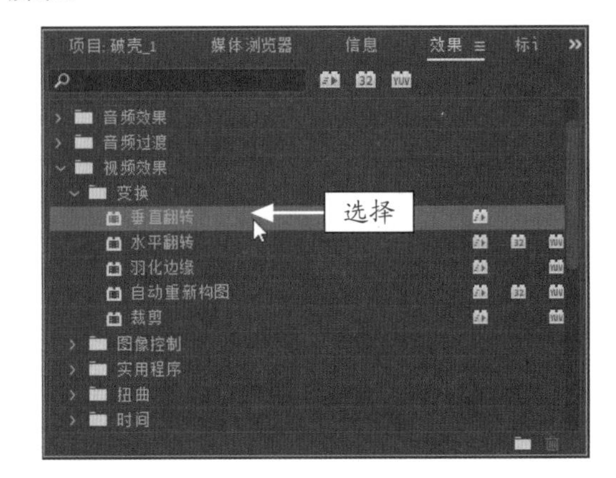


图 5-34 选择“垂直翻转”视频效果

STEP 04 将“垂直翻转”特效拖曳至“时间轴”面板中的“摩天轮”素材文件上，如图 5-35 所示。

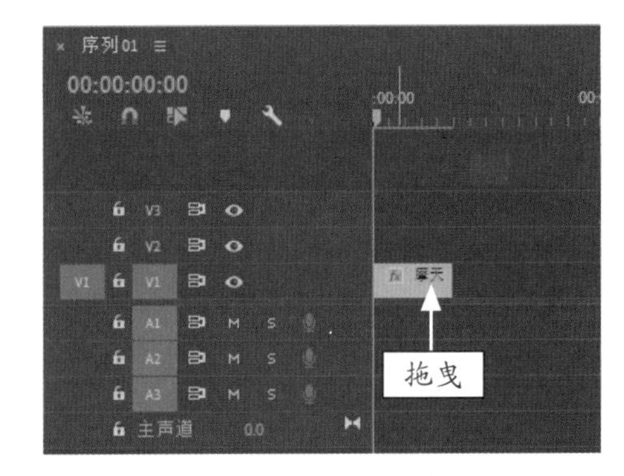


图 5-35 拖曳“垂直翻转”效果

STEP 05 单击“播放 - 停止切换”按钮，预览视频效果，如图 5-36 所示。

图 5-36 预览视频效果

图 5-36　预览视频效果（续）

## 5.2.3　水平翻转：制作古纳包视频效果

“水平翻转”视频效果用于将视频中的每一帧从左向右翻转。下面将介绍添加“水平翻转”效果的操作方法。

|  | 素材文件 | 素材 \ 第 5 章 \ 古纳包 .prproj |
|---|---|---|
| | 效果文件 | 效果 \ 第 5 章 \ 古纳包 .prproj |
| | 视频文件 | 视频 \ 第 5 章 \5.2.3　水平翻转：制作古纳包视频效果 .mp4 |

**【操练 + 视频】**
**——水平翻转：制作古纳包视频效果**

STEP 01 在 Premiere Pro 2020 界面中，按 Ctrl ＋ O 组合键，打开文件“素材 \ 第 5 章 \ 古纳包 .prproj”，如图 5-37 所示。

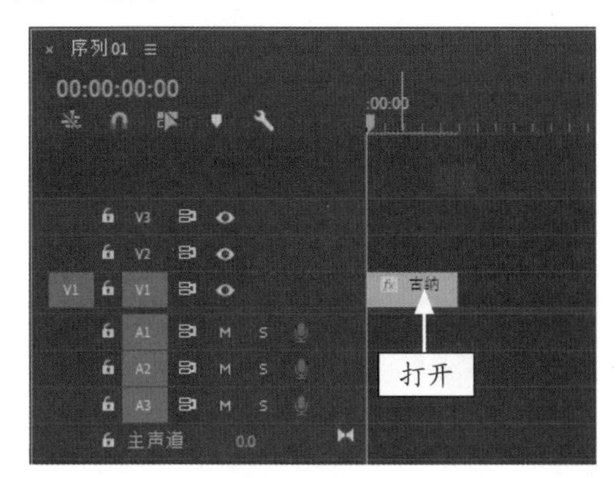


图 5-37　打开项目文件

STEP 02 打开项目文件后，在“节目监视器”面板中可以查看素材画面，如图 5-38 所示。

图 5-38　查看素材画面

STEP 03 在“效果”面板中，展开“视频效果”|“变换”选项，在其中选择“水平翻转”视频效果，如图 5-39 所示。

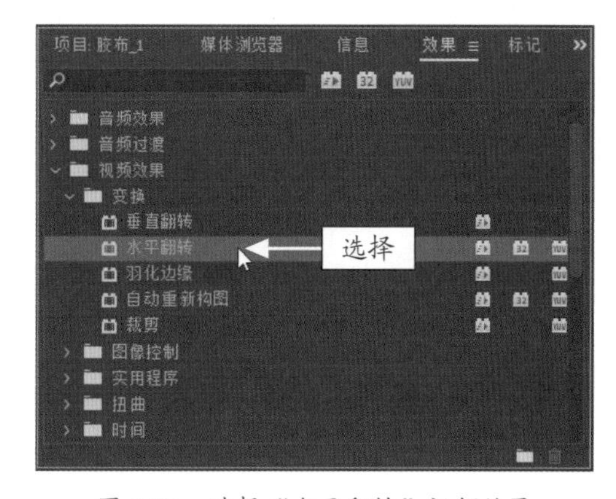


图 5-39　选择“水平翻转”视频效果

STEP 04 将“水平翻转”特效拖曳至“时间轴”面板中的“古纳包”素材文件上，如图 5-40 所示。

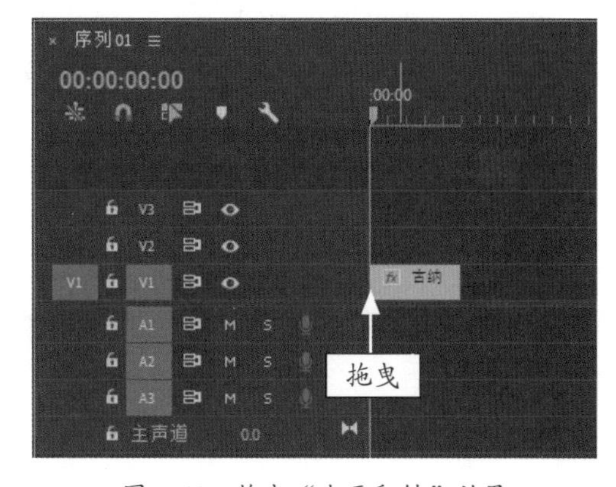


图 5-40　拖曳“水平翻转”效果

**专家指点**

在 Premiere Pro 2020 中，“变换”类的视频效果主要是使素材的形状产生二维或者三维的变化，其效果包括“垂直翻转”“水平翻转”“羽化边缘”“自动重新构图”以及“裁剪”5 种视频效果。

STEP 05 单击“播放 - 停止切换”按钮，预览视频效果，如图 5-41 所示。

图 5-41　预览视频效果

## 5.2.4　高斯模糊：制作金色视频效果

“高斯模糊”视频效果用于修改明暗分界点的差值，以产生模糊效果。下面介绍“高斯模糊”视频效果的制作方法。

| 素材文件 | 素材 \ 第 5 章 \ 金色 .prproj |
| --- | --- |
| 效果文件 | 效果 \ 第 5 章 \ 金色 .prproj |
| 视频文件 | 视频 \ 第 5 章 \5.2.4　高斯模糊：制作金色视频效果 .mp4 |

**【操练 + 视频】**
**——高斯模糊：制作金色视频效果**

STEP 01 按 Ctrl ＋ O 组合键，打开文件“素材 \ 第 5 章 \ 金色 .prproj”，如图 5-42 所示。在“效果”面板中，展开“视频效果”选项。

图 5-42　打开项目文件

STEP 02 在“模糊与锐化”类中选择“高斯模糊”选项，如图 5-43 所示。然后将其拖曳至 V1 轨道素材上。

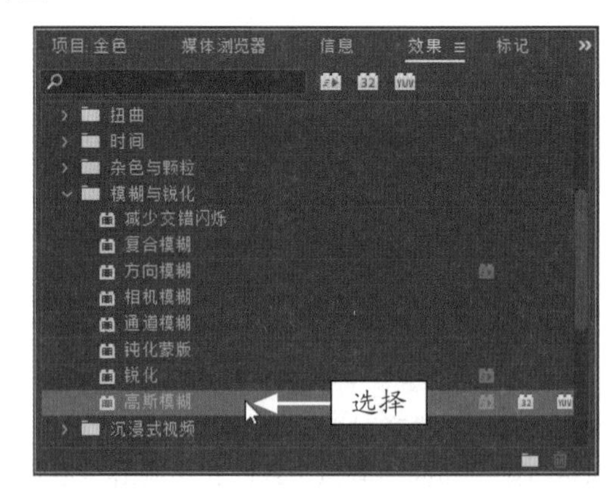


图 5-43　选择“高斯模糊”选项

STEP 03 展开“效果控件”面板，设置“模糊度”为 50.0，如图 5-44 所示。

STEP 04 执行操作后，即可添加“高斯模糊”视频效果，效果如图 5-45 所示。

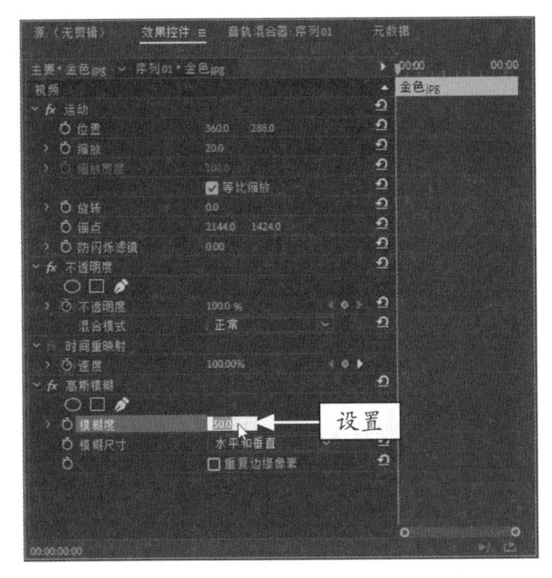


图 5-44　设置参数值

图 5-45　添加高斯模糊视频效果后的效果

## 5.2.5　镜头光晕：制作出水芙蓉视频效果

“镜头光晕”视频效果用于修改明暗分界点的差值，以产生模糊效果。下面介绍“镜头光晕”视频效果的制作方法。

|  | 素材文件 | 素材\第 5 章\出水芙蓉 .prproj |
|---|---|---|
| | 效果文件 | 效果\第 5 章\出水芙蓉 .prproj |
| | 视频文件 | 视频\第 5 章\5.2.5 镜头光晕：制作出水芙蓉视频效果 .mp4 |

**【操练 + 视频】**
**——镜头光晕：制作出水芙蓉视频效果**

STEP 01 按 Ctrl ＋ O 组合键，打开文件“素材\第 5 章\出水芙蓉 .prproj”，如图 5-46 所示。在“效果”面板中，展开“视频效果”选项。

图 5-46　打开项目文件

STEP 02 在“生成”类中选择“镜头光晕”选项，如图 5-47 所示。然后将其拖曳至 V1 轨道上。

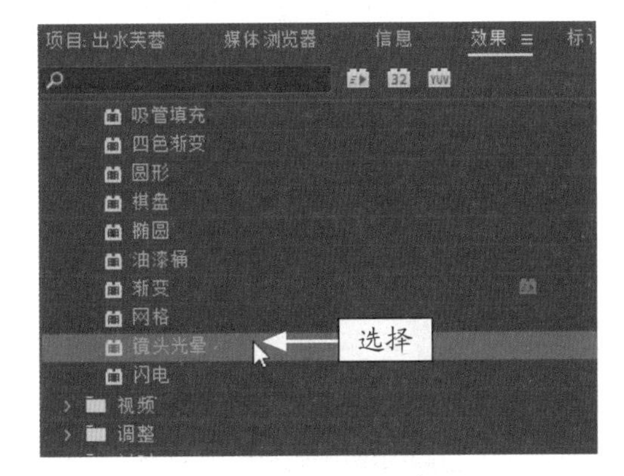


图 5-47　选择“镜头光晕”选项

STEP 03 展开“效果控件”面板，设置“光晕中心”为（600.0、500.0）、“光晕亮度”为 136%，如图 5-48 所示。

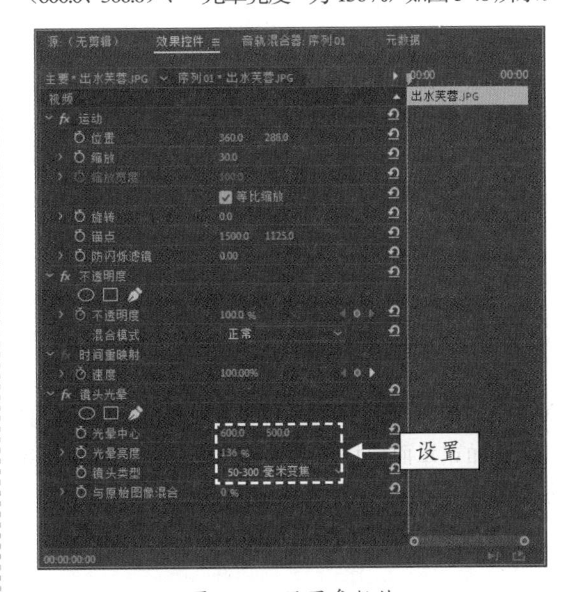


图 5-48　设置参数值

STEP 04 执行上述操作后，即可添加“镜头光晕”视频效果。预览视频效果，如图 5-49 所示。

图 5-49　预览视频效果

**专家指点**

在 Premiere Pro 2020 中，“生成”类中的视频效果主要用于在素材上创建具有特色的图形或渐变颜色，并可以与素材合成。

## 5.2.6　湍流置换：制作父爱如山视频效果

“波形变形”视频效果用于使视频形成波浪式的变形效果。下面将介绍添加波形扭曲效果的操作方法。

| | | |
|---|---|---|
|  | 素材文件 | 素材 \ 第 5 章 \ 父爱如山 .prproj |
| | 效果文件 | 效果 \ 第 5 章 \ 父爱如山 .prproj |
| | 视频文件 | 视频 \ 第 5 章 \5.2.6　湍流置换：制作父爱如山视频效果 .mp4 |

**【操练 + 视频】**
**——湍流置换：制作父爱如山视频效果**

STEP 01 按 Ctrl + O 组合键，打开文件“素材 \ 第 5 章 \ 父爱如山 .prproj”，如图 5-50 所示。在“效果”面板中，展开“视频效果”选项。

图 5-50　打开项目文件

STEP 02 在“扭曲”类中选择“湍流置换”选项，如图 5-51 所示，然后将其拖曳至 V1 轨道上。

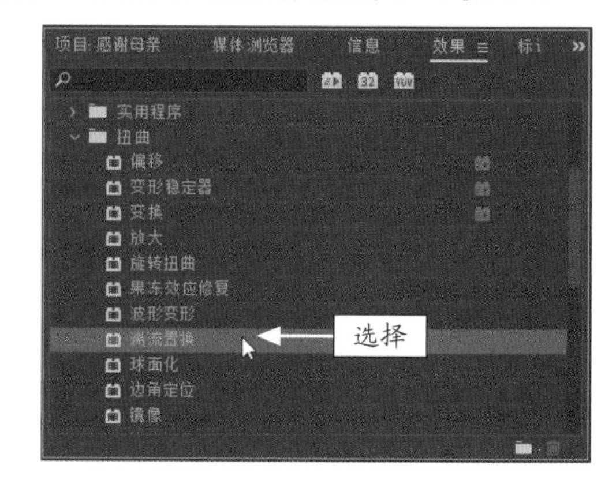


图 5-51　选择“湍流置换”选项

STEP 03 展开“效果控件”面板，设置“大小”为 85.0，如图 5-52 所示。

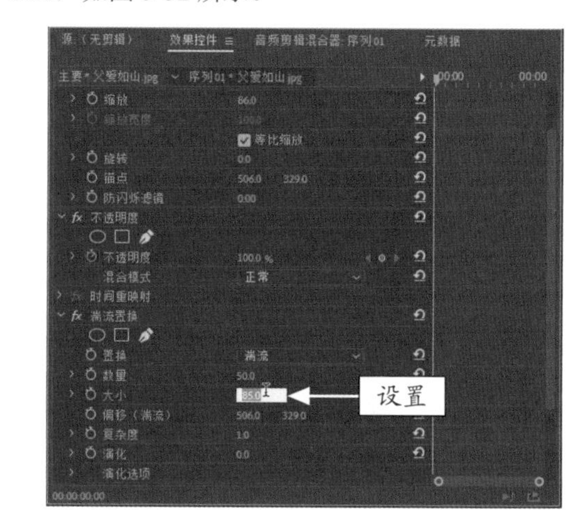


图 5-52　设置参数值

STEP 04 执行操作后，即可添加“湍流置换”视频效果。预览其效果，如图 5-53 所示。

图 5-53　预览视频效果

## 5.2.7　纯色合成：制作花丛摄影视频效果

“纯色合成”视频效果用于将一种颜色与视频混合。下面将介绍添加“纯色合成”效果的操作方法。

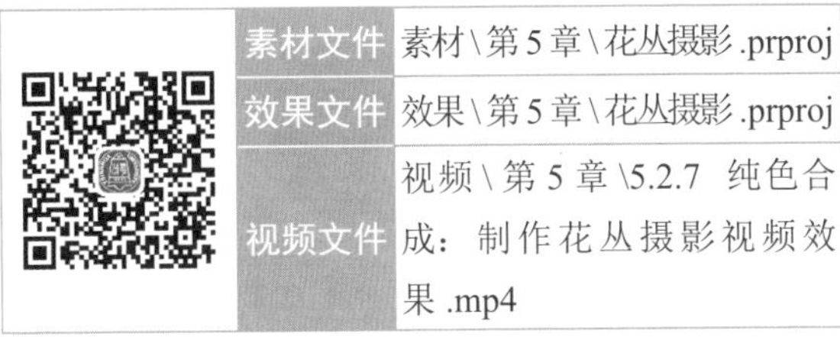

| | | |
|---|---|---|
| | 素材文件 | 素材 \ 第 5 章 \ 花丛摄影 .prproj |
| | 效果文件 | 效果 \ 第 5 章 \ 花丛摄影 .prproj |
| | 视频文件 | 视频 \ 第 5 章 \5.2.7　纯色合成：制作花丛摄影视频效果 .mp4 |

**【操练 + 视频】**
**——纯色合成：制作花丛摄影视频效果**

STEP 01 按 Ctrl + O 组合键，打开文件“素材 \ 第 5 章 \ 花丛摄影 .prproj”，如图 5-54 所示。在“效果”面板中，展开“视频效果”选项。

图 5-54　打开项目文件

STEP 02 在“通道”类中选择“纯色合成”选项，如图 5-55 所示。然后将其拖曳至 V1 轨道上。

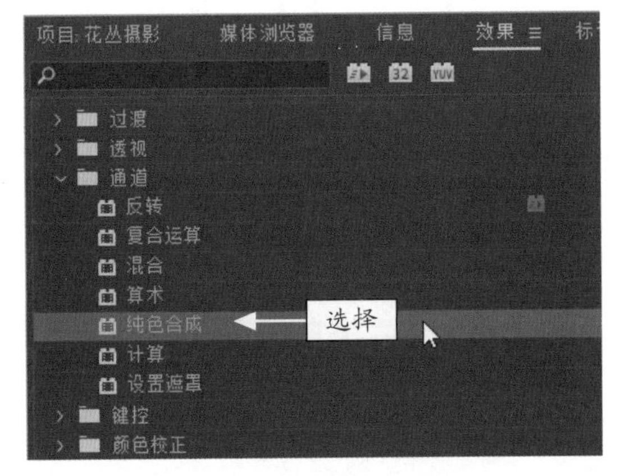


图 5-55　选择“纯色合成”选项

STEP 03 展开“效果控件”面板，依次单击“源不透明度”和“颜色”所对应的“切换动画”按钮，如图 5-56 所示。

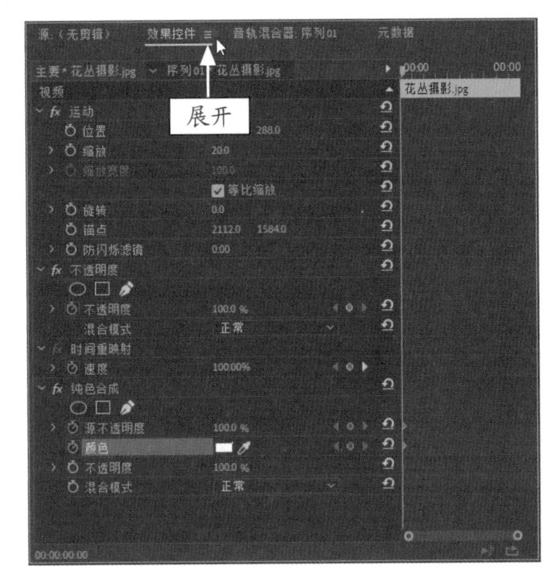


图 5-56　单击“切换动画”按钮

STEP 04 设置时间为 00:00:03:00、“源不透明度”为 50.0%、“颜色”RGB 参数为（0、204、255），如图 5-57 所示。

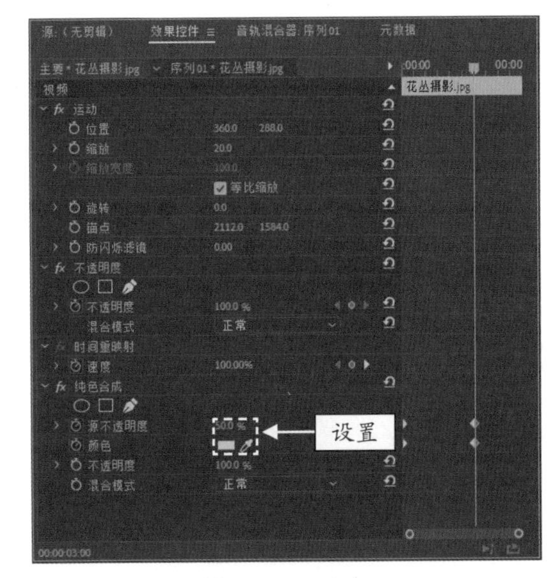


图 5-57　设置参数值

STEP 05 执行操作后，即可添加“纯色合成”效果。单击“播放 - 停止切换”按钮，查看视频效果，如图 5-58 所示。

图 5-58　查看视频效果

## 5.2.8　蒙尘与划痕：制作停泊岸边视频效果

“蒙尘与划痕”效果是用于产生一种朦胧的模糊效果。下面将介绍添加“蒙尘与划痕”效果的操作方法。

|  | 素材文件 | 素材 \ 第 5 章 \ 停泊岸边 .prproj |
|---|---|---|
| | 效果文件 | 效果 \ 第 5 章 \ 停泊岸边 .prproj |
| | 视频文件 | 视频 \ 第 5 章 \5.2.8　蒙尘与划痕：制作停泊岸边视频效果 .mp4 |

**【操练 + 视频】**
**——蒙尘与划痕：制作停泊岸边视频效果**

STEP 01 按 Ctrl ＋ O 组合键，打开文件“素材 \ 第 5 章 \ 停泊岸边 .prproj”，如图 5-59 所示。

STEP 02 在“杂色与颗粒”类中选择“蒙尘与划痕”选项，如图 5-60 所示。然后将其拖曳至 V1 轨道上。

图 5-59　打开项目文件

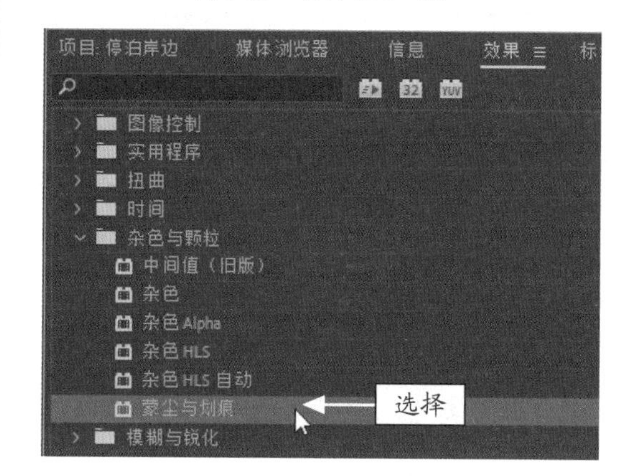


图 5-60　选择“蒙尘与划痕”选项

STEP 03 展开“效果控件”面板，设置“半径”为 5，如图 5-61 所示。

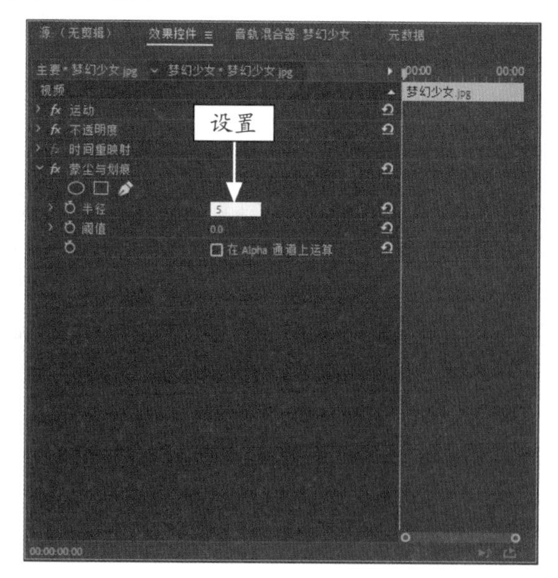


图 5-61　设置参数值

STEP 04 执行操作后，即可添加“蒙尘与划痕”效果，预览效果如图 5-62 所示。

图 5-62　预览视频效果

### 5.2.9　透视特效：制作木偶玩具视频效果

“透视”特效主要用于在视频画面上添加透视效果。下面介绍“基本 3D”视频效果的添加方法。

|  | 素材文件 | 素材 \ 第 5 章 \ 木偶玩具 .prproj |
| --- | --- | --- |
| | 效果文件 | 效果 \ 第 5 章 \ 木偶玩具 .prproj |
| | 视频文件 | 视频 \ 第 5 章 \5.2.9　透视特效：制作木偶玩具视频效果 .mp4 |

**【操练 + 视频】**
**——透视特效：制作木偶玩具视频效果**

STEP 01 按 Ctrl ＋ O 组合键，打开文件“素材 \ 第 5 章 \ 木偶玩具 .prproj”，如图 5-63 所示。

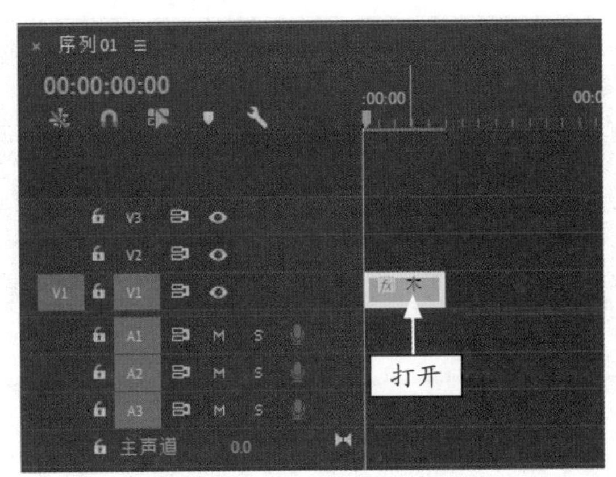


图 5-63　打开项目文件

STEP 02 打开项目文件后，在“节目监视器”面板中可以查看素材画面，如图 5-64 所示。

图 5-64　查看素材画面

**专家指点**

在“透视”文件夹中，用户可以设置以下视频特效。

- 基本 3D：基本 3D 效果在 3D 空间中操控剪辑，可以围绕水平和垂直轴旋转视频，以及朝靠近或远离用户的方向移动剪辑，此外还可以创建镜面高光来表现由旋转表面反射的光感。
- 投影：投影效果添加出现在剪辑后面的阴影，投影的形状取决于剪辑的 Alpha 通道。
- 径向阴影：径向阴影效果在应用此效果的剪辑上创建来自点光源的阴影，而不是来自无限光源的阴影（如同投影效果）。此阴影是从源剪辑的 Alpha 通道投射的，因此在光透过半透明区域时，该剪辑的颜色可影响阴影的颜色。
- 边缘斜面：边缘斜面效果为视频边缘提供凿刻和光亮的 3D 外观，边缘位置取决于源视频的 Alpha 通道。与斜面 Alpha 不同，在此效果中创建的边缘始终为矩形，因此具有非矩形 Alpha 通道的视频无法形成适当的外观。所有的边缘具有同样的厚度。
- 斜面 Alpha：斜面 Alpha 效果将斜面和光添加到视频的 Alpha 边界，通常可为 2D 元素呈现 3D 外观；如果剪辑没有 Alpha 通道或者剪辑完全不透明，则此效果将应用于剪辑的边缘。此效果所创建的边缘比边缘斜面效果创建的边缘柔和，适用于包含 Alpha 通道的文本。

STEP 03 在“效果”面板中，❶展开“视频效果”|“透视”选项，❷在其中选择“基本 3D”视频效果，如图 5-65 所示。

STEP 04 将“基本 3D”视频特效拖曳至“时间轴”面板中的素材文件上，如图 5-66 所示。然后选择 V1 轨道上的素材。

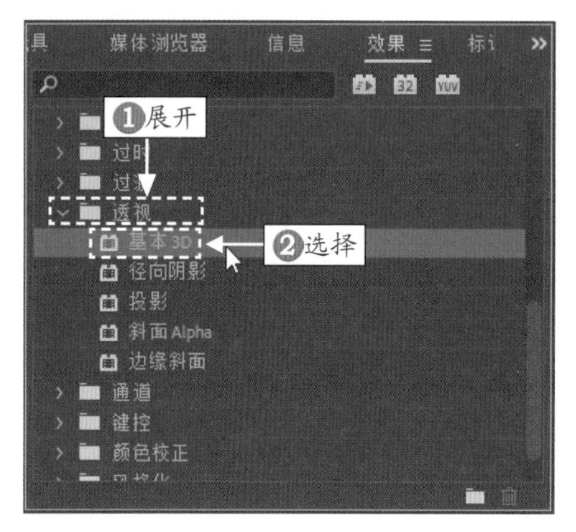


图 5-65 选择“基本 3D”视频效果

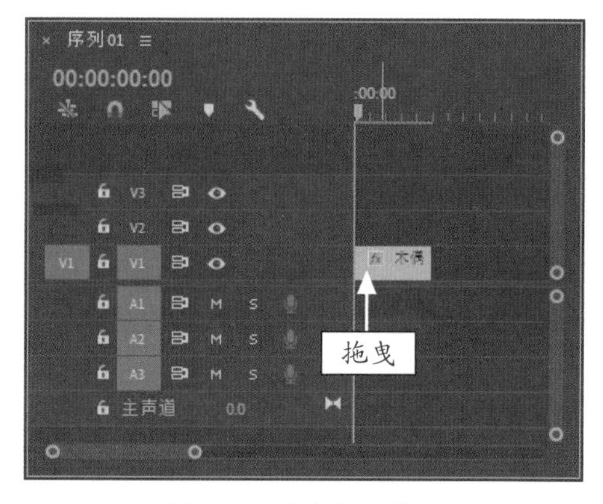


图 5-66 拖曳视频特效

STEP 05 在“效果控件”面板中，展开“基本 3D”选项，如图 5-67 所示。

STEP 06 设置“旋转”选项为 -100.0°，单击“旋转”选项左侧的“切换动画”按钮，如图 5-68 所示。

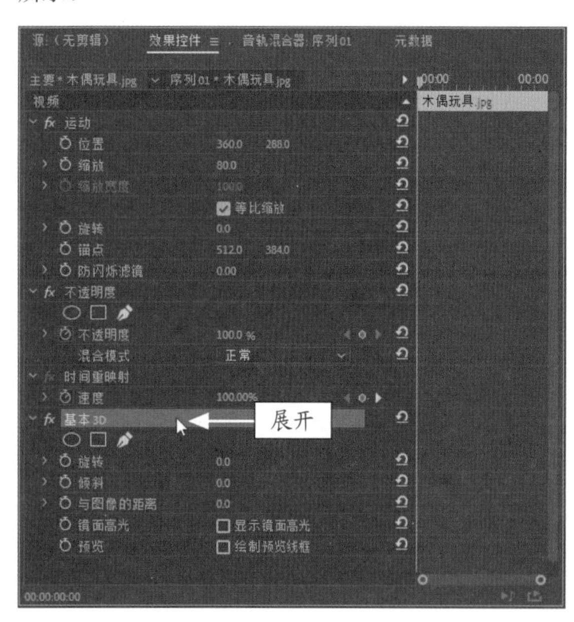


图 5-67 展开“基本 3D”选项

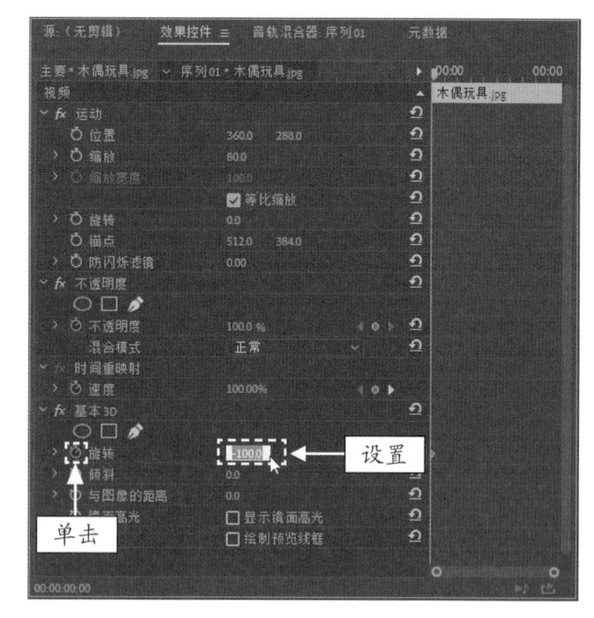


图 5-68 单击“切换动画”按钮

STEP 07 ❶拖曳当前时间指示器至 00:00:03:00 位置，❷设置“旋转”为 0.0，如图 5-69 所示。

STEP 08 执行上述操作后，即可运用“基本 3D”特效调整素材，如图 5-70 所示。

STEP 09 单击“播放 - 停止切换”按钮，预览视频效果，如图 5-71 所示。

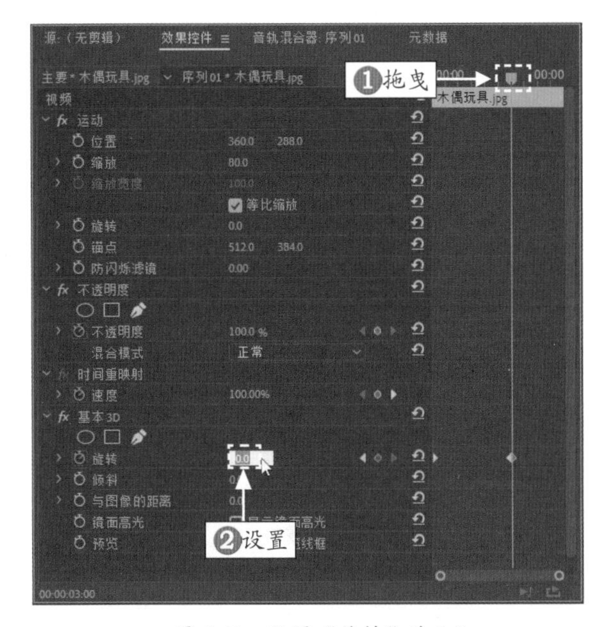


图 5-69　设置“旋转”为 0.0

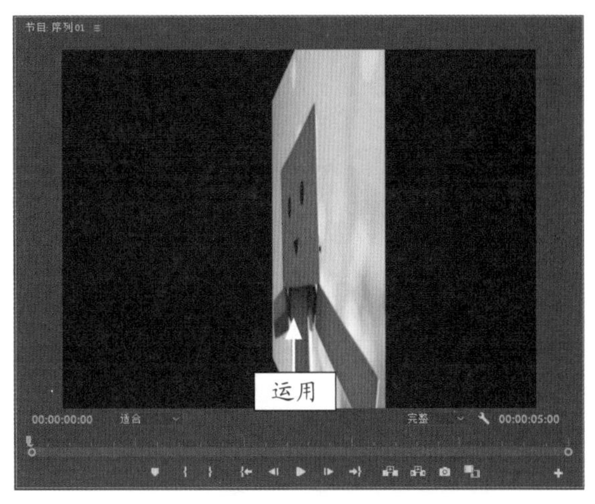


图 5-70　运用“基本 3D”特效调整视频

图 5-71　预览视频效果

**专家指点**

在“效果控件”面板的“基本 3D”选项区中，用户可以设置以下选项。

- 旋转：旋转控制水平旋转（围绕垂直轴旋转）。可以旋转 90° 以上来查看视频的背面（是前方的镜像视频）。
- 倾斜：控制垂直旋转（围绕水平轴旋转）。
- 与图像的距离：指定视频离观看者的距离。随着距离变大，视频会后退。
- 镜面高光：添加闪光来反射所旋转视频的表面，就像在表面上方有一盏灯照亮。在选择“绘制预览线框”的情况下，如果镜面高光在剪辑上不可见（高光的中心与剪辑不相交），则以红色加号（+）作为指示；而如果镜面高光可见，则以绿色加号（+）作为指示。镜面高光效果在“节目监视器”面板中变为可见之前，必须渲染一个预览。
- 预览：绘制 3D 视频的线框轮廓，线框轮廓可快速渲染。要查看最终结果，在完成操控线框视频时，取消选中“绘制预览线框”复选框。

## 5.2.10　时间码特效：制作山间花草视频效果

“时间码”效果可以在视频画面中添加一个时间码，用以表示小时、分钟、秒钟和帧数。下面介绍具体的操作步骤。

|  | 素材文件 | 素材\第 5 章\山间花草 .prproj |
|---|---|---|
| | 效果文件 | 效果\第 5 章\山间花草 .prproj |
| | 视频文件 | 视频\第 5 章\5.2.10　时间码特效：制作山间花草视频效果 .mp4 |

**【操练 + 视频】**
**——时间码特效：制作山间花草视频效果**

STEP 01 按 Ctrl ＋ O 组合键，打开文件“素材\第 5 章\山间花草 .prproj”，如图 5-72 所示。

图 5-72　打开项目文件

STEP 02 在“效果”面板中，❶展开“视频效果”选项；❷在“视频”类中选择“时间码”选项，如图 5-73 所示。然后将其拖曳至 V1 轨道上。

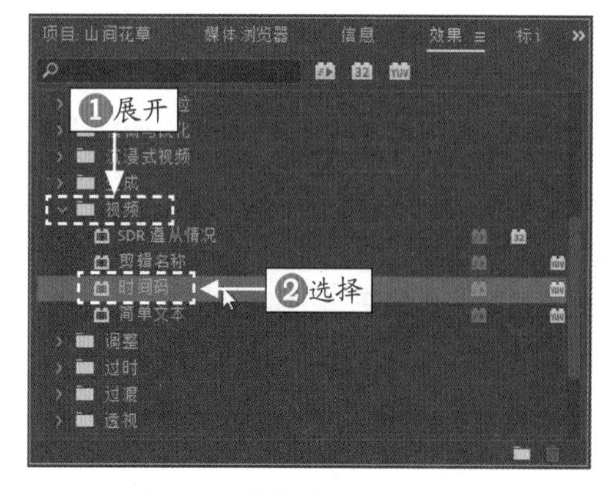


图 5-73　选择“时间码”选项

STEP 03 展开“效果控件”面板，设置“位置”为(350.0，80.0）、“大小”为 15%，如图 5-74 所示。

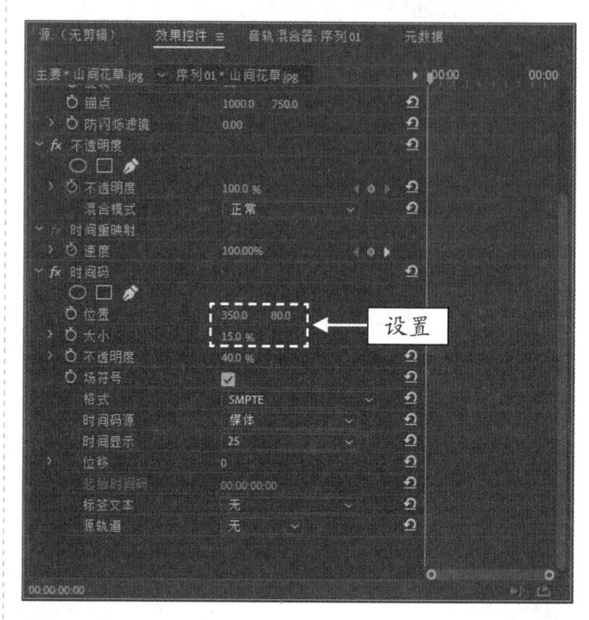


图 5-74　设置参数值

STEP 04 执行操作后，即可添加“时间码”视频效果。单击“播放 - 停止切换”按钮，查看视频效果，如图 5-75 所示。

图 5-75　查看视频效果

**专家指点**

后期工作中，正确使用“时间码”效果能高效同步并合并视频及声音文件，节省时间。一般来说，时间码是一系列数字，通过定时系统形成控制序列，而且这个定时系统可以集成在视频音频或其他装置中。尤其是在视频项目中，将时间码可以加到录制中，帮助实现同步、文件组织和搜索等。

# 第6章 创建字幕：制作精彩的标题特效

## 章前知识导读

字幕是影视作品中不可缺少的重要组成部分，漂亮的字幕设计可以使影片更具有吸引力和感染力。Premiere Pro 2020 高质量的字幕功能，让用户使用起来更加得心应手。本章将向读者详细介绍制作影视字幕的操作方法。

## 新手重点索引

- 了解字幕
- 了解字幕属性面板
- 了解字幕运动特效
- 创建遮罩动画

## 效果图片欣赏

# 6.1 了解字幕

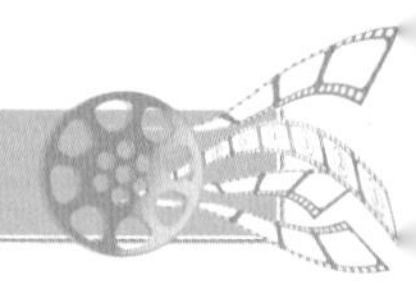

字幕是以各种字体、样式和动画等形式出现在画面中的文字总称。在现代影片中，字幕的应用越来越频繁，精美的标题字幕不仅可以起到为影片增色的目的，还能够很好地向观众传递影片信息或制作理念。Premiere Pro 2020 提供了便捷的字幕编辑功能，可以使用户在短时间内制作出专业的标题字幕。

## 6.1.1 认识标题字幕

字幕可以以各种字体、样式和动画等形式出现在影视画面中，如电视或电影的片头、演员表、对白以及片尾字幕等，字幕设计与书写是影视造型的艺术手段之一。在通过实例学习创建字幕之前，首先了解一下制作的标题字幕效果，如图 6-1 所示。

图 6-1　制作的标题字幕效果

## 6.1.2 认识字幕属性面板

Premiere Pro 2020 的字幕属性面板如图 6-2 所示，可以设置字幕字体、字体大小、字距、基线位移、填充、描边、阴影、位置、缩放、旋转以及对齐方式等属性，熟悉这些设置对制作标题字幕有着事半功倍的效果。

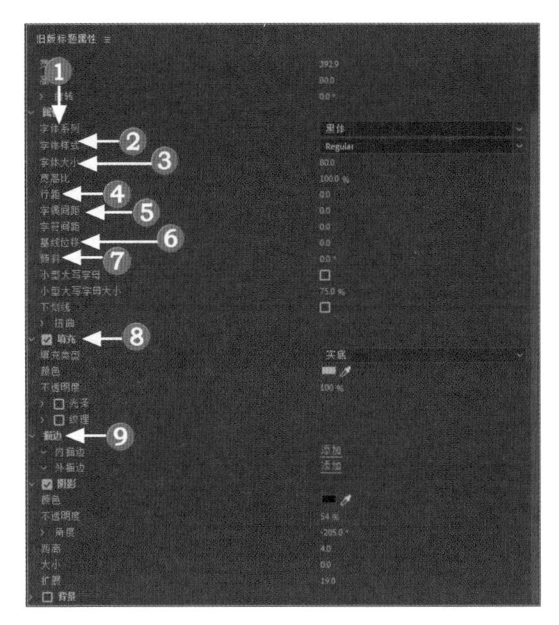

图 6-2　“源文本”属性面板

❶ 字体系列：单击“字体系列”右侧的按钮，在弹出的下拉列表中可选择所需要的字体。

❷ 字体样式：用于调整当前选择的文本字体样式。

❸ 字体大小：用于设置当前选择的文本字体大小。

❹ 行距：用于设置文本中行与行之间的距离，数值越大，行距越大。

❺ 字偶间距：用于设置文本的字距，数值越大，文字的距离越大。

❻ 基线位移：在保持文字行距和大小不变的情况下，改变文本在文字块内的位置，或将文本更远地偏离路径。

❼ 倾斜：用于调整文本的位置角度。

❽ 填充：单击颜色色块，可以调整文本的颜色；单击右侧的吸管图标，可以吸取相应的颜色，更改字幕文本的颜色。

❾ 描边：可以为字幕添加描边效果。

## 6.1.3　了解字幕样式

字幕样式的添加能够帮助用户快速设置字幕的属性，从而获得精美的字幕效果。

在 Premiere Pro 2020 中，为用户提供了大量的字幕样式，如图 6-3 所示。同样，用户也可以自己创建字幕，单击面板右上方的 ≡ 按钮，弹出下拉列表，选择“保存样式库”选项即可，如图 6-4 所示。

> **专家指点**
>
> 根据字体类型的不同，某些字体拥有多种不同的形态效果，而“字体样式”选项用于指定当前所要显示的字体形态。

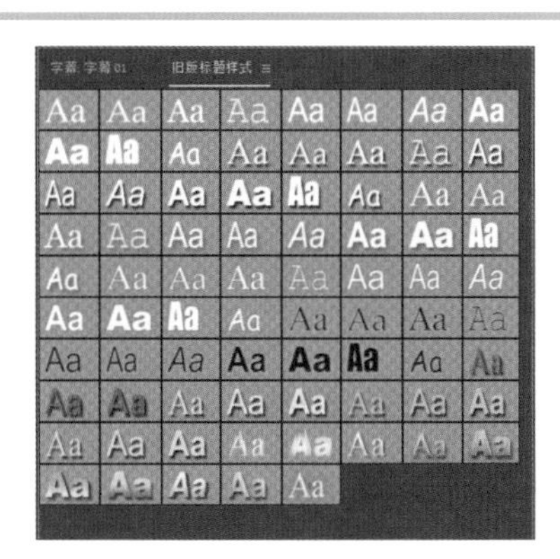

图 6-3　字幕样式

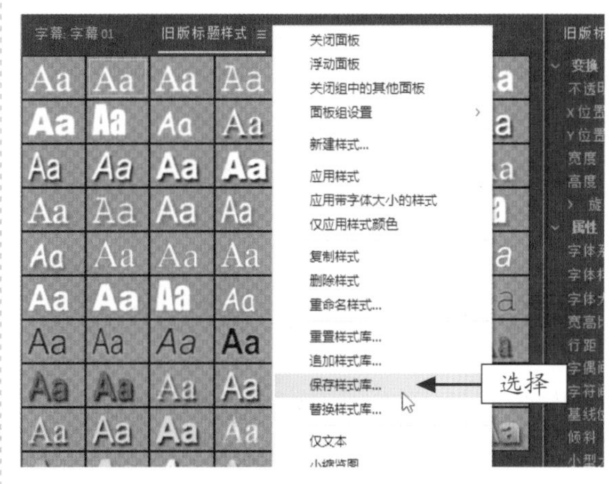


图 6-4　选择“保存样式库”选项

## 6.1.4　水平字幕：制作凌寒自开视频效果

水平字幕是指沿水平方向进行分布的字幕类型。用户可以使用字幕工具中的文字工具进行创建。

| | |
|---|---|
| 素材文件 | 素材 \ 第 6 章 \ 凌寒自开 .prproj |
| 效果文件 | 效果 \ 第 6 章 \ 凌寒自开 .prproj |
| 视频文件 | 视频 \ 第 6 章 \6.1.4　水平字幕：制作凌寒自开视频效果 .mp4 |

## 【操练 + 视频】——水平字幕：制作凌寒自开视频效果

STEP 01 按 Ctrl + O 组合键，打开文件“素材 \ 第 6 章 \ 凌寒自开 .prproj”，如图 6-5 所示。

图 6-5　打开项目文件

STEP 02 选择“文件” | “新建” | “旧版标题”命令，如图 6-6 所示。

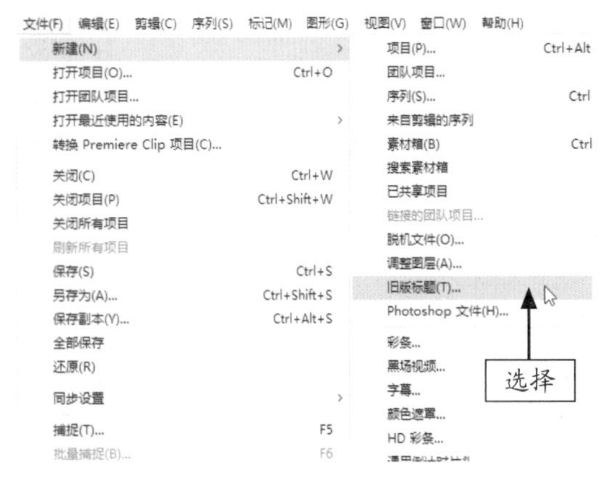


图 6-6　选择“旧版标题”命令

STEP 03 弹出“新建字幕”对话框，设置“名称”为“字幕 01”，如图 6-7 所示。

STEP 04 单击“确定”按钮，打开“字幕”面板，选择文字工具T，如图 6-8 所示。

### 专家指点

“字幕”面板的主要功能是创建和编辑字幕，并可以直观地预览到字幕应用到视频影片中的效果。“字幕”面板由属性栏和编辑窗口两部分组成，其中编辑窗口是用户创建和编辑字幕的场所，在编辑完成后可以通过属性栏改变字体和字体样式。

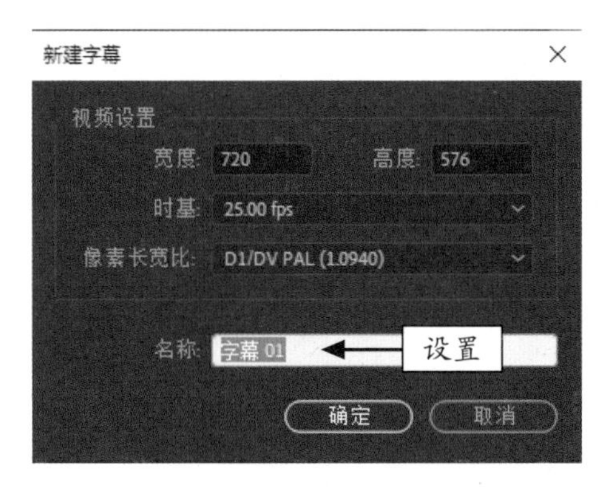


图 6-7　设置名称

图 6-8　选择文字工具

STEP 05 在编辑窗口的合适位置输入文字“凌寒自开”，设置“填充颜色”为白色、“字体大小”为 80，“字体系列”为华文行楷，如图 6-9 所示。

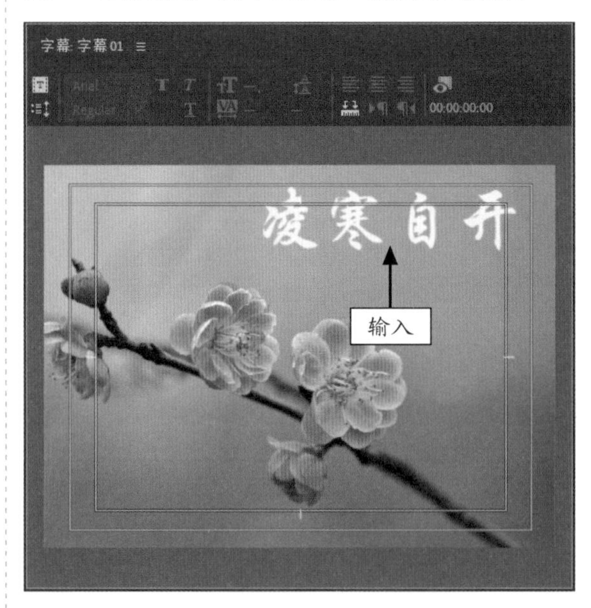


图 6-9　输入文字

STEP 06 关闭“字幕”面板，在“项目”面板中，将会显示新创建的字幕对象，如图 6-10 所示。

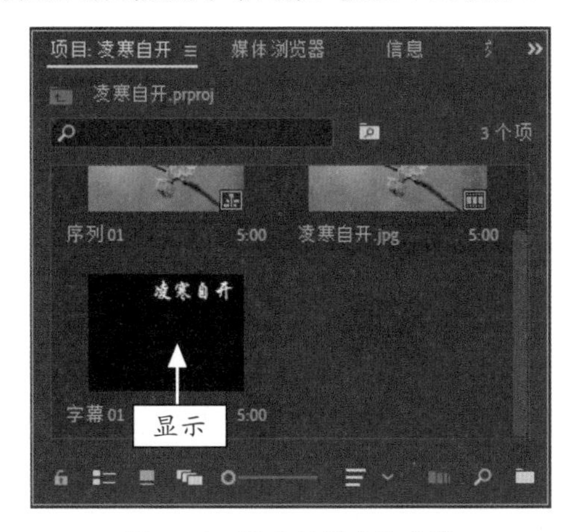


图 6-10　显示新创建的字幕

STEP 07 将新创建的字幕拖曳至“时间线”面板的 V2 轨道上，调整控制条大小，如图 6-11 所示。

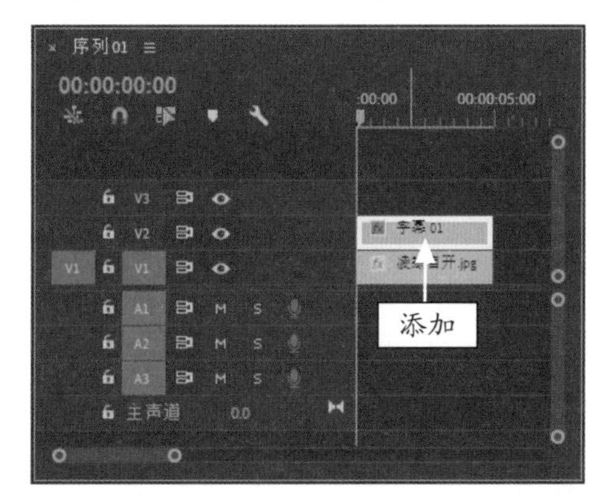


图 6-11　添加字幕效果

STEP 08 执行操作后，即可创建水平字幕，查看新创建的字幕效果，如图 6-12 所示。

图 6-12　预览字幕效果

**专家指点**

打开字幕文件与导入素材文件的方法一样，具体方法是：选择“文件”|“导入”命令，在弹出的“导入”对话框中，选择合适的字幕文件，单击“打开”按钮即可。用户可以用 Ctrl + I 组合键来快速打开字幕。

## 6.1.5　垂直字幕：制作大江大河视频效果

用户在了解如何创建水平文本字幕后，创建垂直文本字幕的方法就变得十分简单了。下面将介绍创建垂直字幕的操作方法。

|  | 素材文件 | 素材\第 6 章\大江大河 .prproj |
|---|---|---|
| | 效果文件 | 效果\第 6 章\大江大河 .prproj |
| | 视频文件 | 视频\第 6 章\6.1.5　垂直字幕：制作大江大河视频效果 .mp4 |

**【操练 + 视频】**
**——垂直字幕：制作大江大河视频效果**

STEP 01 按 Ctrl + O 组合键，打开文件“素材\第 6 章\大江大河 .prproj”，如图 6-13 所示。选择“文件”|“新建”|“旧版标题”命令，新建一个字幕文件。

图 6-13　打开项目文件

STEP 02 在“字幕”面板中，选择垂直文字工具，在编辑窗口合适的位置输入相应的文字，如图 6-14 所示。

图 6-14　输入文字效果

STEP 03 在字幕属性面板中，设置“字体系列”为隶书、“字体大小”为50.0、“字偶间距”为10.0、“颜色”为黄色（RGB 为 255、255、0），如图 6-15 所示。

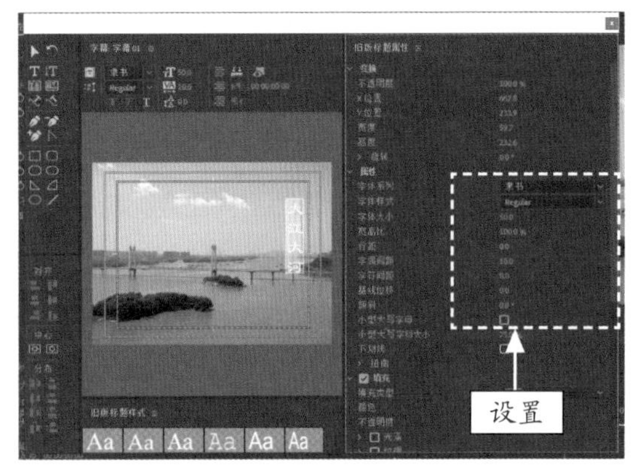


图 6-15　设置参数值

STEP 04 关闭“字幕”面板，将新创建的字幕拖曳至“时间轴”面板的 V2 轨道上，调整控制条的长度，即可创建垂直字幕，效果如图 6-16 所示。

图 6-16　创建垂直字幕的效果

**专家指点**

在“字幕”面板中创建字幕时，在编辑窗口中有两个线框，外侧的线框以内为动作安全区；内侧的线框以内为标题安全区。在创建字幕时，字幕不能超过相应范围，否则导出影片时将不能显示。

## 6.1.6　创建文本：制作水上人家视频效果

在 Premiere Pro 2020 中，除了可以创建单排标题字幕文本，还可以创建多个字幕文本，使影视文字内容更加丰富。

|  | 素材文件 | 素材 \ 第 6 章 \ 水上人家 .prproj |
|---|---|---|
| | 效果文件 | 效果 \ 第 6 章 \ 水上人家 .prproj |
| | 视频文件 | 视频 \ 第 6 章 \6.1.6　创建文本：制作水上人家视频效果 .mp4 |

**【操练 + 视频】**
**——创建文本：制作水上人家视频效果**

STEP 01 按 Ctrl＋O 组合键，打开项目文件“素材 \ 第 6 章 \ 水上人家 .prproj”，如图 6-17 所示。

图 6-17　打开项目文件

STEP 02 选择工具箱中的文字工具，在编辑窗口的合适位置处，单击鼠标左键，在文本框中输入标题字幕，如图 6-18 所示。

STEP 03 用同样的方法，在窗口中的合适位置，再次单击鼠标左键，并在文本框中输入相应的字幕内容，如图 6-19 所示。

STEP 04 输入完成后，即可完成多个字幕文本的创建，如图 6-20 所示。

图 6-18　输入字幕标题

图 6-19　输入字幕内容

图 6-20　多个字幕

## 6.1.7　导出字幕：制作霞光漫天视频效果

为了让用户更加方便地创建字幕，系统允许用户将设置好的字幕导出到字幕样式库中，以方便用户随时调用这些字幕。

|  | 素材文件 | 素材 \ 第 6 章 \ 霞光漫天 .prproj |
|---|---|---|
| | 效果文件 | 效果 \ 第 6 章 \ 霞光漫天 .prproj |
| | 视频文件 | 视频 \ 第 6 章 \6.1.7　导出字幕：制作霞光漫天视频效果 .mp4 |

**【操练 + 视频】**
**——导出字幕：制作霞光漫天视频效果**

STEP 01 按 Ctrl ＋ O 组合键，打开文件“素材 \ 第 6 章 \ 霞光漫天 .prproj”文件，如图 6-21 所示。

图 6-21　打开项目文件

STEP 02 在“项目”面板中，选择字幕文件，如图 6-22 所示。

图 6-22　选择字幕文件

STEP 03 选择“文件”|“导出”|“媒体”命令，如图 6-23 所示。

STEP 04 弹出“导出设置”对话框，设置文件名和保存路径，单击“导出”按钮，如图 6-24 所示，即可导出字幕文件。

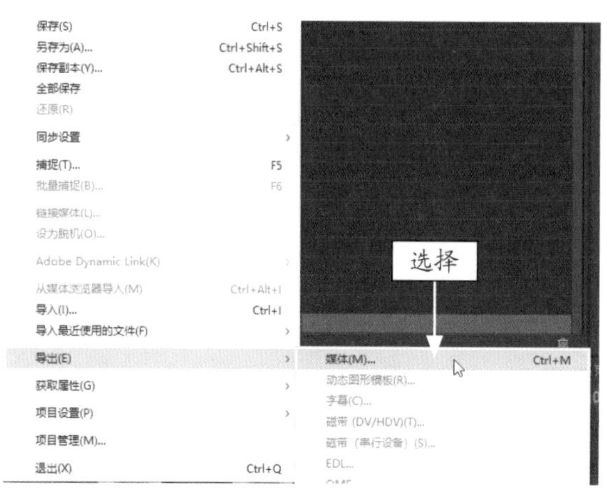


图 6-23 选择“媒体”命令

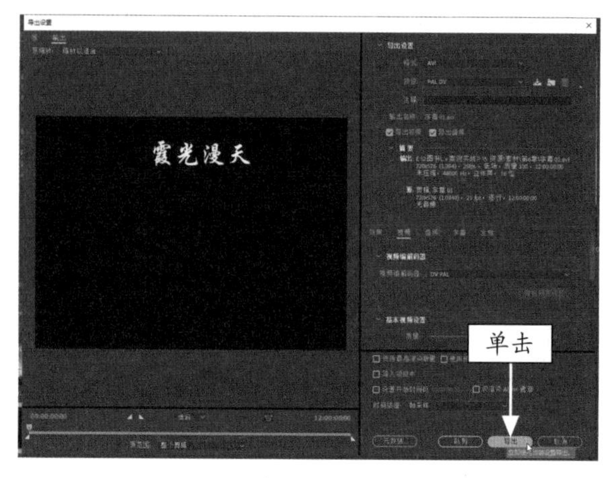


图 6-24 单击“导出”按钮

## 6.2 了解字幕属性面板

字幕属性面板位于“字幕”面板的右侧，系统将其分为“变换”“填充”“描边”以及“阴影”等类型，下面将对各选项区进行详细介绍。

### 6.2.1 “变换”选项区

“变换”选项区主要用于控制字幕的透明度、Y/Y 轴位置、宽度 / 高度以及旋转等属性。

单击“变换”选项左侧的三角形按钮，展开该选项，如图 6-25 所示。

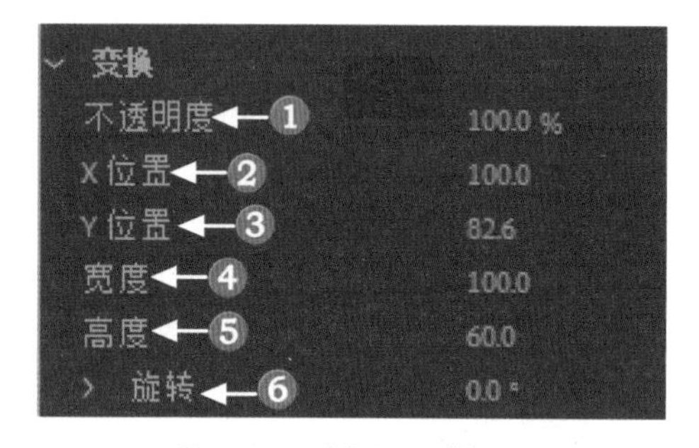


图 6-25 “变换”选项区

1. 不透明度：用于设置字幕的不透明度。
2. X 位置：用于设置字幕在 X 轴的位置。
3. Y 位置：用于设置字幕在 Y 轴的位置。
4. 宽度：用于设置字幕的宽度。
5. 高度：用于设置字幕的高度。
6. 旋转：用于设置字幕的旋转角度。

### 6.2.2 “填充”选项区

“填充”是一个可选属性效果。因此，当用户关闭字幕的“填充”属性后，必须通过其他方式将字幕元素呈现在画面中。

“填充”选项区主要用来控制字幕的填充类型、颜色、透明度以及为字幕添加纹理和光泽属性，如图 6-26 所示。

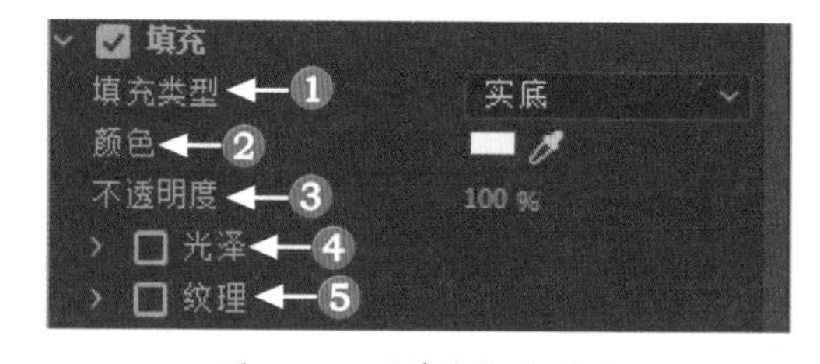


图 6-26 “填充”选项区

1. 填充类型：单击“填充类型”右侧的下三角按钮，在弹出的列表中选择不同的选项，可以制作出不同的填充效果。

2. 颜色：单击其右侧的颜色色块，可以调整文本的颜色。

3. 不透明度：用于调整文本颜色的透明度。

❹ 光泽：选中该复选框，并单击左侧的展开按钮，展开具体的“光泽”参数设置，可以在文本上加入光泽效果。

❺ 纹理：选中该复选框，并单击左侧的展开按钮，展开具体的“纹理”参数设置，可以对文本进行纹理贴图方面的设置，从而使字幕更加生动和美观。

### 6.2.3　“描边”选项区

“描边”选项区中可以为字幕添加描边效果，下面介绍“描边”选项区的相关基础知识。

在 Premiere Pro 2020 中，系统将描边分为“内描边”和“外描边”两种类型，单击“描边”选项左侧的展开按钮，展开该选项，然后再展开其中相应的选项，如图 6-27 所示。

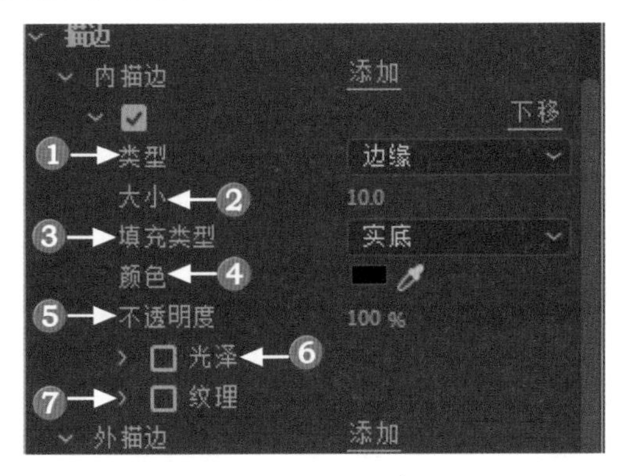


图 6-27　“描边”选项区

❶ 类型：单击“类型”右侧的下三角按钮，弹出下拉列表，该列表中包括“边缘”“凸出”和“凹进”3 个选项。

❷ 大小：用于设置轮廓线的大小。

❸ 填充类型：用于设置轮廓的填充类型。

❹ 颜色：单击右侧的颜色色块，可以改变轮廓线的颜色。

❺ 不透明度：用于设置文本轮廓的透明度。

❻ 光泽：选中该复选框，可为轮廓线加入光泽效果。

❼ 纹理：选中该复选框，可为轮廓线加入纹理效果。

### 6.2.4　“阴影”选项区

“阴影”选项区可以为字幕设置阴影属性，这是一个可选效果，用户只有在选中“阴影”复选框后，才可以添加阴影效果。

选中“阴影”复选框，将激活“阴影”选项区中的各参数，如图 6-28 所示。

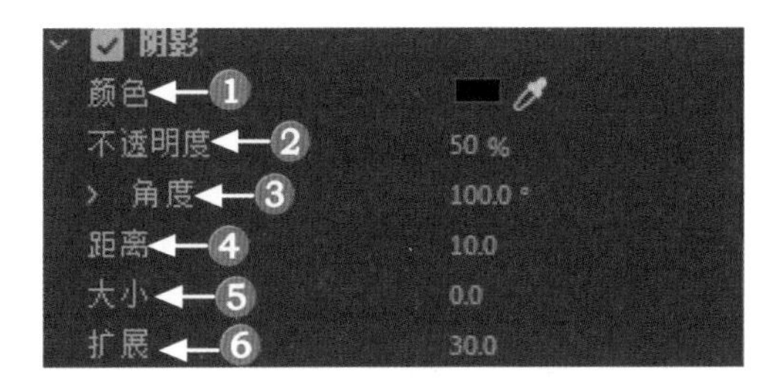


图 6-28　“阴影”选项区

❶ 颜色：用于设置阴影的颜色。

❷ 不透明度：用于设置阴影的透明度。

❸ 角度：用于设置阴影的角度。

❹ 距离：用于调整阴影和文字的距离，数值越大，阴影与文字的距离越远。

❺ 大小：用于放大或缩小阴影的尺寸。

❻ 扩展：为阴影效果添加羽化并产生扩散效果。

## 6.3　了解字幕运动特效

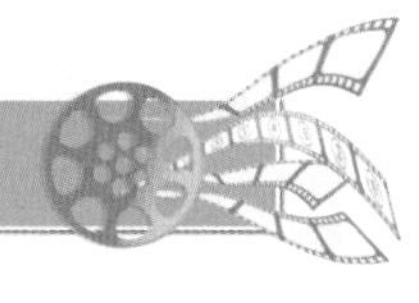

字幕在影片中是重要的组成部分，它不仅可以传达画面以外的文字信息，还可以有效地帮助观众理解影片。在 Premiere Pro 2020 中，字幕被分为静态字幕和动态字幕两大类型。通过前面章节的学习，用户已经可以轻松创建出静态字幕以及静态的图形。本节将介绍如何在 Premiere Pro 2020 中创建动态字幕。

## 6.3.1 “运动”设置

Premiere Pro 2020的运动设置是通过“效果控件”来实现的。当用户将素材拖入轨道后，可以切换到“效果控件”面板，此时可以看到Premiere Pro 2020的“运动”设置选项。为了使文字在画面中运动，用户必须为字幕添加关键帧，然后通过设置字幕的关键帧得到一个运动的字幕效果，如图 6-29 所示。

在 Premiere Pro 2020 中，用户制作动态字幕时，在“效果控件”面板中，除了添加“运动”特效的关键帧外，还可以添加缩放、旋转、透明度等选项的关键帧。添加完成后，用户通过设置关键帧的各项参数，即可制作出更具丰富动态、生动有趣的字幕效果文件。

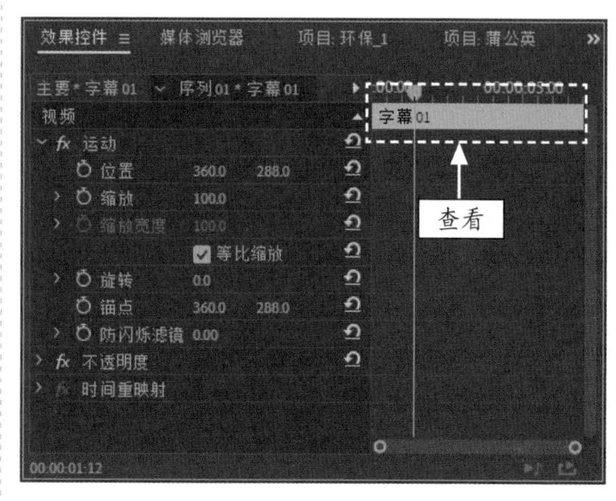


图 6-29 设置关键帧

## 6.3.2 字幕运动原理

字幕的运动是通过关键帧实现的，为对象指定的关键帧越多，所产生的运动变化越复杂。在 Premiere Pro 2020 中，可以通过关键帧在不同的时间点来引导目标运动、缩放、旋转等，并使字幕随着时间点而发生变化，如图 6-30 所示。

图 6-30 字幕运动原理

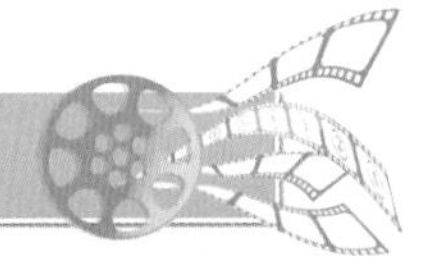

## 6.4 创建遮罩动画

随着动态视频的发展，动态字幕的应用也越来越频繁，精美的字幕特效不仅能够点明影视视频的主题，让影片更加生动，具有感染力，还能够为观众传递一种艺术信息。在 Premiere Pro 2020 中，通过蒙版工具可以创建字幕的遮罩动画效果。本节主要介绍字幕遮罩动画的制作方法。

### 6.4.1 椭圆形蒙版：制作恬静优雅视频效果

在 Premiere Pro 2020 中使用创建椭圆形蒙版工具，可以为字幕创建椭圆形遮罩动画效果。

|  | 素材文件 | 素材 \ 第 6 章 \ 恬静优雅 .prproj |
|---|---|---|
| | 效果文件 | 效果 \ 第 6 章 \ 恬静优雅 .prproj |
| | 视频文件 | 视频 \ 第 6 章 \6.4.1　椭圆形蒙版：制作恬静优雅视频效果 .mp4 |

**【操练 + 视频】**

**——椭圆形蒙版：制作恬静优雅视频效果**

STEP 01 按 Ctrl + O 组合键，打开文件“素材 \ 第 6 章 \ 恬静优雅 .prproj”，如图 6-31 所示。

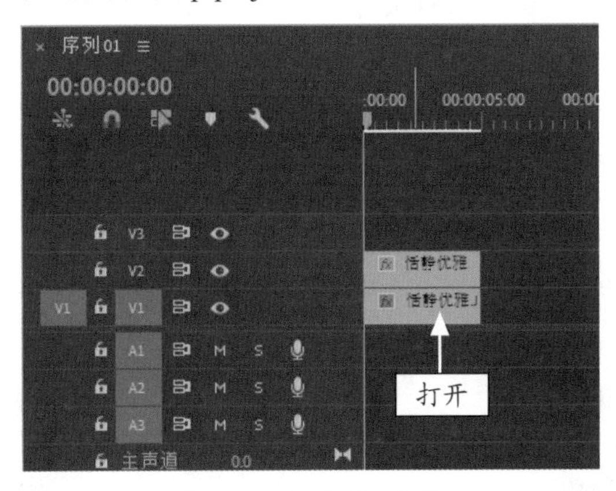


图 6-31　打开项目文件

STEP 02 打开项目文件后，在“节目监视器”面板中可以查看素材画面，如图 6-32 所示。

STEP 03 在“时间轴”面板中，选择字幕文件，如图 6-33 所示。

STEP 04 ❶切换至“效果控件”面板，❷在“文本”选项区单击“创建椭圆形蒙版”按钮，如图 6-34 所示。

图 6-32　查看素材画面

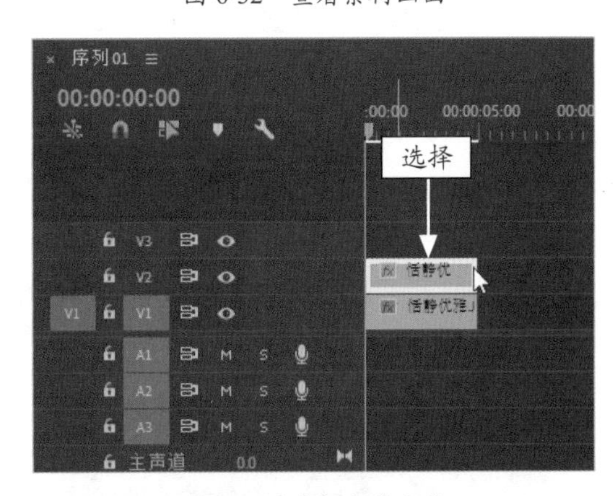


图 6-33　选择字幕文件

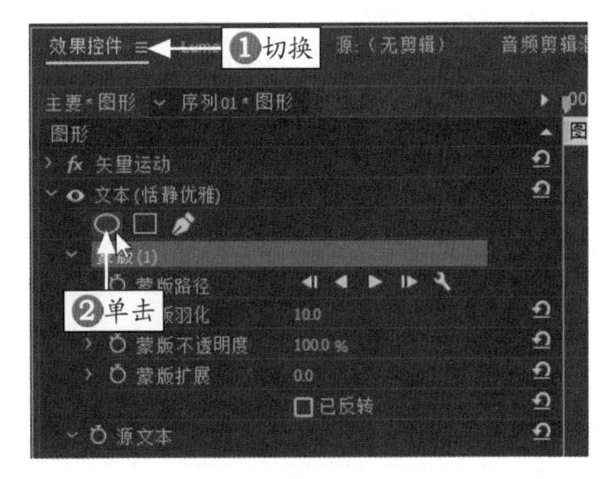


图 6-34　单击相应按钮

STEP 05 执行上述操作后，在“节目监视器”面板中的画面上会出现一个椭圆图形，如图 6-35 所示。

图 6-35 “节目监视器”面板

STEP 06 按住鼠标左键并拖曳图形至字幕文件位置，如图 6-36 所示。

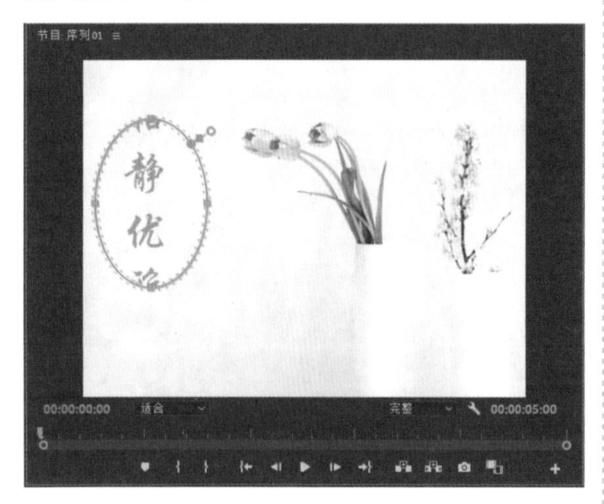


图 6-36 拖曳图形至字幕文件位置

STEP 07 在“效果控件”面板中的“文本”选项区，❶单击“蒙版扩展”左侧的“切换动画”按钮，❷在视频的开始处添加一个关键帧，如图 6-37 所示。

STEP 08 添加完成后，在“蒙版扩展”右侧的文本框中，设置参数为 -100，如图 6-38 所示。

STEP 09 设置完成后，将时间线切换至 00:00:04:00，如图 6-39 所示。

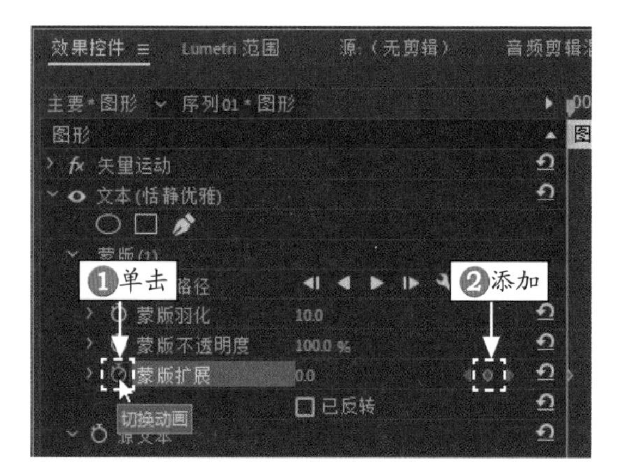


图 6-37 单击“切换动画”按钮

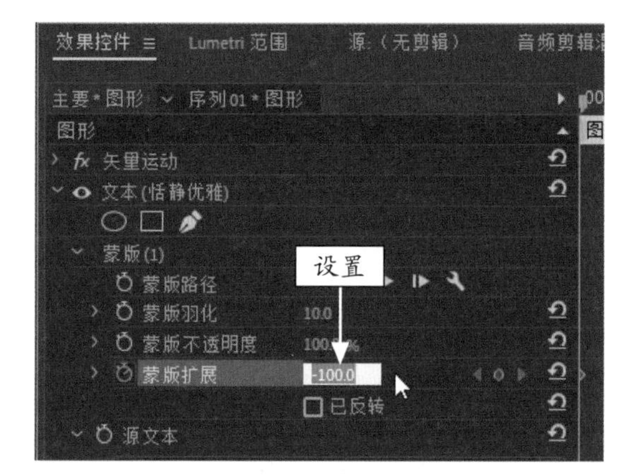


图 6-38 设置“蒙版扩展”参数

图 6-39 切换时间线

STEP 10 在“蒙版扩展”右侧，❶单击“添加 / 移除关键帧”按钮，❷再次添加一个关键帧，如图 6-40 所示。

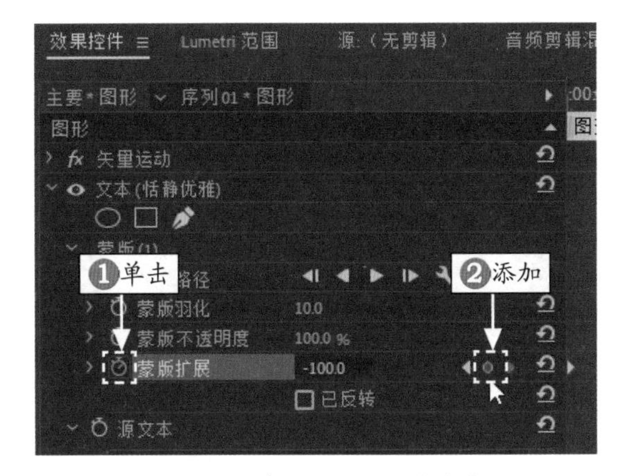


图 6-40　单击按钮添加关键帧

STEP 11 添加完成后，设置“蒙版扩展”参数为 50.0，如图 6-41 所示。

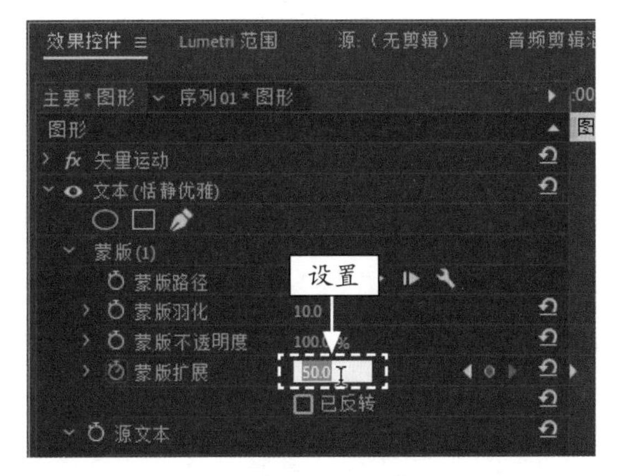


图 6-41　设置相应参数

STEP 12 执行上述操作后，即可完成椭圆形蒙版动画的设置，如图 6-42 所示。

图 6-42　完成椭圆形蒙版动画的设置

STEP 13 在“节目监视器”面板中单击“播放 - 停止切换”按钮，可以查看素材画面，如图 6-43 所示。

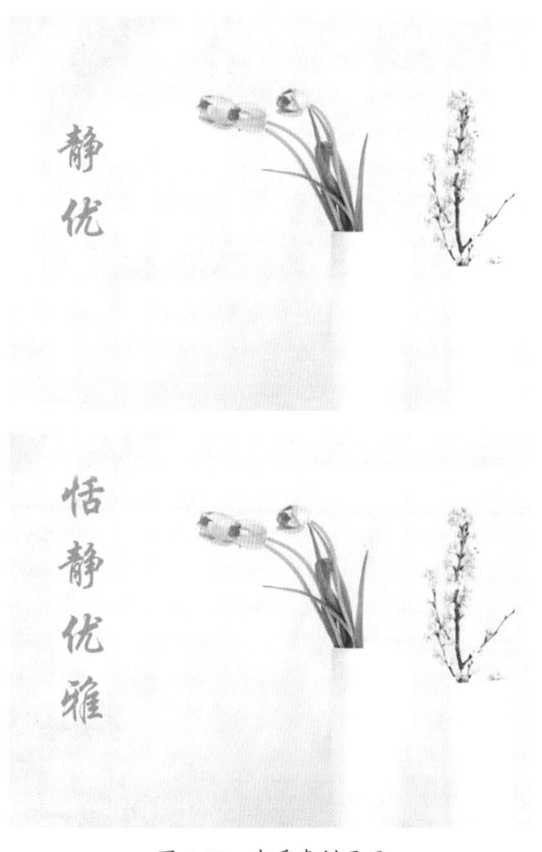


图 6-43　查看素材画面

## 6.4.2　4 点多边形蒙版：制作梦想家园视频效果

用户在了解如何创建椭圆形蒙版动画后，创建 4 点多边形蒙版动画的方法就变得十分简单了。下面将介绍创建 4 点多边形蒙版动画的操作方法。

|  | 素材文件 | 素材 \ 第 6 章 \ 梦想家园 .prproj |
| --- | --- | --- |
| | 效果文件 | 效果 \ 第 6 章 \ 梦想家园 .prproj |
| | 视频文件 | 视频 \ 第 6 章 \6.4.2　4 点多边形蒙版：制作梦想家园视频效果 .mp4 |

**【操练 + 视频】**
**——4 点多边形蒙版：制作梦想家园视频效果**

STEP 01 按 Ctrl ＋ O 组合键，打开文件“素材 \ 第 6 章 \ 梦想家园 .prproj”，如图 6-44 所示。

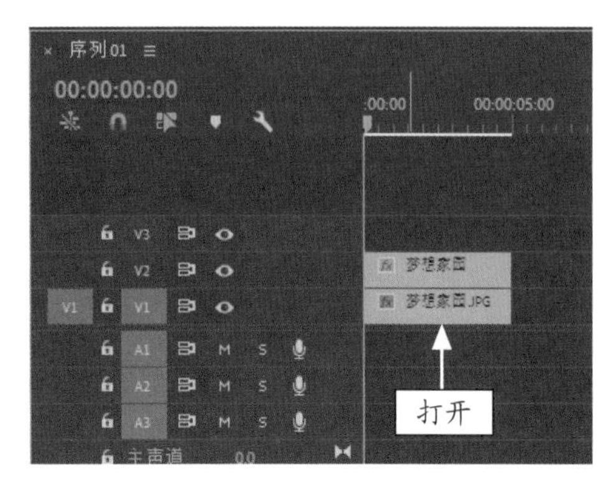


图 6-44　打开项目文件

STEP 02 打开项目文件后，在“节目监视器”面板中可以查看素材画面，如图 6-45 所示。

图 6-45　查看素材画面

STEP 03 在“时间轴”面板中，选择字幕文件，如图 6-46 所示。

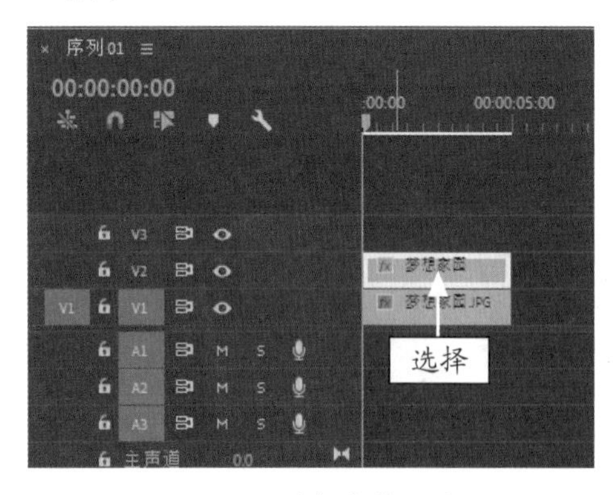


图 6-46　选择字幕文件

STEP 04 ❶切换至“效果控件”面板，❷在“文本”选项区单击“创建 4 点多边形蒙版”按钮，如图 6-47 所示。

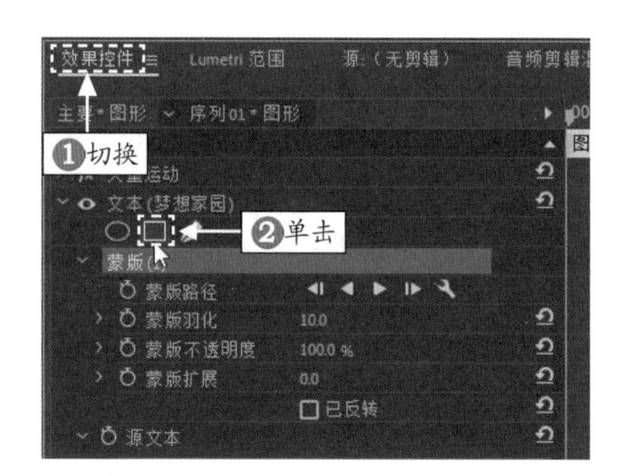


图 6-47　单击相应按钮

STEP 05 执行上述操作后，在“节目监视器”面板中的画面上会出现一个矩形图形，如图 6-48 所示。

图 6-48　“节目监视器”面板

STEP 06 按住鼠标左键并拖曳图形至字幕文件位置，如图 6-49 所示。

图 6-49　拖曳图形至字幕文件位置

STEP 07 在“效果控件”面板中的“文本”选项区，❶单击“蒙版扩展”左侧的“切换动画”按钮，❷在视频的开始处添加一个关键帧，如图 6-50 所示。

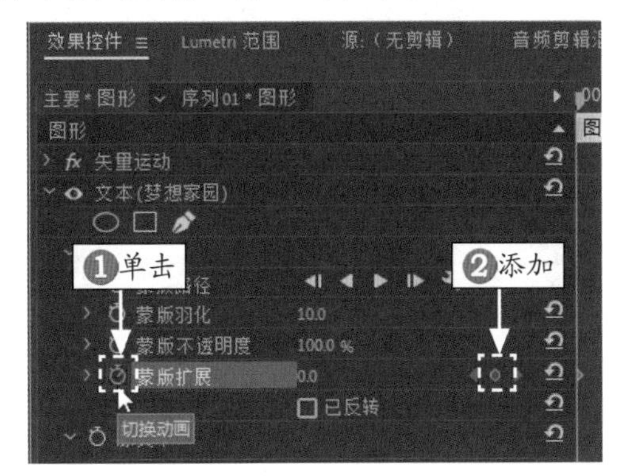


图 6-50　单击按钮添加关键帧

STEP 08 添加完成后，在“蒙版扩展”右侧的文本框中设置参数为 180，如图 6-51 所示。

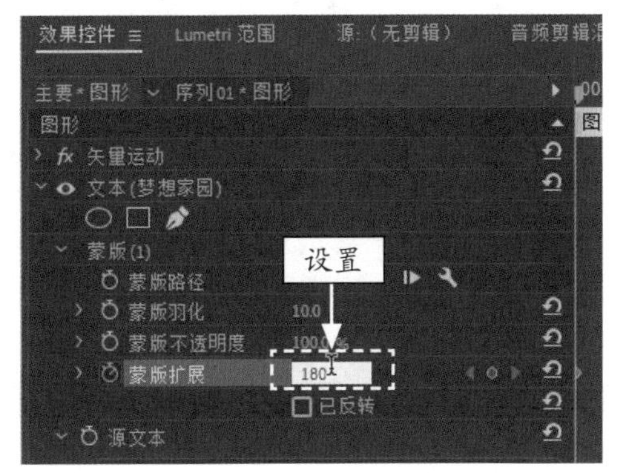


图 6-51　设置“蒙版扩展”参数

STEP 09 设置完成后，将时间线切换至 00:00:02:00，如图 6-52 所示。

图 6-52　切换时间线

STEP 10 在“蒙版扩展”右侧，❶单击“添加 / 移除关键帧”按钮，❷再次添加一个关键帧，如图 6-53 所示。

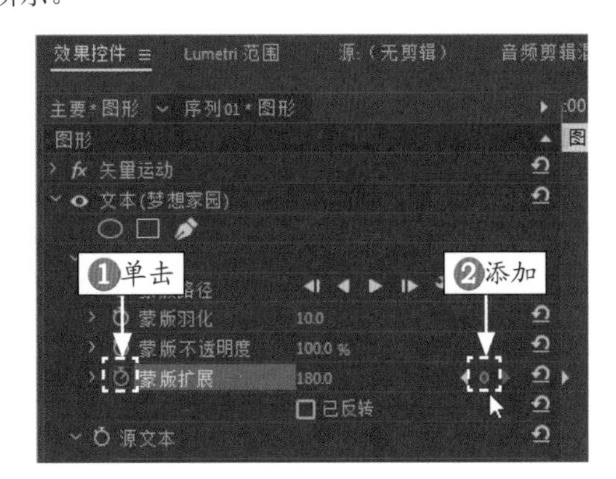


图 6-53　单击按钮添加关键帧

STEP 11 添加完成后，设置“蒙版扩展”参数值为 -50，如图 6-54 所示。

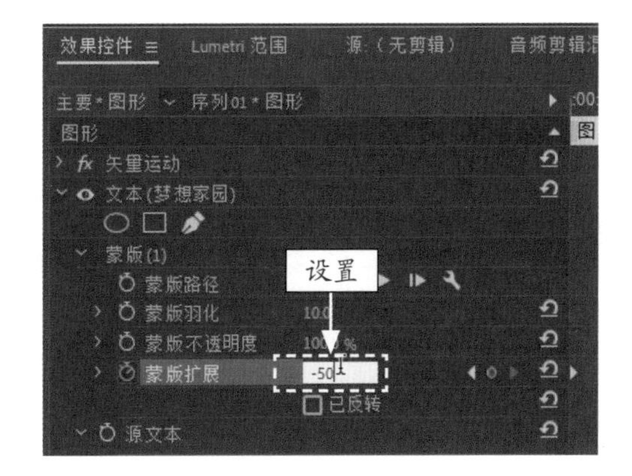


图 6-54　设置相应参数

STEP 12 用相同的方法，❶在 00:00:04:00 处再次添加一个关键帧，❷设置“蒙版扩展”参数为 180，完成 4 点多边形蒙版动画的设置，如图 6-55 所示。

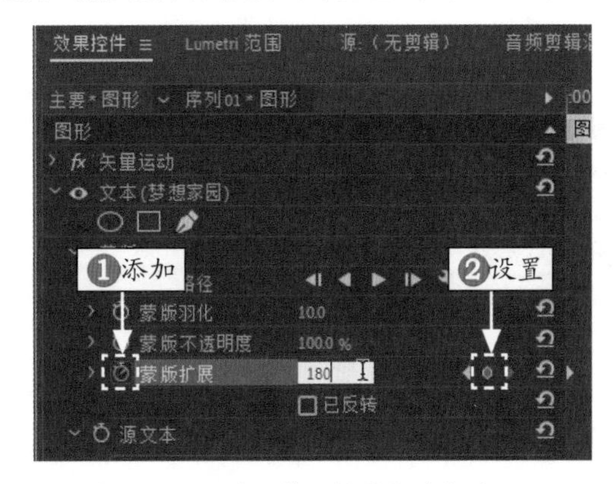


图 6-55　设置“蒙版扩展”参数为 180

STEP 13 在"节目监视器"面板中单击"播放 - 停止切换"按钮，可以查看素材画面，如图 6-56 所示。

图 6-56　查看素材画面

## 6.4.3 自由曲线蒙版：制作咖啡物语视频效果

在 Premiere Pro 2020 中，除了可以创建椭圆形蒙版动画和 4 点多边形蒙版动画外，还可以创建自由曲线蒙版动画，使影视文件内容更加丰富。

|  | 素材文件 | 素材 \ 第 6 章 \ 咖啡物语 .prproj |
| --- | --- | --- |
| | 效果文件 | 效果 \ 第 6 章 \ 咖啡物语 .prproj |
| | 视频文件 | 视频 \ 第 6 章 \6.4.3　自由曲线蒙版：制作咖啡物语视频效果 .mp4 |

**【操练 + 视频】**
**——自由曲线蒙版：制作咖啡物语视频效果**

STEP 01 按 Ctrl ＋ O 组合键，打开文件"素材 \ 第 6 章 \ 咖啡物语 .prproj"，如图 6-57 所示。

图 6-57　打开项目文件

STEP 02 打开项目文件后，在"节目监视器"面板中可以查看素材画面，如图 6-58 所示。

图 6-58　查看素材画面

STEP 03 在"时间轴"面板中，选择字幕文件，如图 6-59 所示。

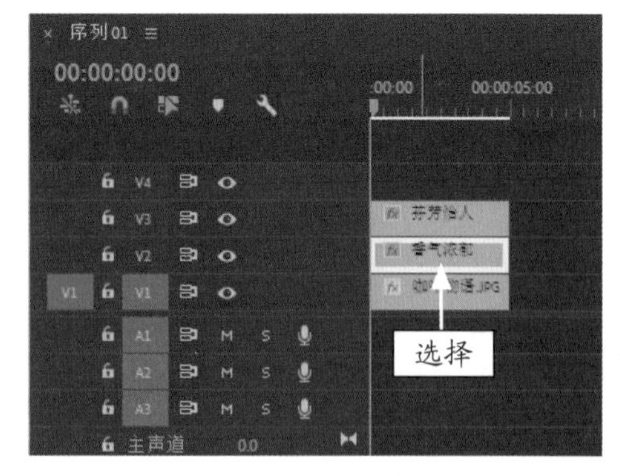


图 6-59　选择字幕文件

STEP 04 ❶切换至"效果控件"面板，❷在"文本"选项区单击"自由绘制贝塞尔曲线"按钮，如图 6-60 所示。

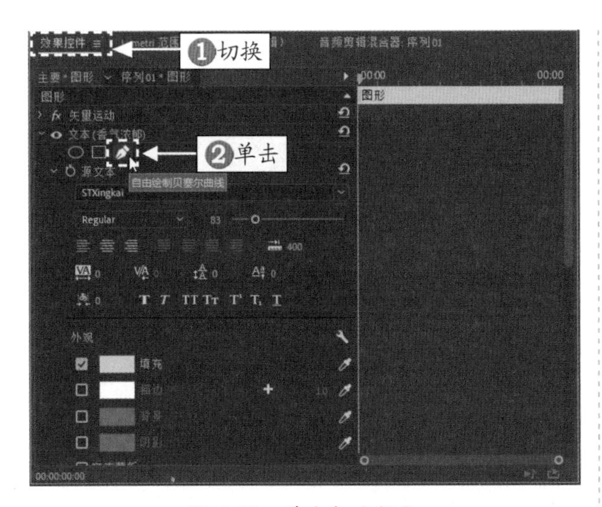


图 6-60　单击相应按钮

STEP 05 执行上述操作后，在“节目监视器”面板中的字幕文件四周单击鼠标左键，画面中会出现点线相连的曲线，如图 6-61 所示。

图 6-61　出现点线相连的曲线

STEP 06 围绕字幕文件四周继续单击鼠标左键，完成自由曲线蒙版的绘制，如图 6-62 所示。

STEP 07 在“效果控件”面板中的“文本”选项区，❶单击“蒙版扩展”左侧的“切换动画”按钮，❷在视频的开始处添加一个关键帧，如图 6-63 所示。

STEP 08 添加完成后，在“蒙版扩展”右侧的文本框中设置参数为 -150，如图 6-64 所示。

STEP 09 设置完成后，将时间线切换至 00:00:04:00，如图 6-65 所示。

图 6-62　完成自由曲线蒙版的绘制

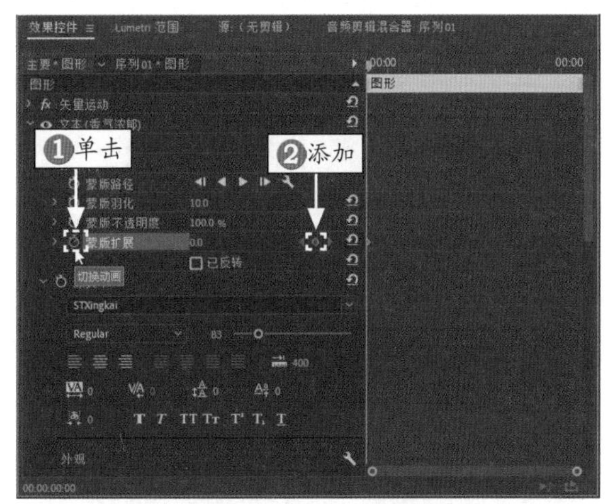


图 6-63　单击按钮添加关键帧

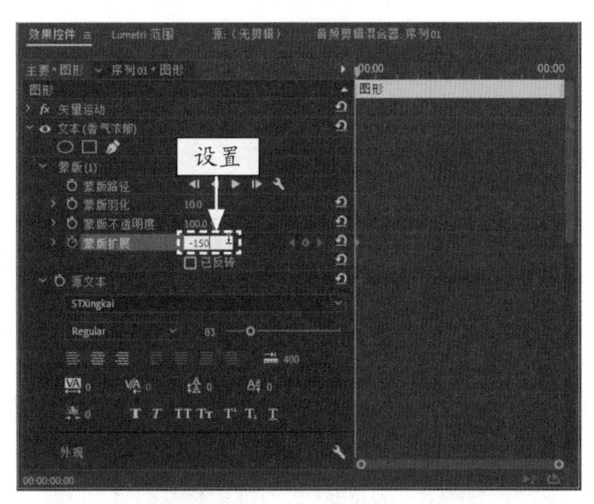


图 6-64　设置“蒙版扩展”参数

图 6-65　切换时间线

**STEP 10** 在"蒙版扩展"右侧，❶单击"添加 / 移除关键帧"按钮，❷再次添加一个关键帧，如图 6-66 所示。

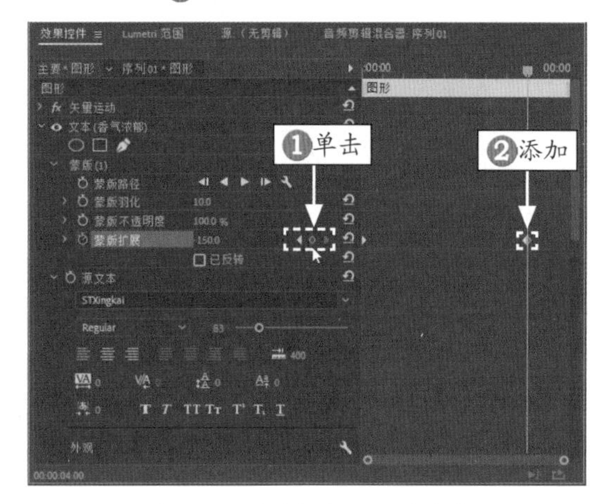


图 6-66　单击按钮添加关键帧

**STEP 11** 添加完成后，设置"蒙版扩展"数值参数为 0，如图 6-67 所示。

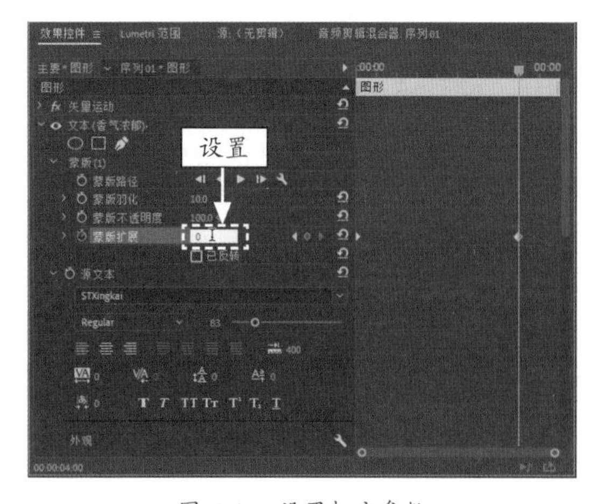


图 6-67　设置相应参数

**STEP 12** 执行上述操作后，即可完成自由曲线蒙版动画的设置，如图 6-68 所示。

图 6-68　完成自由曲线蒙版动画的设置

**STEP 13** 单击"播放 - 停止切换"按钮，可以查看素材画面，如图 6-69 所示。

图 6-69　查看素材画面

# 第7章

# 字幕特效：制作字幕的运动效果

## 章前知识导读

各种影视画面中，字幕是不可缺少的一个重要组成部分，起着解释画面、补充内容的作用，有画龙点睛之效。Premiere Pro 2020 不仅可以制作静态的字幕，也可以制作动态的字幕效果。本章将向读者详细介绍编辑与设置影视字幕的操作方法。

## 新手重点索引

- 设置标题字幕属性
- 设置字幕填充效果
- 制作精彩字幕效果

## 效果图片欣赏

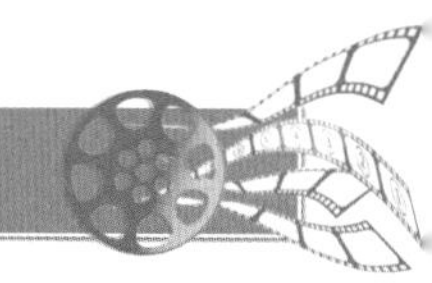

## 7.1 设置标题字幕属性

为了让字幕的整体效果更加具有吸引力和感染力，用户需要对字幕属性进行精心调整。本节将介绍字幕属性的作用与调整的技巧。

### 7.1.1 字幕样式：制作花团锦簇字幕效果

字幕样式是 Premiere Pro 2020 为用户预设的字幕属性设置方案，让用户能够快速地设置字幕的属性。下面介绍设置字幕样式的操作方法。

| 素材文件 | 素材 \ 第 7 章 \ 花团锦簇 .prproj |
|---|---|
| 效果文件 | 效果 \ 第 7 章 \ 花团锦簇 .prproj |
| 视频文件 | 视频 \ 第 7 章 \7.1.1 字幕样式：制作花团锦簇字幕效果 .mp4 |

【操练 + 视频】
——字幕样式：制作花团锦簇字幕效果

STEP 01 按 Ctrl ＋ O 组合键，打开文件“素材 \ 第 7 章 \ 花团锦簇 .prproj”，如图 7-1 所示。

图 7-1 打开项目文件

STEP 02 在“项目”面板上，使用鼠标左键双击字幕文件，如图 7-2 所示。

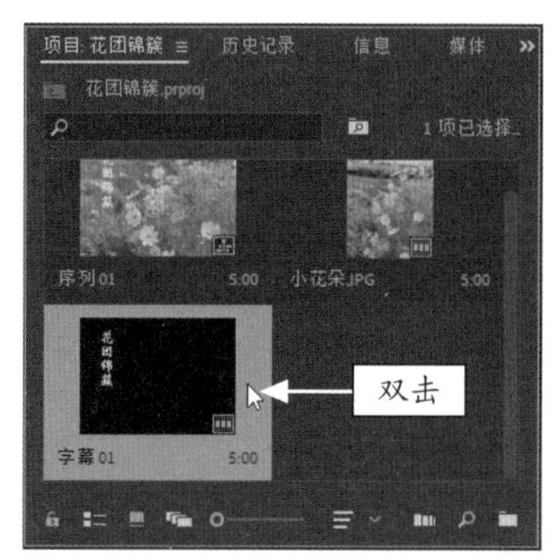


图 7-2 双击字幕文件

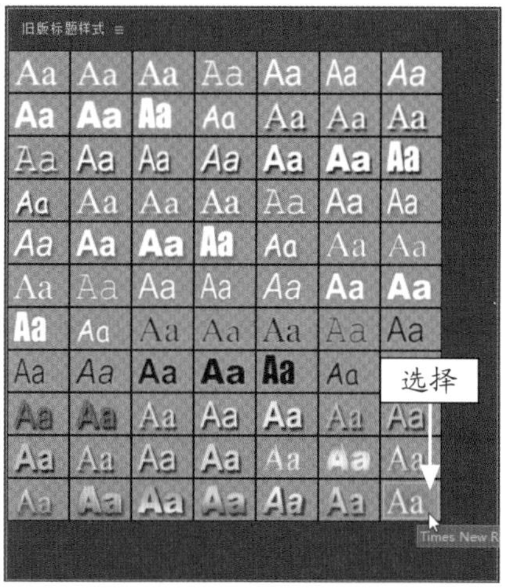

STEP 03 打开字幕编辑窗口，然后在“旧版标题样式”面板中，选择相应的字幕样式，如图 7-3 所示。

旧版标题样式

选择

图 7-3 选择合适的字幕样式

STEP 04 执行操作后，即可应用字幕样式，其图像效果如图 7-4 所示。

图 7-4 应用字幕样式后的效果

### 7.1.2　字幕特效：制作朗朗晴空字幕效果

在 Premiere Pro 2020 中，设置字幕变换效果时，可以对文本或图形的透明度和位置等参数进行设置。下面介绍变换字幕特效的操作方法。

|  | 素材文件 | 素材 \ 第 7 章 \ 朗朗晴空 .prproj |
|---|---|---|
| | 效果文件 | 效果 \ 第 7 章 \ 朗朗晴空 .prproj |
| | 视频文件 | 视频 \ 第 7 章 \7.1.2　字幕特效：制作朗朗晴空字幕效果 .mp4 |

**【操练 + 视频】**
**——字幕特效：制作朗朗晴空字幕效果**

STEP 01 按 Ctrl ＋ O 组合键，打开文件“素材 \ 第 7 章 \ 朗朗晴空 .prproj”，如图 7-5 所示。

图 7-5　打开项目文件

STEP 02 在“时间轴”面板的 V2 轨道中，使用鼠标左键双击字幕文件，如图 7-6 所示。

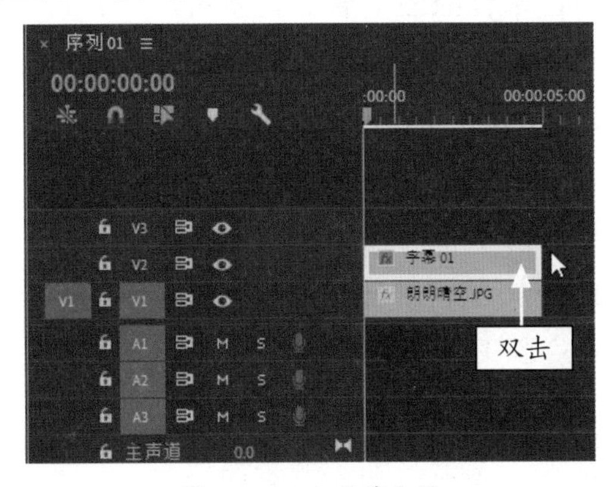


图 7-6　双击字幕文件

STEP 03 打开字幕编辑窗口，在“变换”选项区中，设置“X 位置”为 524.0、“Y 位置”为 60.0，如图 7-7 所示。

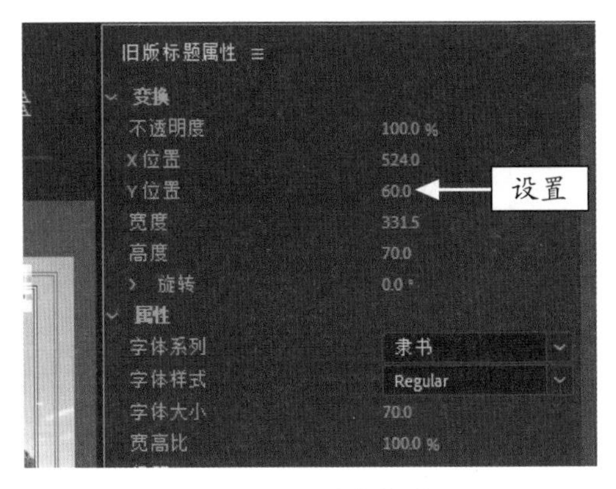


图 7-7　设置参数值

STEP 04 执行操作后，即可应用变换效果，其图像如图 7-8 所示。

图 7-8　设置变换后的效果

### 7.1.3　字幕间距：制作洱海特效字幕效果

字幕间距主要是指文字之间的间隔距离。下面将介绍在 Premiere Pro 2020 中设置字幕间距的操作方法。

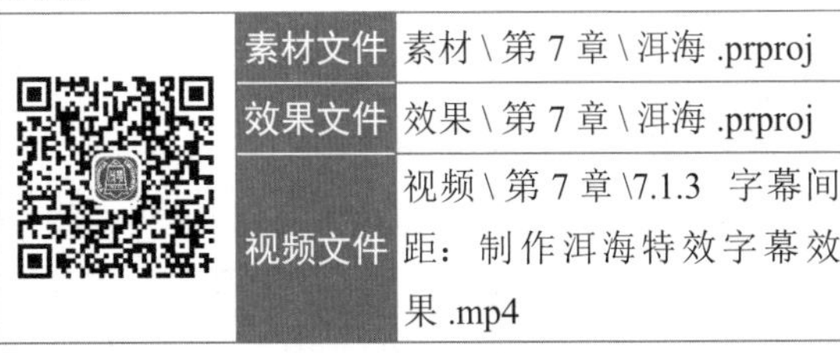

| | 素材文件 | 素材 \ 第 7 章 \ 洱海 .prproj |
|---|---|---|
| | 效果文件 | 效果 \ 第 7 章 \ 洱海 .prproj |
| | 视频文件 | 视频 \ 第 7 章 \7.1.3　字幕间距：制作洱海特效字幕效果 .mp4 |

**【操练 + 视频】**
**——字幕间距：制作洱海特效字幕效果**

STEP 01 按 Ctrl ＋ O 组合键，打开文件“素材 \ 第 7 章 \ 洱海 .prproj”，如图 7-9 所示。

STEP 02 在“时间轴”面板中的 V2 轨道中，使用鼠标左键双击字幕文件，如图 7-10 所示。

图 7-9　打开项目文件

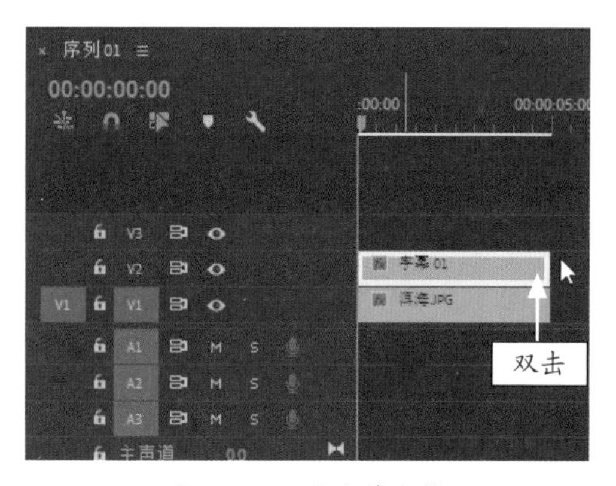


图 7-10　双击字幕文件

STEP 03 打开字幕编辑窗口，在“属性”选项区中，设置“字符间距”为 40.0，如图 7-11 所示。

STEP 04 执行操作后，即可修改字幕的间距，效果如图 7-12 所示。

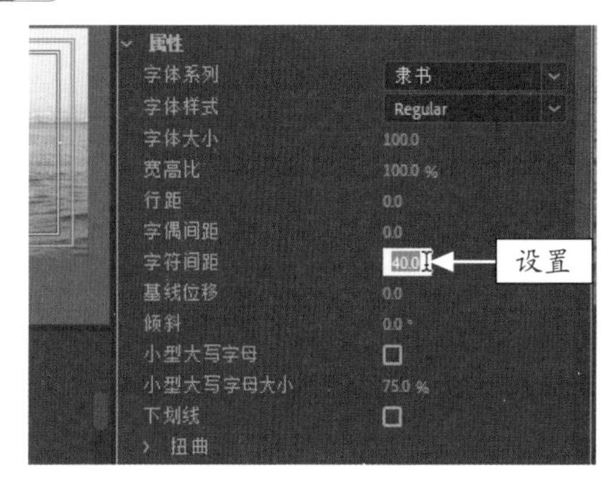


图 7-11　设置参数值

图 7-12　视频效果

## 7.1.4　字体属性：制作园林特效字幕效果

在“属性”选项区中，可以重新设置字幕的字体。下面将介绍设置字体的操作方法。

<table>
<tr><td rowspan="3"></td><td>素材文件</td><td>素材 \ 第 7 章 \ 园林 .prproj</td></tr>
<tr><td>效果文件</td><td>效果 \ 第 7 章 \ 园林 .prproj</td></tr>
<tr><td>视频文件</td><td>视频 \ 第 7 章 \7.1.4　字体属性：制作园林特效字幕效果 .mp4</td></tr>
</table>

【操练 + 视频】
——字体属性：制作园林特效字幕效果

STEP 01 按 Ctrl ＋ O 组合键，打开项目文件“素材 \ 第 7 章 \ 园林 .prproj”，如图 7-13 所示。

STEP 02 在“项目”面板上，使用鼠标左键双击字幕文件，如图 7-14 所示。

图 7-13　打开项目文件

STEP 03 打开字幕编辑窗口，在“属性”选项区中，设置“字体系列”为“华文行楷”、“字体大小”为 80.0，如图 7-15 所示。

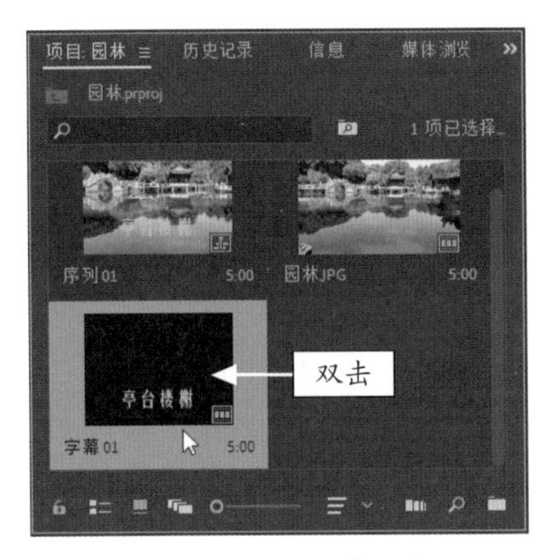


图 7-14　双击字幕文件

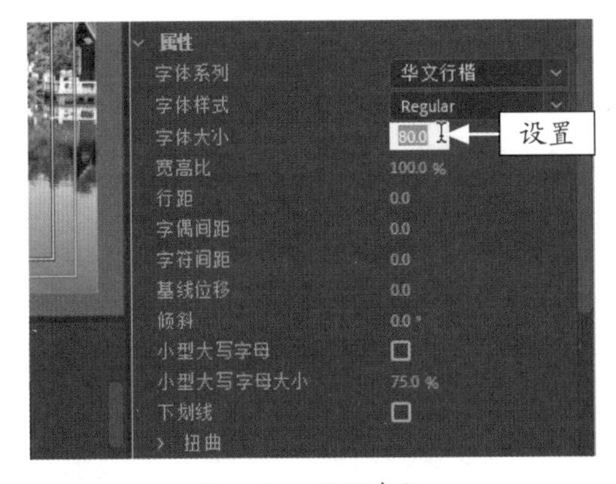


图 7-15　设置参数

**STEP 04** 执行操作后，即可修改字体属性，效果如图 7-16 所示。

图 7-16　设置字体属性后的效果

## 7.1.5　旋转字幕：制作可爱女孩字幕效果

在 Premiere Pro 2020 中，创建字幕对象后，可以将创建的字幕进行旋转操作，以得到更好的字幕效果。下面介绍旋转字幕角度的操作方法。

| | | |
|---|---|---|
|  | 素材文件 | 素材\第 7 章\可爱女孩 .prproj |
| | 效果文件 | 效果\第 7 章\可爱女孩 .prproj |
| | 视频文件 | 视频\第 7 章\7.1.5　旋转字幕：制作可爱女孩字幕效果 .mp4 |

**【操练 + 视频】**
**——旋转字幕：制作可爱女孩字幕效果**

**STEP 01** 按 Ctrl ＋ O 组合键，打开文件“素材\第 7 章\可爱女孩 .prproj”，如图 7-17 所示。

图 7-17　打开项目文件

**STEP 02** 在“项目”面板上，使用鼠标左键双击字幕文件，如图 7-18 所示。

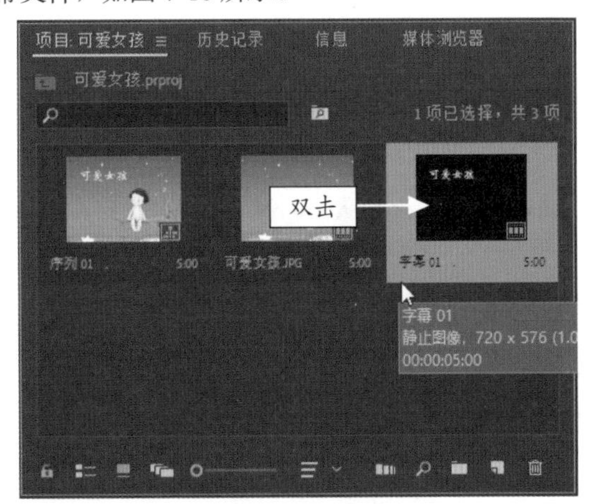


图 7-18　双击字幕文件

**STEP 03** 打开字幕编辑窗口，在字幕属性面板的“变换”选项区中，设置“旋转”为 340.0°，如图 7-19 所示。

**STEP 04** 执行操作后，即可旋转字幕角度。在“节目监视器”面板中可以预览旋转字幕角度后的效果，如图 7-20 所示。

图 7-19　设置参数值

图 7-20　旋转字幕角度后的效果

## 7.1.6　设置大小：制作铁塔特效字幕效果

如果字幕中的字体太小，可以对其进行设置。下面将介绍设置字幕大小的操作方法。

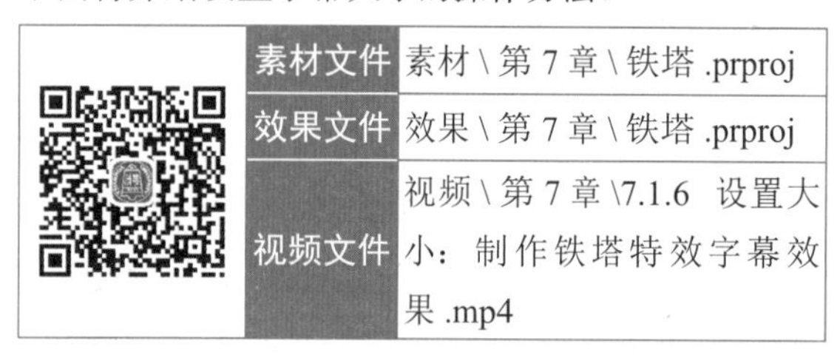

| | 素材文件 | 素材 \ 第 7 章 \ 铁塔 .prproj |
|---|---|---|
| | 效果文件 | 效果 \ 第 7 章 \ 铁塔 .prproj |
| | 视频文件 | 视频 \ 第 7 章 \7.1.6　设置大小：制作铁塔特效字幕效果 .mp4 |

**【操练 + 视频】**
**——设置大小：制作铁塔特效字幕效果**

STEP 01 按 Ctrl ＋ O 组合键，打开项目文件“素材 \ 第 7 章 \ 铁塔 .prproj”，如图 7-21 所示。

STEP 02 在“项目”面板上，使用鼠标左键双击字幕文件，如图 7-22 所示。

图 7-21　打开项目文件

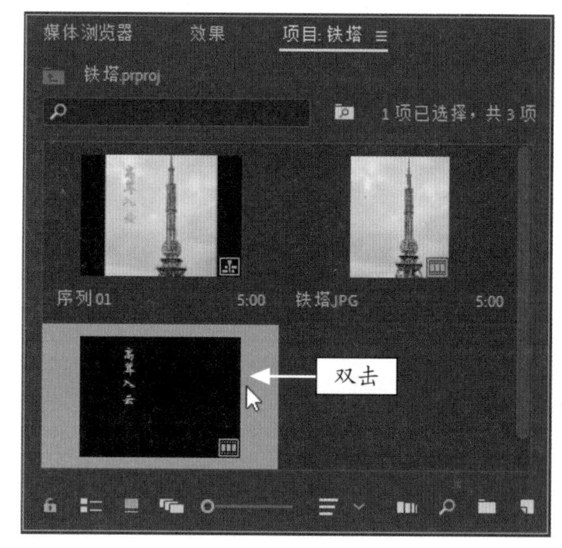


图 7-22　双击字幕文件

STEP 03 打开字幕编辑窗口，在字幕属性面板中，设置“字体大小”为 100.0，如图 7-23 所示。

STEP 04 执行操作后，即可设置字幕大小。在“节目监视器”面板中可以预览设置字幕大小后的效果，如图 7-24 所示。

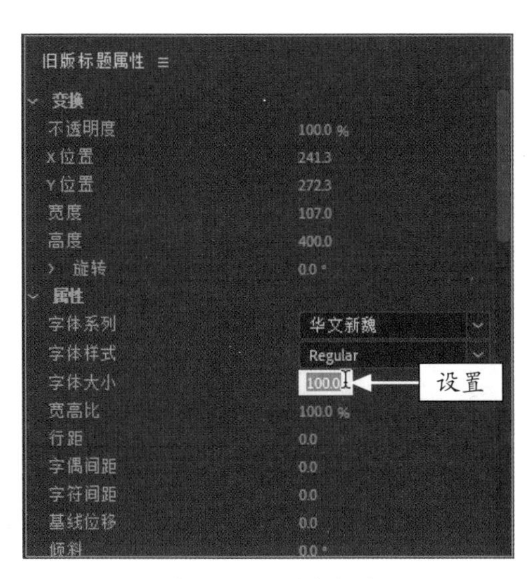


图 7-23　设置参数值

图 7-24　预览图像效果

## 7.2 设置字幕填充效果

在填充属性中，除了可以为字幕添加实色填充外，还可以添加线性渐变填充、放射性渐变填充、四色渐变填充等复杂的色彩渐变填充效果，同时还提供了“光泽”与“纹理”字幕填充效果。本节将详细介绍设置字幕填充效果的操作方法。

### 7.2.1　实色填充：制作紫色花海字幕效果

“实色填充”是指在字体内填充一种单独的颜色。下面将介绍设置实色填充的操作方法。

| | | |
|---|---|---|
|  | 素材文件 | 素材 \ 第 7 章 \ 紫色花海 .prproj |
| | 效果文件 | 效果 \ 第 7 章 \ 紫色花海 .prproj |
| | 视频文件 | 视频 \ 第 7 章 \7.2.1　实色填充：制作紫色花海字幕效果 .mp4 |

**【操练 + 视频】**
**——实色填充：制作紫色花海字幕效果**

**STEP 01** 按 Ctrl ＋ O 组合键，打开文件“素材 \ 第 7 章 \ 紫色花海 .prproj”，如图 7-25 所示。

**STEP 02** 打开项目文件后，在“节目监视器”面板中可以查看素材画面，如图 7-26 所示。

**STEP 03** 选择“文件”|“新建”|“旧版标题”命令，如图 7-27 所示。

图 7-25　打开项目文件

图 7-26　查看素材画面

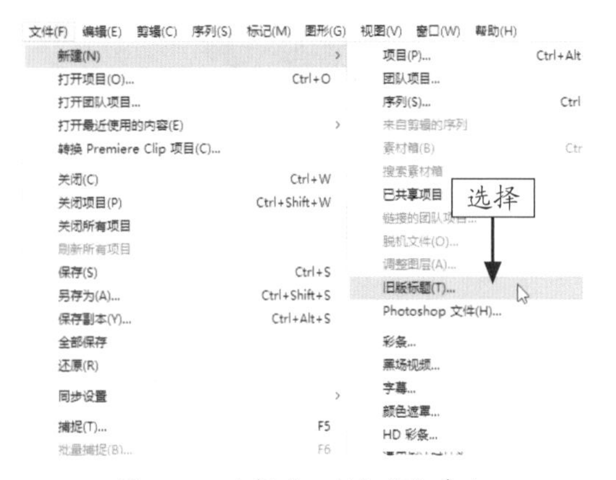


图 7-27　选择“旧版标题”命令

**STEP 04** 在弹出的“新建字幕”对话框中输入字幕的名称，如图 7-28 所示，单击“确定”按钮。

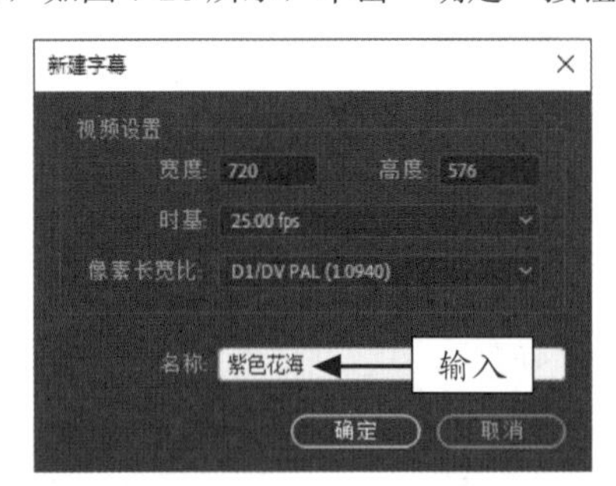


图 7-28　单击“确定”按钮

**▶ 专家指点**

在字幕编辑窗口中输入汉字时，有时会由于使用的字体样式不支持该文字，导致输入的汉字无法显示。此时用户选择输入的文字，将字体样式设置为常用的汉字字体，即可解决该问题。

**STEP 05** 打开字幕编辑窗口，选取工具箱中的文字工具T，在合适位置单击鼠标左键，显示闪烁的光标，如图 7-29 所示。

图 7-29　显示闪烁的光标

**STEP 06** 输入文字“紫色花海”。选择输入的文字，如图 7-30 所示。

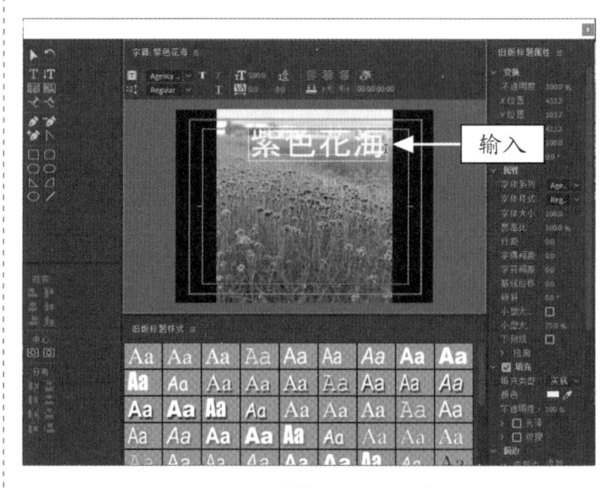


图 7-30　选择输入的文字

**STEP 07** 展开“属性”选项区，单击“字体系列”右侧的下拉按钮，在弹出的列表中选择“黑体”选项，如图 7-31 所示。

**STEP 08** 执行操作后，即可调整字幕的字体样式。设置“字体大小”为 50.0，选中“填充”复选框，单击“颜色”选项右侧的色块，如图 7-32 所示。

**STEP 09** 在弹出的“拾色器”对话框中，设置颜色为黄色（RGB 参数值为 255、255、0），如图 7-33 所示。

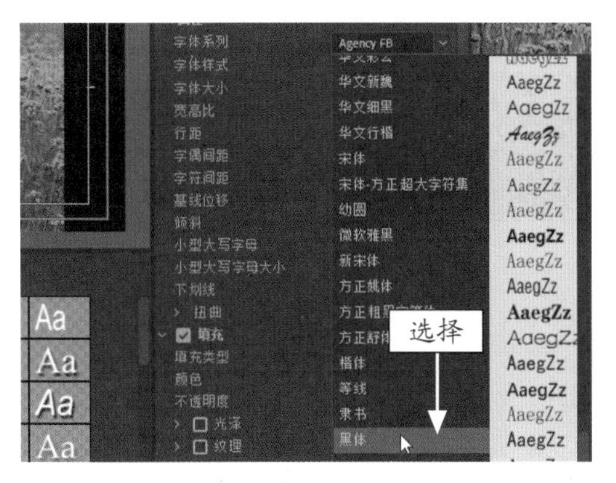


图 7-31　选择“黑体”选项

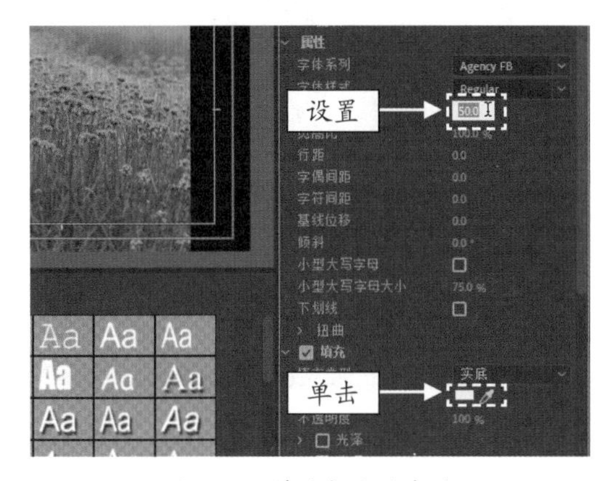


图 7-32　单击相应的色块

图 7-33　设置颜色

**STEP 10** 单击“确定”按钮应用设置，在工作区中显示字幕效果，如图 7-34 所示。

**STEP 11** 单击字幕编辑窗口右上角的“关闭”按钮，此时可以在“项目”面板中查看创建的字幕，如图 7-35 所示。

图 7-34　显示字幕效果

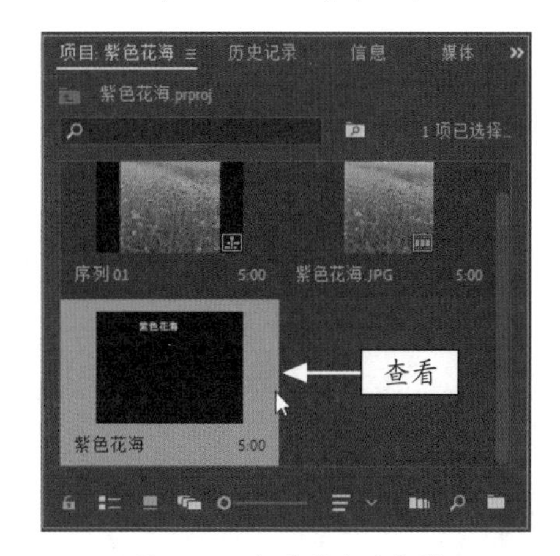


图 7-35　查看创建的字幕

**STEP 12** 在字幕文件上，按住鼠标左键并拖曳至“时间轴”面板中的 V2 轨道中，如图 7-36 所示。

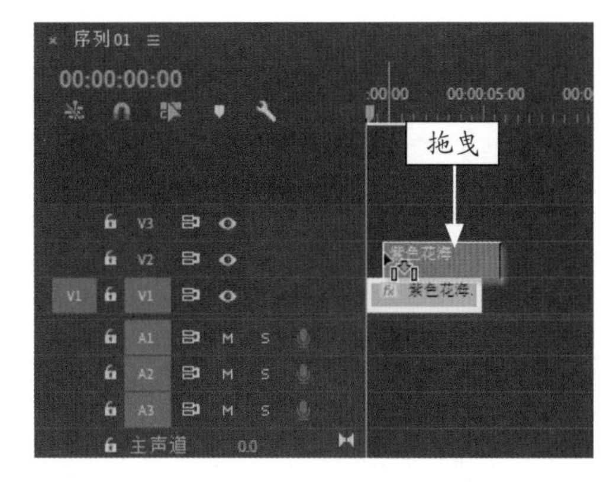


图 7-36　拖曳创建的字幕

STEP 13 释放鼠标，即可将字幕文件添加到 V2 轨道上，如图 7-37 所示。

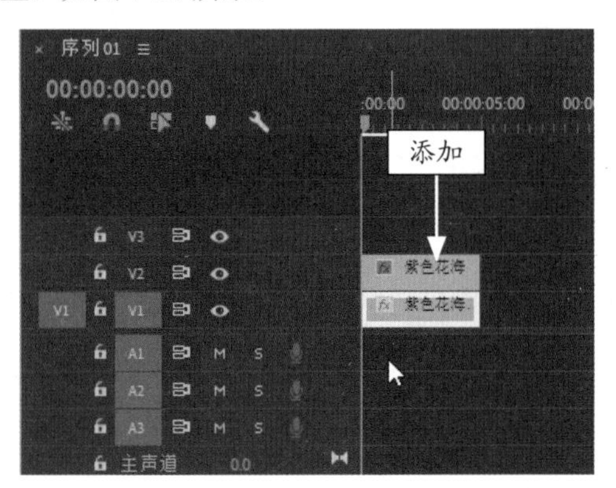


图 7-37　添加字幕文件到 V2 轨道

STEP 14 单击“播放 - 停止切换”按钮，预览视频效果，如图 7-38 所示。

图 7-38　预览视频效果

**专家指点**

Premiere Pro 2020 软件会以从上至下的顺序渲染视频。如果将字幕文件添加到 V1 轨道，将影片素材文件添加到 V2 及以上的轨道，将会导致渲染的影片素材挡住了字幕文件，从而无法显示字幕。

## 7.2.2　渐变填充：制作美不胜收字幕效果

渐变填充是指从一种颜色逐渐向另一种颜色过度的填充方式。下面将介绍设置渐变填充的操作方法。

|  | 素材文件 | 素材 \ 第 7 章 \ 美不胜收 .prproj |
|---|---|---|
| | 效果文件 | 效果 \ 第 7 章 \ 美不胜收 .prproj |
| | 视频文件 | 视频 \ 第 7 章 \7.2.2　渐变填充：制作美不胜收字幕效果 .mp4 |

**【操练 + 视频】**
**——渐变填充：制作美不胜收字幕效果**

STEP 01 按 Ctrl ＋ O 组合键，打开文件“素材 \ 第 7 章 \ 美不胜收 .prproj”，如图 7-39 所示。

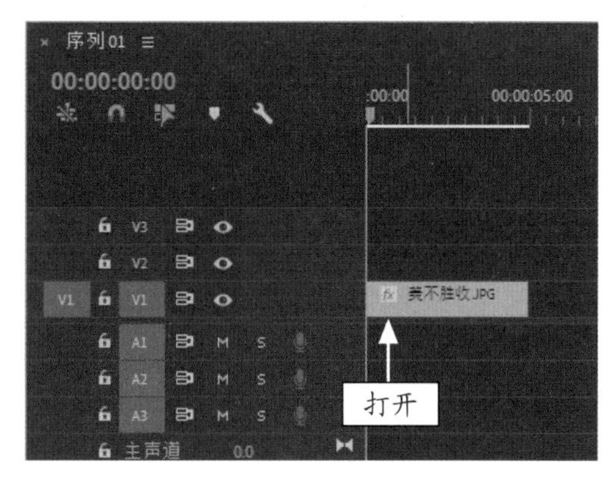


图 7-39　打开项目文件

STEP 02 打开项目文件后，在“节目监视器”面板中可以查看素材画面，如图 7-40 所示。

图 7-40　查看素材画面

STEP 03 选择“文件”|“新建”|“旧版标题”命令，在弹出的“新建字幕”对话框中设置“名称”为“字幕 01”，如图 7-41 所示，单击“确定”按钮。

STEP 04 打开字幕编辑窗口，选取工具箱中的文字工具，如图 7-42 所示。

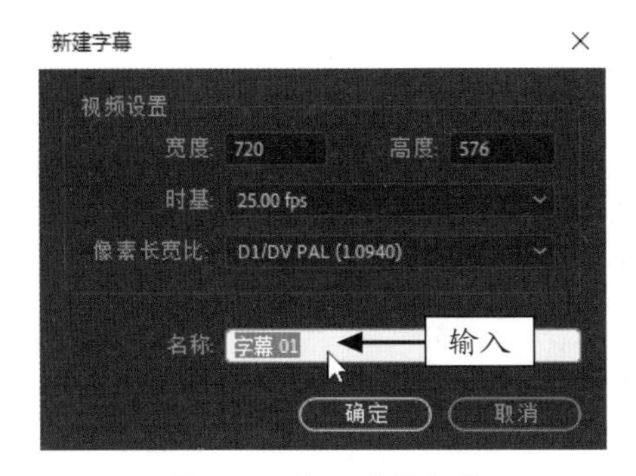


图 7-41　输入字幕名称

图 7-42　选择文字工具

**STEP 05** 在编辑窗口中输入文字“美不胜收”，按住鼠标左键拖曳选择输入的文字，如图 7-43 所示。

图 7-43　选择输入的文字

**STEP 06** 展开“变换”选项区，设置“X 位置”为 495.4、“Y 位置”为 79.3；展开“属性”选项区，设置“字体系列”为“华文新魏”、“字体大小”为 80.0，如图 7-44 所示。

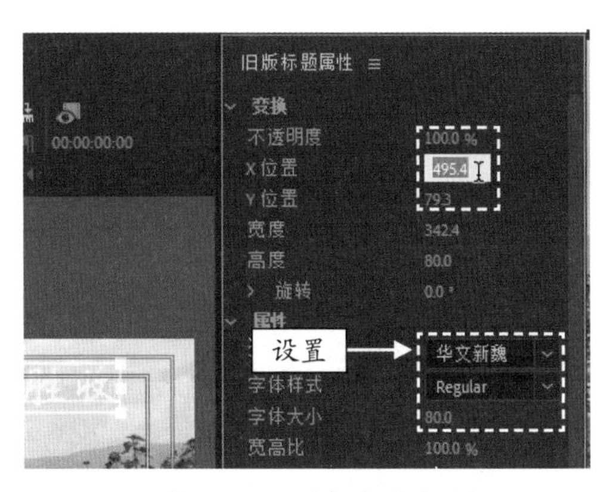


图 7-44　设置相应的选项

**STEP 07** 选中“填充”复选框，单击“填充类型”选项右侧的下拉按钮，在弹出的列表中选择“径向渐变”选项，如图 7-45 所示。

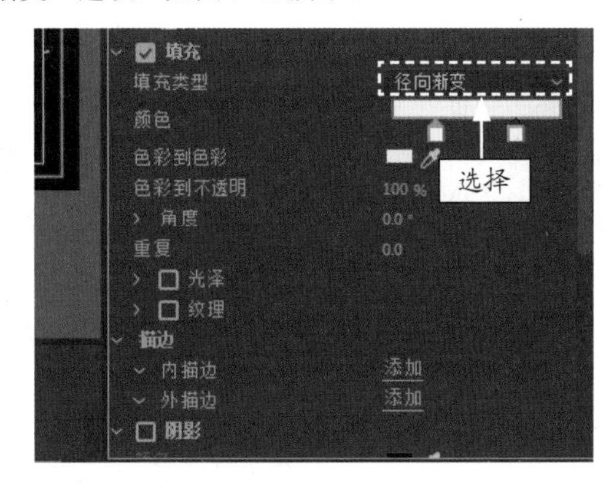


图 7-45　选择“径向渐变”选项

**STEP 08** 显示“径向渐变”选项后，使用鼠标左键双击“颜色”选项右侧的第 1 个色标，如图 7-46 所示。

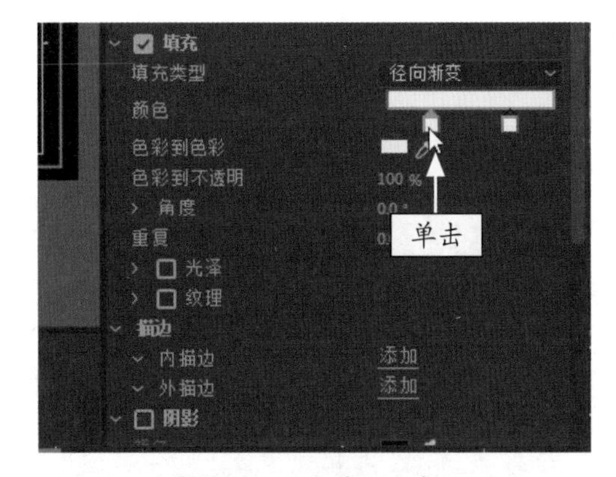


图 7-46　双击第 1 个色标

**STEP 09** 在弹出的“拾色器”对话框中，设置颜色为绿色（RGB 参数值为 18、151、0），如图 7-47 所示。

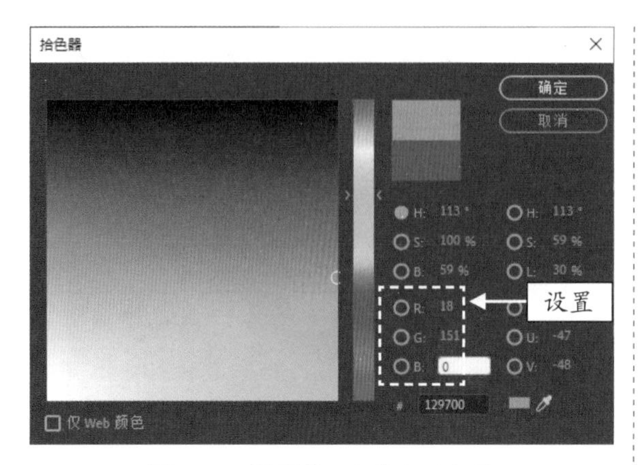


图 7-47　设置第 1 个色标的颜色

STEP 10 单击“确定”按钮，返回到字幕编辑窗口，双击“颜色”选项右侧的第 2 个色标，在弹出的“拾色器”对话框中设置颜色为蓝色（RGB 参数值为 0、88、162），如图 7-48 所示。

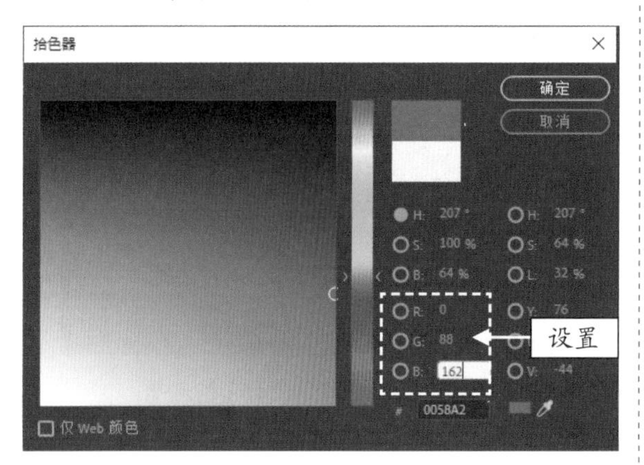


图 7-48　设置第 2 个色标的颜色

STEP 11 单击“确定”按钮，返回到字幕编辑窗口，单击“外描边”选项右侧的“添加”链接，如图 7-49 所示。

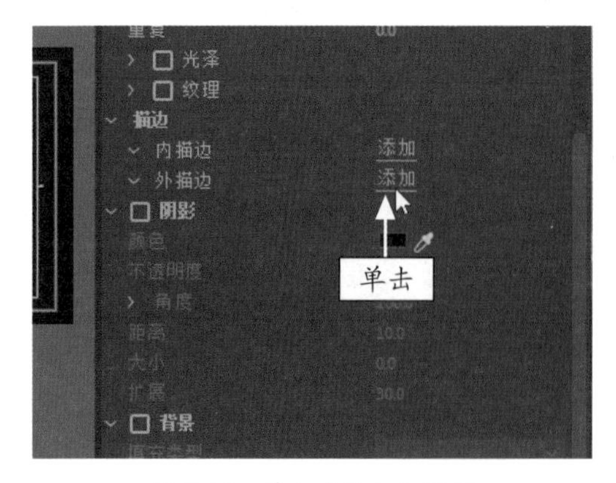


图 7-49　单击“添加”链接

STEP 12 显示“外描边”选项，设置“大小”为 5.0，如图 7-50 所示。

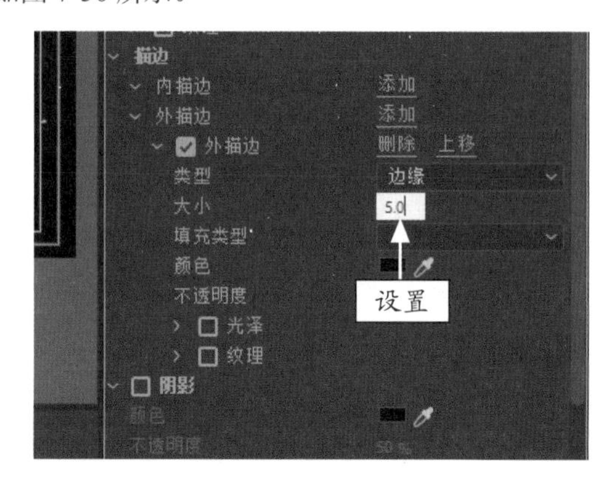


图 7-50　设置“大小”参数

STEP 13 执行上述操作后，在工作区中显示字幕效果，如图 7-51 所示。

图 7-51　显示字幕效果

STEP 14 单击字幕编辑窗口右上角的关闭按钮，关闭字幕编辑窗口，此时可以在“项目”面板中查看创建的字幕，如图 7-52 所示。

STEP 15 在“项目”面板中选择字幕文件，将其添加到“时间轴”面板中的 V2 轨道上，如图 7-53 所示。

图 7-52　查看创建的字幕

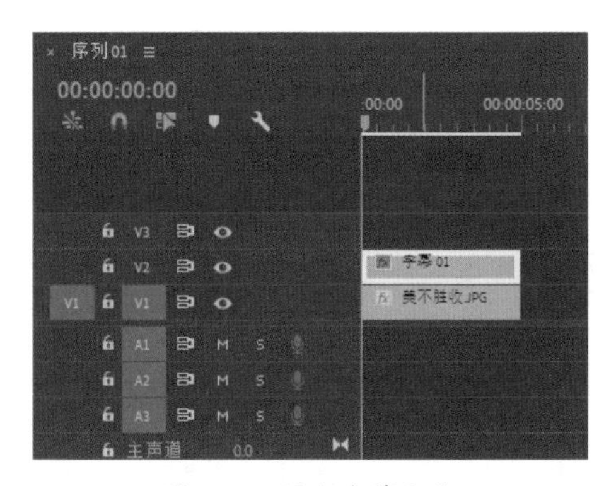


图 7-53　添加字幕文件

STEP 16 单击“播放 - 停止切换”按钮，预览视频效果，如图 7-54 所示。

图 7-54　预览视频效果

## 7.2.3　斜面填充：制作风和日丽字幕效果

斜面填充是一种通过设置阴影色彩的方式，模拟一种中间较亮、边缘较暗的三维浮雕填充效果。下面介绍设置斜面填充的操作方法。

|  | 素材文件 | 素材 \ 第 7 章 \ 风和日丽 .prproj |
|---|---|---|
| | 效果文件 | 效果 \ 第 7 章 \ 风和日丽 .prproj |
| | 视频文件 | 视频 \ 第 7 章 \7.2.3　斜面填充：制作风和日丽字幕效果 .mp4 |

**【操练 + 视频】**
**——斜面填充：制作风和日丽字幕效果**

STEP 01 按 Ctrl ＋ O 组合键，打开文件“素材 \ 第 7 章 \ 风和日丽 .prproj”，如图 7-55 所示。

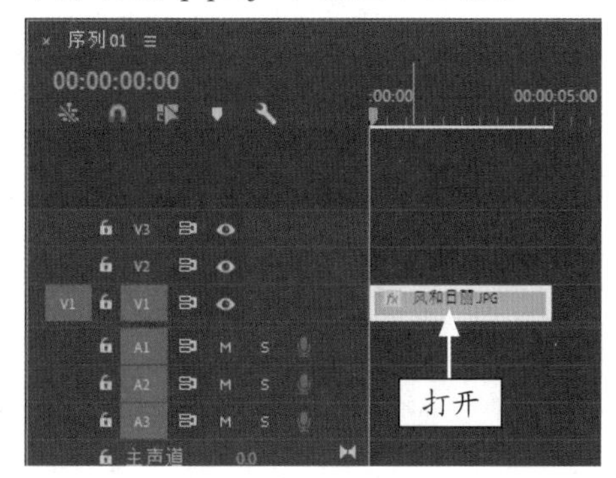


图 7-55　打开项目文件

STEP 02 打开项目文件后，在“节目监视器”面板中可以查看素材画面，如图 7-56 所示。

图 7-56　查看素材画面

STEP 03 选择“文件”|“新建”|“旧版标题”命令，

在弹出的“新建字幕”对话框中设置“名称”为“风和日丽”，如图 7-57 所示，单击“确定”按钮。

图 7-57 输入字幕名称

**STEP 04** 打开字幕编辑窗口，选取工具箱中的文字工具T，如图 7-58 所示。

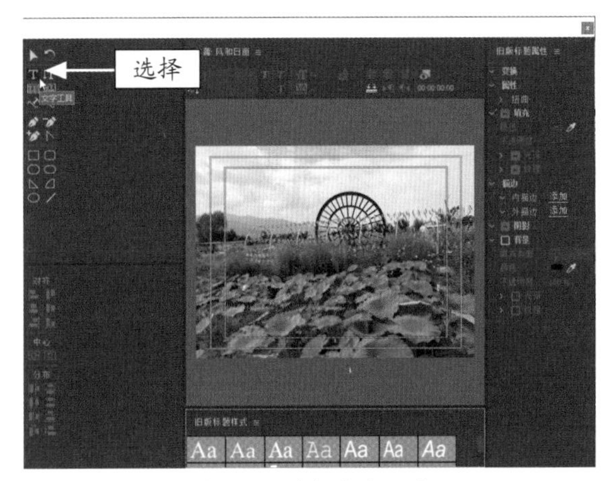


图 7-58 选择文字工具

**STEP 05** 在工作区中输入文字“风和日丽”，选择输入的文字，如图 7-59 所示。

图 7-59 选择输入的文字

**STEP 06** 展开“属性”选项区，单击“字体系列”右侧的下拉按钮，在弹出的列表中选择“华文行楷”选项，如图 7-60 所示。

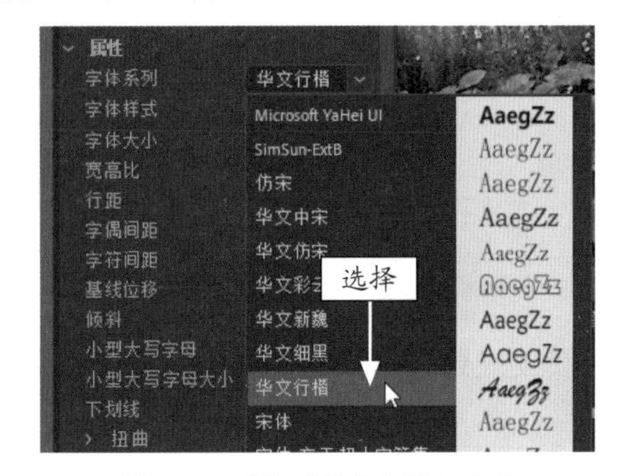


图 7-60 选择“华文行楷”选项

**STEP 07** 在“旧版标题属性”面板中，展开“变换”选项区，设置“X 位置”为 400、“Y 位置”为 70.0，如图 7-61 所示。

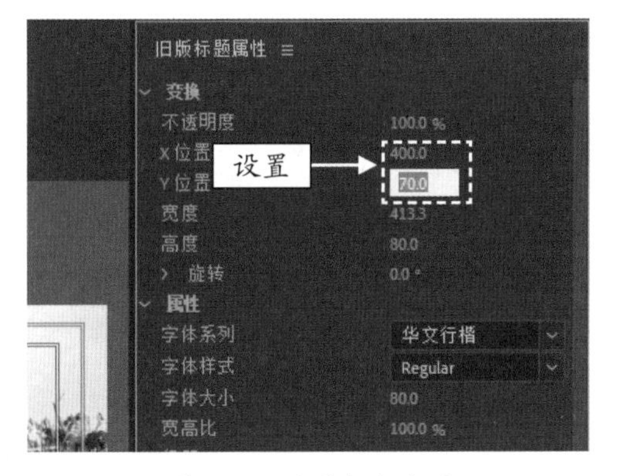


图 7-61 设置相应选项

**STEP 08** 选中“填充”复选框，单击“填充类型”右侧的下拉按钮，在弹出的列表中选择“斜面”选项，如图 7-62 所示。

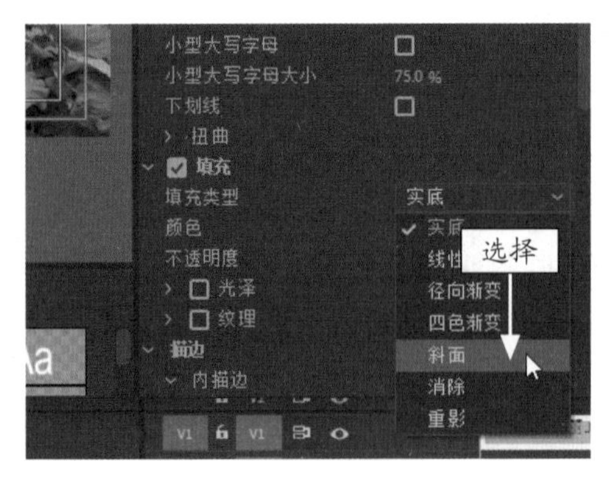


图 7-62 选择“斜面”选项

STEP 09 显示"斜面"选项后，单击"高光颜色"右侧的色块，如图 7-63 所示。

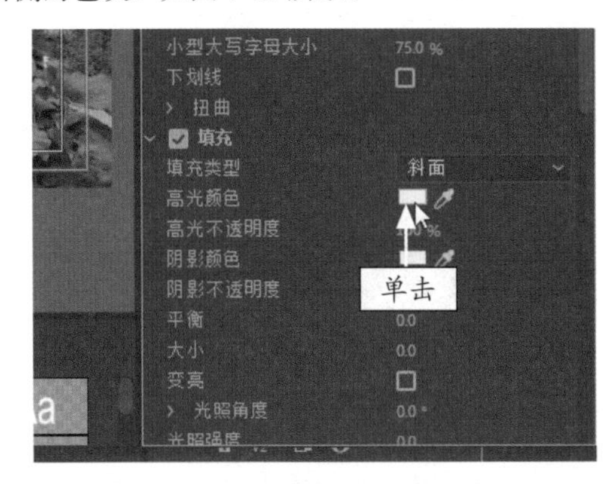


图 7-63　单击相应的色块

STEP 10 在弹出的"拾色器"对话框中设置颜色为黄色（RGB 参数值为 255、255、0），如图 7-64 所示，单击"确定"按钮应用设置。

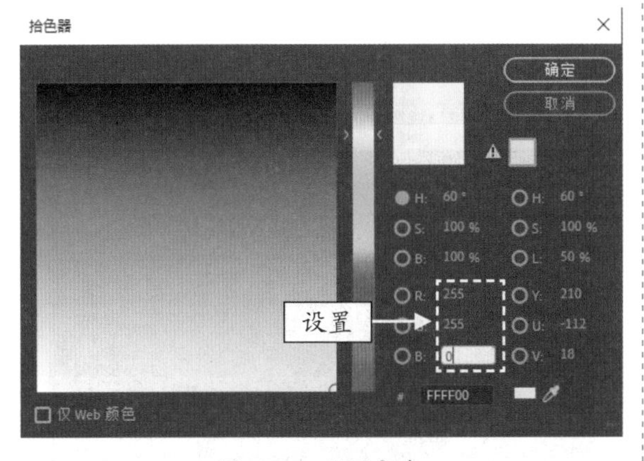


图 7-64　设置颜色

**专家指点**

字幕的填充特效还有"消除"与"重影"两种效果。"消除"效果用来暂时性地隐藏字幕，包括其字幕的阴影和描边效果；"重影"与"消除"拥有类似的功能，两者都可以隐藏字幕的效果，其区别在于"重影"只能隐藏字幕本身，无法隐藏阴影效果。

STEP 11 用同样的操作方法，设置"阴影颜色"为红色（RGB 参数值为 255、0、0）、"平衡"为 -27.0、"大小"为 18.0，如图 7-65 所示。

STEP 12 执行上述操作后，在工作区中显示字幕效果，如图 7-66 所示。

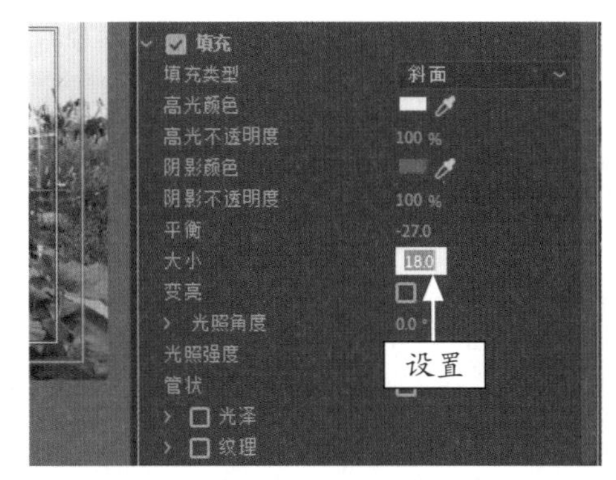


图 7-65　设置"阴影颜色"为红色

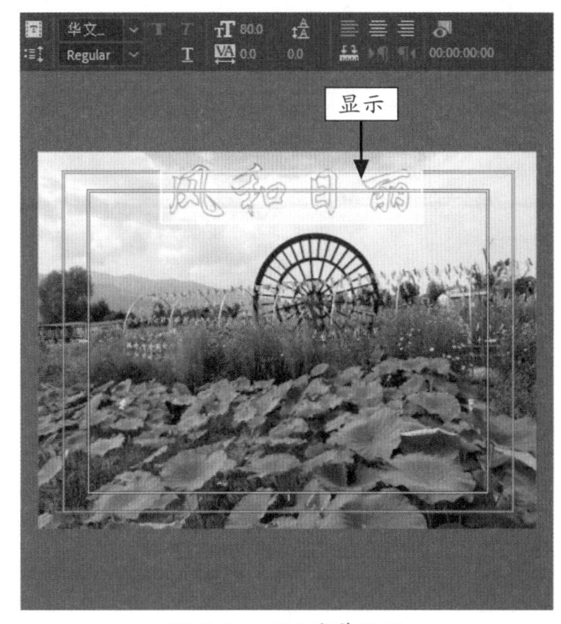


图 7-66　显示字幕效果

STEP 13 单击字幕编辑窗口右上角的关闭按钮，关闭字幕编辑窗口。在"项目"面板选择创建的字幕，将其添加到"时间轴"面板中的 V2 轨道上，如图 7-67 所示。

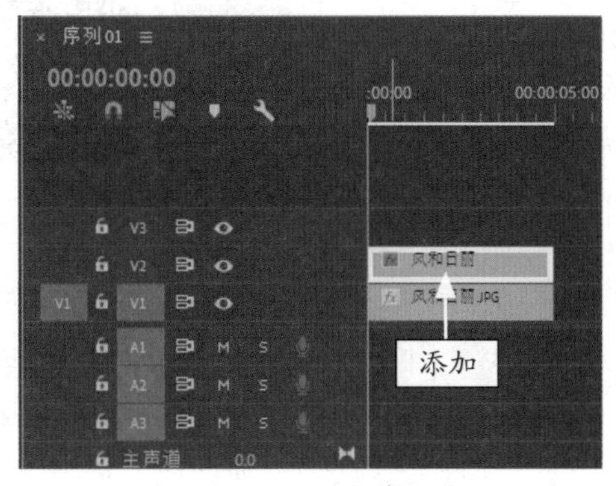


图 7-67　添加字幕文件

STEP 14 单击“播放 - 停止切换”按钮，预览视频效果，如图 7-68 所示。

图 7-68 预览视频效果

## 7.2.4 纹理填充：制作默默祈祷字幕效果

“纹理”效果的作用主要是为字幕设置背景纹理效果，纹理的文件可以是位图，也可以是矢量图。下面介绍设置纹理填充的操作方法。

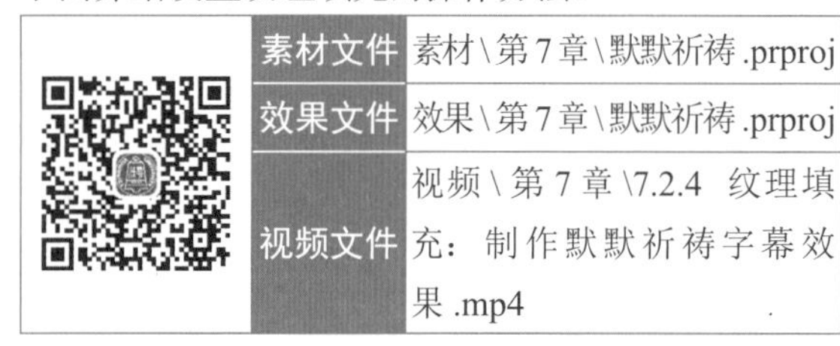

| | 素材文件 | 素材 \ 第 7 章 \ 默默祈祷 .prproj |
|---|---|---|
| | 效果文件 | 效果 \ 第 7 章 \ 默默祈祷 .prproj |
| | 视频文件 | 视频 \ 第 7 章 \7.2.4 纹理填充：制作默默祈祷字幕效果 .mp4 |

**【操练 + 视频】**
**——纹理填充：制作默默祈祷字幕效果**

STEP 01 按 Ctrl ＋ O 组合键，打开文件“素材 \ 第 7 章 \ 默默祈祷 .prproj”，在“项目”面板中，选择字幕文件，双击鼠标左键，如图 7-69 所示。

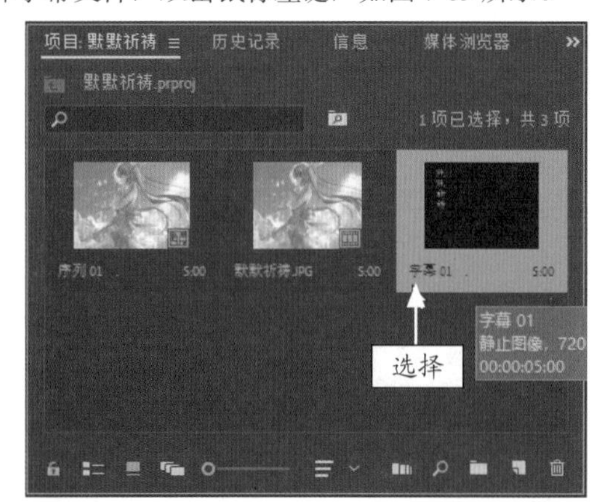


图 7-69 双击字幕文件

STEP 02 打开字幕编辑窗口，在“填充”选项区中，选中“纹理”复选框，单击“纹理”右侧的■按钮，如图 7-70 所示。

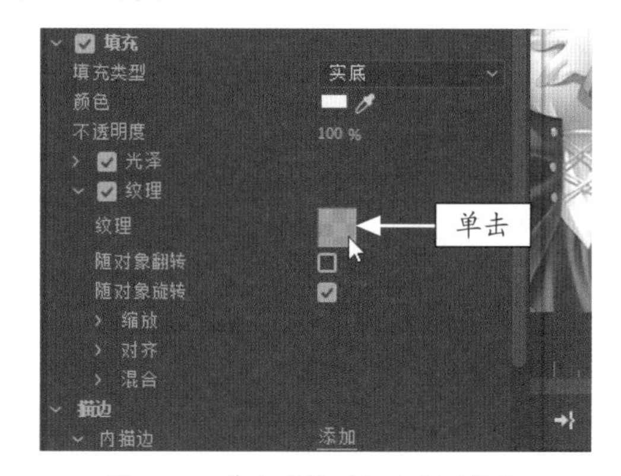


图 7-70 单击“纹理”右侧的按钮

STEP 03 弹出“选择纹理图像”对话框，选择合适的纹理素材，如图 7-71 所示。

图 7-71 选择合适的纹理素材

STEP 04 单击“打开”按钮，即可设置纹理填充字幕效果，效果如图 7-72 所示。

图 7-72 设置纹理填充后的效果

## 7.2.5　描边与阴影：让字幕效果更加醒目

“描边”与“阴影”的主要作用是为了让字幕效果更加突出、醒目。因此，用户可以有选择性地添加或者删除字幕中的描边或阴影效果。

### 1. 内描边：制作浪漫樱花字幕效果

“内描边”主要是从字幕边缘向内进行扩展，这种描边效果可能会覆盖字幕的原有填充效果。因此，在设置时需要调整好各项参数才能制作出需要的效果。下面介绍设置内描边的具体操作方法。

|  | 素材文件 | 素材 \ 第 7 章 \ 浪漫樱花 .prproj |
| --- | --- | --- |
| | 效果文件 | 效果 \ 第 7 章 \ 浪漫樱花 .prproj |
| | 视频文件 | 视频 \ 第 7 章 \7.2.5 内描边：制作浪漫樱花字幕效果 .mp4 |

**【操练 + 视频】**

**——内描边：制作浪漫樱花字幕效果**

**STEP 01** 按 Ctrl ＋ O 组合键，打开文件“素材 \ 第 7 章 \ 浪漫樱花 .prproj”，如图 7-73 所示。

图 7-73　打开项目文件

**STEP 02** 在 V2 轨道上，使用鼠标左键双击字幕文件，如图 7-74 所示。

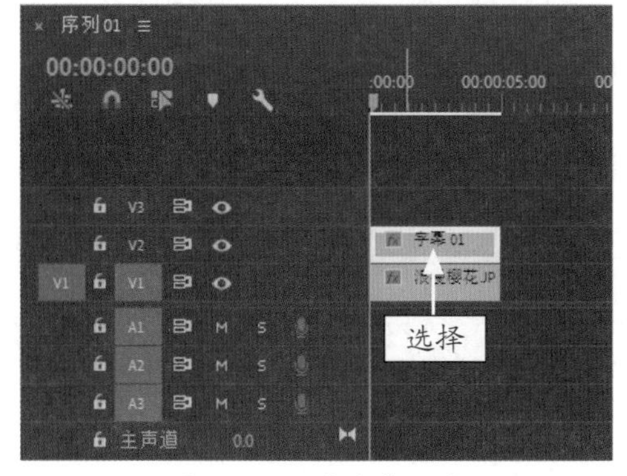


图 7-74　双击字幕文件

**STEP 03** 打开字幕编辑窗口，在“描边”选项区中，单击“内描边”右侧的“添加”链接，添加一个内描边选项，如图 7-75 所示。

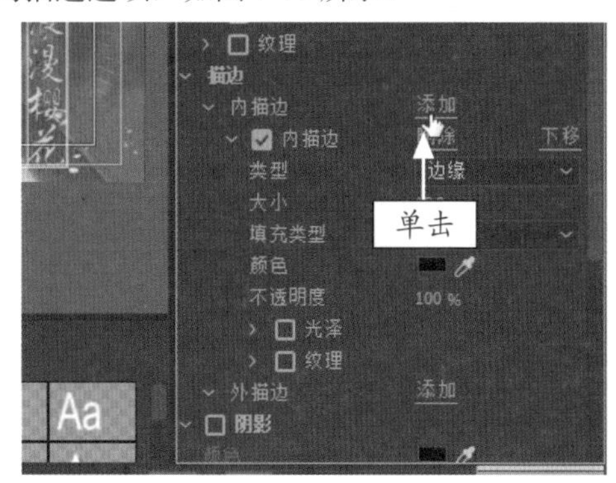


图 7-75　添加内描边选项

**STEP 04** 在“内描边”选项区中，单击“类型”右侧的下拉按钮，在弹出的列表中选择“深度”选项，如图 7-76 所示。

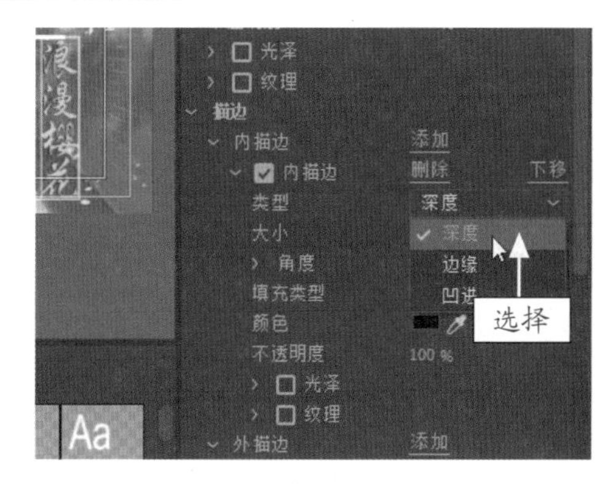


图 7-76　选择“深度”选项

**STEP 05** 单击“颜色”右侧的颜色色块，弹出“拾色器”对话框，设置 RGB 参数为 195、0、255，如图 7-77 所示。

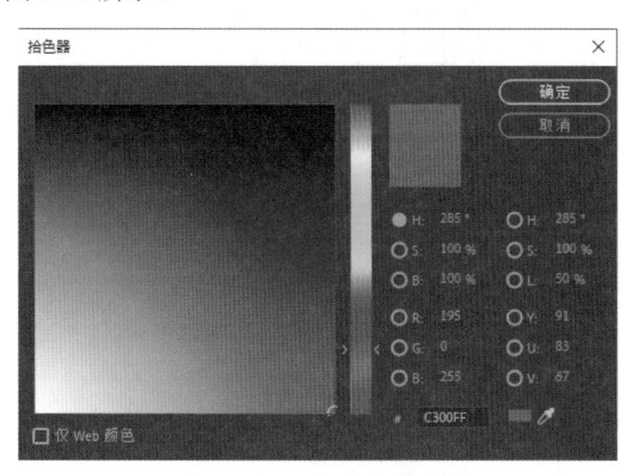


图 7-77　设置参数值

STEP 06 单击“确定”按钮，返回到字幕编辑窗口，即可看到设置内描边后的效果，如图 7-78 所示。

图 7-78 设置内描边后的效果

## 2. 外描边：制作星星女孩字幕效果

“外描边”描边效果与“内描边”正好相反，是从字幕的边缘向外扩展，并增加字幕占据画面的范围。下面介绍设置外描边的具体操作步骤。

|  | 素材文件 | 素材\第 7 章\星星女孩 .prproj |
|---|---|---|
| | 效果文件 | 效果\第 7 章\星星女孩 .prproj |
| | 视频文件 | 视频\第 7 章\7.2.5 外描边：制作星星女孩字幕效果 .mp4 |

**【操练 + 视频】**
**——外描边：制作星星女孩字幕效果**

STEP 01 按 Ctrl ＋ O 组合键，打开文件“素材\第 7 章\星星女孩 .prproj”，如图 7-79 所示。

图 7-79 打开项目文件

STEP 02 在 V2 轨道上，使用鼠标左键双击字幕文件，如图 7-80 所示。

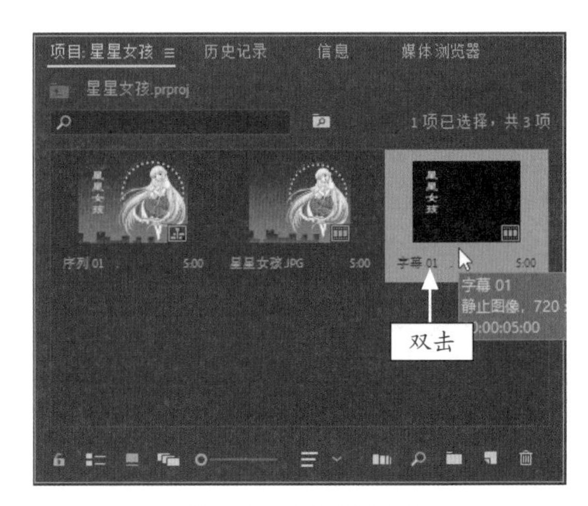


图 7-80 双击字幕文件

STEP 03 打开字幕编辑窗口，在“描边”选项区中，单击“外描边”右侧的“添加”链接，添加一个外描边选项，如图 7-81 所示。

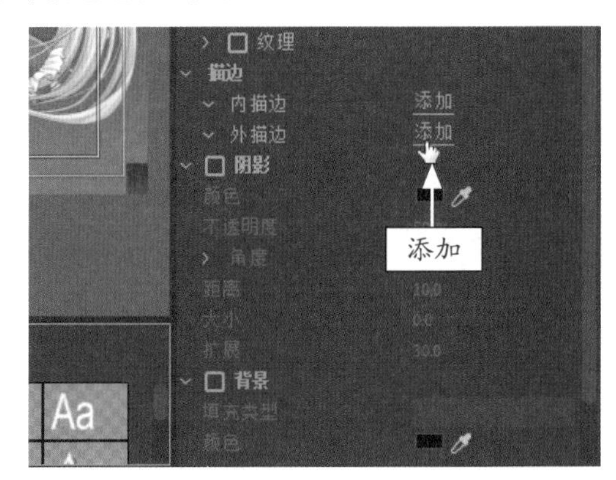


图 7-81 添加外描边选项

STEP 04 在“外描边”选项区中，设置“类型”为“边缘”、“大小”为 10.0，如图 7-82 所示。

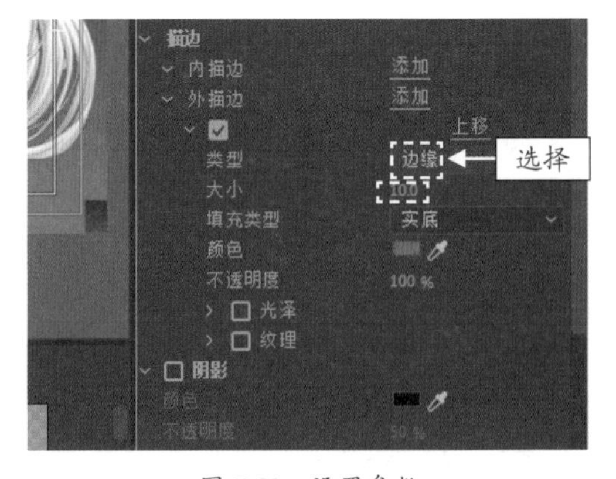


图 7-82 设置参数

STEP 05 单击“颜色”右侧的颜色色块，弹出“拾色器”对话框，设置 RGB 参数为 255、24、0，如图 7-83 所示。

图 7-83 设置参数值

STEP 06 单击“确定”按钮，返回到字幕编辑窗口，即可看到设置外描边后的效果，如图 7-84 所示。

图 7-84 设置外描边后的效果

### 3. 阴影：制作童话世界字幕效果

由于“阴影”是可选效果，只有选中“阴影”复选框，Premiere Pro 2020 才会显示添加的字幕阴影效果。在添加字幕阴影效果后，可以对“阴影”选项区中各参数进行设置，以得到更好的阴影效果。下面介绍设置阴影的具体操作步骤。

| | | |
|---|---|---|
|  | 素材文件 | 素材 \ 第 7 章 \ 童话世界 .prproj |
| | 效果文件 | 效果 \ 第 7 章 \ 童话世界 .prproj |
| | 视频文件 | 视频 \ 第 7 章 \7.2.5 阴影：制作童话世界字幕效果 .mp4 |

**【操练 + 视频】**
**——阴影：制作童话世界字幕效果**

STEP 01 按 Ctrl + O 组合键，打开文件“素材 \ 第 7 章 \ 童话世界 .prproj”，如图 7-85 所示。

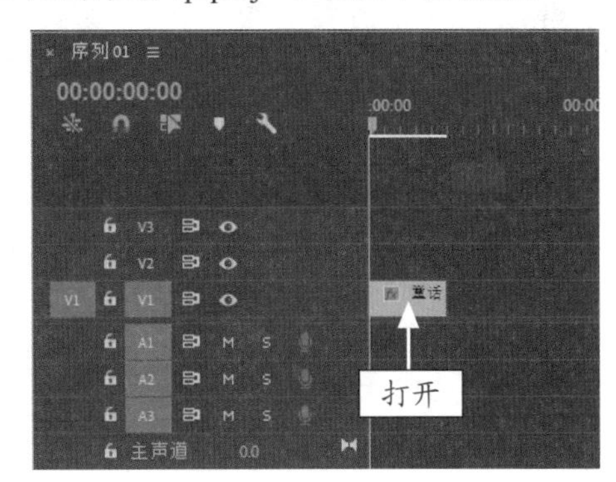


图 7-85 打开项目文件

STEP 02 打开项目文件后，在“节目监视器”面板中可以查看素材画面，如图 7-86 所示。

图 7-86 查看素材画面

STEP 03 选择“文件”|“新建”|“旧版标题”命令，在弹出的“新建字幕”对话框中输入字幕名称，如图 7-87 所示，单击“确定”按钮。

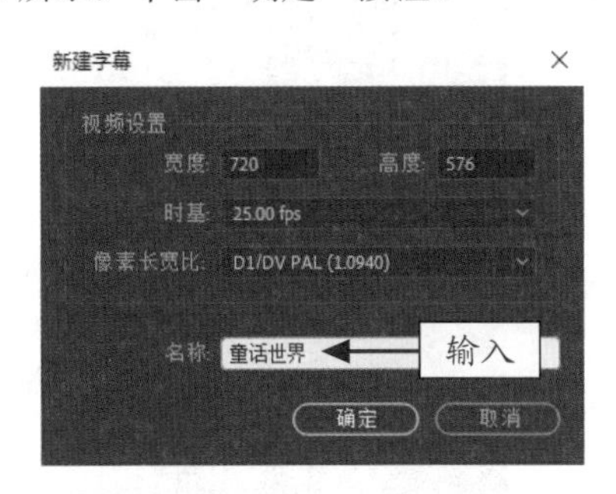


图 7-87 输入字幕名称

STEP 04 打开字幕编辑窗口，选取工具箱中的文字工具T，在合适位置输入文字“童话世界”。选择输入的文字，如图 7-88 所示。

图 7-88 选择文字

STEP 05 展开“属性”选项区，设置“字体系列”为“方正粗黑宋简体”、“字体大小”为 70.0；展开“变换”选项，设置“X 位置”为 388.6、“Y 位置”为 201.6，如图 7-89 所示。

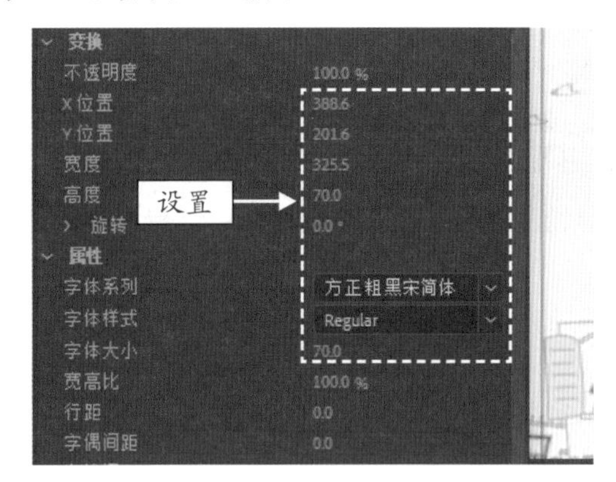


图 7-89 设置相应的选项

STEP 06 选中“填充”复选框，单击“填充类型”选项右侧的下拉按钮，在弹出的列表中选择“径向渐变”选项，如图 7-90 所示。

STEP 07 显示“径向渐变”选项后，双击“颜色”选项右侧的第 1 个色标，如图 7-91 所示。

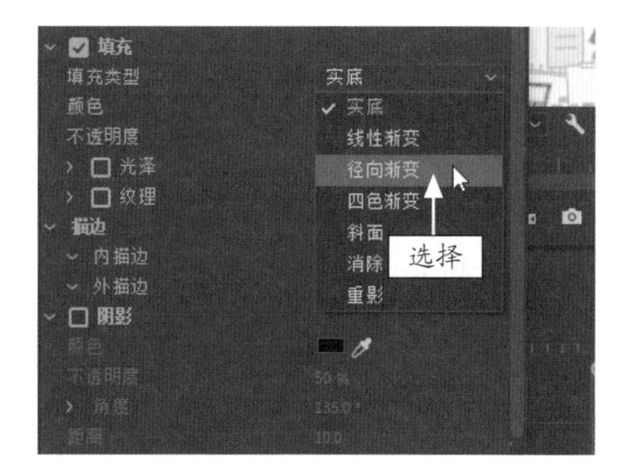


图 7-90 选择“径向渐变”选项

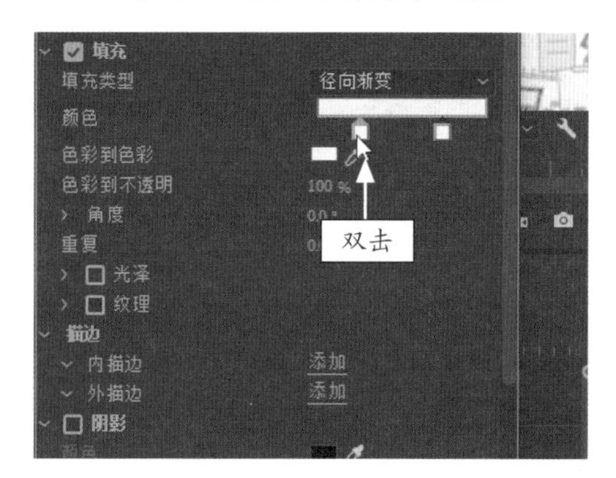


图 7-91 单击第 1 个色标

STEP 08 在弹出的“拾色器”对话框中，设置颜色为红色（RGB 参数值为 255、0、0），如图 7-92 所示。

图 7-92 设置第 1 个色标的颜色

STEP 09 单击“确定”按钮，返回字幕编辑窗口，双击“颜色”选项右侧的第 2 个色标，在弹出的“拾色器”对话框中设置颜色为黄色（RGB 参数值为 255、255、0），如图 7-93 所示。

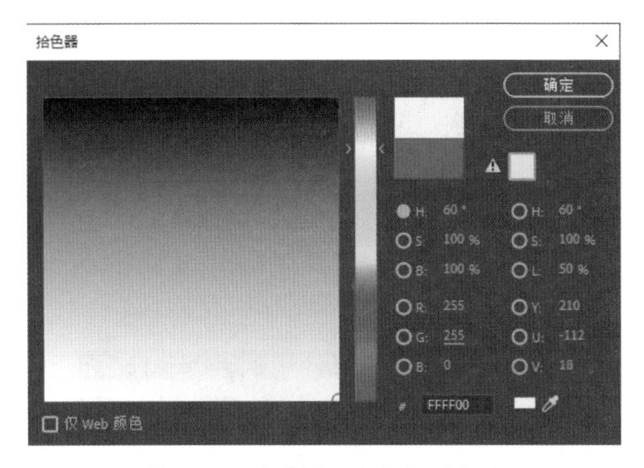


图 7-93　设置第 2 个色标的颜色

STEP 10 单击“确定”按钮，返回到字幕编辑窗口，选中“阴影”复选框，设置“扩展”为 50，如图 7-94 所示。

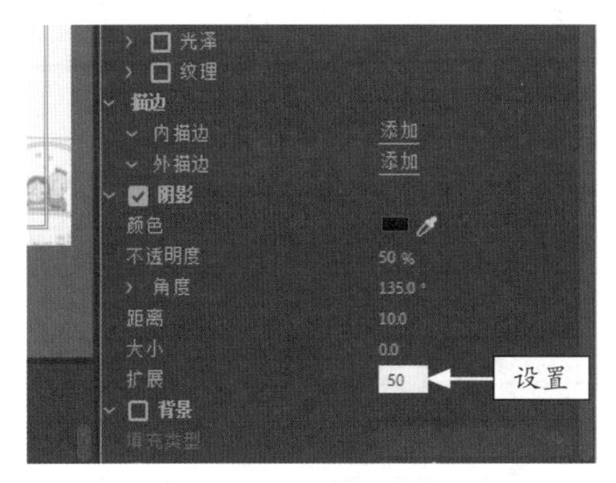


图 7-94　设置“扩展”为 50

STEP 11 执行上述操作后，在工作区中显示字幕效果，如图 7-95 所示。

图 7-95　显示字幕效果

STEP 12 单击字幕编辑窗口右上角的关闭按钮，关闭字幕编辑窗口，此时可以在“项目”面板中查看创建的字幕，如图 7-96 所示。

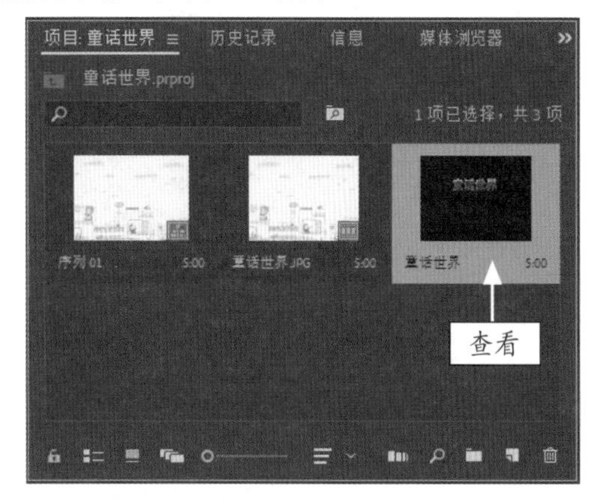


图 7-96　查看创建的字幕

STEP 13 在“项目”面板中选择字幕文件，将其添加到“时间轴”面板中的 V2 轨道上，如图 7-97 所示。

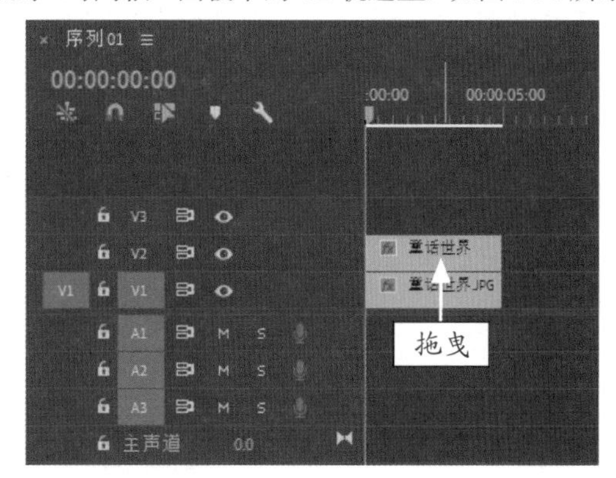


图 7-97　添加字幕文件

STEP 14 单击“播放 - 停止切换”按钮，预览视频效果，如图 7-98 所示。

图 7-98　预览视频效果

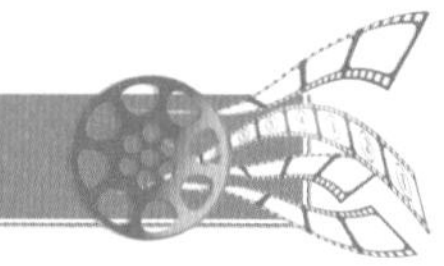

## 7.3 制作精彩字幕效果

随着动态视频的发展，动态字幕的应用也越来越频繁。这些精美的字幕特效不仅能够点明影视视频的主题，让影片更加生动，具有感染力，还能够为观众传递一种艺术信息。本节主要介绍精彩字幕特效的制作方法。

### 7.3.1 路径运动：制作气球特效字幕效果

在 Premiere Pro 2020 中，用户可以使用钢笔工具绘制路径，制作字幕路径特效。下面介绍制作路径运动字幕效果的方法。

|  | 素材文件 | 素材 \ 第 7 章 \ 气球 .prproj |
| --- | --- | --- |
| | 效果文件 | 效果 \ 第 7 章 \ 气球 .prproj |
| | 视频文件 | 视频 \ 第 7 章 \7.3.1 路径运动：制作气球特效字幕效果 .mp4 |

**【操练 + 视频】**
**——路径运动：制作气球特效字幕效果**

**STEP 01** 按 Ctrl ＋ O 组合键，打开文件“素材 \ 第 7 章 \ 气球 .prproj”，如图 7-99 所示。

图 7-99 打开项目文件

**STEP 02** 在 V2 轨道上，选择字幕文件，如图 7-100 所示。

**STEP 03** 展开“效果控件”面板，分别为“运动”选项区中的“位置”和“旋转”选项以及“不透明度”选项添加关键帧，如图 7-101 所示。

**STEP 04** 将时间线拖曳至 00:00:00:12 的位置，设置“位置”为（480.0，180.0）、“旋转”为 20.0°、“不透明度”为 100.0%，添加一组关键帧，如图 7-102 所示。

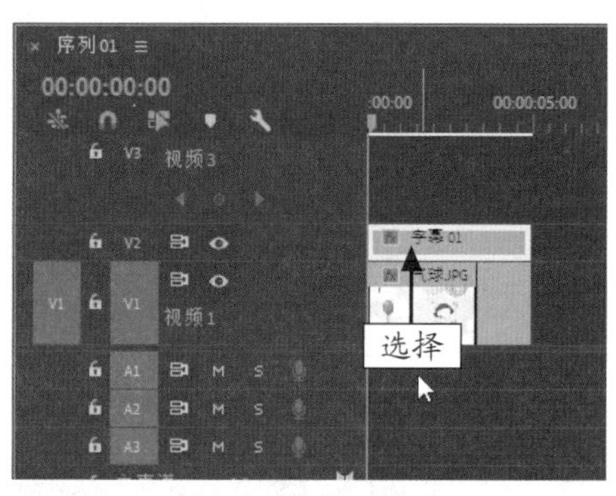


图 7-100 选择字幕文件

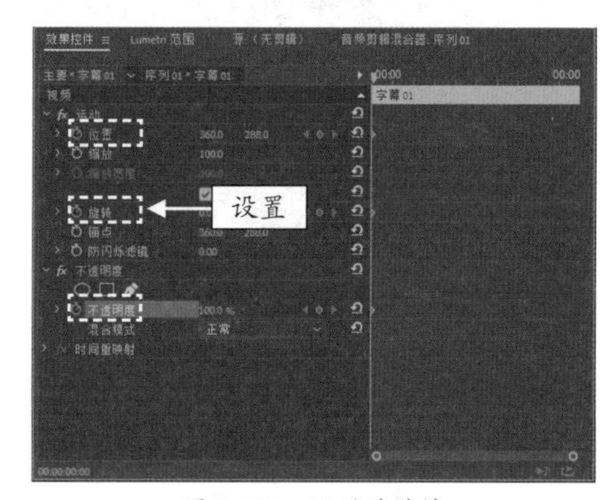


图 7-101 设置关键帧

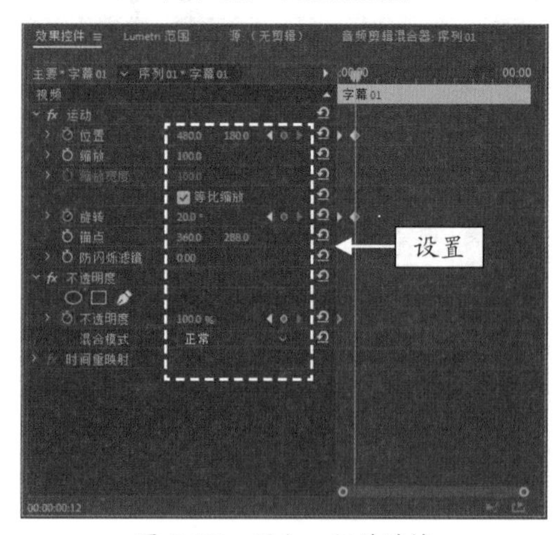


图 7-102 添加一组关键帧

**STEP 05** 制作完成后，单击“节目监视器”面板中的“播放 - 停止切换”按钮，即可预览字幕路径特效，如图 7-103 所示。

图 7-103　预览字幕路径特效

## 7.3.2　游动特效：制作大桥特效字幕效果

“游动字幕”是指字幕在画面中进行水平运动的动态字幕类型，用户可以设置游动的方向和位置。下面介绍制作游动特效字幕效果的操作方法。

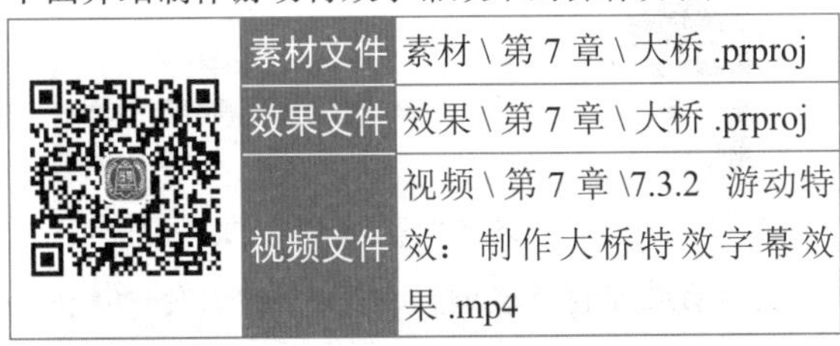

| | | |
|---|---|---|
| | 素材文件 | 素材 \ 第 7 章 \ 大桥 .prproj |
| | 效果文件 | 效果 \ 第 7 章 \ 大桥 .prproj |
| | 视频文件 | 视频 \ 第 7 章 \7.3.2　游动特效：制作大桥特效字幕效果 .mp4 |

**【操练 + 视频】**
**——游动特效：制作大桥特效字幕效果**

**STEP 01** 按 Ctrl ＋ O 组合键，打开文件“素材 \ 第 7 章 \ 大桥 .prproj”，如图 7-104 所示。在 V2 轨道上，双击字幕文件。

图 7-104　打开项目文件

**STEP 02** 打开字幕编辑窗口，单击“滚动 / 游动选项”按钮，弹出“滚动 / 游动选项”对话框，选中“向左游动”单选按钮，如图 7-105 所示。

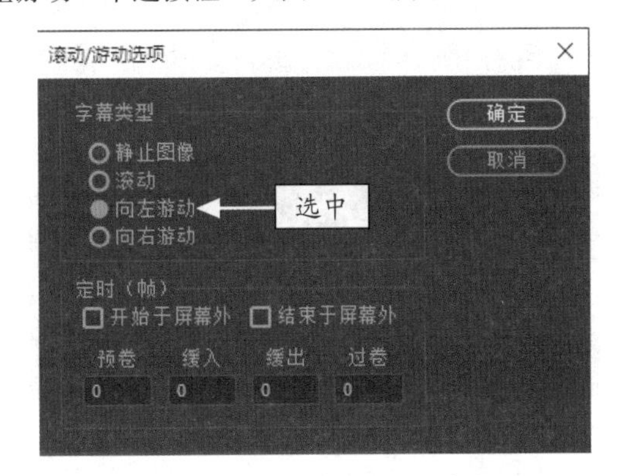


图 7-105　选中“向左游动”单选按钮

**STEP 03** 选中“开始于屏幕外”复选框，并设置“缓入”为 3，如图 7-106 所示。

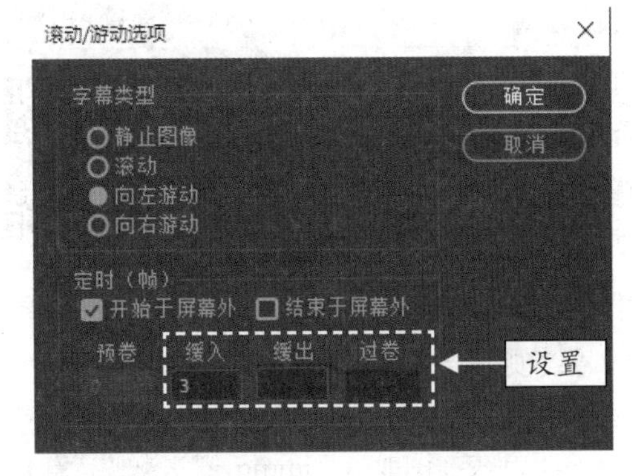


图 7-106　设置参数值

STEP 04 单击“确定”按钮，返回到字幕编辑窗口，选取选择工具，将文字向右拖曳至合适位置，如图 7-107 所示。

图 7-107　拖曳字幕

STEP 05 执行操作后，即可创建游动运动字幕。在“节目监视器”面板中，单击“播放 - 停止切换”按钮，即可预览字幕游动效果，如图 7-108 所示。

图 7-108　预览字幕游动效果

## 7.3.3　滚动特效：制作缆车特效字幕效果

“滚动字幕”是指字幕从画面的下方逐渐向上游动的动态字幕类型，这种类型的动态字幕常运用在电视节目中。下面介绍制作滚动特效字幕效果的操作方法。

|  | 素材文件 | 素材 \ 第 7 章 \ 缆车 .prproj |
|---|---|---|
| | 效果文件 | 效果 \ 第 7 章 \ 缆车 .prproj |
| | 视频文件 | 视频 \ 第 7 章 \7.3.3　滚动特效：制作缆车特效字幕效果 .mp4 |

**【操练 + 视频】**
**——滚动特效：制作缆车特效字幕效果**

STEP 01 按 Ctrl ＋ O 组合键，打开文件“素材 \ 第 7 章 \ 缆车 .prproj”，如图 7-109 所示。在 V2 轨道上，双击字幕文件。

图 7-109　打开项目文件

STEP 02 打开字幕编辑窗口，单击“滚动 / 游动选项”按钮，弹出相应对话框，选中“滚动”单选按钮，如图 7-110 所示。

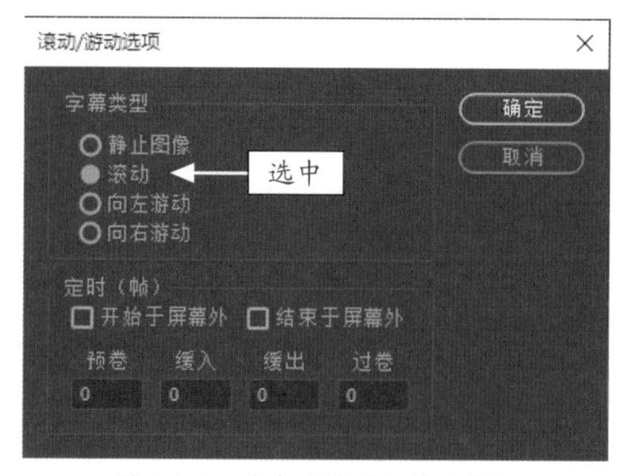


图 7-110　选中“滚动”单选按钮

**专家指点**

在影视制作中，字幕的运动能起到突出主题、画龙点睛的妙用。比如在影视广告中均是通过文字说明向观众强化产品的品牌、性能等信息。以前只有在耗资巨大的专业编辑系统中才能实现的字幕效果，现在即使在业余条件下，使用优秀的视频编辑软件 Premiere 就能实现滚动字幕的制作。

STEP 03 选中“开始于屏幕外”复选框，设置“缓入”为 4、“过卷”为 8，如图 7-111 所示。

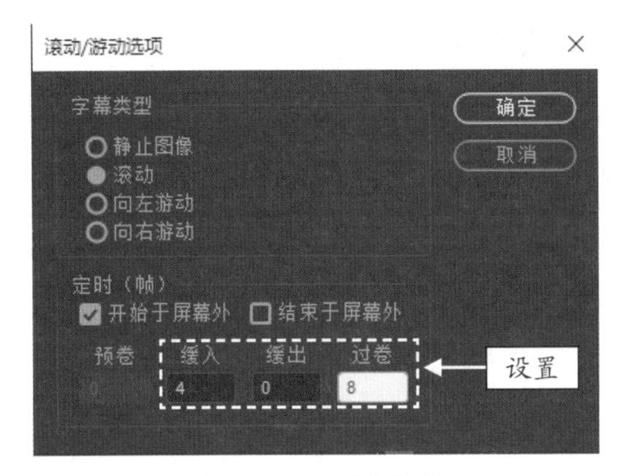


图 7-111　设置参数值

STEP 04 单击“确定”按钮，返回到字幕编辑窗口，选取选择工具，将文字向下拖曳至合适位置，如图 7-112 所示。

图 7-112　拖曳字幕

STEP 05 执行操作后，即可创建滚动运动字幕。在“节目监视器”面板中，单击“播放 - 停止切换”按钮，即可预览字幕滚动效果，如图 7-113 所示。

图 7-113　预览字幕滚动效果

## 7.3.4　水平翻转：制作山川特效字幕效果

字幕的翻转效果主要是运用“嵌套”序列将多个视频效果合并在一起，然后通过“摄像机视图”特效让其整体翻转。下面介绍制作水平翻转字幕效果的操作方法。

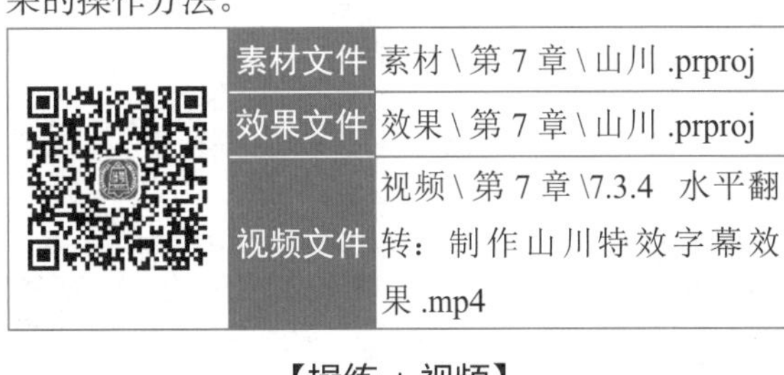

| | | |
|---|---|---|
| | 素材文件 | 素材 \ 第 7 章 \ 山川 .prproj |
| | 效果文件 | 效果 \ 第 7 章 \ 山川 .prproj |
| | 视频文件 | 视频 \ 第 7 章 \7.3.4　水平翻转：制作山川特效字幕效果 .mp4 |

**【操练 + 视频】**
**——水平翻转：制作山川特效字幕效果**

STEP 01 按 Ctrl ＋ O 组合键，打开项目文件“素材 \ 第 7 章 \ 山川 .prproj”，如图 7-114 所示。

STEP 02 在 V2 轨道上，选择字幕文件，如图 7-115 所示。

图 7-114　打开项目文件

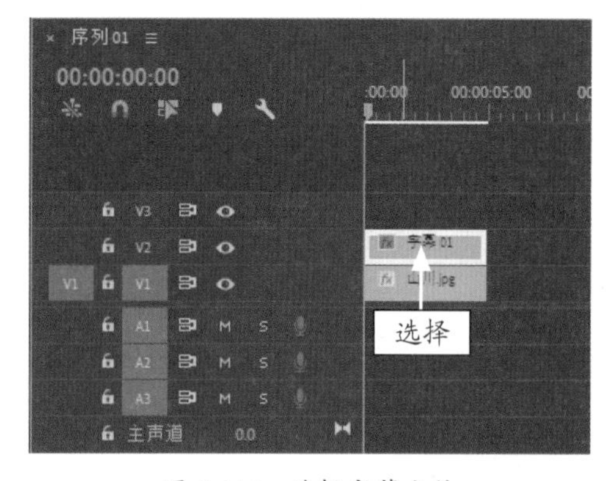


图 7-115　选择字幕文件

STEP 03 在“效果控件”面板中，展开“运动”选项区，将时间线移至 00:00:00:00 的位置，分别单击“缩放”和“旋转”左侧的“切换动画”按钮，并设置“缩放”为 50.0、“旋转”为 0.0°，添加一组关键帧，如图 7-116 所示。

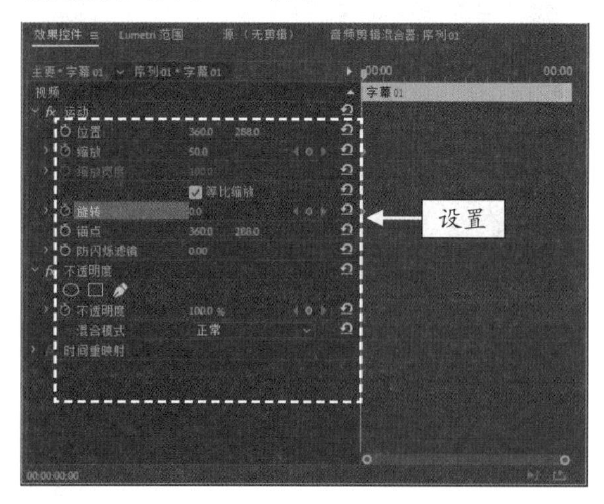


图 7-116　添加一组关键帧

STEP 04 将时间线移至 00:00:02:00 的位置，设置“缩放”为 70.0、“旋转”为 55.0°；单击“锚点”左侧的“切换动画”按钮，设置“锚点”为（300.0，180.0），添加第二组关键帧，如图 7-117 所示。

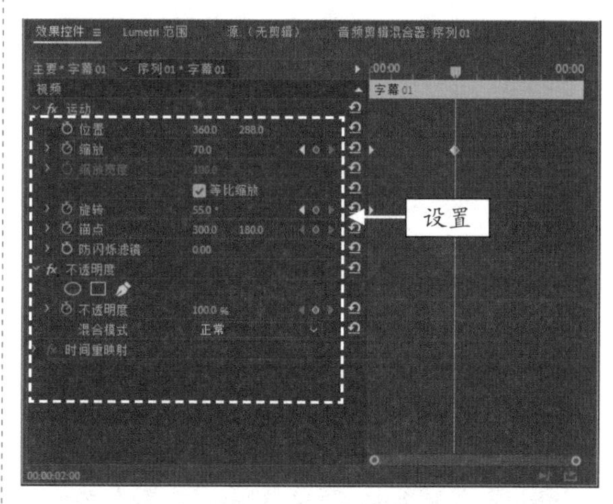


图 7-117　添加第二组关键帧

STEP 05 制作完成后，单击“节目监视器”面板中的“播放 - 停止切换”按钮，即可预览字幕翻转特效，如图 7-118 所示。

图 7-118　预览字幕翻转特效

## 7.3.5　旋转特效：制作色味俱佳字幕效果

“旋转”字幕效果主要是通过设置“运动”特效中的“旋转”参数，让字幕在画面中旋转。下面介绍制作旋转特效字幕效果的操作方法。

|  | 素材文件 | 素材 \ 第 7 章 \ 色味俱佳 .prproj |
|---|---|---|
| | 效果文件 | 效果 \ 第 7 章 \ 色味俱佳 .prproj |
| | 视频文件 | 视频 \ 第 7 章 \7.3.5　旋转特效：制作色味俱佳字幕效果 .mp4 |

【操练 + 视频】
——旋转特效：制作色味俱佳字幕效果

STEP 01 按 Ctrl + O 组合键，打开项目文件“素材 \ 第 7 章 \ 色味俱佳 .prproj”，如图 7-119 所示。

图 7-119　打开项目文件

STEP 02 在 V2 轨道上，选择字幕文件，如图 7-120 所示。

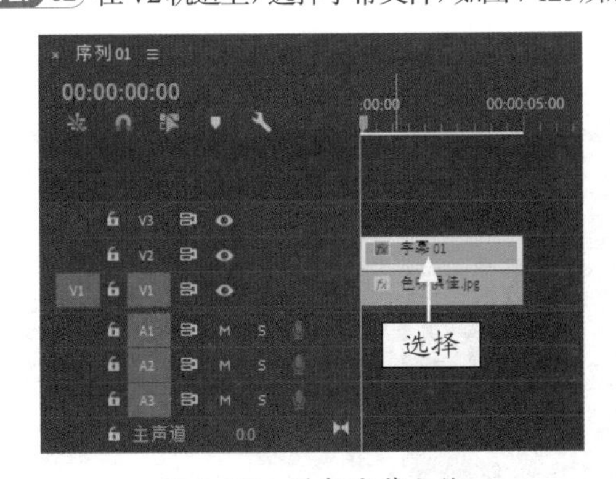


图 7-120　选择字幕文件

STEP 03 在“效果控件”面板中，单击“旋转”左侧的“切换动画”按钮，并设置“旋转”为 30.0°，添加关键帧，如图 7-121 所示。

STEP 04 将时间线调整至 00:00:03:15 的位置处，设置“旋转”参数为 120.0°，添加关键帧，如图 7-122 所示。

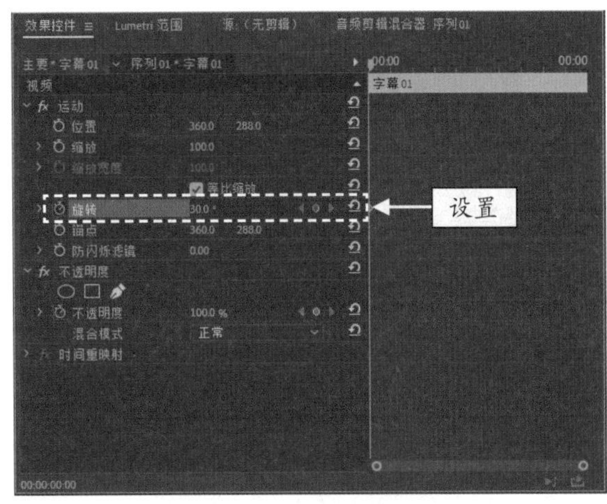


图 7-121　添加关键帧

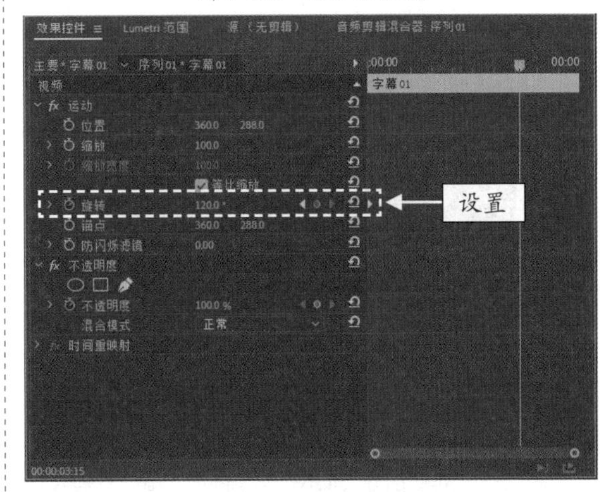


图 7-122　添加关键帧

STEP 05 制作完成后，单击“节目监视器”面板中的“播放 - 停止切换”按钮，即可预览字幕旋转特效，如图 7-123 所示。

图 7-123　预览字幕旋转特效

图 7-123　预览字幕旋转特效（续）

## 7.3.6　拉伸特效：制作绽放字幕效果

“拉伸”字幕效果常常运用于大型的视频广告中，如电影广告、衣服广告、汽车广告等。下面介绍制作拉伸特效字幕效果的操作方法。

| | | |
|---|---|---|
|  | 素材文件 | 素材 \ 第 7 章 \ 绽放 .prproj |
| | 效果文件 | 效果 \ 第 7 章 \ 绽放 .prproj |
| | 视频文件 | 视频 \ 第 7 章 \7.3.6　拉伸特效：制作绽放字幕效果 .mp4 |

**【操练＋视频】**
**——拉伸特效：制作绽放字幕效果**

STEP 01 按 Ctrl ＋ O 组合键，打开文件“素材 \ 第 7 章 \ 绽放 .prproj”，如图 7-124 所示。在 V2 轨道上，选择字幕文件。

图 7-124　打开项目文件

STEP 02 在“效果控件”面板中，单击“缩放”左侧的“切换动画”按钮，添加关键帧，如图 7-125 所示。

STEP 03 将时间线调整至 00:00:00:15 的位置处，设置“缩放”参数为 50.0，添加关键帧，如图 7-126 所示。

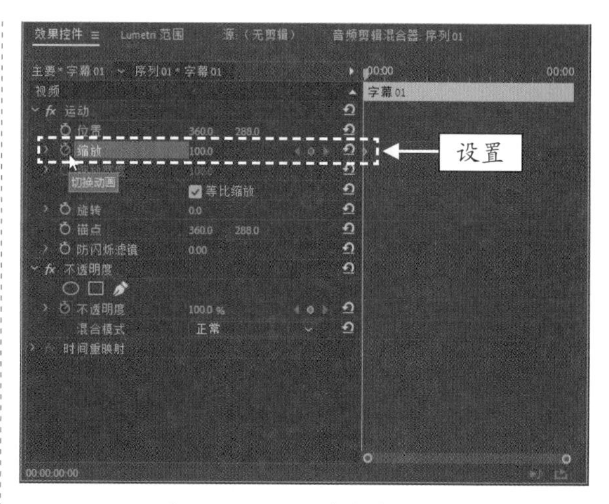


图 7-125　添加关键帧（1）

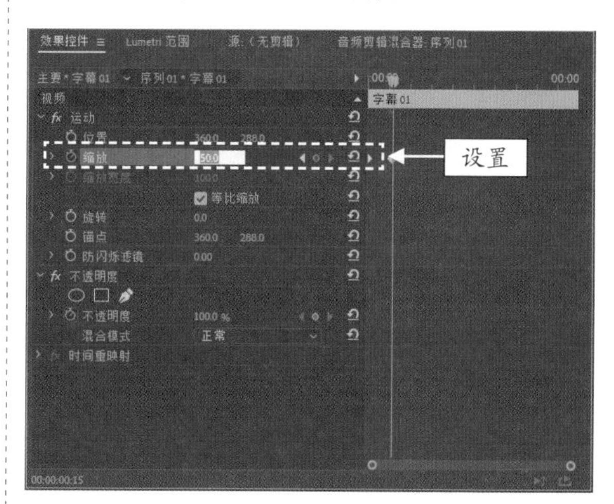


图 7-126　添加关键帧（2）

STEP 04 将时间线调整至 00:00:02:02 的位置处，设置“缩放”参数为 90，添加关键帧，如图 7-127 所示。

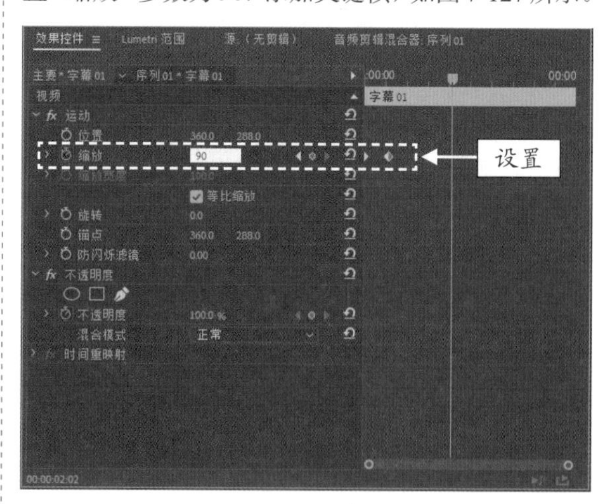


图 7-127　添加关键帧（3）

**STEP 05** 执行操作后，即可制作拉伸特效字幕效果。单击“节目监视器”面板中的“播放 - 停止切换”按钮，即可预览字幕拉伸特效，如图 7-128 所示。

图 7-128　预览字幕拉伸特效

## 7.3.7　旋转扭曲：制作碧海潮生字幕特效

“旋转扭曲”特效字幕主要是运用了“弯曲”特效让画面产生扭曲、变形效果，让用户制作的字幕发生扭曲变形。下面介绍制作扭曲特效字幕效果的操作方法。

|  | 素材文件 | 素材 \ 第 7 章 \ 碧海潮生 .prproj |
|---|---|---|
| | 效果文件 | 效果 \ 第 7 章 \ 碧海潮生 .prproj |
| | 视频文件 | 视频 \ 第 7 章 \7.3.7　旋转扭曲：制作碧海潮生字幕特效 .mp4 |

**【操练 + 视频】**
**——旋转扭曲：制作碧海潮生字幕特效**

**STEP 01** 按 Ctrl ＋ O 组合键，打开文件“素材 \ 第 7 章 \ 碧海潮生 .prproj”，如图 7-129 所示。

**STEP 02** 在“效果”面板中，展开“视频效果”|“扭曲”选项，选择“旋转扭曲”选项，如图 7-130 所示。

图 7-129　打开项目文件

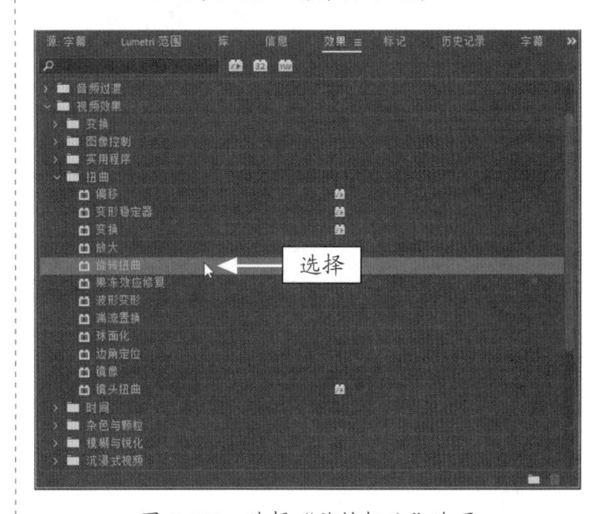


图 7-130　选择“旋转扭曲”选项

**STEP 03** 按住鼠标左键，并将其拖曳至 V2 轨道上，添加“扭曲”特效，如图 7-131 所示。

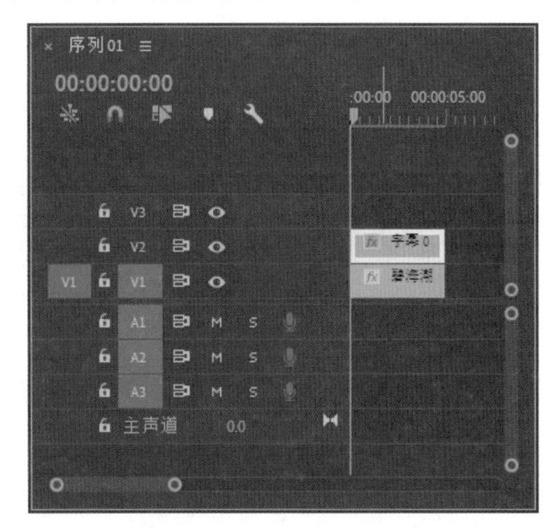


图 7-131　添加扭曲特效

STEP 04 在“效果控件”面板中，设置并查看添加“旋转扭曲”特效的相应参数，如图 7-132 所示。

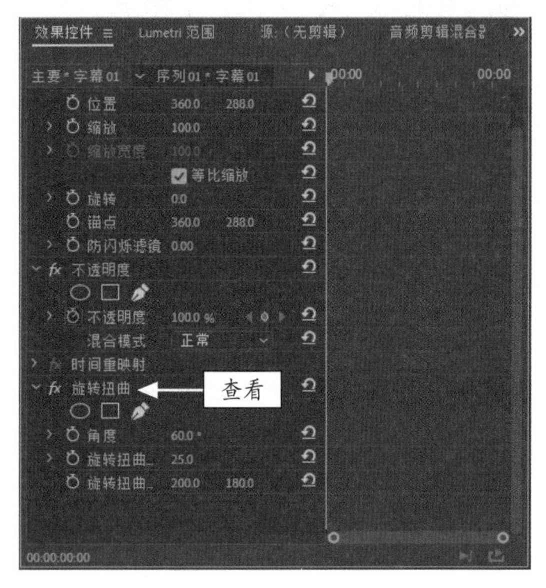


图 7-132　查看参数值

STEP 05 执行操作后，即可完成“旋转扭曲”特效字幕效果。单击“节目监视器”面板中的“播放－停止切换”按钮，即可预览字幕“旋转扭曲”特效，如图 7-133 所示。

图 7-133　预览字幕旋转扭曲特效

## 7.3.8　发光特效：制作猴子特效字幕效果

在 Premiere Pro 2020 中，发光特效字幕主要是运用了“镜头光晕”特效，让字幕产生发光的效果。下面介绍制作发光特效字幕效果的操作方法。

|  | 素材文件 | 素材 \ 第 7 章 \ 猴子 .prproj |
| --- | --- | --- |
| | 效果文件 | 效果 \ 第 7 章 \ 猴子 .prproj |
| | 视频文件 | 视频 \ 第 7 章 \7.3.8　发光特效：制作猴子特效字幕效果 .mp4 |

**【操练＋视频】**
**——发光特效：制作猴子特效字幕效果**

STEP 01 按 Ctrl ＋ O 组合键，打开文件“素材 \ 第 7 章 \ 猴子 .prproj”，如图 7-134 所示。

图 7-134　打开项目文件

STEP 02 在“效果”面板中，展开“视频效果”|“生成”选项，选择“镜头光晕”选项，将“镜头光晕”视频效果拖曳至 V2 轨道上的字幕素材中，如图 7-135 所示。

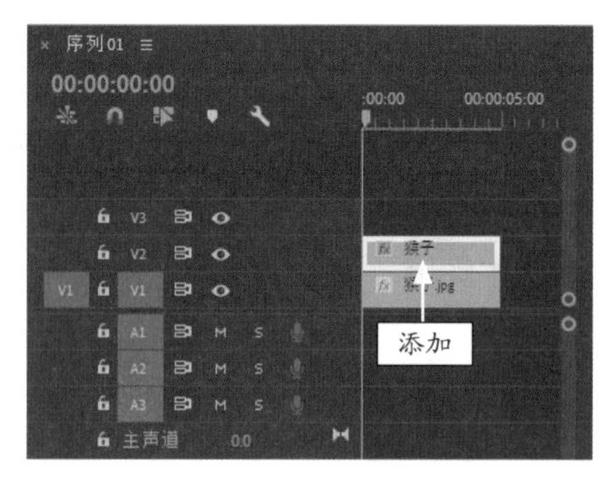


图 7-135　添加“镜头光晕”视频特效

STEP 03 将时间线拖曳至 00:00:01:00 的位置，选择字幕文件，在“效果控件”面板中分别单击“光晕中心”“光晕亮度”和“与原始图像混合”左侧的“切换动画”按钮，添加关键帧，如图 7-136 所示。

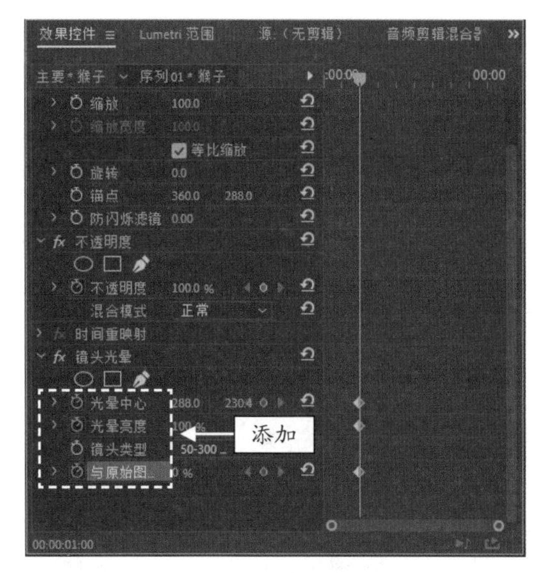


图 7-136　添加关键帧

STEP 04 将时间线拖曳至 00:00:03:00 的位置，在“效果控件”面板中设置“光晕中心”为（100.0，400.0）、“光晕亮度”为 300%、“与原始图像混合”为 30%，添加第二组关键帧，如图 7-137 所示。

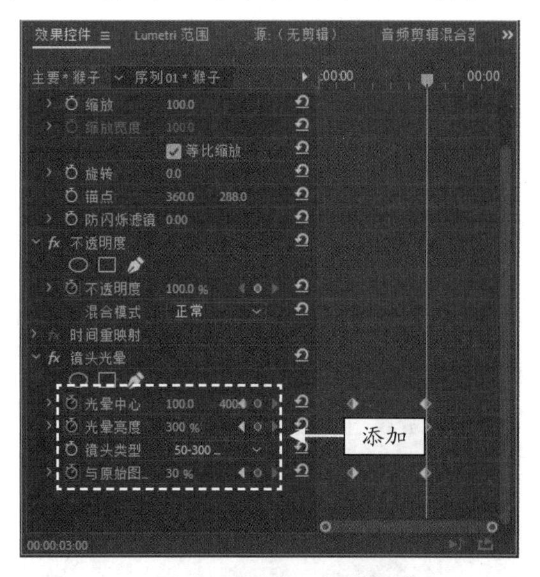


图 7-137　添加关键帧

**专家指点**

在 Premiere Pro 2020 中，为字幕文件添加“镜头光晕”视频特效后，在“效果控件”面板中可以设置镜头光晕的类型，单击“镜头类型”右侧的下三角按钮，在弹出的列表中可以根据需要选择各种选项。

STEP 05 执行操作后，即可制作发光特效字幕效果。单击“节目监视器”面板中的“播放 - 停止切换”按钮，即可预览字幕发光特效，如图 7-138 所示。

图 7-138　预览字幕发光特效

## 7.3.9　淡入淡出：制作如梦似画字幕效果

在 Premiere Pro 2020 中，通过设置“效果控件”面板中的“不透明度”参数，可以制作字幕的淡入淡出特效。下面介绍具体操作步骤。

|  | 素材文件 | 素材 \ 第 7 章 \ 如梦似画 .prproj |
| --- | --- | --- |
| | 效果文件 | 效果 \ 第 7 章 \ 如梦似画 .prproj |
| | 视频文件 | 视频 \ 第 7 章 \7.3.9　淡入淡出：制作如梦似画字幕效果 .mp4 |

**【操练 + 视频】**
**——淡入淡出：制作如梦似画字幕效果**

STEP 01 按 Ctrl ＋ O 键，打开文件“素材 \ 第 7 章 \ 如梦似画 .prproj”，如图 7-139 所示。

STEP 02 在“时间轴”面板的 V2 轨道中，使用鼠标左键选择字幕文件，如图 7-140 所示。

图 7-139　打开项目文件

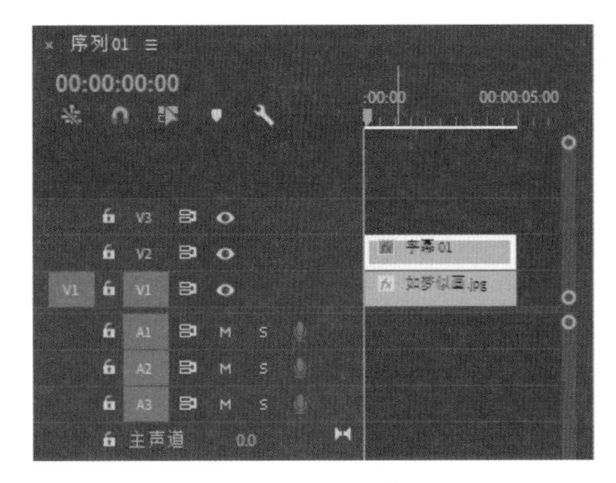

图 7-140　选择字幕文件

STEP 03 打开“效果控件”面板，在“不透明度”选项区中单击“添加 / 移除关键帧”按钮，添加一个关键帧，如图 7-141 所示。

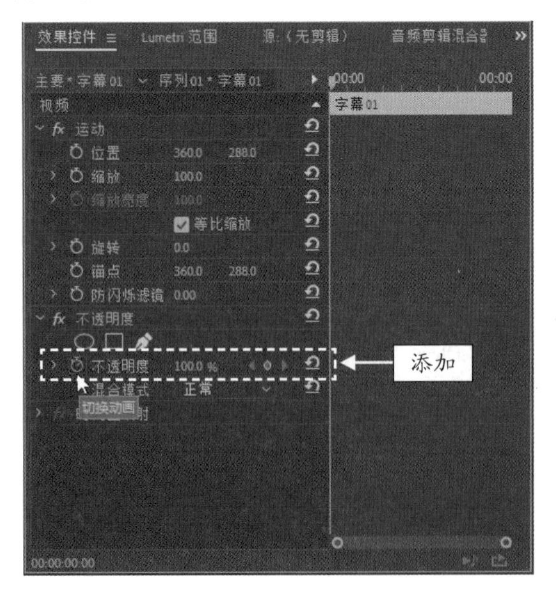

图 7-141　添加一个关键帧

STEP 04 执行操作后，设置“不透明度”参数为 0，如图 7-142 所示。

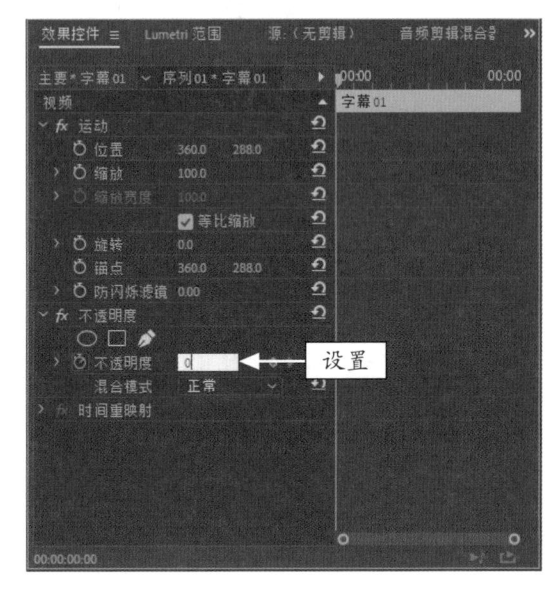

图 7-142　设置“不透明度”参数

STEP 05 将时间线切换至 00:00:02:00 处，再次添加一个关键帧，并设置“不透明度”参数为 100.0，如图 7-143 所示。

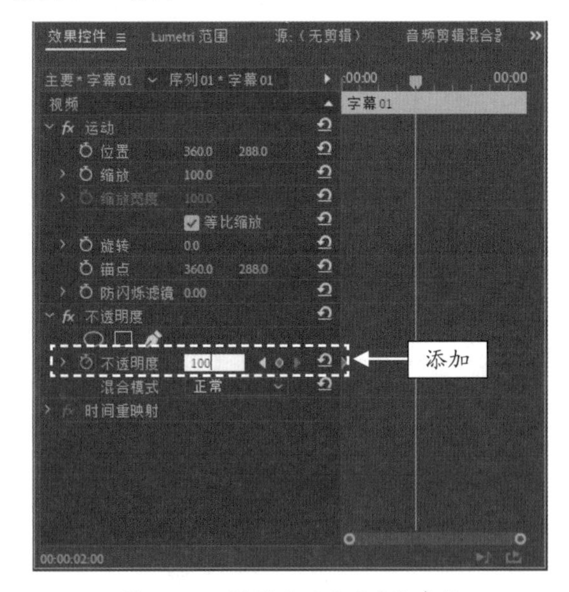

图 7-143　设置“不透明度”参数

STEP 06 用与前面同样的方法，在 00:00:04:00 处再次添加一个关键帧，并设置“不透明度”参数为 0.0，如图 7-144 所示。

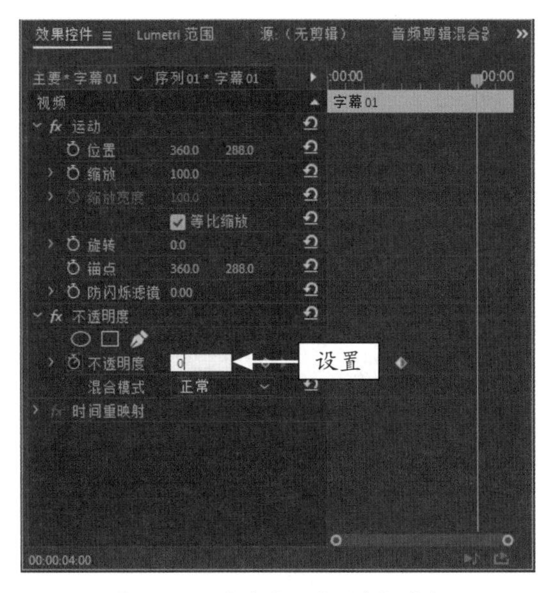


图 7-144　设置“不透明度”参数

**STEP 07** 制作完成后，单击“节目监视器”面板中的“播放 - 停止切换”按钮，即可预览字幕淡入淡出特效，如图 7-145 所示。

图 7-145　预览字幕淡入淡出特效

图 7-145　预览字幕淡入淡出特效（续）

## 7.3.10　混合特效：制作自由翱翔字幕效果

在 Premiere Pro 2020 的“效果控件”面板中，展开“不透明度”选项区。在该选项区中，除了可以通过设置“不透明度”参数制作淡入淡出效果，还可以制作字幕的混合特效。下面介绍具体的操作步骤。

| | | |
|---|---|---|
|  | 素材文件 | 素材 \ 第 7 章 \ 自由翱翔 .prproj |
| | 效果文件 | 效果 \ 第 7 章 \ 自由翱翔 .prproj |
| | 视频文件 | 视频 \ 第 7 章 \7.3.10　混合特效:制作自由翱翔字幕效果 .mp4 |

**【操练 + 视频】**
**——混合特效：制作自由翱翔字幕效果**

**STEP 01** 按 Ctrl ＋ O 组合键，打开文件“素材 \ 第 7 章 \ 自由翱翔 .prproj”。在“节目监视器”面板中可以查看打开的项目文件效果，如图 7-146 所示。

STEP 02 在“时间轴”面板的 V2 轨道中，使用鼠标左键选择字幕文件，如图 7-147 所示。

图 7-146　查看打开的项目文件

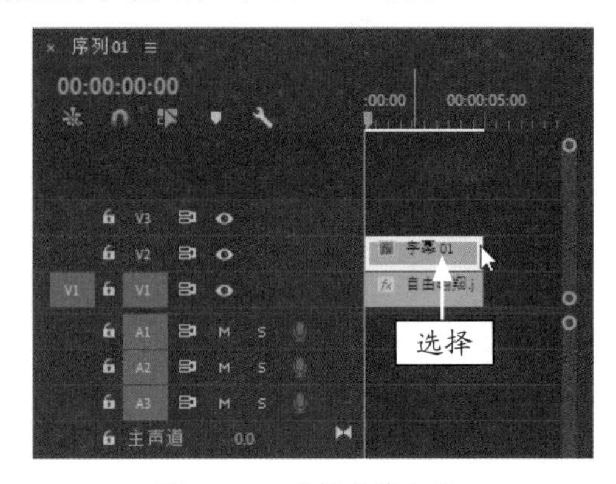

图 7-147　选择字幕文件

STEP 03 打开“效果控件”面板，在“不透明度”选项区中单击“混合模式”右侧的下拉按钮，在弹出的列表中选择“强光”选项，如图 7-148 所示。

STEP 04 执行操作后，即可完成混合特效的制作。单击“节目监视器”面板中的“播放 - 停止切换”按钮，即可预览字幕混合特效，如图 7-149 所示。

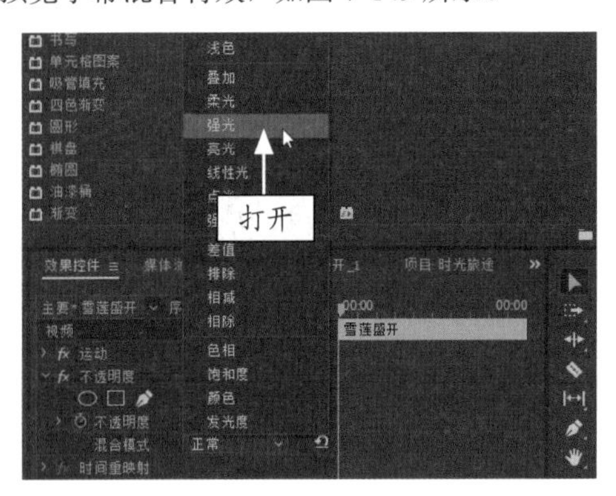

图 7-148　选择“强光”选项

图 7-149　预览字幕混合特效

# 第8章

# 音频文件：编辑音频的基本操作

## 章前知识导读

在 Premiere Pro 2020 中，音频的制作非常重要。在影视、游戏及多媒体的制作开发中，音频和视频具有同样重要的地位，音频质量会直接影响到作品的质量。本章主要介绍影视背景音乐的制作方法和技巧，并对音频编辑的核心技巧进行讲解，让用户在了解声音的同时，知道怎样编辑音频。

## 新手重点索引

- 了解数字音频
- 编辑音频素材
- 编辑音频效果
- 制作立体声效果
- 制作常用音频特效
- 制作其他音频特效

## 效果图片欣赏

# 8.1 了解数字音频

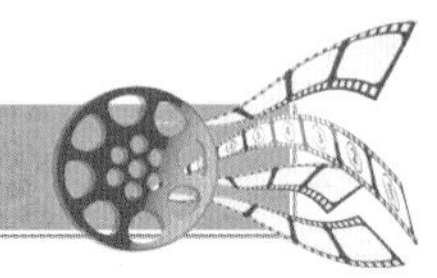

数字音频是一种利用数字化手段对声音进行录制、存放、编辑、压缩或播放的技术，是随着数字信号处理技术、计算机技术、多媒体技术的发展而形成的一种全新的声音处理手段，主要应用领域是音乐后期制作和录音。

## 8.1.1 声音的概念

人类听到的所有声音如对话、唱歌、乐器等都可以被称为音频。然而，这些声音在使用时都需要通过一定的处理。接下来将从声音的最基本概念开始，逐渐深入了解音频编辑的核心技巧。

### 1. 声音原理

声音是由物体振动产生，正在发声的物体叫声源，声音以声波的形式传播。声音是一种压力波，当演奏乐器、拍打一扇门或者敲击桌面时，它们的振动会引起介质——空气分子有节奏地振动，使周围的空气产生疏密变化，形成疏密相间的纵波，这就产生了声波，这种现象会一直延续到振动消失为止。

### 2. 声音响度

“响度”是用于表达声音的强弱程度的重要指标，其大小取决于声波振幅的大小。响度是人耳判别声音由轻到响的强度等级概念，它不仅取决于声音的强度（如声压级），还与它的频率及波形有关。响度的单位为“宋”，1宋的定义为声压级为40dB，频率为1000Hz，且来自听者正前方的平面波形的强度。如果另一个声音听起来比1宋的声音大n倍，即该声音的响度为n宋。

### 3. 声音音高

“音高”是用来表示人耳对声音高低的主观感受。通常较大的物体振动所发出的音调会较低，而轻巧的物体则可以发出较高的音调。

音调就是通常大家所说的“音高”，它是声音的一个重要物理特性。音调的高低取决于声音频率，频率越高音调越高，频率越低音调越低。为了得到影视动画中某些特殊效果，可以将声音频率变高或者变低。

### 4. 声音音色

“音色”主要是由声音波形的谐波频谱和包络决定，也被称为“音品”。音色就好像是绘图中的颜色，发音体和发音环境的不同都会影响声音的质量。声音可分为基音和泛音，音色是由混入基音的泛音所决定的，泛音越高谐波越丰富，音色就越有明亮感和穿透力。不同的谐波具有不同的幅值和相位偏移，由此产生各种音色。

音色的不同取决于不同的泛音，每一种乐器、不同的人以及所有能发声的物体发出的声音，除了一个基音外，还有许多不同频率（振动的速度）的泛音伴随，正是这些泛音决定了其不同的音色，使人能辨别出是不同的乐器甚至不同的人发出的声音。

### 5. 失真

失真是指声音经录制加工后产生的一种畸变，一般分为非线性失真和线性失真两种。非线性失真是指声音在录制加工后出现了一种新的频率，与原声产生了差异。线性失真则没有产生新的频率，但是原有声音的比例发生了变化，要么增加了高频成分的音量，要么减少了低频成分的音量。

### 6. 静音和增益

静音和增益也是声音中的一种表现方式。所谓静音就是无声，在影视作品中，没有声音是一种具有积极意义的表现手段。增益是“放大量”的统称，它包括功率的增益、电压的增益和电流的增益。通过调整音响设备的增益量，可以对音频信号电平进行调节，使系统的信号电平处于一种最佳状态。

## 8.1.2 声音的类型

通常情况下，人类能够听到20Hz～20kHz范围的声音频率。因此，按照内容、频率范围以及时间的不同，可以将声音分为自然音、纯音、复合音和协和音、噪音等类型。

### 1. 自然音

自然音就是指大自然所发出的声音，如下雨、刮风、流水等。之所以称之为“自然音”，是因为其概念与名称相同。自然音结构是不以人的意志为转移的音之宇宙属性，当地球还没有出现人类时，这种现象就已经存在。

### 2. 纯音

“纯音”是指声音中只存在一种频率的声波，此时，发出的声音便称为“纯音”。

纯音是具有单一频率的正弦波，而一般的声音是由几种频率的波组成的。常见的纯音有金属撞击的声音。

### 3. 复合音

由基音和泛音结合在一起形成的声音，叫作复合音。复合音是由物体振动产生，不仅整体在振动，它的部分同时也在振动。因此，平时所听到的声音，都不只是一个声音，而是由许多个声音组合而成的，于是便产生了复合音。用户可以试着在钢琴上弹出一个较低的音，用心聆听，不难发现，除了最响的音之外，还有一些非常弱的声音同时在响，这就是全弦的振动和弦部分的振动所产生的结果。

### 4. 协和音

协和音也是声音类型的一种，同样是由多个音频所构成的组合音频，不同之处是构成组合音频的频率是两个单独的纯音。

### 5. 噪音

噪音是指音高和音强变化混乱、听起来不和谐的声音，是由发音体不规则的振动产生的。噪音主要来源于交通运输、车辆鸣笛、工业噪声、建筑施工、社会噪声如音乐厅、高音喇叭、早市和人的大声说话等。

噪音可以对人的正常听觉有一定的干扰，它通常是由不同频率和不同强度声波的无规律组合所形成的声音，即物体无规律的振动所产生的声音。噪音不仅由声音的物理特性决定，而且还与人们的生理和心理状态有关。

## 8.1.3　数字音频的应用

随着数字音频储存和传输功能的提高，许多模拟音频已经无法与之比拟，因此数字音频技术已经广泛应用于数字录音机、数字调音台以及数字音频工作站等音频制作中。

### 1. 数字录音机

“数字录音机”与模拟录音机相比，加强了其剪辑功能和自动编辑功能。数字录音机采用了数字化的方式来记录音频信号，因此实现了很高的动态范围和频率响应。

### 2. 数字调音台

“数字调音台”是一种同时拥有 A/D 和 D/A 转换器以及 DSP 处理器的音频控制台。

数字调音台作为音频设备的新生力量，已经在专业录音领域占据重要的席位，特别是近一两年来，数字调音台开始涉足扩声场所，足见调音台由模拟向数字转移是一般不可忽视的潮流。数字调音台主要有 8 个功能，下面将进行介绍。

- 操作过程可存储性。
- 信号的数字化处理。
- 数字调音台的信噪比和动态范围高。
- 20bit 的 44，1kHz 取样频率，可以保证 20Hz ～ 20kHz 范围内的频响不均匀度小于 ±1dB，总谐波失真小于 0.015%。
- 每个通道都可以方便设置高质量的数字压缩限制器和降噪扩展器。
- 数字通道的位移寄存器，可以给出足够的信号延迟时间，以便对各声部的节奏同步做出调整。
- 立体声两个通道的联动调整十分方便。
- 数字调音台设有故障诊断功能。

### 3. 数字音频工作站

数字音频工作站是计算机控制硬磁盘的主要记录媒体，功能强大、性能优异和良好的人机界面的设备。

数字音频工作站是一种可以根据需要对轨道进行扩充，从而能够方便地进行音频、视频同步编辑的工作站。

数字音频工作站主要用于节目录制、编辑和播出等场景，与传统的模拟方式相比，具有节省人力、物力、提高节目质量、节目资源共享、操作简单、编辑方便、播出及时和安全等优点，因此音频工作站的建立可以认为是声音节目制作由模拟走向数字的必经之路。

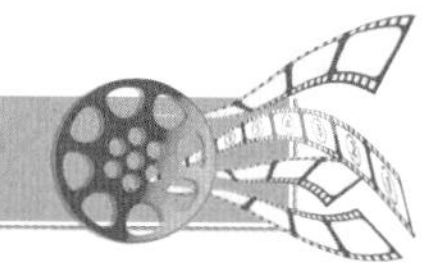

## 8.2 编辑音频素材

音频素材是指可以持续一段时间，含有各种音乐音响效果的声音。用户在编辑音频前，首先需要了解音频编辑的一些基本操作，如运用“项目”面板添加音频、运用菜单命令删除音频以及分割音频文件等。

### 8.2.1 添加音频：制作唯美果园音频效果

运用“项目”面板添加音频文件的方法与添加视频素材以及图片素材的方法基本相同，下面进行详细介绍。

|  | 素材文件 | 素材\第 8 章\唯美果园 .prproj |
|---|---|---|
| | 效果文件 | 效果\第 8 章\唯美果园 .prproj |
| | 视频文件 | 视频\第 8 章\8.2.1 添加音频：制作唯美果园音频效果 .mp4 |

【操练 + 视频】
——添加音频：制作唯美果园音频效果

STEP 01 按 Ctrl + O 组合键，打开项目文件“素材\第 8 章\唯美果园 .prproj”，如图 8-1 所示。

图 8-1　打开项目文件

STEP 02 在“项目”面板上，选择音频文件，如图 8-2 所示。

STEP 03 按住鼠标左键，将音频文件拖曳到 A1 轨道上，如图 8-3 所示。

STEP 04 执行操作后，即可完成运用“项目”面板添加音频，如图 8-4 所示。

图 8-2　选择音频文件

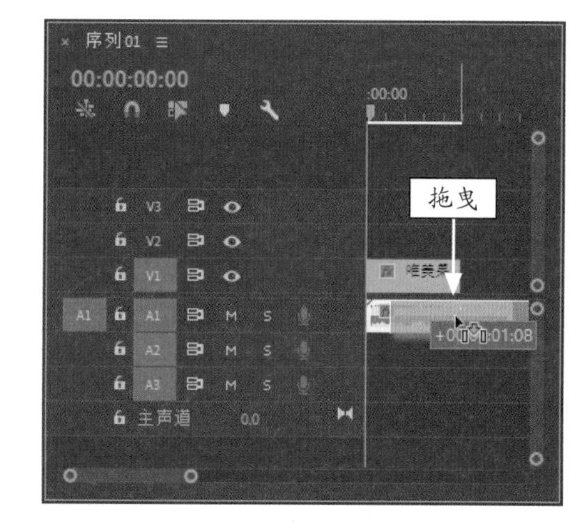


图 8-3　拖曳音频

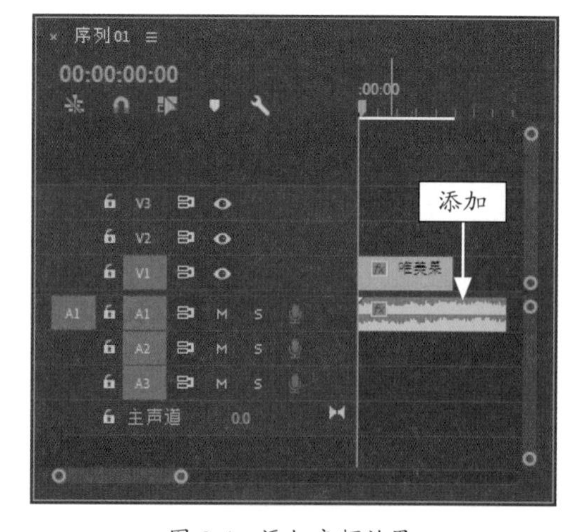


图 8-4　添加音频效果

### 8.2.2　音频素材：制作向阳而生音频效果

用户在运用菜单命令添加音频素材之前，首选需要激活音频轨道。下面介绍运用菜单命令添加音频素材的具体操作步骤。

| | 素材文件 | 素材\第 8 章\向阳而生 .prproj |
|---|---|---|
| | 效果文件 | 效果\第 8 章\向阳而生 .prproj |
| | 视频文件 | 视频\第 8 章\8.2.2 音频素材：制作向阳而生音频效果 .mp4 |

**【操练 + 视频】**

**——音频素材：制作向阳而生音频效果**

STEP 01 按 Ctrl + O 组合键，打开项目文件“素材\第 8 章\向阳而生 .prproj”，如图 8-5 所示。

图 8-5　打开项目文件

STEP 02 选择“文件”|“导入”命令，如图 8-6 所示。

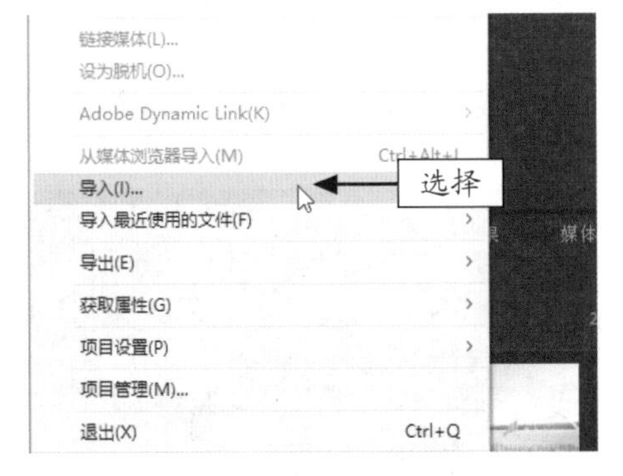


图 8-6　选择“导入”命令

STEP 03 弹出“导入”对话框，选择合适的音频文件，如图 8-7 所示。

STEP 04 单击“打开”按钮，将音频文件拖曳至“时间轴”面板中，添加的音频效果如图 8-8 所示。

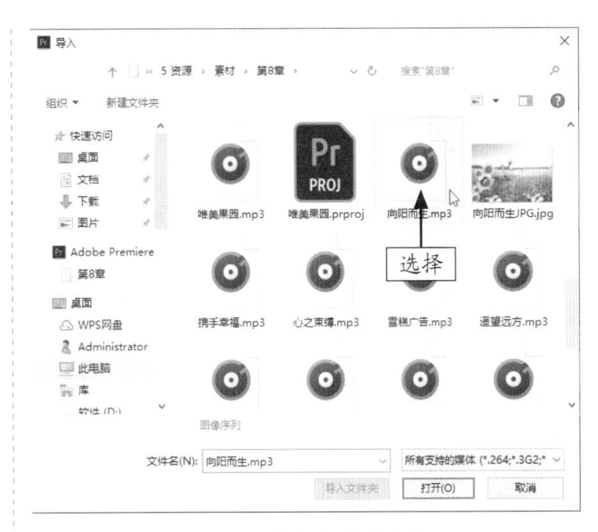


图 8-7　选择合适的音频

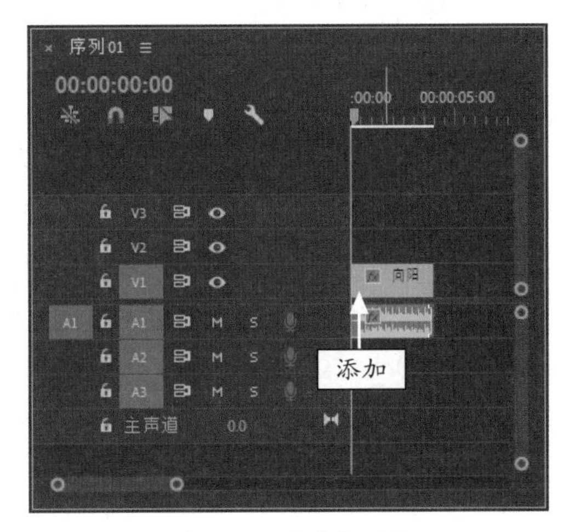


图 8-8　添加音频效果

### 8.2.3　删除操作：删除蝴蝶飞舞音频效果

用户若想删除多余的音频文件，可以在“项目”面板中进行音频删除操作。

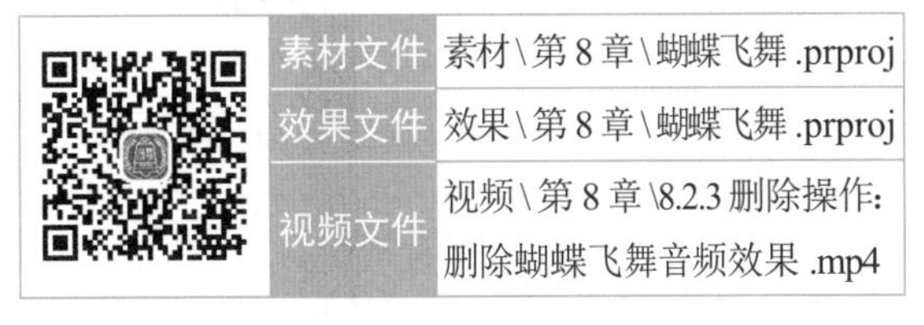

| | 素材文件 | 素材\第 8 章\蝴蝶飞舞 .prproj |
|---|---|---|
| | 效果文件 | 效果\第 8 章\蝴蝶飞舞 .prproj |
| | 视频文件 | 视频\第 8 章\8.2.3 删除操作：删除蝴蝶飞舞音频效果 .mp4 |

**【操练 + 视频】**

**——删除操作：删除蝴蝶飞舞音频效果**

STEP 01 按 Ctrl + O 组合键，打开项目文件“素材\第 8 章\蝴蝶飞舞 .prproj”，如图 8-9 所示。

图 8-9　打开项目文件

STEP 02 在"项目"面板上，选择音频文件，如图 8-10 所示。

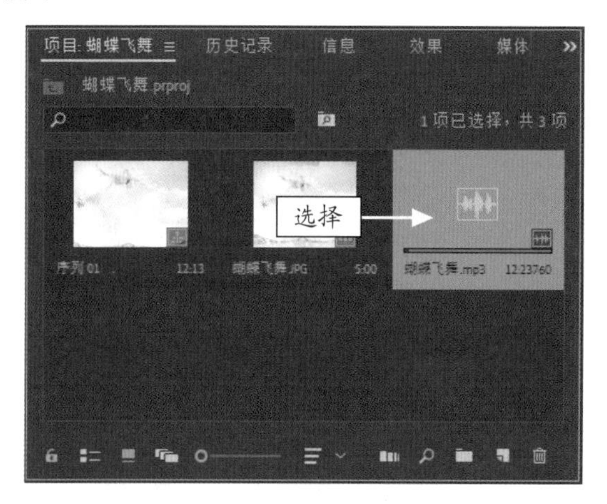


图 8-10　选择音频文件

STEP 03 单击鼠标右键，在弹出的快捷菜单中，选择"清除"命令，如图 8-11 所示。

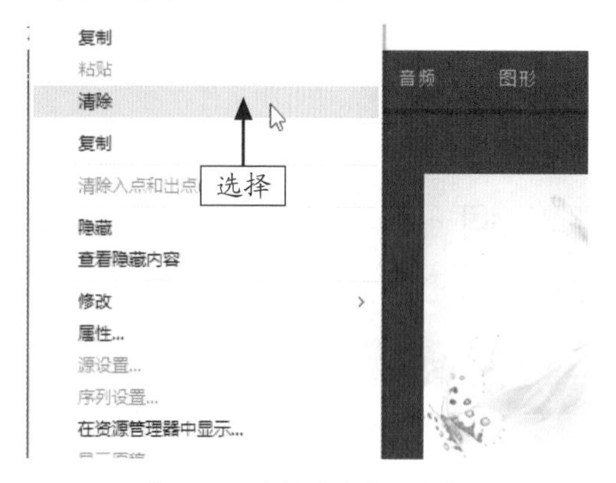


图 8-11　选择"清除"命令

STEP 04 弹出信息提示框，单击"是"按钮即可，如图 8-12 所示。

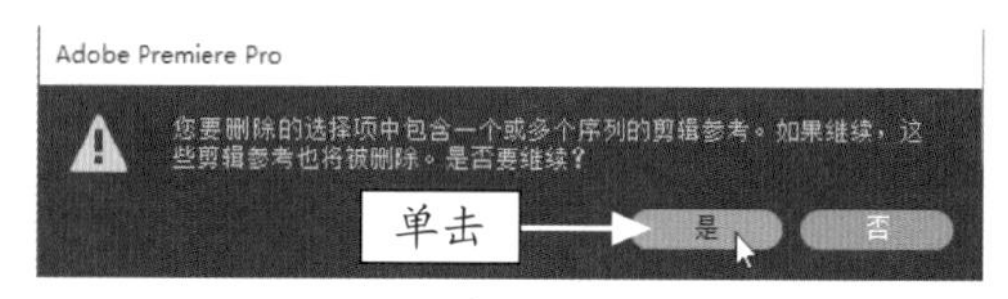


图 8-12　单击"是"按钮

## 8.2.4　删除音频：删除多余的音频文件

在"时间轴"面板中，用户可以根据需要将多余轨道上的音频文件删除。下面介绍在"时间轴"面板中删除多余音频文件的操作步骤。

|  | 素材文件 | 素材\第 8 章\白莲盛开 .prproj |
|---|---|---|
| | 效果文件 | 效果\第 8 章\白莲盛开 .prproj |
| | 视频文件 | 视频\第 8 章\8.2.4　删除音频:删除多余的音频文件 .mp4 |

**【操练 + 视频】**
**——删除音频：删除多余的音频文件**

STEP 01 按 Ctrl + O 组合键，打开项目文件"素材\第 8 章\白莲盛开 .prproj"，如图 8-13 所示。

图 8-13　打开项目文件

STEP 02 在"时间轴"面板中，选择 A1 轨道上的素材，如图 8-14 所示。

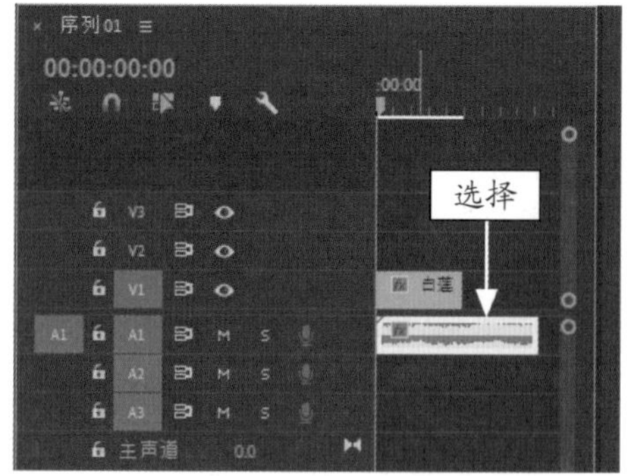


图 8-14　选择音频素材

STEP 03 按 Delete 键，即可删除音频文件，如图 8-15 所示。

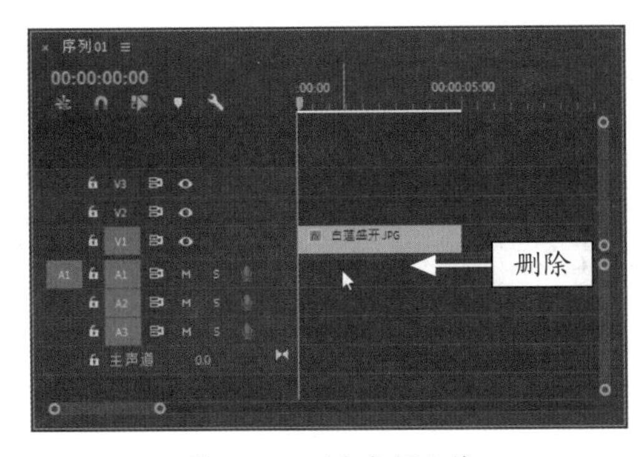


图 8-15　删除音频文件

## 8.2.5　通过菜单命令添加音频轨道

用户在添加音频轨道时，可以选择“序列”|“添加轨道”命令，如图 8-16 所示。在弹出的“添加轨道”对话框中，设置“视频轨道”的“添加”参数为 1、“音频轨道”的“添加”参数为 1，如图 8-17 所示。单击“确定”按钮，即可完成音频轨道的添加。

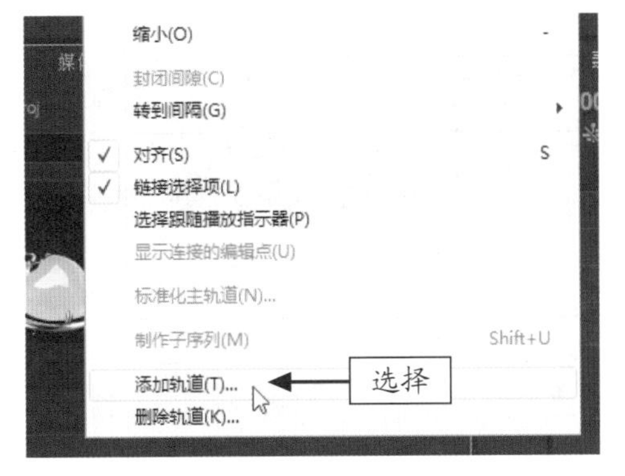


图 8-16　选择“添加轨道”命令

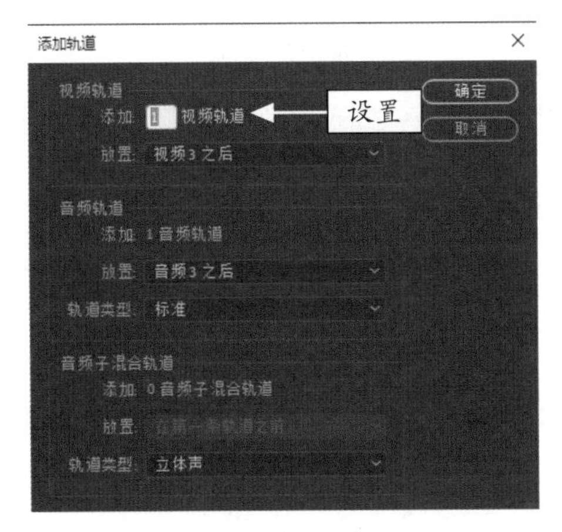


图 8-17　“添加轨道”对话框

## 8.2.6　通过“时间轴”面板添加音频轨道

在默认情况下，系统将自动创建 3 个音频轨道和 1 个主音轨。当用户添加的音频素材过多时，可以选择性地添加 1 个或多个音频轨道。

运用“时间轴”面板添加音频轨道的具体方法是：在“时间轴”面板中的 A1 轨道上单击鼠标右键，在弹出的快捷菜单中选择“添加轨道”命令，如图 8-18 所示。

弹出“添加轨道”对话框，用户可以选择需要添加的音频数量，并单击“确定”按钮，此时用户可以在“时间轴”面板中查看添加的音频轨道，如图 8-19 所示。

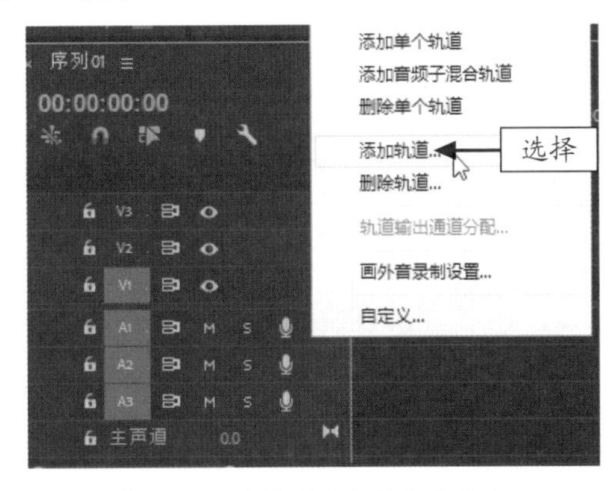


图 8-18　选择“添加轨道”命令

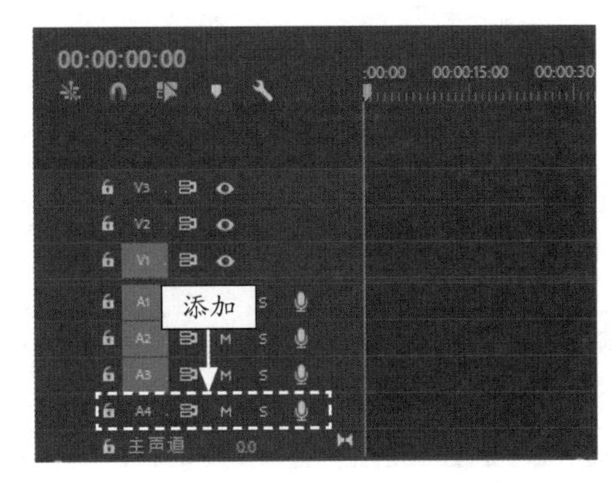


图 8-19　添加音频轨道后的效果

## 8.2.7　剃刀工具：分割云朵素材音频文件

分割音频文件是指运用剃刀工具将音频素材分割成两段或多段音频素材，这样可以让用户更好地将音频与其他素材相结合。

| 素材文件 | 素材 \ 第 8 章 \ 云朵 .prproj |
| --- | --- |
| 效果文件 | 效果 \ 第 8 章 \ 云朵 .prproj |
| 视频文件 | 视频 \ 第 8 章 \8.2.7 剃刀工具：分割云朵素材音频文件 .mp4 |

**【操练 + 视频】**
**——剃刀工具：分割云朵素材音频文件**

STEP 01 按 Ctrl + O 组合键，打开项目文件“素材 \ 第 8 章 \ 云朵 .prproj”，如图 8-20 所示。

图 8-20　打开项目文件

STEP 02 在“时间轴”面板中，选取剃刀工具，如图 8-21 所示。

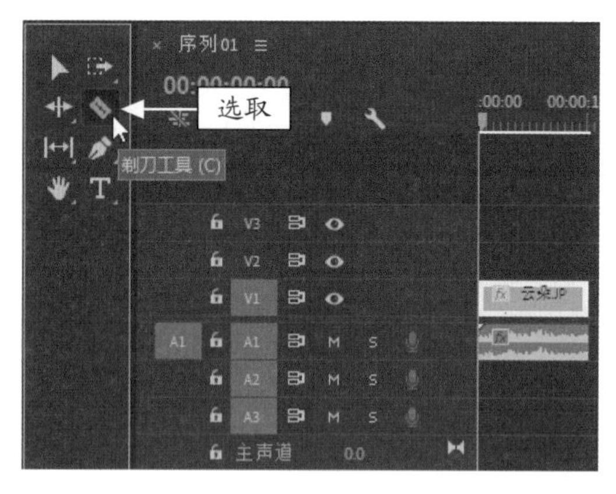


图 8-21　选取剃刀工具

STEP 03 在音频文件上的合适位置，单击鼠标左键，即可分割音频文件，如图 8-22 所示。

STEP 04 依次单击鼠标左键，分割其他位置，如图 8-23 所示。

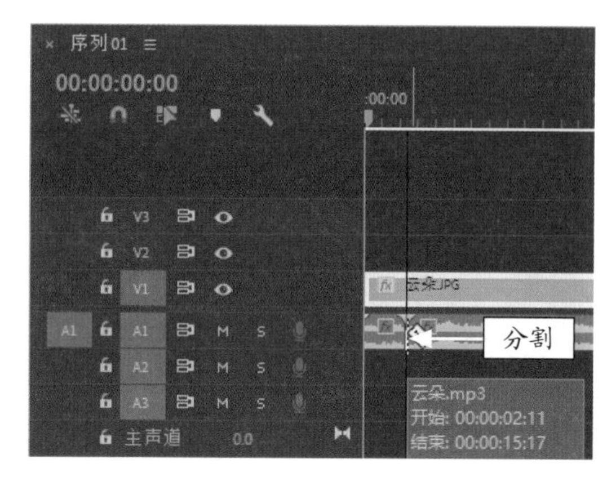


图 8-22　分割音频文件

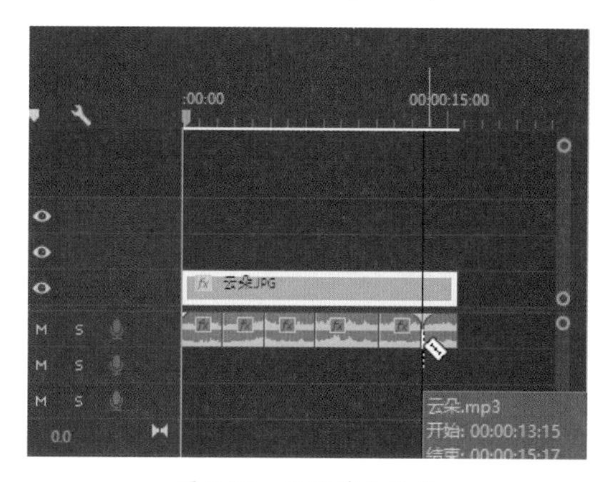


图 8-23　分割其他位置

## 8.2.8　删除音轨：删除玫瑰之爱音频轨道

制作影视文件时，若用户添加的音频轨道过多，可以删除部分音频轨道。下面介绍如何删除音频轨道。

| 素材文件 | 素材 \ 第 8 章 \ 玫瑰之爱 .prproj |
| --- | --- |
| 效果文件 | 效果 \ 第 8 章 \ 玫瑰之爱 .prproj |
| 视频文件 | 视频 \ 第 8 章 \8.2.8 删除音轨：删除玫瑰之爱音频轨道 .mp4 |

**【操练 + 视频】**
**——删除音轨：删除玫瑰之爱音频轨道**

STEP 01 按 Ctrl + O 组合键，打开项目文件“素材 \ 第 8 章 \ 玫瑰之爱 .prproj”，如图 8-24 所示。

STEP 02 在“节目监视器”面板中，查看打开的项目效果，如图 8-25 所示。

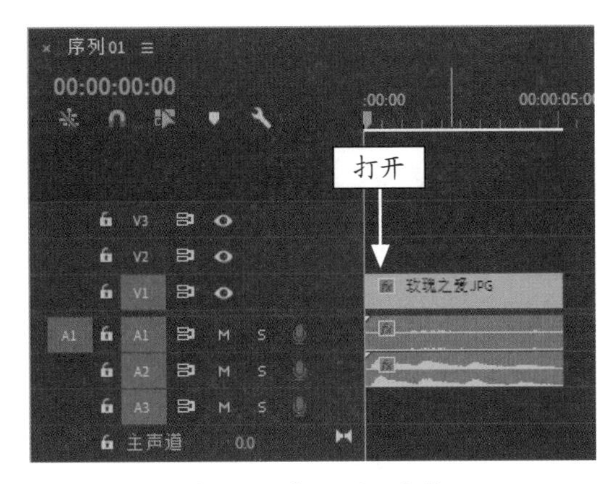


图 8-24　打开项目文件

图 8-25　查看项目效果

STEP 03 选择“序列”|“删除轨道”命令，如图 8-26 所示。

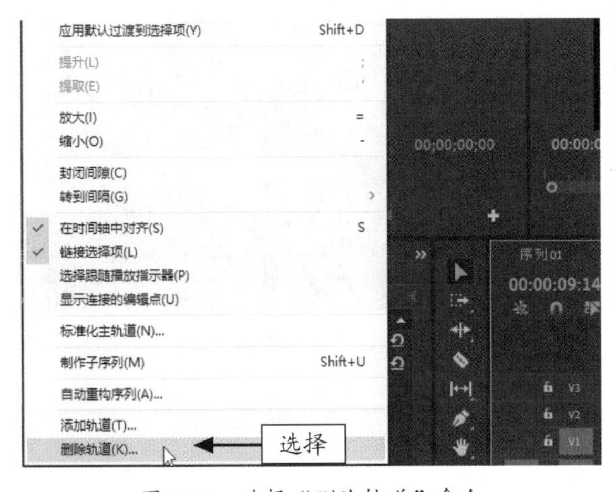


图 8-26　选择“删除轨道”命令

STEP 04 弹出“删除轨道”对话框，选中“删除音频轨道”复选框，如图 8-27 所示。

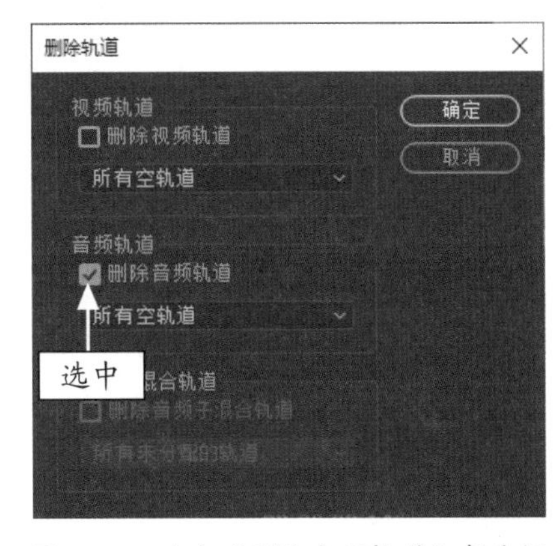


图 8-27　选中“删除音频轨道”复选框

STEP 05 选择删除“音频 2”轨道，如图 8-28 所示。

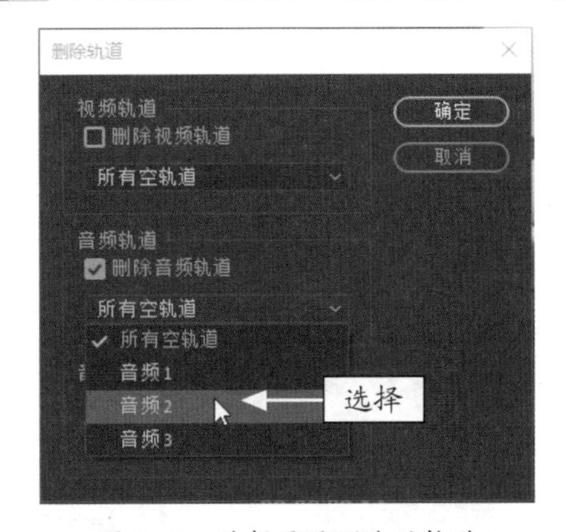


图 8-28　选择需要删除的轨道

STEP 06 单击“确定”按钮，即可删除音频轨道，如图 8-29 所示。

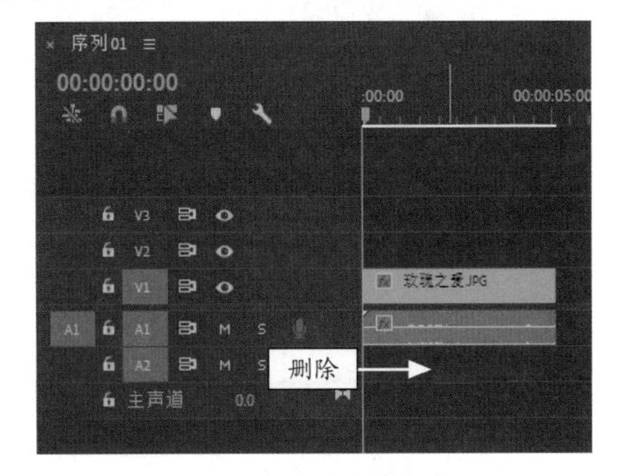


图 8-29　删除音频轨道

## 8.3 编辑音频效果

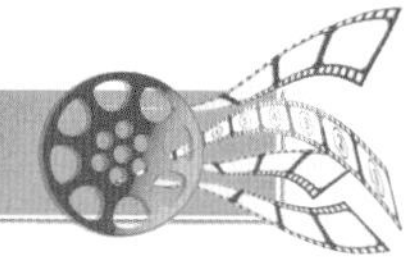

在 Premiere Pro 2020 中，用户可以对音频素材进行适当的处理，让音频达到更好的视听效果。本节将详细介绍编辑音频效果的操作方法。

### 8.3.1 音频淡化：设置音频素材逐渐减弱

在 Premiere Pro 2020 中，系统为用户预设了“恒定功率”“恒定增益”和“指数淡化”3 种音频过渡效果，下面进行详细介绍。

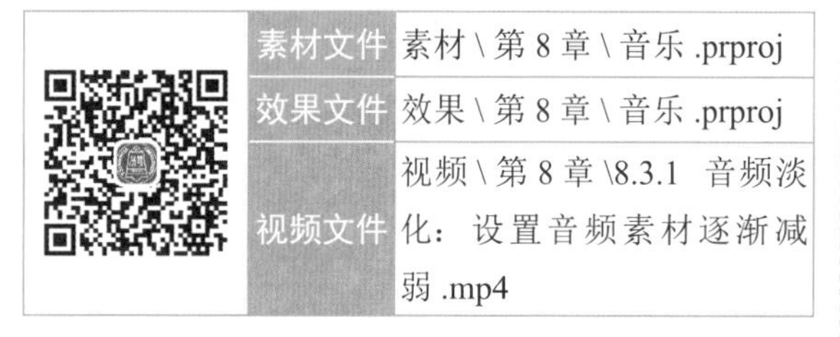

| | | |
|---|---|---|
| | 素材文件 | 素材 \ 第 8 章 \ 音乐 .prproj |
| | 效果文件 | 效果 \ 第 8 章 \ 音乐 .prproj |
| | 视频文件 | 视频 \ 第 8 章 \8.3.1 音频淡化：设置音频素材逐渐减弱 .mp4 |

**【操练 + 视频】**
**——音频淡化：设置音频素材逐渐减弱**

STEP 01 按 Ctrl ＋ O 组合键，打开文件“素材 \ 第 8 章 \ 音乐 .prproj”，如图 8-30 所示。

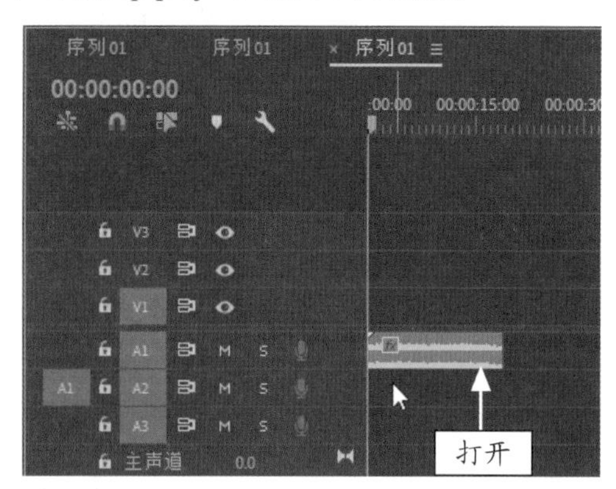


图 8-30 打开项目文件

STEP 02 在“效果”面板中，❶展开“音频过渡”|“交叉淡化”选项，❷选择“指数淡化”选项，如图 8-31 所示。

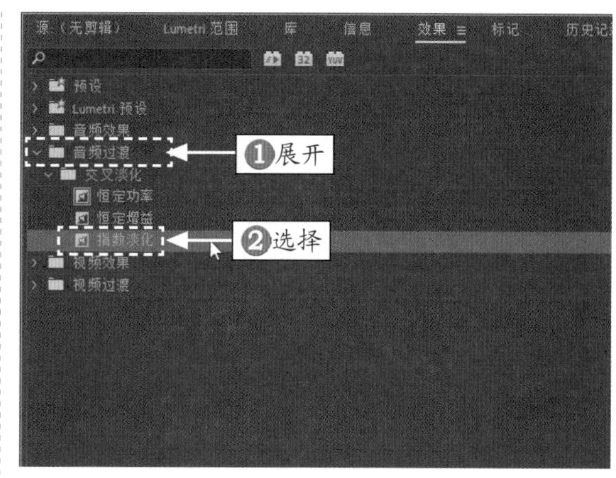


图 8-31 选择“指数淡化”选项

STEP 03 按住鼠标左键将其拖曳至 A1 轨道上，如图 8-32 所示，即可添加音频过渡。

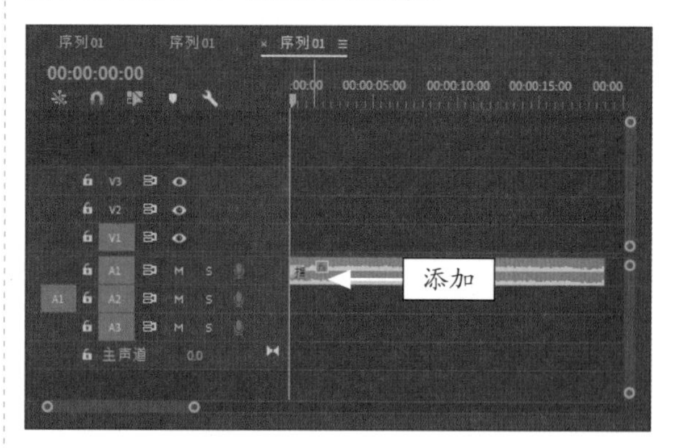


图 8-32 添加音频过渡

### 8.3.2 音频特效：为音频素材添加带通特效

由于 Premiere Pro 2020 是一款视频编辑软件，因此在音频特效的编辑方面表现得并不是那么突出，但仍然提供了大量的音频特效。

| | | |
|---|---|---|
|  | 素材文件 | 素材 \ 第 8 章 \ 音乐 1.prproj |
| | 效果文件 | 效果 \ 第 8 章 \ 音乐 1.prproj |
| | 视频文件 | 视频 \ 第 8 章 \8.3.2　音频特效：为音频素材添加带通特效 .mp4 |

**【操练 + 视频】**
**——音频特效：为音频素材添加带通特效**

STEP 01 按 Ctrl ＋ O 组合键，打开文件“素材 \ 第 8 章 \ 音乐 1.prproj”，如图 8-33 所示。

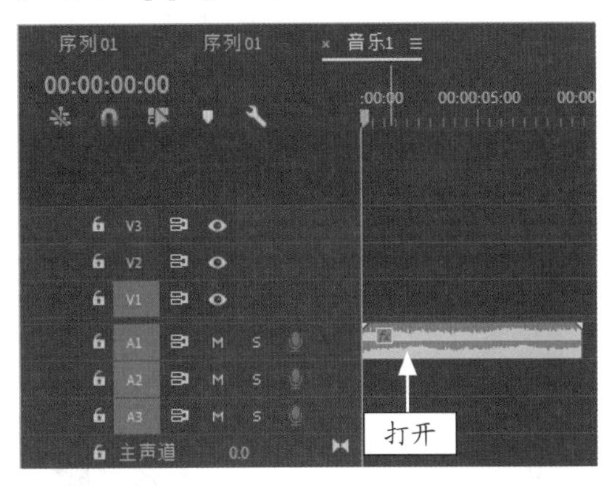


图 8-33　打开项目文件

STEP 02 ❶在“效果”面板中展开“音频效果”选项，❷在展开的列表中选择“带通”选项，如图 8-34 所示。

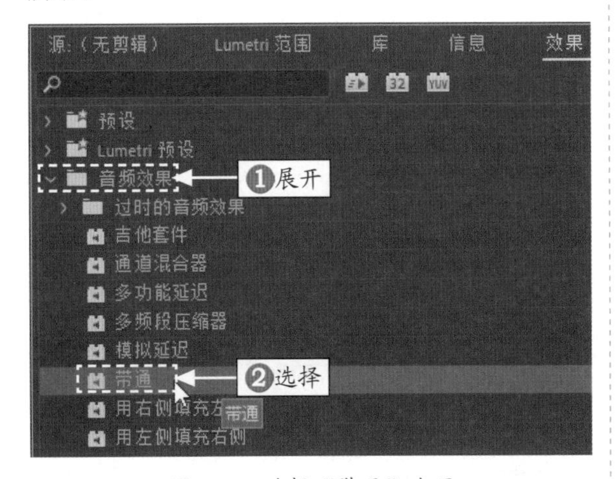


图 8-34　选择“带通”选项

STEP 03 按住鼠标左键，将其拖曳至“时间轴”面板中的 A1 轨道上，添加特效，如图 8-35 所示。

STEP 04 在“效果控件”面板中，查看各参数，如图 8-36 所示。

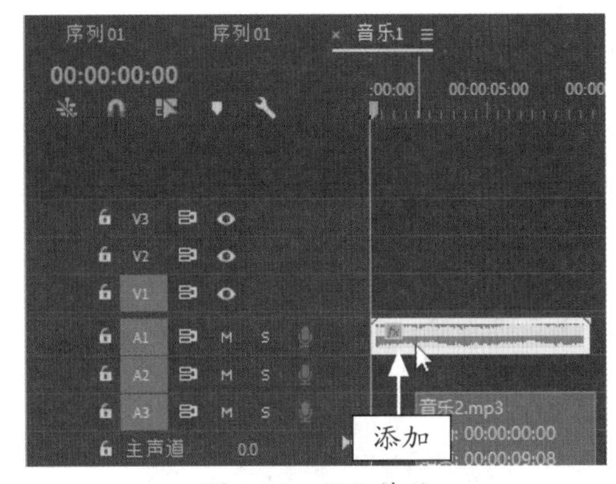


图 8-35　添加特效

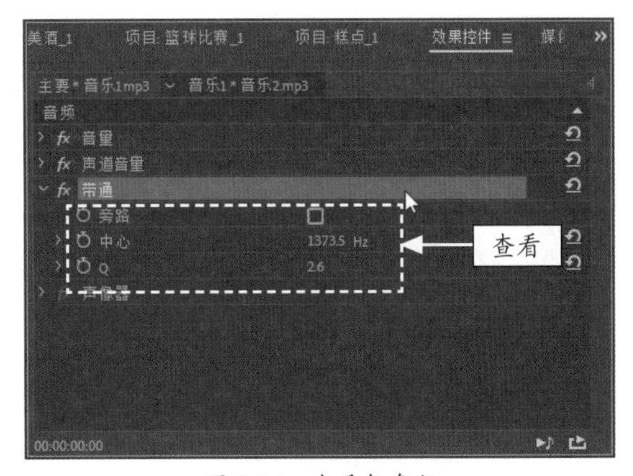


图 8-36　查看各参数

## 8.3.3　删除特效：删除不满意的音频特效

如果用户对添加的音频特效不满意，可以删除音频特效。运用“效果控件”面板删除音频特效的具体方法是：选择“效果控件”面板中的音频特效，单击鼠标右键，在弹出的快捷菜单中选择“清除”命令，如图 8-37 所示。即可删除添加的音频特效，如图 8-38 所示。

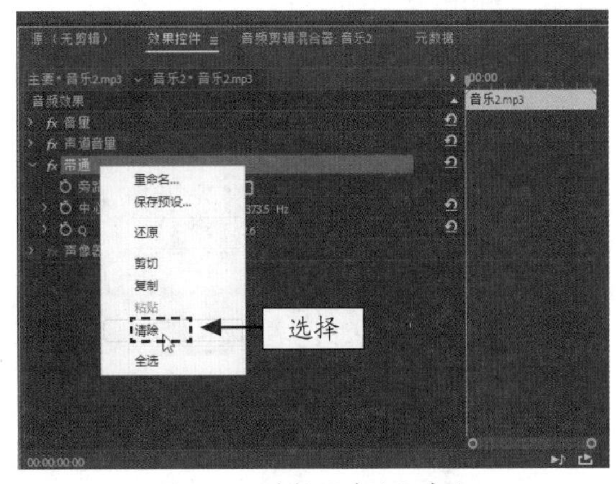


图 8-37　选择“清除”命令

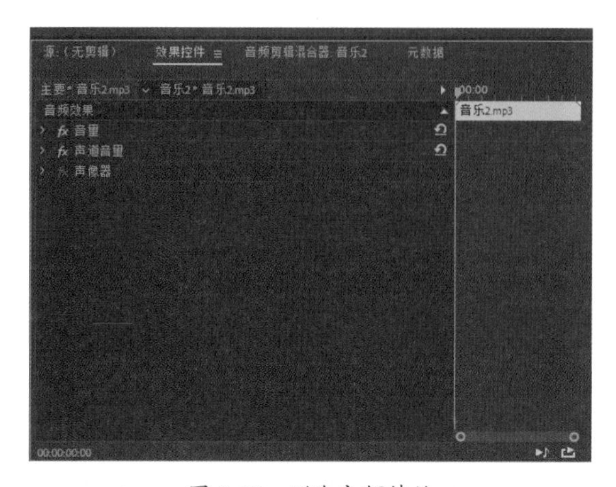

图 8-38　删除音频特效

**专家指点**

除了运用上述方法删除特效外，还可以在选择特效的情况下，按 Delete 键删除特效。

## 8.3.4　音频增益：制作夕阳码头音频效果

在运用 Premiere Pro 2020 调整音频时，往往会使用多个音频素材。因此，用户需要通过调整增益效果来控制音频的最终效果。

|  | 素材文件 | 素材 \ 第 8 章 \ 夕阳码头 .prproj |
| --- | --- | --- |
| | 效果文件 | 效果 \ 第 8 章 \ 夕阳码头 .prproj |
| | 视频文件 | 视频 \ 第 8 章 \8.3.4 音频增益：制作夕阳码头音频效果 .mp4 |

**【操练 + 视频】**
**——音频增益：制作夕阳码头音频效果**

STEP 01 按 Ctrl ＋ O 组合键，打开项目文件“素材 \ 第 8 章 \ 夕阳码头 .prproj”，如图 8-39 所示。

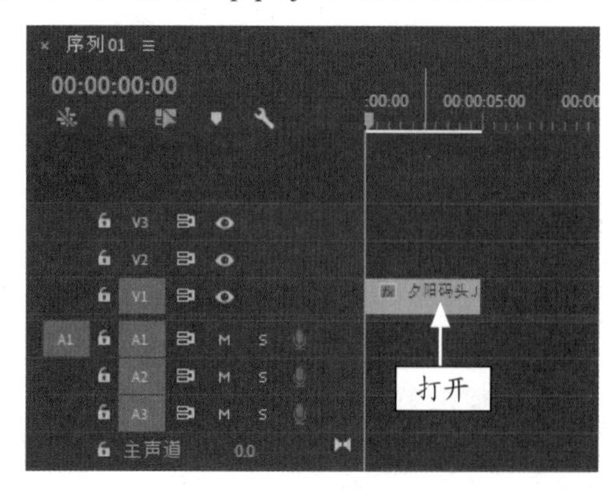


图 8-39　打开项目文件

STEP 02 在“节目监视器”面板中查看打开的项目效果，如图 8-40 所示。

图 8-40　查看项目效果

STEP 03 在“项目”面板中的空白位置处，单击鼠标右键，在弹出的快捷菜单中选择“导入”命令，如图 8-41 所示。

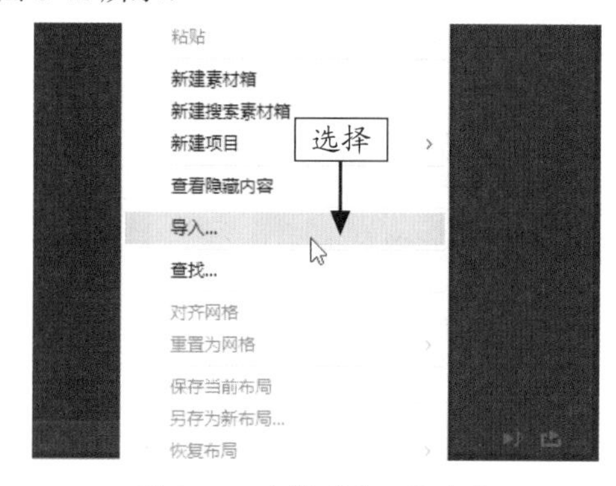


图 8-41　选择“导入”命令

STEP 04 在弹出的“导入”窗口中，❶选择相应的音频素材文件，❷单击“打开”按钮，即可将音频素材导入至“项目”面板中，如图 8-42 所示。

图 8-42　单击“打开”按钮

STEP 05 执行操作后，在“项目”面板中将音频素材文件拖曳至“时间轴”面板中的 A1 轨道上，添加音频素材，如图 8-43 所示。

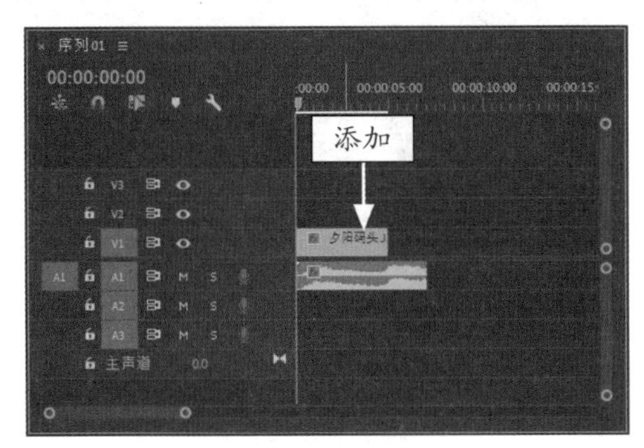


图 8-43　添加音频素材

STEP 06 ❶选择添加的音频并单击鼠标右键，❷在弹出的快捷菜单中选择“速度 / 持续时间”命令，如图 8-44 所示。

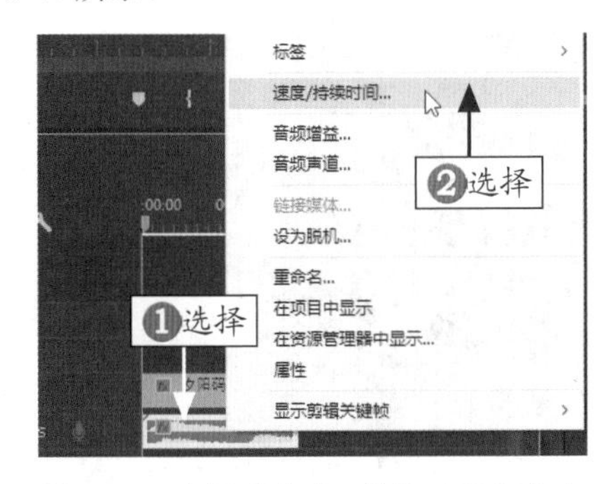


图 8-44　选择“速度 / 持续时间”命令

STEP 07 在“剪辑速度 / 持续时间”对话框中设置“持续时间”为 00:00:05:00，如图 8-45 所示。

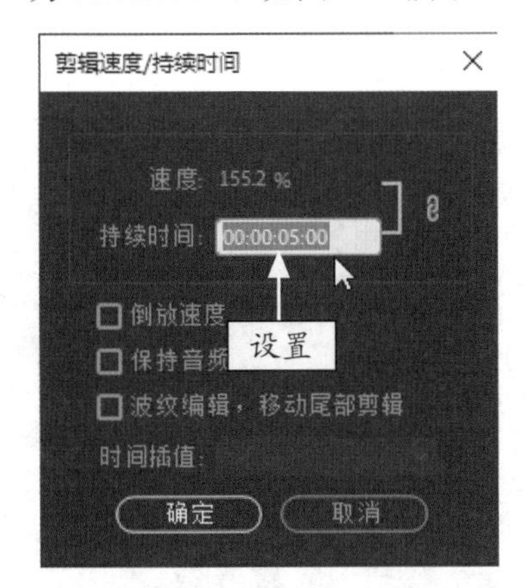


图 8-45　设置“持续时间”

STEP 08 执行上述操作后，即可更改音频文件的时长。选择更改时长后的音频文件，如图 8-46 所示。

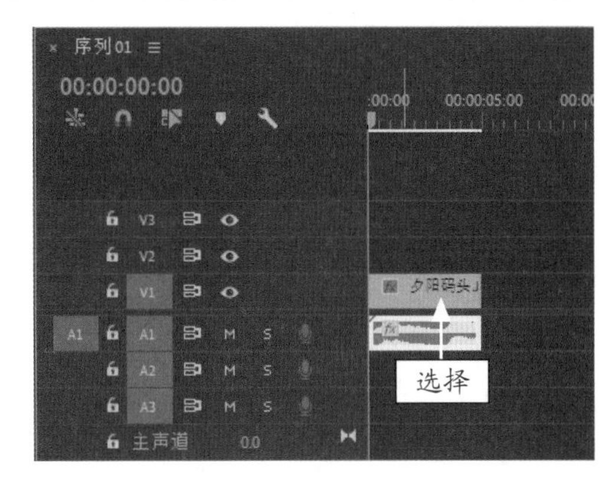


图 8-46　选择音频文件

STEP 09 选择“剪辑”|“音频选项”|“音频增益”命令，如图 8-47 所示。

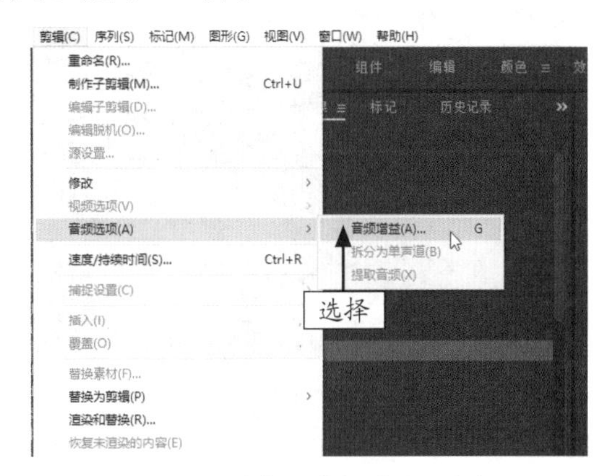


图 8-47　选择“音频增益”命令

STEP 10 弹出“音频增益”对话框，❶选中“将增益设置为”单选按钮，❷设置其参数为 12dB，❸单击“确定”按钮，如图 8-48 所示，即可设置音频的增益。

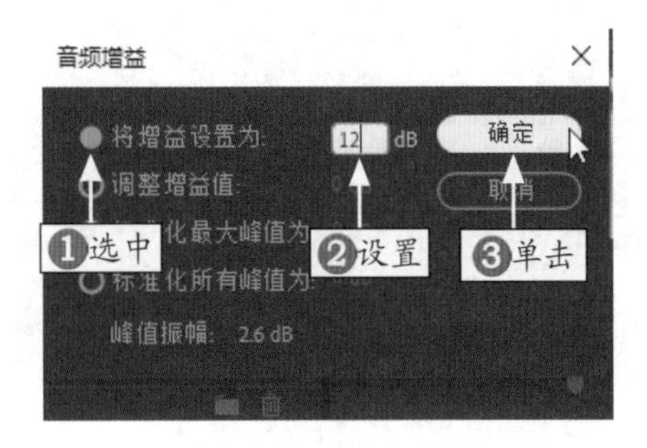


图 8-48　设置参数值

### 8.3.5 设置淡化：制作枫叶素材音频效果

淡化效果可以让音频随着播放的背景音乐逐渐较弱，直到完全消失。淡化效果需要通过两个以上的关键帧来实现，下面介绍具体操作方法。

|  | 素材文件 | 素材 \ 第 8 章 \ 枫叶 .prproj |
| --- | --- | --- |
| | 效果文件 | 效果 \ 第 8 章 \ 枫叶 .prproj |
| | 视频文件 | 视频 \ 第 8 章 \8.3.5 设置淡化：制作枫叶素材音频效果 .mp4 |

**【操练 + 视频】**
**——设置淡化：制作枫叶素材音频效果**

STEP 01 按 Ctrl ＋ O 组合键，打开项目文件“素材 \ 第 8 章 \ 枫叶 .prproj”，如图 8-49 所示。

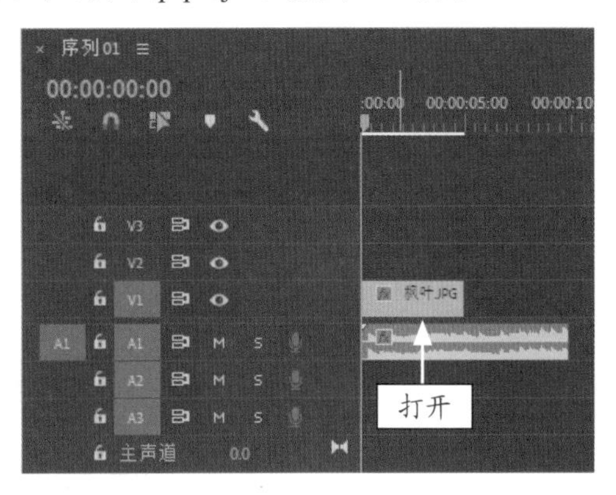


图 8-49 打开项目文件

STEP 02 在“节目监视器”面板中，单击“播放 - 停止切换”按钮，查看打开的项目效果，如图 8-50 所示。

图 8-50 查看项目效果

STEP 03 选择“时间轴”面板中的音频素材，如图 8-51 所示。

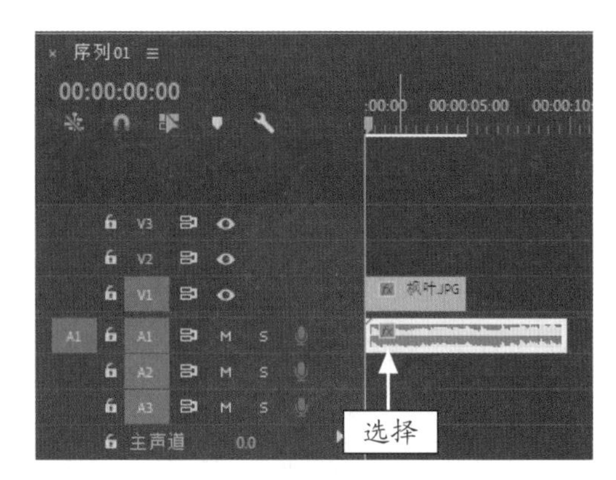


图 8-51 选择音频素材

STEP 04 在“效果控件”面板中，❶展开“音量”特效面板，❷双击“旁路”选项左侧的“切换动画”按钮，❸添加一个关键帧，如图 8-52 所示。

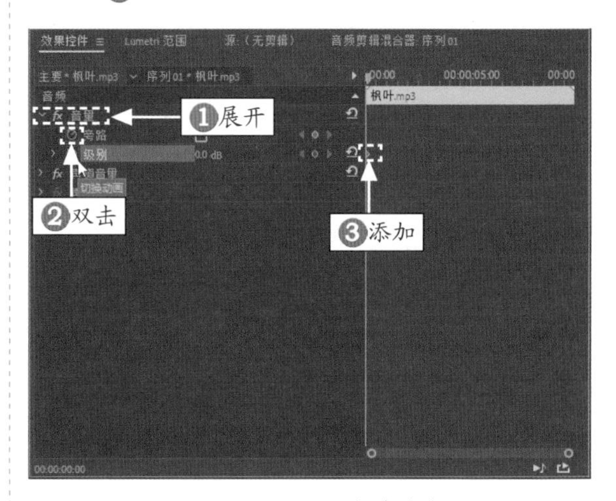


图 8-52 添加一个关键帧

STEP 05 拖曳当前时间指示器至 00:00:04:00 的位置，如图 8-53 所示。

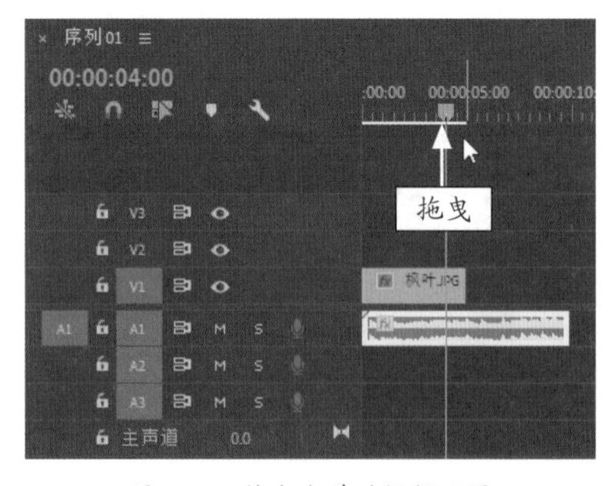


图 8-53 拖曳当前时间指示器

STEP 06 在“音量”特效中，❶设置“级别”参数为 - 300.0dB，❷添加另一个关键帧，如图 8-54 所示，即可完成对音频素材的淡化设置。

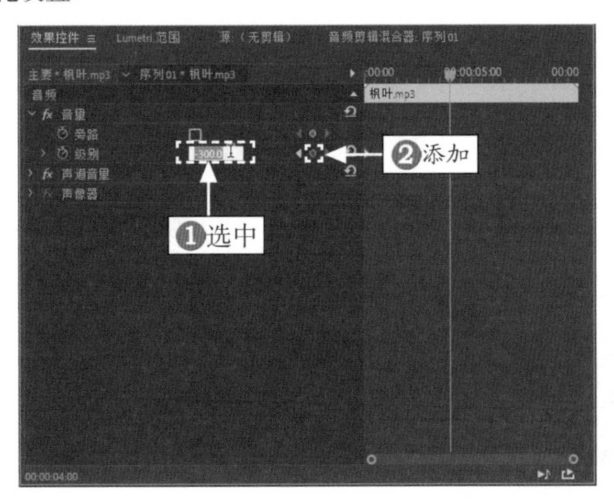


图 8-54　添加另一个关键帧

## 8.4 制作立体声效果

Premiere Pro 2020 拥有强大的立体音频处理能力。在使用的素材为立体声道时，Premiere Pro 2020 可以在两个声道间实现立体声音频特效的效果。本节主要介绍立体声音频效果的制作方法。

### 8.4.1　视频素材：导入海湾景色项目文件

在制作立体声音频效果之前，用户首先需要导入一段音频或有声音的视频素材，并将其拖曳至“时间轴”面板中。

|  | 素材文件 | 素材 \ 第 8 章 \ 海湾景色 .prproj |
|---|---|---|
| | 效果文件 | 效果 \ 第 8 章 \ 海湾景色 .prproj |
| | 视频文件 | 视频 \ 第 8 章 \8.4.1　视频素材：导入海湾景色项目文件 .mp4 |

【操练 + 视频】
——视频素材：导入海湾景色项目文件

STEP 01 新建一个项目文件，选择“文件”|“导入”命令，如图 8-55 所示。

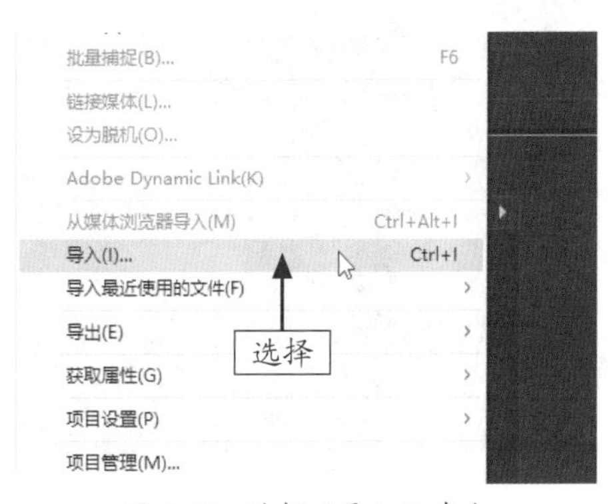


图 8-55　选择“导入”命令

STEP 02 弹出“导入”对话框，❶在其中选择“素材 \ 第 8 章 \ 海湾景色 .mp4”，❷单击“打开”按钮，如图 8-56 所示。

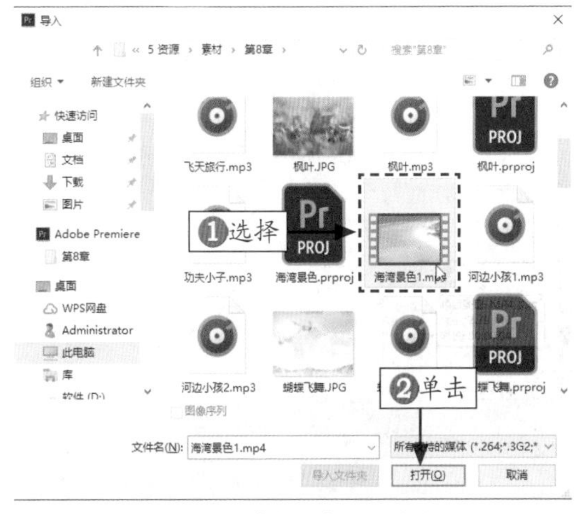


图 8-56　单击“打开”按钮

STEP 03 在“项目”面板中，选择导入的视频素材，如图 8-57 所示。

图 8-57 选择导入的视频素材

STEP 04 按住鼠标左键，将选择的视频素材拖曳至“时间轴”面板中，即可添加视频素材，如图 8-58 所示。

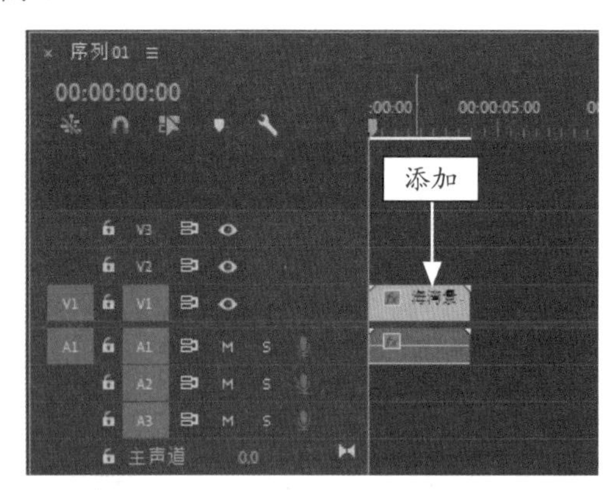


图 8-58 添加视频素材

## 8.4.2 分离素材：对视频素材文件进行分离

在导入一段视频后，接着需要对视频素材文件的音频与视频进行分离。

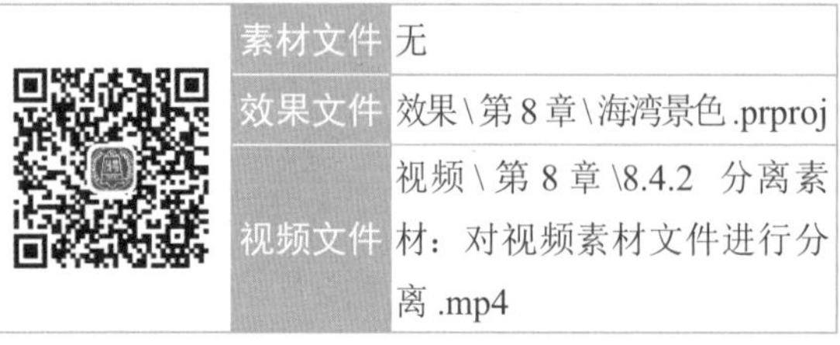

| 素材文件 | 无 |
|---|---|
| 效果文件 | 效果 \ 第 8 章 \ 海湾景色 .prproj |
| 视频文件 | 视频 \ 第 8 章 \8.4.2 分离素材：对视频素材文件进行分离 .mp4 |

【操练 + 视频】
——分离素材：对视频素材文件进行分离

STEP 01 以上一节的效果为例，选择视频，如图 8-59 所示。

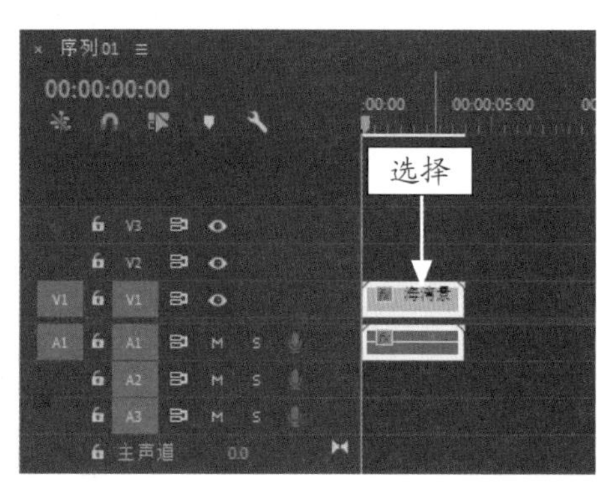


图 8-59 选择视频

STEP 02 单击鼠标右键，弹出快捷菜单，选择“取消链接”命令，如图 8-60 所示。

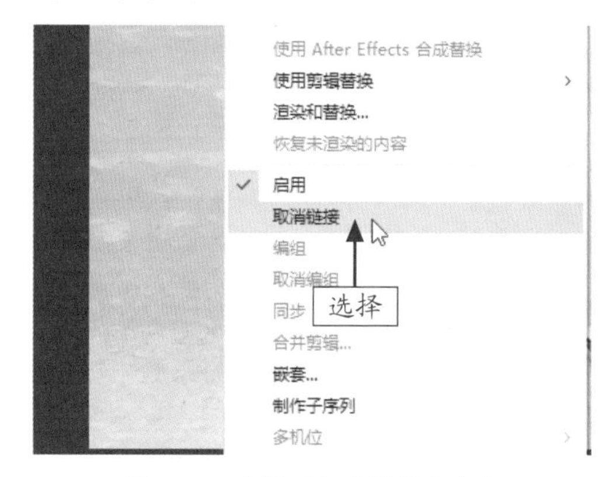


图 8-60 选择“取消链接”命令

STEP 03 执行操作后，即可解除音频和视频之间的链接，如图 8-61 所示。

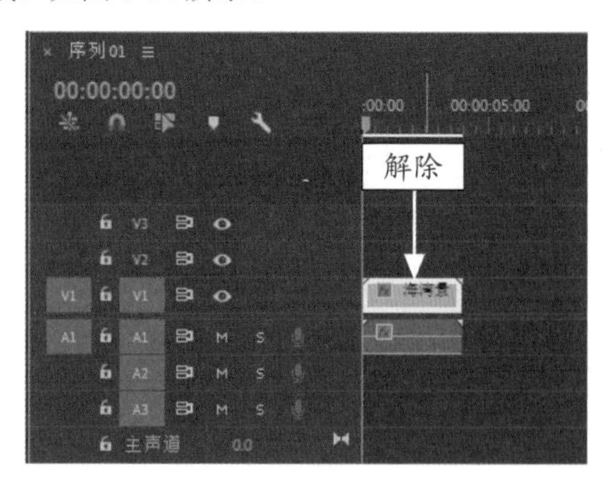


图 8-61 解除音频和视频之间链接

STEP 04 设置完成后，将时间线移至素材的开始位置。在“节目监视器”面板中，单击“播放 - 停止切换”按钮，预览视频效果，如图 8-62 所示。

图 8-62　预览效果

### 8.4.3　添加特效：为分割的音频素材进行添加

在 Premiere Pro 2020 中，分割音频素材后，接下来可以为分割的音频素材添加音频特效。

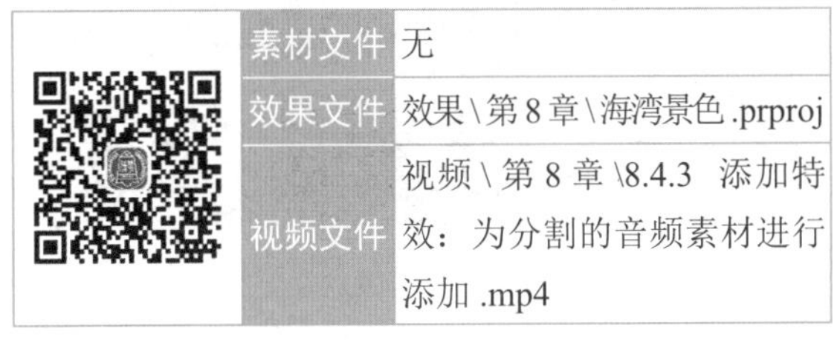

| | |
|---|---|
| 素材文件 | 无 |
| 效果文件 | 效果 \ 第 8 章 \ 海湾景色 .prproj |
| 视频文件 | 视频 \ 第 8 章 \8.4.3　添加特效：为分割的音频素材进行添加 .mp4 |

**【操练 + 视频】**

**——添加特效：为分割的音频素材进行添加**

STEP 01 以上一节的效果为例，❶在“效果”面板中展开“音频效果”选项，❷选择“多功能延迟”选项，如图 8-63 所示。

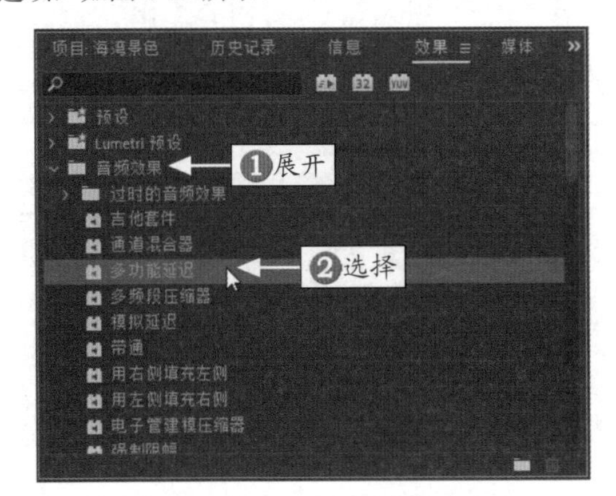


图 8-63　选择“多功能延迟”选项

STEP 02 按住鼠标左键，将其拖曳至 A1 轨道中的音频素材上。拖曳时间线至 00:00:02:00 的位置，如图 8-64 所示。

图 8-64　拖曳时间线

STEP 03 ❶在“效果控件”面板中展开“多功能延迟”选项，❷选中“旁路”复选框，❸设置“延迟 1”为 1.000 秒，如图 8-65 所示。

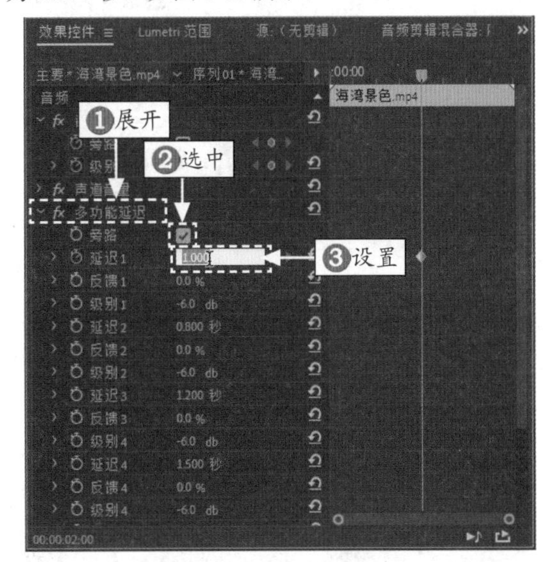


图 8-65　设置参数值

STEP 04 ❶拖曳时间线至 00:00:04:00 的位置，❷单击“旁路”和“延迟 1”左侧的“切换动画”按钮，❸添加关键帧，如图 8-66 所示。

STEP 05 执行上述操作后，在面板中取消选中“旁路”复选框，并将时间线拖曳至 00:00:07:00 的位置，如图 8-67 所示。

STEP 06 执行操作后，❶选中“旁路”复选框，❷添加第 2 个关键帧，如图 8-68 所示，即可添加音频特效。

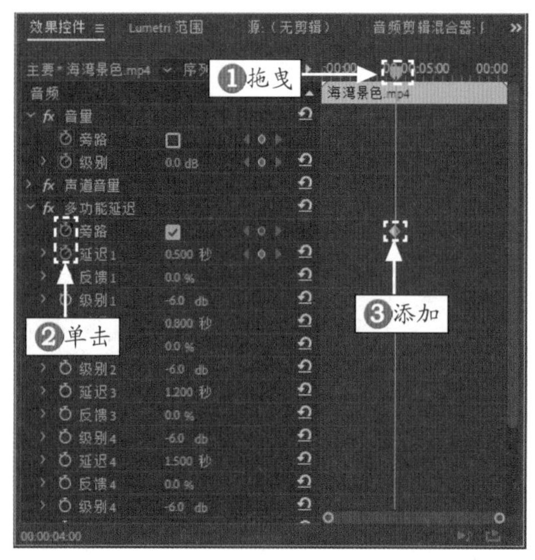

图 8-66 添加关键帧

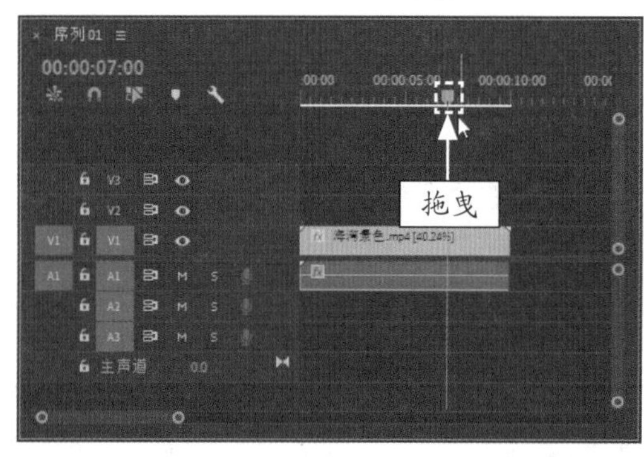

图 8-67 拖曳时间线

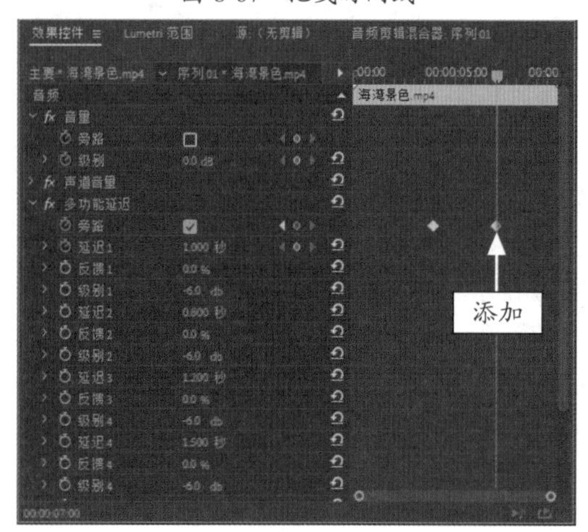

图 8-68 添加关键帧

## 8.4.4 调整特效：使用音轨混合器控制音频

在 Premiere Pro 2020 中，音频特效添加完成后，接着将使用音轨混合器来控制添加的音频特效。

|  | 素材文件 | 无 |
|---|---|---|
| | 效果文件 | 效果\第 8 章\海湾景色 .prproj |
| | 视频文件 | 视频\第 8 章\8.4.4 调整特效:使用音轨混合器控制音频 .mp4 |

**【操练 + 视频】**
**——调整特效：使用音轨混合器控制音频**

STEP 01 以上一节的效果为例，❶展开“音轨混合器：序列 01”面板，❷在其中设置 A1 选项的参数为 3.1，❸设置“左 / 右平衡”为 10，如图 8-69 所示。

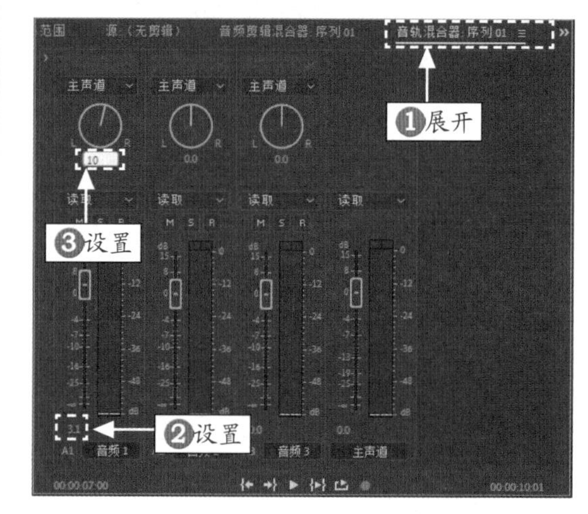

图 8-69 设置参数值

STEP 02 执行操作后，单击“音轨混合器：序列 01”面板底部的“播放 - 停止切换”按钮，即可播放音频，如图 8-70 所示。

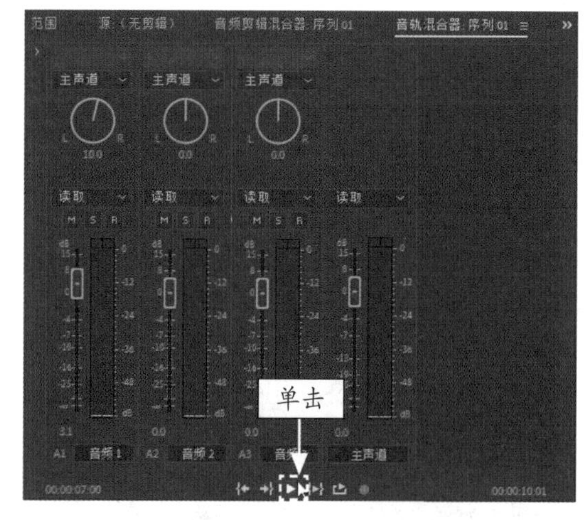

图 8-70 播放音频

STEP 03 在“节目监视器”面板中单击“播放 - 停止切换”按钮，预览效果，如图 8-71 所示。

图 8-71　预览效果

## 8.5 制作常用音频特效

在 Premiere Pro 2020 中，音频在影片中是一个不可或缺的元素，用户可以根据需要制作常用的音频效果。本节主要介绍常用音频效果的制作方法。

### 8.5.1 降噪特效：制作蒲公英音频效果

用户可以通过 DeNoiser（降噪）特效来降低音频素材中的机器噪音、环境噪音和外音等不应有的杂音。

|  | 素材文件 | 素材 \ 第 8 章 \ 蒲公英 .prproj |
|---|---|---|
| | 效果文件 | 效果 \ 第 8 章 \ 蒲公英 .prproj |
| | 视频文件 | 视频 \ 第 8 章 \8.5.1　降噪特效：制作蒲公英音频效果 .mp4 |

**【操练 + 视频】**
**——降噪特效：制作蒲公英音频效果**

STEP 01 按 Ctrl ＋ O 组合键，打开项目文件“素材 \ 第 8 章 \ 蒲公英 .prproj”，如图 8-72 所示。

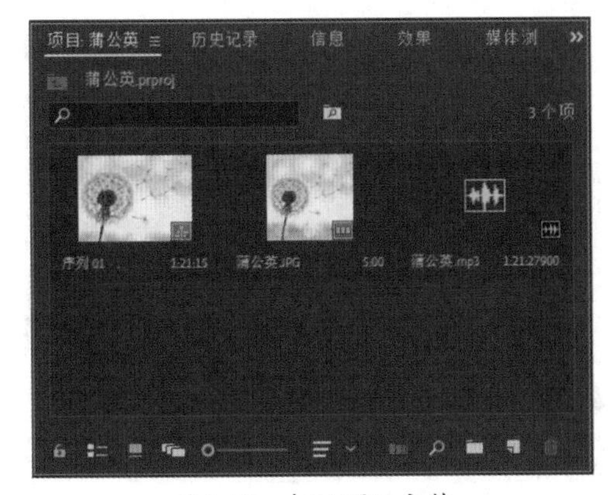


图 8-72　打开项目文件

STEP 02 在“项目”面板中选择“蒲公英 .jpg”素材文件，并将其添加到“时间轴”面板中的 V1 轨道上，如图 8-73 所示。

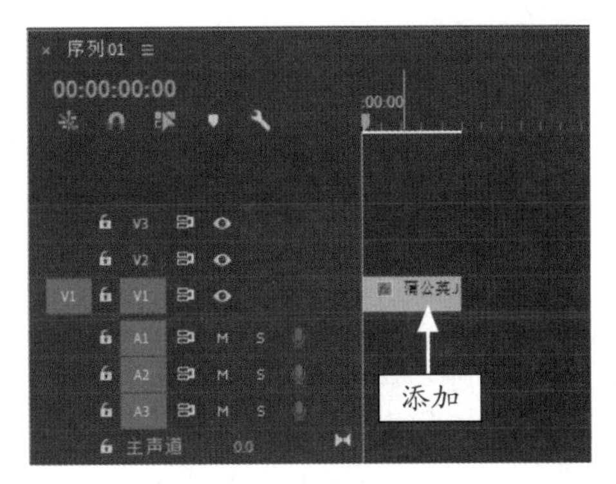


图 8-73　添加素材文件

STEP 03 选择 V1 轨道上的素材文件，切换至“效果控件”面板，设置“缩放”为 98.0，如图 8-74 所示。

STEP 04 设置视频缩放效果后，在“节目监视器”面板中能查看素材画面，如图 8-75 所示。

> **专家指点**
>
> 用户在使用摄像机拍摄素材时，常常会出现一些电流的声音，此时便可以添加 DeNoiser（降噪）或者 Notch（消频）特效来消除这些噪音。

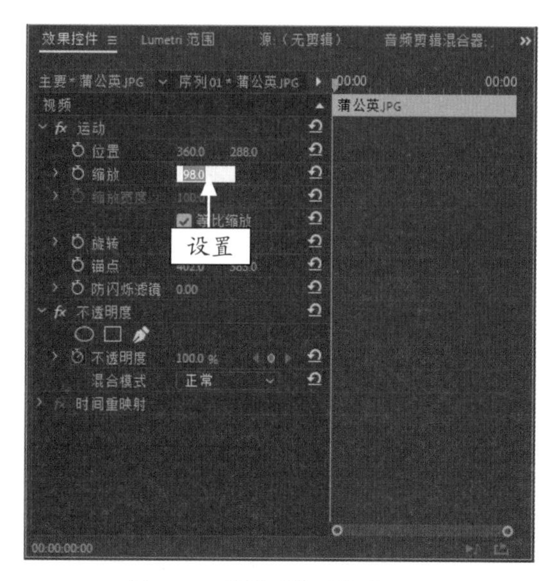


图 8-74　设置“缩放”为 98.0

图 8-75　查看素材画面

**STEP 05** 将“蒲公英 .mp3”素材文件添加到“时间轴”面板中的 A1 轨道上，在工具箱中选取剃刀工具，如图 8-76 所示。

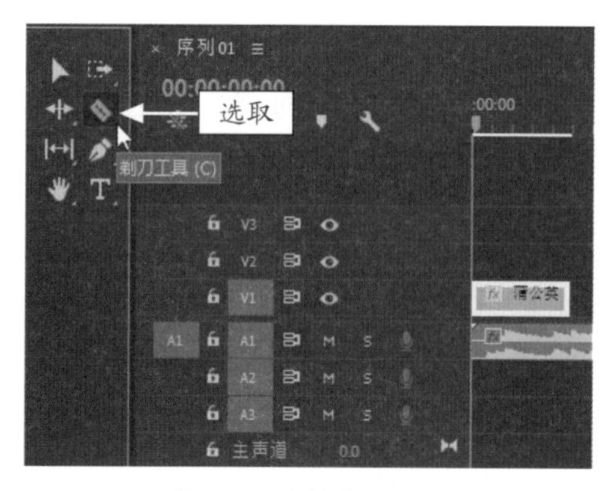


图 8-76　选择剃刀工具

**STEP 06** 拖曳当前时间指示器至 00:00:05:00 的位置，将鼠标指针移至 A1 轨道上当前时间指示器的位置，单击鼠标左键，如图 8-77 所示。

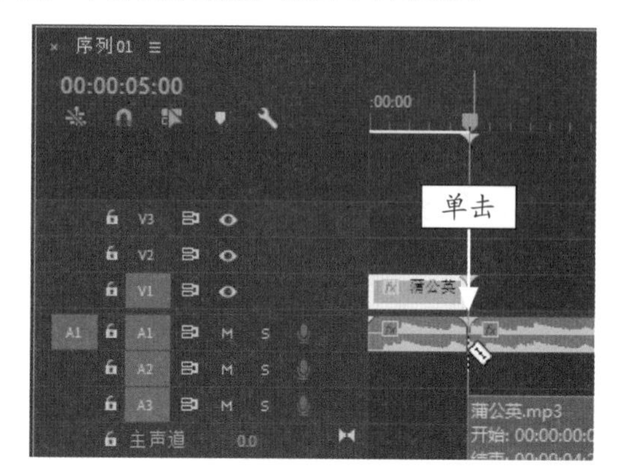


图 8-77　单击鼠标左键

**STEP 07** 执行操作后，即可分割相应的素材文件，如图 8-78 所示。

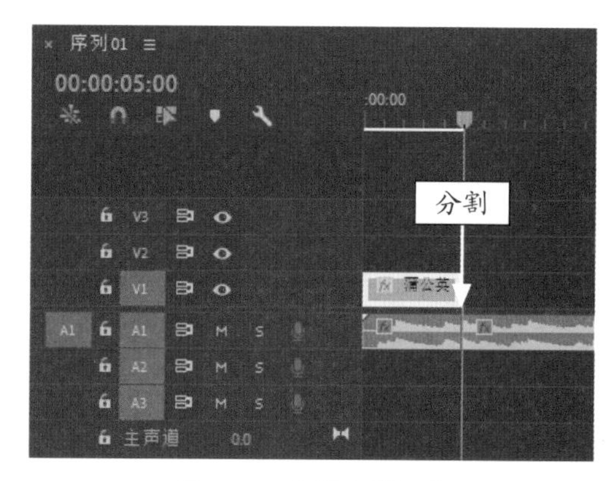


图 8-78　分割素材文件

**STEP 08** 在工具箱中选取选择工具，选择 A1 轨道上第 2 段音频素材文件，按 Delete 键删除素材文件，如图 8-79 所示。

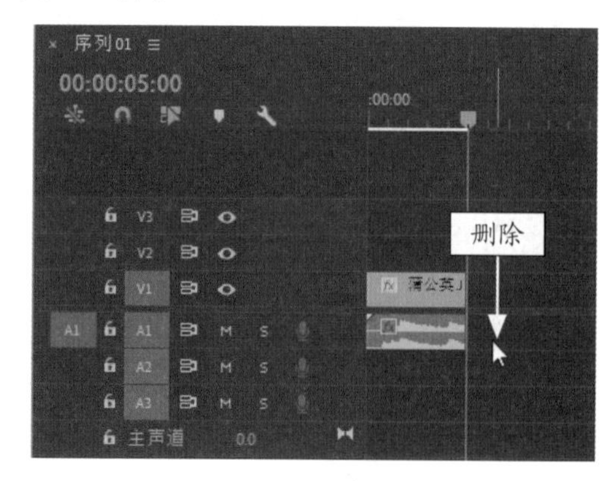


图 8-79　删除素材文件

STEP 09 选择 A1 轨道上的素材，在“效果”面板中展开“音频效果”选项，使用鼠标左键双击“DeNoiser（过时）”选项，如图 8-80 所示，即为选择的素材添加 DeNoiser 音频效果。

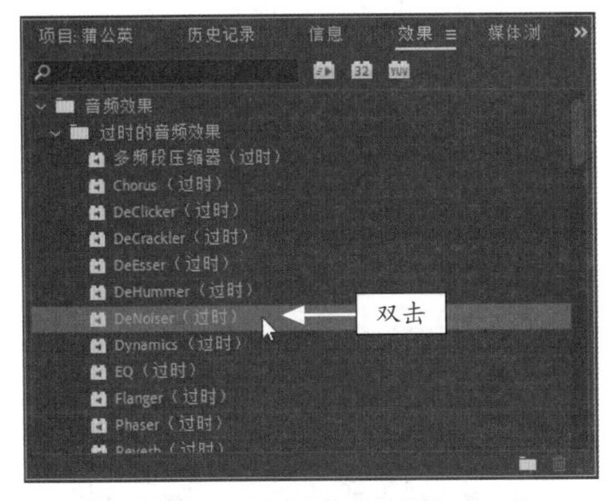


图 8-80　双击 DeNoiser 选项

STEP 10 在“效果控件”面板中展开“DeNoiser（过时）”选项，单击“自定义设置”选项右侧的“编辑”按钮，如图 8-81 所示。

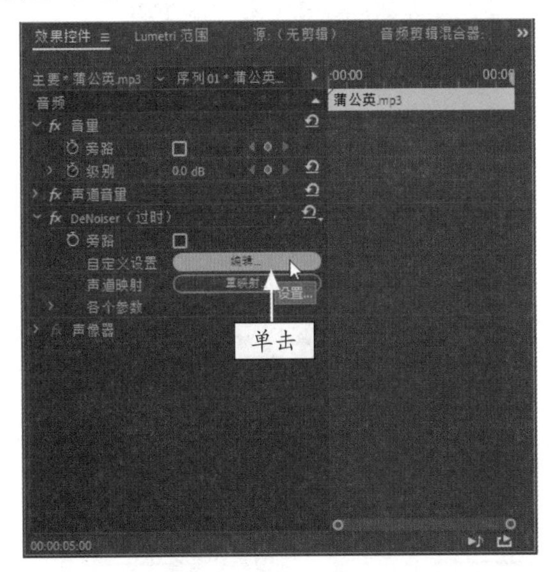


图 8-81　单击“编辑”按钮

STEP 11 在弹出的“剪辑效果编辑器”对话框中选中 Freeze 复选框，在 Reduction 旋转按钮上按住鼠标左键并拖曳，设置 Reduction 为 -20.0dB。运用同样的操作方法，设置 Offset 为 10.0dB，如图 8-82 所示，单击关闭按钮，关闭对话框。单击“播放 - 停止切换”按钮，试听降噪效果。

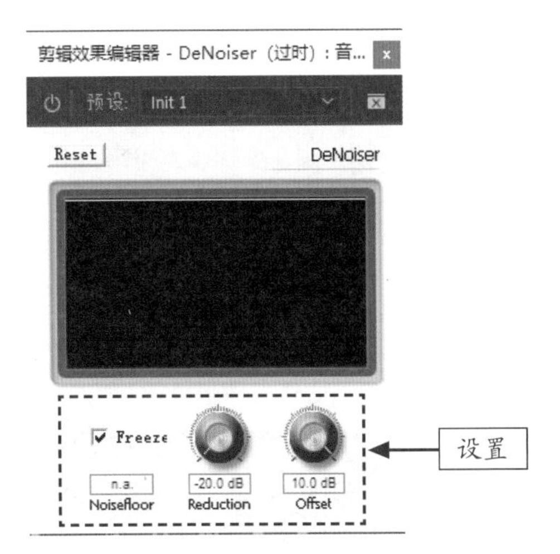


图 8-82　设置相应参数

**专家指点**

用户也可以在“效果控件”面板中展开“各个参数”选项，在 Reduction 与 Offset 选项的右侧输入数字，设置降噪参数，如图 8-83 所示。

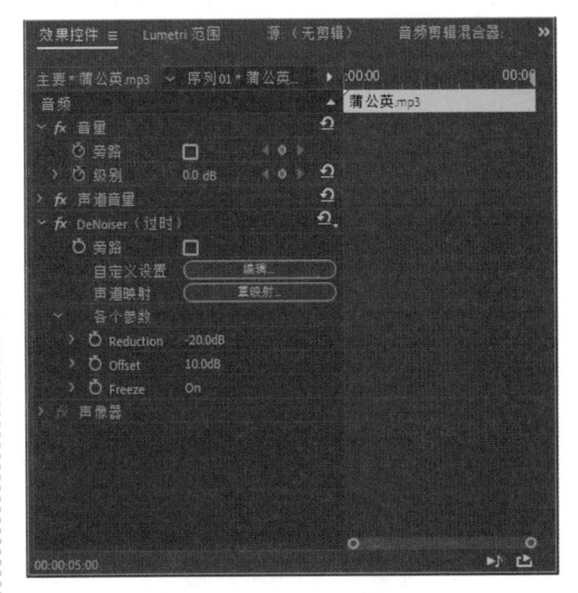

图 8-83　Reduction 的参数选项

## 8.5.2　平衡特效：制作杂草丛生音频效果

在 Premiere Pro 2020 中，通过音质均衡器可以对素材的频率进行音量的提升或衰减。下面将介绍制作平衡特效的操作方法。

| 素材文件 | 素材 \ 第 8 章 \ 杂草丛生 .prproj |
|---|---|
| 效果文件 | 效果 \ 第 8 章 \ 杂草丛生 .prproj |
| 视频文件 | 视频 \ 第 8 章 \8.5.2 平衡特效：制作杂草丛生音频效果 .mp4 |

### 【操练 + 视频】——平衡特效：制作杂草丛生音频效果

STEP 01 按 Ctrl ＋ O 组合键，打开项目文件“素材 \ 第 8 章 \ 杂草丛生 .prproj”，如图 8-84 所示。

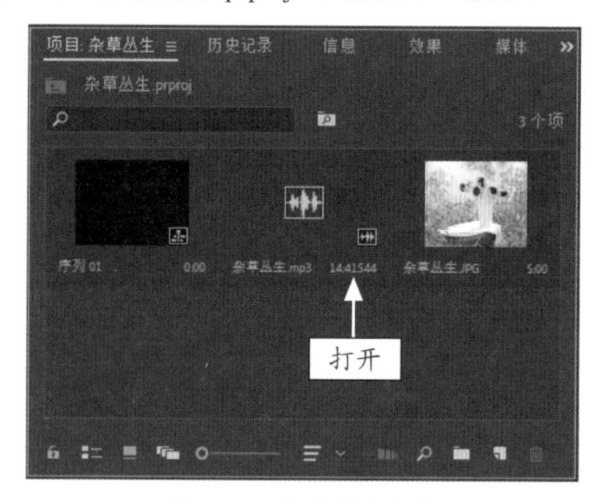


图 8-84　打开项目文件

STEP 02 在“项目”面板中选择“杂草丛生 .jpg”素材文件，并将其添加到“时间轴”面板中的 V1 轨道上，如图 8-85 所示。

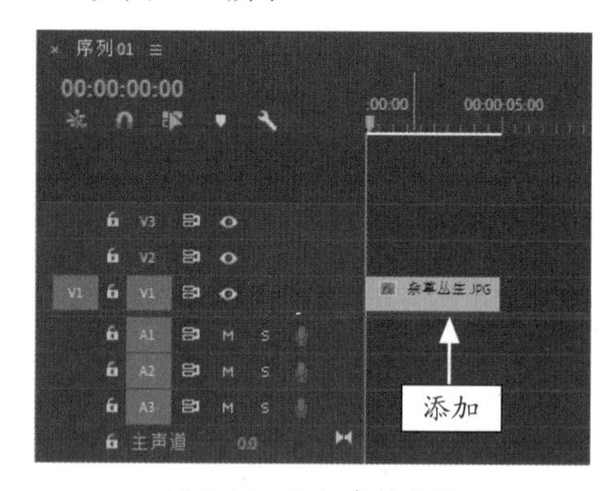


图 8-85　添加素材文件

STEP 03 选择 V1 轨道上的素材文件，切换至“效果控件”面板，设置“缩放”为 120.0，在“节目监视器”面板中可以查看素材画面，如图 8-86 所示。

STEP 04 将“杂草丛生 .mp3”素材添加到“时间轴”面板中的 A1 轨道上，如图 8-87 所示。

STEP 05 拖曳当前时间指示器至 00:00:05:00 的位置，使用剃刀工具分割 A1 轨道上的素材文件，如图 8-88 所示。

图 8-86　查看素材画面

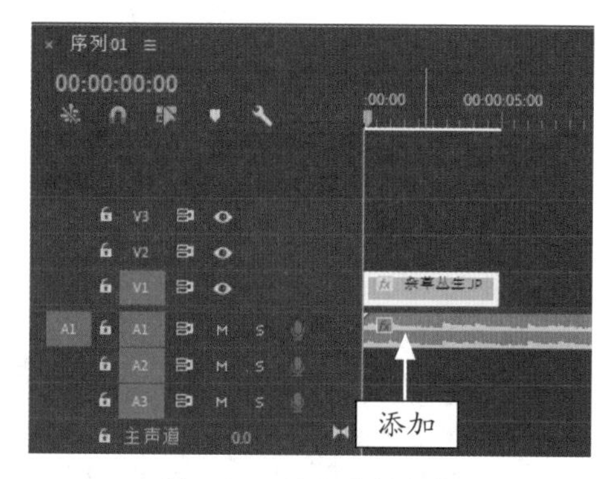


图 8-87　添加素材文件

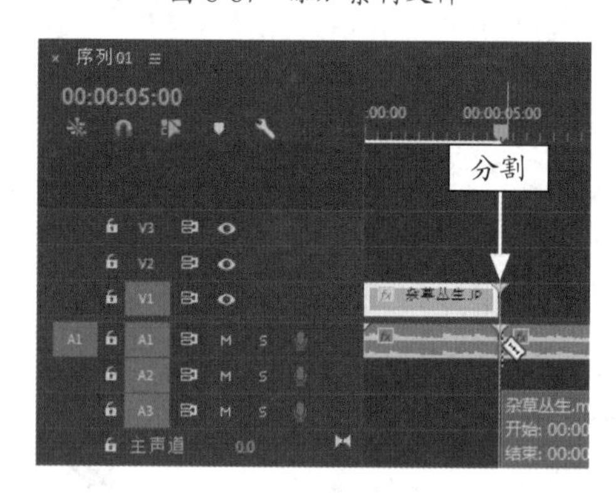


图 8-88　分割素材文件

STEP 06 在工具箱中选取选择工具，选择 A1 轨道上的第 2 段音频素材文件，按 Delete 键删除素材文件，如图 8-89 所示。

STEP 07 选择 A1 轨道上的素材文件，在“效果”面板中展开“音频效果”选项，使用鼠标左键双击“平衡”选项，如图 8-90 所示，即可为选择的素材添加“平衡”音频效果。

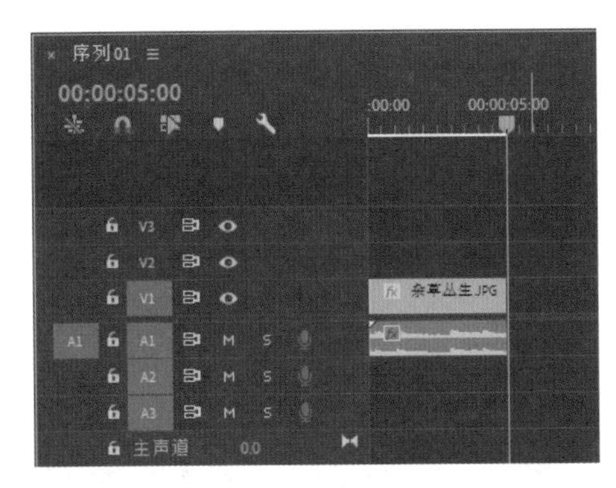


图 8-89　删除素材文件

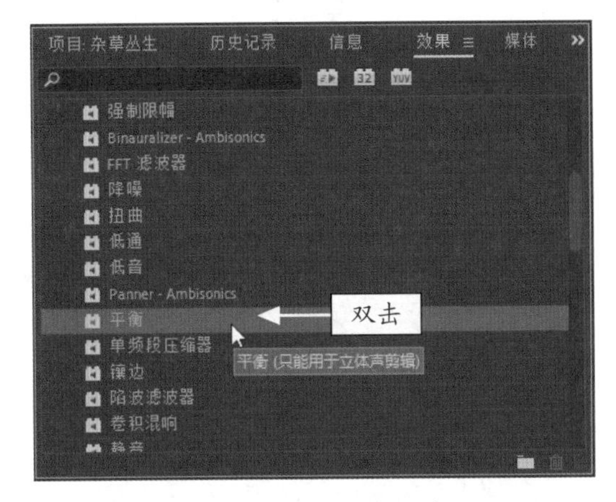


图 8-90　双击“平衡”选项

STEP 08 在“效果控件”面板中展开“平衡”选项，选中“旁路”复选框，设置“平衡”为 50，如图 8-91 所示。单击“播放 - 停止切换”按钮，试听平衡特效。

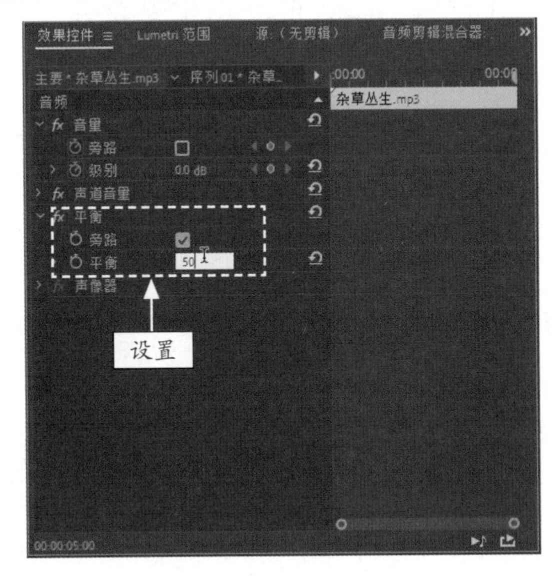


图 8-91　设置相应选项

## 8.5.3　延迟特效：制作回眸一笑音频效果

在 Premiere Pro 2020 中，“延迟”音频效果是室内声音特效中常用的一种效果。下面将介绍制作延迟特效的操作方法。

|  | 素材文件 | 素材 \ 第 8 章 \ 回眸一笑 .prproj |
| --- | --- | --- |
| | 效果文件 | 效果 \ 第 8 章 \ 回眸一笑 .prproj |
| | 视频文件 | 视频 \ 第 8 章 \8.5.3 延迟特效：制作回眸一笑音频效果 .mp4 |

**【操练 + 视频】**
**——延迟特效：制作回眸一笑音频效果**

STEP 01 按 Ctrl + O 组合键，打开项目文件“素材 \ 第 8 章 \ 回眸一笑 .prproj”，如图 8-92 所示。

图 8-92　打开项目文件

STEP 02 在“项目”面板中选择“回眸一笑 .jpg”素材文件，并将其添加到“时间轴”面板中的 V1 轨道上，如图 8-93 所示。

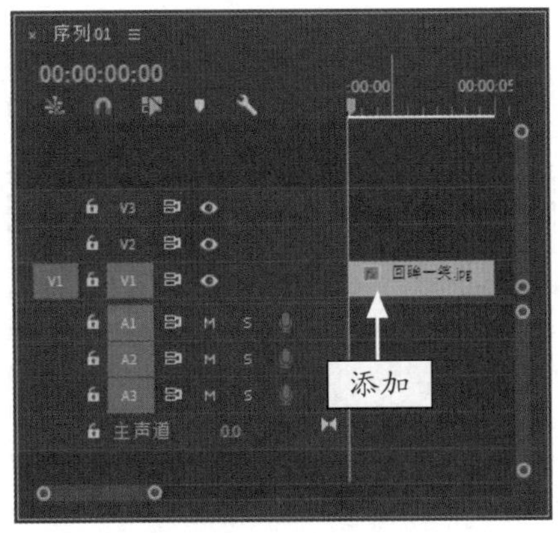


图 8-93　添加素材文件

STEP 03 选择 V1 轨道上的素材文件，切换至“效果控件”面板，设置“缩放”为 16.0，在“节目监视器”面板中可以查看素材画面，如图 8-94 所示。

图 8-94　查看素材画面

STEP 04 将“回眸一笑 .mp3”素材添加到“时间轴”面板中的 A1 轨道上，如图 8-95 所示。

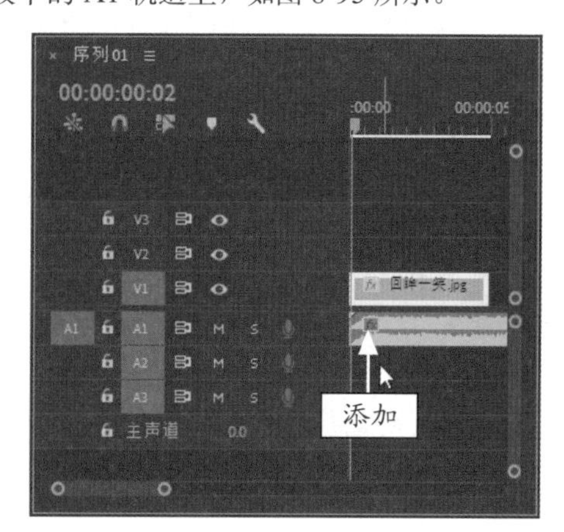


图 8-95　添加素材文件

STEP 05 拖曳当前时间指示器至 00:00:03:00 的位置，如图 8-96 所示。

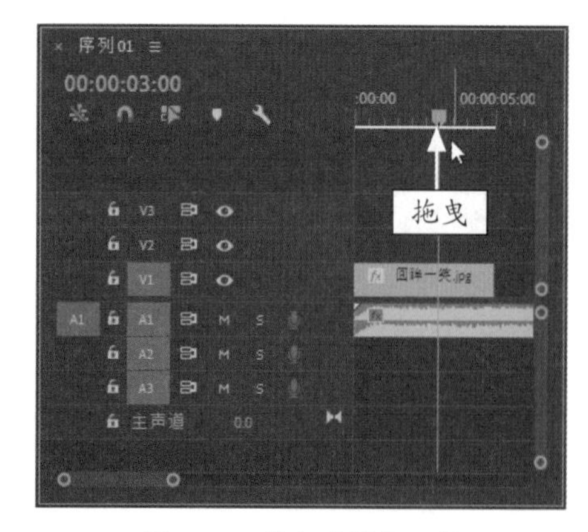


图 8-96　拖曳时间指示器

STEP 06 使用剃刀工具分割 A1 轨道上的素材文件，如图 8-97 所示。

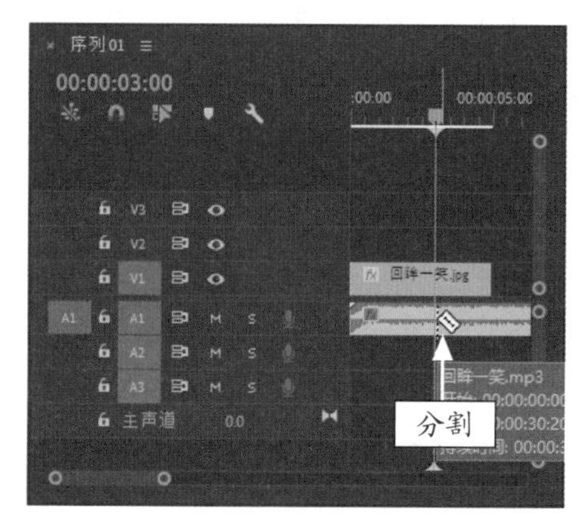


图 8-97　分割素材文件

STEP 07 在工具箱中选取选择工具，选择 A1 轨道上第 2 段音频素材文件，按 Delete 键删除素材文件，如图 8-98 所示。

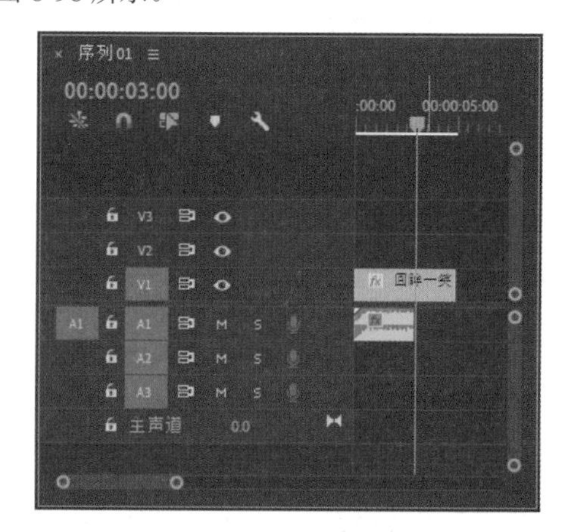


图 8-98　删除素材文件

STEP 08 将鼠标指针移至“回眸一笑 .jpg”素材文件的结尾处，按住鼠标左键并拖曳，调整素材文件的持续时间，使其与音频素材的持续时间一致，如图 8-99 所示。

STEP 09 选择 A1 轨道上的素材文件，在“效果”面板中展开“音频效果”选项，双击“延迟”选项，如图 8-100 所示，即可为选择的素材添加“延迟”音频效果。

STEP 10 拖曳当前时间指示器至开始位置，在“效果控件”面板中展开“延迟”选项，单击“旁路”选项左侧的“切换动画”按钮，并选中“旁路”复选框，如图 8-101 所示。

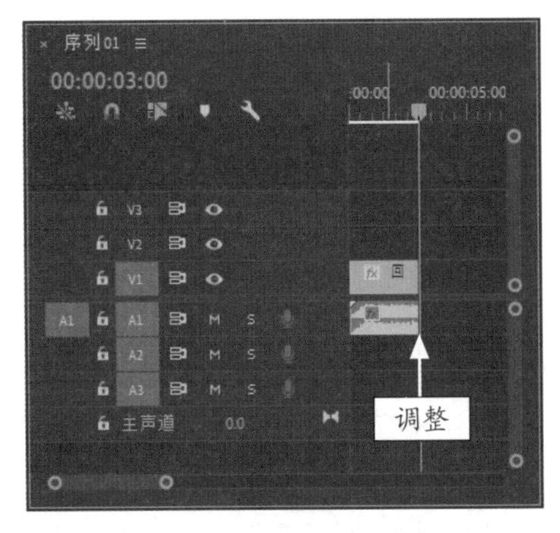


图 8-99 调整素材文件的持续时间

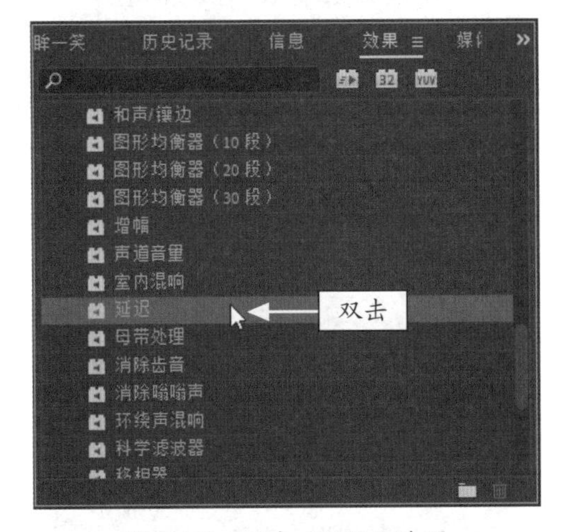


图 8-100 双击“延迟”选项

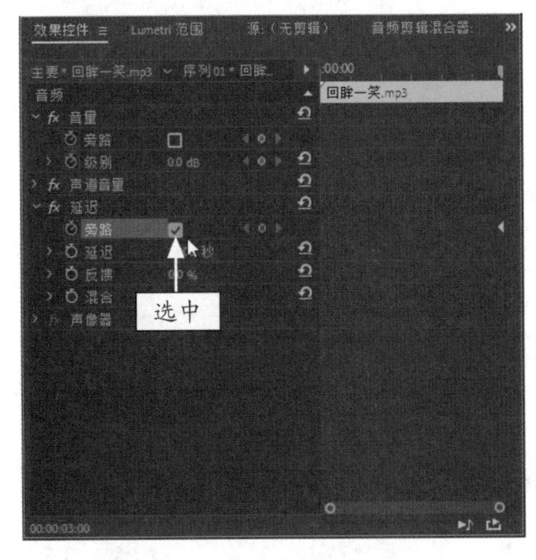


图 8-101 选中“旁路”复选框

**STEP 11** 将当前时间指示器拖曳至 00:00:06:00 的位置，取消选中“旁路”复选框，如图 8-102 所示。

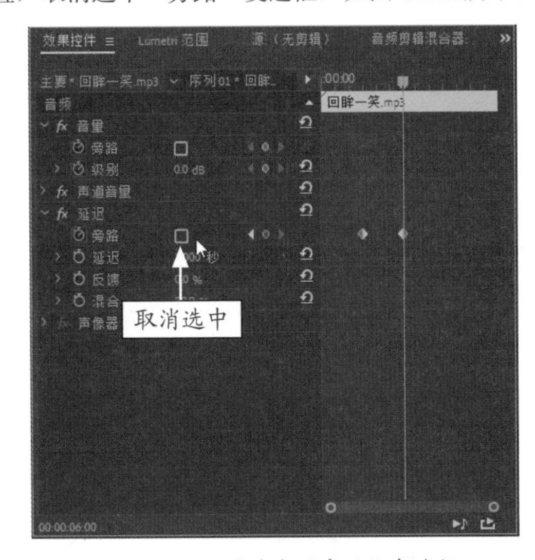


图 8-102 取消选中“旁路”复选框

**STEP 12** 拖曳当前时间指示器至 00:00:10:00 的位置，再次选中“旁路”复选框，如图 8-103 所示。单击“播放 - 停止切换”按钮，试听延迟特效。

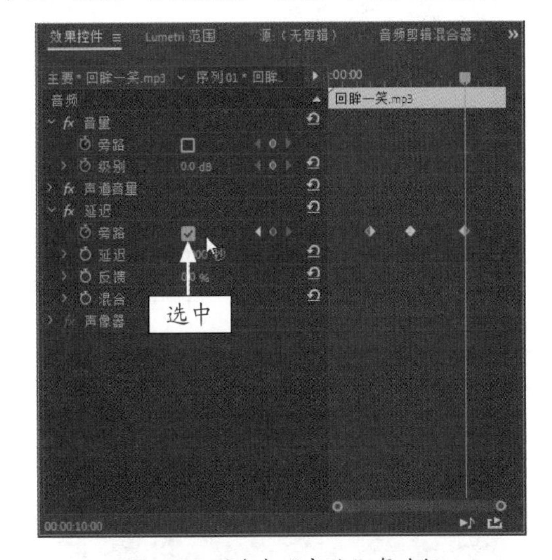


图 8-103 选中“旁路”复选框

**专家指点**

声音是以一定的速度进行传播的，当遇到障碍物后就会反射回来，与原声之间形成差异。在前期录音或后期制作中，用户可以利用延时器来模拟不同的延时时间的反射声，从而造成一种空间感。运用“延迟”特效可以为音频素材添加一个回声效果，回声的长度可根据需要进行设置。

## 8.5.4 混响特效：制作民谣酒馆音频效果

在 Premiere Pro 2020 中，“混响”特效可以模拟房间内部的声波传播方式，是一种室内回声效果，能够表现出宽阔回声的效果。

|  | 素材文件 | 素材 \ 第 8 章 \ 民谣酒馆 .prproj |
|---|---|---|
| | 效果文件 | 效果 \ 第 8 章 \ 民谣酒馆 .prproj |
| | 视频文件 | 视频 \ 第 8 章 \8.5.4 混响特效：制作民谣酒馆音频效果 .mp4 |

**【操练 + 视频】**
**——混响特效：制作民谣酒馆音频效果**

STEP 01 按 Ctrl ＋ O 组合键，打开项目文件“素材 \ 第 8 章 \ 民谣酒馆 .prproj”，如图 8-104 所示。

图 8-104 打开项目文件

STEP 02 在“项目”面板中选择“民谣酒馆 .jpg”素材文件，并将其添加到“时间轴”面板中的 V1 轨道上，如图 8-105 所示。

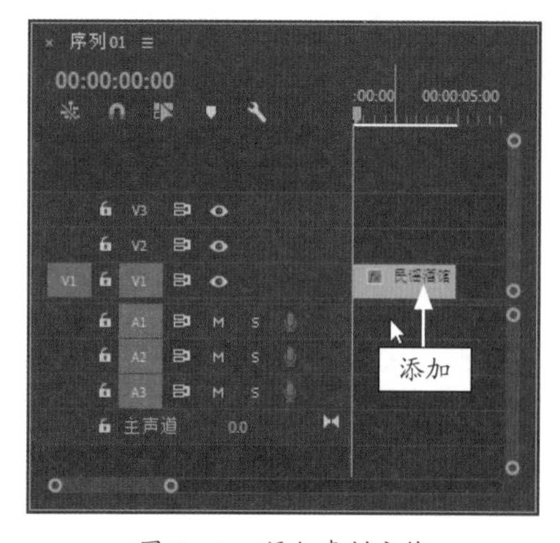


图 8-105 添加素材文件

STEP 03 选择 V1 轨道上的素材文件，切换至“效果控件”面板，设置“缩放”为 16.0，在“节目监视器”面板中可以查看素材画面，如图 8-106 所示。

图 8-106 查看素材画面

STEP 04 将“民谣酒馆 .mp3”素材添加到“时间轴”面板中的 A1 轨道上，如图 8-107 所示。

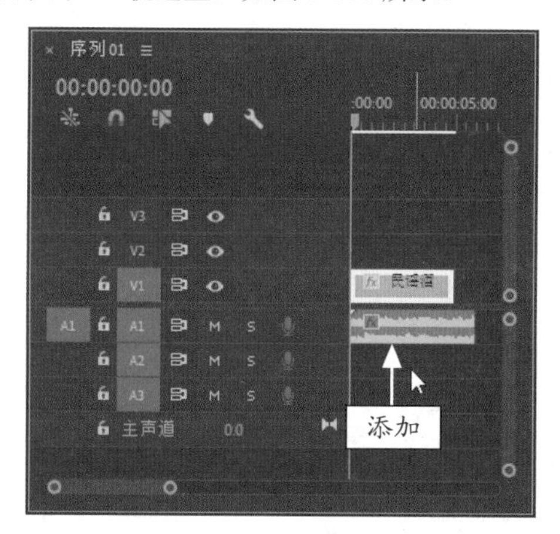


图 8-107 添加素材文件

STEP 05 调整当前时间指示器至 00:00:15:00 的位置，如图 8-108 所示。

STEP 06 使用剃刀工具分割 A1 轨道上的素材文件，使用选择工具选择 A1 轨道上第 2 段音频素材文件，按 Delete 键删除素材文件，如图 8-109 所示。

STEP 07 将鼠标指针移至“民谣酒馆 .jpg”素材文件的结尾处，按住鼠标左键并拖曳，调整素材文件的持续时间，使其与音频素材的持续时间一致，如图 8-110 所示。

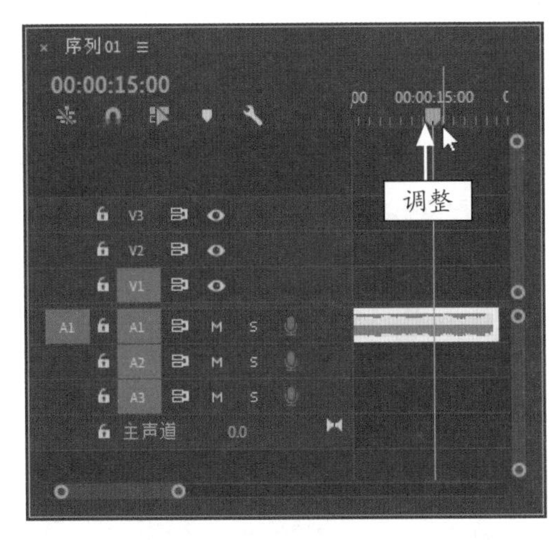


图 8-108　拖曳时间指示器

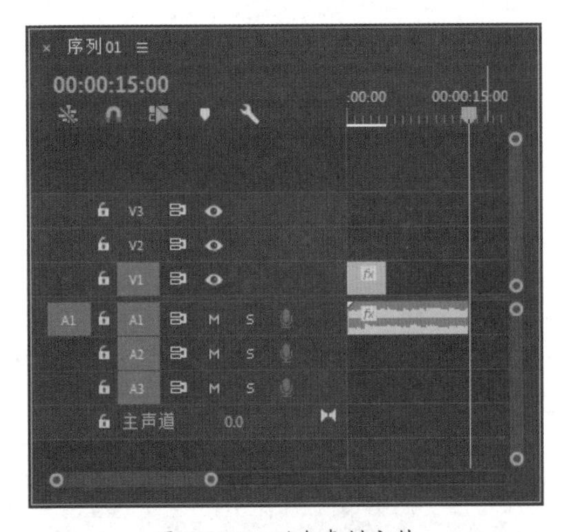


图 8-109　删除素材文件

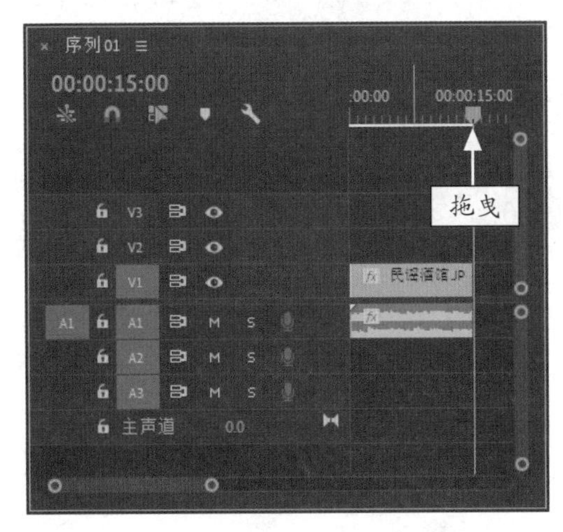


图 8-110　调整素材文件的持续时间

STEP 08 选择 A1 轨道上的素材文件，在“效果”面板中展开“音频效果”选项，双击“Reverb（过时）”选项，如图 8-111 所示，即可为选择的素材添加 Reverb 音频效果。

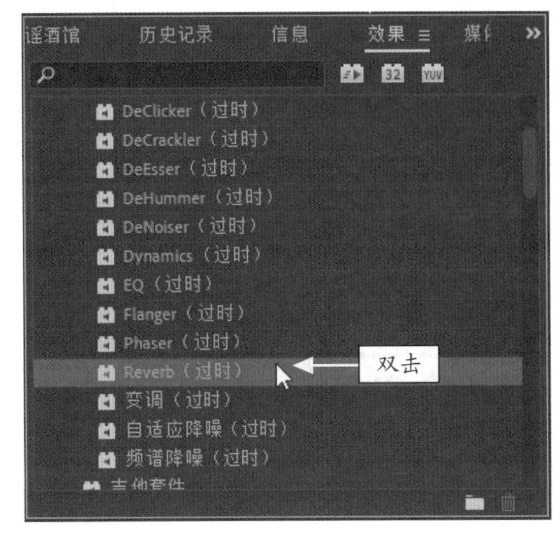


图 8-111　双击“Reverb（过时）”选项

STEP 09 拖曳当前时间指示器至 00:00:06:00 的位置，在“效果控件”面板中展开“Reverb（过时）”选项，单击“旁路”选项左侧的“切换动画”按钮，并选中“旁路”复选框，如图 8-112 所示。

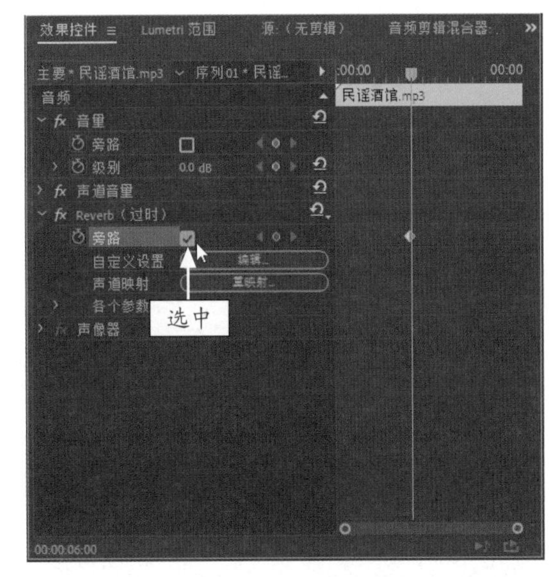


图 8-112　选中“旁路”复选框

STEP 10 拖曳当前时间指示器至 00:00:12:00 的位置，取消选中“旁路”复选框，如图 8-113 所示。单击“播放 - 停止切换”按钮，试听混响特效。

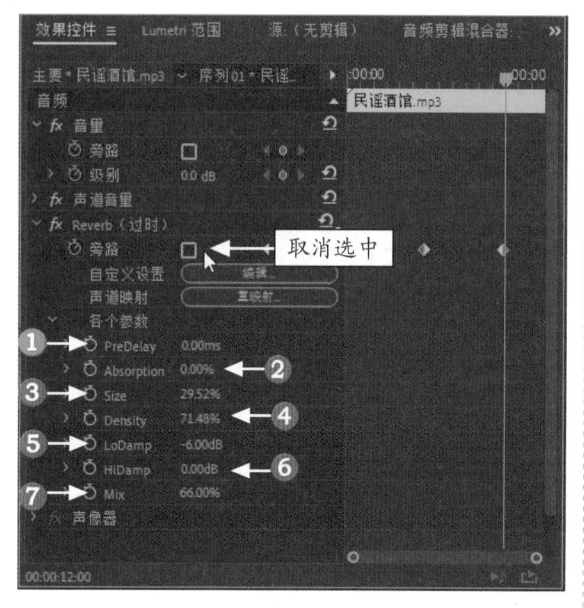


图 8-113　取消选中“旁路”复选框

❶ PreDelay：指定信号与回响之间的时间。

❷ Absorption：指定声音被吸收的百分比。

❸ Size：指定空间大小的百分比。

❹ Density：指定回响拖尾的密度。

❺ LoDamp：指定低频的衰减，衰减低频可以防止环境声音造成的回响。

❻ HiDamp：指定高频的衰减，高频的衰减可以使回响声音更加柔和。

❼ Mix：控制回响的力度。

## 8.5.5　消除齿音：过滤特定频率范围外的声音

在 Premiere Pro 2020 中，“消除齿音”特效主要用来过滤特定频率范围之外的一切频率。下面介绍制作消除齿音特效的操作方法。

<table>
<tr><td rowspan="3"></td><td>素材文件</td><td>素材 \ 第 8 章 \ 音乐 2.prproj</td></tr>
<tr><td>效果文件</td><td>效果 \ 第 8 章 \ 音乐 2.prproj</td></tr>
<tr><td>视频文件</td><td>视频 \ 第 8 章 \8.5.5　消除齿音：过滤特定频率范围外的声音 .mp4</td></tr>
</table>

【操练 + 视频】
——消除齿音：过滤特定频率范围外的声音

STEP 01 按 Ctrl ＋ O 组合键，打开项目文件“素材 \ 第 8 章 \ 音乐 2.prproj”，如图 8-114 所示。

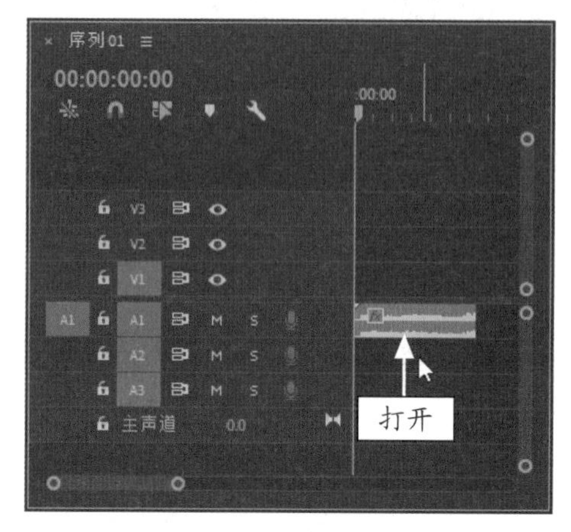


图 8-114　打开项目文件

STEP 02 在“效果”面板中展开“音频效果”选项，在其中选择“消除齿音”音频效果，如图 8-115 所示。

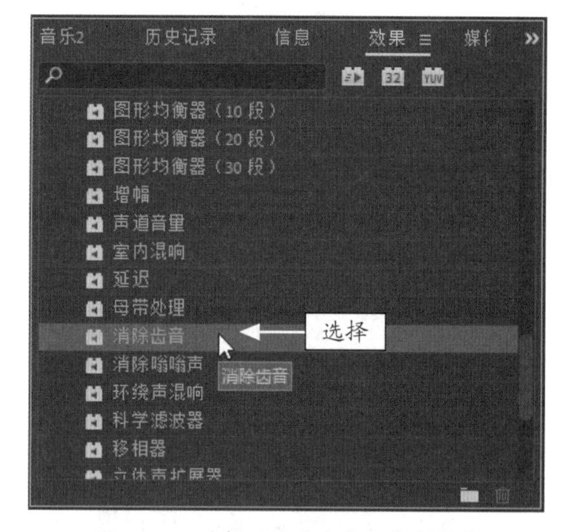


图 8-115　选择“消除齿音”音频效果

STEP 03 按住鼠标左键，将其拖曳至 A1 轨道的音频素材上，释放鼠标左键，即可添加音频效果，如图 8-116 所示。

STEP 04 在“效果控件”面板中展开“消除齿音”选项，选中“旁路”复选框，如图 8-117 所示。执行上述操作后，即可完成“消除齿音”特效的制作。

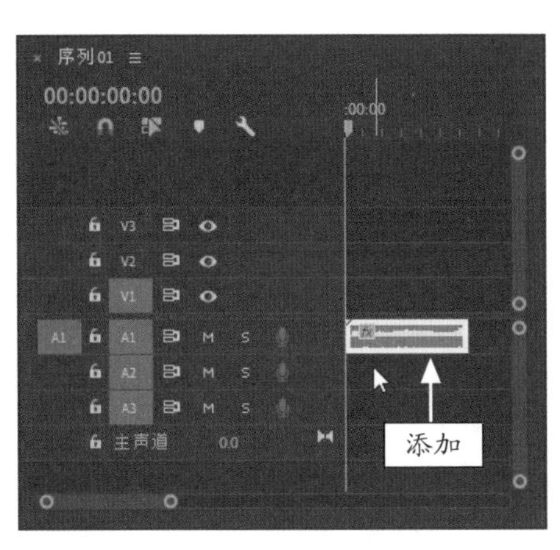


图 8-116　添加音频效果

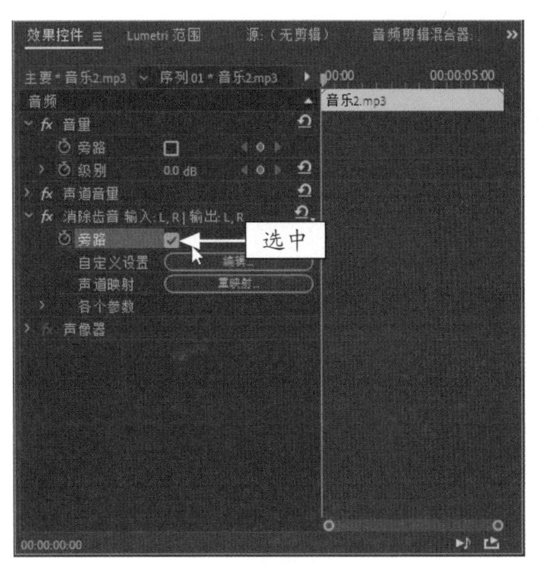


图 8-117　选中复选框

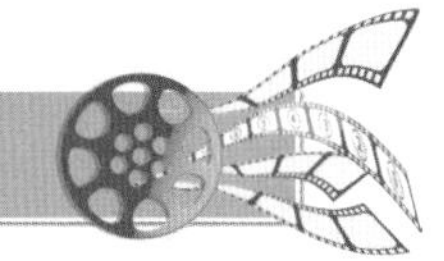

## 8.6 制作其他音频特效

在了解了一些常用的音频效果后，接下来将学习如何制作一些并不常用的音频效果，如合成特效、降爆声特效、低通特效以及高音特效等。

### 8.6.1　合成特效：让音频内容更加丰富

对于仅包含单一乐器或语音的音频信号来说，运用“合成”特效可以取得较好的效果。

|  | 素材文件 | 素材 \ 第 8 章 \ 音乐 3.prproj |
| --- | --- | --- |
| | 效果文件 | 效果 \ 第 8 章 \ 音乐 3.prproj |
| | 视频文件 | 视频 \ 第 8 章 \8.6.1　合成特效：让音频内容更加丰富 .mp4 |

**【操练 + 视频】**
**——合成特效：让音频内容更加丰富**

STEP 01 按 Ctrl ＋ O 组合键，打开项目文件“素材 \ 第 8 章 \ 音乐 3.prproj”，如图 8-118 所示。

STEP 02 在“效果”面板中，选择“Chorus（过时）”选项，如图 8-119 所示。

STEP 03 按住鼠标左键，将其拖曳至 A1 轨道的音频素材上，释放鼠标左键，即可添加合成特效，如图 8-120 所示。

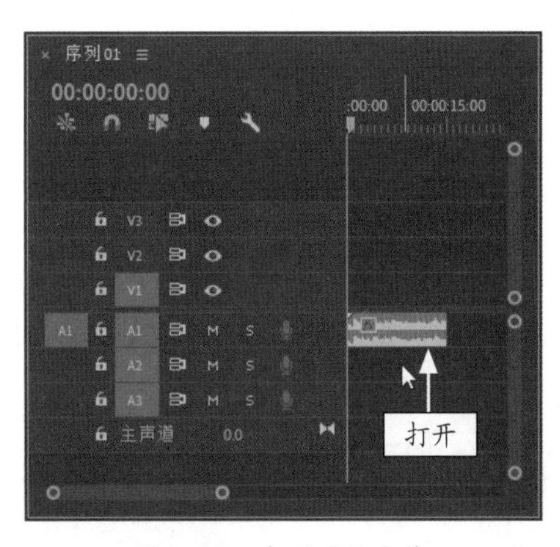


图 8-118　打开项目文件

STEP 04 在“效果控件”面板中展开 Chorus 选项，单击“自定义设置”选项右侧的“编辑”按钮，如图 8-121 所示。

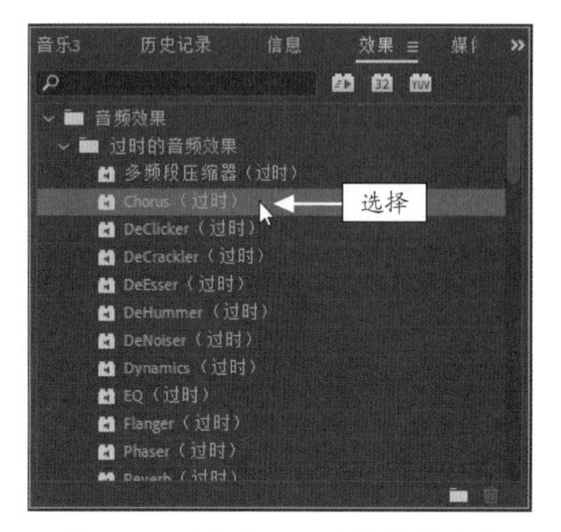


图 8-119　选择“Chorus（过时）”选项

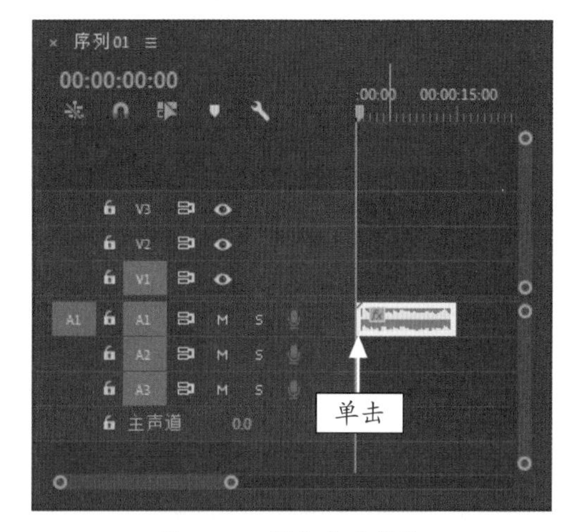


图 8-120　添加合成特效

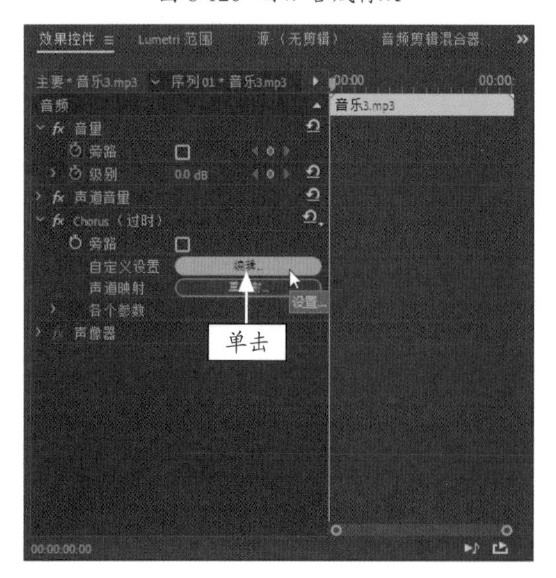


图 8-121　单击“编辑”按钮

**STEP 05** 弹出“剪辑效果编辑器”对话框，设置 Rate 为 7.60、Depth 为 22.5、Delay 为 12.0ms，如图 8-122 所示。关闭对话框，单击“播放 - 停止切换”按钮，试听效果。

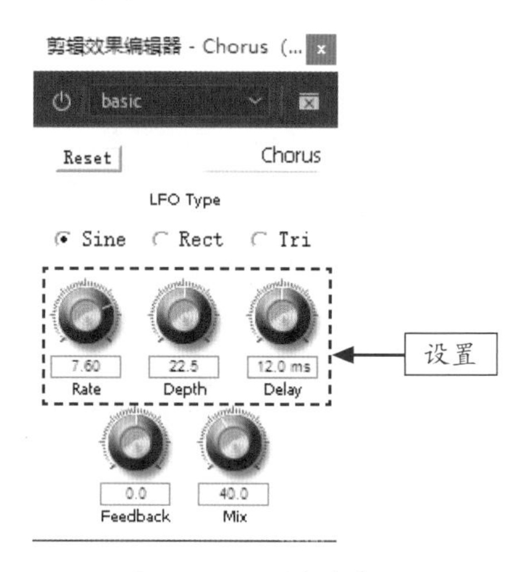


图 8-122　设置相应参数

## 8.6.2　反转特效：制作栈道音频效果

在 Premiere Pro 2020 中，“反转”特效可以模拟房间内部的声音情况，能表现出宽阔、真实的效果。

| | | |
|---|---|---|
| | 素材文件 | 素材 \ 第 8 章 \ 栈道 .prproj |
| | 效果文件 | 效果 \ 第 8 章 \ 栈道 .prproj |
| | 视频文件 | 视频 \ 第 8 章 \8.6.2　反转特效：制作栈道音频效果 .mp4 |

**【操练 + 视频】**
**——反转特效：制作栈道音频效果**

**STEP 01** 按 Ctrl + O 组合键，打开项目文件“素材 \ 第 8 章 \ 栈道 .prproj”，如图 8-123 所示。

**STEP 02** 在“项目”面板中选择“栈道 .jpg”素材文件，并将其添加到“时间轴”面板中的 V1 轨道上，如图 8-124 所示。

**STEP 03** 选择 V1 轨道上的素材文件，切换至“效果控件”面板，设置“缩放”为 22.0，在“节目监视器”面板中可以查看素材画面，如图 8-125 所示。

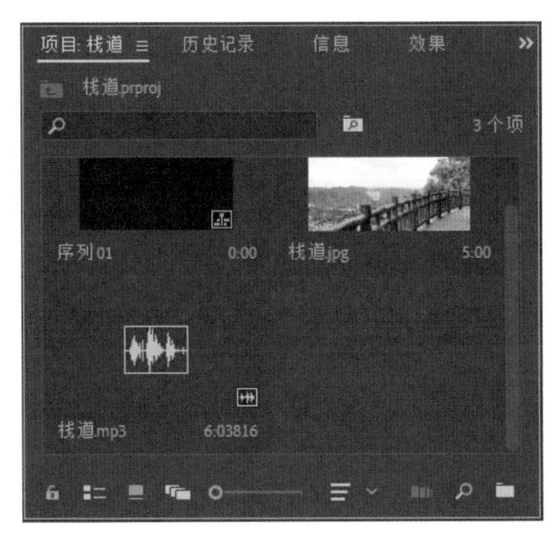


图 8-123　打开项目文件

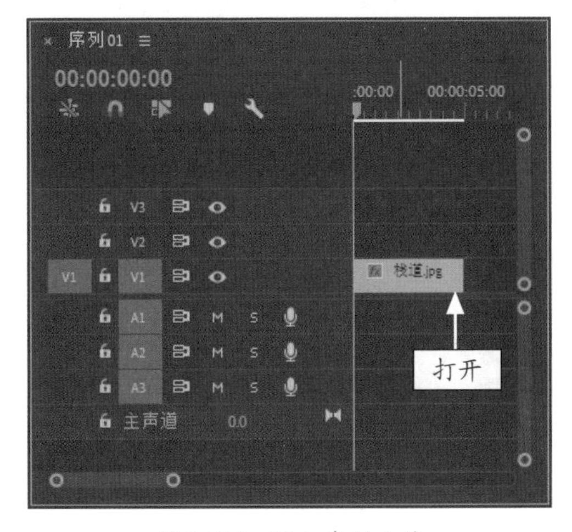


图 8-124　添加素材文件

图 8-125　查看素材画面

STEP 04 将“栈道 .mp3”素材添加到“时间轴”面板中的 A1 轨道上，如图 8-126 所示。

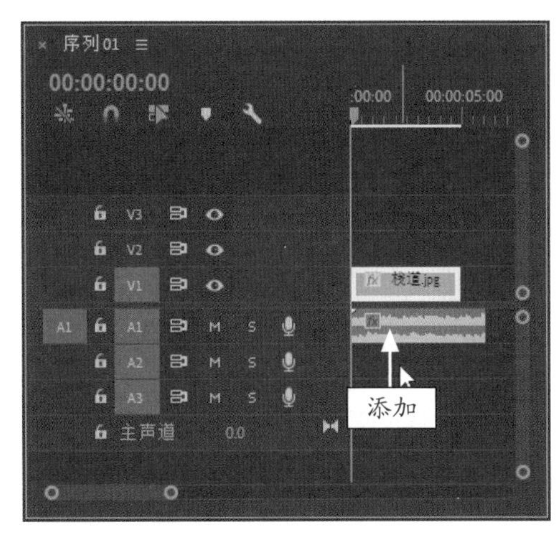


图 8-126　添加素材文件

STEP 05 调整当前时间指示器至 00:00:05:00 的位置，使用剃刀工具分割 A1 轨道上的素材文件，如图 8-127 所示。

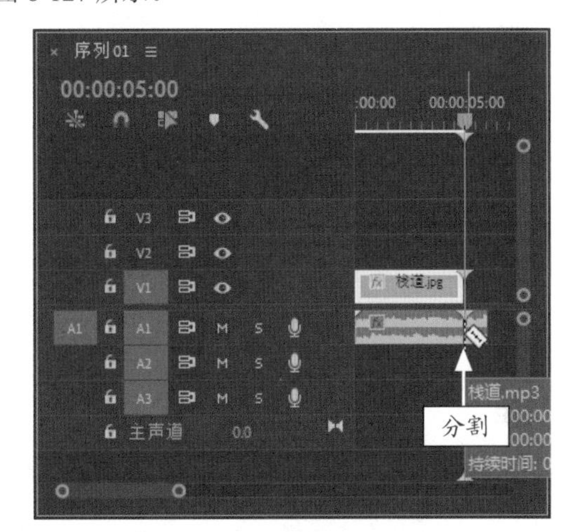


图 8-127　分割素材文件

STEP 06 在工具箱中选取选择工具，选择 A1 轨道上的第 2 段音频素材文件，按 Delete 键删除。选择 A1 轨道上的第 1 段音频素材文件，如图 8-128 所示。

STEP 07 在“效果”面板中展开“音频效果”选项，双击“反转”选项，如图 8-129 所示，即可为选择的素材添加“反转”音频效果。

STEP 08 在“效果控件”面板中展开“反转”选项，选中“旁路”复选框，如图 8-130 所示。单击“播放 - 停止切换”按钮，试听反转特效。

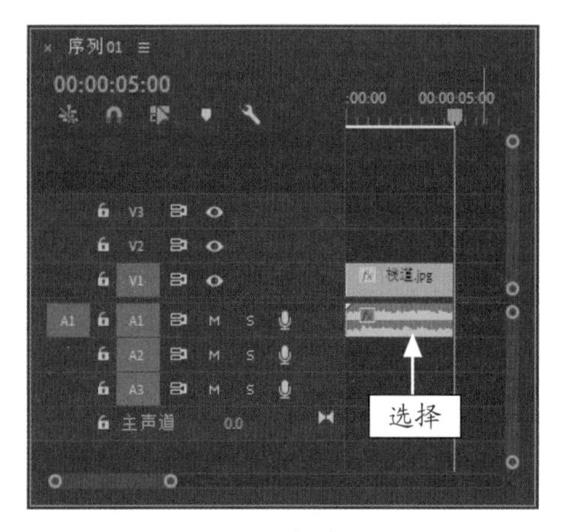


图 8-128　选择素材文件

图 8-129　双击“反转”选项

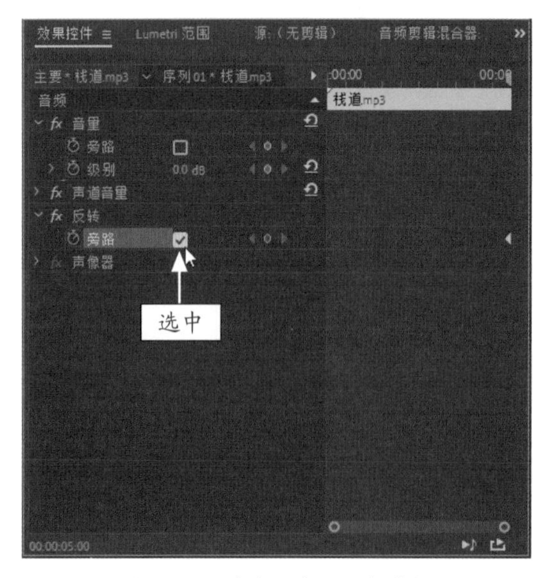


图 8-130　选中“旁路”复选框

## 8.6.3　低通特效：制作石柱音频效果

在 Premiere Pro 2020 中，“低通”特效主要是用于去除音频素材中的高频部分。

| | 素材文件 | 素材 \ 第 8 章 \ 石柱 .prproj |
|---|---|---|
| | 效果文件 | 效果 \ 第 8 章 \ 石柱 .prproj |
| | 视频文件 | 视频 \ 第 8 章 \8.6.3　低通特效：制作石柱音频效果 .mp4 |

【操练 + 视频】
——低通特效：制作石柱音频效果

**STEP 01** 按 Ctrl ＋ O 组合键，打开项目文件“素材 \ 第 8 章 \ 石柱 .prproj”，如图 8-131 所示。

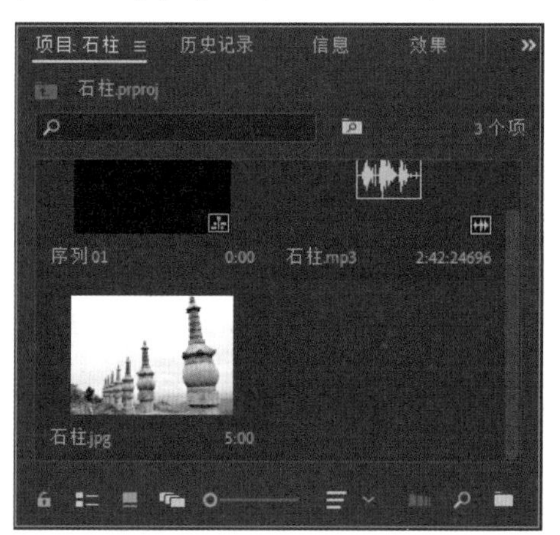


图 8-131　打开项目文件

**STEP 02** 在“项目”面板中选择“石柱 .jpg”素材文件，并将其添加到“时间轴”面板中的 V1 轨道上，如图 8-132 所示。

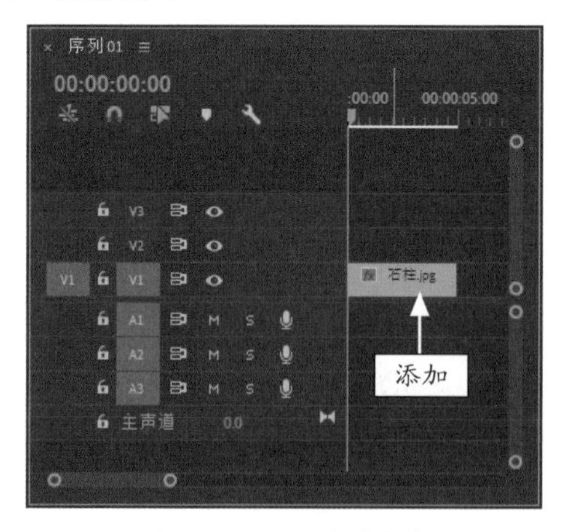


图 8-132　添加素材文件

STEP 03 选择 V1 轨道上的素材文件，切换至“效果控件”面板，设置“缩放”为 22.0，在“节目监视器”面板中可以查看素材画面，如图 8-133 所示。

图 8-133　查看素材画面

STEP 04 将“石柱 .mp3”素材添加到“时间轴”面板中的 A1 轨道上，如图 8-134 所示。

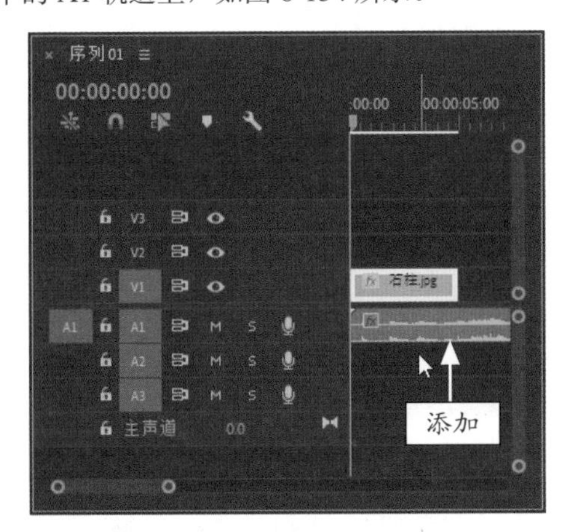


图 8-134　添加素材文件

STEP 05 拖曳当前时间指示器至 00:00:05:00 的位置，使用剃刀工具分割 A1 轨道上的素材文件，使用选择工具选择 A1 轨道上第 2 段音频素材文件并删除，如图 8-135 所示。

STEP 06 选择 A1 轨道上的素材文件，在“效果”面板中展开“音频效果”选项，双击“低通”选项，如图 8-136 所示，即可为选择的素材添加“低通”音频效果。

STEP 07 拖曳当前时间指示器至开始位置，在“效果控件”面板中展开“低通”选项，单击“屏蔽度”选项左侧的“切换动画”按钮，如图 8-137 所示，添加一个关键帧。

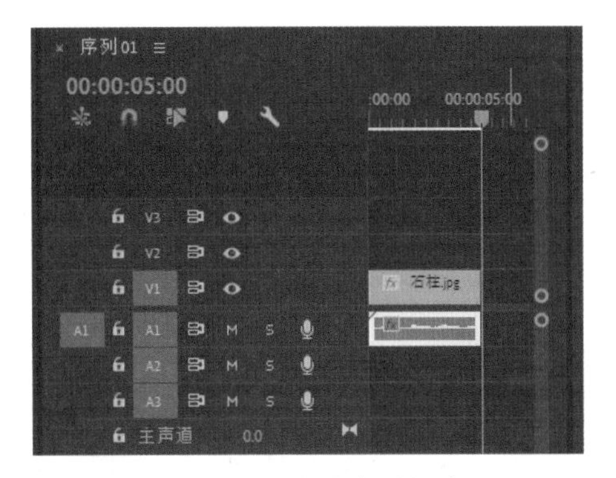


图 8-135　删除素材文件

图 8-136　双击“低通”选项

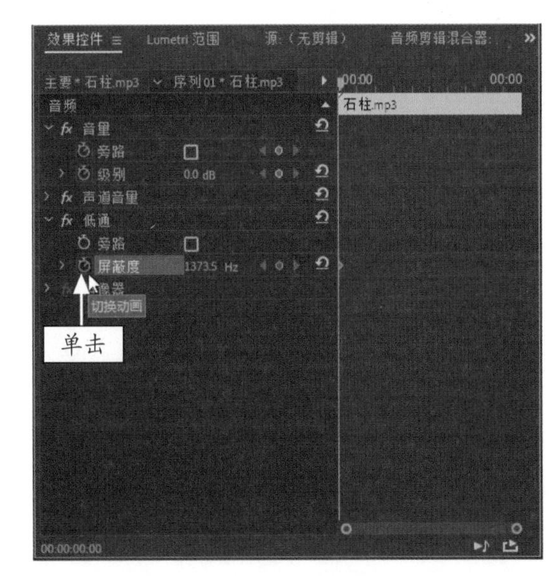


图 8-137　单击“切换动画”按钮

STEP 08 将当前时间指示器拖曳至 00:00:03:00 的位置，设置“屏蔽度”为 300.0Hz，如图 8-138 所示。单击“播放 - 停止切换”按钮，试听低通特效。

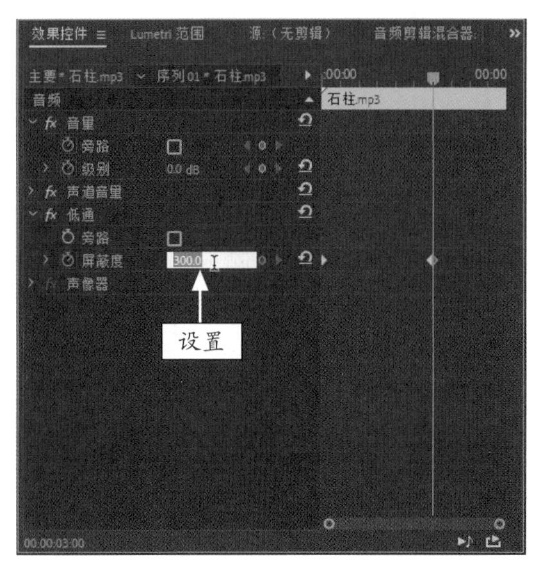


图 8-138　设置“屏蔽度”为 300.0Hz

## 8.6.4　高通特效：去除音频素材的低频部分

在 Premiere Pro 2020 中，“高通”特效主要用于去除音频素材中的低频部分。

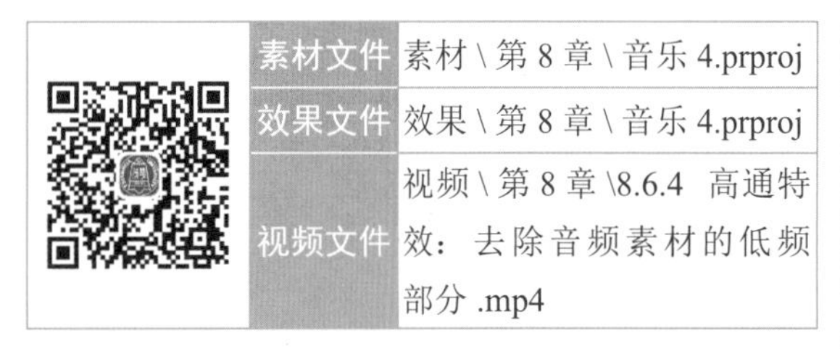

| | 素材文件 | 素材 \ 第 8 章 \ 音乐 4.prproj |
|---|---|---|
| | 效果文件 | 效果 \ 第 8 章 \ 音乐 4.prproj |
| | 视频文件 | 视频 \ 第 8 章 \8.6.4　高通特效：去除音频素材的低频部分 .mp4 |

**【操练 + 视频】**
**——高通特效：去处音频素材的低频部分**

STEP 01 按 Ctrl ＋ O 组合键，打开项目文件“素材 \ 第 8 章 \ 音乐 4.prproj”，如图 8-139 所示。

STEP 02 在“效果”面板中，选择“高通”选项，如图 8-140 所示。

STEP 03 按住鼠标左键，将其拖曳至 A1 轨道的音频素材上，释放鼠标左键，即可添加“高通”特效，如图 8-141 所示。

STEP 04 在“效果控件”面板中展开“高通”选项，设置“屏蔽度”为 3500.0Hz，如图 8-142 所示。执行操作后，即可完成“高通”特效。

图 8-139　打开项目文件

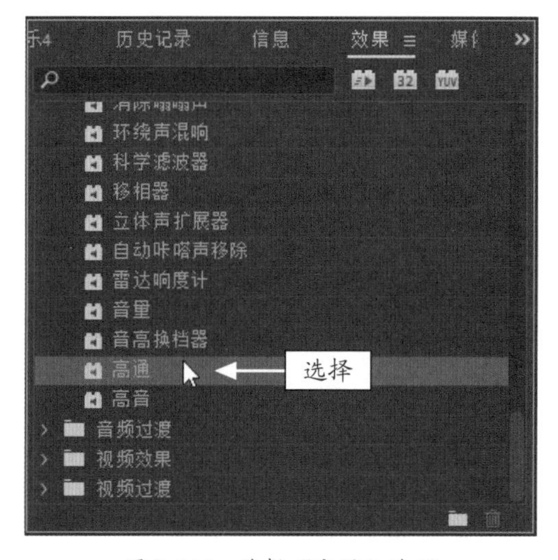


图 8-140　选择“高通”选项

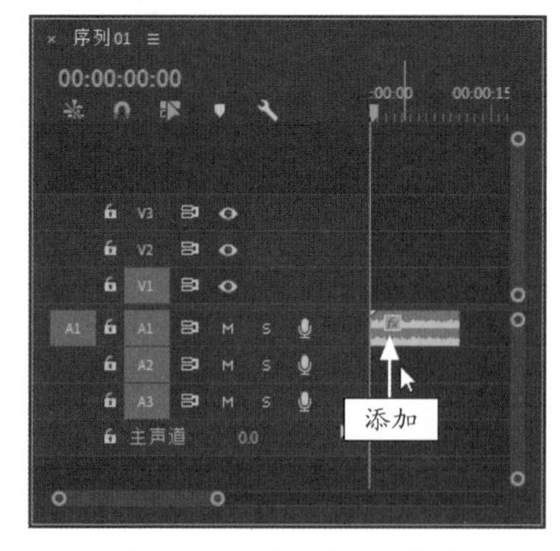


图 8-141　添加“高通”特效

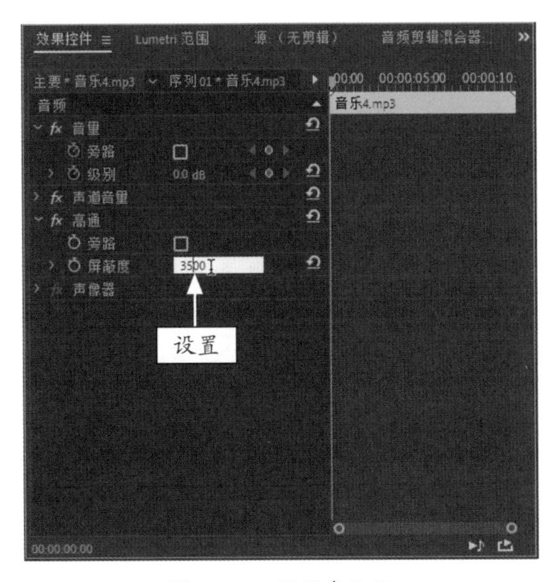


图 8-142　设置参数值

## 8.6.5　高音特效：处理音频素材的高音部分

在 Premiere Pro 2020 中，“高音”特效用于对素材音频中的高音部分进行处理，可以增加也可以衰减重音部分，同时又不影响素材的其他音频部分。

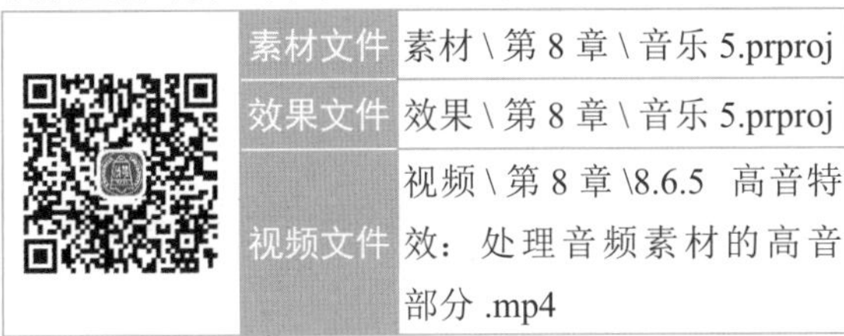

| | 素材文件 | 素材 \ 第 8 章 \ 音乐 5.prproj |
|---|---|---|
| | 效果文件 | 效果 \ 第 8 章 \ 音乐 5.prproj |
| | 视频文件 | 视频 \ 第 8 章 \8.6.5　高音特效：处理音频素材的高音部分 .mp4 |

**【操练 + 视频】**
**——高音特效：处理音频素材的高音部分**

STEP 01 按 Ctrl + O 组合键，打开项目文件“素材 \ 第 8 章 \ 音乐 5.prproj”，如图 8-143 所示。

STEP 02 在“效果”面板中，选择“高音”选项，如图 8-144 所示。

STEP 03 按住鼠标左键，将其拖曳至 A1 轨道的音频素材上，释放鼠标左键，即可添加“高音”特效，如图 8-145 所示。

STEP 04 在“效果控件”面板中展开“高音”选项，设置“提升”为 20.0dB，如图 8-146 所示。执行操作后，即可完成高音特效。

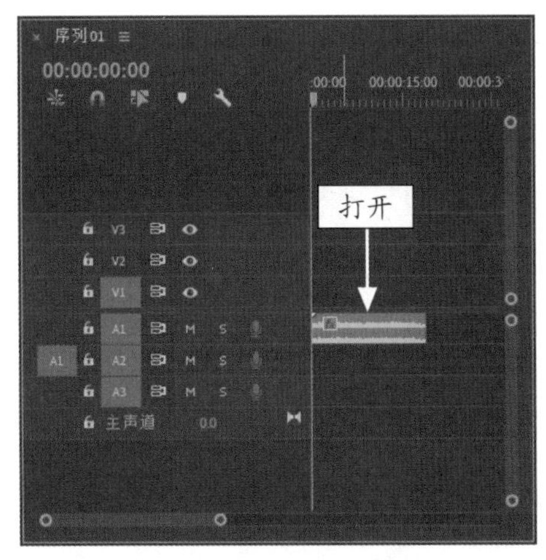


图 8-143　打开项目文件

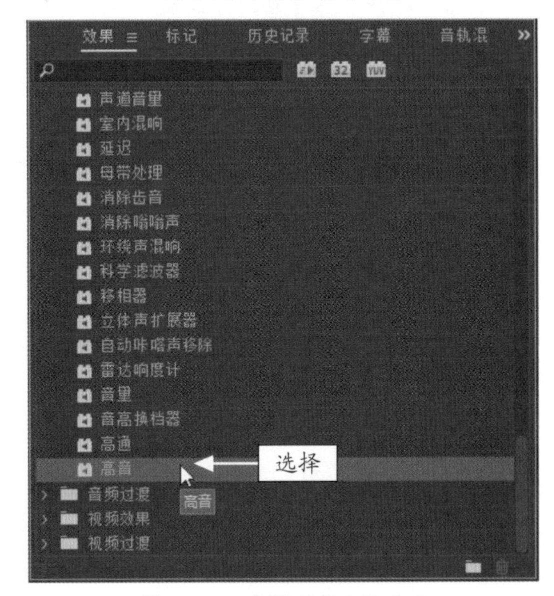


图 8-144　选择“高音”选项

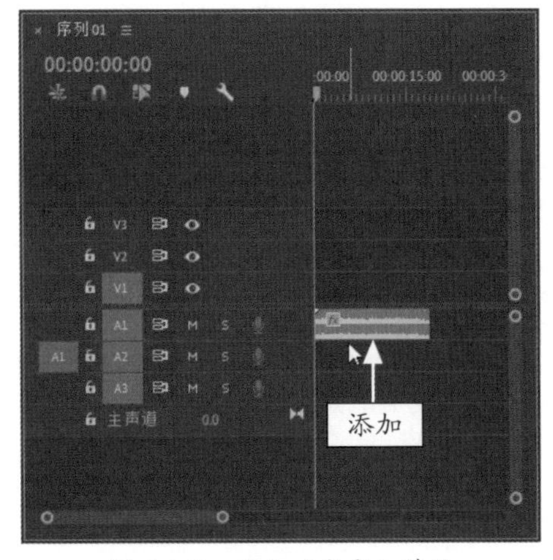


图 8-145　添加“高音”特效

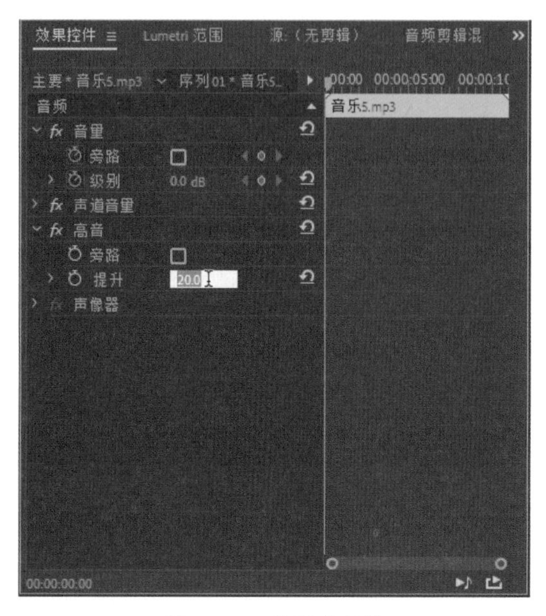


图 8-146　设置参数值

## 8.6.6　低音特效：对音频素材进行调整

在 Premiere Pro 2020 中，“低音”特效主要用于增加或减少低音频率。

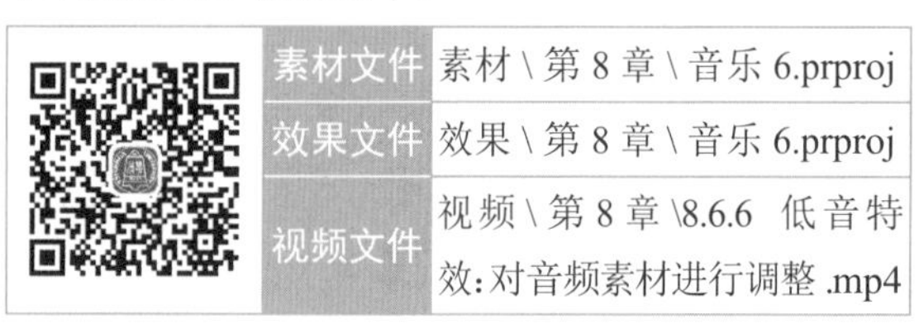

| | | |
|---|---|---|
| | 素材文件 | 素材 \ 第 8 章 \ 音乐 6.prproj |
| | 效果文件 | 效果 \ 第 8 章 \ 音乐 6.prproj |
| | 视频文件 | 视频 \ 第 8 章 \8.6.6　低音特效：对音频素材进行调整 .mp4 |

**【操练 + 视频】**
**——低音特效：对音频素材进行调整**

**STEP 01** 按 Ctrl ＋ O 组合键，打开项目文件“素材 \ 第 8 章 \ 音乐 6.prproj”，如图 8-147 所示。

**STEP 02** 在“效果”面板中，选择“低音”选项，如图 8-148 所示。

**STEP 03** 按住鼠标左键，将其拖曳至 A1 轨道的音频素材上，释放鼠标左键，即可添加“低音”特效，如图 8-149 所示。

**STEP 04** 在“效果控件”面板中展开“低音”选项，设置“提升”为 -10.0dB，如图 8-150 所示。执行操作后，即可完成低音特效。

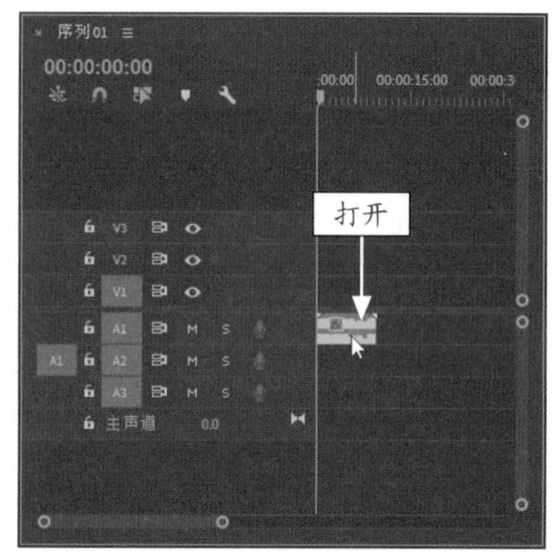


图 8-147　打开项目文件

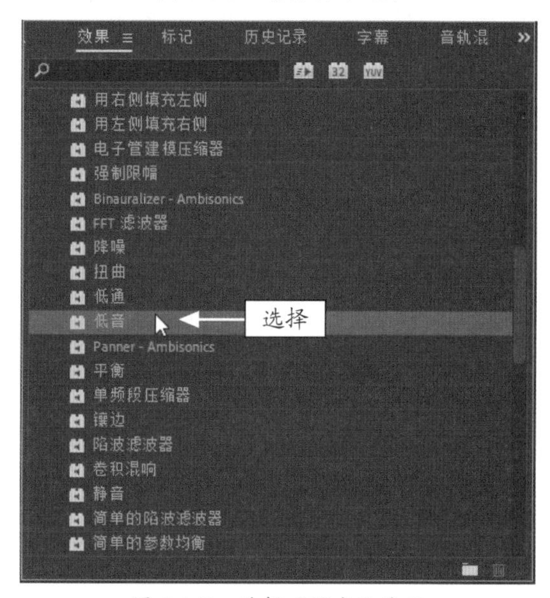


图 8-148　选择“低音”选项

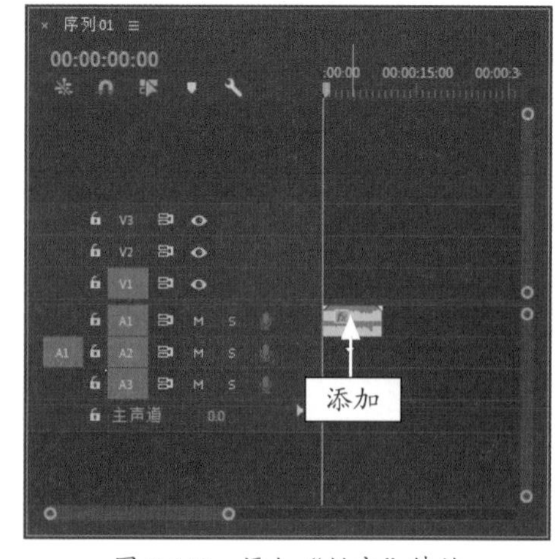


图 8-149　添加“低音”特效

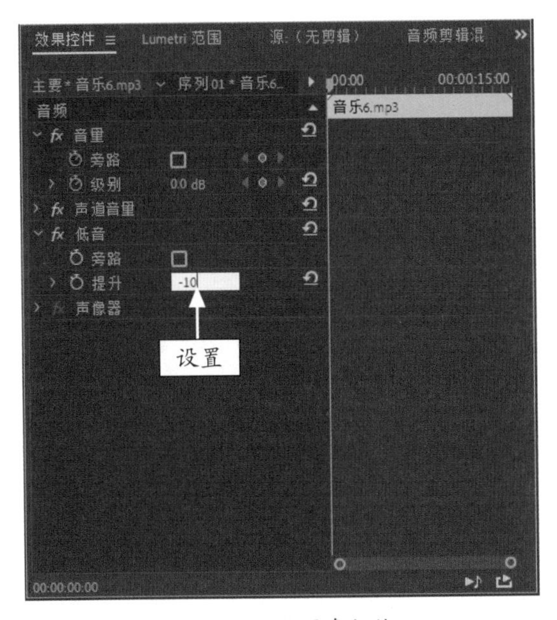


图 8-150　设置参数值

## 8.6.7　降爆声特效：消除无声音频背景噪声

在 Premiere Pro 2020 中，DeCrackler（降爆声）特效可以消除音频中无声部分的背景噪声。

|  | 素材文件 | 素材 \ 第 8 章 \ 音乐 7.prproj |
|---|---|---|
| | 效果文件 | 效果 \ 第 8 章 \ 音乐 7.prproj |
| | 视频文件 | 视频 \ 第 8 章 \8.6.7　降爆声特效：消除无声音频背景噪声 .mp4 |

**【操练 + 视频】**
**——降爆声特效：消除无声音频背景噪声**

STEP 01 按 Ctrl + O 组合键，打开项目文件“素材 \ 第 8 章 \ 音乐 7.prproj”，如图 8-151 所示。

STEP 02 在“效果”面板中，选择“DeCrackler（过时）”选项，如图 8-152 所示。

STEP 03 按住鼠标左键，将其拖曳至 A1 轨道的音频素材上，释放鼠标左键，即可添加降爆声特效，如图 8-153 所示。

STEP 04 在“效果控件”面板中，单击“自定义设置”选项右侧的“编辑”按钮，如图 8-154 所示。

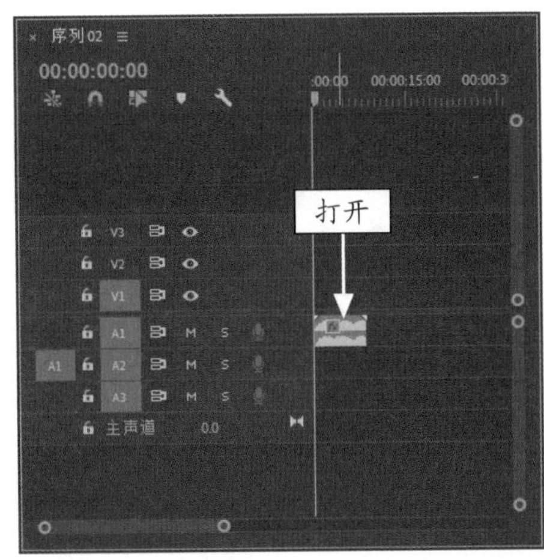


图 8-151　打开项目文件

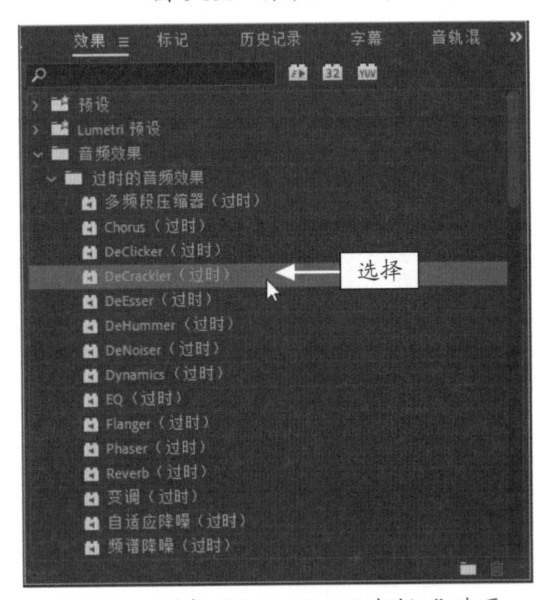


图 8-152　选择“DeCrackler（过时）”选项

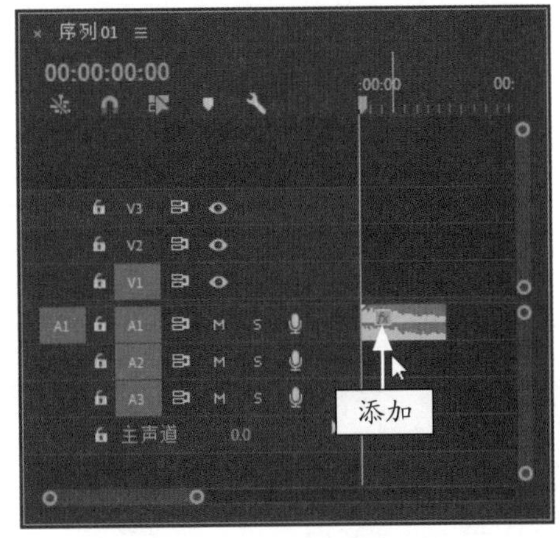


图 8-153　添加“降爆声”特效

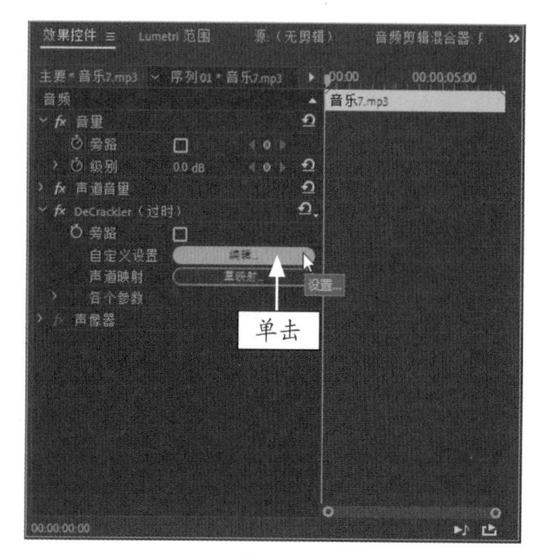


图 8-154　单击“编辑”按钮

**STEP 05** 弹出“剪辑效果编辑器”对话框，设置 Threshold 为 15%、Reduction 为 28，如图 8-155 所示。执行操作后，即可完成降爆声特效。

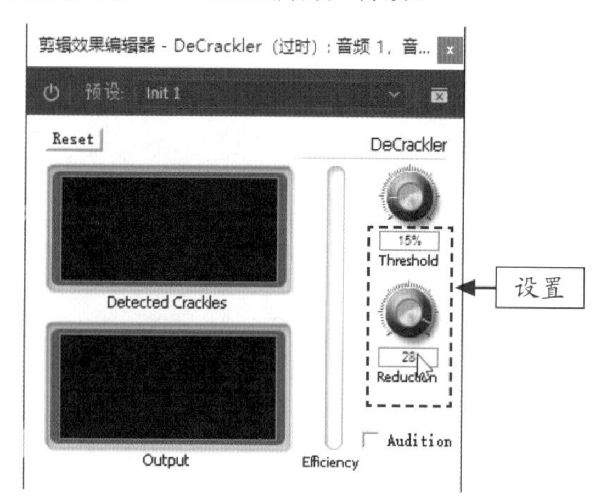


图 8-155　设置参数值

## 8.6.8　滴答声特效：消除音频素材的滴答声

在 Premiere Pro 2020 中，滴答声（DeClicker）特效可以消除音频素材中的滴答声。

| | | |
|---|---|---|
|  | 素材文件 | 素材 \ 第 8 章 \ 音乐 8.prproj |
| | 效果文件 | 效果 \ 第 8 章 \ 音乐 8.prproj |
| | 视频文件 | 视频 \ 第 8 章 \8.6.8　滴答声特效：消除音频素材的滴答声 .mp4 |

【操练 + 视频】
——滴答声特效：消除音频素材的滴答声

**STEP 01** 按 Ctrl ＋ O 组合键，打开项目文件“素材 \ 第 8 章 \ 音乐 8.prproj”，如图 8-156 所示。

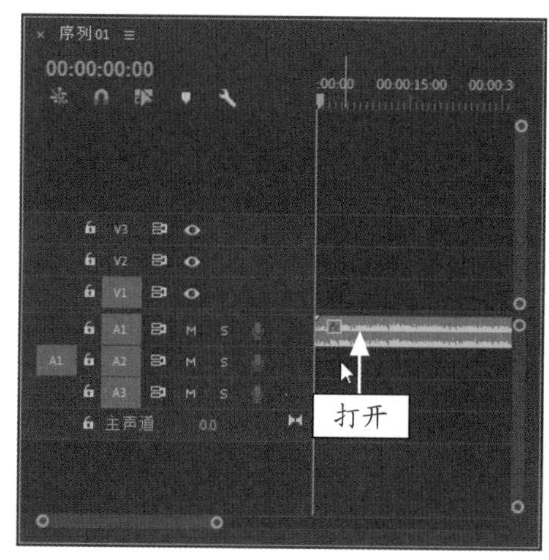


图 8-156　打开项目文件

**STEP 02** 在“效果”面板中，选择“DeClicker（过时）”选项，如图 8-157 所示。

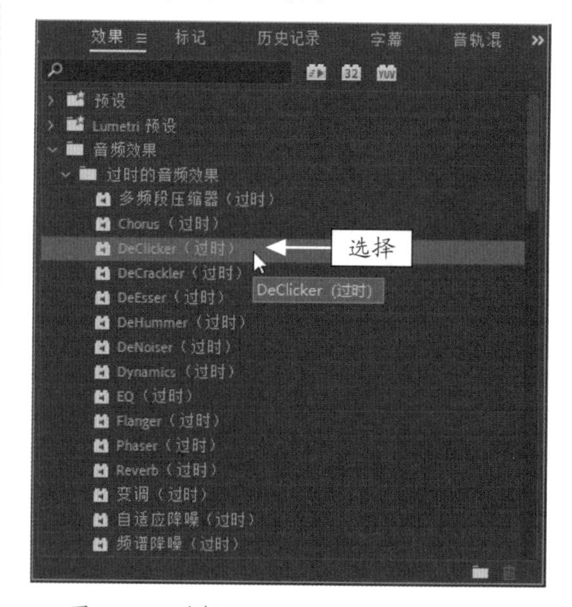


图 8-157　选择“DeClicker（过时）”选项

**STEP 03** 按住鼠标左键，将其拖曳至 A1 轨道的音频素材上，释放鼠标左键，即可添加滴答声特效，如图 8-158 所示。

**STEP 04** 在“效果控件”面板中，单击“自定义设置”选项右侧的“编辑”按钮，如图 8-159 所示。

**STEP 05** 弹出“剪辑效果编辑器”对话框，选中

Classj 单选按钮，如图 8-160 所示。执行操作后，即可消除滴答声。

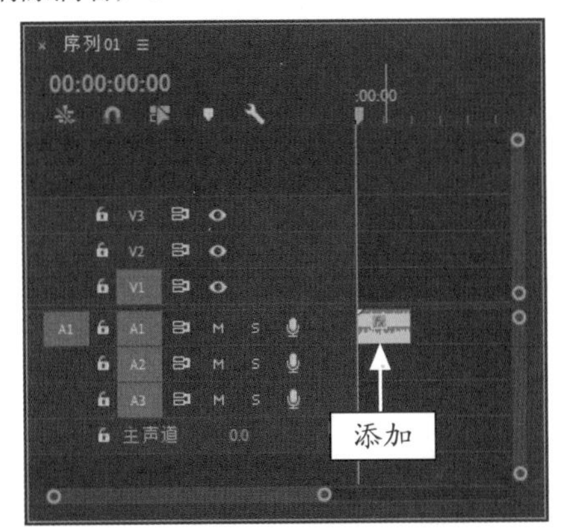


图 8-158　添加滴答声特效

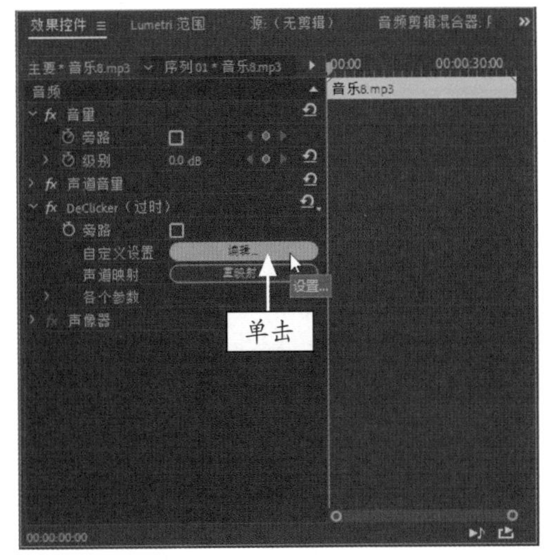


图 8-159　单击“编辑”按钮

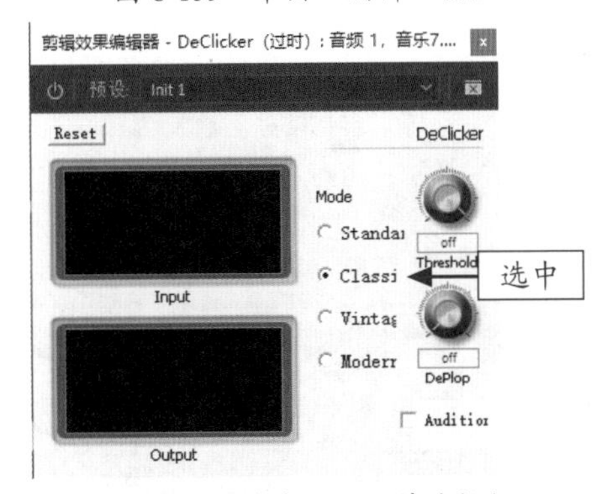


图 8-160　选中 Classj 单选按钮

## 8.6.9　互换声道：制作郁郁葱葱音频效果

在 Premiere Pro 2020 中，“互换声道”音频效果的主要功能是将声道的相位进行反转。

| | |
|---|---|
| 素材文件 | 素材 \ 第 8 章 \ 郁郁葱葱 .prproj |
| 效果文件 | 效果 \ 第 8 章 \ 郁郁葱葱 .prproj |
| 视频文件 | 视频 \ 第 8 章 \8.6.9 互换声道：制作郁郁葱葱音频效果 .mp4 |

**【操练 + 视频】**
**——互换声道：制作郁郁葱葱音频效果**

STEP 01 按 Ctrl ＋ O 组合键，打开项目文件“素材 \ 第 8 章 \ 郁郁葱葱 .prproj”，如图 8-161 所示。

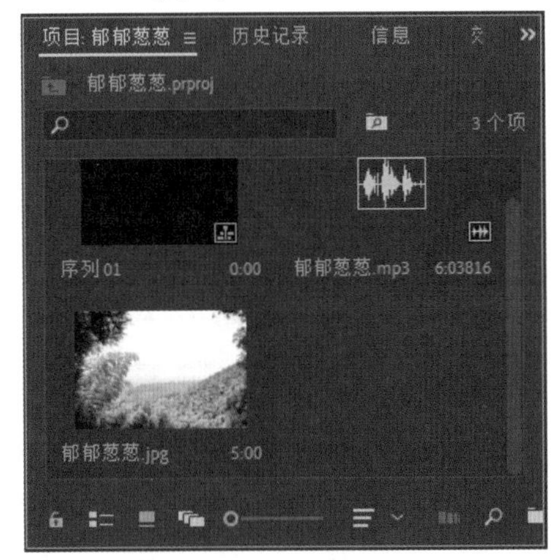


图 8-161　打开项目文件

STEP 02 在“项目”面板中选择“郁郁葱葱 .jpg”素材文件，并将其添加到“时间轴”面板中的 V1 轨道上，如图 8-162 所示。

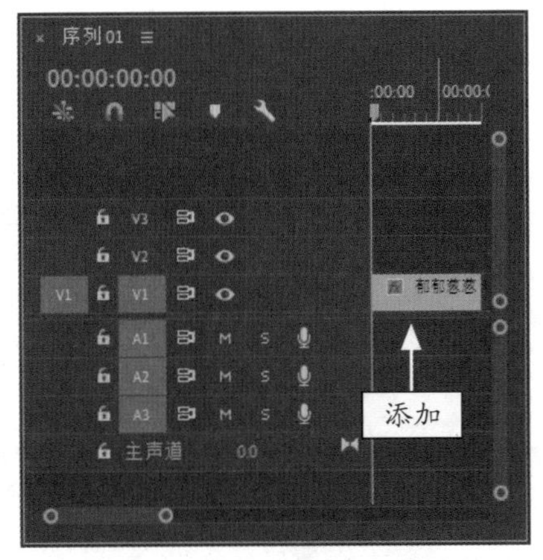


图 8-162　添加素材文件

STEP 03 选择 V1 轨道上的素材文件，切换至“效果控件”面板，设置“缩放”为 25.0，在“节目监视器”面板中可以查看素材画面，如图 8-163 所示。

STEP 04 将“郁郁葱葱 .mp3”素材添加到“时间轴”面板的 A1 轨道上，如图 8-164 所示。

图 8-163　查看素材画面

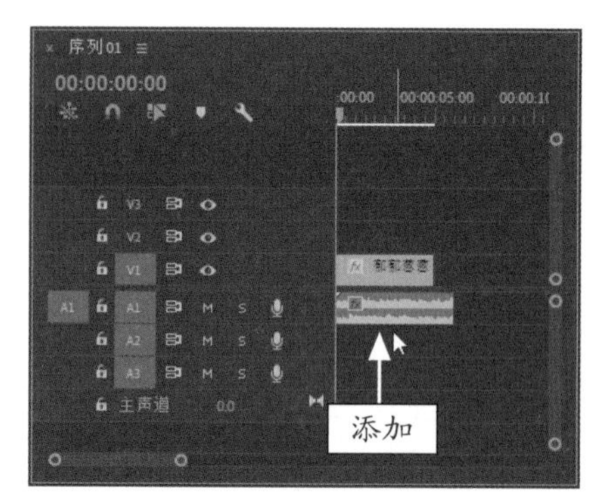


图 8-164　添加素材文件

STEP 05 拖曳当前时间指示器至 00:00:05:00 的位置，使用剃刀工具分割 A1 轨道上的素材文件，使用选择工具选择 A1 轨道上第 2 段音频素材文件并删除，然后选择 A1 轨道上的第 1 段音频素材文件，如图 8-165 所示。

STEP 06 在“效果”面板中展开“音频效果”选项，双击“互换声道”选项，如图 8-166 所示，即可为选择的素材添加“互换声道”音频效果。

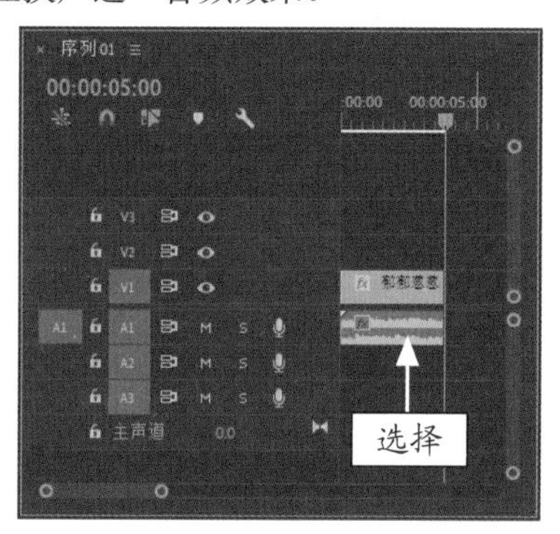


图 8-165　选择素材文件

图 8-166　双击“互换声道”选项

STEP 07 拖曳当前时间指示器至开始位置，在“效果控件”面板中展开“互换声道”选项，单击“旁路”选项左侧的“切换动画”按钮，添加第 1 个关键帧，如图 8-167 所示。

STEP 08 拖曳当前时间指示器至 00:00:03:00 的位置，选中“旁路”复选框，添加第 2 个关键帧，如图 8-168 所示。单击“播放 - 停止切换”按钮，试听“互换声道”特效。

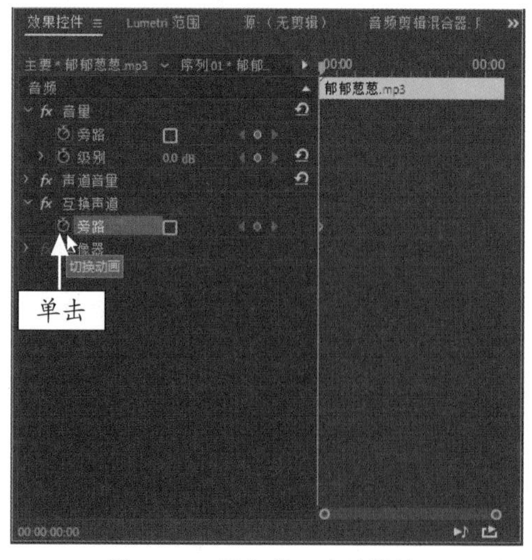


图 8-167　添加第 1 个关键帧

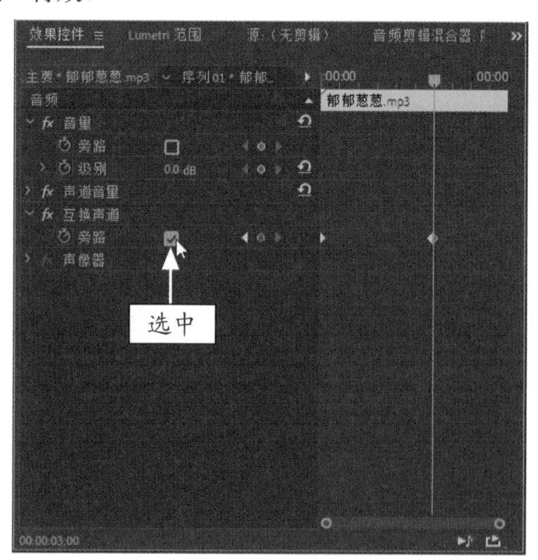


图 8-168　添加第 2 个关键帧

# 第9章

# 视频合成：制作视频的覆叠特效

## 章前知识导读

所谓覆叠特效，是Premiere Pro提供的一种视频编辑方法，它将视频素材添加到视频轨道中之后，再对视频素材的大小、位置以及透明度等属性进行调节，从而产生视频叠加效果。本章主要介绍影视覆叠特效的制作方法。

## 新手重点索引

- 认识Alpha通道与遮罩
- 制作常用透明叠加效果
- 制作其他叠加效果

## 效果图片欣赏

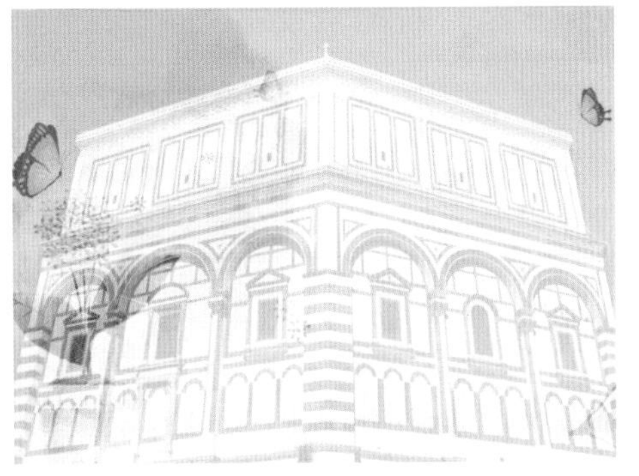

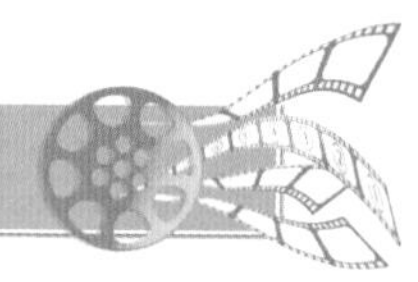

# 9.1 认识 Alpha 通道与遮罩

Alpha 通道是图像额外的灰度图层，利用 Alpha 通道可以将视频轨道中的图像、文字等素材与其他视频轨道中的素材进行组合。本节主要介绍 Premiere Pro 2020 中的 Alpha 通道与遮罩特效。

## 9.1.1 Alpha 通道

通道就如同摄影胶片一样，主要作用是记录图像内容和颜色信息。随着图像的颜色模式改变，通道的数量也会随着改变。

在 Premiere Pro 2020 中，颜色主要以 RGB 模式为主，Alpha 通道可以把所需要的图像分离出来，让画面达到最佳的透明效果。为了更好地理解通道，接下来将通过同样由 Adobe 公司开发的 Photoshop 来进行介绍。

启动 Photoshop 软件后，打开一幅 RGB 模式的图像。选择“窗口”|“通道”命令，展开 RGB 颜色模式下的“通道”面板，此时“通道”面板中除了 RGB 混合通道外，还分别有红、绿、蓝 3 个专色通道，如图 9-1 所示。

当用户打开一幅颜色模式为 CMYK 的素材图像时，在“通道”面板中的专色通道将变为青色、洋红、黄色以及黑色，如图 9-2 所示。

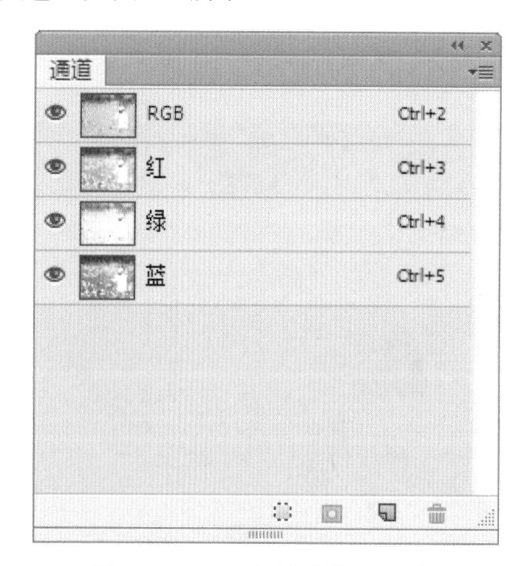


图 9-1　RGB 素材图像的通道

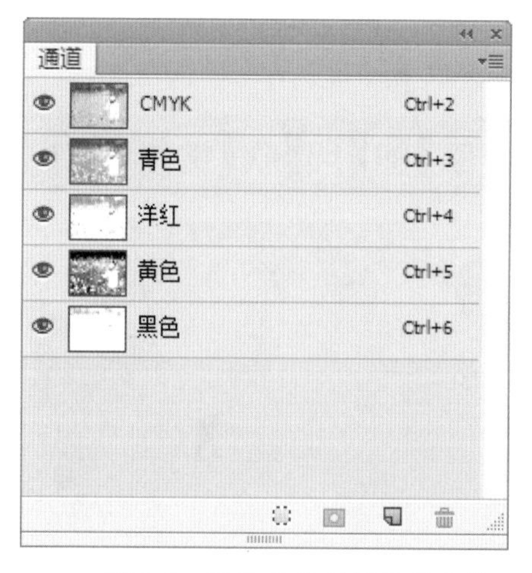


图 9-2　CMYK 素材图像的通道

## 9.1.2 视频叠加：制作绿色清新视频效果

在 Premiere Pro 2020 中，一般情况下，利用通道进行视频叠加的方法很简单，用户可以根据需要运用 Alpha 通道进行视频叠加。Alpha 通道信息都是静止的图像信息，因此需要运用 Photoshop 这一类图像编辑软件来生成带有通道信息图像文件。

在创建完带有通道信息的图像文件后，接下来只需要将带有 Alpha 通道信息的文件拖入到 Premiere Pro 2020 的“时间线”面板的视频轨道上，视频轨道中编号较低的内容将自动透过 Alpha 通道显示出来。

|  | 素材文件 | 素材 \ 第 9 章 \ 绿色清新 .prproj |
|---|---|---|
| | 效果文件 | 效果 \ 第 9 章 \ 绿色清新 .prproj |
| | 视频文件 | 视频\第 9 章\9.1.2 视频叠加：制作绿色清新视频效果 .mp4 |

## 【操练 + 视频】
## ——视频叠加：制作绿色清新视频效果

STEP 01 按 Ctrl + O 组合键，打开项目文件“素材 \ 第 9 章 \ 绿色清新 .prproj”，如图 9-3 所示。

图 9-3　打开项目文件

STEP 02 在“项目”面板中将素材分别添加至 V1 和 V2 轨道上，拖动控制条调整视图。选择 V1 轨道上的素材，在“效果控件”面板中展开“运动”选项，设置“缩放”为 18.0，如图 9-4 所示。

STEP 03 在“效果”面板中展开“视频效果”|“键控”选项，选择“Alpha 调整”视频效果，如图 9-5 所示。按住鼠标左键，将其拖曳至 V2 轨道的素材上，即可添加 Alpha 调整视频效果。

STEP 04 将时间线移至开始位置，在“效果控件”面板中展开“Alpha 调整”选项，单击“不透明度”“反转 Alpha”和“仅蒙版”3 个选项左侧的“切换动画”按钮，如图 9-6 所示。

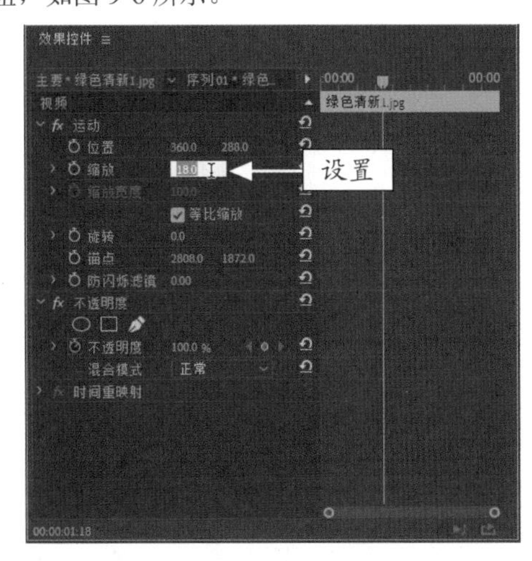


图 9-4　设置缩放值

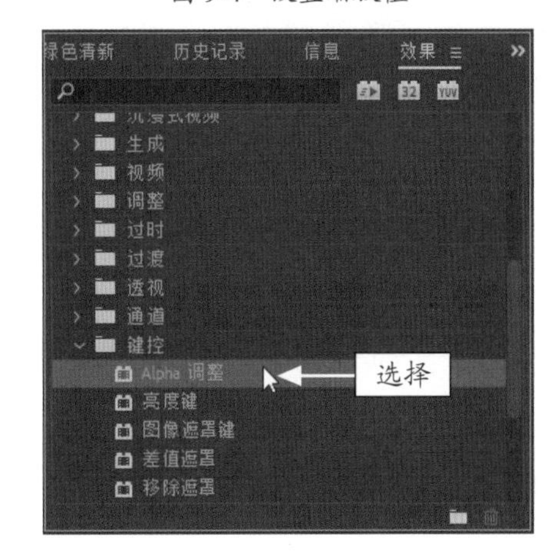


图 9-5　选择“Alpha 调整”视频效果

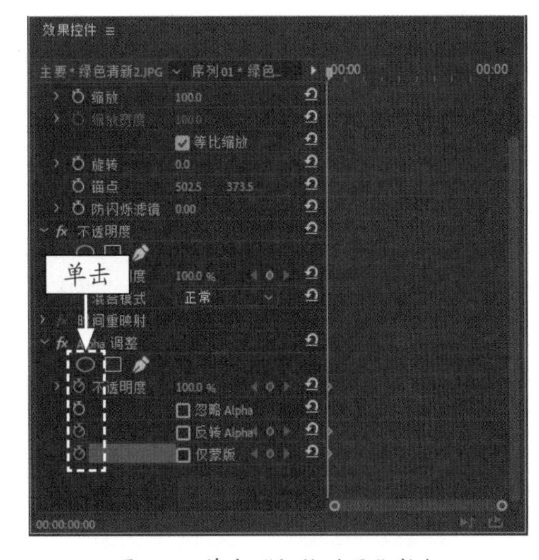


图 9-6　单击“切换动画”按钮

STEP 05 将当前时间指示器拖曳至 00:00:02:10 的位置，设置“不透明度”为 50.0%，并选中“仅蒙版”复选框，添加关键帧，如图 9-7 所示。

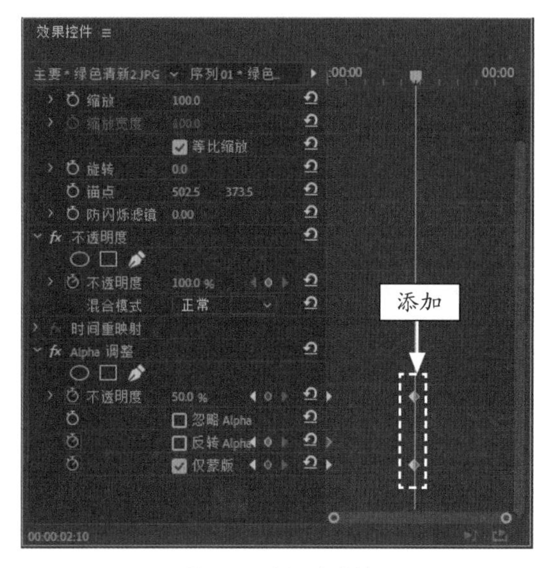


图 9-7　添加关键帧

STEP 06 设置完成后，将时间线移至素材的开始位置，在“节目监视器”面板中单击“播放 - 停止切换”按钮，即可预览视频叠加后的效果，如图 9-8 所示。

图 9-8　预览视频叠加后的效果

## 9.1.3　了解遮罩的类型

遮罩能够根据自身灰度的不同，有选择地隐藏素材画面中的内容。在 Premiere Pro 2020 中，遮罩的作用主要是用来隐藏顶层素材画面中的部分内容，并显示下一层画面的内容。

### 1. 无用信号遮罩

无用信号遮罩主要是针对视频图像的特定键进行处理，“无用信号遮罩”是运用多个遮罩点，并在素材画面中连成一个固定的区域，用来隐藏画面中的部分图像。系统提供了 4 点、8 点以及 16 点无信号遮罩特效。

### 2. 色度键

“色度键”特效用于将图像上的某种颜色及其相似范围的颜色设定为透明，从而可以看见底层的图像。“色度键”特效的作用是利用颜色来制作遮罩效果，这种特效多运用在画面中有大量近似色的素材中。“色度键”特效也常常用于其他文件的 Alpha 通道或填充，如果输入的素材是包含背景的 Alpha，可能需要去除图像中的光晕，因为光晕通常和背景及图像有很大的差异。

### 3. 亮度键

“亮度键”特效用于将叠加图像的灰度值设置为透明。“亮度键”是用来去除素材画面中较暗的部分图像，所以该特效常用于画面明暗差异化特别明显的素材中。

### 4. 非红色键

“非红色键”特效主要用于去除图像中的蓝色背景和绿色背景。

### 5. 图像遮罩键

“图像遮罩键”特效可以用一幅静态的图像作蒙版。在 Premiere Pro 2020 中，“图像遮罩键”特效是将素材作为划定遮罩的范围，或者为图像导入一张带有 Alpha 通道的图像素材来指定遮罩的范围。

### 6. 差异遮罩键

“差异遮罩键”特效可以将两个图像相同区域进行叠加。“差异遮罩键”特效是对比两个相似的图像剪辑，并去除图像剪辑在画面中的相似部分，最终只留下有差异的图像内容。

7. 颜色键

“颜色键”特效用于设置需要透明的颜色来实现透明效果。“颜色键”特效主要运用于有大量相似色的素材画面中，其作用是隐藏素材画面中指定的色彩范围。

## 9.2 制作常用透明叠加效果

在 Premiere Pro 2020 中，可以通过对素材透明度的设置，制作出各种透明混合叠加的效果。透明度叠加是将一个素材的部分显示在另一个素材画面上，利用半透明的画面来呈现下一张画面。本节主要介绍制作常用透明叠加效果的基本操作方法。

### 9.2.1 叠加透明度：制作教堂视频效果

在 Premiere Pro 2020 中，用户可以直接在“效果控件”面板中降低或提高素材的透明度，这样可以让两个轨道的素材同时显示在画面中。

|  | 素材文件 | 素材 \ 第 9 章 \ 教堂 .prproj |
| --- | --- | --- |
| | 效果文件 | 效果 \ 第 9 章 \ 教堂 .prproj |
| | 视频文件 | 视频 \ 第 9 章 \9.2.1 叠加透明度：制作教堂视频效果 .mp4 |

**【操练 + 视频】**
**——叠加透明度：制作教堂视频效果**

STEP 01 按 Ctrl + O 组合键，打开项目文件“素材 \ 第 9 章 \ 教堂 .prproj”，如图 9-9 所示。

图 9-9　打开项目文件

STEP 02 在 V2 轨道上，选择视频素材，如图 9-10 所示。

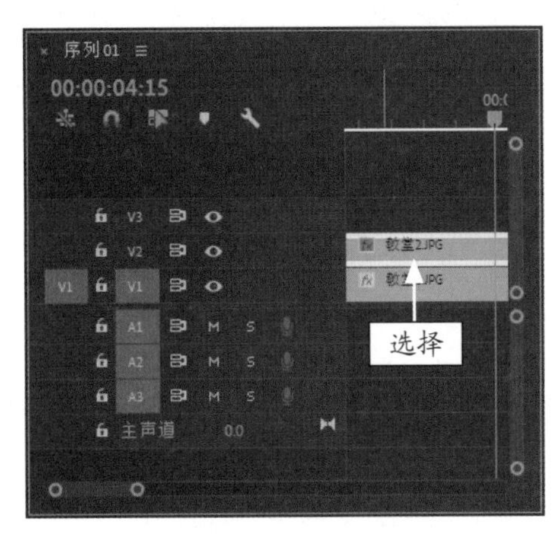


图 9-10　选择视频素材

STEP 03 在“效果控件”面板中，展开“不透明度”选项，单击“不透明度”选项左侧的“切换动画”按钮，添加关键帧，如图 9-11 所示。

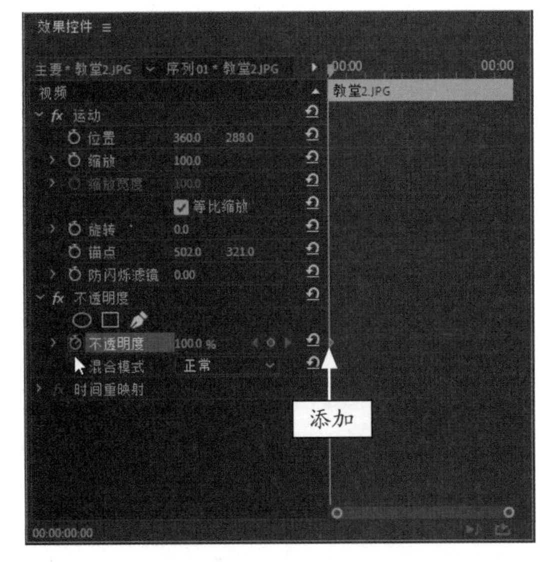


图 9-11　添加关键帧（1）

STEP 04 将时间线移至 00:00:04:00 的位置，设置“不透明度”为 50.0%，添加关键帧，如图 9-12 所示。

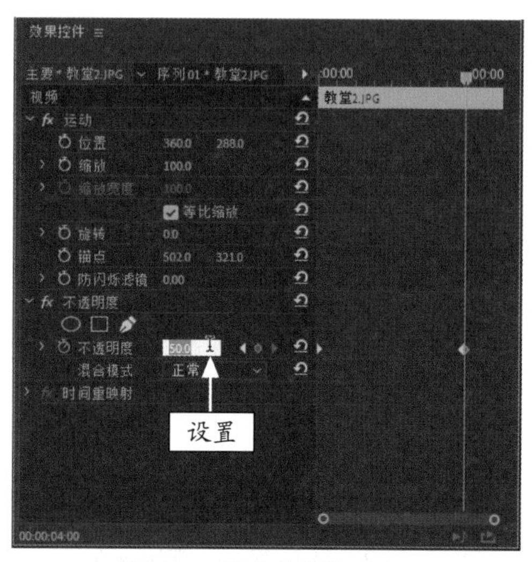


图 9-12　添加关键帧（2）

**专家指点**

在 Premiere Pro 2020 的“效果控件”面板中，通过拖曳当前时间指示器调整时间线位置不准确时，在“播放指示器位置”文本框中，输入需要调整的时间参数，即可精准、快速调整到时间线位置。

STEP 05 设置完成后，将时间线移至素材的开始位置，在“节目监视器”面板中，单击“播放-停止切换”按钮，预览透明度叠加效果，如图 9-13 所示。

图 9-13　预览透明化叠加效果

## 9.2.2　非红色键：制作小草视频效果

“非红色键”特效可以将图像上的背景变成透明色。下面将介绍运用非红色键叠加素材的操作方法。

| 素材文件 | 素材 \ 第 9 章 \ 小草 .prproj |
|---|---|
| 效果文件 | 效果 \ 第 9 章 \ 小草 .prproj |
| 视频文件 | 视频 \ 第 9 章 \9.2.2　非红色键：制作小草视频效果 .mp4 |

**【操练 + 视频】**
**——非红色键：制作小草视频效果**

STEP 01 按 Ctrl ＋ O 组合键，打开项目文件“素材 \ 第 9 章 \ 小草 .prproj”，如图 9-14 所示。

图 9-14　打开项目文件

STEP 02 在“效果”面板中，选择“非红色键”选项，如图 9-15 所示。

图 9-15　选择“非红色键”选项

STEP 03 按住鼠标左键，将其拖曳至 V2 的视频素材上，如图 9-16 所示。

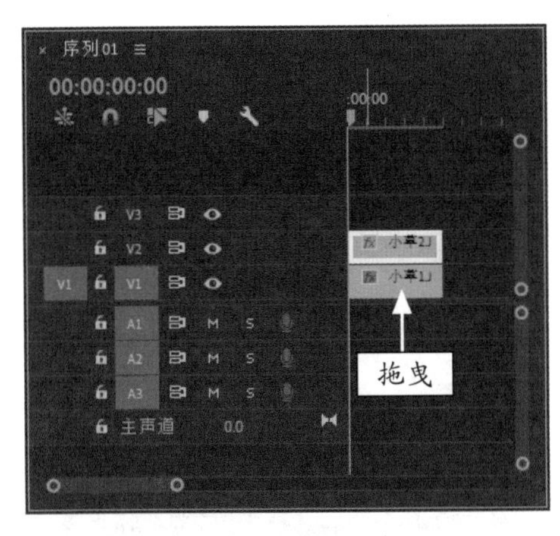


图 9-16　拖曳至视频素材上

STEP 04 在“效果控件”面板中，设置“阈值”为 15%、“屏蔽度”为 1.5%，即可运用非红色键叠加素材，效果如图 9-17 所示。

图 9-17　运用非红色键叠加素材

### 9.2.3　透明叠加：制作蔬果视频叠加效果

在 Premiere Pro 2020 中，用户可以运用“颜色键”特效制作出一些比较特别的效果叠加。下面介绍如何使用颜色键来制作特殊效果。

|  | 素材文件 | 素材 \ 第 9 章 \ 蔬果 .prproj |
|---|---|---|
| | 效果文件 | 效果 \ 第 9 章 \ 蔬果 .prproj |
| | 视频文件 | 视频 \ 第 9 章 \9.2.3　透明叠加：制作蔬果视频叠加效果 .mp4 |

**【操练 + 视频】**
**——透明叠加：制作蔬果视频叠加效果**

STEP 01 按 Ctrl + O 组合键，打开项目文件“素材 \ 第 9 章 \ 蔬果 .prproj”，如图 9-18 所示。

图 9-18　打开项目文件

STEP 02 在“效果”面板中，选择“颜色键”选项，如图 9-19 所示。

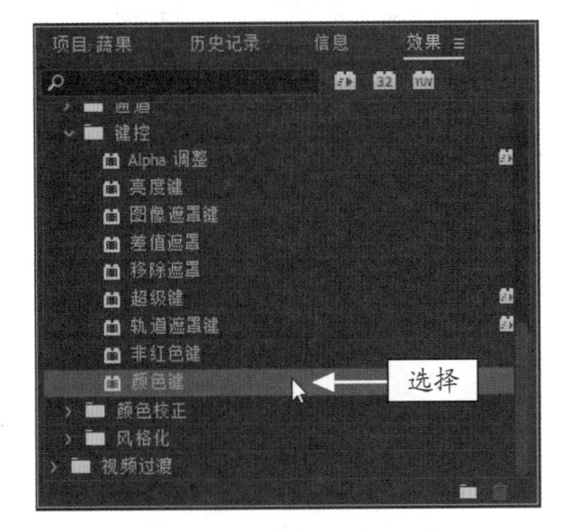


图 9-19　选择“颜色键”选项

STEP 03 按住鼠标左键，将其拖曳至 V2 的素材图像上，添加视频效果，如图 9-20 所示。

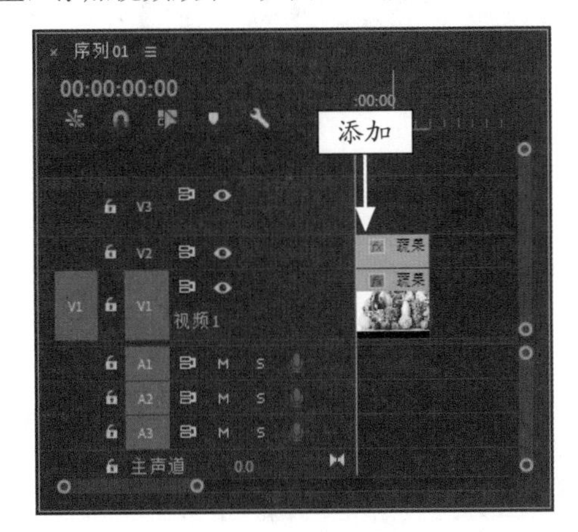


图 9-20　添加视频效果

STEP 04 在“效果控件”面板中，设置“主要颜色”为绿色（RGB 参数值为 45、144、66）、“颜色容差”为 130，如图 9-21 所示。

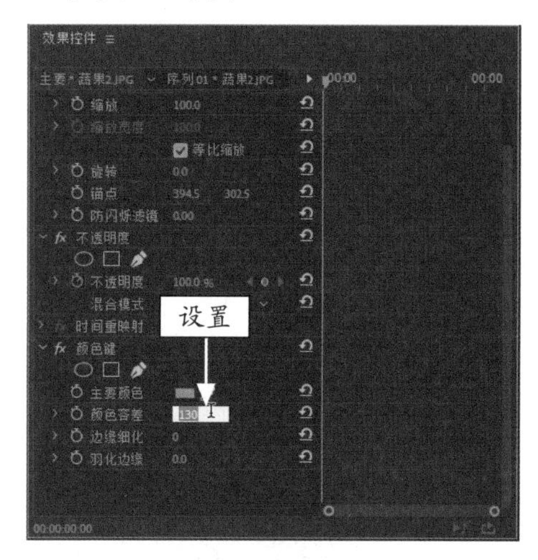


图 9-21 设置参数值

STEP 05 执行上述操作后，即可运用颜色键叠加素材，效果如图 9-22 所示。

图 9-22 运用颜色键叠加素材效果

## 9.2.4 亮度键：抠出图层中的黑色区域

在 Premiere Pro 2020 中，亮度键用来抠出图层中指定明亮度或亮度的所有区域。下面将介绍添加“亮度键”特效去除背景中的黑色区域的操作方法。

|  | 素材文件 | 无 |
| --- | --- | --- |
| | 效果文件 | 效果 \ 第 9 章 \ 蔬果 .prproj |
| | 视频文件 | 视频 \ 第 9 章 \9.2.4 亮度键：抠出图层中的黑色区域 .mp4 |

**【操练 + 视频】**
**——亮度键：抠出图层中的黑色区域**

STEP 01 以上一节的效果为例，在“效果”面板中，展开“键控”|“亮度键”选项，如图 9-23 所示。

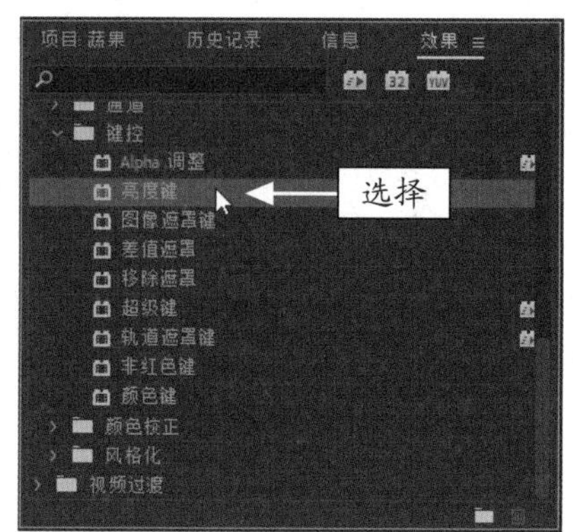


图 9-23 选择“亮度键”选项

STEP 02 按住鼠标左键，将其拖曳至 V2 的素材图像上，添加视频效果，如图 9-24 所示。

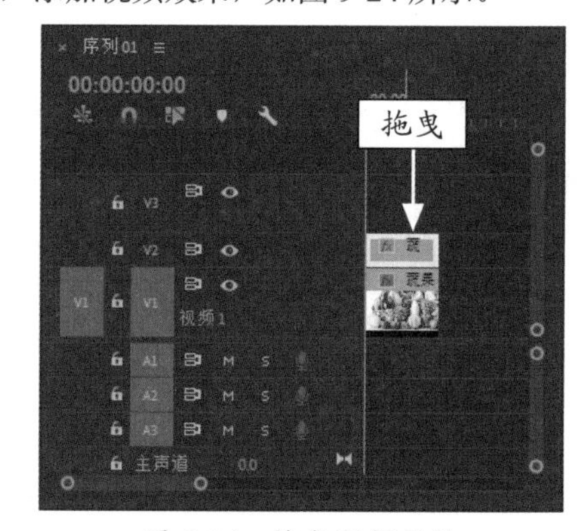


图 9-24 拖曳视频效果

STEP 03 在“效果控件”面板中，设置“阈值”“屏蔽度”均为 100.0，如图 9-25 所示。

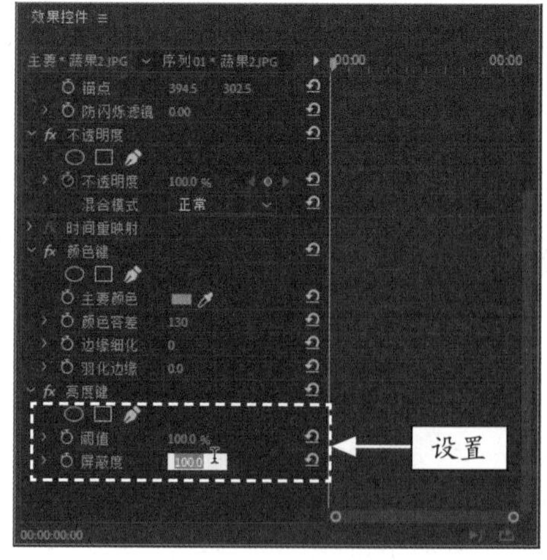


图 9-25 设置相应的参数

STEP 04 执行上述操作后，即可运用“亮度键”叠加素材，效果如图 9-26 所示。

图 9-26　预览视频效果

## 9.3 制作其他叠加效果

在 Premiere Pro 2020 中，除了 9.2 节介绍的叠加方式外，还有字幕叠加方式、淡入淡出叠加方式以及差值遮罩叠加方式等，这些叠加方式都是相当实用的。本节主要介绍运用这些叠加方式的基本操作方法。

### 9.3.1　字幕叠加：制作翩翩飞舞叠加效果

在 Premiere Pro 2020 中，华丽的字幕效果往往会让整个影视素材显得更加耀眼。下面介绍运用字幕叠加效果的操作方法。

|  | 素材文件 | 素材 \ 第 9 章 \ 翩翩飞舞 .prproj |
| --- | --- | --- |
| | 效果文件 | 效果 \ 第 9 章 \ 翩翩飞舞 .prproj |
| | 视频文件 | 视频 \ 第 9 章 \9.3.1　字幕叠加：制作翩翩飞舞叠加效果 .mp4 |

**【操练 + 视频】**
**——字幕叠加：制作翩翩飞舞叠加效果**

STEP 01 按 Ctrl ＋ O 组合键，打开项目文件“素材 \ 第 9 章 \ 翩翩飞舞 .prproj”，如图 9-27 所示。

STEP 02 在“效果控件”面板中，设置 V1 轨道素材的“缩放”为 110.0，如图 9-28 所示。

STEP 03 选择“文件”|“新建”|“旧版标题”命令，弹出“新建字幕”对话框，单击“确定”按钮。打开字幕编辑窗口，在窗口中输入文字并设置字幕属性，如图 9-29 所示。

图 9-27　打开项目文件

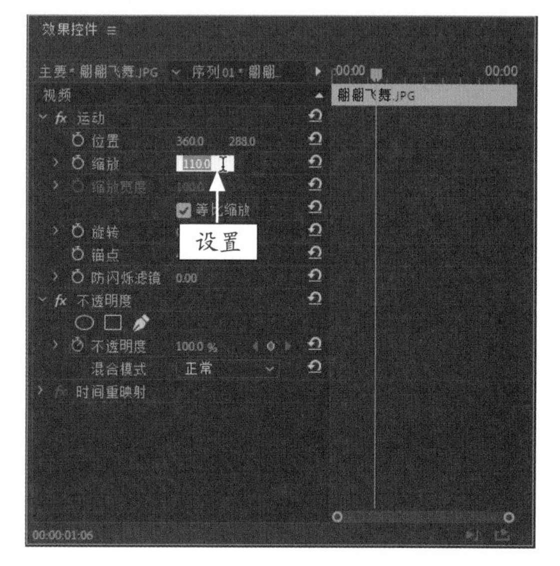


图 9-28　设置相应选项

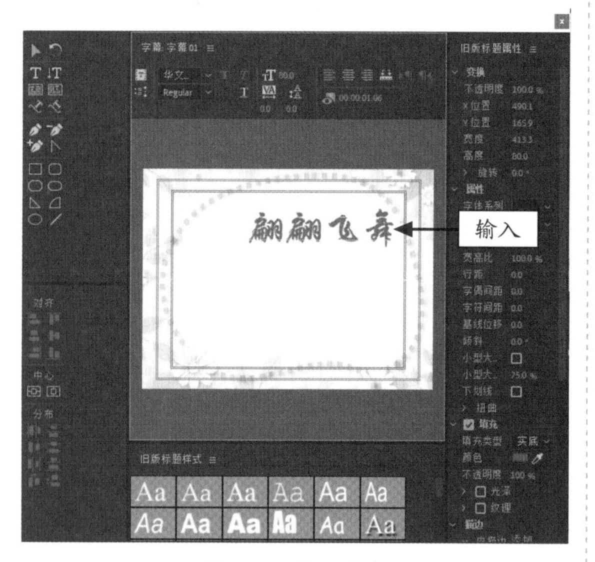


图 9-29　输入文字

STEP 04 关闭字幕编辑窗口，在“项目”面板中拖曳“字幕 01”至 V3 轨道中，如图 9-30 所示。

STEP 05 选择 V2 轨道中的素材，在“效果”面板中展开“视频效果”|“键控”选项，选择“轨道遮罩键”视频效果，如图 9-31 所示。

STEP 06 按住鼠标左键，将其拖曳至 V2 轨道中的素材上，在“效果控件”面板中展开“轨道遮罩键”选项，设置“遮罩”为“视频 3”，如图 9-32 所示。

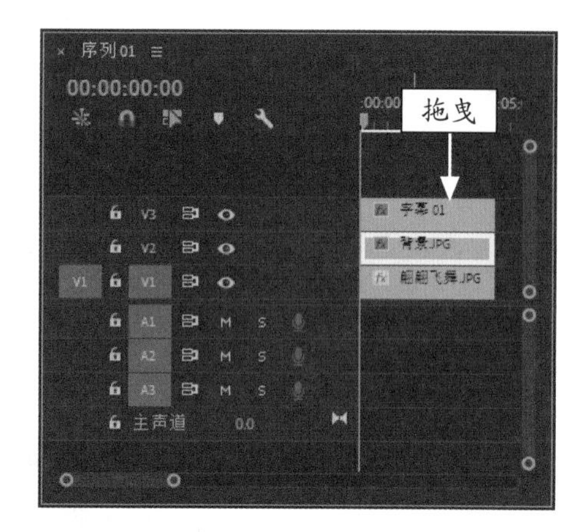


图 9-30　拖曳字幕素材

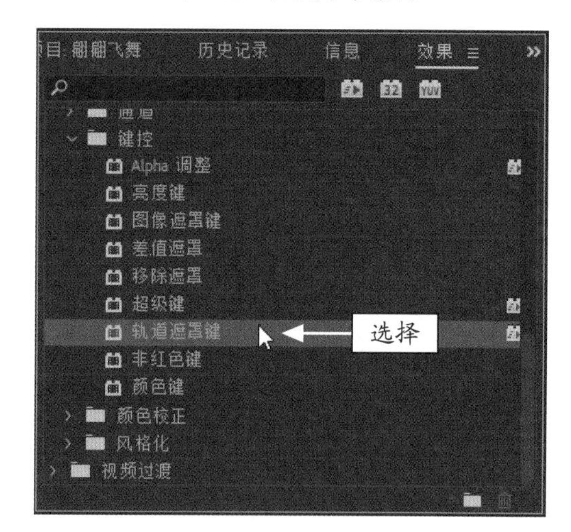


图 9-31　选择“轨道遮罩键”视频效果

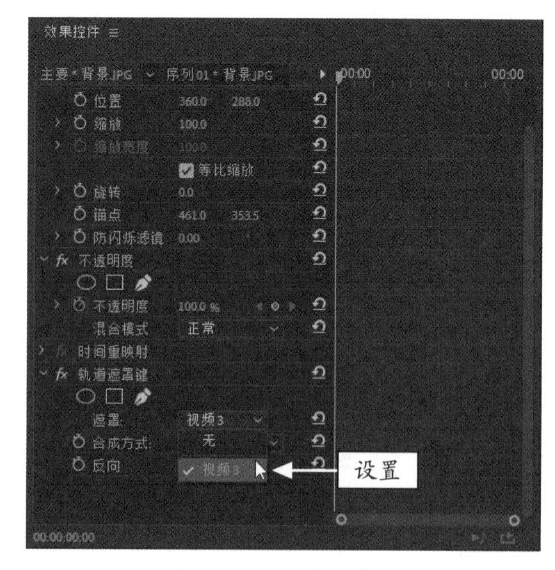


图 9-32　设置相应参数

STEP 07 在“效果控件”面板中展开“运动”选项，设置“缩放”为 80.0。执行上述操作后，即可完成叠加字幕的制作，效果如图 9-33 所示。

图 9-33　字幕叠加效果

> **专家指点**
>
> 在创建字幕时，Premiere Pro 2020 会自动加上 Alpha 通道，所以也能带来透明叠加的效果。在需要进行视频叠加时，利用字幕创建工具制作出文字或者图形的可叠加视频内容，然后再利用“时间线”面板进行编辑即可。

## 9.3.2　差值遮罩：制作紫色女孩视频效果

在 Premiere Pro 2020 中，“差值遮罩”特效主要是将视频素材中的一种颜色差值做透明处理。下面介绍运用差值遮罩制作紫色女孩视频效果的操作方法。

| | | |
|---|---|---|
|  | 素材文件 | 素材 \ 第 9 章 \ 紫色女孩 .prproj |
| | 效果文件 | 效果 \ 第 9 章 \ 紫色女孩 .prproj |
| | 视频文件 | 视频 \ 第 9 章 \9.3.2　差值遮罩：制作紫色女孩视频效果 .mp4 |

**【操练 + 视频】**
**——差值遮罩：制作紫色女孩视频效果**

STEP 01 按 Ctrl ＋ O 组合键，打开项目文件“素材 \ 第 9 章 \ 紫色女孩 .prproj”，如图 9-34 所示。

STEP 02 在“效果”面板中展开“视频效果”|“键控”选项，选择“差值遮罩”视频效果，如图 9-35 所示。

图 9-34　打开项目文件

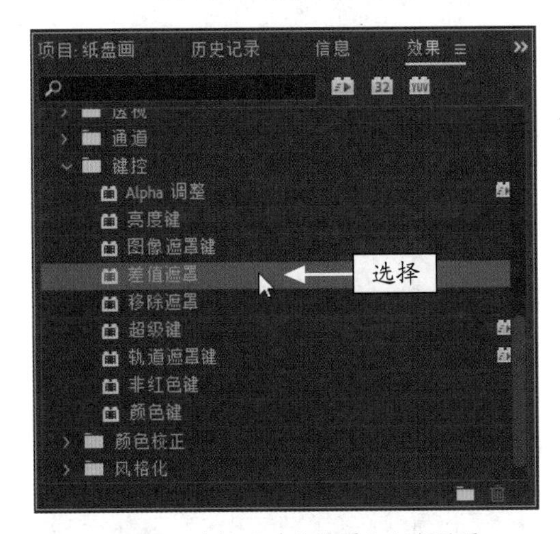


图 9-35　选择“差值遮罩”视频效果

STEP 03 按住鼠标左键，将其拖曳至 V2 轨道的素材上，添加视频效果，如图 9-36 所示。

STEP 04 在“效果控件”面板中，展开“差值遮罩”选项区，设置“差值图层”为“视频 1”，如图 9-37 所示。

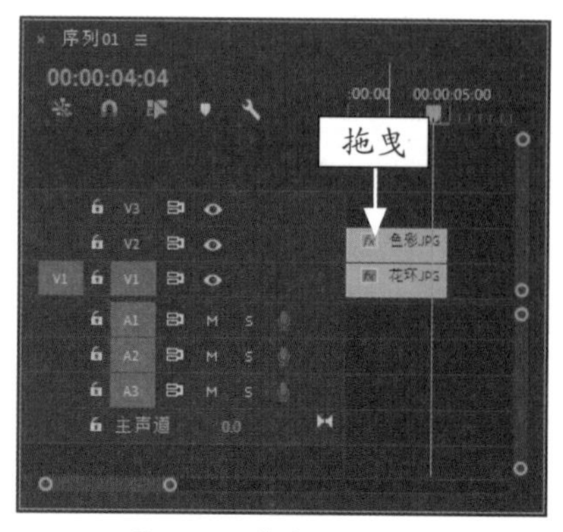


图 9-36 拖曳视频效果

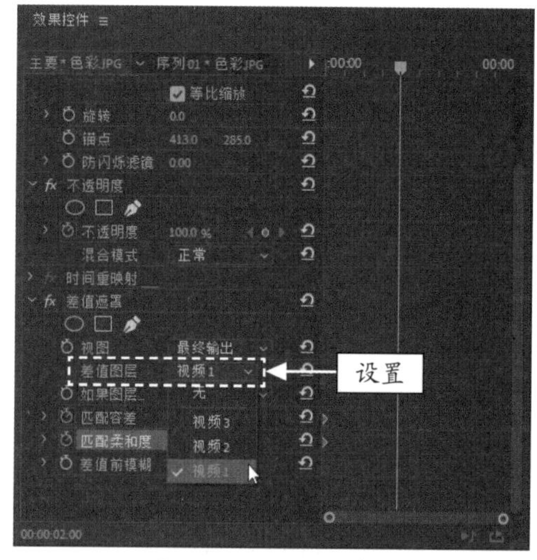


图 9-37 设置相应参数

STEP 05 ❶单击“匹配容差”和“匹配柔和度”左侧的“切换动画”按钮，❷添加关键帧，❸设置“匹配容差”参数为 0.0%，效果如图 9-38 所示。

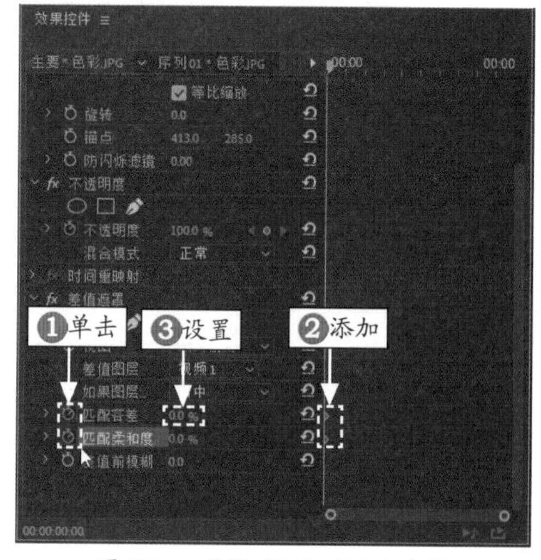


图 9-38 设置“匹配容差”参数

STEP 06 执行上述操作后，设置“匹配柔和度”为“伸缩以适合”，如图 9-39 所示。

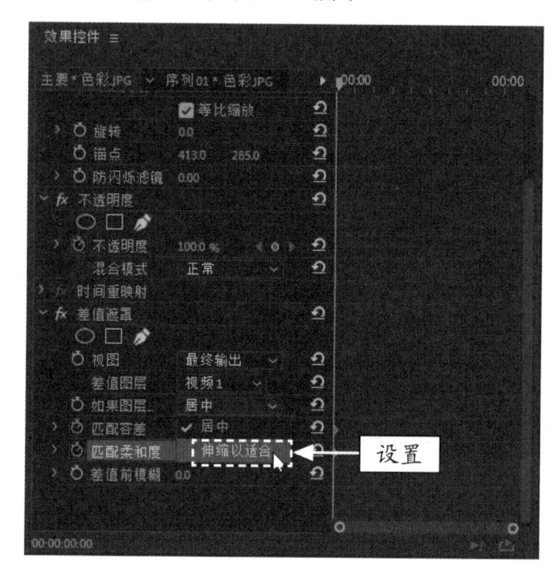


图 9-39 预览视频效果

STEP 07 ❶将时间线移至 00:00:02:00 的位置，❷设置“匹配容差”为 50.0%、“匹配柔和度”为 20.0%，❸再次添加关键帧，如图 9-40 所示。

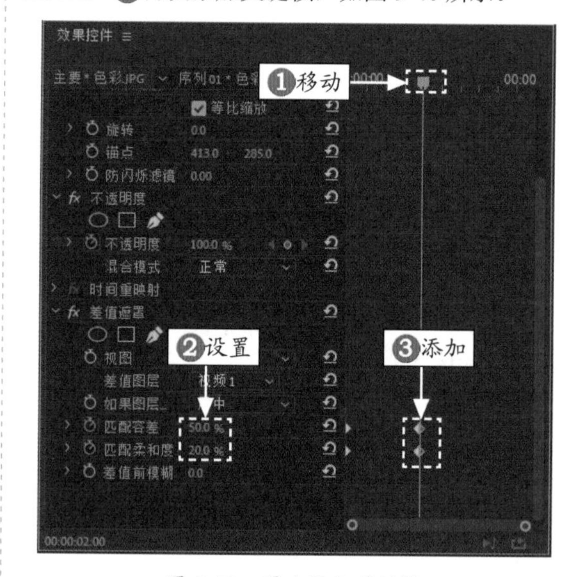


图 9-40 再次添加关键帧

STEP 08 设置完成后，在“节目监视器”面板中单击“播放 - 停止切换”按钮，即可预览制作的叠加效果，如图 9-41 所示。

图 9-41　预览制作的叠加效果

图 9-42　打开项目文件

## 9.3.3　淡入淡出：制作莲蓬叠加视频效果

在 Premiere Pro 2020 中，淡入淡出叠加效果通过对两个或两个以上的素材文件添加“不透明度”特效，并为素材添加关键帧实现素材之间的叠加转换。下面介绍运用淡入淡出叠加效果的操作方法。

|  | 素材文件 | 素材 \ 第 9 章 \ 莲蓬 .prproj |
|---|---|---|
| | 效果文件 | 效果 \ 第 9 章 \ 莲蓬 .prproj |
| | 视频文件 | 视频 \ 第 9 章 \9.3.3　淡入淡出：制作莲蓬叠加视频效果 .mp4 |

**【操练 + 视频】**
**——淡入淡出：制作莲蓬叠加视频效果**

STEP 01 按 Ctrl + O 组合键，打开项目文件“素材 \ 第 9 章 \ 莲蓬 .prproj”，如图 9-42 所示。

STEP 02 在“效果控件”面板中，分别设置 V1 和 V2 轨道中的素材“缩放”参数为 40.0、25.0，如图 9-43 所示。

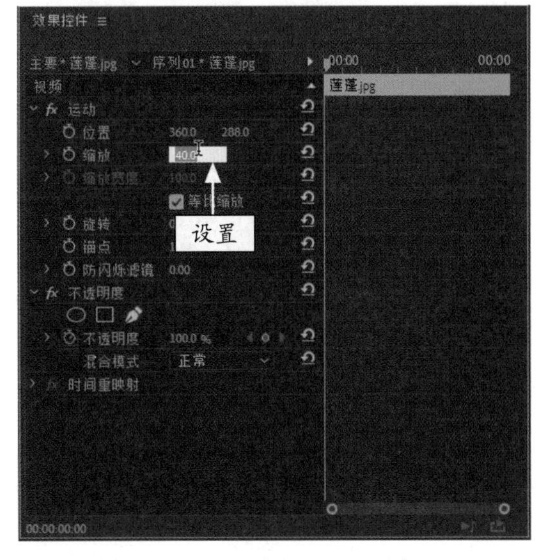


图 9-43　设置素材“缩放”参数

STEP 03 选择 V2 轨道中的素材，在“效果控件”面板中展开“不透明度”选项，设置“不透明度”为 0.0%，添加关键帧，如图 9-44 所示。

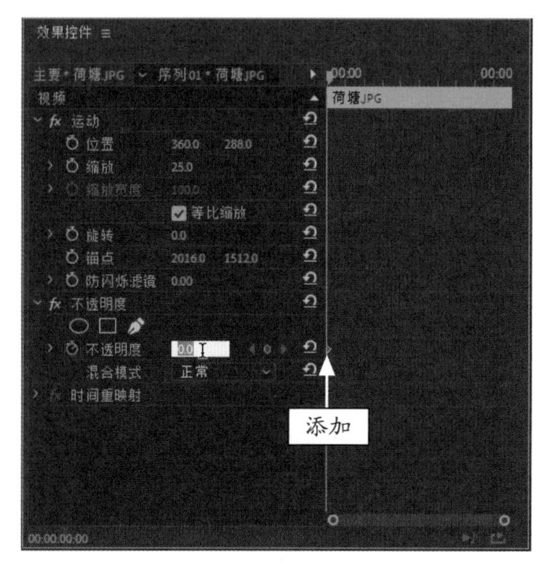


图 9-44　添加关键帧（1）

STEP 04 将当前时间指示器拖曳至 00:00:02:04 的位置，设置“不透明度”为 100.0%，添加第 2 个关键帧，如图 9-45 所示。

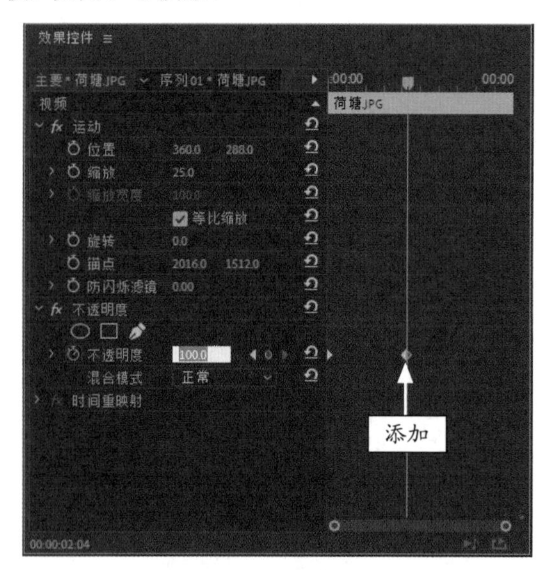


图 9-45　添加关键帧（2）

STEP 05 将当前时间指示器拖曳至 00:00:04:05 的位置，设置“不透明度”为 0.0%，添加第 3 个关键帧，如图 9-46 所示。

STEP 06 执行上述操作后，将时间线移至素材的开始位置。在“节目监视器”面板中单击“播放 - 停止切换”按钮，即可预览淡入淡出叠加效果，如图 9-47 所示。

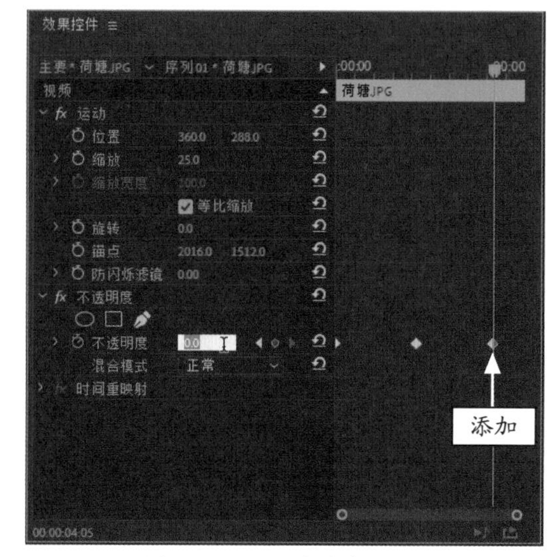


图 9-46　添加关键帧（3）

图 9-47　预览淡入淡出叠加效果

**专家指点**

在 Premiere Pro 2020 中，淡出就是一段视频剪辑结束时由亮变暗的过程；淡入是指一段视频剪辑开始时由暗变亮的过程。淡入淡出叠加效果会增加影视内容本身的一些主观气氛，而不像无技巧剪接那么生硬。另外，Premiere Pro 2020 中的淡入淡出在影视转场特效中也被称为溶入溶出，或者渐隐与渐显。

## 9.3.4　局部马赛克：制作御姐风格遮罩效果

在 Premiere Pro 2020 中，“马赛克”视频效果通常用于遮盖人物脸部，下面介绍制作局部马赛克遮罩效果的方法。

|  | 素材文件 | 素材\第 9 章\御姐风格 .prproj |
|---|---|---|
| | 效果文件 | 效果\第 9 章\御姐风格 .prproj |
| | 视频文件 | 视频\第 9 章\9.3.4　局部马赛克：制作御姐风格遮罩效果 .mp4 |

**【操练 + 视频】**
**——局部马赛克：制作御姐风格遮罩效果**

STEP 01 按 Ctrl + O 组合键，打开项目文件“素材\第 9 章\御姐风格 .prproj”，并查看项目效果，如图 9-48 所示。

图 9-48　查看项目效果

STEP 02 在“效果”面板中，展开“视频效果”|“风格化”选项，选择“马赛克”视频效果，如图 9-49 所示。

图 9-49　选择“马赛克”视频效果

STEP 03 按住鼠标左键，将其拖曳至“时间轴”面板中 V1 轨道的图像素材上，释放鼠标左键即可添加视频效果，如图 9-50 所示。

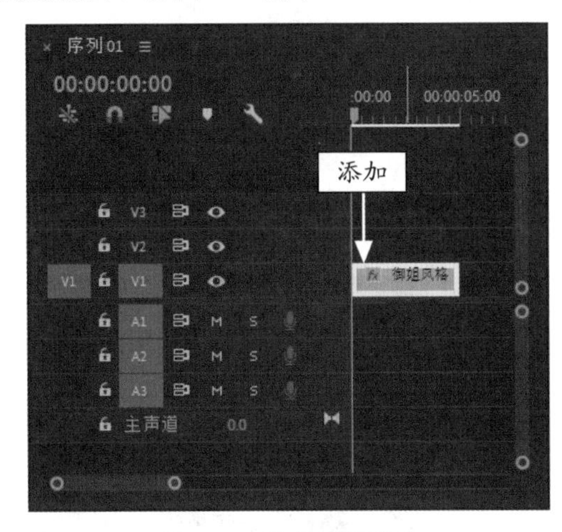


图 9-50　添加视频效果

STEP 04 在“效果控件”面板中，❶展开“马赛克”选项区，❷选择“创建椭圆形蒙版”工具，如图 9-51 所示。

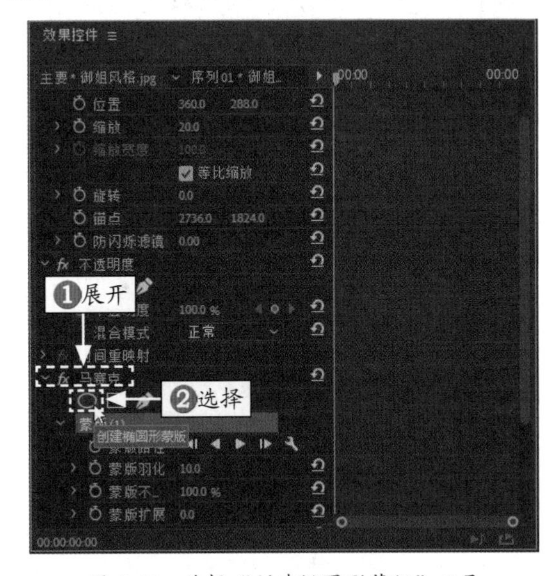


图 9-51　选择“创建椭圆形蒙版”工具

STEP 05 在“节目监视器”面板中的图像素材上，调整椭圆形蒙版的遮罩大小与位置，如图 9-52 所示。

STEP 06 调整完成后，在“效果控件”面板中，设置“水平块”为 50、“垂直块”为 50，如图 9-53 所示。

STEP 07 执行上述操作后，将时间线移至素材的开始位置，如图 9-54 所示。

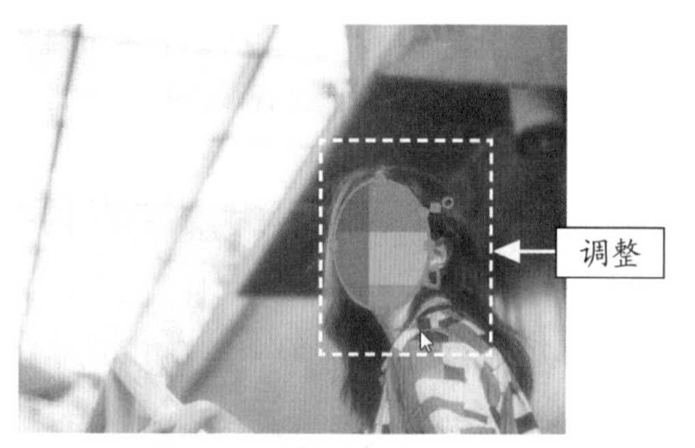


图 9-52 调整遮罩大小和位置

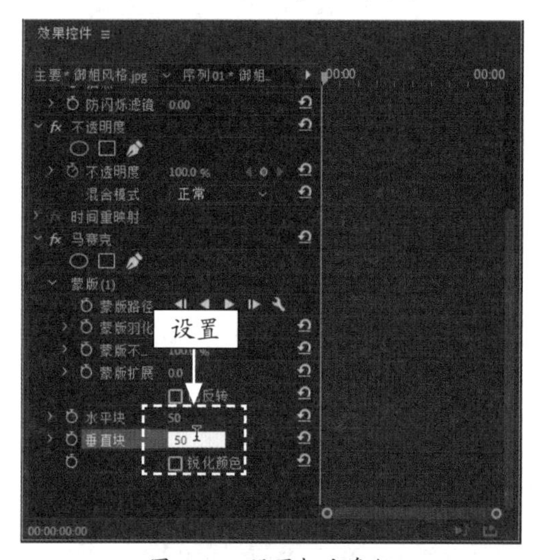


图 9-53 设置相应参数

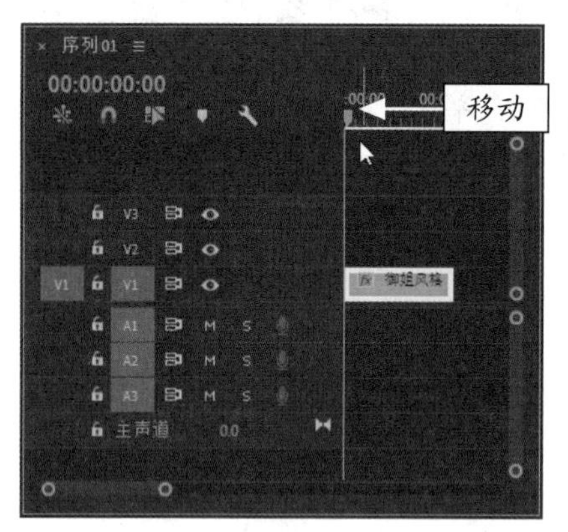


图 9-54 将时间线移至开始位置

STEP 08 在“节目监视器”面板中，单击“播放-停止切换”按钮，即可预览局部马赛克遮罩效果，如图 9-55 所示。

**专家指点**

当用户为动态视频素材制作“马赛克”视频效果时，可以单击“蒙版路径”右侧的“向前跟踪”按钮，跟踪局部遮罩的马赛克区域。

图 9-55 预览“马赛克”视频效果

## 9.3.5 设置遮罩：制作烟花叠加视频效果

在 Premiere Pro 2020 中，应用“设置遮罩”效果可以通过图层、颜色通道制作遮罩叠加效果。下面介绍运用“设置遮罩”效果的方法。

| | | |
|---|---|---|
| | 素材文件 | 素材 \ 第 9 章 \ 烟花 .prproj |
| | 效果文件 | 效果 \ 第 9 章 \ 烟花 .prproj |
| | 视频文件 | 视频\第 9 章\9.3.5 设置遮罩：制作烟花叠加视频效果 .mp4 |

**【操练 + 视频】**
**——设置遮罩：制作烟花叠加视频效果**

STEP 01 按 Ctrl ＋ O 组合键，打开项目文件“素材 \ 第 9 章 \ 烟花 .prproj”，并查看项目效果，如图 9-56 所示。

图 9-56 查看项目效果

STEP 02 在“项目”面板中，选择两幅图像素材，如图 9-57 所示。

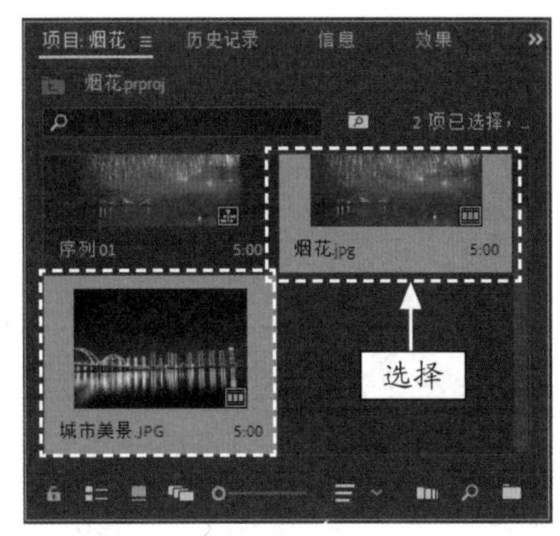


图 9-57　选择图像素材

STEP 03 将选择的素材依次拖曳至“时间轴”面板中的 V1 和 V2 轨道中，如图 9-58 所示。

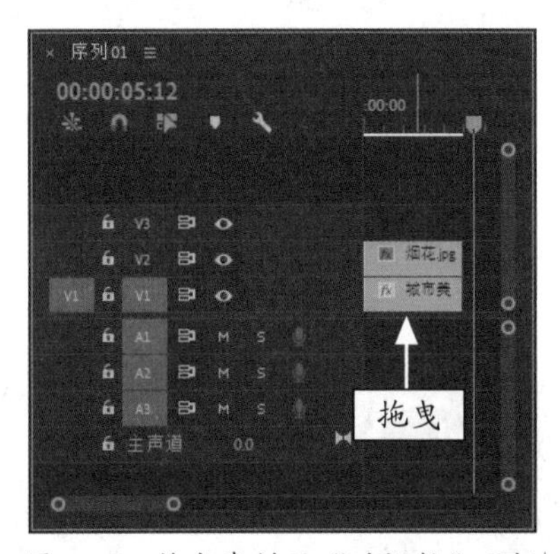


图 9-58　拖曳素材至“时间轴”面板

STEP 04 ❶在“效果”面板中展开“视频效果”|“通道”选项，❷选择“设置遮罩”视频效果，如图 9-59 所示。

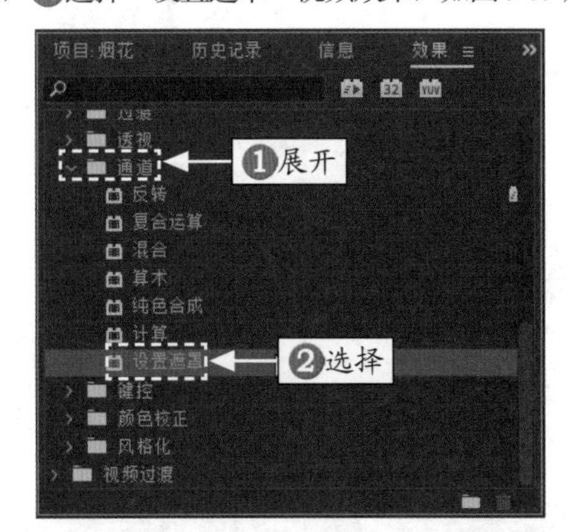


图 9-59　选择“设置遮罩”视频效果

STEP 05 按住鼠标左键，将其拖曳至 V2 轨道的素材上，如图 9-60 所示，释放鼠标左键即可添加视频效果。

STEP 06 在“效果控件”面板中，展开“设置遮罩”选项，如图 9-61 所示。

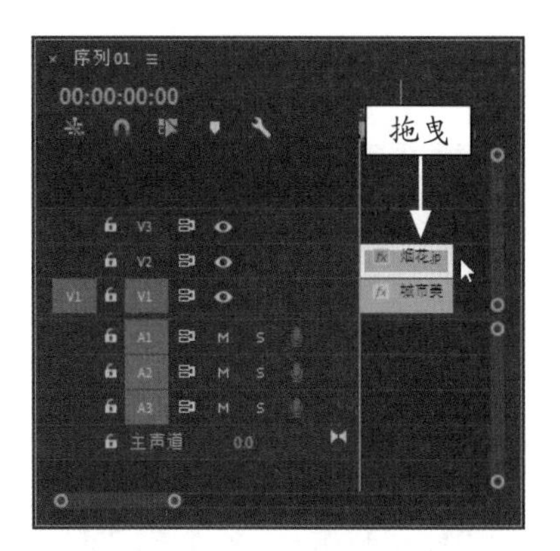


图 9-60　拖曳至 V2 轨道的素材上

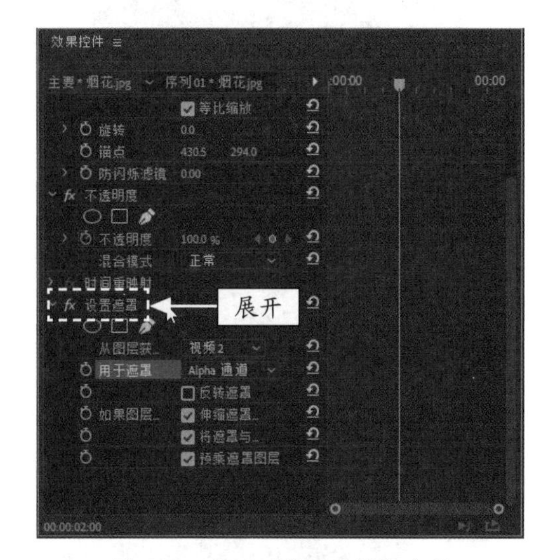


图 9-61　展开“设置遮罩”选项

STEP 07 ❶单击“用于遮罩”左侧的“切换动画”按钮，❷添加关键帧，如图 9-62 所示。

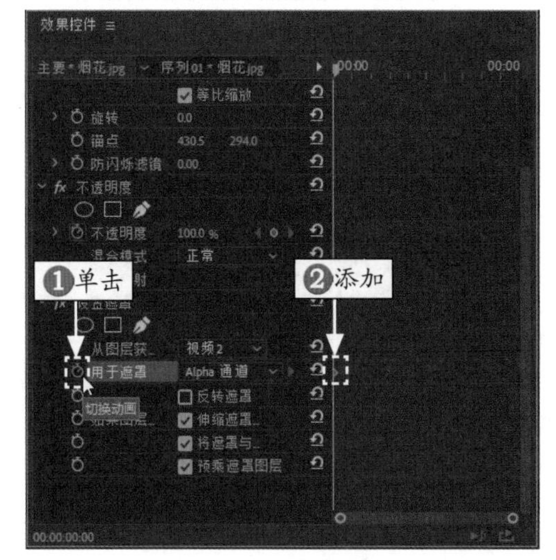


图 9-62　添加关键帧

STEP 08 执行上述操作后，将时间线移至 00:00:02:00 的位置处，如图 9-63 所示。

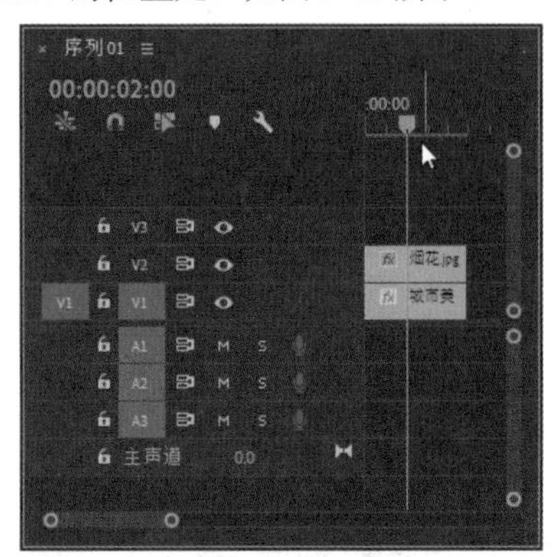

图 9-63　移动时间线至相应位置

STEP 09 ❶设置“用于遮罩”为“红色通道”，❷再次添加关键帧，如图 9-64 所示。

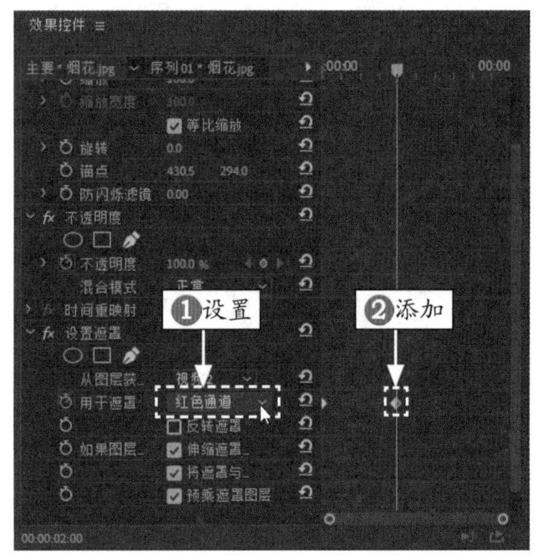


图 9-64　再次添加关键帧

STEP 10 用与上文同样的方法，将时间线移至 00:00:04:00 的位置处，如图 9-65 所示。

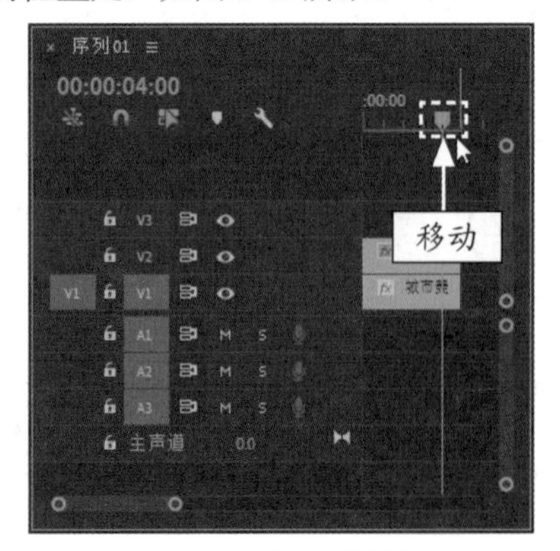


图 9-65　移动时间线

STEP 11 设置“用于遮罩”为“蓝色通道”，如图 9-66 所示，添加关键帧。

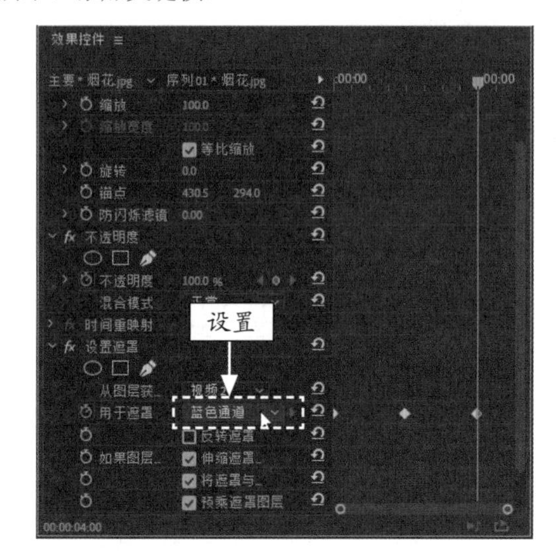


图 9-66　设置“蓝色通道”

STEP 12 设置完成后，在“节目监视器”面板中，单击“播放 - 停止切换”按钮，即可预览制作的叠加效果，如图 9-67 所示。

图 9-67　预览制作的叠加效果

# 第10章

# 运动效果：制作视频的动态特效

## 章前知识导读

动态效果是指在原有的视频画面中合成或创建移动、变形和缩放等运动效果。在 Premiere Pro 2020 中，为静态的素材加入适当的运动效果，可以让画面活动起来，显得更加逼真、生动。本章主要介绍影视运动效果的制作方法与技巧，让画面效果更为精彩。

## 新手重点索引

- 设置运动关键帧
- 应用运动效果
- 制作画中画

## 效果图片欣赏

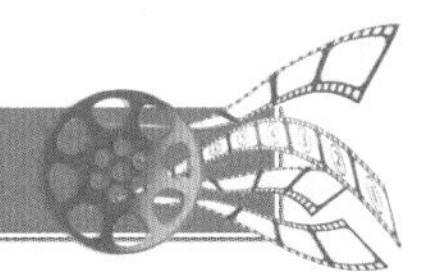

# 10.1 设置运动关键帧

在 Premiere Pro 2020 中，关键帧可以帮助用户控制视频或音频特效的变化，并形成一个变化的过渡效果。

## 10.1.1 使用时间线添加关键帧

用户在“时间轴”面板中可以针对应用于素材的任意特效添加关键帧，也可以指定添加关键帧的可见性。在“时间轴”面板中为某个轨道上的素材文件添加关键帧之前，首先需要展开相应的轨道，将鼠标指针移至 V1 轨道的“切换轨道输出”按钮右侧的空白处，如图 10-1 所示。双击鼠标左键即可展开 V1 轨道，如图 10-2 所示。也可以向上滚动鼠标滚轮展开轨道，继续向上滚动滚轮显示关键帧控制按钮，向下滚动鼠标滚轮最小化轨道。

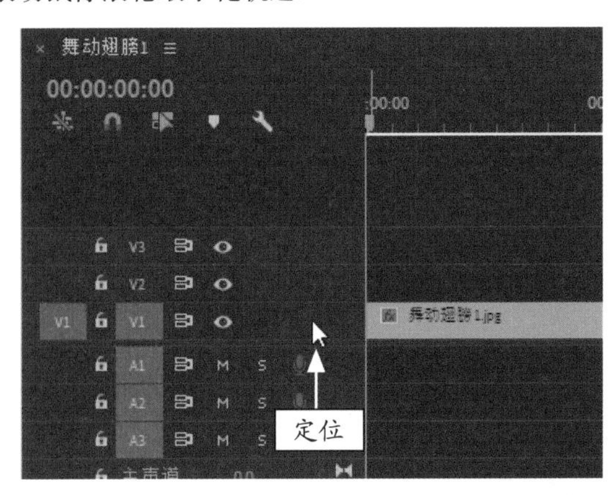


图 10-1 将鼠标指针移至空白处

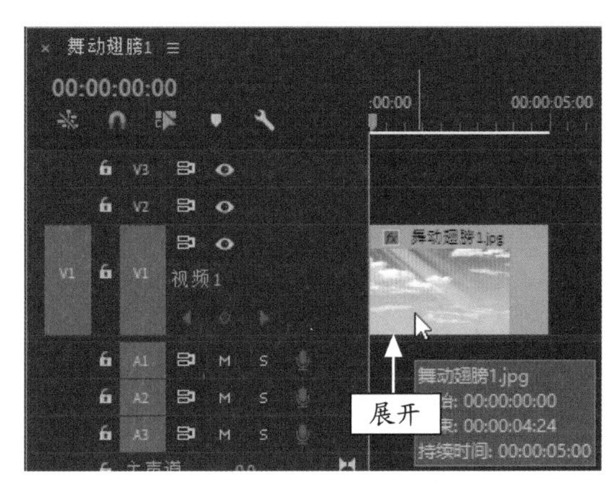


图 10-2 展开 V1 轨道

选择“时间轴”面板中的对应素材，单击素材名称左侧的“不透明度”按钮，在弹出的列表中选择“运动”|“缩放”选项，如图 10-3 所示。

将鼠标指针移至连接线的合适位置，按住 Ctrl 键，当鼠标指针呈白色带＋号的形状时，单击鼠标左键，即可添加关键帧，如图 10-4 所示。

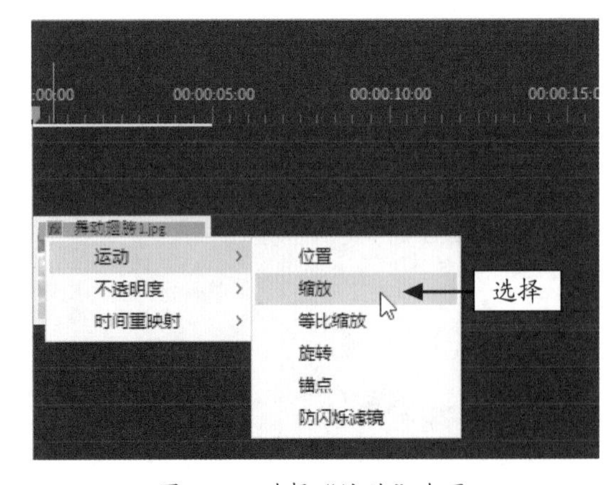


图 10-3 选择“缩放”选项

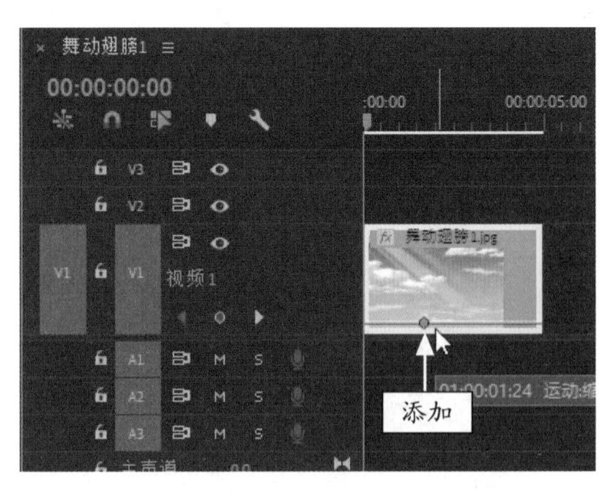


图 10-4 添加关键帧

### 10.1.2　使用效果控件添加关键帧

在“效果控件”面板中，除了可以添加各种视频和音频特效外，还可以通过设置选项参数的方法创建关键帧。

选择“时间轴”面板中的素材，并展开“效果控件”面板，单击“旋转”选项左侧的“切换动画”按钮，如图 10-5 所示。拖曳当前时间指示器至合适位置，并设置“旋转”选项的参数，即可添加对应选项的关键帧，如图 10-6 所示。

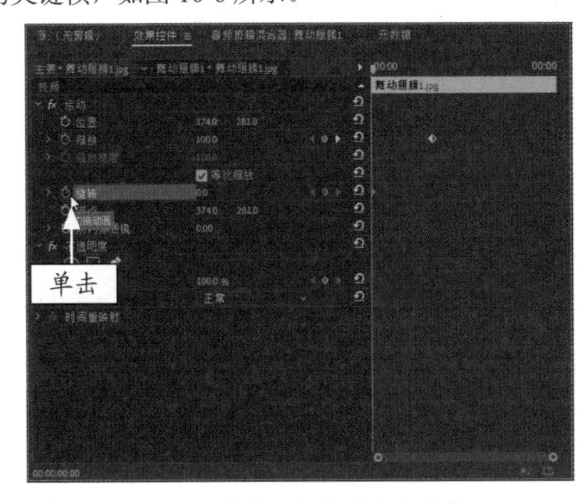


图 10-5　单击“切换动画”按钮

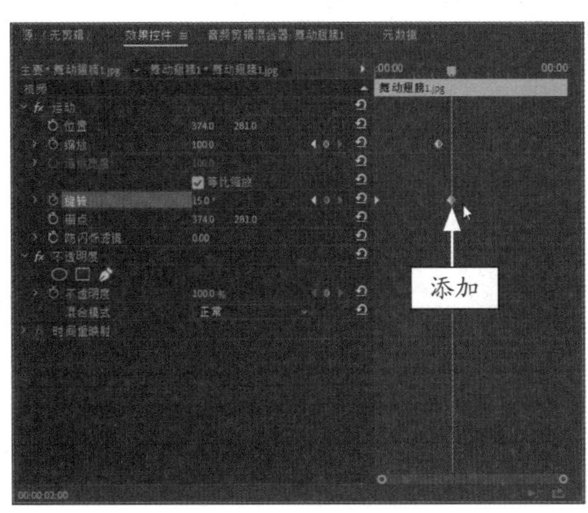


图 10-6　添加关键帧

**专家指点**

在“时间轴”面板中也可以指定展开轨道后关键帧的可见性。单击“时间轴显示设置”按钮，在弹出的列表中选择“显示视频关键帧”选项，如图 10-7 所示。取消该选项前的对勾符号，即可在“时间轴”面板中隐藏关键帧，如图 10-8 所示。

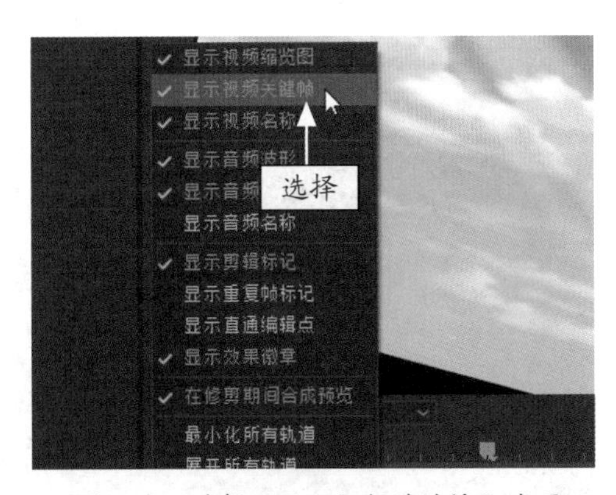


图 10-7　选择“显示视频关键帧”选项

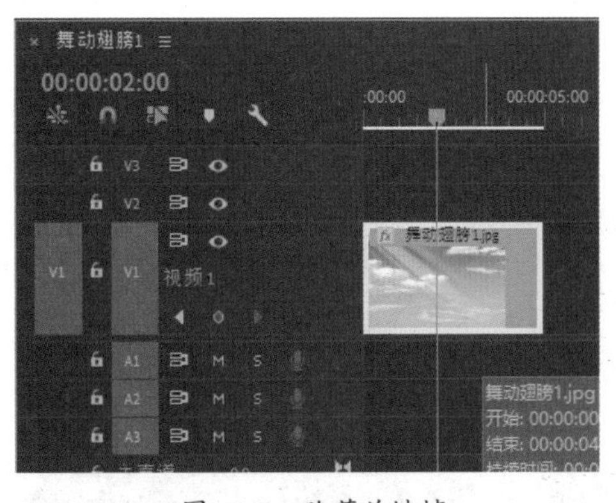


图 10-8　隐藏关键帧

### 10.1.3　复制和粘贴关键帧

当用户需要创建多个相同参数的关键帧时，可以使用复制与粘贴关键帧的方法快速添加关键帧。

在 Premiere Pro 2020 中，用户首先需要复制关键帧。选择需要复制的关键帧后，单击鼠标右键，在弹出的快捷菜单中选择“复制”命令，如图 10-9 所示。

拖曳当前时间指示器至合适位置，在“效果控件”面板内单击鼠标右键，在弹出的快捷菜单中选择“粘贴”命令，如图 10-10 所示。执行操作后，即可复制一个相同的关键帧。

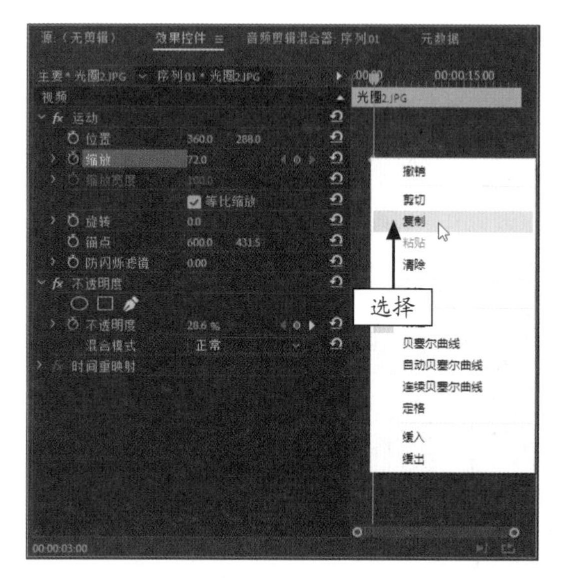


图 10-9　选择“复制”选项

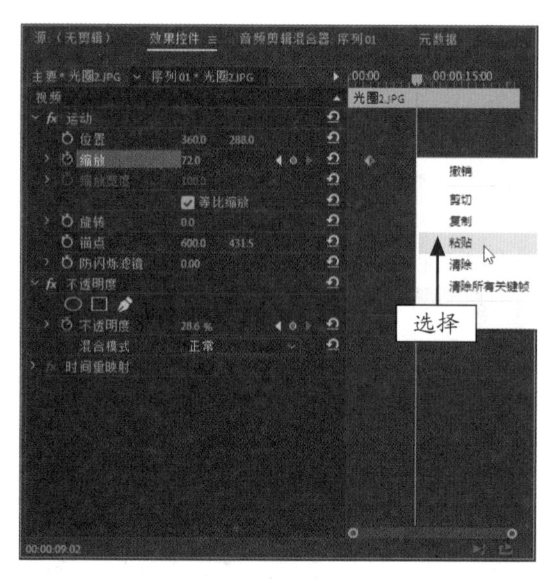


图 10-10　选择“粘贴”选项

**专家指点**

在 Premiere Pro 2020 中，用户还可以通过以下两种方法复制和粘贴关键帧。

- 选择“编辑”|“复制”命令或者按 Ctrl + C 组合键，复制关键帧。
- 选择“编辑”|“粘贴”命令或者按 Ctrl + V 组合键，粘贴关键帧。

## 10.1.4　切换关键帧

在 Premiere Pro 2020 中，用户可以在已添加的关键帧之间进行快速切换。

在“效果控件”面板中选择已添加关键帧的素材后，单击“转到下一关键帧”按钮，即可快速切换至下一关键帧，如图 10-11 所示。单击“转到上一关键帧”按钮，即可切换至上一关键帧，如图 10-12 所示。

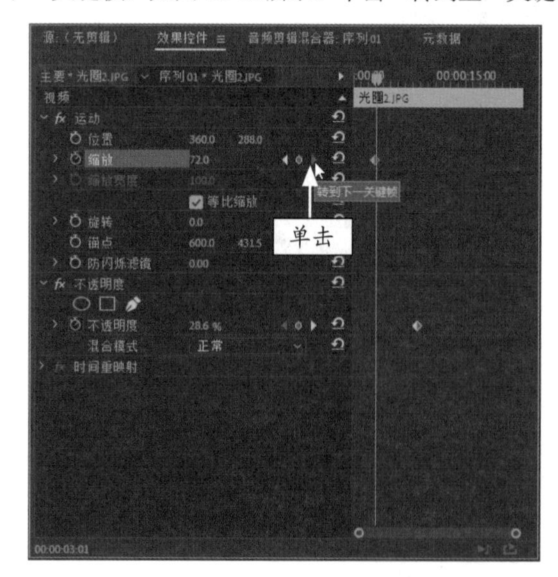


图 10-11　转到下一关键帧

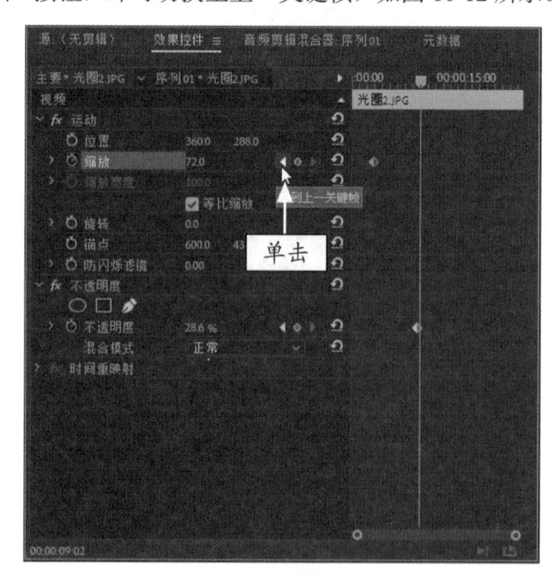


图 10-12　转到上一关键帧

## 10.1.5　调节关键帧

用户在添加完关键帧后，可以适当调节关键帧的位置和属性，这样可以使运动效果更加流畅。在 Premiere Pro 2020 中，调节关键帧同样可以通过“时间线”面板和“效果控件”面板两种方法来完成。

在“效果控件”面板中，用户只需要选择调节的关键帧，如图 10-13 所示，按住鼠标左键将其拖曳至合适位置，即可完成关键帧的调节，如图 10-14 所示。

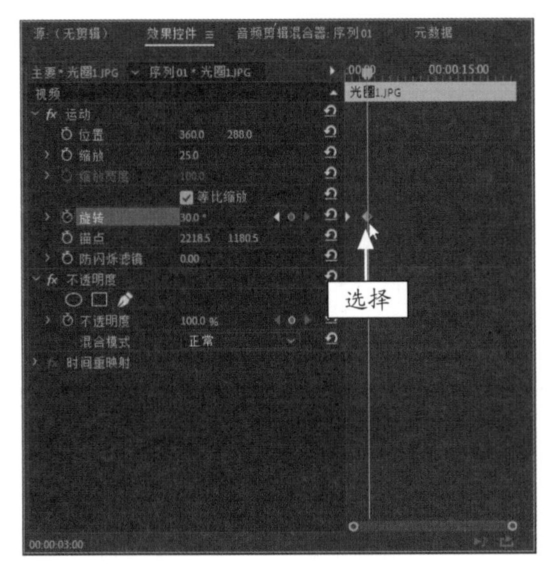


图 10-13　选择调节的关键帧

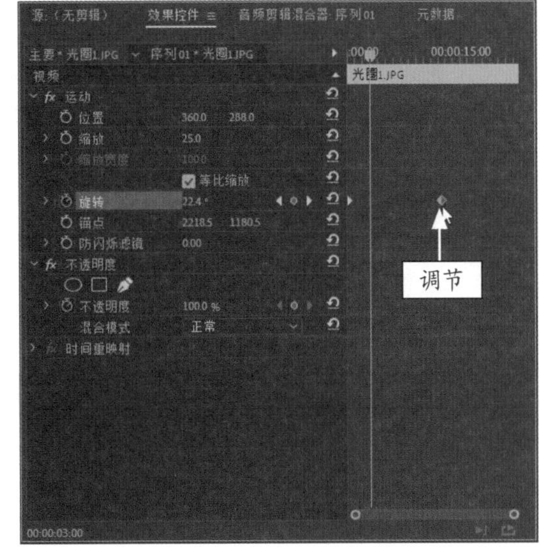


图 10-14　调节关键帧

在“时间线”面板中调节关键帧时，不仅可以调整其位置，同时可以调节其参数的变化。向上拖曳关键帧，则对应参数将增加，如图 10-15 所示；反之，向下拖曳关键帧，则对应参数将减少，如图 10-16 所示。

图 10-15　向上调节关键帧

图 10-16　向下调节关键帧

## 10.1.6　删除关键帧

在 Premiere Pro 2020 中，当用户对添加的关键帧不满意时，可以将其删除，并重新添加新的关键帧。用户在删除关键帧时，在“时间轴”面板中选中要删除的关键帧，单击鼠标右键，在弹出的快捷菜单中选择“删除”命令，即可删除关键帧，如图 10-17 所示。

如果用户需要删除素材中的所有关键帧，除了运用上述方法外，还可以直接单击“效果控件”面板中对应选项左侧的“切换动画”按钮，此时，系统将弹出信息提示框，如图 10-18 所示。单击“确定”按钮，即可删除素材中的所有关键帧。

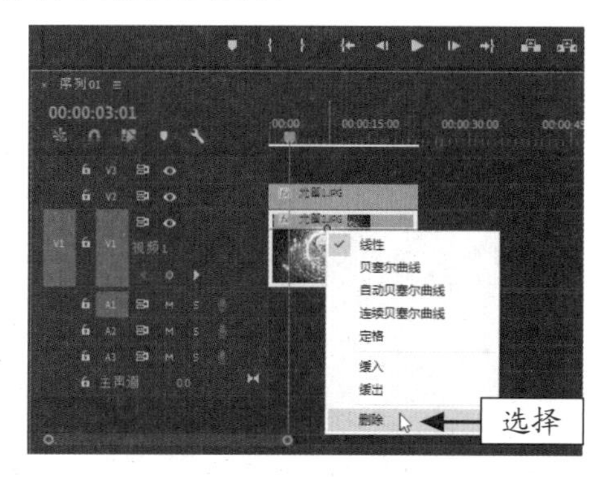

图 10-17　选择“删除”命令

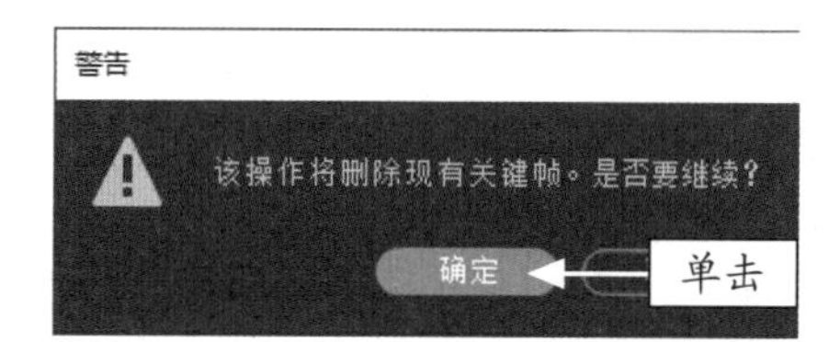

图 10-18　单击“确定”按钮

## 10.2 应用运动效果

通过对关键帧的学习，用户已经了解运动效果的基本原理。本节将从制作运动效果的一些基本操作开始学习，并逐渐熟练掌握各种运动特效的制作方法。

### 10.2.1　飞行特效：制作乡村生活视频效果

在制作运动特效的过程中，用户可以通过设置“位置”参数得到镜头飞过的画面效果。

| | | |
|---|---|---|
|  | 素材文件 | 素材\第 10 章\乡村生活 .prproj |
| | 效果文件 | 效果\第 10 章\乡村生活 .prproj |
| | 视频文件 | 视频\第 10 章\10.2.1　飞行特效：制作乡村生活视频效果 .mp4 |

**【操练 + 视频】**
**——飞行特效：制作乡村生活视频效果**

STEP 01 按 Ctrl + O 组合键，打开项目文件“素材\第 10 章\乡村生活 .prproj”，如图 10-19 所示。

STEP 02 选择 V2 轨道上的素材文件，在“效果控件”面板中单击“位置”选项左侧的“切换动画”按钮，设置“位置”为（550.0，120.0）、“缩放”为 25.0，添加第 1 个关键帧，如图 10-20 所示。

图 10-19　打开项目文件

STEP 03 拖曳当前时间指示器至 00:00:02:00 的位置，在“效果控件”面板中设置“位置”为（180.0、425.0），添加第 2 个关键帧，如图 10-21 所示。

STEP 04 拖曳当前时间指示器至 00:00:04:00 的位置，在“效果控件”面板中设置“位置”为（500.0，250.0），添加第 3 个关键帧，如图 10-22 所示。

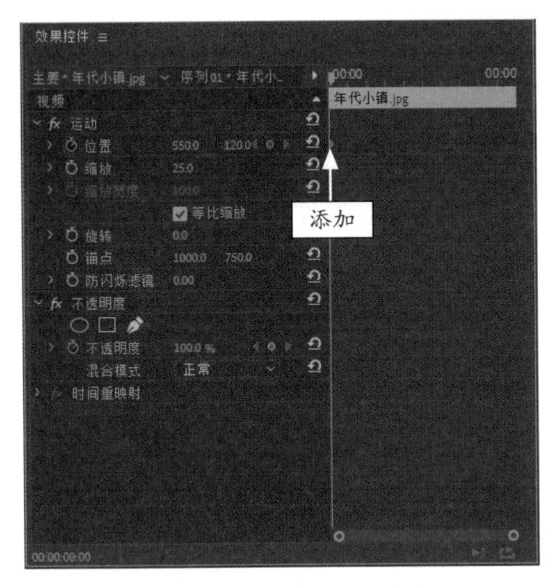


图 10-20　添加第 1 个关键帧

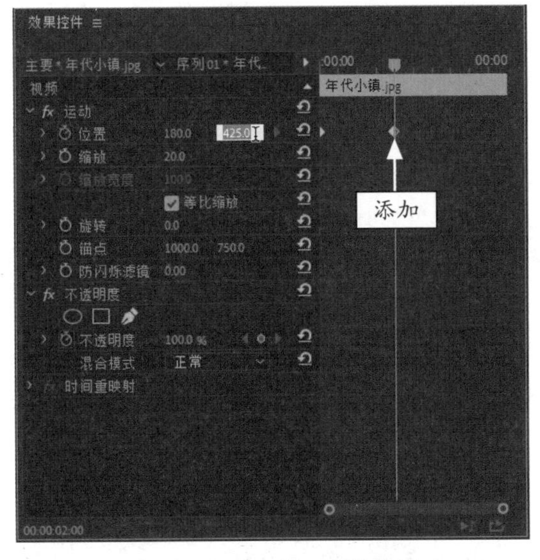


图 10-21　添加第 2 个关键帧

**专家指点**

在 Premiere Pro 2020 制作的视频中经常会看到在一些镜头画面的上面飞过其他的镜头，同时两个镜头的视频内容照常进行，这就是设置运动方向的效果。在 Premiere Pro 2020 中，视频的运动方向设置可以在“效果控件”面板的“运动”特效中得到实现，而“运动”特效是视频素材自带的特效，不需要在“效果”面板中选择特效即可进行应用。

**STEP 05** 执行操作后，即可完成飞行运动效果。将时间线移至素材的开始位置，在“节目监视器”面板中，单击“播放 - 停止切换”按钮，即可预览飞行运动效果，如图 10-23 所示。

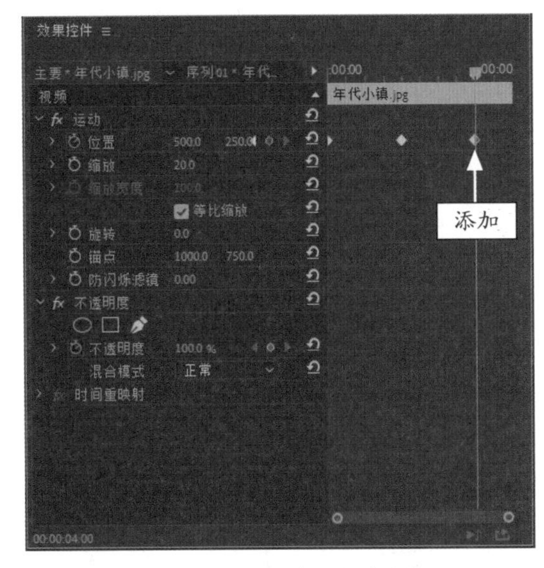


图 10-22　添加第 3 个关键帧

图 10-23　预览视频效果

## 10.2.2 缩放运动：制作生日蛋糕视频效果

缩放运动效果是指对象以从小到大或从大到小的形式展现在观众的眼前。

|  | 素材文件 | 素材\第 10 章\生日蛋糕.prproj |
|---|---|---|
| | 效果文件 | 效果\第 10 章\生日蛋糕.prproj |
| | 视频文件 | 视频\第 10 章\10.2.2 缩放运动：制作生日蛋糕视频效果.mp4 |

**【操练 + 视频】**
**——缩放运动：制作生日蛋糕视频效果**

STEP 01 按 Ctrl ＋ O 组合键，打开项目文件“素材\第 10 章\生日蛋糕.prproj”，如图 10-24 所示。

图 10-24 打开项目文件

STEP 02 选择 V1 轨道上的素材文件，在“效果控件”面板中设置“缩放”为 122.0，如图 10-25 所示。

STEP 03 设置视频缩放效果后，在“节目监视器”面板中查看素材画面，如图 10-26 所示。

STEP 04 选择 V2 轨道上的素材，在“效果控件”面板中，单击“位置”“缩放”以及“不透明度”选项左侧的“切换动画”按钮，设置“位置”为（360.0，288.0）、“缩放”为 0.0、“不透明度”为 0.0%，添加第 1 组关键帧，如图 10-27 所示。

STEP 05 拖曳当前时间指示器至 00:00:01:20 的位置，设置“缩放”为 80.0、“不透明度”为 100.0%，添加第 2 组关键帧，如图 10-28 所示。

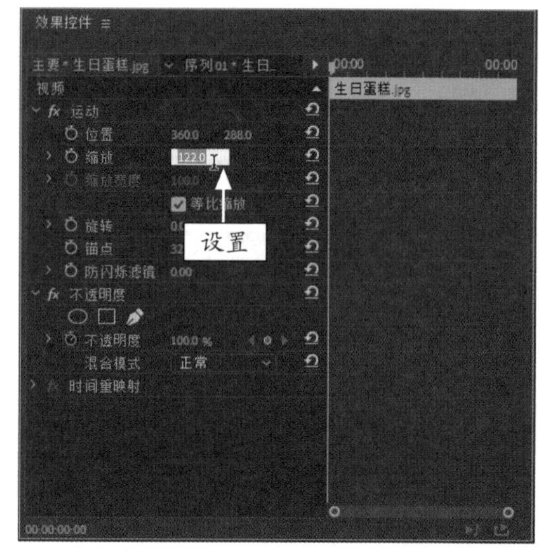


图 10-25 设置“缩放”为 122.0

图 10-26 查看素材画面

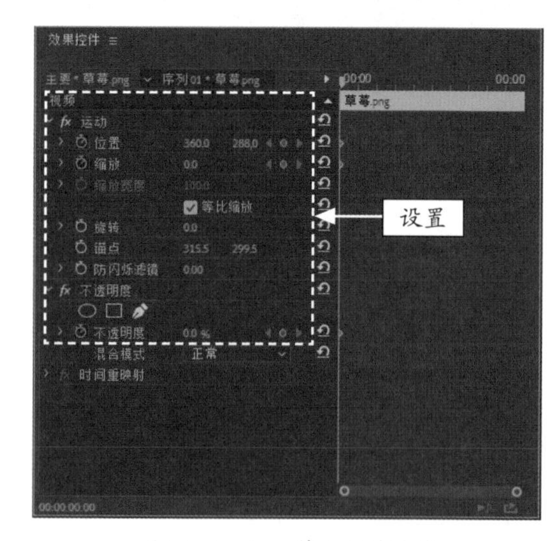


图 10-27 添加第 1 组关键帧

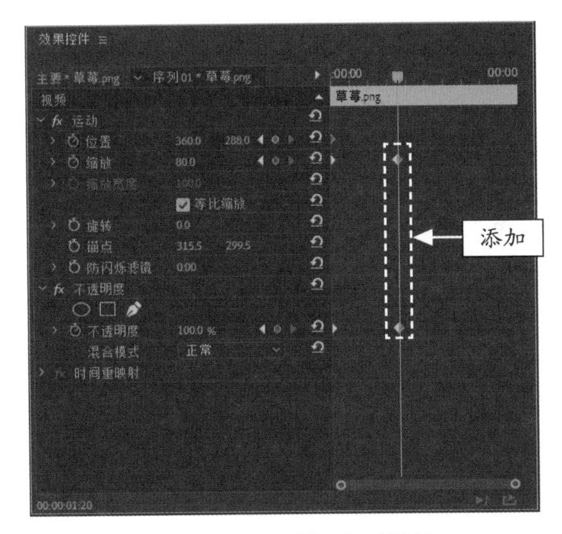


图 10-28　添加第 2 组关键帧

STEP 06 单击“位置”选项右侧的“添加 / 移除关键帧”按钮，如图 10-29 所示，即可添加关键帧。

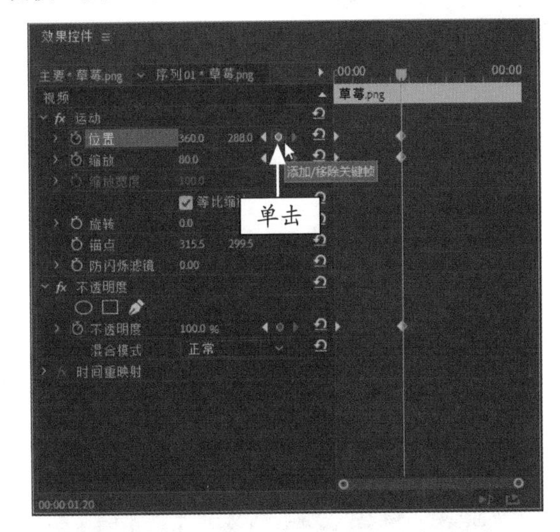


图 10-29　单击“添加 / 移除关键帧”按钮

STEP 07 拖曳当前时间指示器至 00:00:04:00 的位置，选择“运动”选项，如图 10-30 所示。

STEP 08 执行操作后，在“节目监视器”面板中显示运动控件，如图 10-31 所示。

STEP 09 在“节目监视器”面板中，单击运动控件的中心并拖曳，调整素材位置；拖曳素材四周的控制点，调整素材大小，如图 10-32 所示。

STEP 10 切换至“效果”面板，展开“视频效果”|“透视”选项，使用鼠标左键双击“投影”选项，如图 10-33 所示，即可为选择的素材添加投影效果。

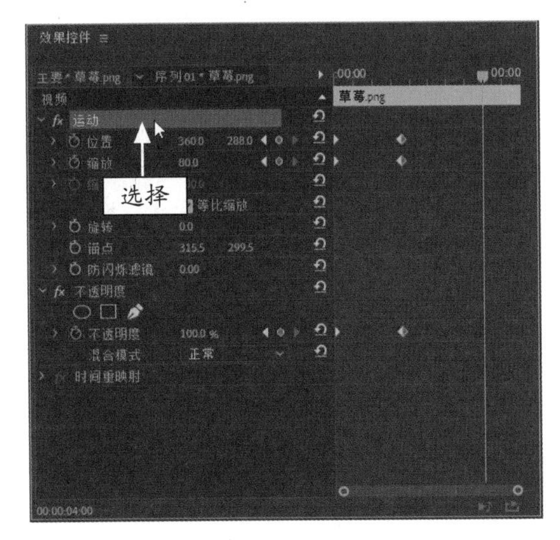


图 10-30　选择“运动”选项

图 10-31　显示运动控件

图 10-32　调整素材

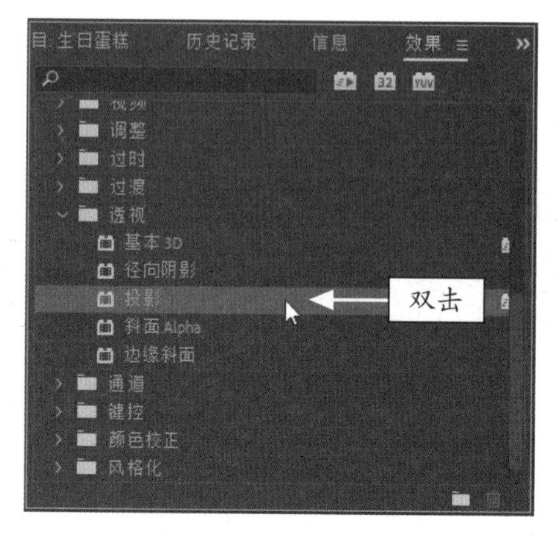


图 10-33　双击"投影"选项

**STEP 11** 在"效果控件"面板中展开"投影"选项，设置"距离"为 10.0、"柔和度"为 15.0，如图 10-34 所示。

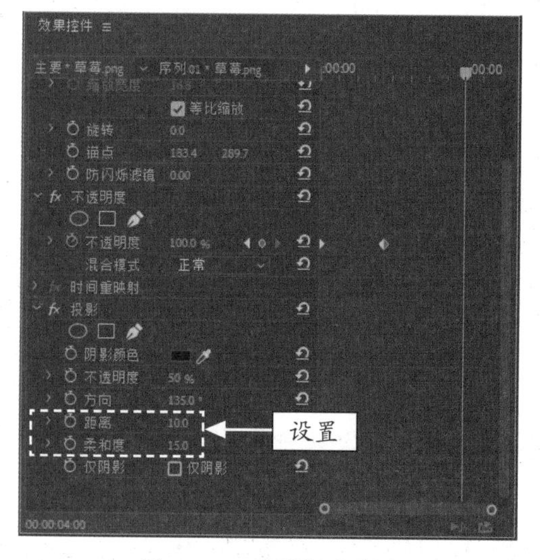


图 10-34　设置相应选项

**STEP 12** 单击"播放 - 停止切换"按钮，预览视频效果，如图 10-35 所示。

图 10-35　预览视频效果

> **专家指点**
>
> 在 Premiere Pro 2020 中，缩放运动效果在影视节目中运用得比较频繁。该效果不仅操作简单，而且制作的画面对比性较强，表现力丰富。为影片素材制作缩放运动效果后，如果对效果不满意，展开"特效控制台"面板，在其中设置相应"缩放"参数，即可改变缩放运动效果。

## 10.2.3　旋转降落：制作青青草原视频效果

在 Premiere Pro 2020 中，旋转运动效果可以将素材围绕指定的轴进行旋转。

| | | |
|---|---|---|
|  | 素材文件 | 素材 \ 第 10 章 \ 青青草原 .prproj |
| | 效果文件 | 效果 \ 第 10 章 \ 青青草原 .prproj |
| | 视频文件 | 视频 \ 第 10 章 \10.2.3　旋转降落：制作青青草原视频效果 .mp4 |

**【操练 + 视频】**
**——旋转降落：制作青青草原视频效果**

**STEP 01** 按 Ctrl + O 组合键，打开项目文件"素材 \ 第 10 章 \ 青青草原 .prproj"，如图 10-36 所示。

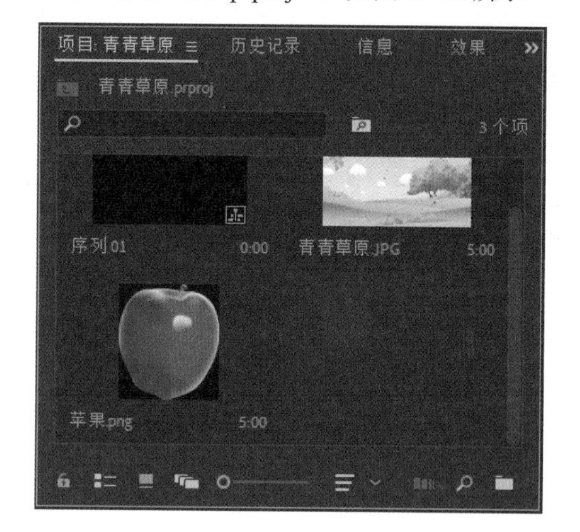


图 10-36　打开项目文件

**STEP 02** 在"项目"面板中选择素材文件，分别添加到"时间轴"面板中的 V1 与 V2 轨道上，如图 10-37 所示。

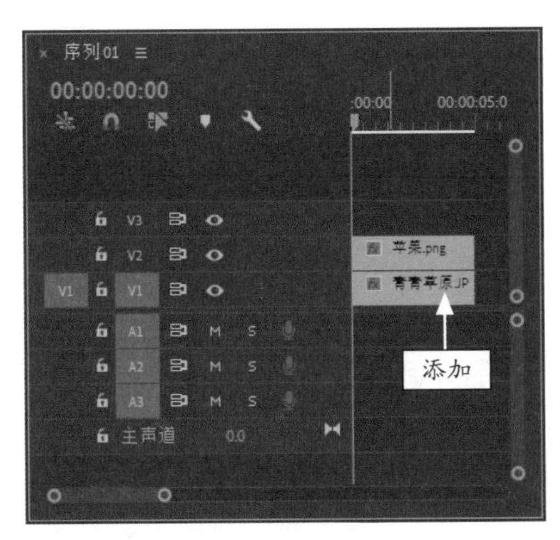


图 10-37 添加素材文件

STEP 03 选择 V2 轨道上的素材文件，切换至“效果控件”面板，设置“位置”为（360.0，-30.0）、“缩放”为 9.5；单击“位置”与“旋转”选项左侧的“切换动画”按钮，添加第 1 组关键帧，如图 10-38 所示。

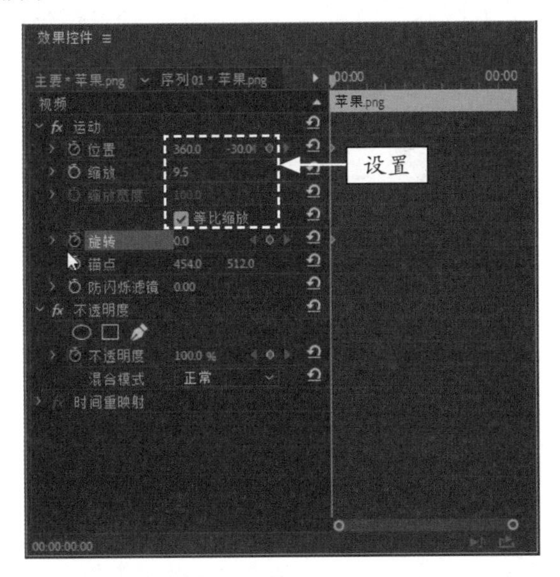


图 10-38 添加第 1 组关键帧

STEP 04 拖曳当前时间指示器至 00:00:00:13 的位置，在“效果控件”面板中设置“位置”为（360.0，50.0）、“旋转”为 -180.0°，添加第 2 组关键帧，如图 10-39 所示。

STEP 05 调整当前时间指示器至 00:00:03:00 的位置，在“效果控件”面板中设置“位置”为（340.0，420.0）、“旋转”为 2.0°，添加第 3 组关键帧，如图 10-40 所示。

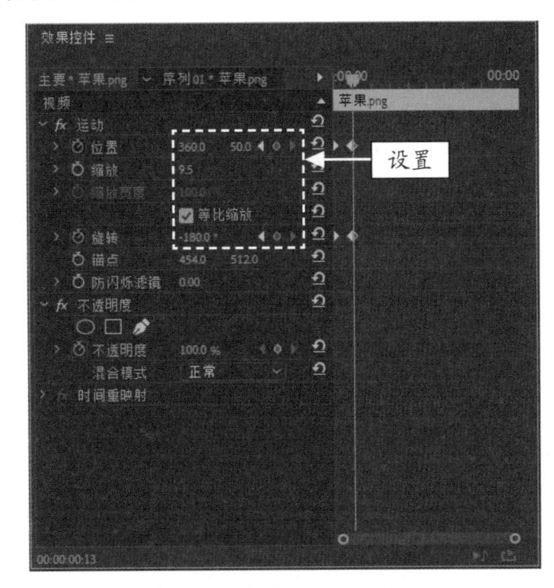


图 10-39 添加第 2 组关键帧

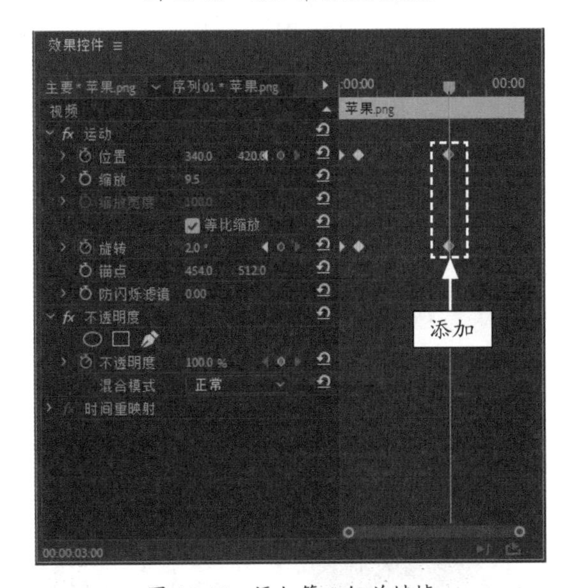


图 10-40 添加第 3 组关键帧

STEP 06 单击“播放 - 停止切换”按钮，预览视频效果，如图 10-41 所示。

**专家指点**

在“效果控件”面板中，“旋转”选项是指以对象的轴心为基准，对对象进行旋转。用户可对对象进行任意角度的旋转。

图 10-41　预览视频效果

## 10.2.4　镜头推拉：制作幸福婚礼视频效果

在视频节目中，制作镜头的推拉可以增加画面的视觉效果。下面介绍如何制作镜头的推拉效果。

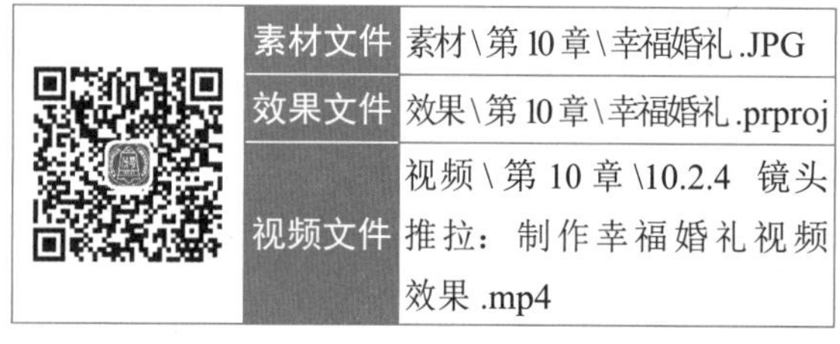

| | 素材文件 | 素材\第 10 章\幸福婚礼 .JPG |
|---|---|---|
| | 效果文件 | 效果\第 10 章\幸福婚礼 .prproj |
| | 视频文件 | 视频\第 10 章\10.2.4　镜头推拉：制作幸福婚礼视频效果 .mp4 |

**【操练 + 视频】**
**——镜头推拉：制作幸福婚礼视频效果**

STEP 01 按 Ctrl + O 组合键，打开项目文件“素材\第 10 章\幸福婚礼 .prproj”，如图 10-42 所示。

图 10-42　打开项目文件

STEP 02 在“项目”面板中选择“幸福婚礼 .jpg”素材文件，并将其添加到“时间轴”面板中的 V1 轨道上，如图 10-43 所示。

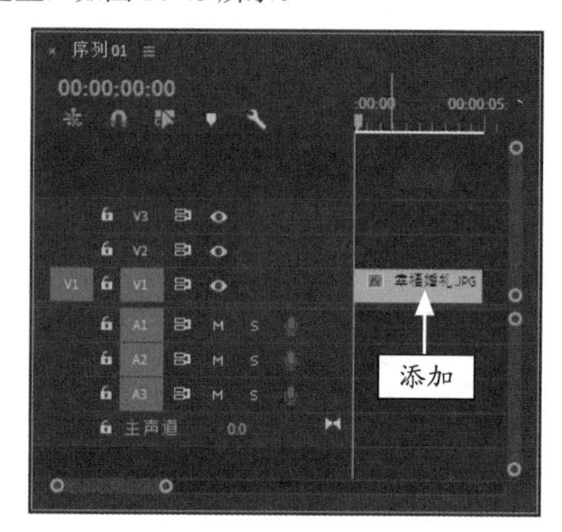


图 10-43　添加素材文件

STEP 03 选择 V1 轨道上的素材文件，在“效果控件”面板中设置“缩放”为 20.0，如图 10-44 所示。

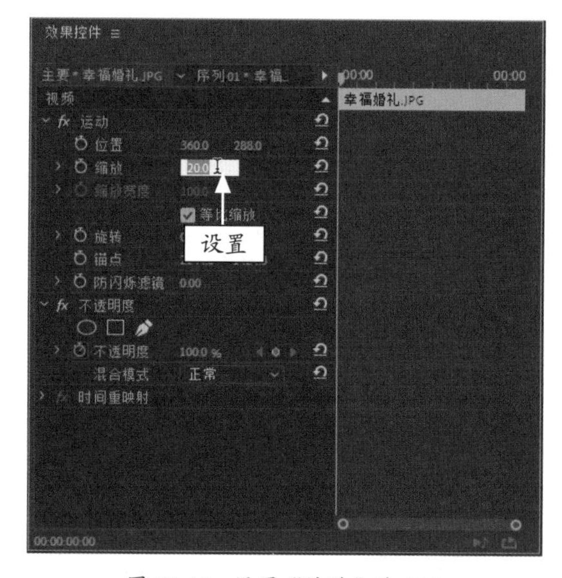


图 10-44　设置“缩放”为 20.0

STEP 04 将“爱的婚纱 .png”素材文件添加到“时间轴”面板中的 V2 轨道上，如图 10-45 所示。

STEP 05 选择 V2 轨道上的素材，在“效果控件”面板中单击“位置”与“缩放”选项左侧的“切换动画”按钮，设置“位置”为（110.0，90.0）、“缩放”为 10.0，添加第 1 组关键帧，如图 10-46 所示。

STEP 06 调整时间指示器至 00:00:02:00 的位置，设置“位置”为（600.0，90.0）、“缩放”为 25.0，添加第 2 组关键帧，如图 10-47 所示。

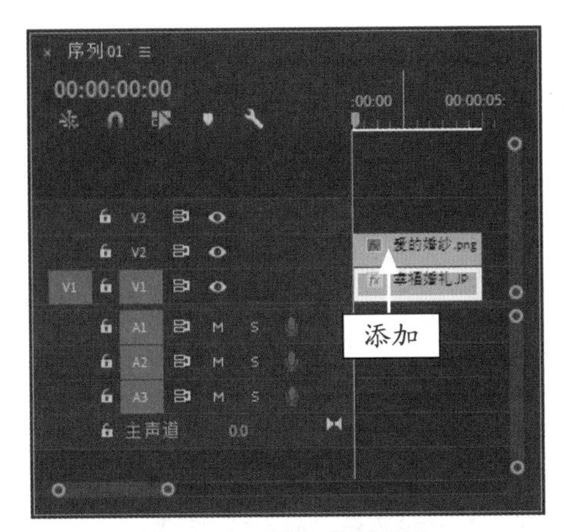


图 10-45　添加素材文件

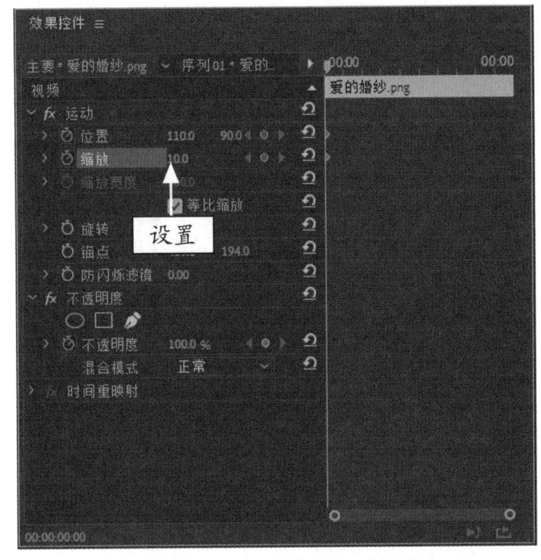


图 10-46　添加第 1 组关键帧

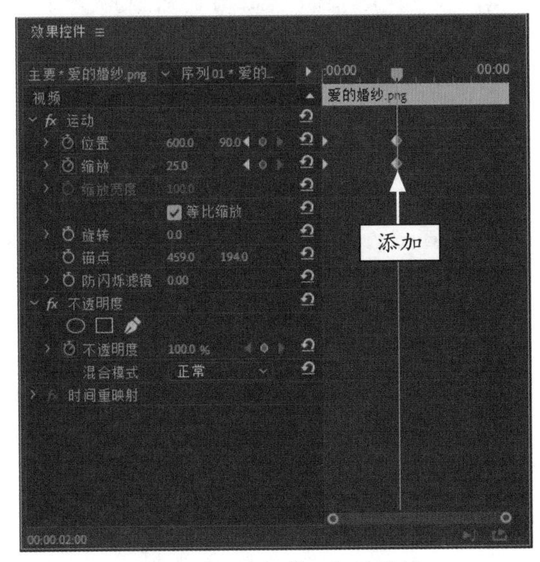


图 10-47　添加第 2 组关键帧

STEP 07 调整当前时间指示器至 00:00:03:00 的位置，设置“位置”为（350.0，160.0）、“缩放”为 30.0，添加第 3 组关键帧，如图 10-48 所示。

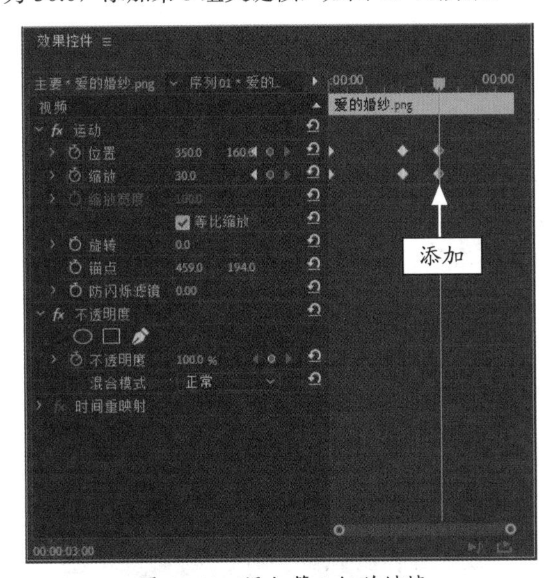


图 10-48　添加第 3 组关键帧

STEP 08 单击“播放 - 停止切换”按钮，预览视频效果，如图 10-49 所示。

图 10-49　预览视频效果

## 10.2.5 字幕漂浮：制作老虎字幕漂浮效果

字幕漂浮主要是通过调整字幕的位置来制作运动效果，然后为字幕添加透明度效果来制作漂浮的效果。

|  | 素材文件 | 素材 \ 第 10 章 \ 老虎 .prproj |
|---|---|---|
| | 效果文件 | 效果 \ 第 10 章 \ 老虎 .prproj |
| | 视频文件 | 视频 \ 第 10 章 \10.2.5 字幕漂浮:制作老虎字幕漂浮效果 .mp4 |

**【操练 + 视频】**

**——字幕漂浮：制作老虎字幕漂浮效果**

STEP 01 按 Ctrl + O 组合键，打开项目文件"素材 \ 第 10 章 \ 老虎 .prproj"，如图 10-50 所示。

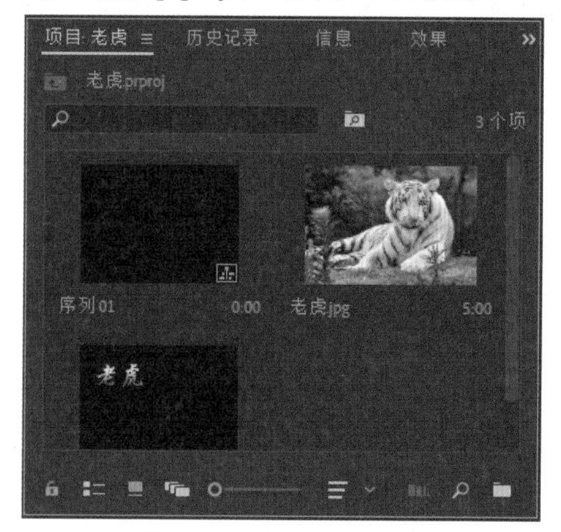


图 10-50 打开项目文件

STEP 02 在"项目"面板中选择"老虎 .jpg"素材文件，并将其添加到"时间轴"面板中的 V1 轨道上，如图 10-51 所示。

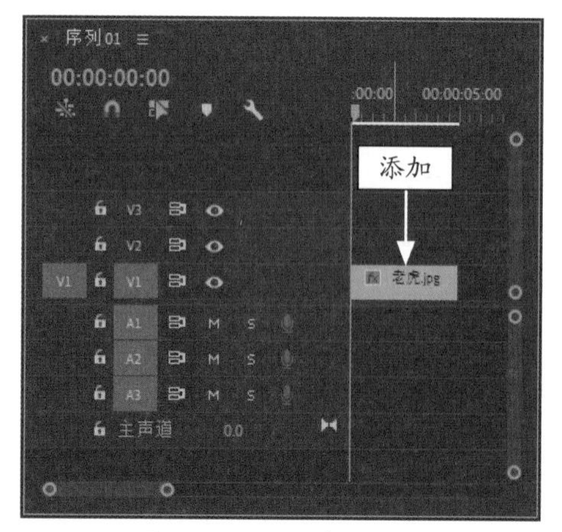


图 10-51 添加素材文件

> **专家指点**
>
> 在 Premiere Pro 2020 中，字幕漂浮效果是指为文字添加波浪特效后，通过设置相关的参数，模拟水波流动效果。

STEP 03 选择 V1 轨道上的素材文件，在"效果控件"面板中设置"缩放"为 25.0，如图 10-52 所示。

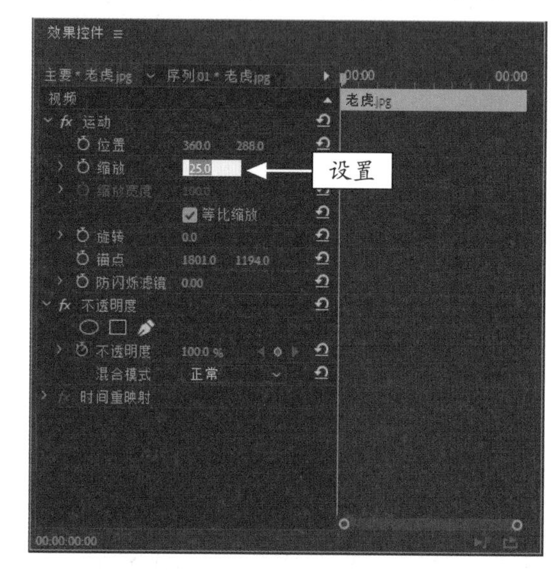


图 10-52 设置"缩放"为 25.0

STEP 04 将"老虎"字幕文件添加到"时间轴"面板中的 V2 轨道上，调整素材的区间位置，并设置"缩放"为 90，如图 10-53 所示。

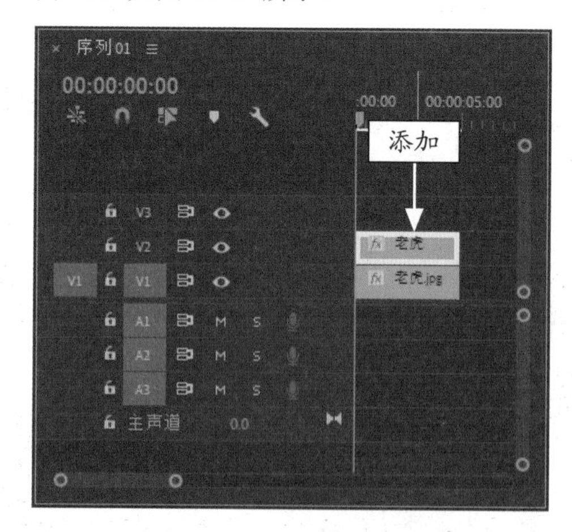


图 10-53 添加字幕文件

STEP 05 在"时间轴"面板中添加素材后，在"节目监视器"面板中可以查看素材画面，如图 10-54 所示。

图 10-54　查看素材画面

STEP 06 选择 V2 轨道上的素材，切换至“效果”面板，展开“视频效果”|“扭曲”选项，双击“波形变形”选项，如图 10-55 所示，即可为选择的素材添加波形变形效果。

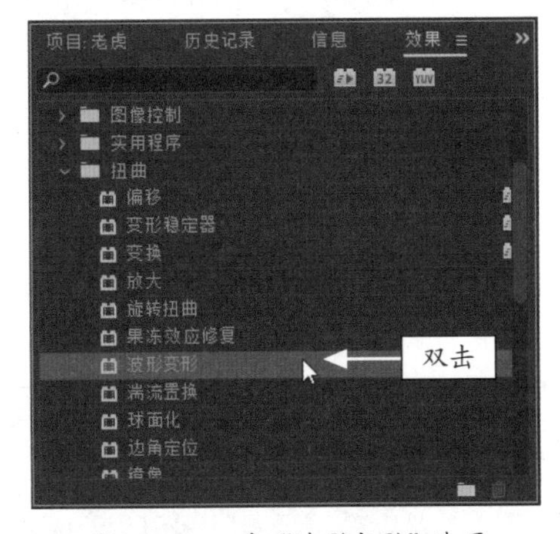


图 10-55　双击“波形变形”选项

STEP 07 在“效果控件”面板中，单击“位置”与“不透明度”选项左侧的“切换动画”按钮，设置“位置”为（300.0，200.0）、“不透明度”为 50.0%，添加第 1 组关键帧，如图 10-56 所示。

STEP 08 拖曳当前时间指示器至 00:00:02:00 的位置，设置“位置”为（300.0，300.0）、“不透明度”为 60.0%，添加第 2 组关键帧，如图 10-57 所示。

STEP 09 拖曳当前时间指示器至 00:00:03:24 的位置，设置“位置”为（380，350）、“不透明度”为 100.0%，添加第 3 组关键帧，如图 10-58 所示。

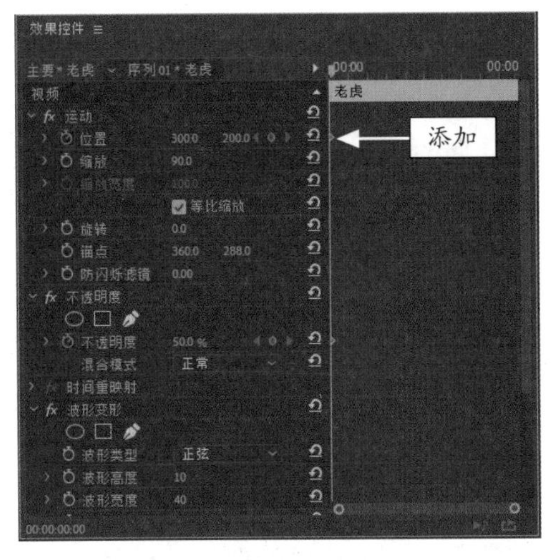


图 10-56　添加第 1 组关键帧

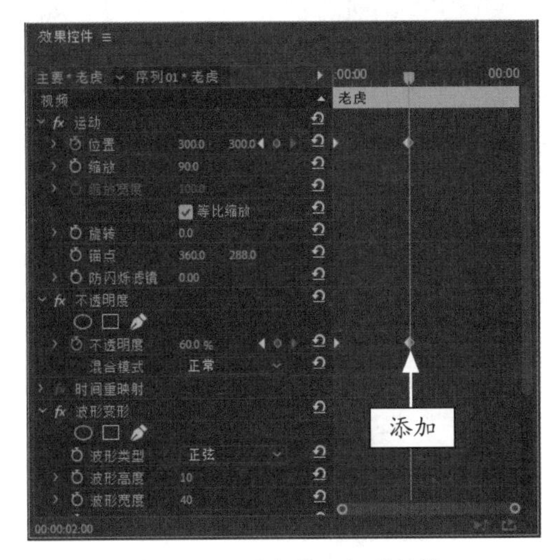


图 10-57　添加第 2 组关键帧

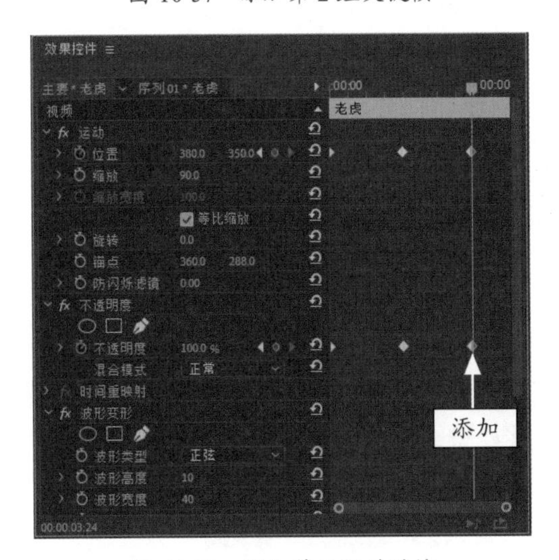


图 10-58　添加第 3 组关键帧

STEP 10 单击“播放 - 停止切换”按钮，预览视频效果，如图 10-59 所示。

图 10-59　预览视频效果

## 10.2.6　逐字输出：制作沙漠骆驼字幕效果

在 Premiere Pro 2020 中，用户可以通过“裁剪”特效制作字幕逐字输出效果。下面介绍制作字幕逐字输出效果的操作方法

<table>
<tr><td rowspan="3"></td><td>素材文件</td><td>素材\第 10 章\沙漠骆驼 .prproj</td></tr>
<tr><td>效果文件</td><td>效果\第 10 章\沙漠骆驼 .prproj</td></tr>
<tr><td>视频文件</td><td>视频\第 10 章\10.2.6　逐字输出：制作沙漠骆驼字幕效果 .mp4</td></tr>
</table>

**【操练 + 视频】**
**——逐字输出：制作沙漠骆驼字幕效果**

STEP 01 按 Ctrl ＋ O 组合键，打开项目文件“素材\第 10 章\沙漠骆驼 .prproj”，如图 10-60 所示。

STEP 02 在“项目”面板中选择“沙漠骆驼 .jpg”素材文件，并将其添加到“时间轴”面板中的 V1 轨道上，如图 10-61 所示。

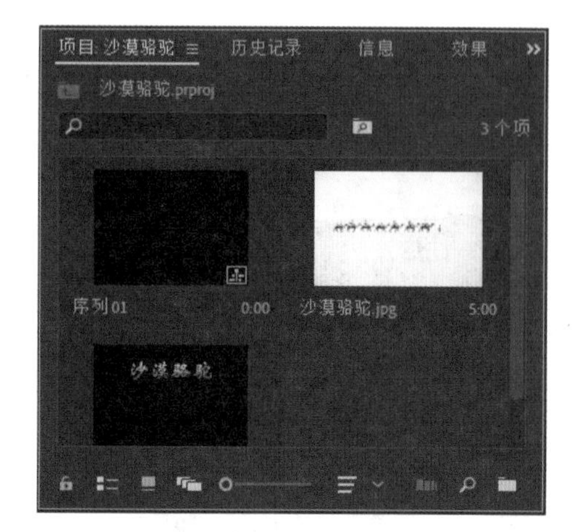


图 10-60　打开项目文件

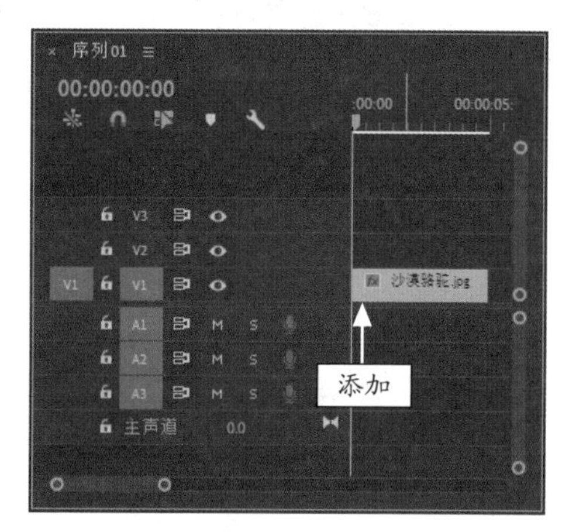


图 10-61　添加素材文件

STEP 03 选择 V1 轨道上的素材文件，在“效果控件”面板中设置“缩放”为 20.0，如图 10-62 所示。

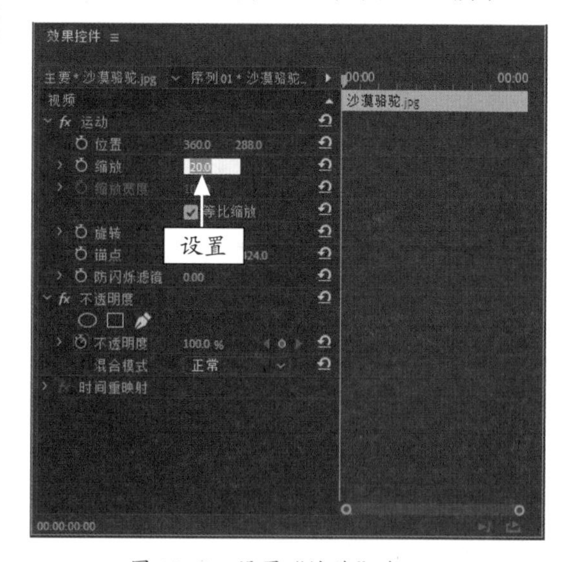


图 10-62　设置“缩放”为 20.0

STEP 04 将“沙漠骆驼”字幕文件添加到“时间轴”面板中的 V2 轨道上，按住 Shift 键的同时，选择两个素材文件，单击鼠标右键，在弹出的快捷菜单中选择“速度 / 持续时间”命令，如图 10-63 所示。

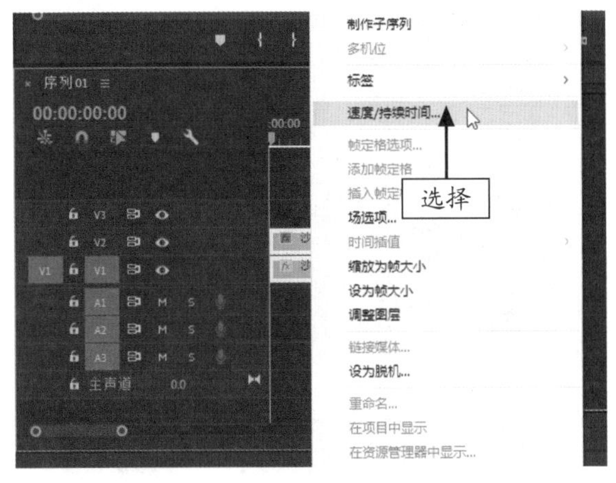


图 10-63　选择“速度 / 持续时间”命令

STEP 05 在弹出的“剪辑速度 / 持续时间”对话框中设置“持续时间”为 00:00:10:00，如图 10-64 所示。

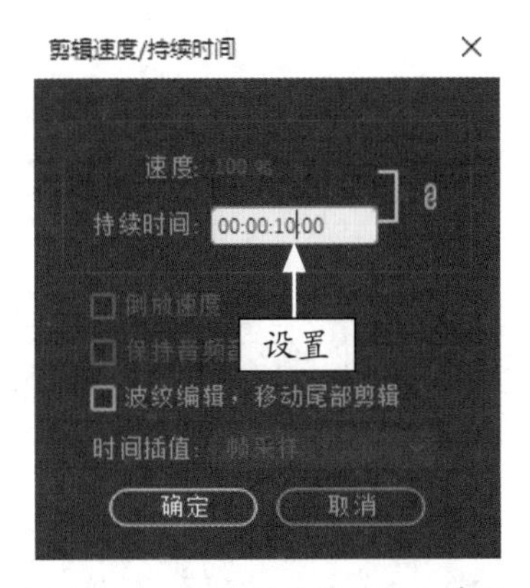


图 10-64　设置“持续时间”参数

STEP 06 单击“确定”按钮，设置持续时间。在“时间轴”面板中选择 V2 轨道上的字幕文件，如图 10-65 所示。

STEP 07 切换至“效果”面板，展开“视频效果”|“变换”选项，使用鼠标左键双击“裁剪”选项，如图 10-66 所示，即可为选择的素材添加裁剪效果。

STEP 08 在“效果控件”面板中展开“裁剪”选项，拖曳当前时间指示器至 00:00:00:12 的位置，单击“右侧”与“底部”选项左侧的“切换动画”按钮，设置“右侧”为 100.0%、“底部”为 81.0%，添加第 1 组关键帧，如图 10-67 所示。

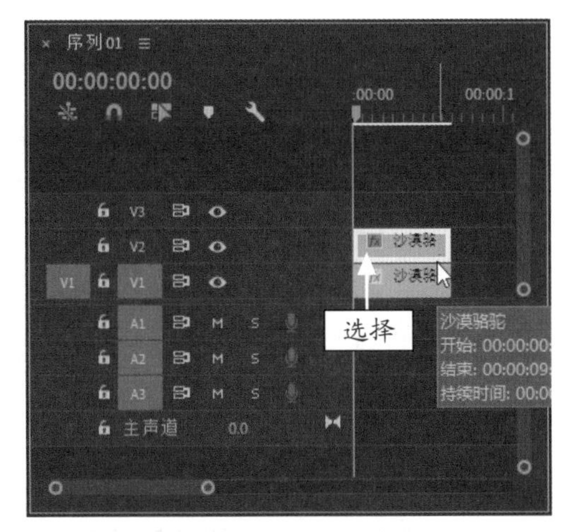


图 10-65　选择字幕文件

图 10-66　双击“裁剪”选项

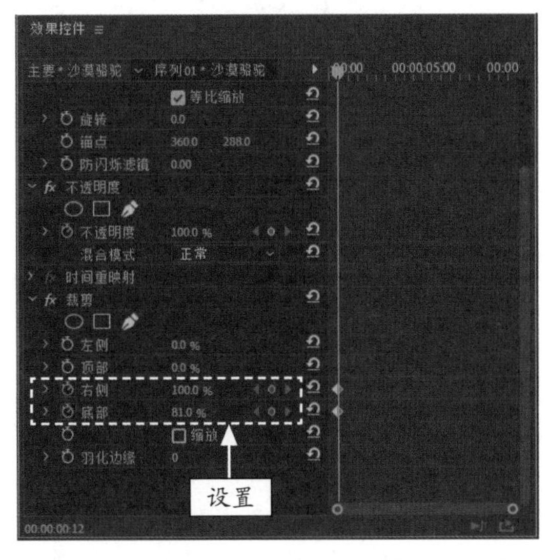


图 10-67　添加第 1 组关键帧

STEP 09 执行上述操作后，在“节目监视器”面板中可以查看素材画面，如图 10-68 所示。

图 10-68　查看素材画面

STEP 10 拖曳当前时间指示器至 00:00:00:13 的位置，设置“右侧”为 83.5%、“底部”为 81.0%，添加第 2 组关键帧，如图 10-69 所示。

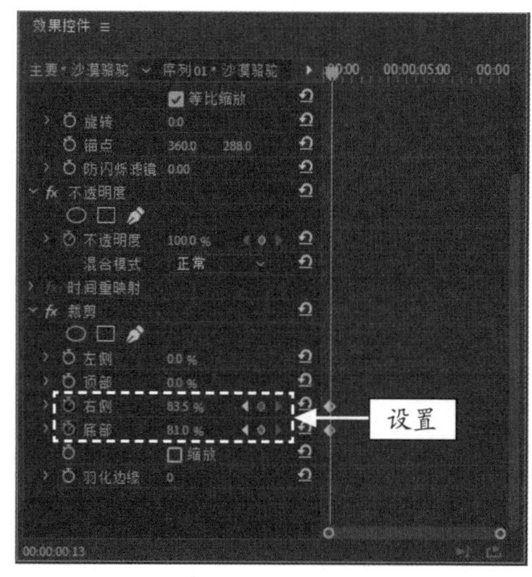


图 10-69　添加第 2 组关键帧

STEP 11 拖曳当前时间指示器至 00:00:01:00 的位置，设置“右侧”为 78.5%，添加第 3 组关键帧，如图 10-70 所示。

STEP 12 拖曳当前时间指示器至 00:00:01:20 的位置，设置“右侧”为 50.0%、“底部”为 81.0%，添加第 4 组关键帧，如图 10-71 所示。

STEP 13 拖曳当前时间指示器至 00:00:02:00 的位置，设置“右侧”为 40.0%、“底部”为 0.0%，添加第 5 组关键帧，如图 10-72 所示。

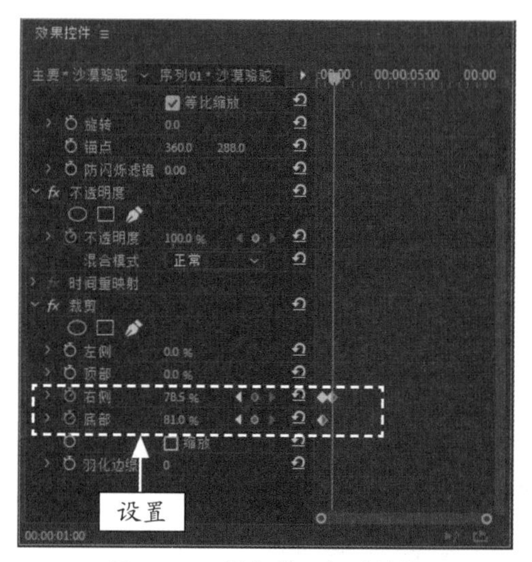


图 10-70　添加第 3 组关键帧

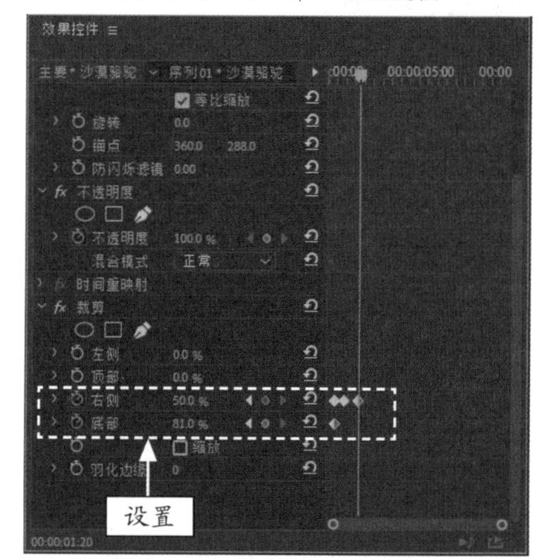


图 10-71　添加第 4 组关键帧

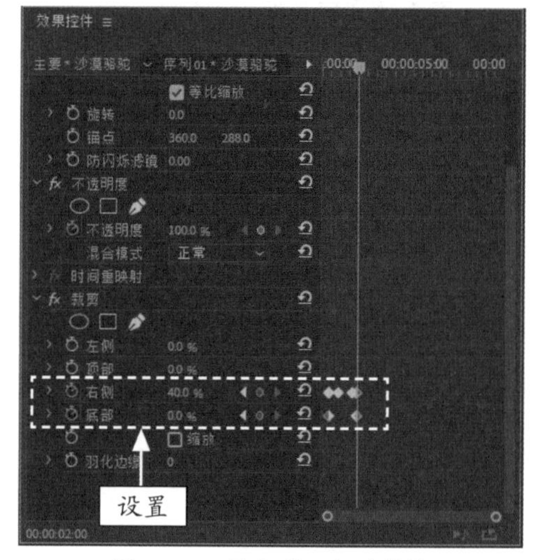


图 10-72　添加第 5 组关键帧

**STEP 14** 用与上同样的操作方法，在时间轴上的其他位置添加相应的关键帧，并设置关键帧的参数，如图 10-73 所示。

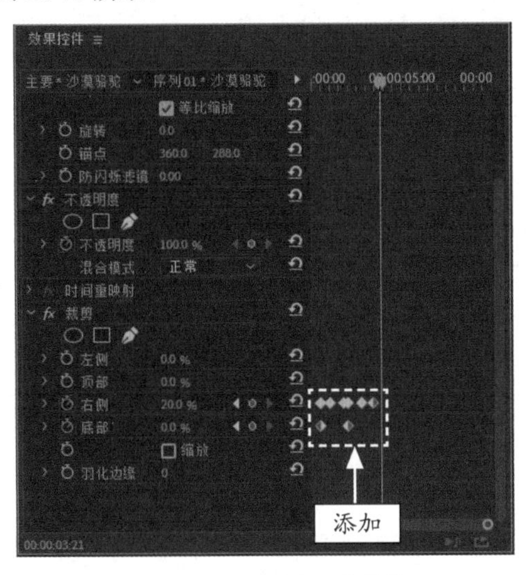


图 10-73　添加其他关键帧

**STEP 15** 单击“播放 - 停止切换”按钮，预览视频效果，如图 10-74 所示。

图 10-74　预览视频效果

## 10.2.7　立体旋转：制作沙漠房子字幕效果

在 Premiere Pro 2020 中，用户可以通过“基本 3D”特效制作字幕立体旋转效果。下面介绍制作字幕立体旋转效果的操作方法。

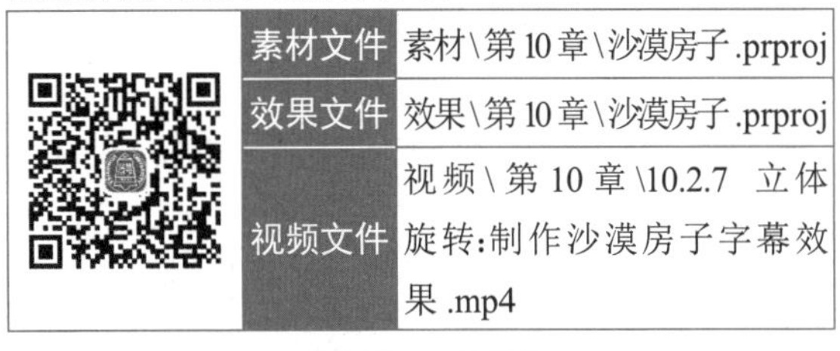

| | | |
|---|---|---|
| | 素材文件 | 素材 \ 第 10 章 \ 沙漠房子 .prproj |
| | 效果文件 | 效果 \ 第 10 章 \ 沙漠房子 .prproj |
| | 视频文件 | 视频 \ 第 10 章 \10.2.7　立体旋转：制作沙漠房子字幕效果 .mp4 |

**【操练 + 视频】**
**——立体旋转：制作沙漠房子字幕效果**

**STEP 01** 按 Ctrl ＋ O 组合键，打开项目文件“素材 \ 第 10 章 \ 沙漠房子 .prproj”，如图 10-75 所示。

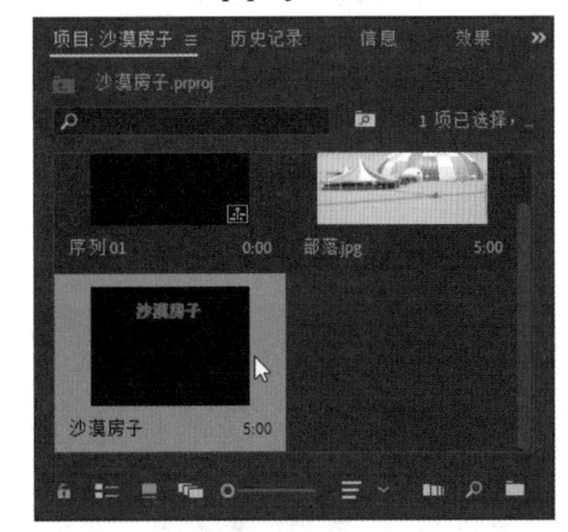


图 10-75　打开项目文件

**STEP 02** 在“项目”面板中选择“沙漠房子 .jpg”素材文件，并将其添加到“时间轴”面板中的 V1 轨道上，如图 10-76 所示。

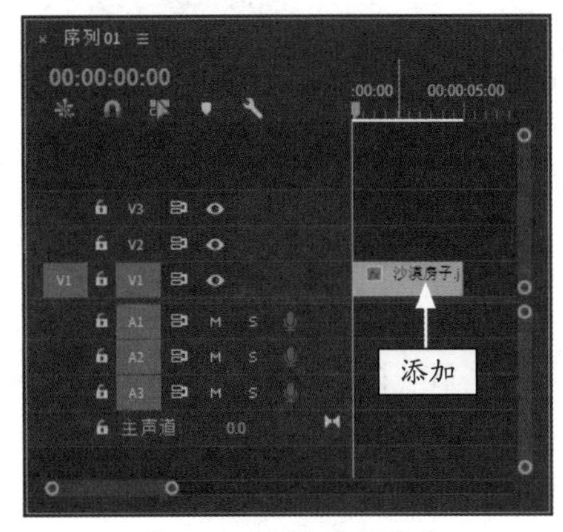


图 10-76　添加素材文件

STEP 03 选择 V1 轨道上的素材文件，在“效果控件”面板中设置“缩放”为 20.0，如图 10-77 所示。

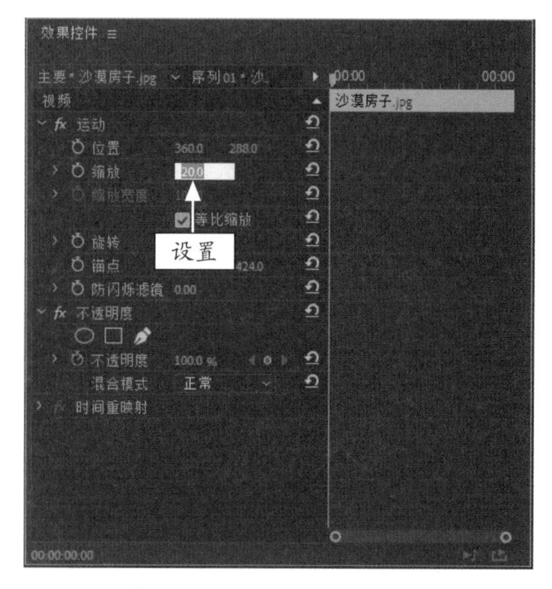


图 10-77 设置“缩放”为 20.0

STEP 04 将“沙漠房子”字幕文件添加到“时间轴”面板中的 V2 轨道上，如图 10-78 所示。

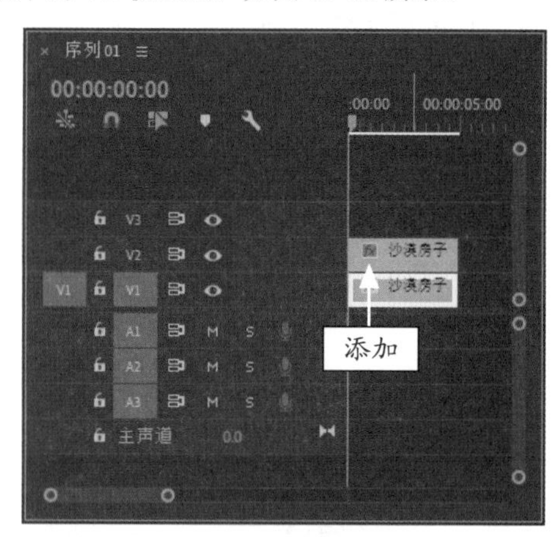


图 10-78 添加字幕文件

STEP 05 选择 V2 轨道上的素材，在“效果控件”面板中设置“位置”为（360.0，260.0），如图 10-79 所示。

STEP 06 切换至“效果”面板，展开“视频效果”|“透视”选项，使用鼠标左键双击“基本 3D”选项，如图 10-80 所示，即可为选择的素材添加“基本 3D”效果。

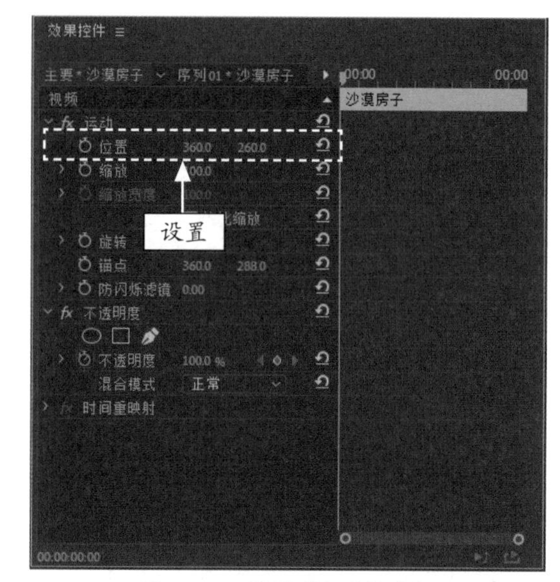


图 10-79 设置“位置”参数

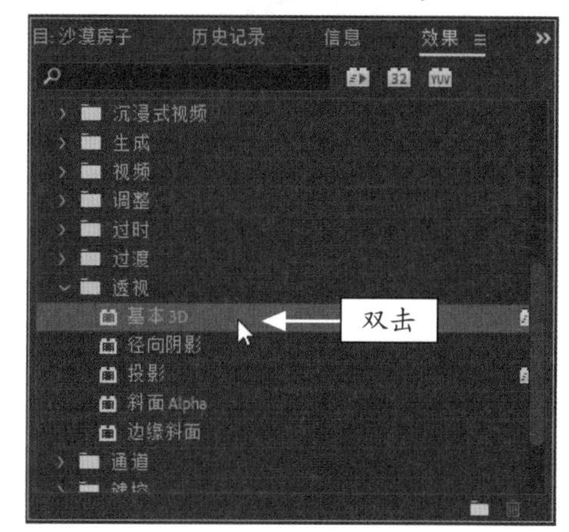


图 10-80 双击“基本 3D”选项

STEP 07 拖曳当前时间指示器到时间轴的开始位置，在“效果控件”面板中展开“基本 3D”选项，单击“旋转”“倾斜”以及“与图像的距离”选项左侧的“切换动画”按钮，设置“旋转”为 0.0°、“倾斜”为 0.0°、“与图像的距离”为 100.0，添加第 1 组关键帧，如图 10-81 所示。

STEP 08 拖曳当前时间指示器至 00:00:01:00 的位置，设置“旋转”为 1x0.0°、“倾斜”为 0.0°、“与图像的距离”为 200.0，添加第 2 组关键帧，如图 10-82 所示。

STEP 09 拖曳当前时间指示器至 00:00:02:00 的位置，设置“旋转”为 1x0.0°、“倾斜”为 1x0.0°、“与图像的距离”为 100.0，添加第 3 组关键帧，如图 10-83 所示。

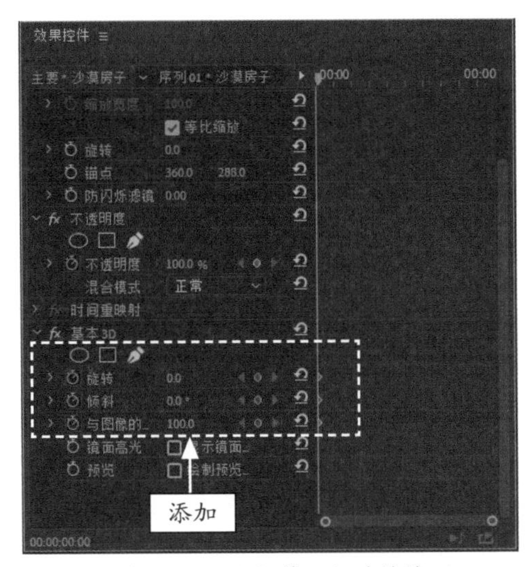


图 10-81　添加第 1 组关键帧

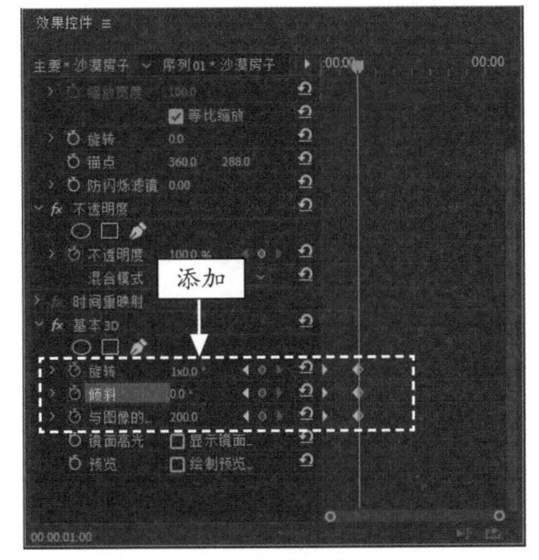


图 10-82　添加第 2 组关键帧

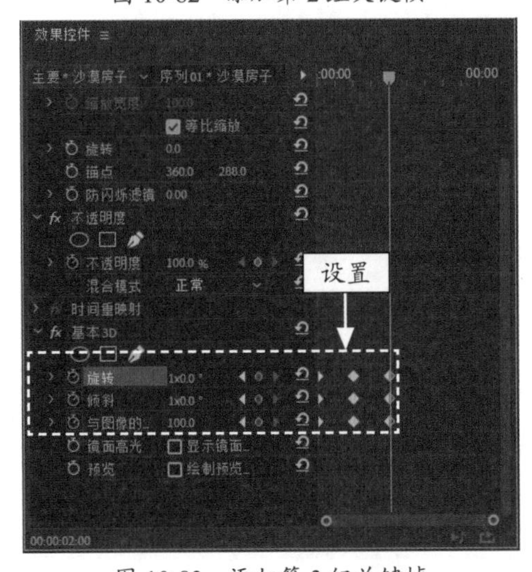


图 10-83　添加第 3 组关键帧

**STEP 10** 拖曳当前时间指示器至 00:00:03:00 的位置，设置“旋转”为 2x0.0°、“倾斜”为 2x0.0°、“与图像的距离”为 0.0，添加第 4 组关键帧，如图 10-84 所示。

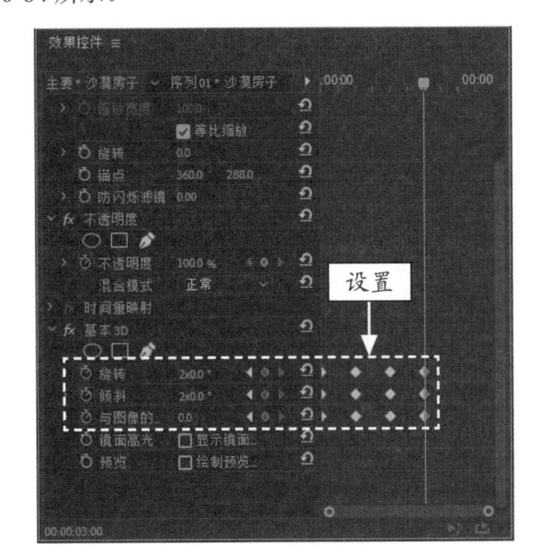


图 10-84　添加第 4 组关键帧

**STEP 11** 单击“播放 - 停止切换”按钮，预览视频效果，如图 10-85 所示。

图 10-85　预览视频效果

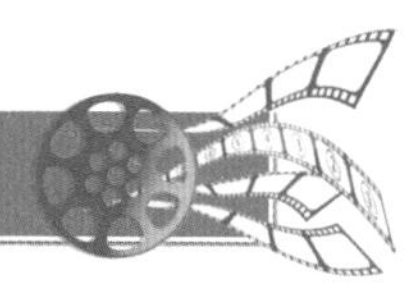

# 10.3 制作画中画

画中画是在影视节目中常见的一种效果，是利用数字技术，在同一屏幕上显示两个画面。本节将详细介绍画中画的相关基础知识以及制作方法，以供读者掌握。

## 10.3.1 认识画中画

画中画效果是指在正常显示的主画面上，同时插入一个或多个经过压缩的子画面，以便在欣赏主画面的同时，可观看其他影视效果。这种技术通过数字化处理，生成景物远近不同、具有强烈视觉冲击力的全景图像，给人一种身在画中的全新视觉享受。

画中画效果不仅可以同步显示多个不同的画面，还可以显示两个或多个内容相同的画面效果，让画面产生万花筒的特殊效果。

### 1. 画中画在天气预报的应用

随着计算机的普及，画中画效果逐渐成为天气预报节目的常用播放技巧。

在天气预报节目中，几乎大部分都是运用画中画效果来进行播放的。工作人员通过后期的制作，将两个画面合成至一个背景中，得到最终天气预报的效果。

### 2. 画中画在新闻播报的应用

画中画效果在新闻播放节目中的应用也十分广泛。在新闻联播中，常常会看到节目主持人的右上角出来一个新的画面，这些画面通常是为了配合主持人报道新闻而安排的。

### 3. 画中画在影视广告宣传的应用

影视广告是非常高效而且覆盖面较广的广告传播方法之一。

在随着数码科技的发展，这种画中画效果被许多广告产业搬上了显示屏，加入了画中画效果的宣传广告，常常可以表现出更加良好的宣传效果。

### 4. 画中画在显示器中的应用

如今网络电视的不断普及，以及大屏显示器的出现，画中画在显示器中的应用也并非人们想象中的那么“鸡肋”。在市场上，带有画中画功能显示器的出现，受到了用户的一致认可，同时也将显示器的娱乐性进一步增强。

## 10.3.2 画中画特效：导入林荫美景素材文件

画中画是以高科技为载体，将普通的平面图像转化为层次分明、全景多变的精彩画面。在 Premiere Pro 2020 中，制作画中画运动效果之前，首先需要导入影片素材。

| 素材文件 | 素材 \ 第 10 章 \ 林荫美景 .prproj |
|---|---|
| 效果文件 | 效果 \ 第 10 章 \ 林荫美景 .prproj |
| 视频文件 | 视频 \ 第 10 章 \10.3.2 画中画特效：导入林荫美景素材文件 .mp4 |

【操练 + 视频】
——画中画特效：导入林荫美景素材文件

STEP 01 按 Ctrl ＋ O 组合键，打开项目文件“素材 \ 第 10 章 \ 林荫美景 .prproj”，如图 10-86 所示。

图 10-86　打开项目文件

STEP 02 在“时间轴”面板上，将导入的素材分别添加至 V1 和 V2 轨道上，拖动控制条调整视图，如图 10-87 所示。

STEP 03 将时间线移至 00:00:06:00 的位置，将 V2 轨道的素材向右拖曳至 6 秒处，如图 10-88 所示。

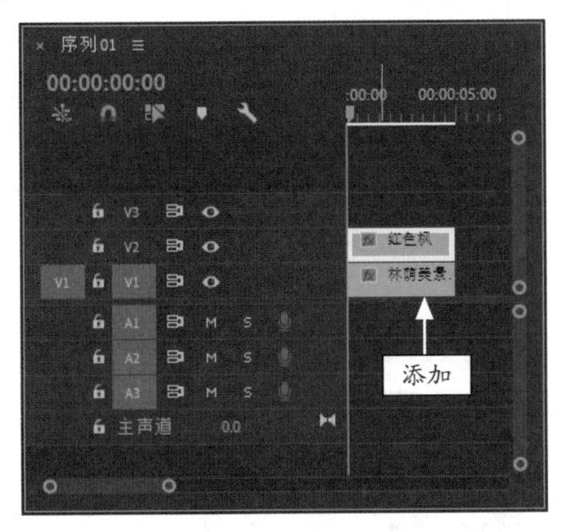


图 10-87　添加素材图像

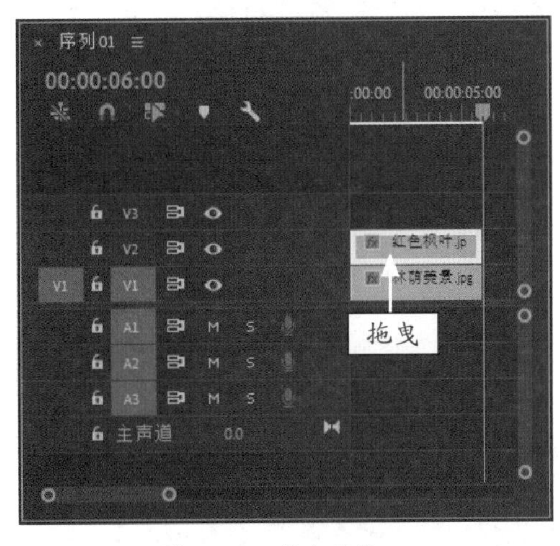


图 10-88　拖曳鼠标

## 10.3.3　画中画特效：制作林荫美景视频效果

在添加完素材后，用户可以继续对画中画素材设置运动效果。接下来将介绍如何设置画中画的特效属性。

<table>
<tr><td rowspan="3"></td><td>素材文件</td><td>无</td></tr>
<tr><td>效果文件</td><td>效果 \ 第 10 章 \ 林荫美景 .prproj</td></tr>
<tr><td>视频文件</td><td>视频 \ 第 10 章 \10.3.3　画中画特效：制作林荫美景视频效果 .mp4</td></tr>
</table>

【操练＋视频】
——立画中画特效：制作林荫美景视频效果

STEP 01 以 10.3.2 节的效果为例，将时间线移至素材的开始位置，选择 V1 轨道上的素材，在“效果控件”面板中，单击“位置”和“缩放”左侧的“切换动画”按钮，添加第 1 组关键帧，如图 10-89 所示。

STEP 02 选择 V2 轨道上的素材，设置“缩放”为 20.0，在“节目监视器”面板中，将选择的素材拖曳至面板左上角，单击“位置”和“缩放”左侧前的“切换动画”按钮，添加第 2 组关键帧，如图 10-90 所示。

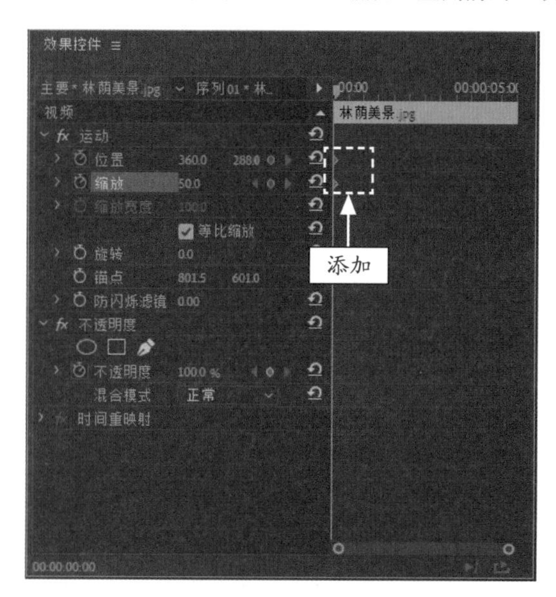


图 10-89　添加第 1 组关键帧

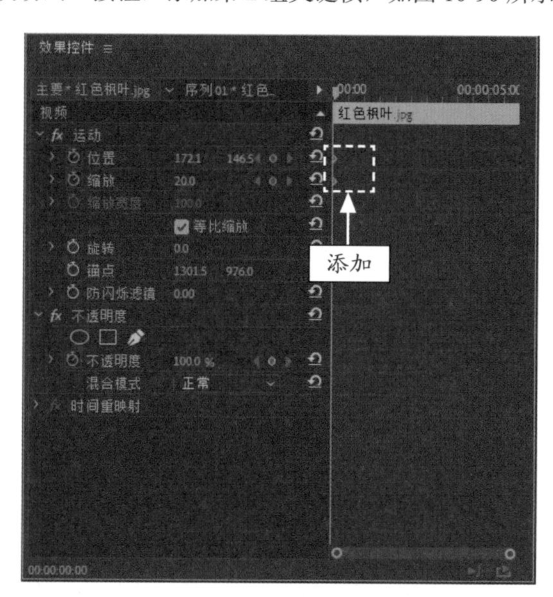


图 10-90　添加第 2 组关键帧

STEP 03 将时间线移至 00:00:00:17 的位置，选择 V2 轨道中的素材，在“节目监视器”面板中沿水平方向向右拖曳素材，系统会自动添加一个关键帧，如图 10-91 所示。

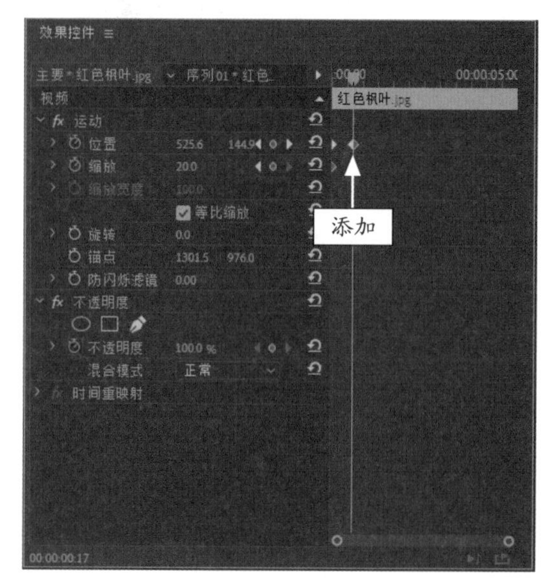

图 10-91　添加第 3 组关键帧

**STEP 04** 将时间线移至 00:00:01:00 的位置，选择 V2 轨道中的素材，在“节目监视器”面板中垂直向下拖曳素材，系统会自动添加一个关键帧，如图 10-92 所示。

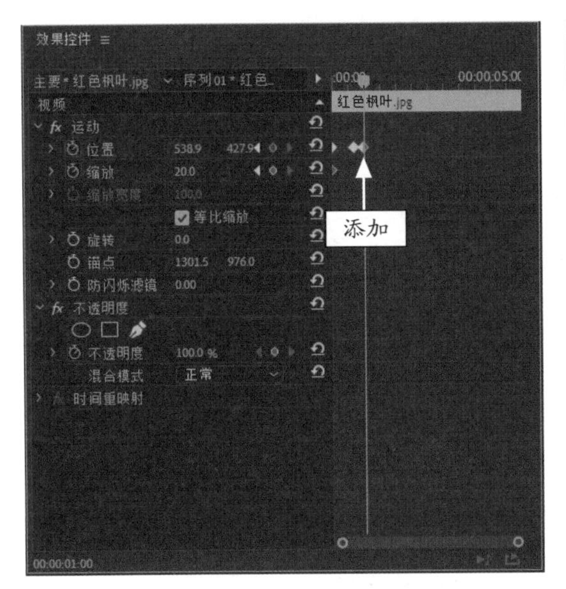

图 10-92　添加第 4 组关键帧

**STEP 05** 将“林荫美景 1”素材图像添加至 V3 轨道 00:00:01:04 的位置中；选择 V3 轨道上的素材，将时间线移至 00:00:01:05 的位置，在“效果控件”面板中，展开“运动”选项，设置“缩放”为 20.0，在“节目监视器”窗口中向右上角拖曳素材，系统会自动添加一组关键帧，如图 10-93 所示。

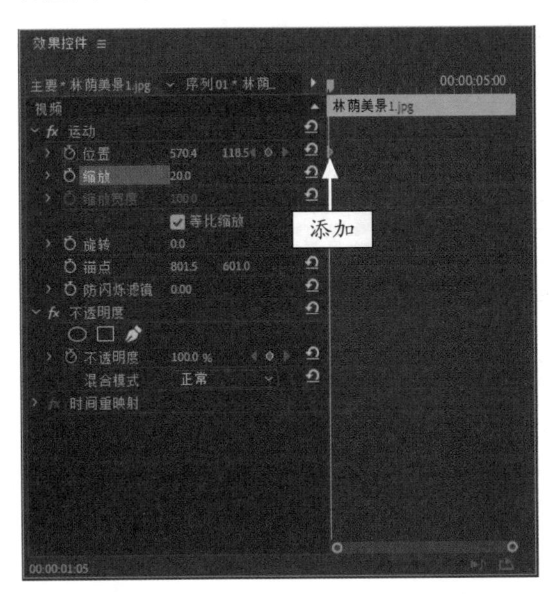

图 10-93　添加第 5 组关键帧

**STEP 06** 执行操作后，即可制作画中画效果。在“节目监视器”面板中，单击“播放 - 停止切换”按钮，即可预览画中画效果，如图 10-94 所示。

图 10-94　预览画中画效果

# 第11章

# 视频输出：设置与导出视频文件

## 章前知识导读

在 Premiere Pro 2020 中，当完成一段影视内容的编辑，可以将其输出成各种不同格式的文件。在导出视频文件时，需要对视频的格式、预设、输出名称和位置以及其他选项进行设置。本章主要介绍如何设置影片输出参数，以及如何输出各种不同格式的文件。

## 新手重点索引

- 设置视频参数
- 设置导出参数
- 导出视频文件

## 效果图片欣赏

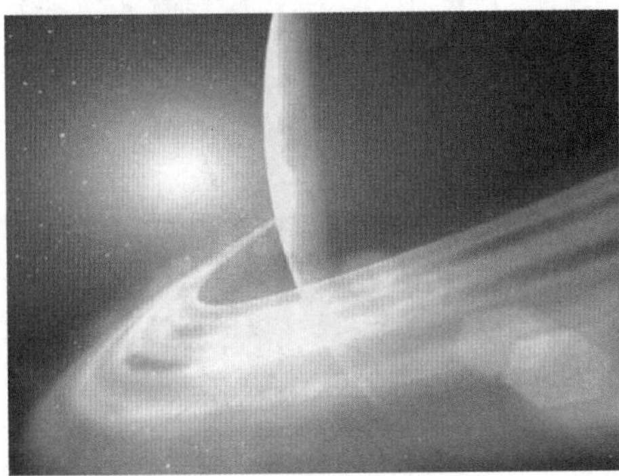

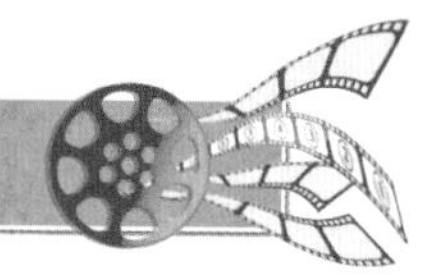

## 11.1 设置视频参数

在导出视频文件时，用户需要对视频的格式、预设、输出名称和位置以及其他选项进行设置。本节将介绍“导出设置”对话框以及导出视频所需要设置的参数。

### 11.1.1 预览视频：预览浪漫海湾视频效果

视频预览区域主要用来预览视频效果。下面将介绍设置视频预览区域的操作方法。

| 素材文件 | 素材 \ 第 11 章 \ 浪漫海湾 .prproj |
|---|---|
| 效果文件 | 无 |
| 视频文件 | 视频 \ 第 11 章 \11.1.1 预览视频：预览浪漫海湾视频效果 .mp4 |

【操练 + 视频】
——预览视频：预览浪漫海湾视频效果

STEP 01 按 Ctrl ＋ O 组合键，打开项目文件“素材 \ 第 11 章 \ 浪漫海湾 .prproj”，如图 11-1 所示。

STEP 02 在 Premiere Pro 2020 界面中，选择“文件”|“导出”|“媒体”命令，如图 11-2 所示。

图 11-1 打开项目文件

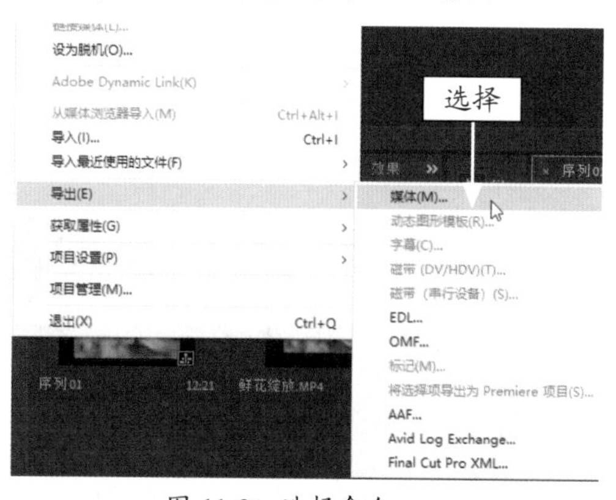


图 11-2 选择命令

STEP 03 在弹出的“导出设置”对话框中，拖曳窗口底部的当前时间指示器，查看导出的影视效果，如图 11-3 所示。

图 11-3 查看影视效果

## 11.1.2　设置参数：设置浪漫海湾视频参数

“导出设置”选项区中的各参数决定着影视的最终效果，用户可以在这里设置视频参数。

|  | 素材文件 | 无 |
| --- | --- | --- |
| | 效果文件 | 效果 \ 第 11 章 \ 浪漫海湾 .3gp |
| | 视频文件 | 视频 \ 第 11 章 \11.1.2　设置参数：设置浪漫海湾视频参数 .mp4 |

**【操练 + 视频】**
**——设置参数：设置浪漫海湾视频参数**

STEP 01 以 11.1.1 的素材为例，单击“格式”选项右侧的下三角按钮，在弹出的列表中选择 MPEG4 作为当前导出的视频格式，如图 11-4 所示。

图 11-4　设置导出格式

STEP 02 根据导出视频格式的不同，设置“预设”选项。单击“预设”选项右侧的下三角按钮，在弹出的列表中选择 3GPP 352×288 H.263 选项，如图 11-5 所示。

图 11-5　选择相应选项

STEP 03 单击“输出名称”右侧的超链接，如图 11-6 所示。

图 11-6　单击超链接

STEP 04 弹出“另存为”对话框，设置文件名和存储位置，如图 11-7 所示。单击“保存”按钮，即可完成视频参数的设置。

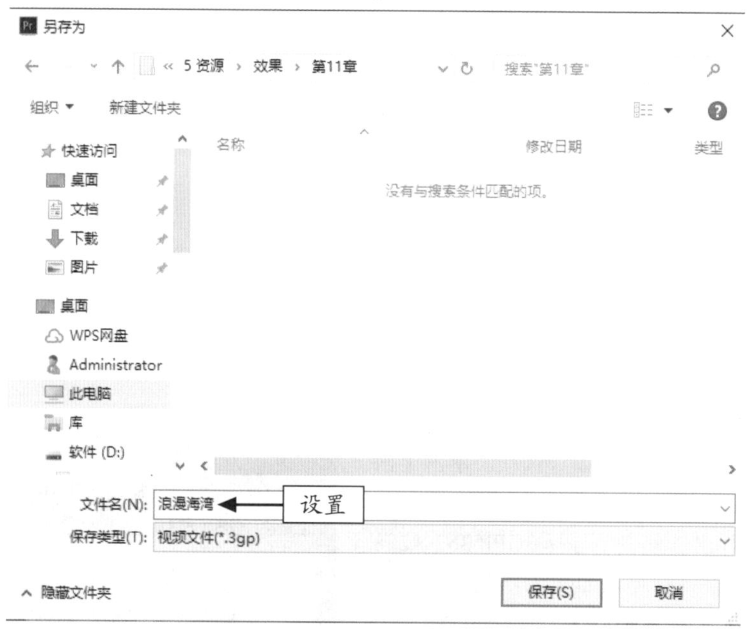


图 11-7　设置文件名和存储位置

## 11.2 设置导出参数

当用户完成 Premiere Pro 2020 中的各项编辑操作后，即可将项目导出为各种格式类型的视频文件。本节将详细介绍影片导出参数的设置方法。

### 11.2.1　效果参数

在 Premiere Pro 2020 中，“SDR 遵从情况”是相对于 HDR（高动态图像）而言的，其作用是可以将 HDR 图像转换为 SDR 图像文件的一种设置。

HDR 所包含的色彩细节方面非常丰富，需要支持高动态图像格式的视频播放显示器来进行查看；用普通的显示器来播放查看 HDR 图像文件，显示的画面会失真。SDR 图像文件则属正常标准范围内，使用普通的视频播放显示器即可查看图像文件。在 Premiere Pro 2020 中，将 HDR 文件转换为 SDR 图像文件，可以设置“亮度”“对比度”以及“软阈值”等参数。

在“导出设置”对话框中设置“SDR 遵从情况”参数的方法非常简单，❶首先，用户需要设置导出视频的“格式”为 AVI；❷其次，切换至“效果”选项卡，选中“SDR 遵从情况”复选框；❸设置“亮度”为 20、“对比度”为 10、“软阈值”为 80，如图 11-8 所示；设置完成后，用户可以在视频预览区域中单击“导出”标签；❹加载完成后，用户即可在输出文件夹中播放并查看图像效果，如图 11-9 所示。

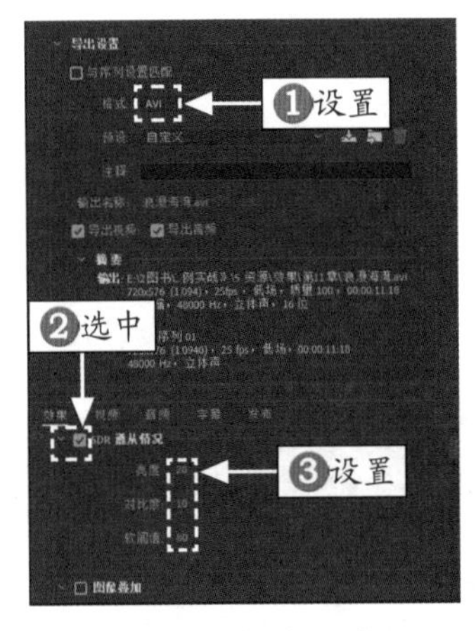


图 11-8　设置相应参数

图 11-9　查看图像效果

**专家指点**

在 Premiere Pro 2020 中，用户还可以在“效果”面板的“视频”效果选项卡中选择“SDR 遵从情况”效果，将其添加至“时间轴”面板中所需要的图像素材上，在“效果控件”面板中设置“亮度”“对比度”以及“软阈值”参数，这样就不用在“导出设置”对话框中再设置参数了。

## 11.2.2　音频参数

通过 Premiere Pro 2020 可以将素材输出为音频，接下来将介绍导出 MP3 格式的音频文件需要进行哪些设置。

首先，需要在“导出设置”对话框中设置“格式”为 MP3，并设置“预设”为“MP3 256kbps 高质量”，如图 11-10 所示。接下来，用户只需要设置导出音频的文件名和保存位置，单击“输出名称”右侧的相应超链接，弹出“另存为”对话框，设置文件名和存储位置，如图 11-11 所示。单击“保存”按钮，即可完成音频参数的设置。

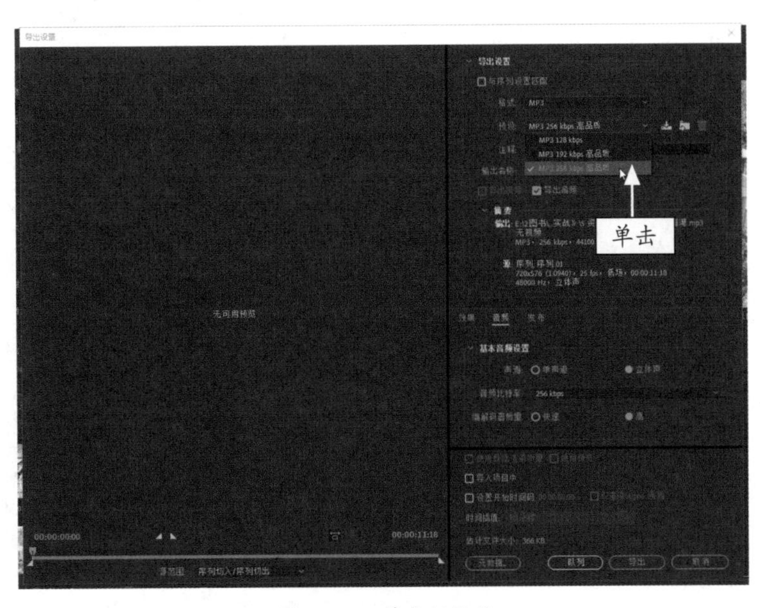


图 11-10　单击超链接

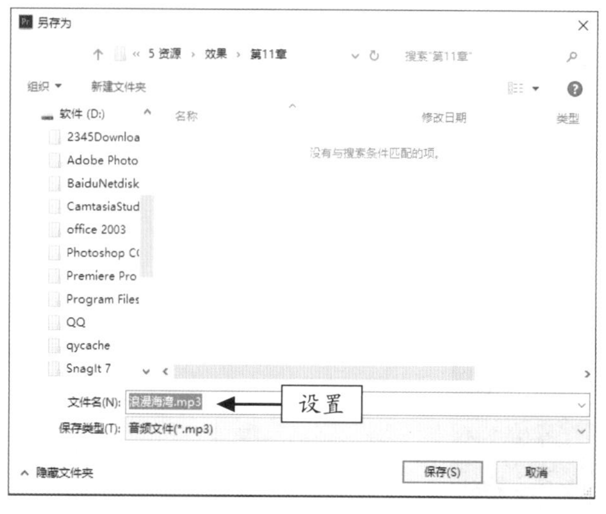


图 11-11　设置文件名和存储位置

## 11.3 导出视频文件

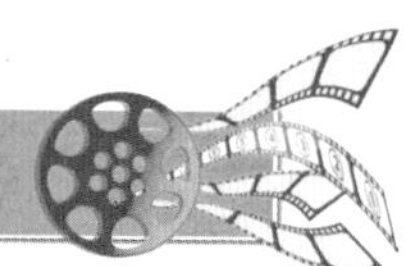

随着视频文件格式的增加，Premiere Pro 2020 会根据所选文件的不同，调整不同的视频输出选项，以便更快捷地调整视频文件的设置。本节主要介绍视频文件的导出方法。

### 11.3.1　编码文件：导出光芒万丈编码文件

编码文件就是现在常见的 AVI 格式文件，这种文件格式的文件兼容性好、调用方便、图像质量好。

| | | |
|---|---|---|
|  | 素材文件 | 素材 \ 第 11 章 \ 光芒万丈 .prproj |
| | 效果文件 | 效果 \ 第 11 章 \ 光芒万丈 .avi |
| | 视频文件 | 视频 \ 第 11 章 \11.3.1　编码文件：导出光芒万丈编码文件 .mp4 |

**【操练 + 视频】**
**——编码文件：导出光芒万丈编码文件**

**STEP 01** 按 Ctrl ＋ O 组合键，打开项目文件“素材 \ 第 11 章 \ 光芒万丈 .prproj”，如图 11-12 所示。

**STEP 02** 选择“文件”|“导出”|“媒体”命令，如图 11-13 所示。

**STEP 03** 执行上述操作后，弹出“导出设置”对话框，如图 11-14 所示。

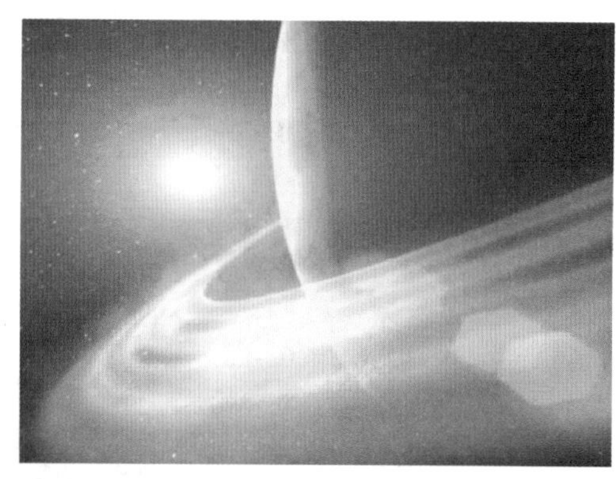

图 11-12　打开项目文件

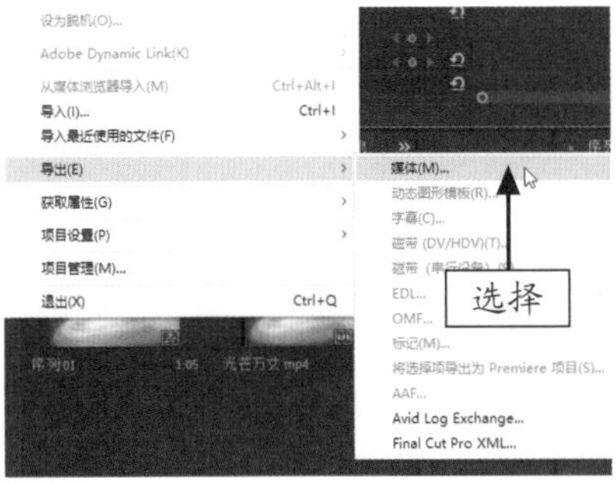

设为脱机(O)...
Adobe Dynamic Link(K)
从媒体浏览器导入(M)　Ctrl+Alt+I
导入(I)...　Ctrl+I
导入最近使用的文件(F)
导出(E)
获取属性(G)
项目设置(P)
项目管理(M)...
退出(X)　Ctrl+Q
媒体(M)...
动态图形模板(R)...
字幕(C)...
磁带 (DV/HDV)(T)...
EDL...
OMF...
标记(M)...
将选择项导出为 Premiere 项目(S)...
AAF...
Avid Log Exchange...
Final Cut Pro XML...
选择

图 11-13　选择“媒体”命令

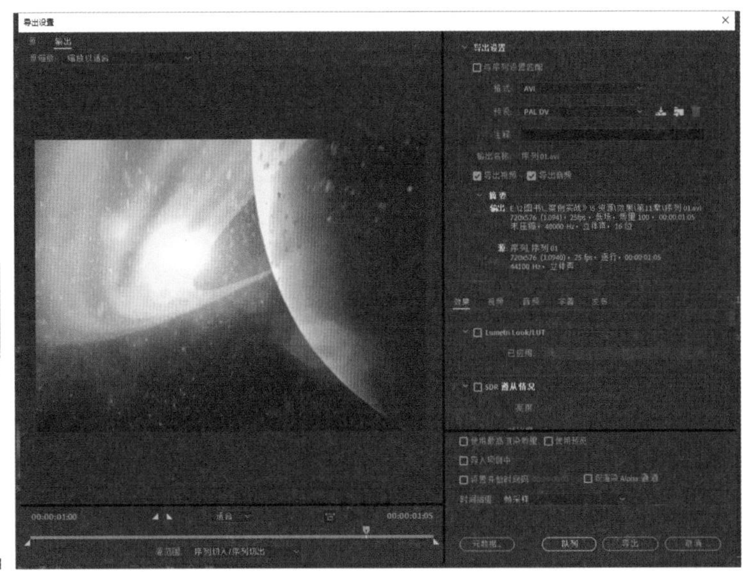


图 11-14　“导出设置”对话框

**STEP 04** 在“导出设置”选项区中设置“格式”为 AVI、“预设”为“NTSC DV 宽银幕”，如图 11-15 所示。

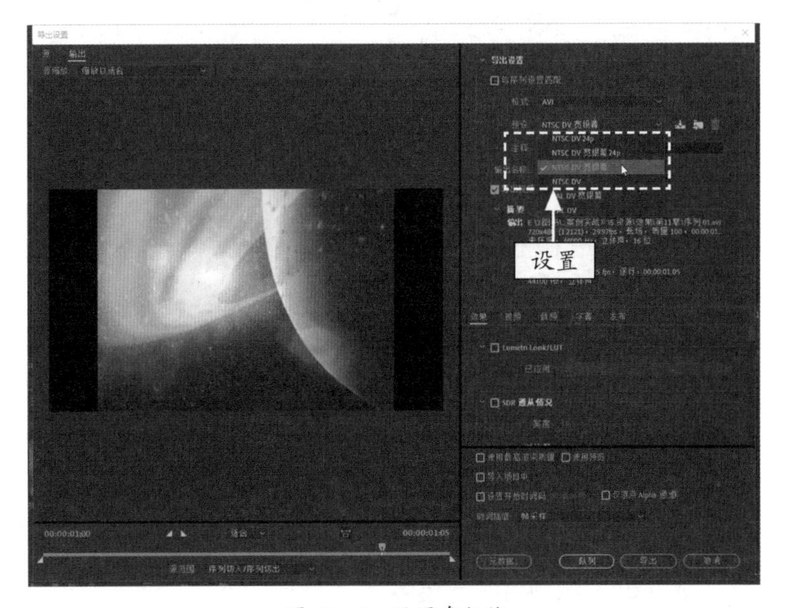


图 11-15　设置参数值

**STEP 05** 单击“输出名称”右侧的超链接，弹出“另存为”对话框，在其中设置保存位置和文件名，如图 11-16 所示。

**STEP 06** 设置完成后，单击“保存”按钮。然后单击对话框右下角的“导出”按钮，如图 11-17 所示。

**STEP 07** 执行上述操作后，弹出“编码 序列 01”对话框，开始导出编码文件，并显示导出进度，如图 11-18 所示。导出完成后，即可完成编码文件的导出。

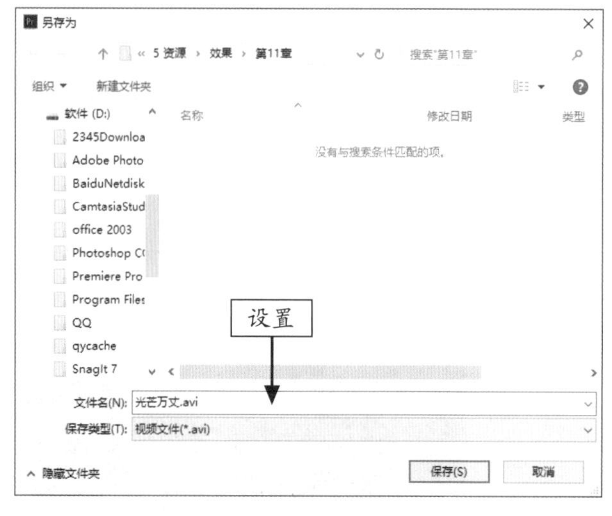


图 11-16　设置保存位置和文件名

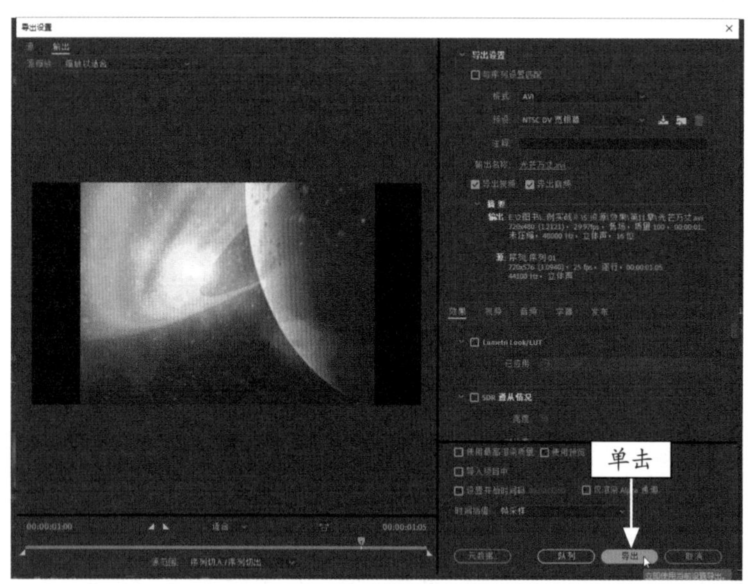


图 11-17　单击“导出”按钮

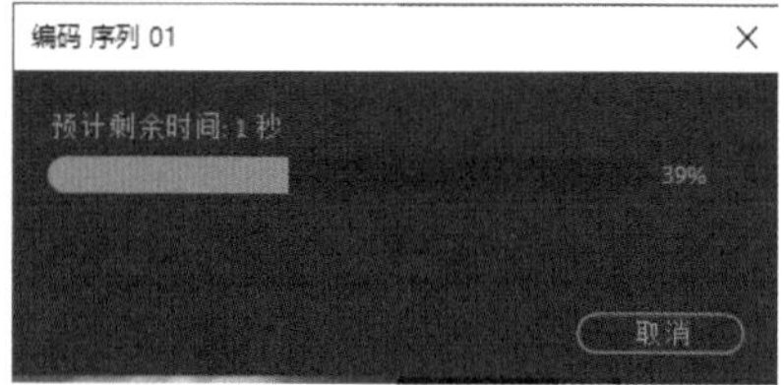


图 11-18　显示导出进度

## 11.3.2　EDL 文件：导出自然风光 EDL 文件

在 Premiere Pro 2020 中，用户不仅可以将视频导出为编码文件，还可以根据需要将其导出为 EDL 视频文件。

| | | |
|---|---|---|
| | 素材文件 | 素材 \ 第 11 章 \ 自然风光 .prproj |
| | 效果文件 | 效果 \ 第 11 章 \ 自然风光 .edl |
| | 视频文件 | 视频 \ 第 11 章 \11.3.2 EDL 文件：导出自然风光 EDL 文件 .mp4 |

【操练 + 视频】
——EDL 文件：导出自然风光 EDL 文件

STEP 01 按 Ctrl + O 组合键，打开项目文件“素材 \ 第 11 章 \ 自然风光 .prproj”，如图 11-19 所示。

STEP 02 选择“文件”|“导出”|“EDL”命令，如图 11-20 所示。

STEP 03 弹出“EDL 导出设置”对话框，单击“确定”按钮，如图 11-21 所示。

STEP 04 弹出“将序列另存为 EDL”对话框，设置文件名和保存路径，如图 11-22 所示。

图 11-19　打开项目文件

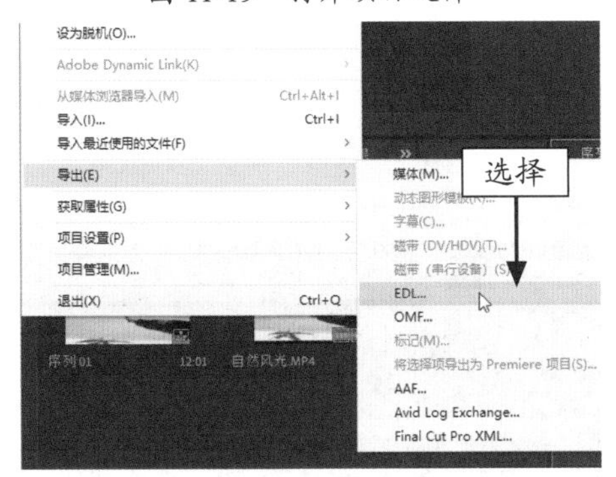


图 11-20　选择 EDL 命令

**专家指点**

在 Premiere Pro 2020 中，EDL 是一种广泛应用于视频编辑领域的编辑交换文件，其作用是记录用户对素材的各种编辑操作。这样，用户便可以在所有支持 EDL 文件的编辑软件内共享编辑项目，或通过替换素材来实现影视节目的快速编辑与输出。

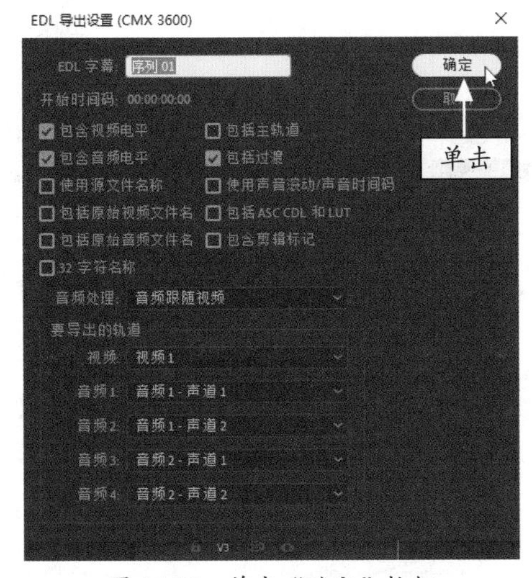


图 11-21　单击“确定”按钮

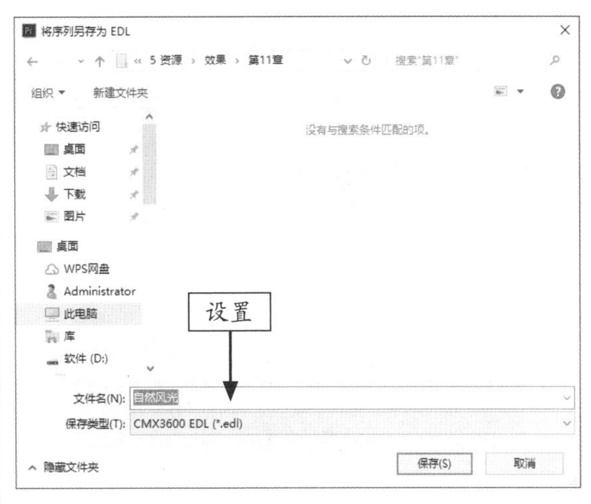


图 11-22　设置文件名和保存路径

STEP 05 单击“保存”按钮，即可导出 EDL 文件。

**专家指点**

EDL 文件在存储时只保留两轨的初步信息，因此在用到两轨道以上的视频时，两轨道以上的视频信息便会丢失。

## 11.3.3　OMF 文件：导出音乐 OMF 文件

在 Premiere Pro 2020 中，OMF 是由 Avid 推出的一种音频封装格式，可以将多种专业的音频封装在一起。

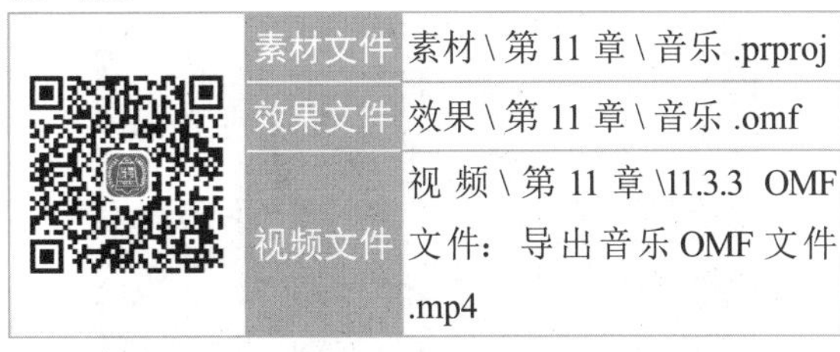

| | | |
|---|---|---|
| | 素材文件 | 素材 \ 第 11 章 \ 音乐 .prproj |
| | 效果文件 | 效果 \ 第 11 章 \ 音乐 .omf |
| | 视频文件 | 视频 \ 第 11 章 \11.3.3 OMF 文件：导出音乐 OMF 文件 .mp4 |

**【操练 + 视频】**
**——OMF 文件：导出音乐 OMF 文件**

STEP 01 按 Ctrl + O 组合键，打开项目文件“素材 \ 第 11 章 \ 音乐 .prproj”，如图 11-23 所示。

STEP 02 选择“文件”|“导出”|“OMF”命令，如图 11-24 所示。

STEP 03 弹出“OMF 导出设置”对话框，单击“确定”按钮，如图 11-25 所示。

STEP 04 弹出“将序列另存为 OMF”对话框，设置文件名和保存路径，如图 11-26 所示。

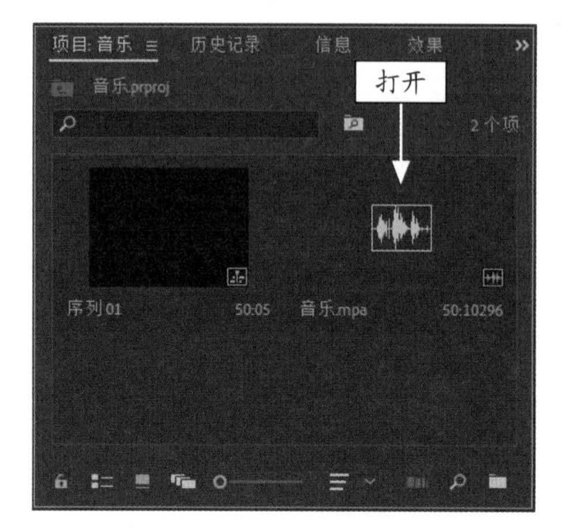


图 11-23　打开项目文件

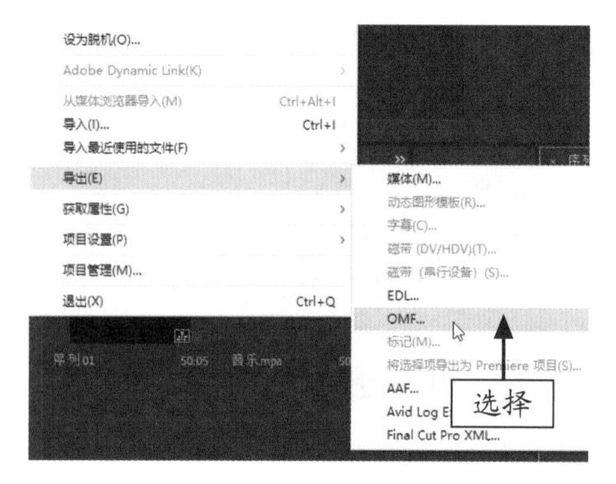


图 11-24　选择 OMF 命令

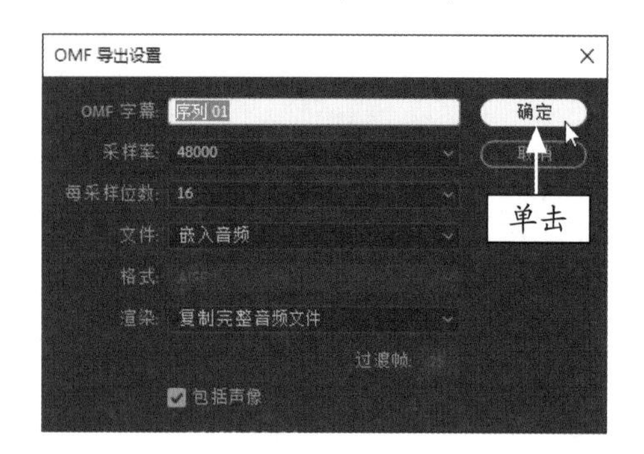


图 11-25　单击“确定”按钮

STEP 05 单击“保存”按钮，弹出“将媒体文件导出到 OMF 文件夹”对话框，显示导出进度，如图 11-27 所示。

STEP 06 输出完成后，弹出“OMF 导出信息”对话框，显示 OMF 的导出信息，如图 11-28 所示，单击“确定”按钮即可。

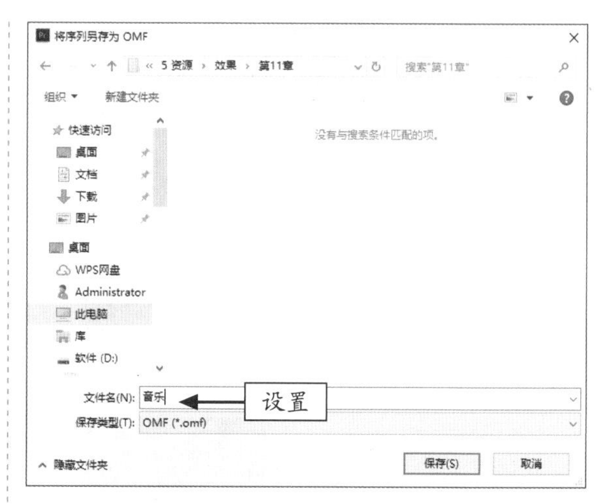


图 11-26　设置文件名和保存路径

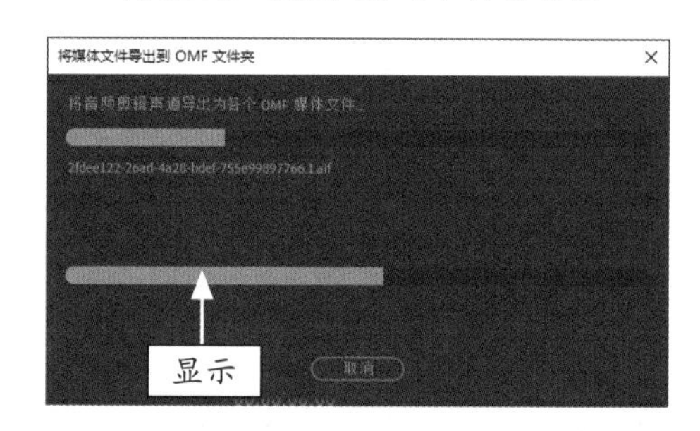


图 11-27　显示导出进度

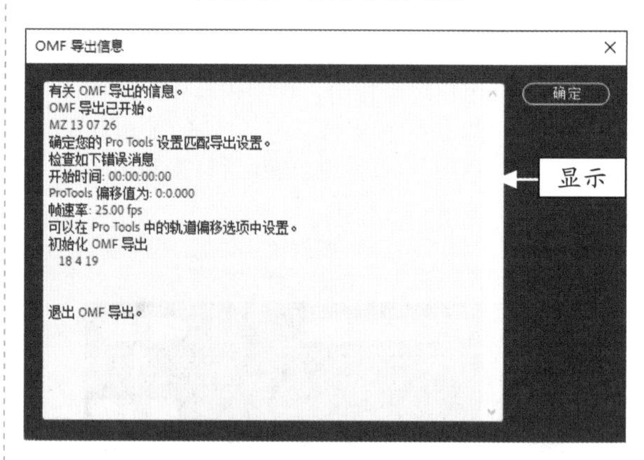


图 11-28　显示 OMF 导出信息

## 11.3.4　MP3 音频：导出甜蜜热恋音频文件

MP3 格式的音频文件凭借高采样率的音质、占用空间少的特性，成为目前最流行的一种音乐文件。

| 素材文件 | 素材\第 11 章\甜蜜热恋.prproj |
|---|---|
| 效果文件 | 效果\第 11 章\甜蜜热恋.mp3 |
| 视频文件 | 视频\第 11 章\11.3.4 MP3 音频：导出甜蜜热恋音频文件.mp4 |

**【操练 + 视频】**
**——MP3 文件：导出甜蜜热恋音频文件**

STEP 01 按 Ctrl + O 组合键，打开项目文件“素材\第 11 章\甜蜜热恋.prproj”，如图 11-29 所示。

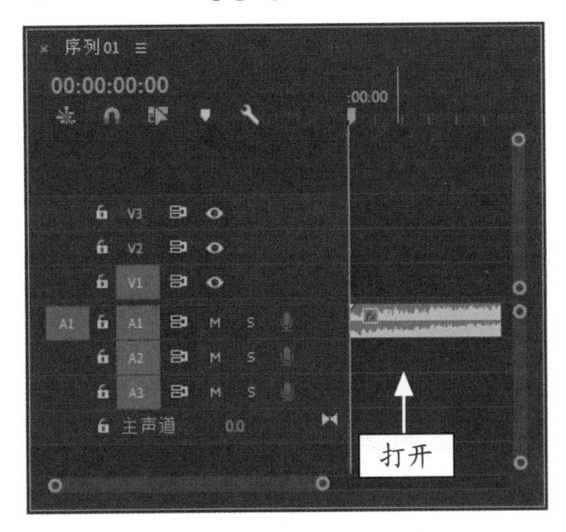


图 11-29　打开项目文件

STEP 02 选择“文件”|“导出”|“媒体”命令，弹出“导出设置”对话框，单击“格式”选项右侧的下三角按钮，在弹出的列表中选择 MP3 选项，如图 11-30 所示。

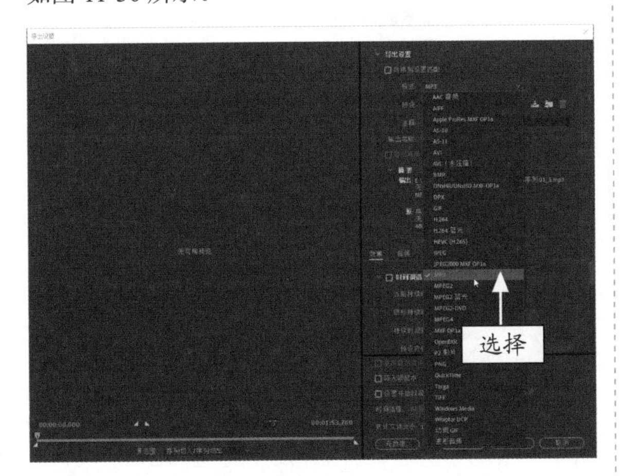


图 11-30　选择 MP3 选项

STEP 03 单击“输出名称”右侧的超链接，弹出“另存为”对话框，设置保存位置和文件名，单击“保存”按钮，如图 11-31 所示。

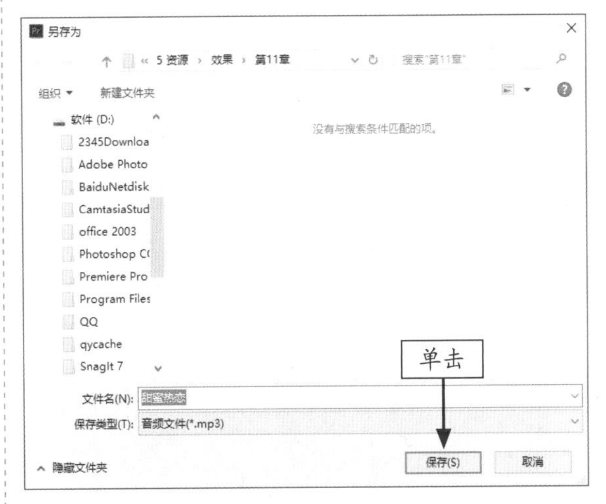


图 11-31　单击“保存”按钮

STEP 04 返回相应对话框，单击“导出”按钮，弹出“编码 序列 01”对话框，显示导出进度，如图 11-32 所示。

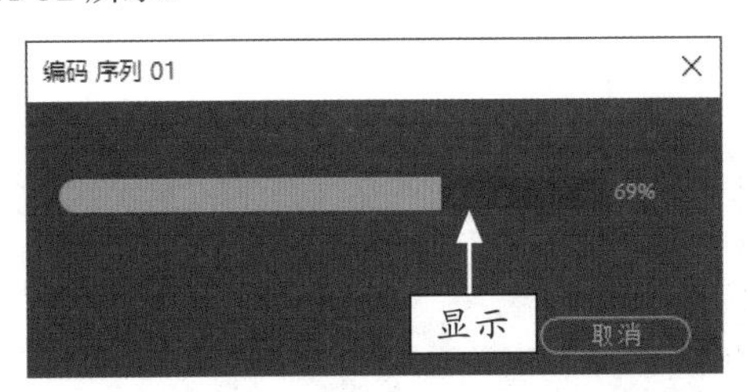


图 11-32　显示导出进度

STEP 05 导出完成后，即可完成 MP3 音频文件的导出。

### 11.3.5　WAV 文件：导出 WAV 音频文件

在 Premiere Pro 2020 中，用户不仅可以将音频文件转换成 MP3 格式，还可以将其转换为 WAV 格式的音频文件。

| 素材文件 | 素材\第 11 章\音乐 3.prproj |
|---|---|
| 效果文件 | 效果\第 11 章\音乐 3.wav |
| 视频文件 | 视频\第 11 章\11.3.5 WAV 文件：导出 WAV 音频文件.mp4 |

**【操练＋视频】**
**——WAV 文件：导出 WAV 音频文件**

STEP 01 按 Ctrl ＋ O 组合键，打开项目文件“素材\第 11 章\音乐 3.prproj”，如图 11-33 所示。

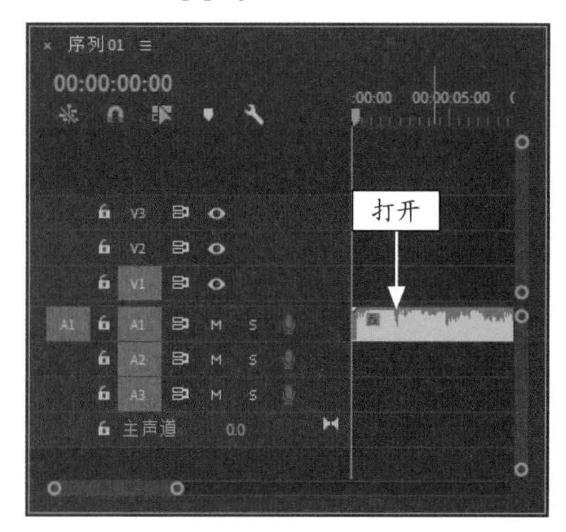


图 11-33　打开项目文件

STEP 02 选择“文件”|“导出”|“媒体”命令，弹出“导出设置”对话框，单击“格式”选项右侧的下三角按钮，在弹出的列表中选择“波形音频”选项，如图 11-34 所示。

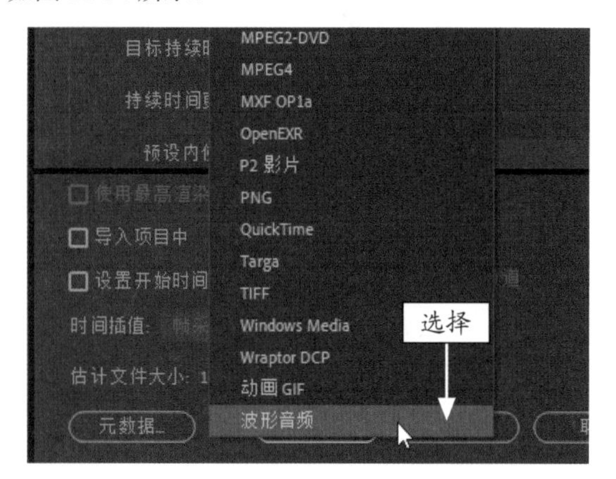


图 11-34　选择合适的选项

STEP 03 单击“输出名称”右侧的超链接，弹出“另存为”对话框，设置保存位置和文件名，单击“保存”按钮，如图 11-35 所示。

STEP 04 返回到相应对话框，单击“导出”按钮，弹出“编码 序列 01”对话框，显示导出进度，如图 11-36 所示。

STEP 05 导出完成后，即可完成 WAV 音频文件的导出。

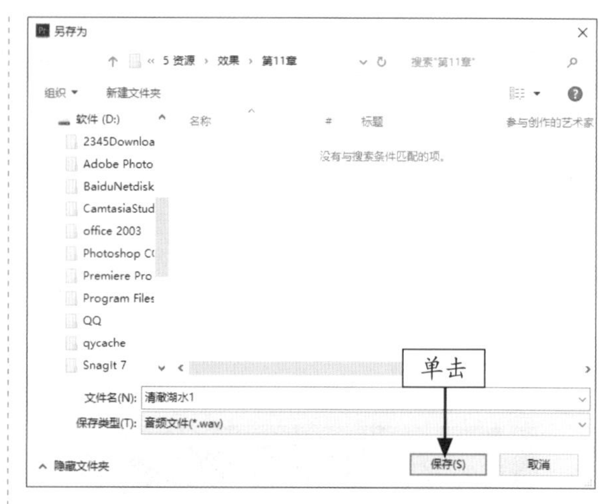


图 11-35　单击“保存”按钮

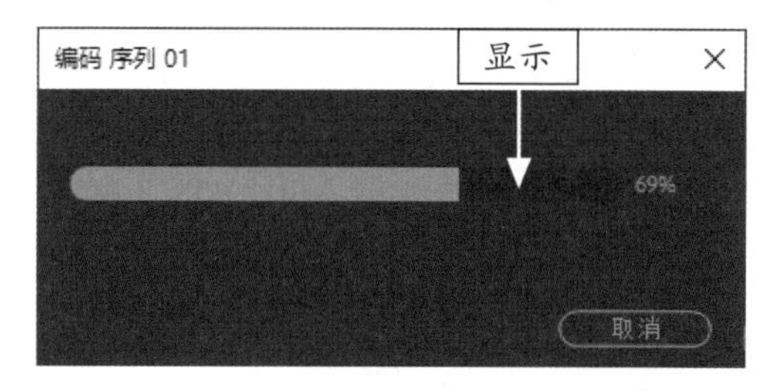


图 11-36　显示导出进度

## 11.3.6　格式转换：导出唯美雪景视频文件

随着视频文件格式的多样化，许多文件格式无法在指定的播放器中打开，此时用户可以根据需要对视频文件格式进行转换。

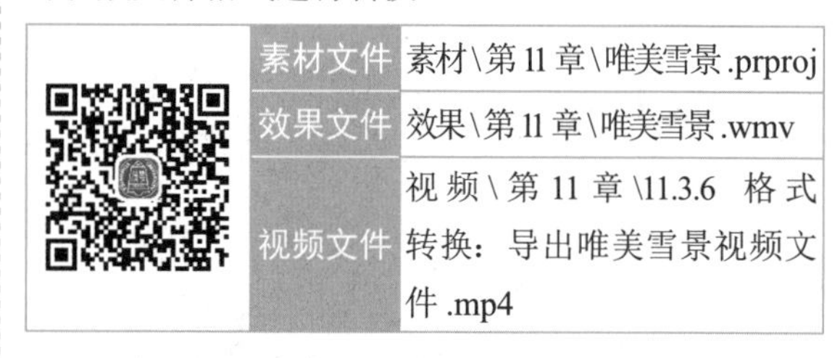

| | | |
|---|---|---|
| | 素材文件 | 素材\第 11 章\唯美雪景.prproj |
| | 效果文件 | 效果\第 11 章\唯美雪景.wmv |
| | 视频文件 | 视频\第 11 章\11.3.6　格式转换：导出唯美雪景视频文件.mp4 |

**【操练＋视频】**
**——格式转换：导出唯美雪景视频文件**

STEP 01 按 Ctrl ＋ O 组合键，打开项目文件“素材\第 11 章\唯美雪景.prproj”，如图 11-37 所示。

STEP 02 选择“文件”|“导出”|“媒体”命令，弹出“导出设置”对话框，单击“格式”选项右侧的下三角按钮，在弹出的列表中选择 Windows Media 选项，如图 11-38 所示。

图 11-37　打开项目文件

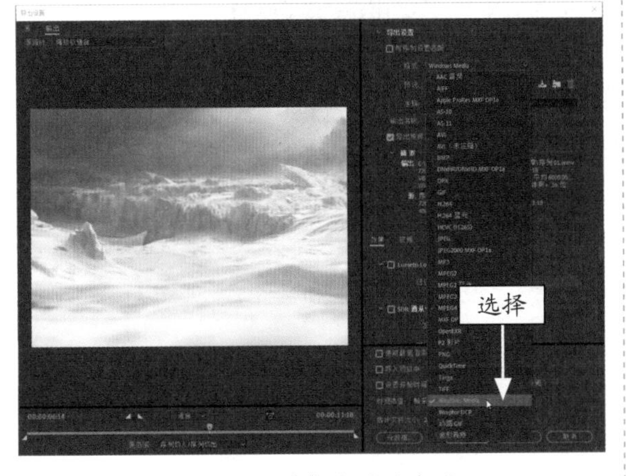


图 11-38　选择合适的选项

STEP 03 取消选中“导出音频”复选框，并且单击“输出名称”右侧的超链接，如图 11-39 所示。

图 11-39　单击“输出名称”超链接

STEP 04 弹出“另存为”对话框，设置保存位置和文件名，单击“保存”按钮，如图 11-40 所示。

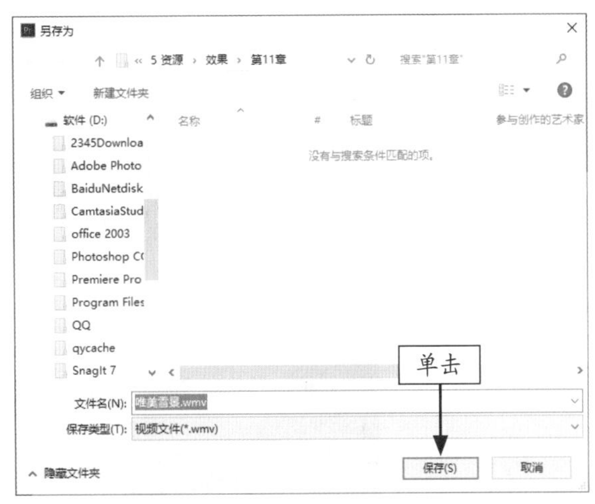


图 11-40　单击“保存”按钮

STEP 05 设置完成后，单击“导出”按钮，弹出“编码 序列 01”对话框，并显示导出进度。导出完成后，即可完成视频文件格式的转换。

## 11.3.7　DPX 文件：导出风云变幻静止文件

随着网络的普及，用户可以将制作的视频导出为 DPX 静止媒体文件，然后再将其上传到网络中。

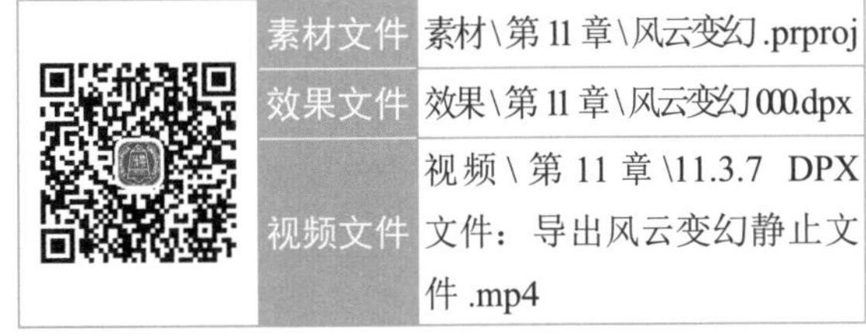

| | | |
|---|---|---|
| | 素材文件 | 素材 \ 第 11 章 \ 风云变幻 .prproj |
| | 效果文件 | 效果 \ 第 11 章 \ 风云变幻 000.dpx |
| | 视频文件 | 视频 \ 第 11 章 \11.3.7　DPX 文件：导出风云变幻静止文件 .mp4 |

**【操练 + 视频】**
**——DPX 文件：导出风云变幻静止文件**

STEP 01 按 Ctrl + O 组合键，打开项目文件“素材 \ 第 11 章 \ 风云变幻 .prproj”，如图 11-41 所示。

图 11-41　打开项目文件

STEP 02 选择“文件”|“导出”|“媒体”命令，弹出“导出设置”对话框，单击“格式”右侧的下三角按钮，弹出列表后选择 DPX 选项，如图 11-42 所示。

图 11-42　选择 DPX 选项

STEP 03 单击“输出名称”右侧的超链接，弹出“另存为”对话框，设置保存位置和文件名，如图 11-43 所示，单击“保存”按钮。

STEP 04 设置完成后，单击“导出”按钮，弹出“编码 序列 01”对话框，并显示导出进度，如图 11-44 所示。

图 11-43　设置文件名和保存路径

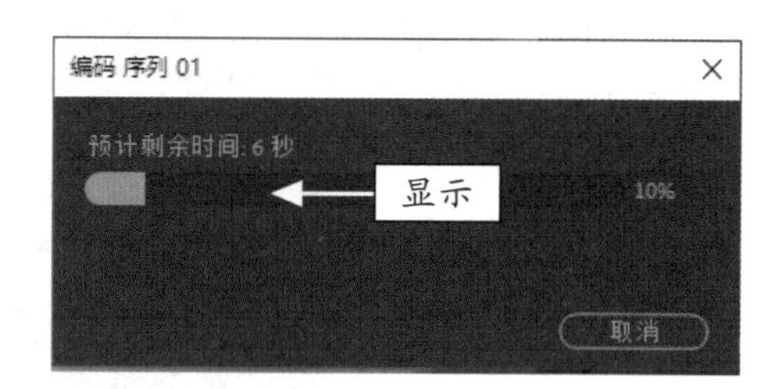


图 11-44　显示导出进度

STEP 05 导出完成后，即可完成 DPX 静止媒体文件的导出。

# 第12章

# 制作星空延时——灿若星河

## 章前知识导读

延时视频，喜欢摄影的人都知道，拍摄起来需要花费很多时间，但是它展示出来的效果却可以说是相当震撼的，在观看过程中也节约了观看者的时间。本章主要向用户介绍星空延时视频的制作方法，其中包括导入素材、制作字幕、添加音乐和导出视频等内容。

## 新手重点索引

- 星空延时视频效果
- 星空延时视频的制作过程

## 效果图片欣赏

# 12.1 效果欣赏与技术提炼

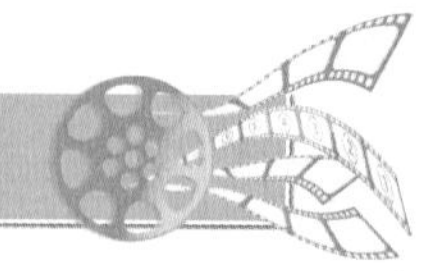

延时视频的拍摄是很费时间的；近年来，喜欢摄影的人越来越多，人们已不限于拍出美丽、大气的照片，甚至希望以视频的形式将照片展示出来，但又会觉得照片太多整理起来很麻烦。本章教大家如何将几百张照片做成一段几秒钟的延时视频。

## 12.1.1 效果欣赏

本章就以星空延时为例，介绍如何制作星空延时视频的操作方法，效果如图 12-1 所示。

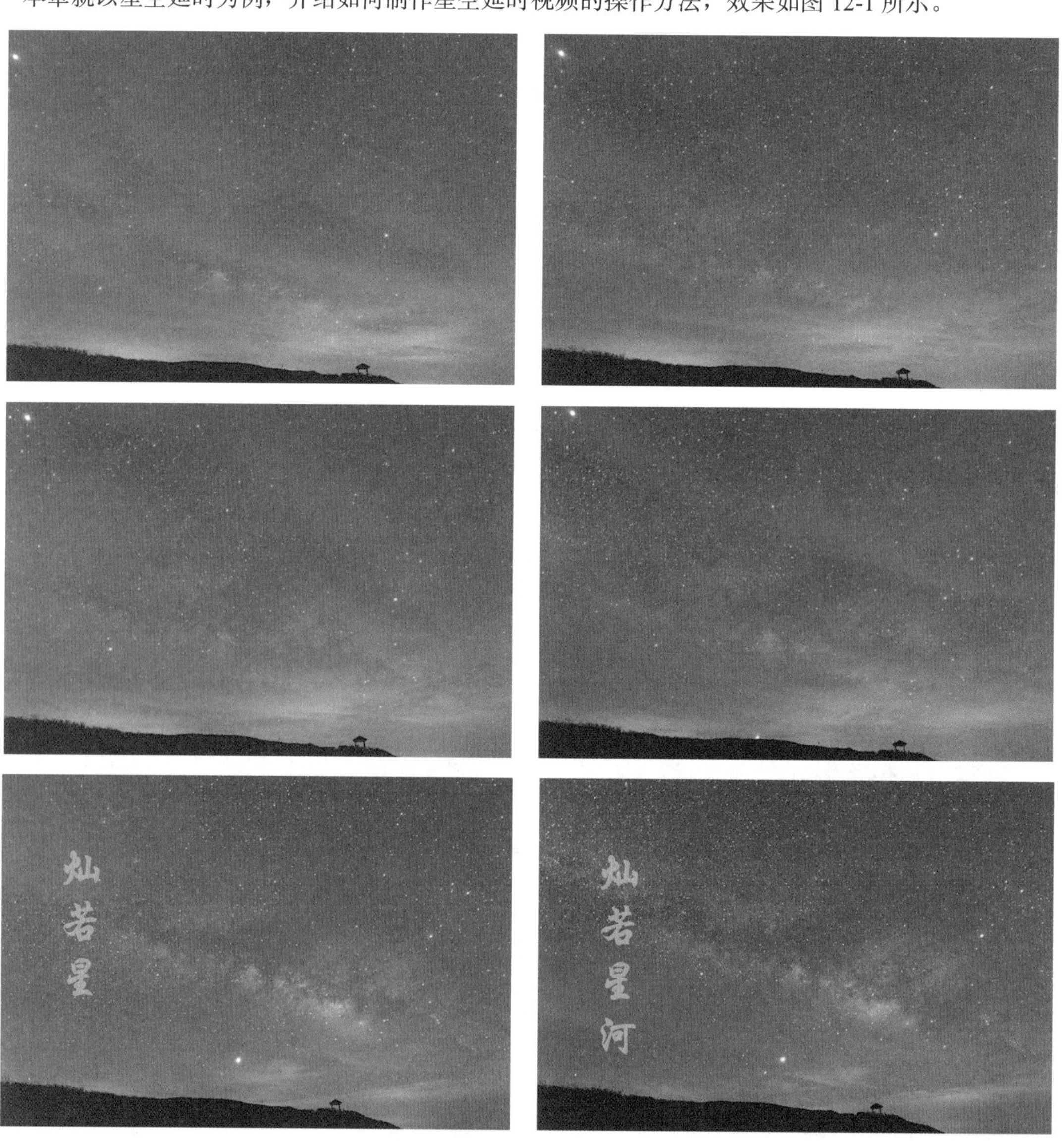


图 12-1 效果欣赏

### 12.1.2　技术提炼

用户首先需要将星空延时的素材导入到素材库中，接着将视频添加至视频轨中，为视频素材制作字幕效果，然后添加音乐文件。

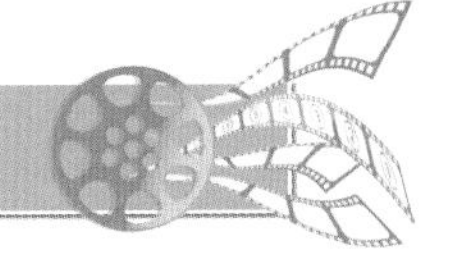

## 12.2　视频制作过程

本节主要介绍星空延时视频文件的制作过程，包括导入星空延时视频素材、制作视频字幕效果、制作音频文件以及导出视频文件等内容。

### 12.2.1　导入星空延时素材文件

在制作星空延时视频之前，首先需要导入媒体素材文件。下面以“新建项目”命令为例，介绍导入星空延时素材的操作方法。

|  | 素材文件 | 素材 \ 第 12 章 \ 星空延时 |
| --- | --- | --- |
| | 效果文件 | 无 |
| | 视频文件 | 视频 \ 第 12 章 \12.2.1　导入星空延时素材文件 .mp4 |

**【操练 + 视频】**
**——导入星空延时素材文件**

STEP 01 启动 Premiere Pro 2020 软件，进入“主页”界面，单击左侧的“新建项目”按钮，如图 12-2 所示。

STEP 02 弹出“新建项目”对话框，在其中设置项目的名称和保存位置，单击“确定”按钮，如图 12-3 所示。

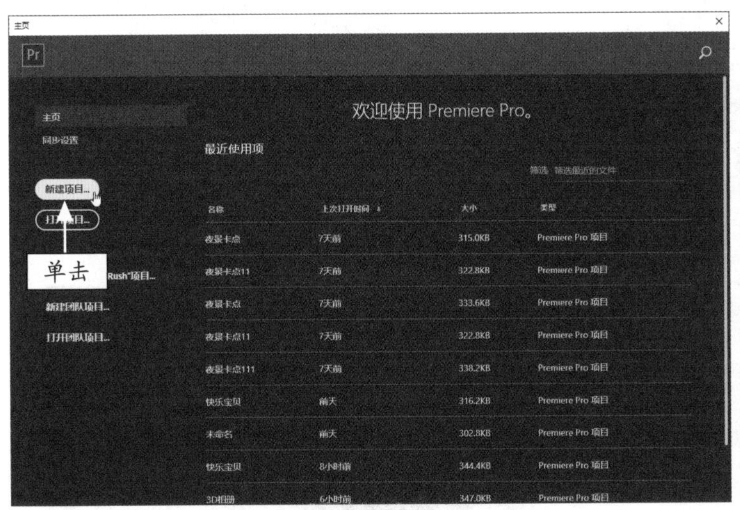


图 12-2　单击左侧的“新建项目”按钮

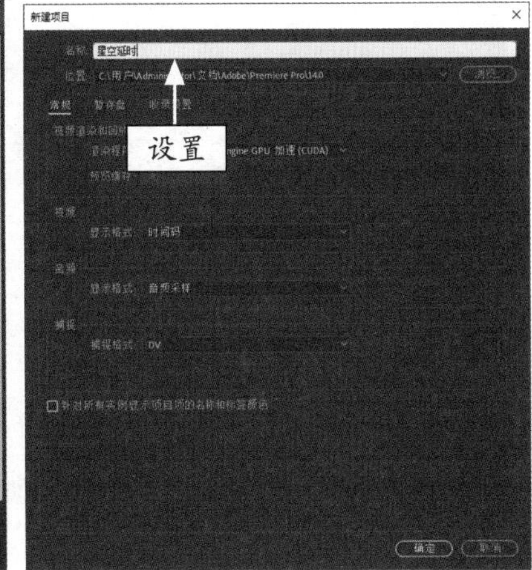


图 12-3　单击“确定”按钮

STEP 03 进入 Premiere Pro 2020 界面中，在菜单栏中选择“文件”|“新建”|“序列”命令，如图 12-4 所示。

STEP 04 弹出“新建序列”对话框，在其中设置“编辑模式”为“自定义”、“时基”为“25.00 帧 / 秒”、“帧大小”为 3840×2560、“像素长宽比”为“方形像素（1.0）”、“场”为“无场（逐行扫描）”、“显示格式”为“25 fps 时间码”。设置完成后，单击“确定”按钮，如图 12-5 所示。执行操作后，即可新建一个序列文件。

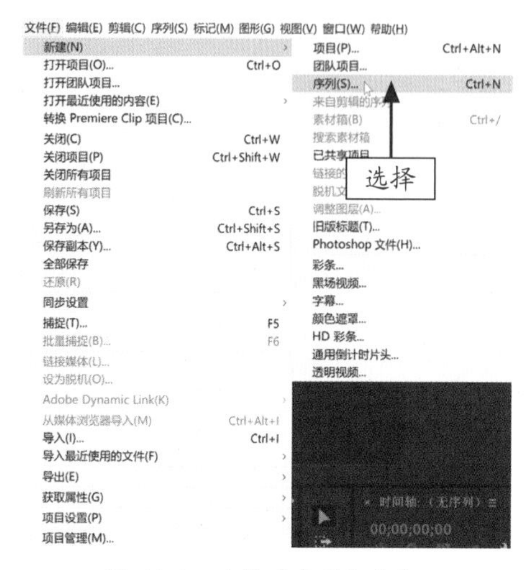


图 12-4　选择“序列”命令

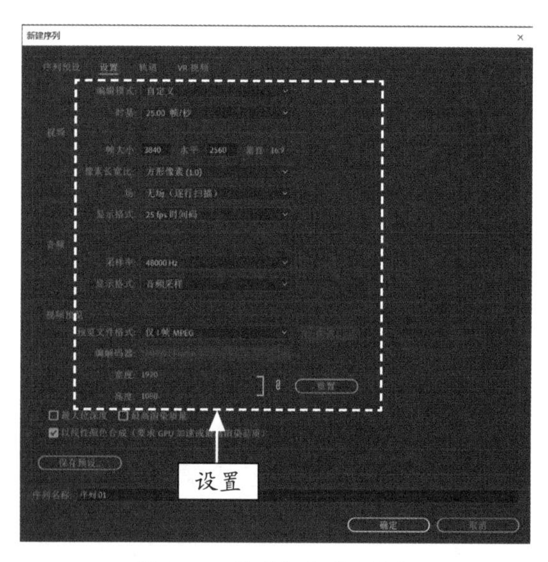


图 12-5　设置各选项及参数

**STEP 05** 在“项目”面板中的空白位置上，单击鼠标右键，在弹出的快捷菜单中选择“导入”命令，如图 12-6 所示。

**STEP 06** 弹出“导入”对话框，在其中打开文件夹“素材 \ 第 12 章 \ 星空延时”，选择第 1 张照片，选中左下角的“图像序列”复选框，单击“打开”按钮，如图 12-7 所示。

**STEP 07** 即可以序列的方式导入照片素材。在“项目”面板中可以查看导入的序列效果，如图 12-8 所示。

**STEP 08** 将导入的照片序列拖曳至“时间轴”面板的 V1 轨道中，此时会弹出信息提示框，提示剪辑与序列设置不匹配。单击“保持现有设置”按钮，如图 12-9 所示。

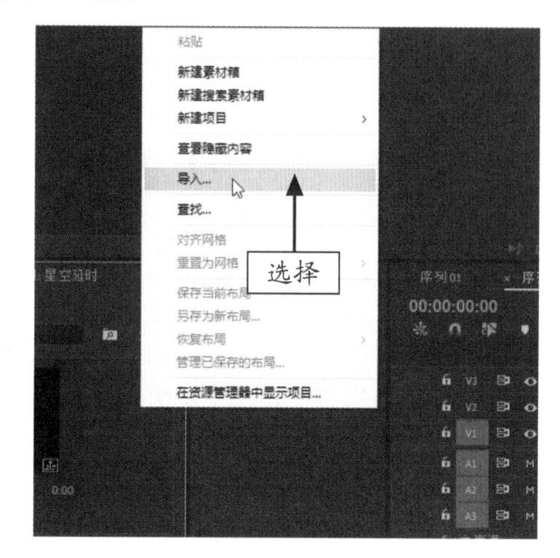


图 12-6　选择“导入”选项

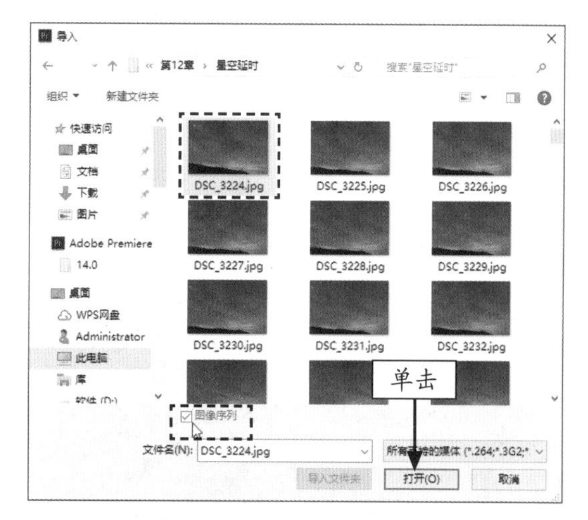


图 12-7　单击“打开”按钮

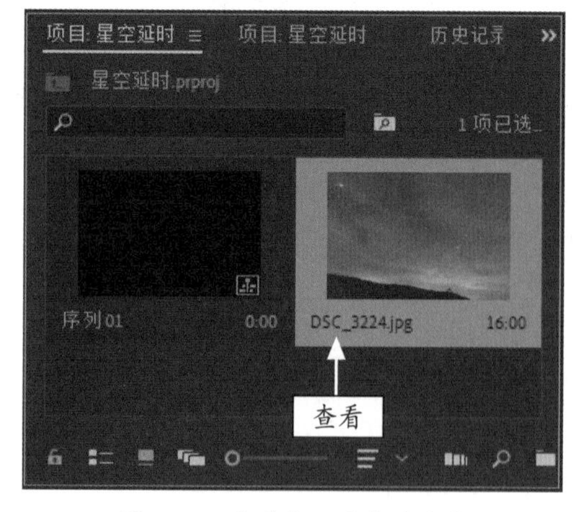


图 12-8　查看导入的序列效果

图 12-9　单击“保持现有设置”按钮

STEP 09 此时，即可将序列素材拖曳至 V1 轨道中，如图 12-10 所示。

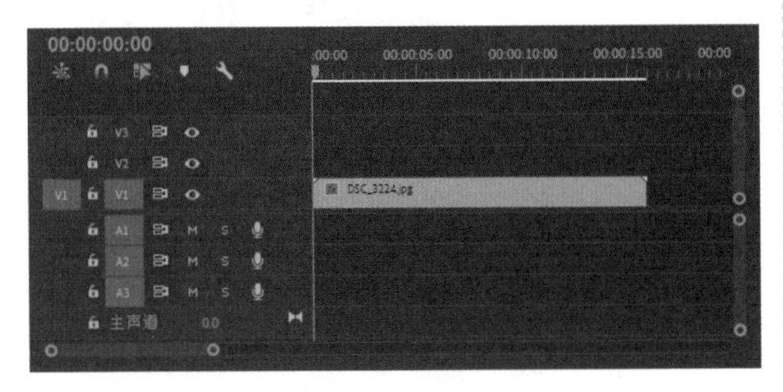


图 12-10　将序列素材拖曳至 V1 轨道中

STEP 10 在“节目监视器”面板中可以查看序列的画面效果，如图 12-11 所示。我们可以看到素材画面被缩小了，这是因为素材的尺寸过小。

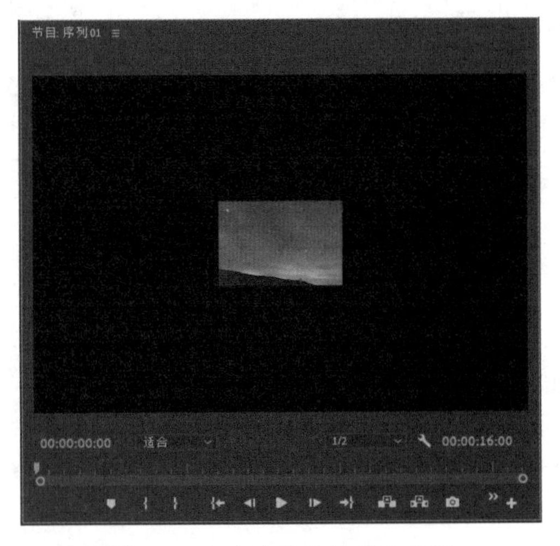


图 12-11　查看序列的画面效果

STEP 11 接下来需要调大素材的尺寸。打开“效果控件”面板，单击“缩放”选项左侧的“切换动画”按钮，如图 12-12 所示。

STEP 12 将数值更改为 400.0，按 Enter 键确认，即可将素材尺寸放大，如图 12-13 所示。

STEP 13 此时，在“节目监视器”面板中可以查看完整的素材画面，如图 12-14 所示。我们看到的这个效果就是输出后的视频画面尺寸。

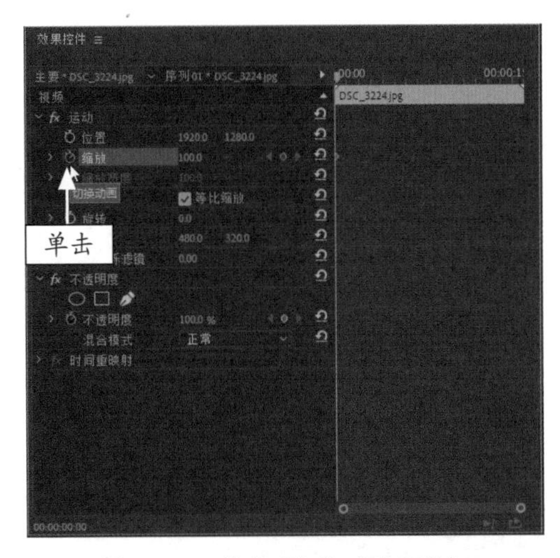


图 12-12　单击“切换动画”按钮

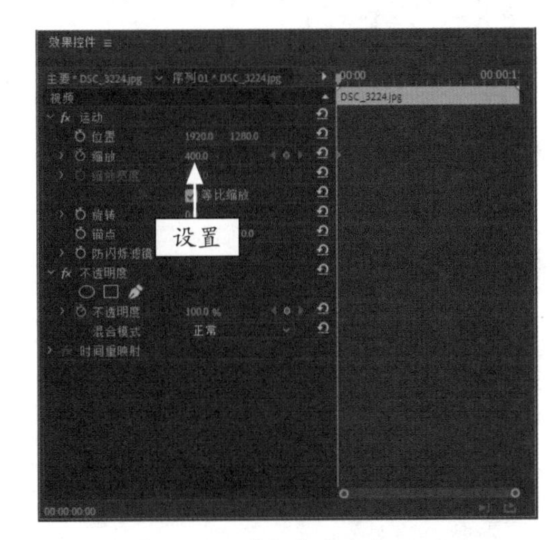


图 12-13　将数值更改为 400.0

图 12-14　查看完整的素材画面

STEP 14 在“节目监视器”面板下方单击“播放 - 停止切换”按钮，预览制作的延时视频，如图 12-15 所示。

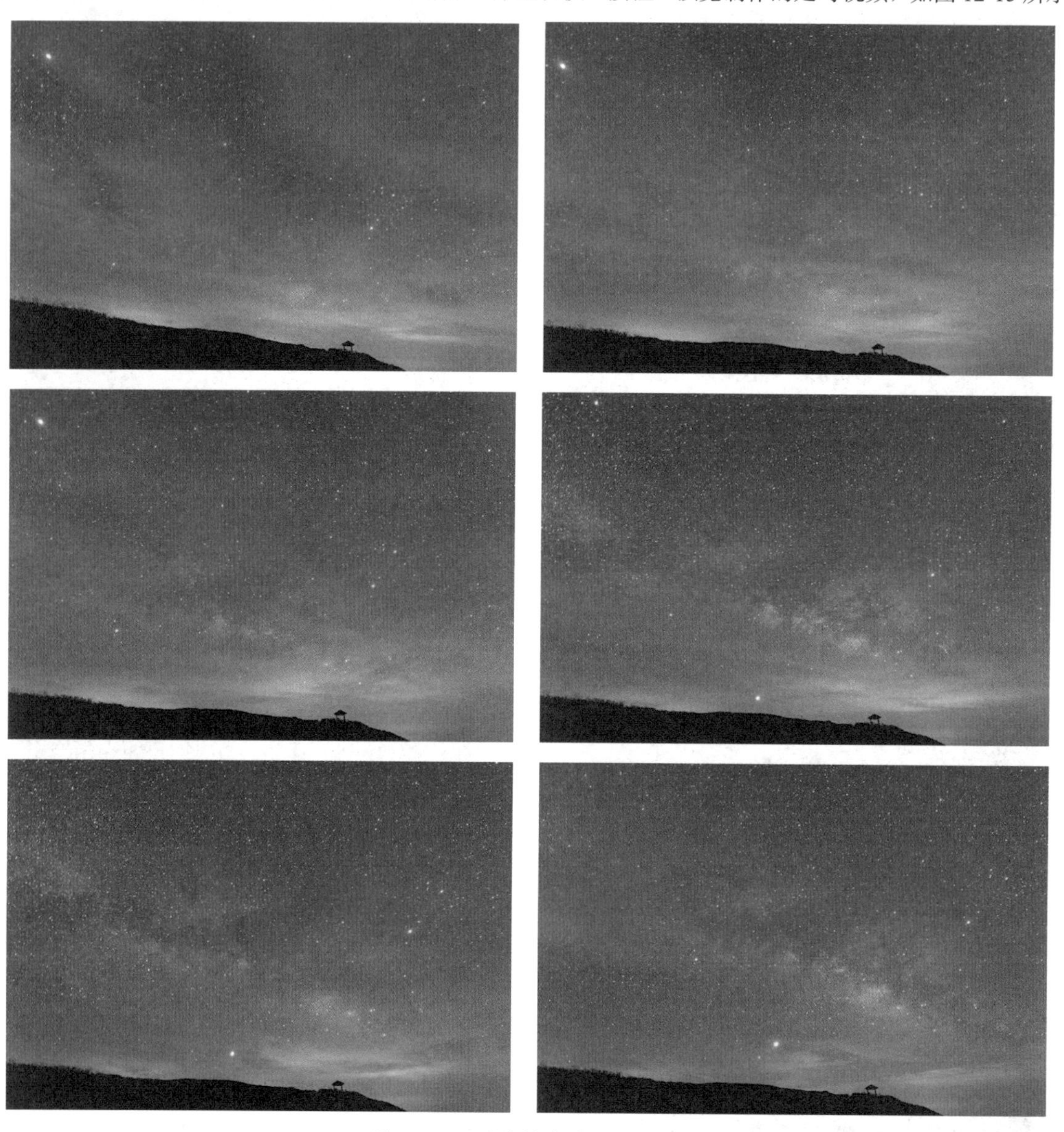

图 12-15 预览制作的延时视频

### 12.2.2 制作星空延时字幕效果

星空延时是以图片预览为主的视频动画，因此用户需要准备好星空的图片素材，并为图片添加相应字幕。下面介绍制作星空延时字幕效果的操作方法。

| 素材文件 | 无 |
|---|---|
| 效果文件 | 无 |
| 视频文件 | 视频 \ 第 12 章 \12.2.2 制作星空延时字幕效果 .mp4 |

**【操练 + 视频】**
**——制作星空延时字幕效果**

STEP 01 将时间线调整至 00:00:02:22 位置处，选取工具箱中的文字工具，如图 12-16 所示。

STEP 02 在“节目监视器”面板中输入相应文字，如图 12-17 所示。

STEP 03 在“效果控件”面板中，❶设置字幕的字体为 STXinkai，❷字体大小为 329，如图 12-18 所示。

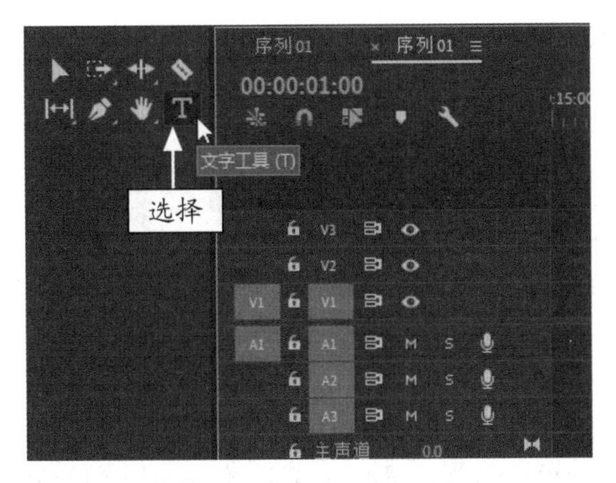


图 12-16　选取文字工具

图 12-17　输入相应文字

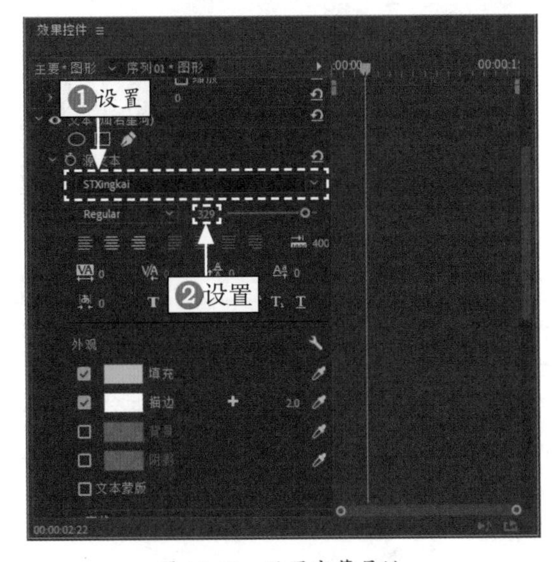


图 12-18　设置字幕属性

STEP 04 在“外观”选项区中，❶单击“填充”颜色色块，在弹出的“拾色器”窗口中设置 RGB 为（0，184，255），单击“确定”按钮。❷然后选中“描边”复选框，❸单击颜色色块，在弹出的“拾色器”窗口中设置 RGB 为（255，255，255），单击“确定”按钮。❹设置“描边”为 2.0，如图 12-19 所示。

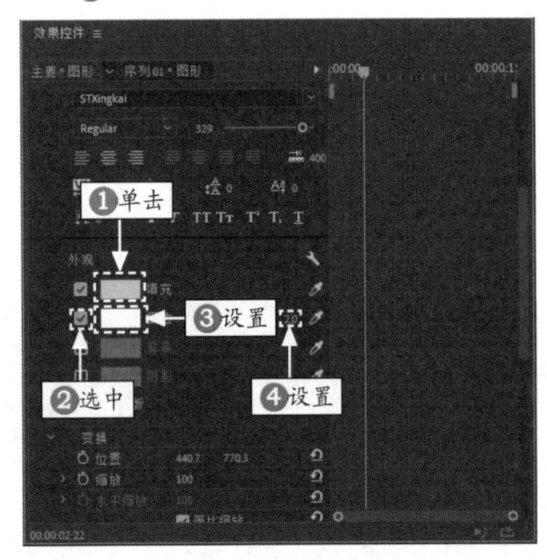


图 12-19　设置相应参数

STEP 05 选择 V2 轨道上的素材文件，单击鼠标右键，在弹出的快捷菜单中选择“速度 / 持续时间”命令，如图 12-20 所示。

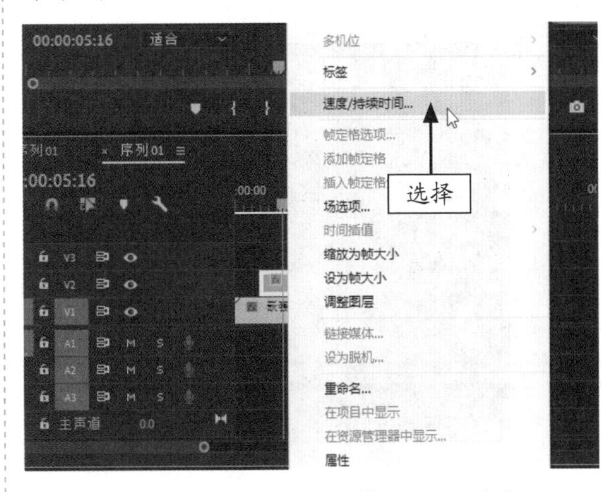


图 12-20　选择“速度 / 持续时间”命令

STEP 06 在弹出的“剪辑速度 / 持续时间”对话框中设置“持续时间”为 00:00:13:03，如图 12-21 所示。

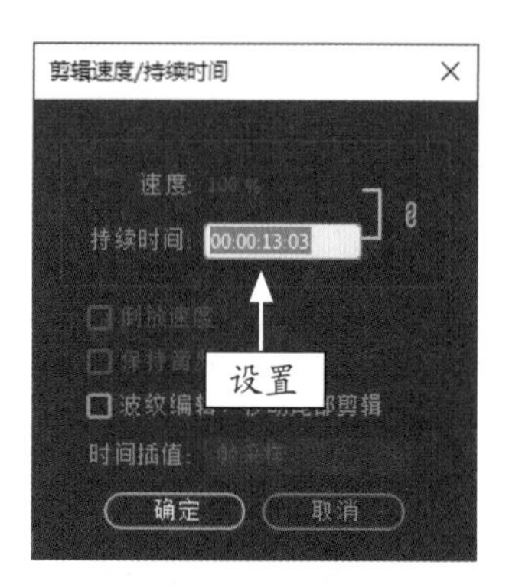


图 12-21 更改素材时长

STEP 07 单击“确定”按钮，设置持续时间。在“时间轴”面板中选择 V2 轨道上的字幕文件，如图 12-22 所示。

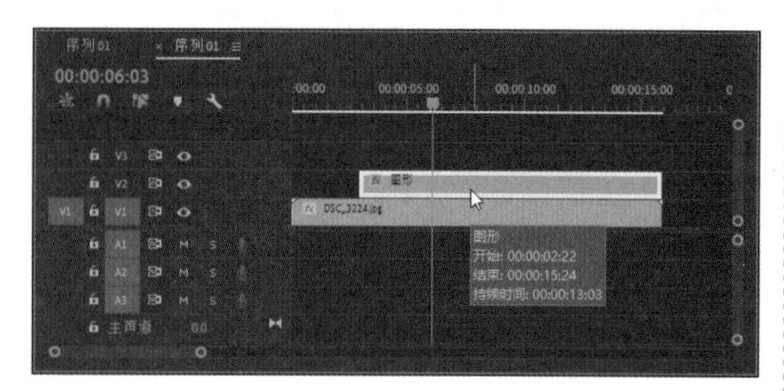

图 12-22 选择字幕文件

STEP 08 切换至“效果”面板，展开“视频效果”|“变换”选项，使用鼠标左键双击“裁剪”选项，如图 12-23 所示，即可为选择的素材添加裁剪效果。

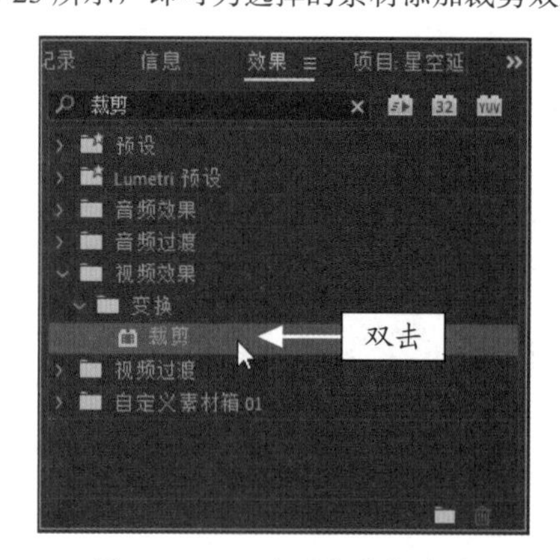


图 12-23 双击“裁剪”选项

STEP 09 在“效果控件”面板中展开“裁剪”选项，拖曳当前时间指示器至00:00:02:22的位置，单击“右侧”与“底部”选项左侧的“切换动画”按钮，设置“右侧”为 100.0%、“底部”为 81.0%，添加第 1 组关键帧，如图 12-24 所示。

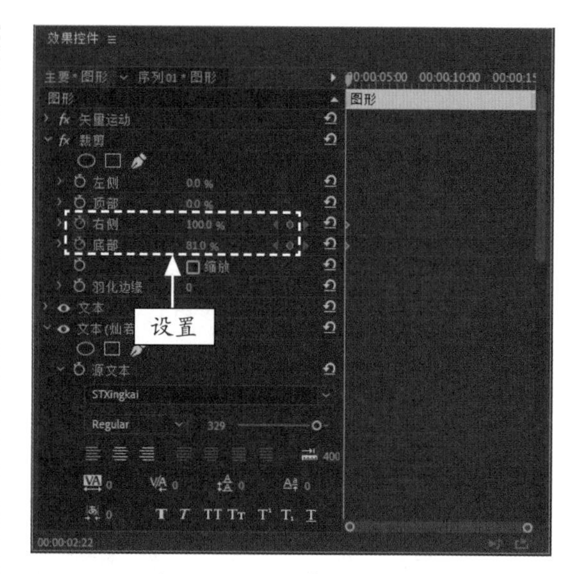


图 12-24 添加第 1 组关键帧

STEP 10 执行上述操作后，在“节目监视器”面板中可以查看素材画面，如图 12-25 所示。

图 12-25 查看素材画面

STEP 11 拖曳当前时间指示器至 00:00:05:24 的位置，设置“右侧”为 62%、“底部”为 80.0%，添加第 2 组关键帧，如图 12-26 所示。

STEP 12 拖曳当前时间指示器至 00:00:06:20 的位置，设置“右侧”为 78.5%、“底部”为 0.0%；单击“不透明度”左侧的“切换动画”按钮，设置“不透明度”为 40%，添加第 3 组关键帧，如图 12-27 所示。

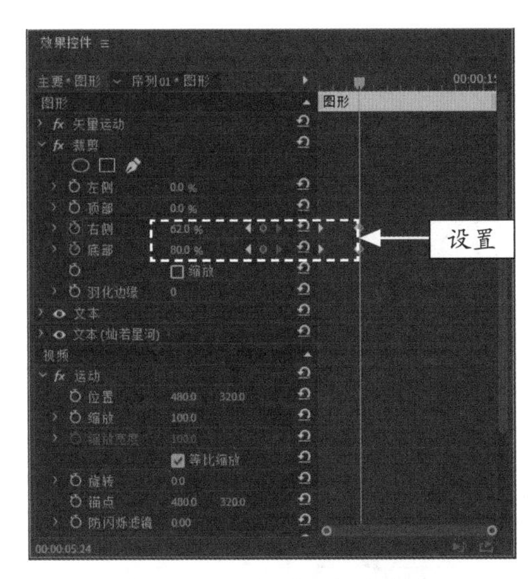


图 12-26　添加第 2 组关键帧

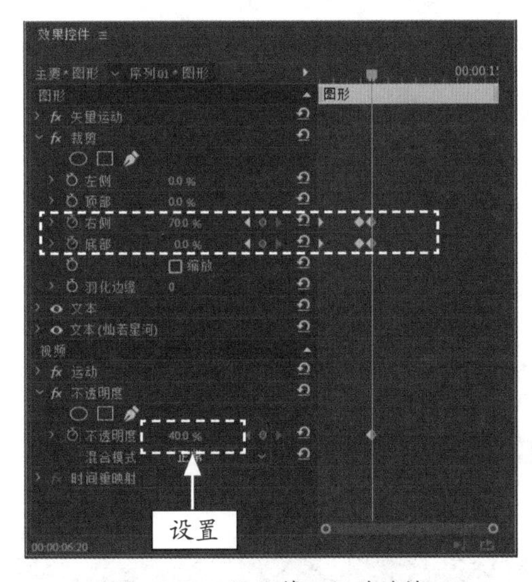


图 12-27　添加第 3 组关键帧

STEP 13 拖曳当前时间指示器至 00:00:07:17 的位置，设置“右侧”为 43%、“底部”为 60%，添加第 4 组关键帧，如图 12-28 所示。

STEP 14 拖曳当前时间指示器至 00:00:09:00 的位置，设置“右侧”为 37.6%、“底部”为 37.6%，添加第 5 组关键帧，如图 12-29 所示。

STEP 15 拖曳当前时间指示器至 00:00:10:04 的位置，设置“右侧”为 2.4%、“底部”为 2.4%、“不透明度”为 100%，添加第 6 组关键帧，如图 12-30 所示。

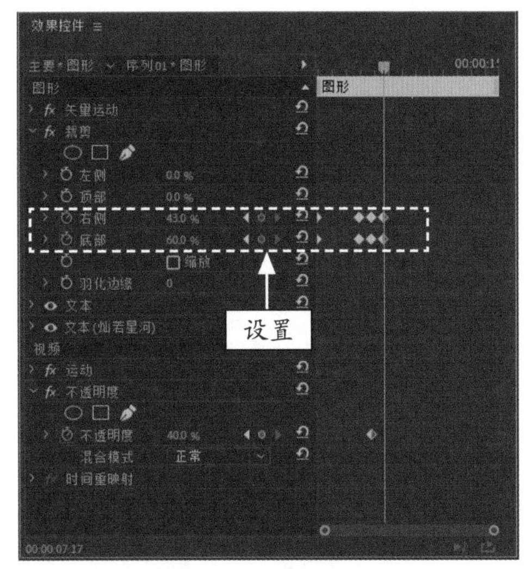


图 12-28　添加第 4 组关键帧

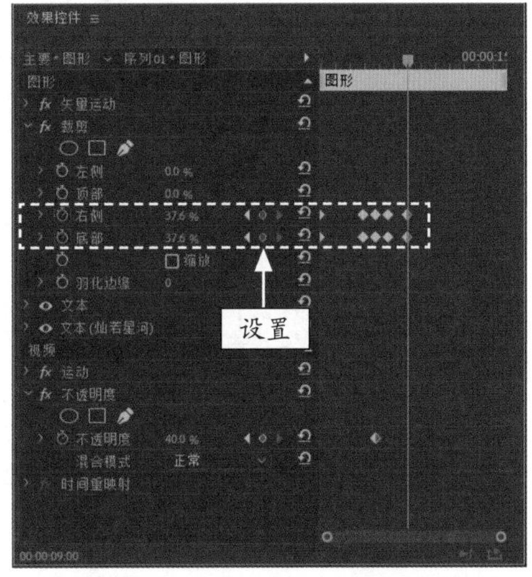


图 12-29　添加第 5 组关键帧

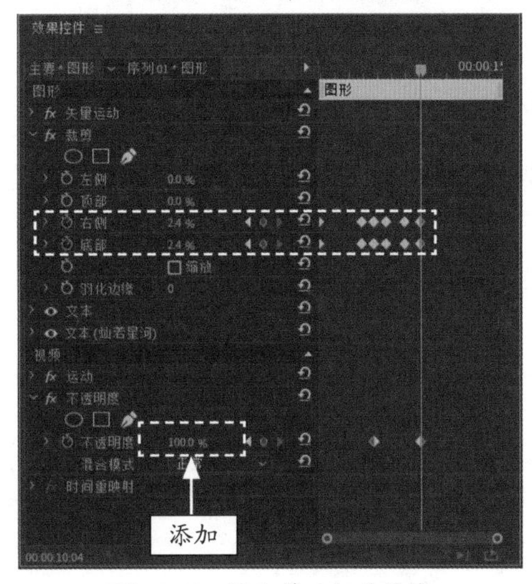


图 12-30　添加第 6 组关键帧

STEP 16 单击“播放 - 停止切换”按钮，预览视频效果，如图 12-31 所示。

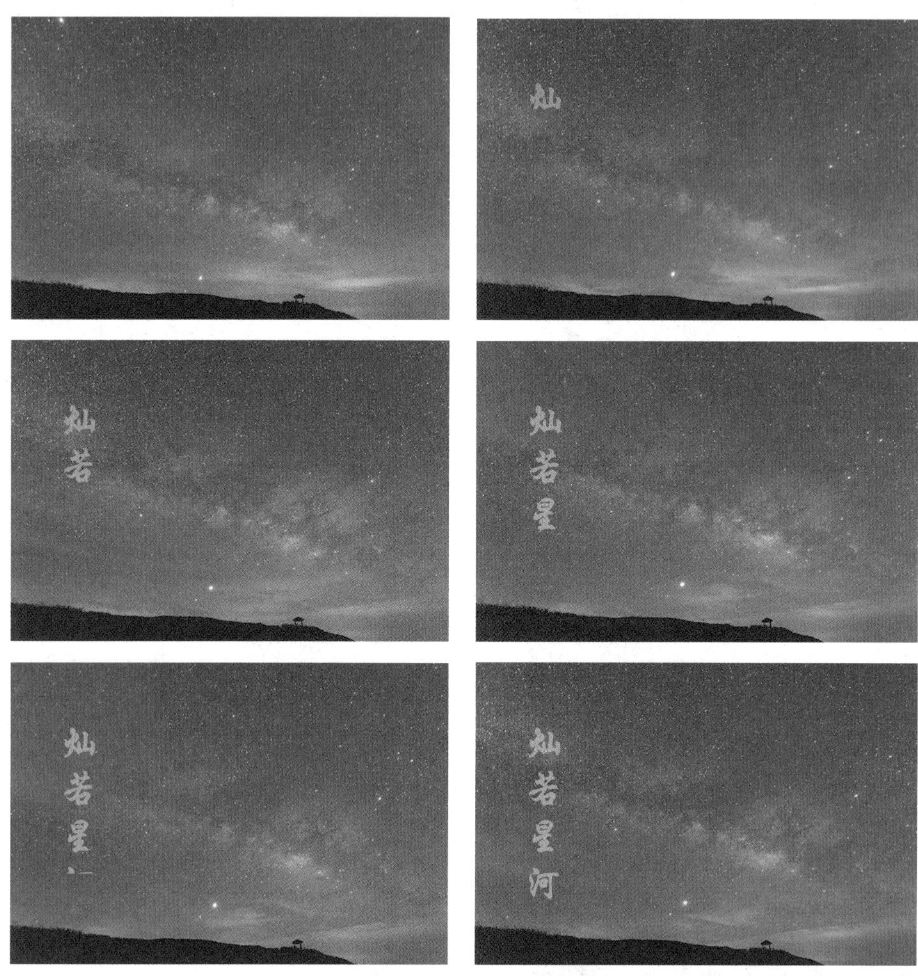

图 12-31　预览视频效果

## 12.2.3　添加星空延时音频文件

添加背景音乐是为了让视频画面更加动人。下面介绍添加星空延时音频文件的方法。

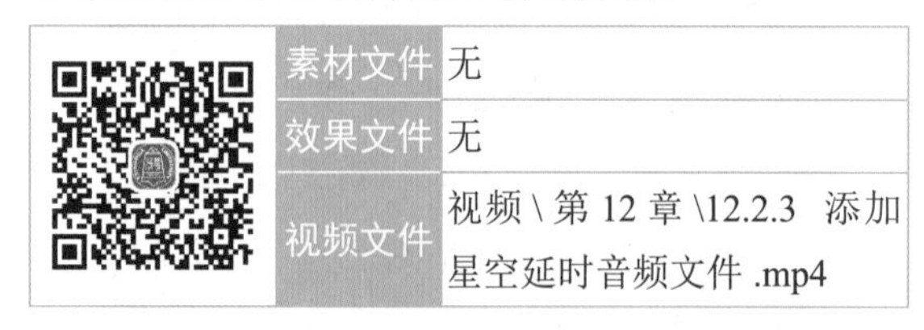

| 素材文件 | 无 |
| --- | --- |
| 效果文件 | 无 |
| 视频文件 | 视频 \ 第 12 章 \12.2.3　添加星空延时音频文件 .mp4 |

**【操练 + 视频】**
**——添加星空延时音频文件**

STEP 01 在“项目”面板中，选择导入的音乐素材，将其拖曳至“时间轴”面板的 A1 轨道中，如图 12-32 所示。

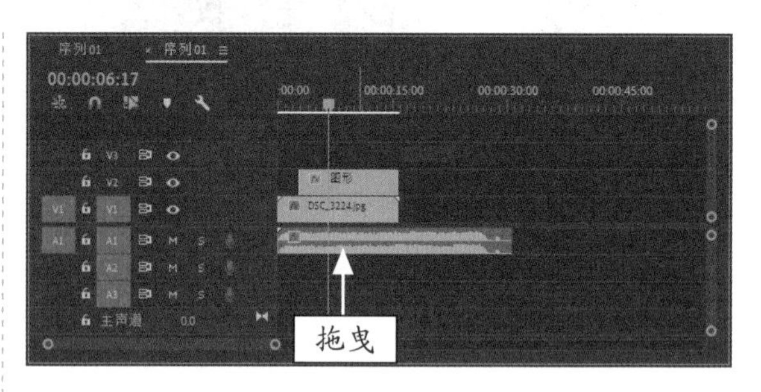

图 12-32　将音乐拖曳至“时间轴”面板的 A1 轨道中

STEP 02 将时间线移至 00:00:16:00 的位置处，在工具箱中选取剃刀工具，将鼠标指针移至 A1 轨道中的时间线位置，此时光标呈剃刀形状，如图 12-33 所示。

STEP 03 在音乐素材的时间线位置单击鼠标左键，即可将音乐素材分割为两段。选择第 2 段音乐素材，如图 12-34 所示。

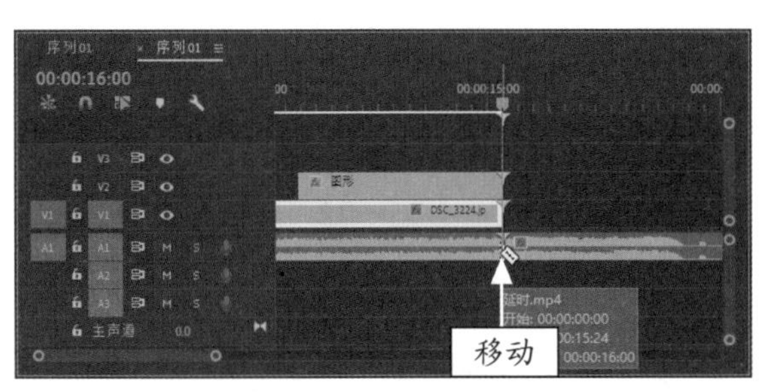


图 12-33　移至 A1 轨道中的时间线位置

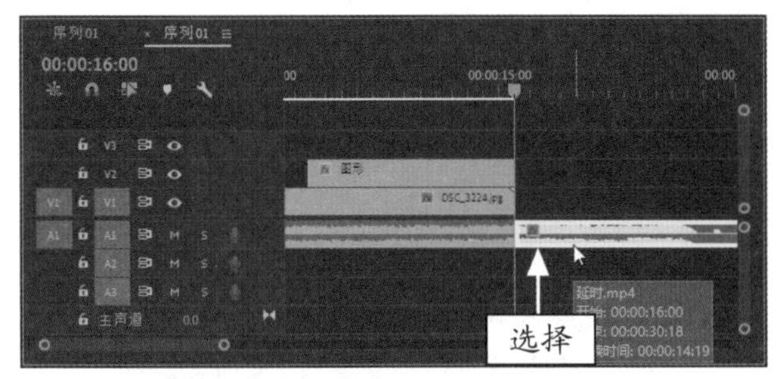


图 12-34　选择第 2 段音乐素材

STEP 04 按 Delete 键进行删除，留下剪辑后的音乐片段，如图 12-35 所示。

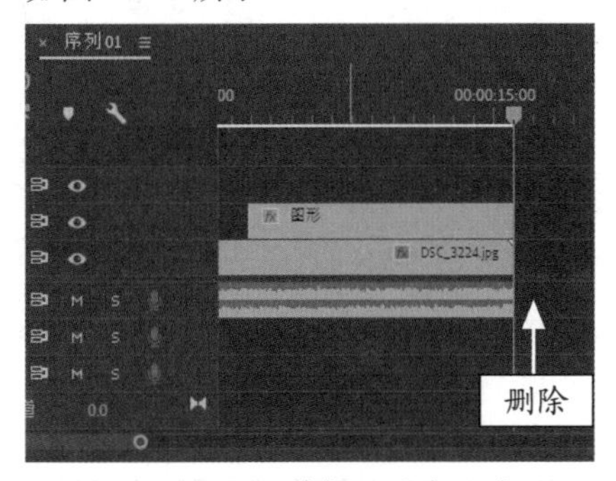


图 12-35　留下剪辑后的音乐片段

STEP 05 在“效果”面板中展开“音频过渡”|“交叉淡化”选项，选择“指数淡化”特效，如图 12-36 所示。

图 12-36　选择“指数淡化”特效

STEP 06 按住鼠标左键，将其拖曳至音乐素材的起始点与结束点，添加音频过渡特效，如图 12-37 所示。

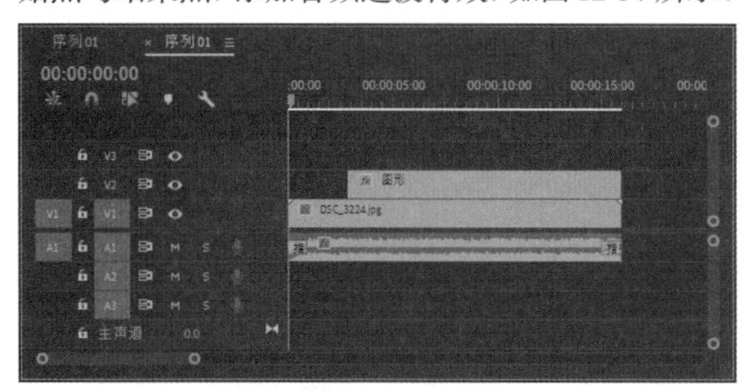

图 12-37　添加音频过渡特效

## 12.2.4　导出星空延时视频文件

创建并保存视频文件后，用户即可对其进行导出，导出完成后可以将视频分享至各种新媒体平台，视频的导出时间根据项目的长短以及计算机配置的高低而略有不同。下面介绍导出多媒体视频文件的操作方法。

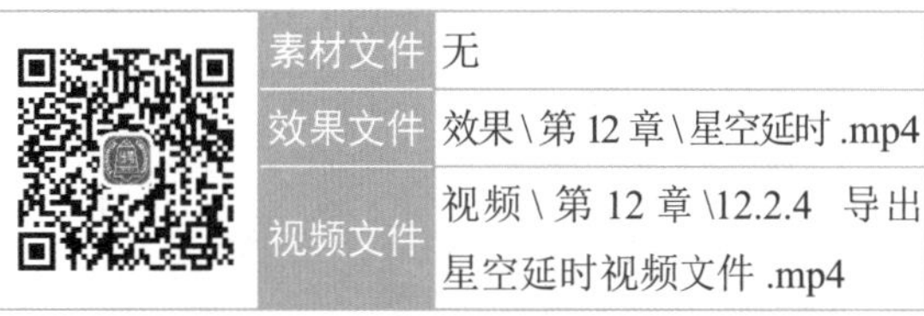

| | 素材文件 | 无 |
|---|---|---|
| | 效果文件 | 效果 \ 第 12 章 \ 星空延时 .mp4 |
| | 视频文件 | 视频 \ 第 12 章 \12.2.4　导出星空延时视频文件 .mp4 |

**【操练 + 视频】**

**——导出星空延时视频文件**

STEP 01 在菜单栏中选择“文件”|“导出”|“媒体”命令，如图 12-38 所示。

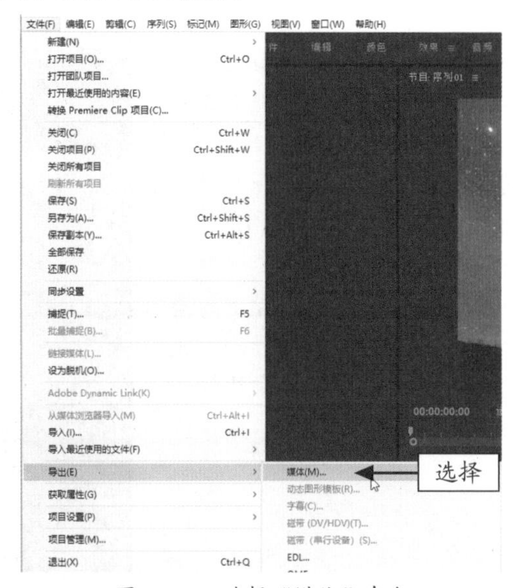


图 12-38　选择“媒体”命令

STEP 02 弹出“导出设置”对话框，首先设置视频的名称，这里单击“输出名称”右侧的“序列01.mp4”的链接，如图12-39所示。

STEP 03 弹出“另存为”对话框，在其中设置延时视频的文件名与保存类型，单击“保存”按钮，如图12-40所示。

STEP 04 返回到“导出设置”对话框，即可查看更改后的视频名称，如图12-41所示。

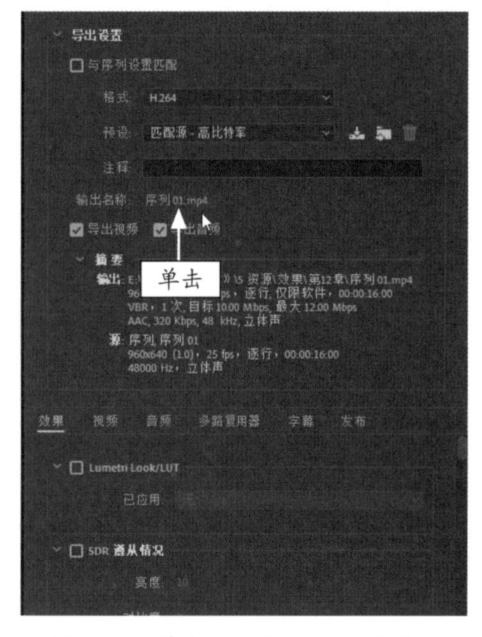


图12-39 单击“序列01.mp4”的链接

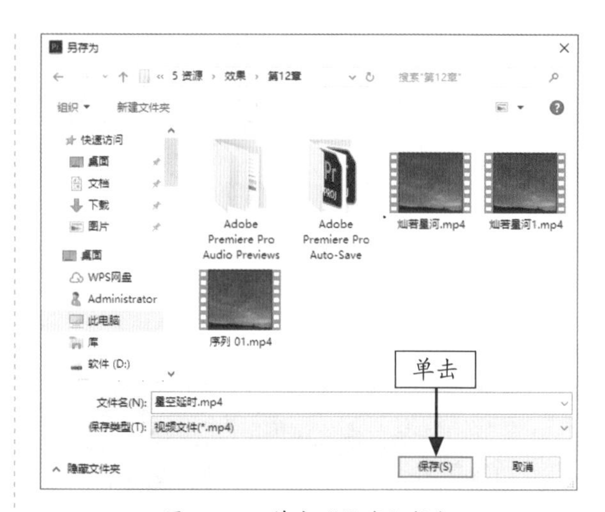


图12-40 单击“保存”按钮

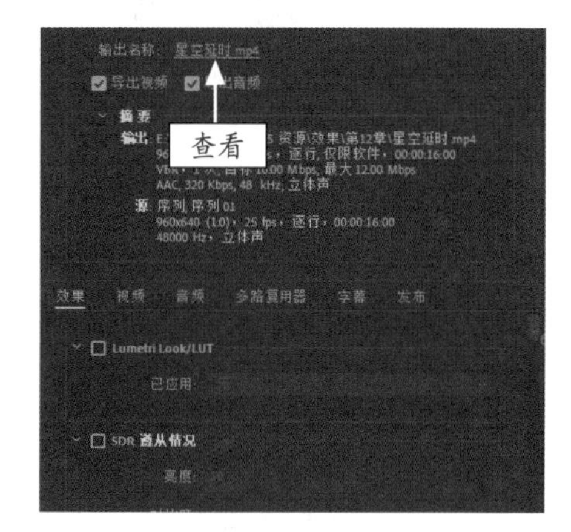


图12-41 查看更改后的视频名称

STEP 05 在下方的“设置”选项卡中，可以设置视频的输出选项，确认无误后，单击对话框下方的“导出”按钮，如图12-42所示。

STEP 06 执行操作后，开始导出延时视频文件，并显示导出进度，这里需要花费一些时间，根据计算机配置的不同，视频导出的速度会不同。待延时视频导出完成后，即可在相应文件夹中找到并预览延时视频效果。

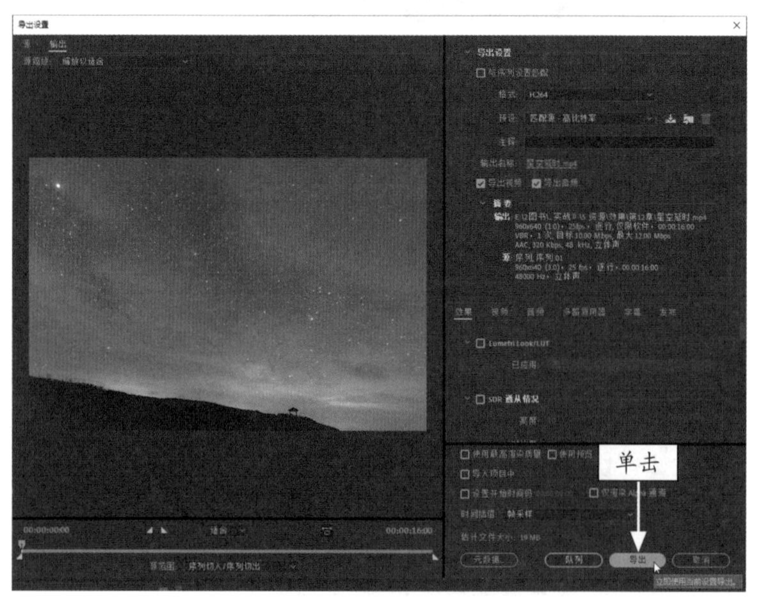


图12-42 单击“导出”按钮

# 第13章

## 制作图书宣传——广告设计

### 章前知识导读

图书宣传视频是图书宣传的一种有效方式，许多出版社开始选择借助视频来宣传产品、扩大知名度以及增加销量。本章主要向读者介绍图书宣传视频的方法，包括导入视频素材、制作视频背景、制作片头效果、制作动态效果和片尾效果、导出视频文件等内容。

### 新手重点索引

- 图书宣传效果
- 视频制作过程
- 视频后期处理

### 效果图片欣赏

## 13.1 效果欣赏与技术提炼

在制作图书宣传之前，首先带领读者预览图书宣传视频的画面效果，让读者更好地掌握图书宣传视频的制作方法。

### 13.1.1 效果欣赏

本实例介绍制作图书宣传视频——广告设计，效果如图 13-1 所示。

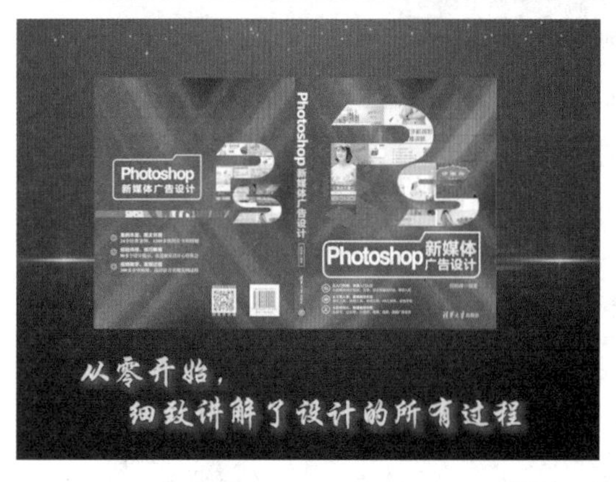

图 13-1　效果欣赏

### 13.1.2　技术提炼

用户首先需要将图书宣传视频的素材导入到素材库，接着添加背景视频至视频轨道，将素材添加至“时间”轴面板中的轨道上，为视频素材添加动画效果，然后添加字幕、音乐文件。

## 13.2　视频制作过程

本节主要介绍广告设计视频文件的制作过程，包括导入图书宣传视频素材、片头效果、动态效果和片尾效果以及后期输出等内容。

### 13.2.1　导入图书宣传视频素材

在编辑图书宣传视频之前，首先需要导入媒体素材文件。下面以“新建”命令为例，介绍导入图书宣传视频的操作方法。

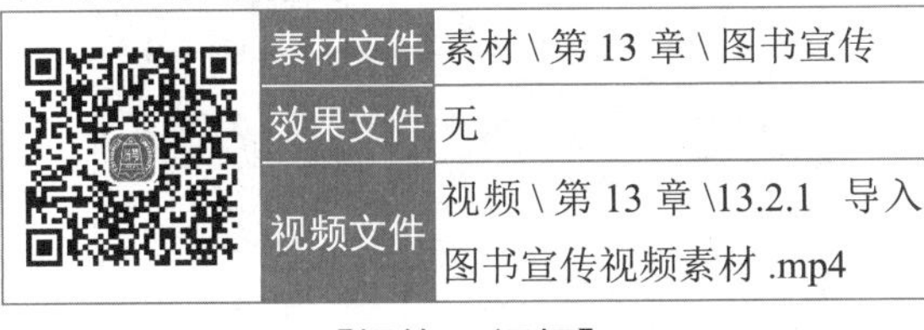

| | | |
|---|---|---|
| | 素材文件 | 素材 \ 第 13 章 \ 图书宣传 |
| | 效果文件 | 无 |
| | 视频文件 | 视频 \ 第 13 章 \13.2.1　导入图书宣传视频素材 .mp4 |

**【操练 + 视频】**
**——导入图书宣传视频素材**

**STEP 01** ❶新建一个名为“图书宣传”的项目文件，❷单击“确定”按钮，如图 13-2 所示。

**STEP 02** 选择“文件”|“新建”|“序列”命令，新建一个序列；选择“文件”|“导入”命令，弹出“导入”对话框，在其中选择文件夹“素材 \ 第 13 章 \ 图书宣传”中的文件，如图 13-3 所示。

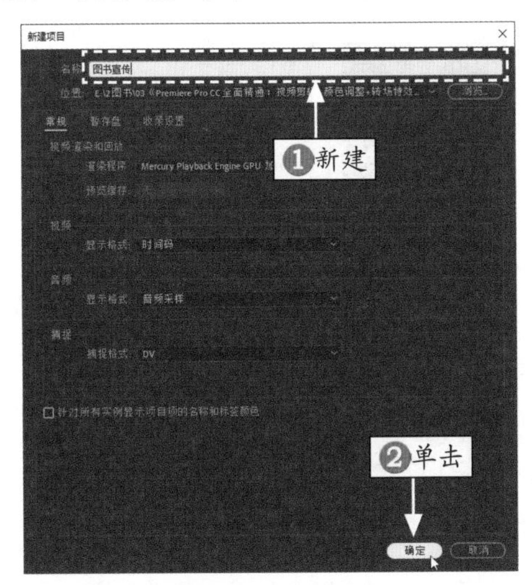


图 13-2　新建项目

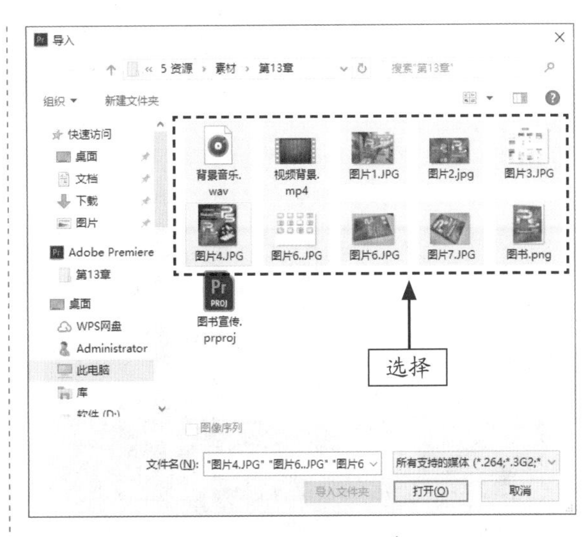


图 13-3　选择合适的素材

**STEP 03** 单击对话框下方的“打开”按钮，即可将选择的图像文件导入到“项目”面板中，如图 13-4 所示。

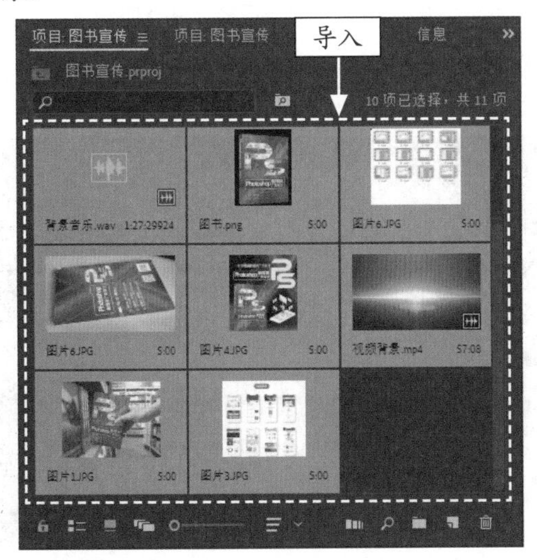


图 13-4　导入到“项目”面板中

STEP 04 调整当前时间指示器至 00:00:07:22 的位置，将导入的图像文件“图书 .png”拖曳至“时间轴”面板中的 V2 轨道上，如图 13-5 所示。

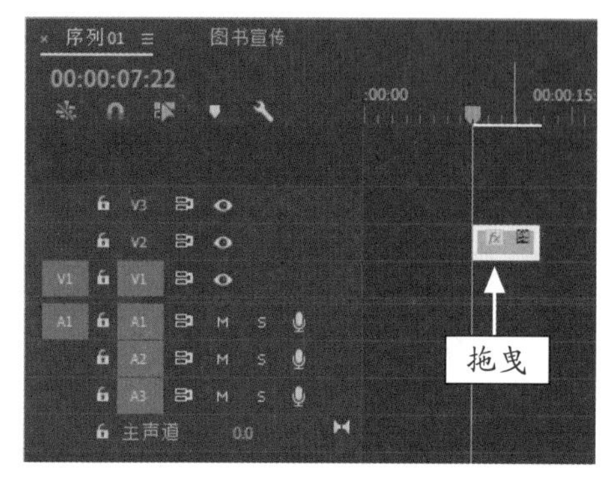


图 13-5　拖曳至“时间轴”面板中的轨道上

STEP 05 选择 V2 轨道中的素材文件，展开“效果控件”面板，设置“缩放”为 150.0，如图 13-6 所示。

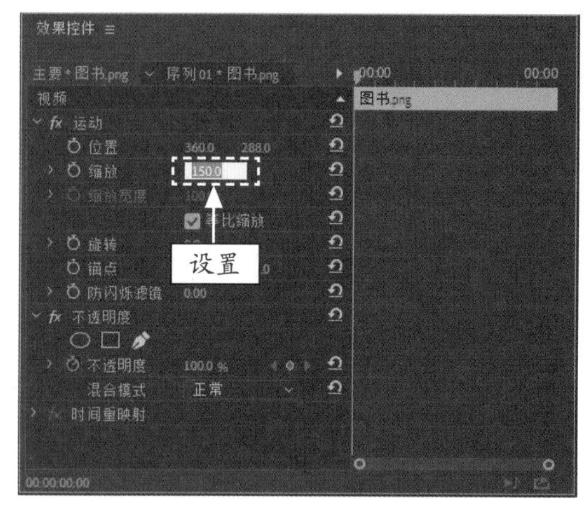


图 13-6　设置“缩放”为 150.0

STEP 06 在“节目监视器”面板中单击“播放 - 停止切换”按钮，即可预览图像效果，如图 13-7 所示。

图 13-7　预览图像效果

## 13.2.2　制作图书宣传背景效果

将图书宣传素材导入到“项目”面板后，接下来可以将视频文件添加至视频轨中，制作图书宣传视频画面效果。

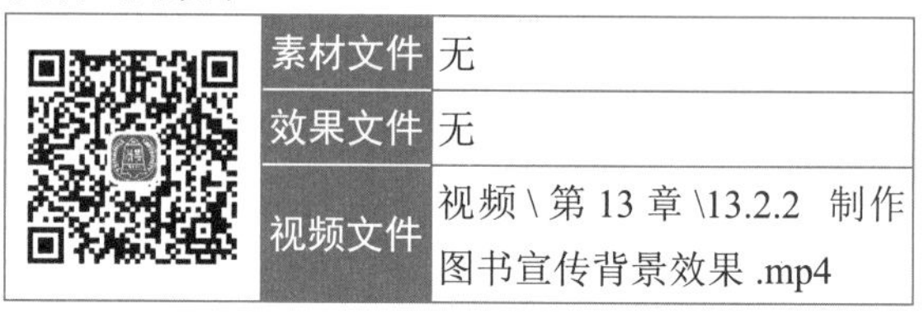

| | 素材文件 | 无 |
|---|---|---|
| | 效果文件 | 无 |
| | 视频文件 | 视频 \ 第 13 章 \13.2.2　制作图书宣传背景效果 .mp4 |

**【操练 + 视频】**
**——制作图书宣传背景效果**

STEP 01 在“项目”面板中，将“视频背景 .mp4”素材添加到 V1 轨道中，如图 13-8 所示。

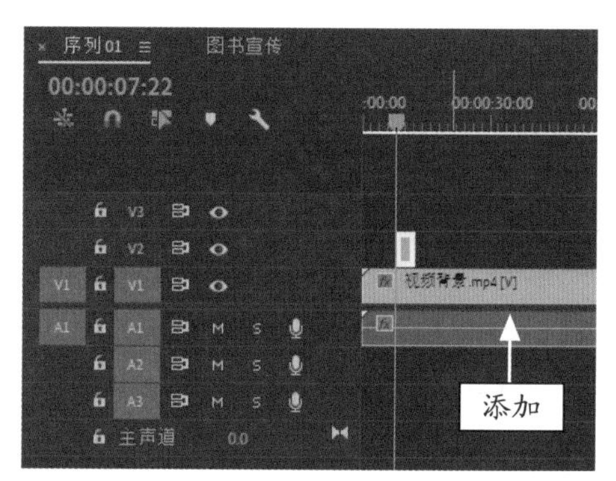


图 13-8　将素材添加到视频轨中

STEP 02 执行操作后，即可将选择的视频素材插入到视频轨中。选中 V1 轨道上的素材，单击右键，在弹出的快捷菜单中选择“速度 / 持续时间”命令，如图 13-9 所示。

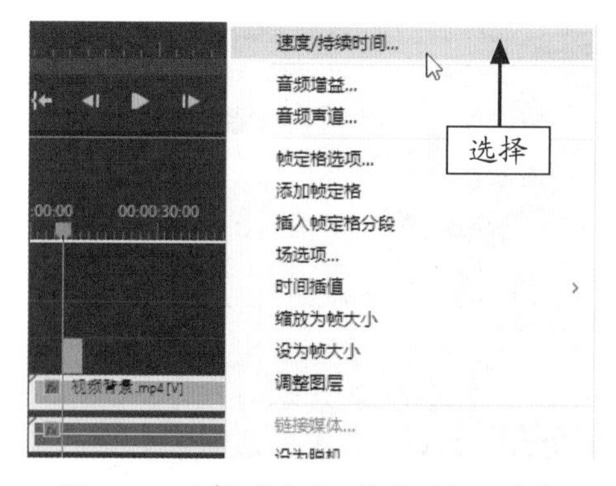


图 13-9　选择“速度 / 持续时间”命令

STEP 03 弹出“剪辑速度 / 持续时间”对话框，设置“持续时间”为 00:01:20:00，单击“确定”按钮，即可完成背景视频时间的设置，如图 13-10 所示。

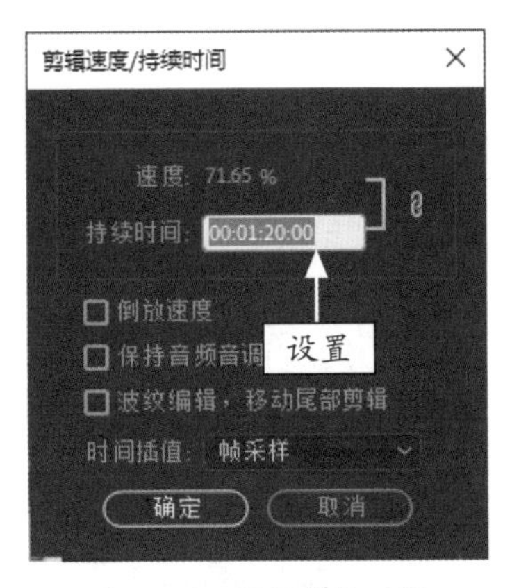


图 13-10　设置持续时间

STEP 04 选中 V1 轨道的素材文件，单击鼠标右键，在弹出的快捷菜单中选择“取消链接”命令，分离背景视频素材文件，如图 13-11 所示。

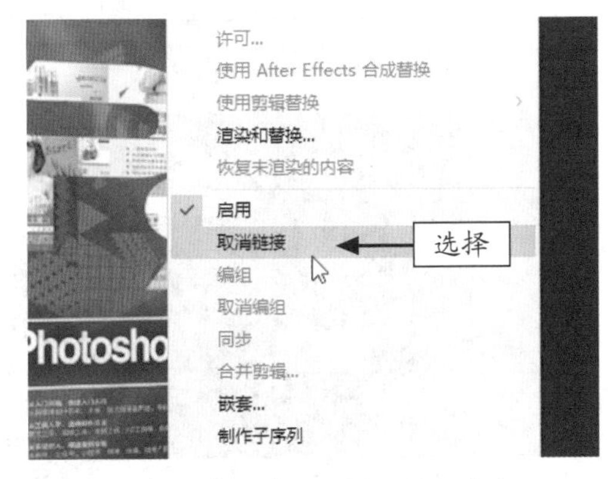


图 13-11　选择“取消链接”命令

STEP 05 选中 A1 轨道上的素材，按 Delete 键删除，如图 13-12 所示。

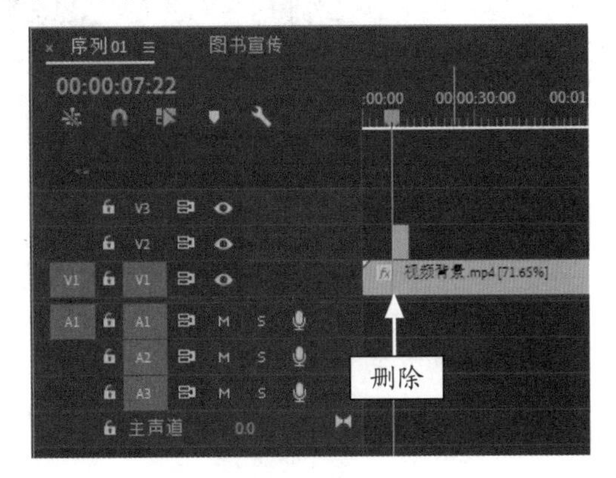


图 13-12　删除素材

STEP 06 在“节目监视器”面板中单击“播放 - 停止切换”按钮，即可预览图像效果，如图 13-13 所示。

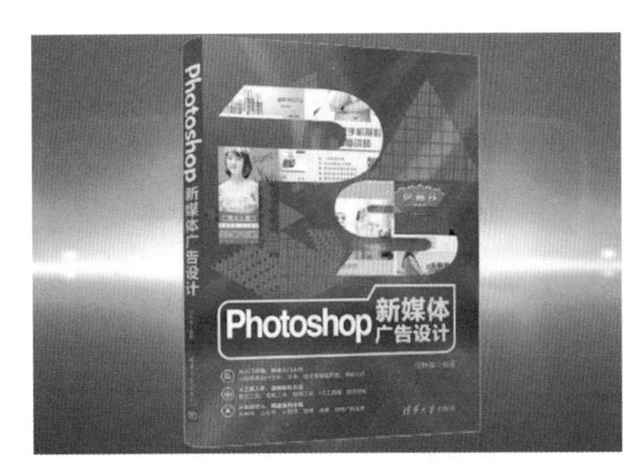


图 13-13　预览图像效果

## 13.2.3　制作图书宣传片头效果

在 Premiere Pro 2020 中，为图书宣传片制作片头动画，可以提升影片的视觉效果。下面介绍制作图书宣传视频片头效果的操作方法。

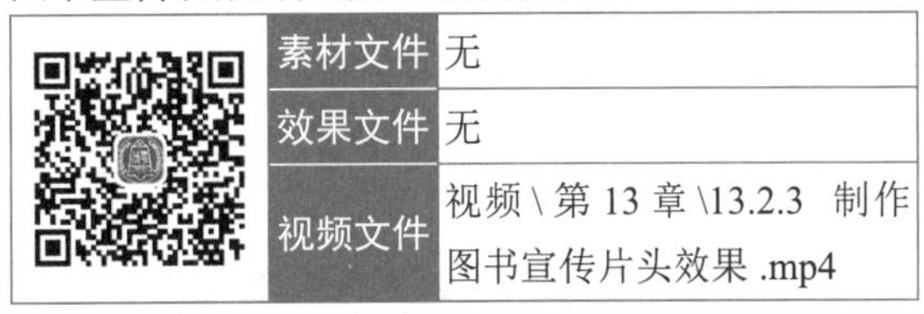

| | | |
|---|---|---|
| | 素材文件 | 无 |
| | 效果文件 | 无 |
| | 视频文件 | 视频 \ 第 13 章 \13.2.3　制作图书宣传片头效果 .mp4 |

【操练 + 视频】
——制作图书宣传片头效果

STEP 01 在“时间轴”面板中选中“图书 .png”素材文件，设置“持续时间”为 00:00:17:04。切换至“效果控件”面板，在其中设置“缩放”为 100.0，如图 13-14 所示。

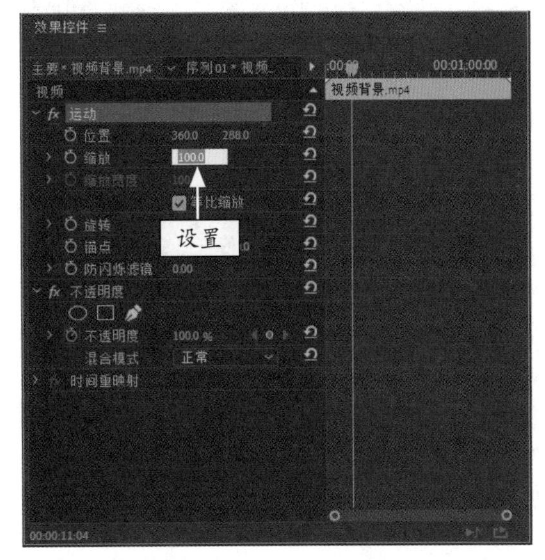


图 13-14　设置“缩放”为 100.0

**STEP 02** 切换至“效果”面板，展开“视频过渡”|“内滑”选项，双击“内滑”特效，如图 13-15 所示。

图 13-15　双击“内滑”特效

**STEP 03** 调整当前时间指示器至 00:00:09:07 的位置，单击“位置”左侧的“切换动画”按钮，设置“位置”参数为（381.1，284.7），添加第 1 组关键帧，如图 13-16 所示。

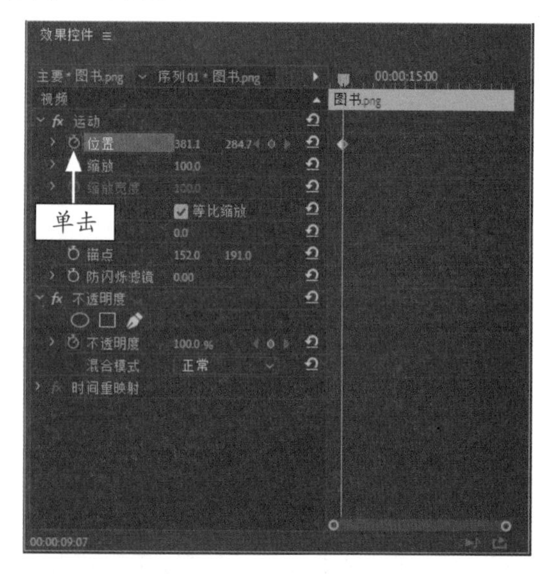


图 13-16　添加第 1 组关键帧

**STEP 04** 调整当前时间指示器至 00:00:11:04 的位置，设置“位置”参数为（381.1，210.7），添加第 2 组关键帧，如图 13-17 所示。

**STEP 05** 调整当前时间指示器至 00:00:15:15 的位置，单击“位置”右侧的“添加 / 移除关键帧”按钮，即可自动添加一组关键帧，如图 13-18 所示。

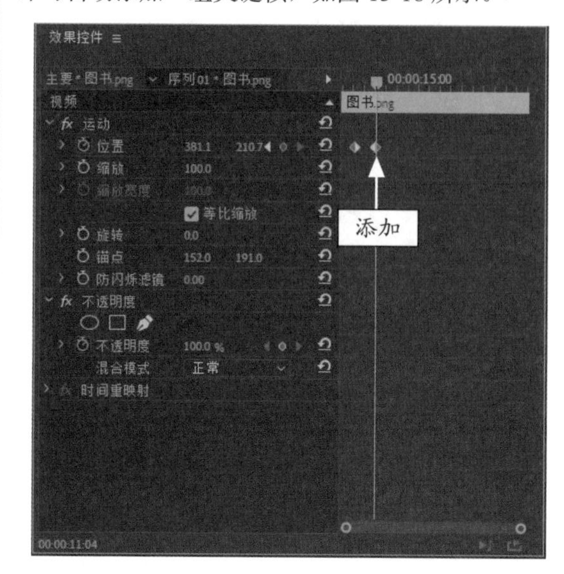


图 13-17　添加第 2 组关键帧

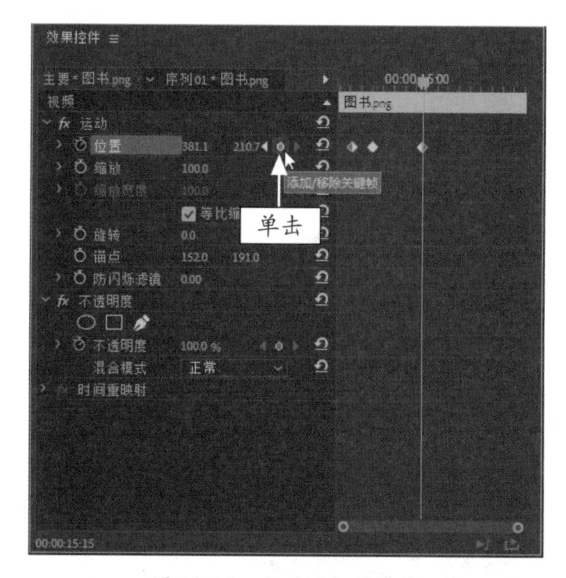


图 13-18　自动添加关键帧

**STEP 06** 调整当前时间指示器至 00:00:02:23 的位置，选择文字工具，在“节目监视器”画面中单击鼠标左键，新建一个字幕文本框，在其中输入标题字幕“《Photoshop 新媒体广告设计》”，如图 13-19 所示。

**STEP 07** 在“效果控件”面板中，设置字幕的字体为 STXinwei，字体大小为 55，如图 13-20 所示。

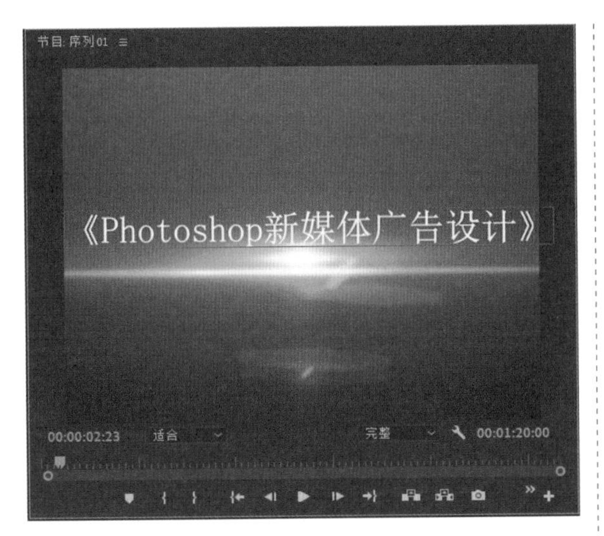


图 13-19　输入项目主题

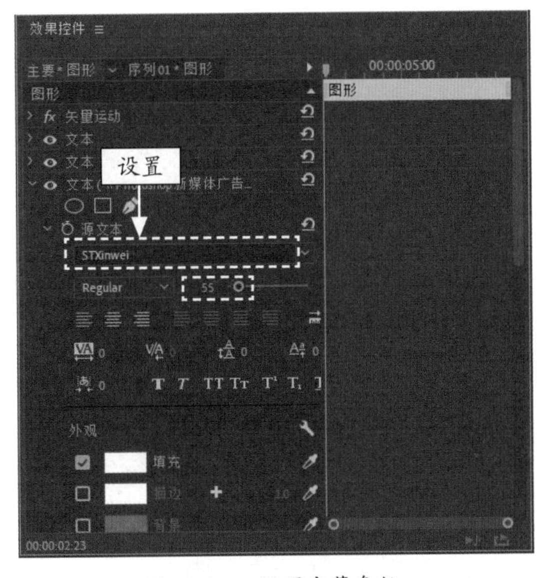


图 13-20　设置字幕参数

STEP 08 在“外观”选项区中，❶单击“填充”颜色色块，在弹出的“拾色器”窗口中设置RGB为（255，229，0），单击“确定”按钮。❷然后选中“描边”复选框，❸单击描边颜色色块，在弹出的“拾色器”窗口中设置 RGB 为（255，78，0），单击“确定”按钮。❹设置“描边”为 1.0，❺选中“阴影”复选框，❻在“阴影”下方的选项区中，设置“距离”为 7.0，如图 13-21 所示。

STEP 09 在“效果”面板中，❶展开“视频效果”|“变换”选项区，❷选择“裁剪”效果，如图 13-22 所示。双击鼠标左键，即可为字幕文件添加“裁剪”特效。

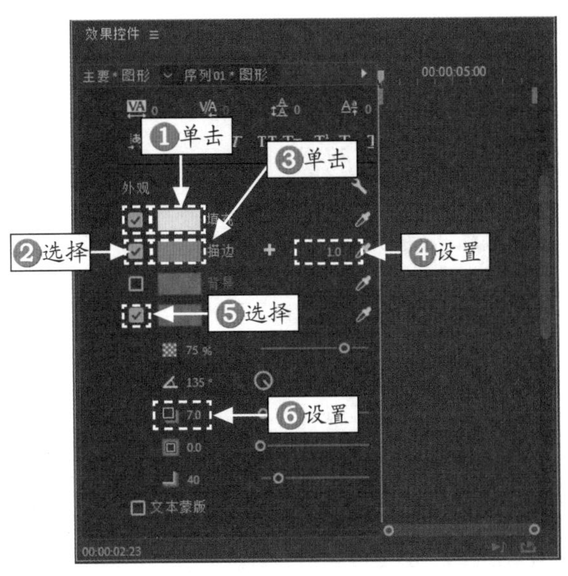


图 13-21　设置相应参数

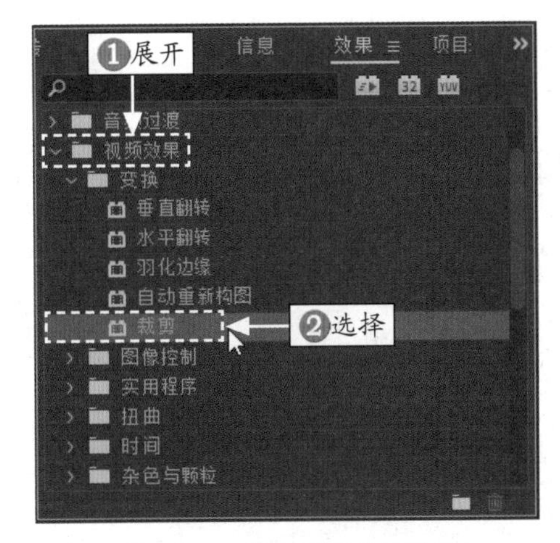


图 13-22　添加“裁剪”特效

STEP 10 ❶调整当前时间指示器至 00:00:03:06 的位置，在“效果控件”面板中的“裁剪”选项区中，单击“右侧”和“底部”左侧的“切换动画”按钮，❷设置“右侧”参数为 100.0%、“底部”参数为 100.0%，❸添加第 1 组关键帧，如图 13-23 所示。

STEP 11 ❶将时间线调整至 00:00:05:14 位置处，❷设置“右侧”参数为 1.7%、“底部”参数为 21.4%，❸添加第 3 组关键帧，如图 13-24 所示。

STEP 12 在“时间轴”面板中选取工具箱中的选择工具，将 V3 轨道上的字幕文件拖曳到 V2 轨道中的指定位置，如图 13-25 所示。

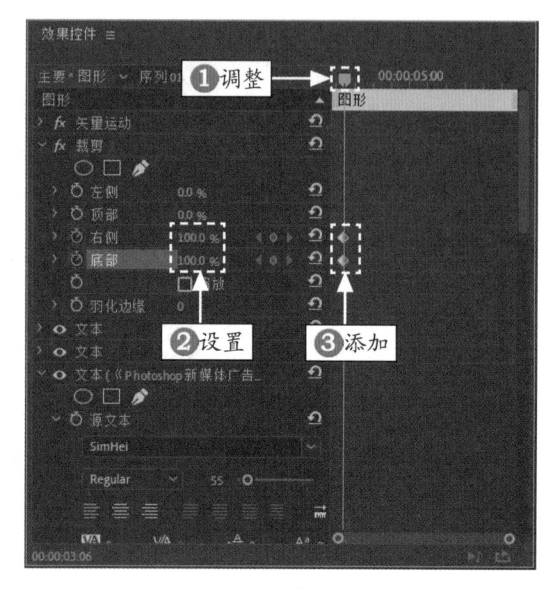

图 13-23　添加第 1 组关键帧

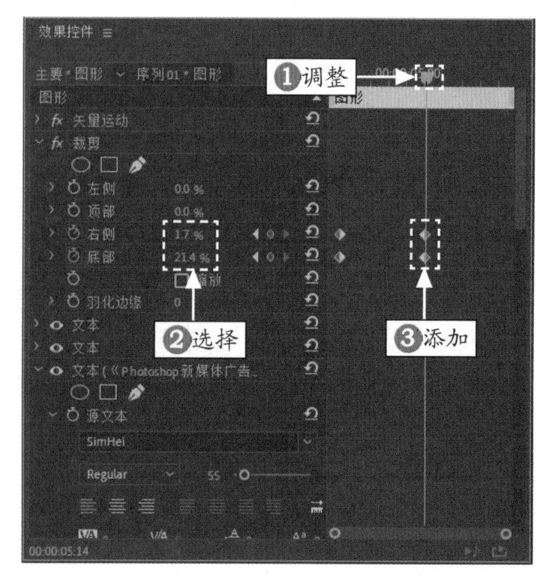

图 13-24　添加第 2 组关键帧

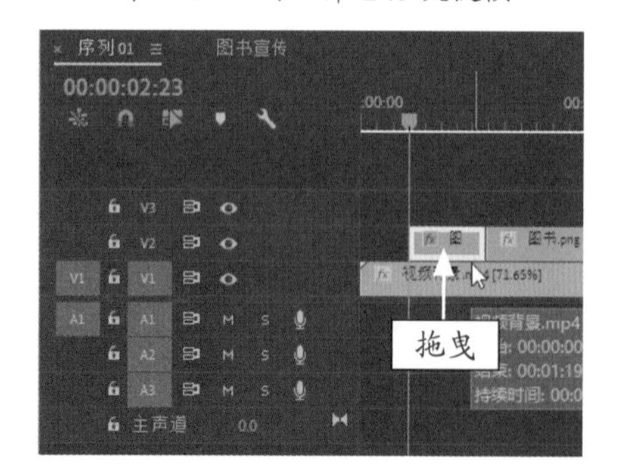

图 13-25　添加字幕文件

STEP 13 用与上文同样的方法，在 V3 轨道中的适当位置继续添加相应的字幕文件，“时间轴”面板如图 13-26 所示。

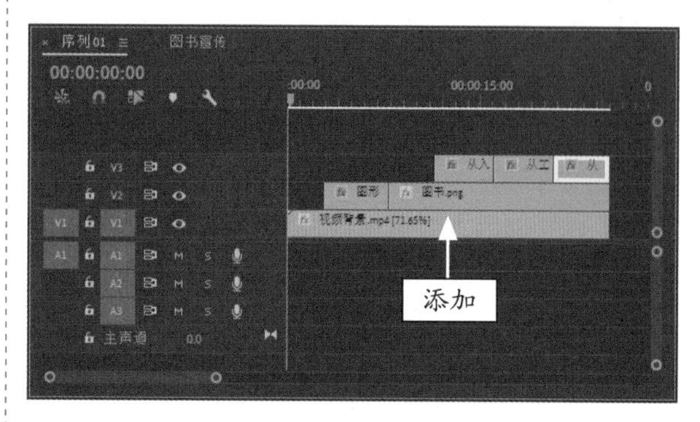

图 13-26　添加其他字幕文件

STEP 14 在“节目监视器”面板中，单击“播放 - 停止切换”按钮，即可预览图书宣传片头效果，如图 13-27 所示。

图 13-27　预览片头效果

图 13-27　预览片头效果（续）

## 13.2.4　制作图书宣传动态效果

图书宣传是以图片预览为主的视频动画，因此用户需要准备好图书的图片素材，并为图片添加相应动态效果。下面介绍制作图书宣传动态效果的操作方法。

|  | 素材文件 | 无 |
|---|---|---|
| | 效果文件 | 无 |
| | 视频文件 | 视频 \ 第 13 章 \13.2.4　制作图书宣传动态效果 .mp4 |

**【操练 + 视频】**
**——制作图书宣传动态效果**

STEP 01 将时间线调整至 00:00:27:11 位置处，选取工具箱中的文字工具，如图 13-28 所示。

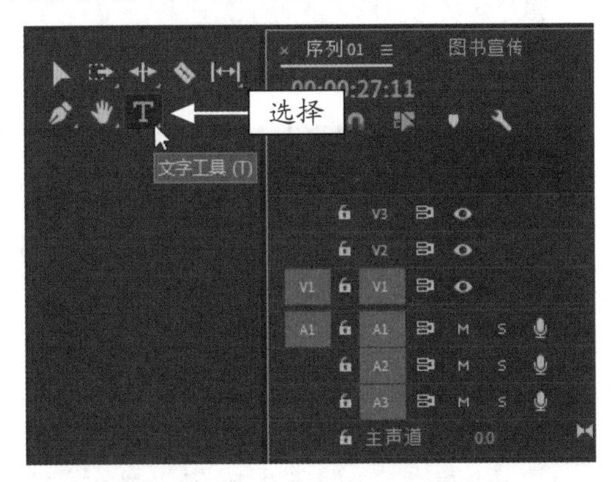


图 13-28　选取文字工具

STEP 02 在“节目监视器”面板中输入相应文字，如图 13-29 所示。

STEP 03 在“效果控件”面板中，❶设置字幕文件的字体为 STXinkai，❷字体大小为 70，如图 13-30 所示。

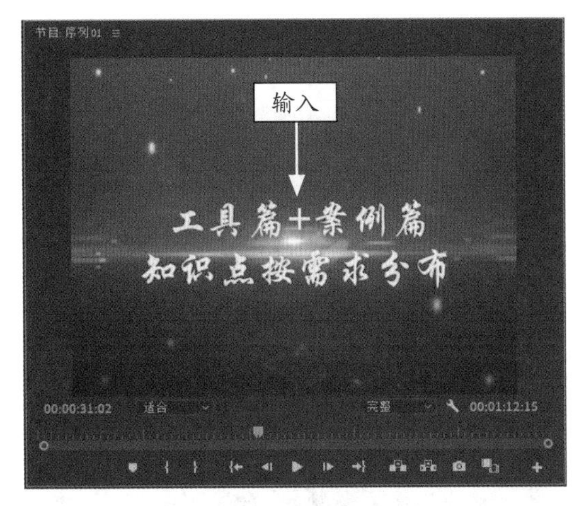


图 13-29　输入相应文字

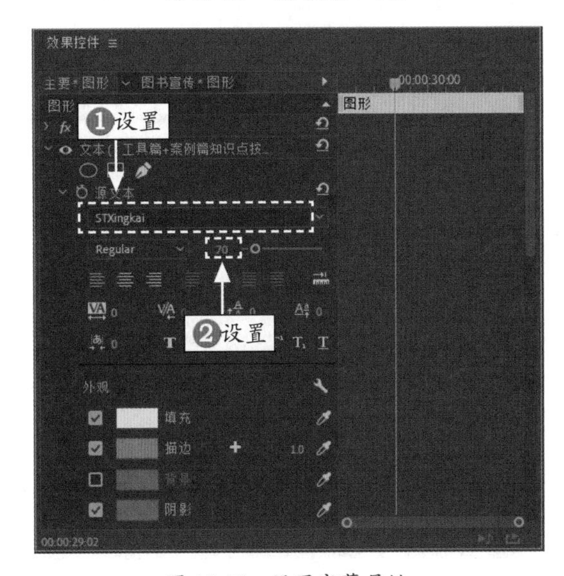


图 13-30　设置字幕属性

STEP 04 在“外观”选项区中，❶单击“填充”颜色色块，在弹出的“拾色器”窗口中设置RGB为（255，229，0），单击“确定”按钮。❷然后选中“描边”复选框，❸单击“描边”颜色色块，在弹出的“拾色器”窗口中设置 RGB 为（255，78，0），单击“确定”按钮。❹设置“描边”为 1.0，❺选中“阴影”复选框，❻在“阴影”下方的选项区中，设置“距离”为 7.0，如图 13-31 所示。

STEP 05 ❶将时间线调整至 00:00:29:00 位置处，❷单击“变换”选项区中的“不透明度”和“运动”选项区中的“位置”左侧的“切换动画”按钮，设置参数分别为 30%、（318.7、－158），❸添加第 1 组关键帧，如图 13-32 所示。

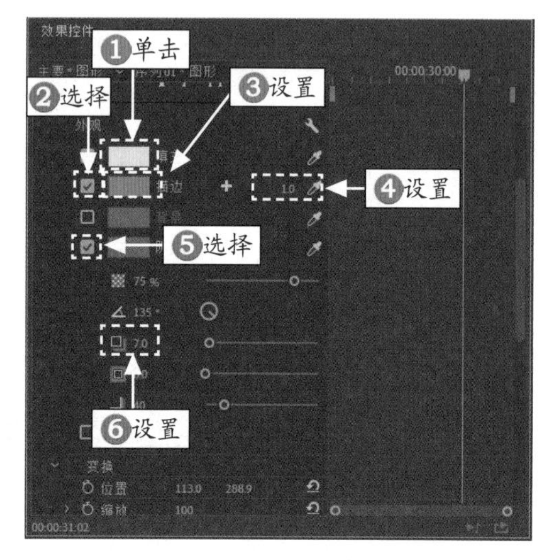


图 13-31　设置相应参数

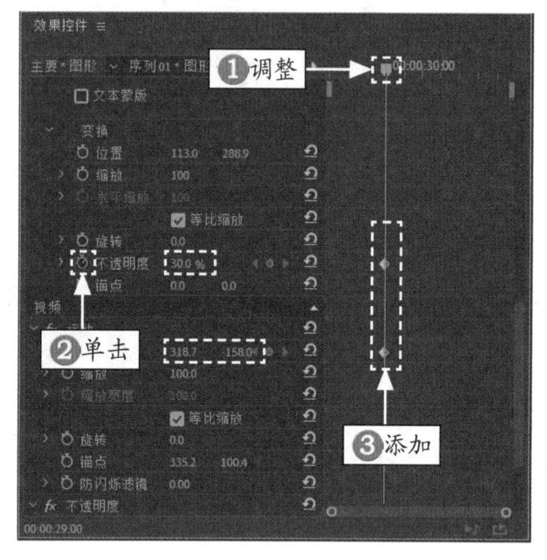


图 13-32　添加第 1 组关键帧

**STEP 06** ❶将时间线调整至 00:00:30:19 位置处，❷单击“变换”选项区中的“不透明度”和“运动”选项区中的“位置”右侧的“添加/移除关键帧”按钮，设置参数分别为 100%、（328.4，108.6），❸添加第 2 组关键帧，如图 13-33 所示。

**STEP 07** 在“项目”面板中，选择并拖曳“图片 1.jpg”素材文件至 V2 轨道中的合适位置处，设置“持续时间”为 00:00:05:00，如图 13-34 所示。选择添加的素材文件。

**STEP 08** ❶调整当前时间线至 00:00:32:23 位置处，❷在“效果控件”面板中，单击“位置”“缩放”和“不透明度”左侧的“切换动画”按钮，❸设置“位置”为（182.6，162.3）、“缩放”为 55.0、“不透明度”为 0%，❹添加第 1 组关键帧，如图 13-35 所示。

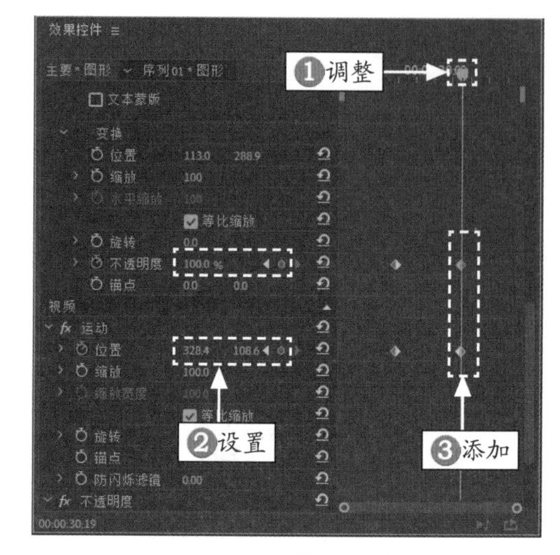


图 13-33　添加第 2 组关键帧

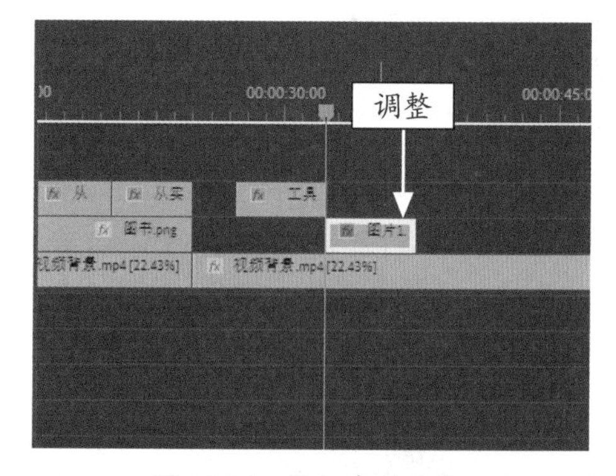


图 13-34　添加素材文件

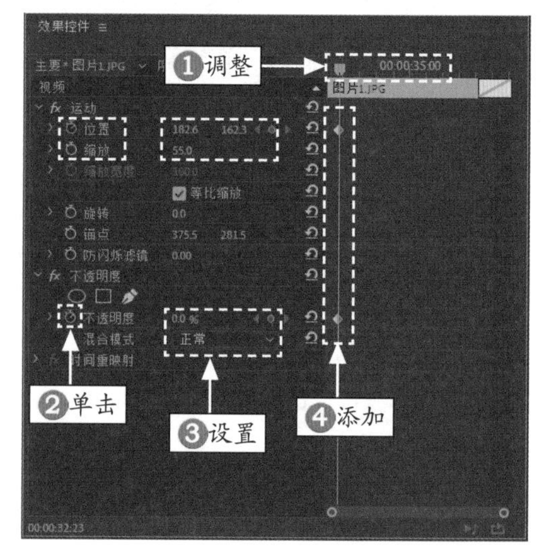


图 13-35　添加第 1 组关键帧

**STEP 09** ❶调整当前时间线至00:00:33:17位置处，❷单击“不透明度”右侧的“添加/移除关键帧”按钮，设置“不透明度”为20%，❸添加第2组关键帧，如图13-36所示。

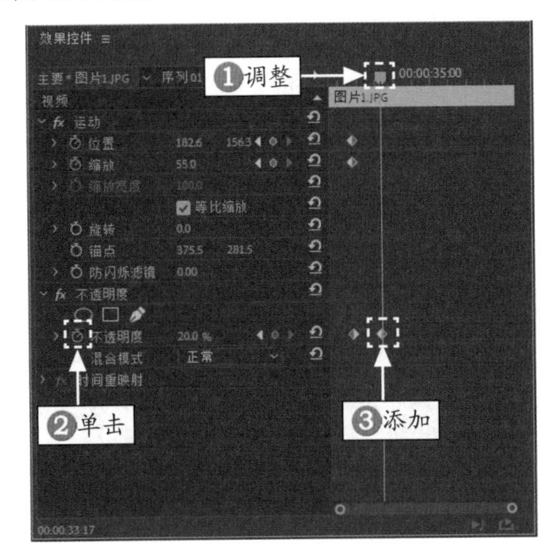


图 13-36　添加第 2 组关键帧

**STEP 10** ❶调整当前时间线至00:00:34:20位置处，❷设置“位置”和“不透明度”参数分别为（367.9、224.0）和100%，❸添加第3组关键帧，如图13-37所示。

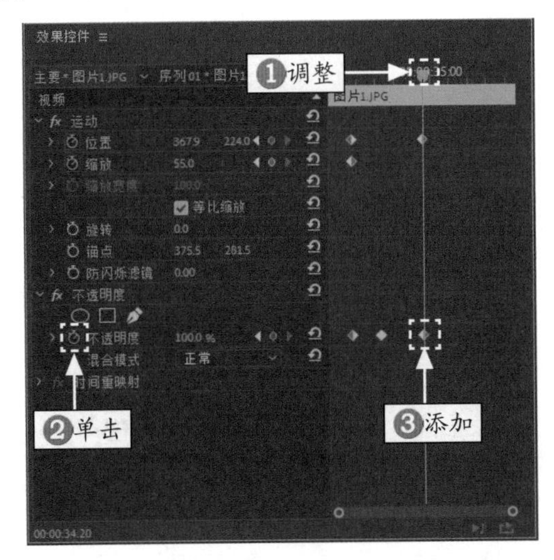


图 13-37　添加第 3 组关键帧

**STEP 11** 选择文字工具，在“节目监视器”面板中单击鼠标左键，新建一个字幕文本框，在其中输入相应字幕文件。在“时间轴”面板中选择添加的字幕文件，调整至合适位置并设置时长与1.jpg一致，如图13-38所示。

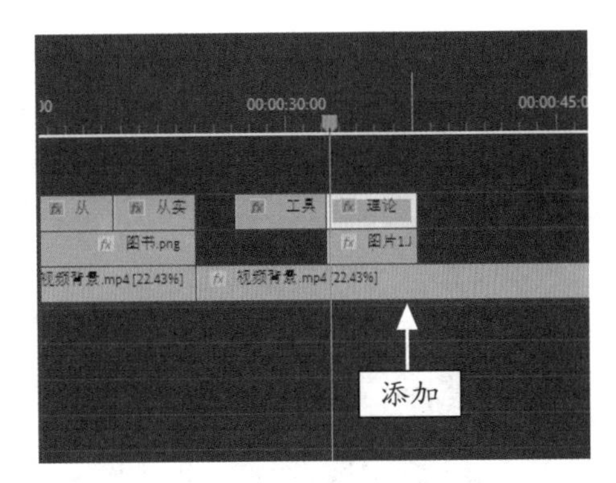


图 13-38　添加字幕文件

**STEP 12** 在“效果控件”面板中，❶设置字幕文件的字体为STXinkai，❷字体大小为45，如图13-39所示。

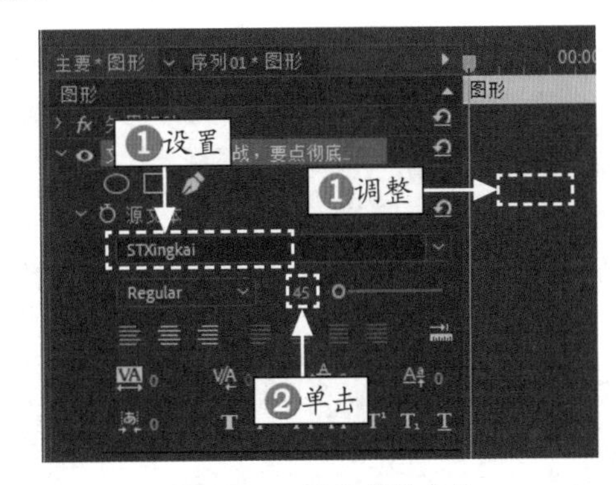


图 13-39　设置字幕参数

**STEP 13** 在“外观”选项区中，设置“填充”颜色为黄色（RGB值为255、229、0）。然后选中“描边”复选框，单击“描边”颜色色块，在弹出的“拾色器”窗口中设置RGB为（0，0，0），单击“确定”按钮。设置“描边”宽度为1.0，选中“阴影”复选框，在“阴影”下方的选项区中，设置“距离”为7.0，如图13-40所示。

**STEP 14** ❶调整时间线至00:00:33:07位置处，❷单击“不透明度”右侧的“添加/移除关键帧”按钮，设置“不透明度”为0%，❸添加第1组关键帧，如图13-41所示。

**STEP 15** ❶调整时间线至00:00:35:11位置处，❷单击“不透明度”右侧的“添加/移除关键帧”按钮，设置“不透明度”为30%，❸添加第2组关键帧，如图13-42所示。

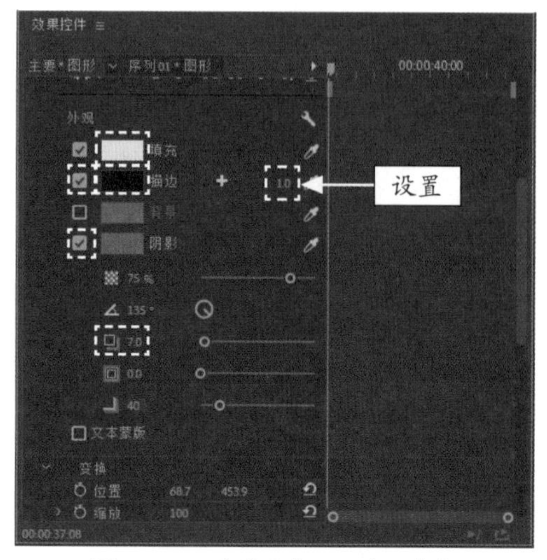


图 13-40　设置“外观”选区参数

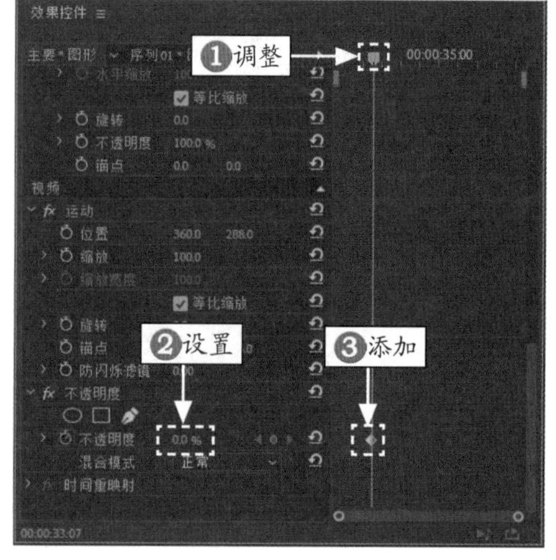


图 13-41　添加第 1 组关键帧

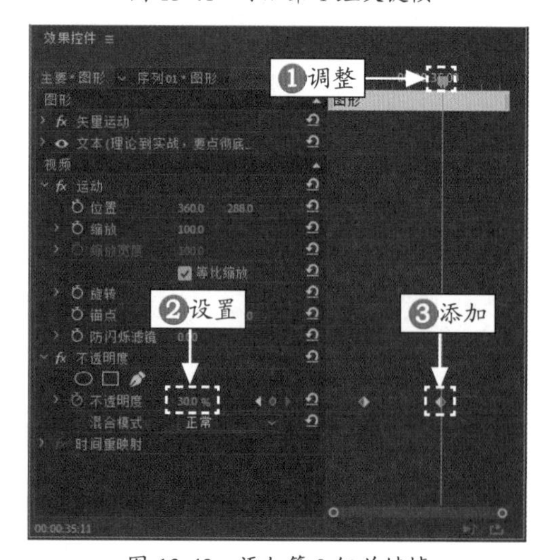


图 13-42　添加第 2 组关键帧

**STEP 16** ❶调整当前时间线至 00:00:36:11 位置处，❷单击“不透明度”左侧的“切换动画”按钮，设置“不透明度”为 100%，❸添加第 3 组关键帧，如图 13-43 所示。

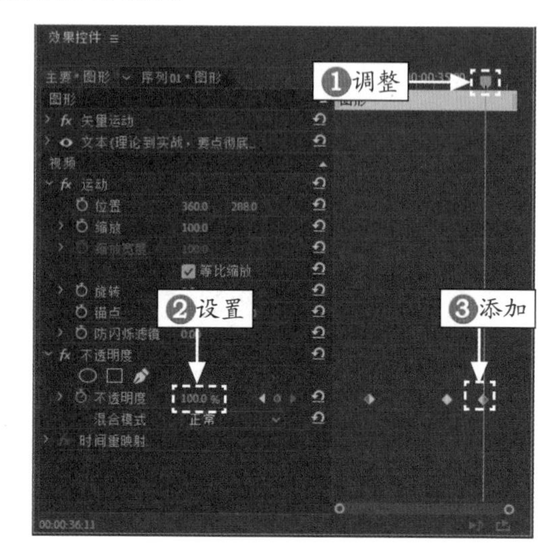


图 13-43　添加第 3 组关键帧

**STEP 17** ❶调整当前时间线至 00:00:37:03 位置处，❷单击“不透明度”右侧的“添加/移除关键帧”按钮，设置“不透明度”为 0.0%，❸添加第 4 组关键帧，如图 13-44 所示。

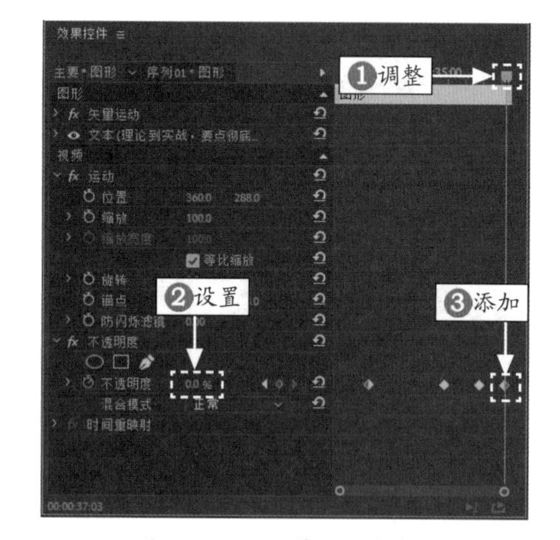


图 13-44　添加第 4 组关键帧

**STEP 18** 在“项目”面板中，拖曳“图片 2.jpg”素材文件至 V2 轨道中的合适位置处，设置“持续时间”为 00:00:05:00，如图 13-45 所示，选择添加的素材文件。

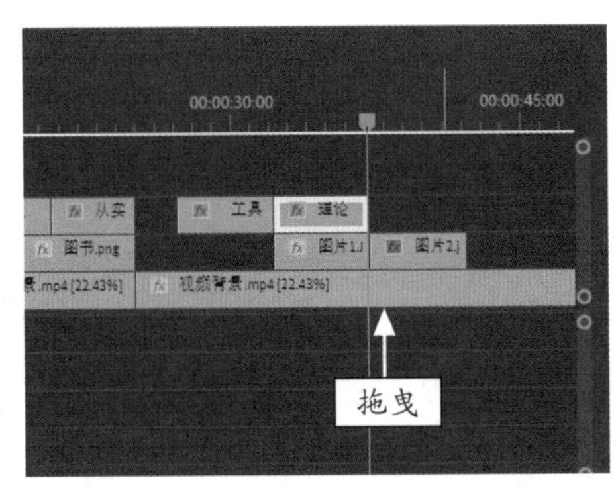


图 13-45　拖曳素材

**STEP 19** ❶调整当前时间线至 00:00:38:00 位置处，❷在“效果控件”面板中，单击“位置”“缩放”和“不透明度”左侧的“切换动画”按钮，并设置“位置”为（505.8，162.9）、“缩放”为 16.0、“不透明度”为 0%，❸添加第 1 组关键帧，如图 13-46 所示。

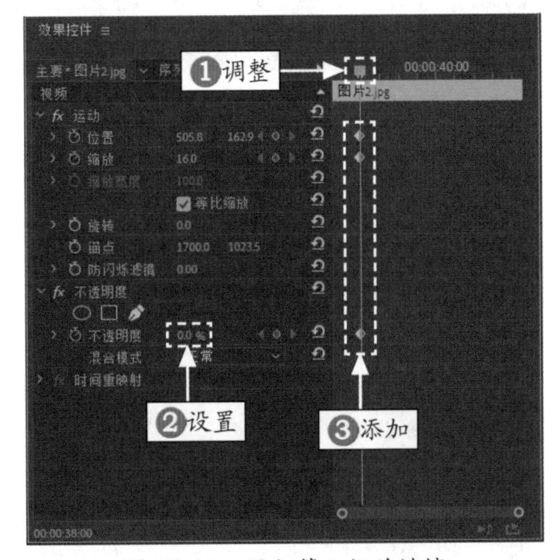


图 13-46　添加第 1 组关键帧

**STEP 20** ❶调整当前时间线至 00:00:39:00 位置处，❷单击“位置”和“不透明度”右侧的“添加 / 移除关键帧”按钮，分别设置“位置”为（505.8，162.9）、“不透明度”为 30.0%，❸添加第 2 组关键帧，如图 13-47 所示。

**STEP 21** ❶调整当前时间线至 00:00:40:06 位置处，❷单击“位置”和“不透明度”右侧的“添加 / 移除关键帧”按钮，分别设置“位置”为（369.0，222.2）、“不透明度”为 100.0%，❸添加第 3 组关键帧，如图 13-48 所示。

**STEP 22** 选取工具箱中的文字工具，在“节目监视器”面板中单击鼠标左键，新建一个字幕文本框，在其中输入相应字幕文件。在“时间轴”面板中选择添加的字幕文件，调整至合适位置并设置时长与“图片 2.jpg”一致，如图 13-49 所示。

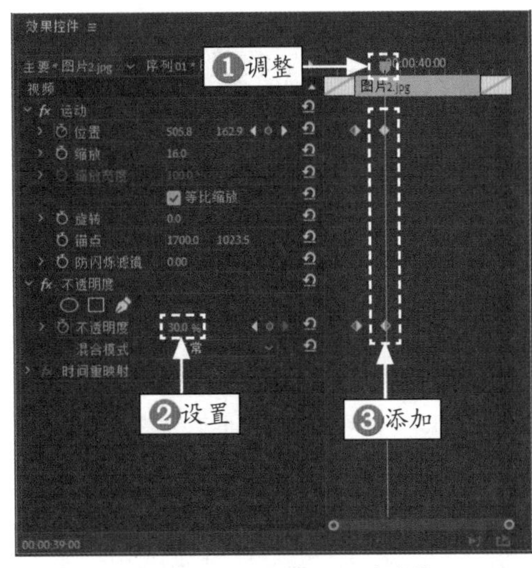


图 13-47　添加第 2 组关键帧

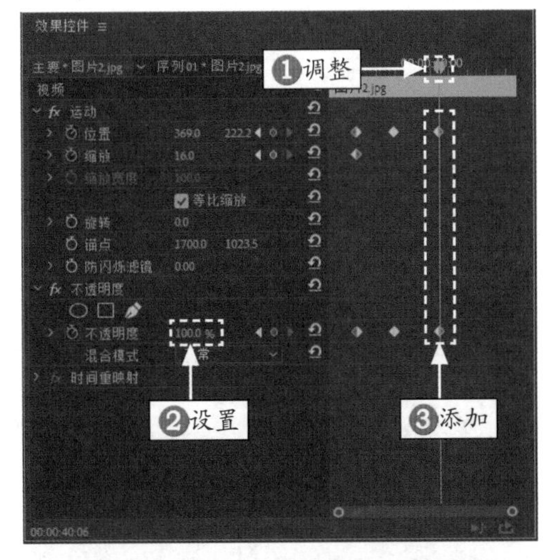


图 13-48　添加第 3 组关键帧

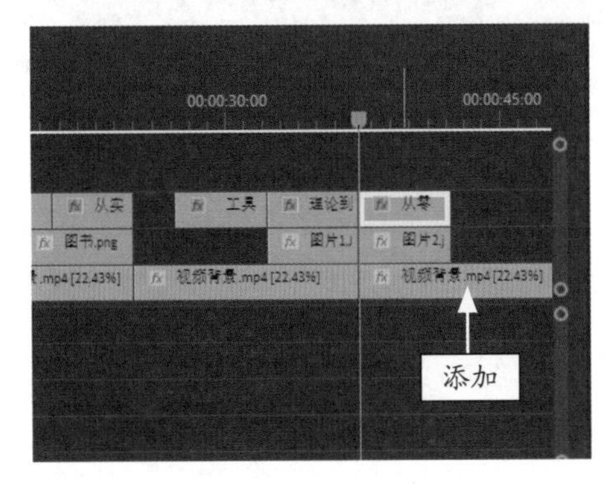


图 13-49　添加字幕文件

STEP 23 在“效果控件”面板中，❶设置字幕文件的字体为 STXinkai，❷字体大小为 45，如图 13-50 所示。

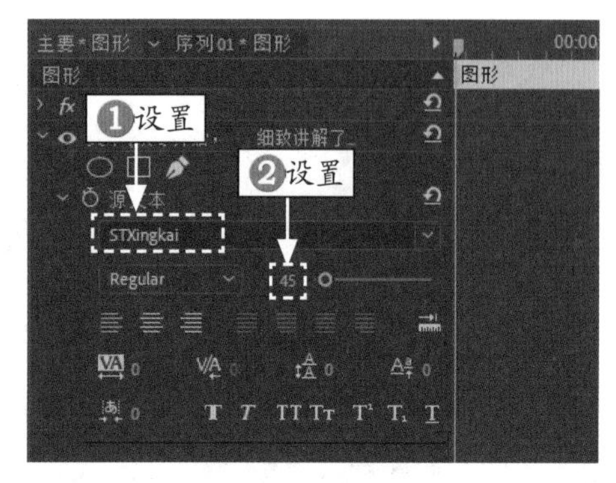


图 13-50　设置字幕参数

STEP 24 在“外观”选项区中，设置“填充”颜色为黄色（RGB 值为 255、229、0）。然后选中“描边”复选框，单击“描边”颜色色块，在弹出的“拾色器”窗口中设置 RGB 为（0，0，0），单击“确定”按钮。设置“描边”宽度为 1.0，选中“阴影”复选框，在“阴影”下方的选项区中，设置“距离”为 7.0，如图 13-51 所示。

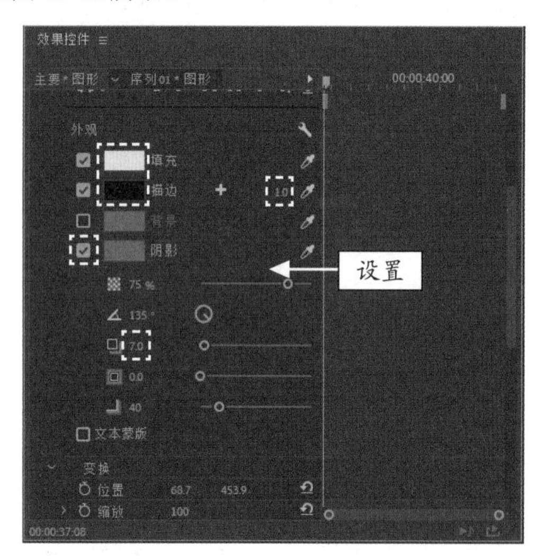


图 13-51　设置字幕文件的“外观”参数

STEP 25 ❶将时间线调整至 00:00:38:06 位置处，❷单击“不透明度”左侧的“切换动画”按钮，设置“不透明度”为 0.0%，❸添加第 1 组关键帧，如图 13-52 所示。

STEP 26 ❶调整时间线至 00:00:39:15 位置处，❷单击“位置”和“不透明度”右侧的“添加 / 移除关键帧”按钮，设置“位置”为（451.7，278.1）、“不透明度”为 33%，❸添加第 2 组关键帧，如图 13-53 所示。

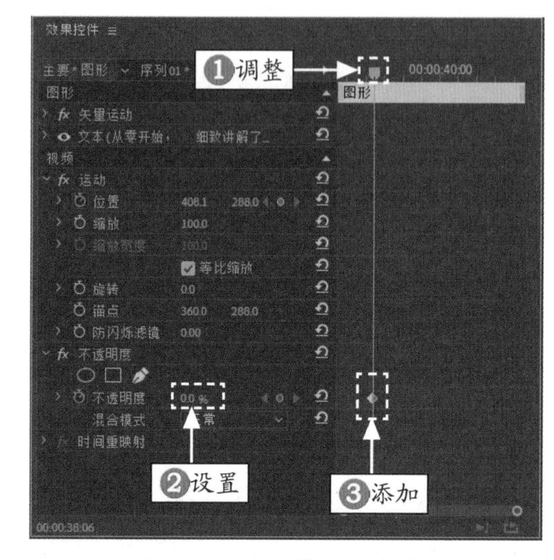


图 13-52　添加第 1 组关键帧

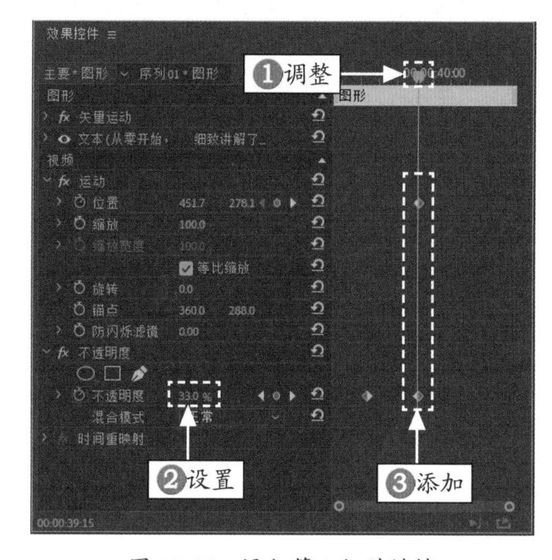


图 13-53　添加第 2 组关键帧

STEP 27 ❶调整当前时间线至 00:00:40:15 位置处，❷单击“位置”和“不透明度”右侧的“添加 / 移除关键帧”按钮，设置“位置”为（366.0，307.7）、“不透明度”为 100.0%，❸添加第 3 组关键帧，如图 13-54 所示。

STEP 28 在“效果”面板中展开“视频过渡”|“内滑”选项，选择“中心拆分”特效，如图 13-55 所示。

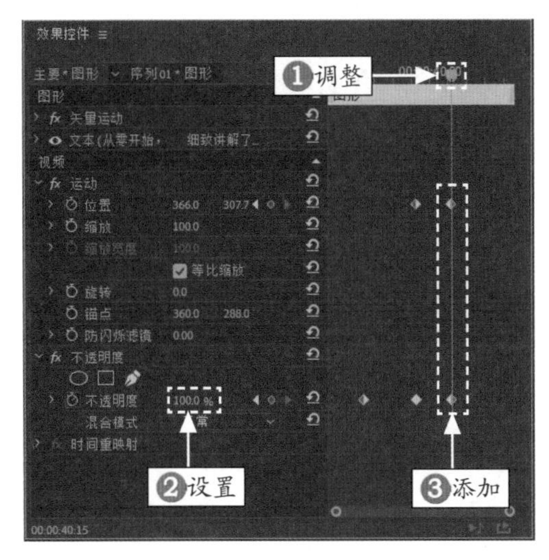


图 13-54　添加第 3 组关键帧

图 13-55　选择“中心拆分”特效

**STEP 29** 拖曳“中心拆分”特效至 V2 轨道的“图片 1.jpg”和“图片 2.jpg”中间，如图 13-56 所示。

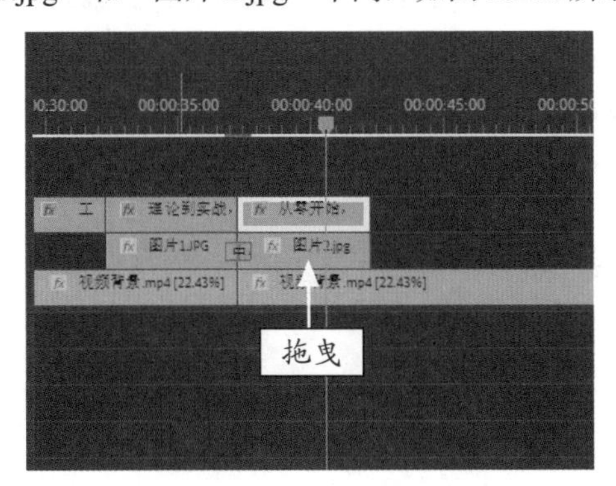


图 13-56　添加特效

**STEP 30** 用与上文同样的方法，在“项目”面板中，依次选择“图片 3.jpg”～“图片 7.jpg”素材，并拖曳至 V2 轨道中合适位置处，设置运动效果，分别添加“交叉溶解”“百叶窗”“风车”“渐变擦除”“立方体旋转”“径向擦除”特效以及字幕文件，“时间轴”面板效果如图 13-57 所示。

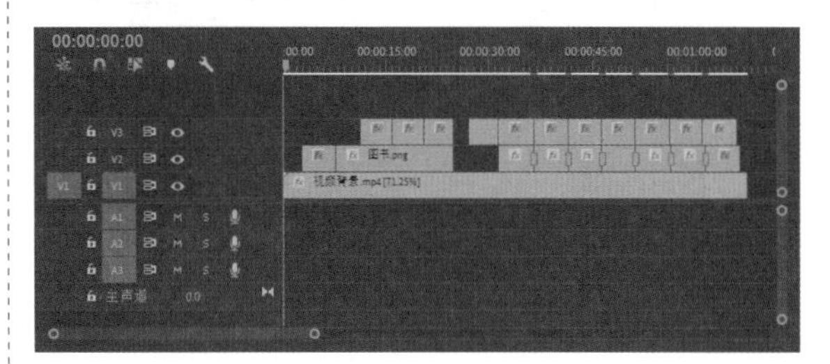

图 13-57　“时间轴”面板效果

**STEP 31** 在“节目监视器”面板中，单击“播放 - 停止切换”按钮，即可预览图书宣传动态效果，如图 13-58 所示。

图 13-58　预览图书宣传动态效果

图 13-58　预览图书宣传动态效果（续）

## 13.2.5　制作图书宣传片尾效果

在 Premiere Pro 2020 中，当相册的基本编辑接近尾声时，用户便可以开始制作宣传视频的片尾了。下面主要为图书宣传视频的片尾添加字幕效果，再次点明视频的主题。

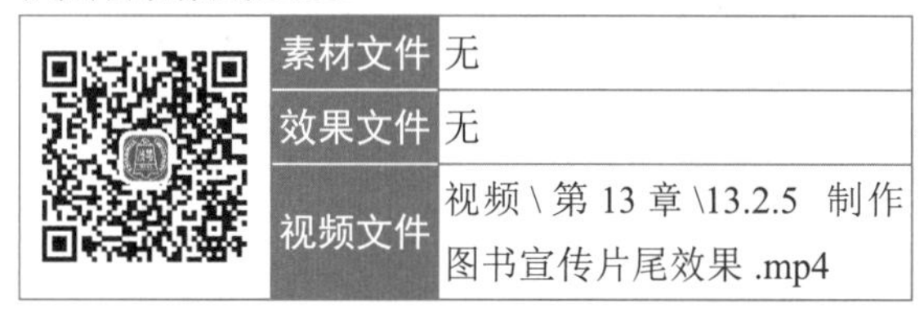

| | | |
|---|---|---|
| | 素材文件 | 无 |
| | 效果文件 | 无 |
| | 视频文件 | 视频 \ 第 13 章 \13.2.5　制作图书宣传片尾效果 .mp4 |

**【操练 + 视频】**
**——制作图书宣传片尾效果**

**STEP 01** 选取工具箱中的文字工具，在“节目监视器”面板中单击鼠标左键，新建一个字幕文本框，在其中输入片尾字幕。在“时间轴”面板中选择添加的字幕文件，调整至合适位置并设置时长为 00:00:05:00，如图 13-59 所示。

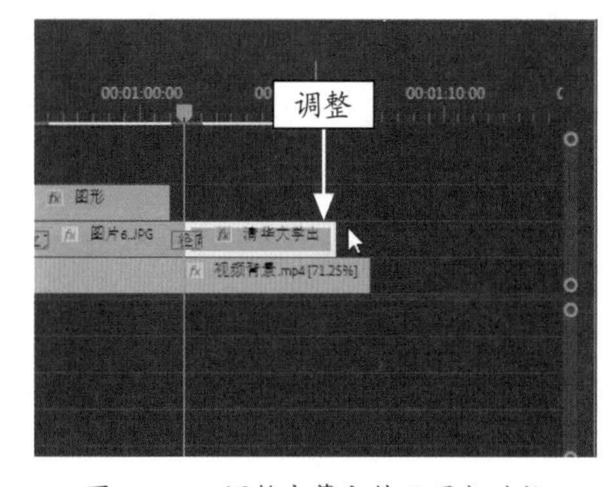


图 13-59　调整字幕文件位置与时长

**STEP 02** 在“效果控件”面板中，❶设置字幕文件的字体为 STXinkai，❷字体大小为 90，如图 13-60 所示。

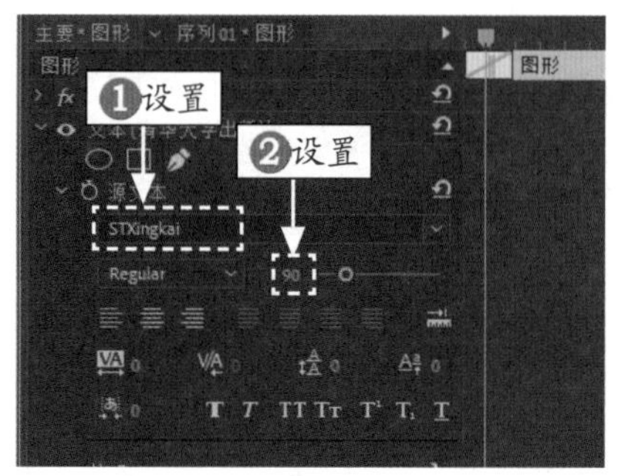


图 13-60　设置字幕文件的相应参数

**STEP 03** 在“外观”选项区中，❶设置“填充”颜色为黄色（RGB 值为 255、229、0）。❷然后选中“描边”复选框，❸单击“描边”颜色色块，在弹出的“拾色器”窗口中设置 RGB 为（0，0，0），单击“确定”按钮。❹设置“描边”宽度为 1.0，❺选中“阴影”复选框，❻在“阴影”下方的选项区中，设置“距离”为 7.0，如图 13-61 所示。

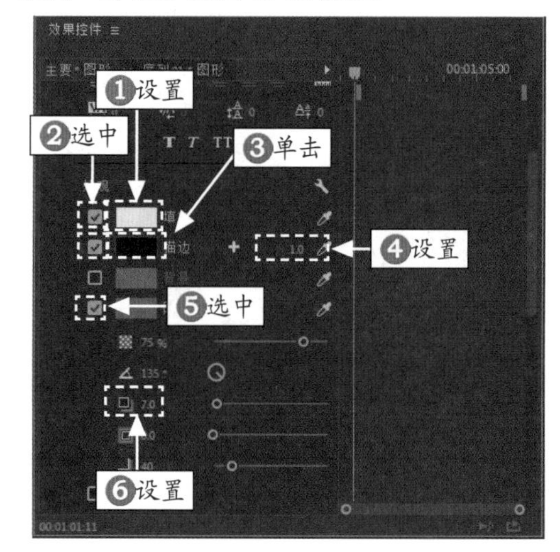


图 13-61　设置字幕文件的“外观”参数

**STEP 04** 将时间线调整至00:01:02:19位置处，单击“不透明度”左侧的“切换动画”按钮，设置“不透明度”为 0.0%，添加第 1 组关键帧，如图 13-62 所示。

**STEP 05** 将时间线调整至 00:01:03:22 位置处，单击“不透明度”左侧的“切换动画”按钮，设置“不透明度”为 100.0%，添加第 2 组关键帧，如图 13-63 所示。

**STEP 06** 将时间线调整至 00:01:05:01 位置处，单击“不透明度”左侧的“切换动画”按钮，设置“不透明度”为 100.0%，添加第 3 组关键帧，如图 13-64 所示。

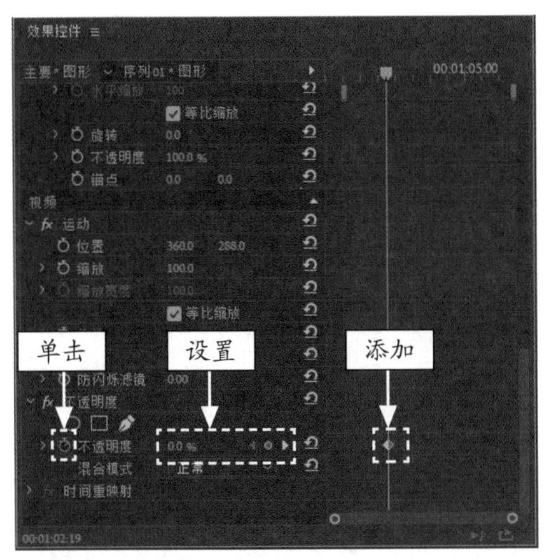


图 13-62 添加第 1 组关键帧

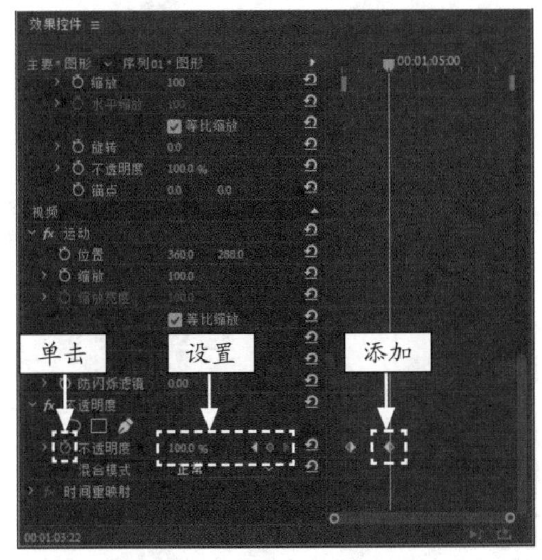


图 13-63 添加第 2 组关键帧

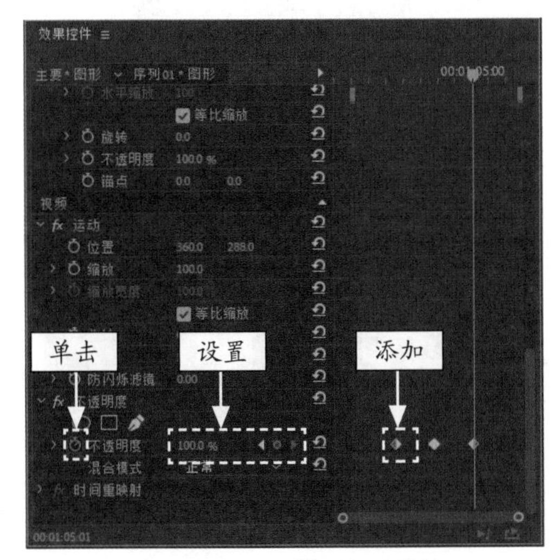


图 13-64 添加第 3 组关键帧

**STEP 07** 用与上文同样的方法，制作其他字幕文件，调整至合适位置处，设置运动效果。“时间轴”面板效果如图 13-65 所示。

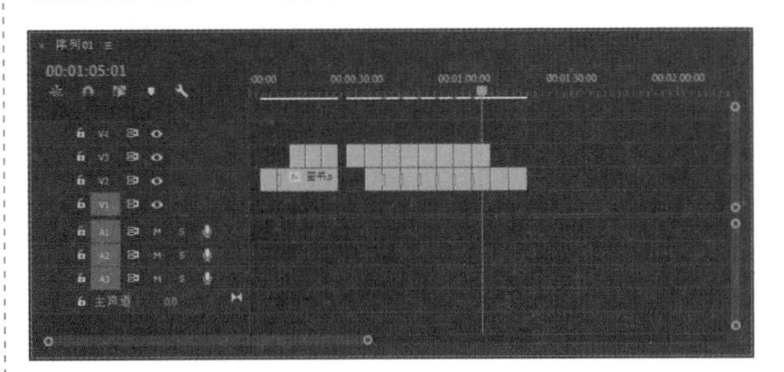

图 13-65 制作其他字幕文件

**STEP 08** 在“节目监视器”面板中，单击“播放 - 停止切换”按钮，即可预览图书宣传片尾效果，如图 13-66 所示。

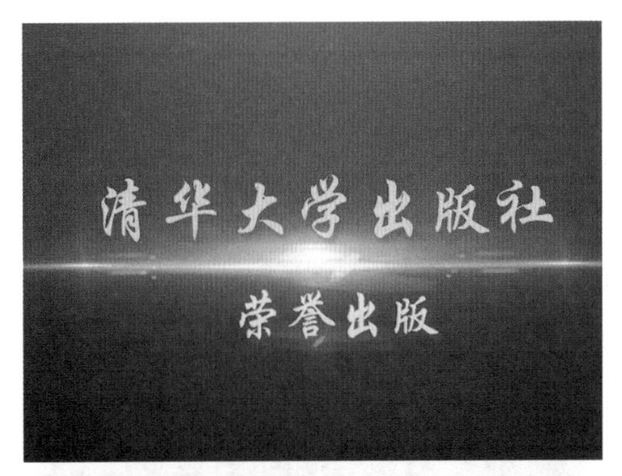

图 13-66 预览图书宣传片尾效果

**专家指点**

在 Premiere Pro 2020 中，当两组关键帧的参数值一致时，可直接复制前一组关键帧，在相应位置处粘贴，即可添加下一组关键帧。

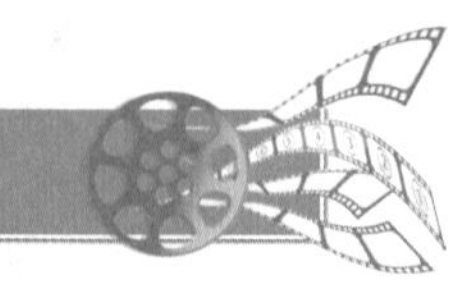

## 13.3 视频后期处理

对视频编辑完成后，接下来可以对视频进行后期编辑处理，主要包括在影片中添加音频素材以及输出影片文件。

### 13.3.1 制作图书宣传背景音效

在 Premiere Pro 2020 中，为视频添加配乐，可以增加视频的感染力。下面介绍制作视频背景音乐的操作方法。

|  | 素材文件 | 无 |
|---|---|---|
| | 效果文件 | 无 |
| | 视频文件 | 视频 \ 第 13 章 \13.3.1 制作图书宣传背景音效 .mp4 |

**【操练 + 视频】**
**——制作图书宣传背景音效**

STEP 01 将时间线调整至开始位置处，在“项目”面板中选择音乐素材，按住鼠标左键，并将其拖曳至 A1 轨道中，如图 13-67 所示。

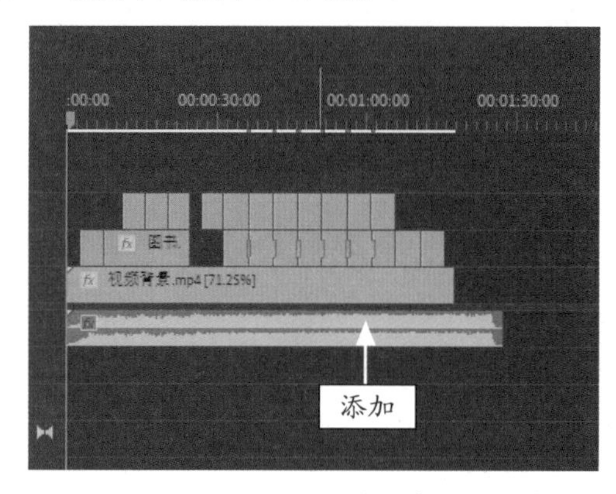


图 13-67 添加音乐素材

STEP 02 将时间线调整至 00:01:19:20 位置处，选取工具箱中的剃刀工具，在 A1 轨道上单击鼠标左键，即可将音频素材分割成两段，如图 13-68 所示。

STEP 03 选取工具箱中的选择工具，选中 A1 轨道上的第 2 段素材，按 Delete 键，即可删除多余的音频素材，如图 13-69 所示。

STEP 04 在“效果”面板中展开“音频过渡”|“交叉淡化”选项，选择“恒定功率”特效，如图 13-70 所示。

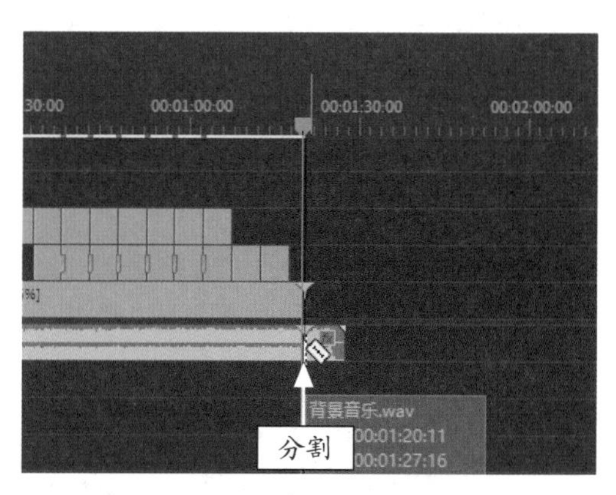


图 13-68 分割音频素材

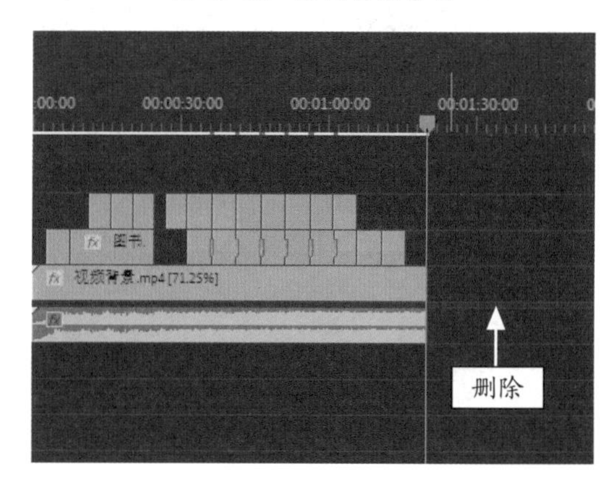


图 13-69 删除多余音频素材

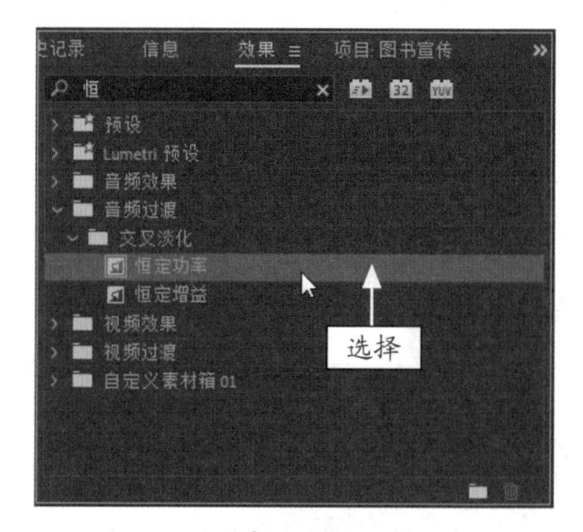


图 13-70 选择“恒定功率”特效

STEP 05 按住鼠标左键，并将其拖曳至音乐素材的起始点与结束点，添加音频过渡特效，如图 13-71 所示。

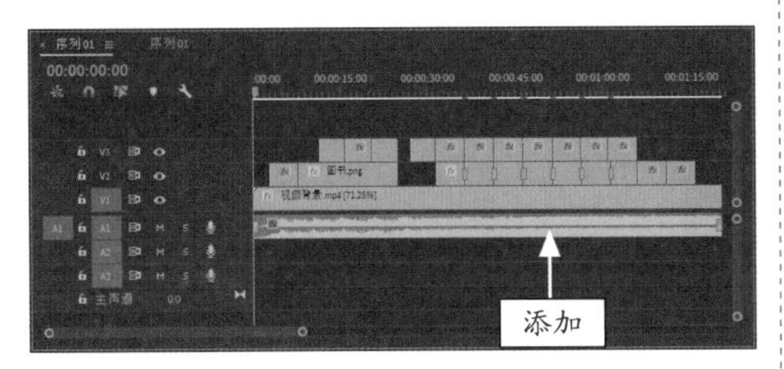


图 13-71　添加音频过渡特效

## 13.3.2　导出图书宣传视频文件

创建并保存视频文件后，用户即可对其进行导出，导出完成后可以将视频分享至各种新媒体平台，视频的导出时间根据项目的长短以及计算机配置的高低而略有不同。下面介绍导出视频文件的操作方法。

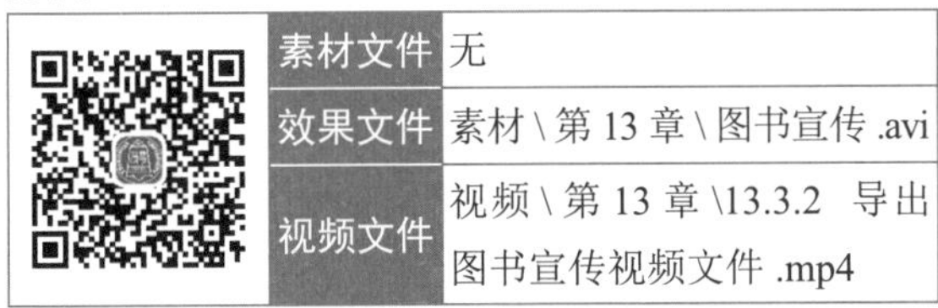

| 素材文件 | 无 |
| --- | --- |
| 效果文件 | 素材 \ 第 13 章 \ 图书宣传 .avi |
| 视频文件 | 视频 \ 第 13 章 \13.3.2　导出图书宣传视频文件 .mp4 |

**【操练 + 视频】**
**——导出图书宣传视频文件**

STEP 01 选择“文件”|“导出”|“媒体”命令，如图 13-72 所示。

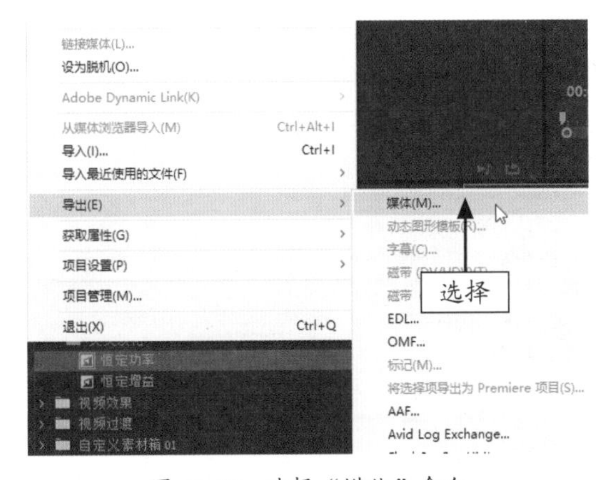


图 13-72　选择“媒体”命令

STEP 02 执行上述操作后，弹出“导出设置”对话框，如图 13-73 所示。

图 13-73　弹出“导出设置”对话框

STEP 03 在“导出设置”选项区中设置“格式”为 AVI、“预设”为 PAL DV，如图 13-74 所示。

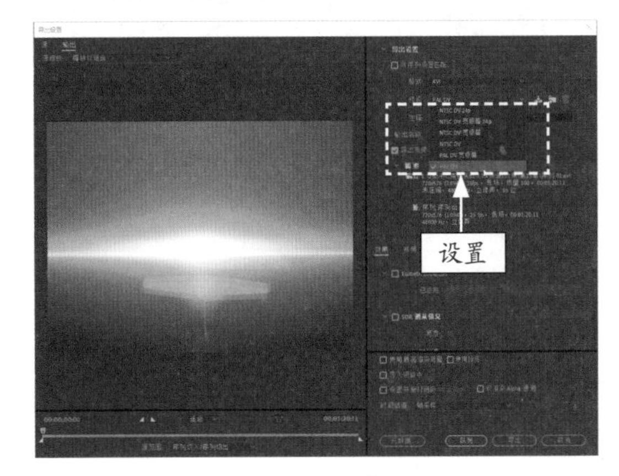


图 13-74　设置参数值

STEP 04 单击“输出名称”右侧的超链接，弹出“另存为”对话框，在其中设置保存位置和文件名，如图 13-75 所示。

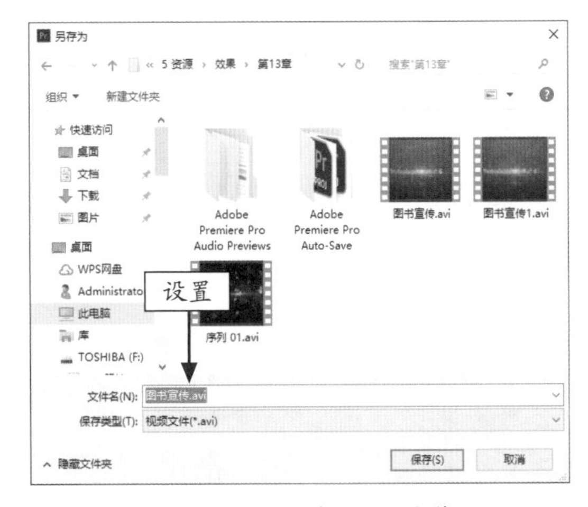


图 13-75　设置保存位置和文件名

STEP 05 设置完成后，单击“保存”按钮，然后单击对话框右下角的“导出”按钮，如图 13-76 所示。

STEP 06 执行上述操作后，弹出“编码 序列 01”对话框，开始导出编码文件，并显示导出进度，如图 13-77 所示。导出完成后，即可完成编码文件的导出。

图 13-76 单击“导出”按钮

图 13-77 显示导出进度

# 第14章

## 制作抖音视频——夜景卡点

### 章前知识导读

夜景卡点是抖音的热门视频之一，它凭借超强的音乐节奏和五彩缤纷的颜色交错在一起，一出现就受到了广大用户的欢迎。本章就来详细介绍夜景卡点视频的制作方法，其中包括导入夜景卡点视频、制作夜景卡点遮罩效果、制作缩放效果、添加音频文件和导出夜景卡点视频等内容。

### 新手重点索引

- 夜景卡点视频效果
- 视频制作过程
- 视频后期处理

### 效果图片欣赏

## 14.1 效果欣赏与技术提炼

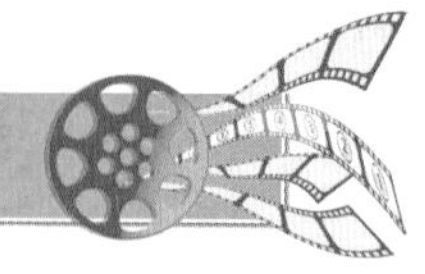

卡点视频是2020年抖音上最热门的一种视频类型，好看的视频配上有节奏的音乐，给人一种赏心悦目、身临其境的体验感，这也是它能成为热门视频的主要原因。

### 14.1.1 效果欣赏

本章就以夜景卡点为例，主要介绍制作夜景卡点视频的操作方法，效果如图 14-1 所示。

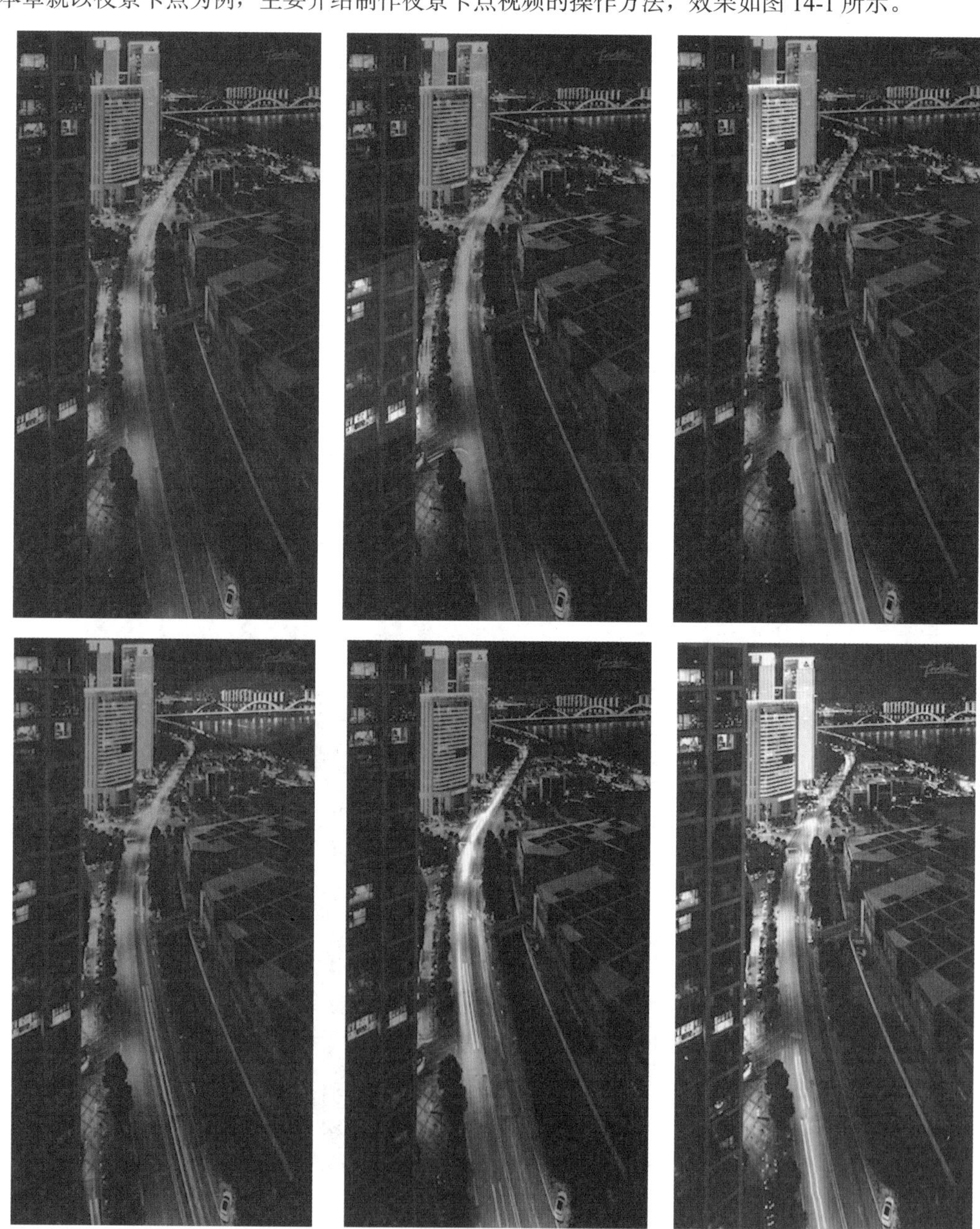

图 14-1 视频效果

### 14.1.2　技术提炼

用户首先需要将抖音视频的素材导入到素材库中，接着将视频添加至视频轨中，为视频素材添加遮罩效果和制作缩放效果，然后制作音乐文件。

## 14.2　视频制作过程

本节主要介绍夜景卡点视频文件的制作过程，包括导入夜景卡点视频素材、制作视频遮罩效果、制作缩放效果、制作音频文件以及导出视频文件等内容。

### 14.2.1　导入夜景卡点视频

在编辑夜景卡点视频之前，首先需要导入媒体素材文件。下面以“新建”命令为例，介绍导入夜景视频素材的操作方法。

| | | |
|---|---|---|
|  | 素材文件 | 素材 \ 第 14 章 \ 夜景素材 |
| | 效果文件 | 无 |
| | 视频文件 | 视频 \ 第 14 章 \14.2.1　导入夜景卡点视频 .mp4 |

**【操练 + 视频】**
**——导入夜景卡点视频**

STEP 01 ❶新建一个名为“夜景卡点”的项目文件，❷单击“确定”按钮，如图 14-2 所示。

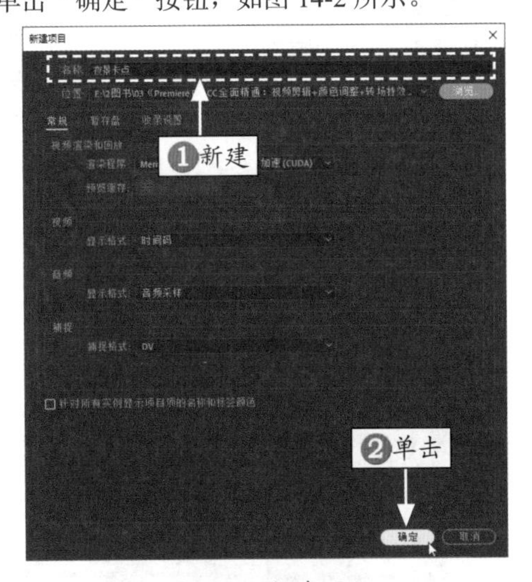


图 14-2　新建项目

STEP 02 选择“文件”|“新建”|“序列”命令，新建一个序列。选择“文件”|“导入”命令，弹出“导入”对话框，在其中选择“素材\第 14 章\夜景素材”文件夹下的素材，如图 14-3 所示。

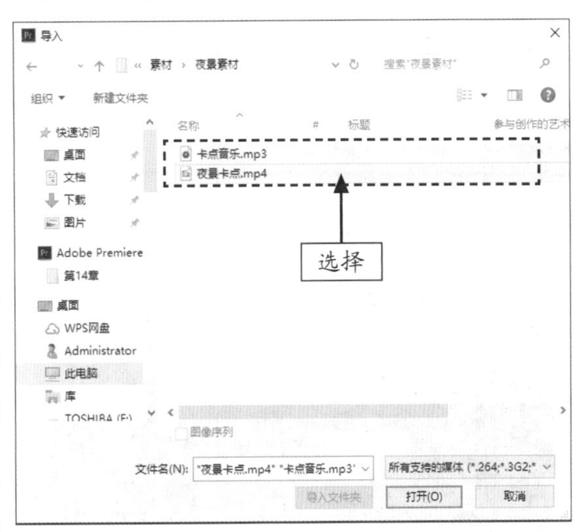


图 14-3　选择合适的素材

STEP 03 单击对话框下方的“打开”按钮，即可将选择的图像文件导入到“项目”面板中，如图 14-4 所示。

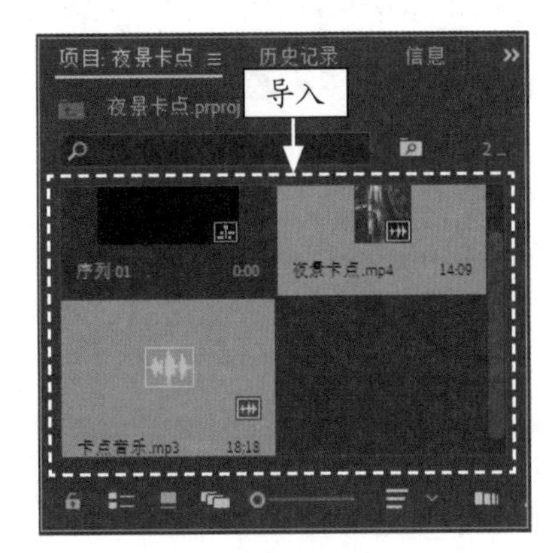


图 14-4　导入到“项目”面板中

STEP 04 调整当前时间指示器至开始位置，将导入的视频文件“夜景卡点.mp4”拖曳至“时间轴”面板中的V1轨道上，如图14-5所示。

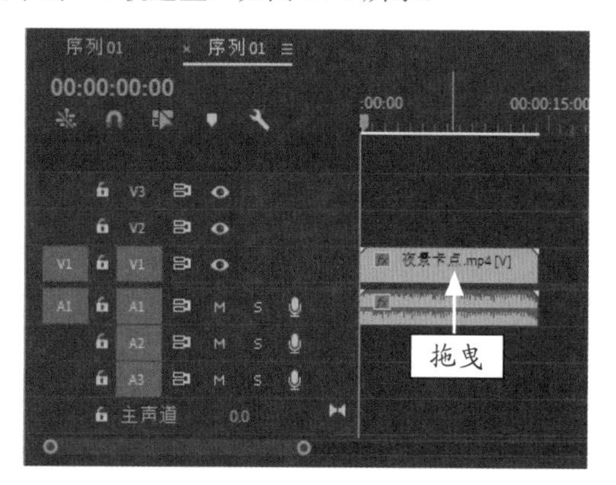


图14-5 拖曳至“时间轴”面板中的轨道上

STEP 05 选择V1轨道中的素材文件，展开“效果控件”面板，设置“缩放”为29.0，如图14-6所示。

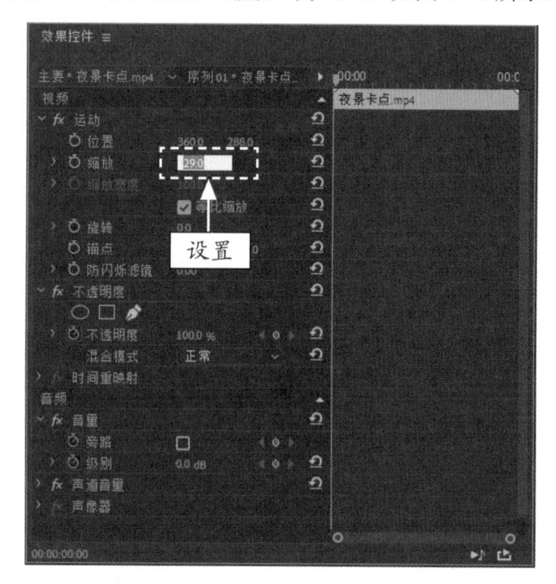


图14-6 设置“缩放”为29.0

STEP 06 在“节目监视器”面板中单击“播放-停止切换”按钮，即可预览图像效果，如图14-7所示。

STEP 07 执行操作后，选中V1轨道上的素材单击鼠标右键，在弹出的快捷菜单中选择“速度/持续时间”命令，如图14-8所示。

STEP 08 弹出“剪辑速度/持续时间”对话框，设置“持续时间”为00:00:06:13，单击“确定”按钮，即可完成背景视频时间的设置，如图14-9所示。

图14-7 预览图像效果

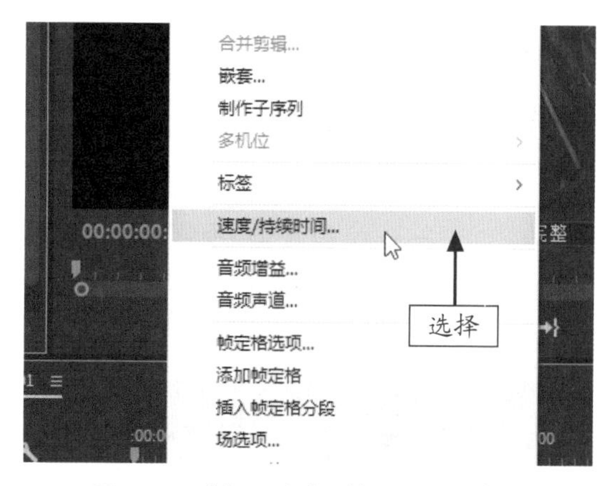


图14-8 选择“速度/持续时间”命令

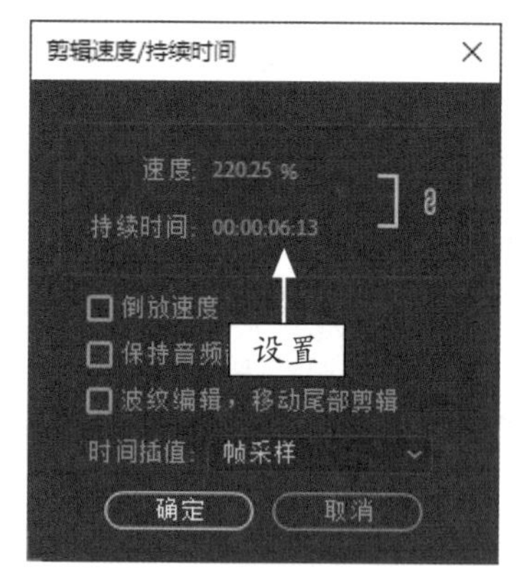


图14-9 更改素材持续时间

STEP 09 选中 V1 轨道上的素材文件并单击鼠标右键，在弹出的快捷菜单中选择“取消链接”命令，分离背景视频素材文件，如图 14-10 所示。

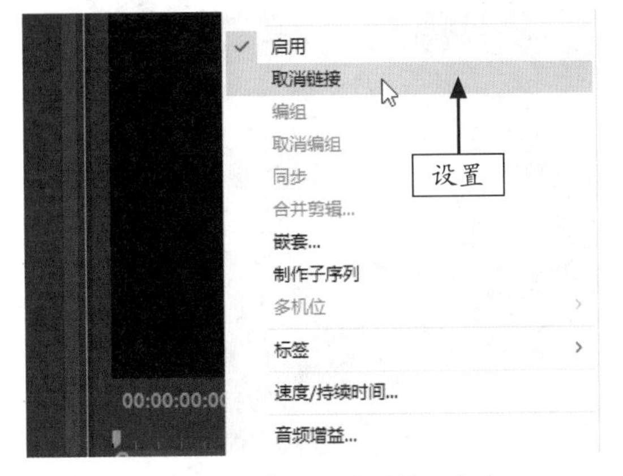


图 14-10　选择“取消链接”命令

STEP 10 选取工具箱中的选择工具，选中 A1 轨道上的素材，按 Delete 键删除，如图 14-11 所示。

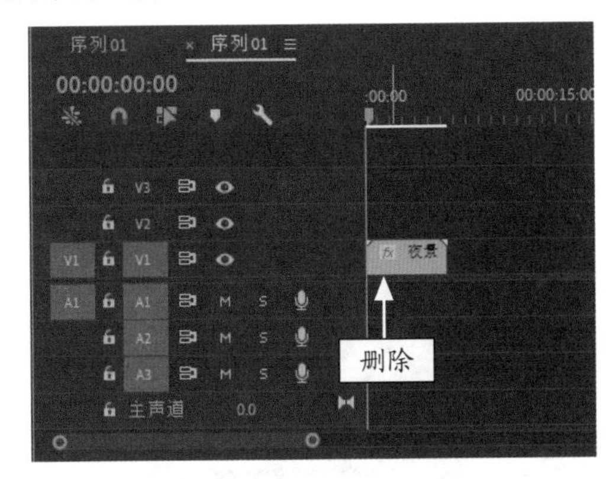


图 14-11　删除多余素材

**专家指点**

在 Premiere Pro 2020 中，用户除了可以导入视频制作夜景卡点效果外，还可以导入夜景照片，即用户可以根据自己的爱好选择相应的素材。

## 14.2.2　制作夜景卡点遮罩效果

夜景卡点视频中最重要一个技巧的就是给视频添加遮罩了，加了遮罩后的视频便可以达到忽闪忽闪的效果。下面就对视频遮罩效果的制作方法进行详细介绍。

|  | 素材文件 | 无 |
| --- | --- | --- |
| | 效果文件 | 无 |
| | 视频文件 | 视频 \ 第 14 章 \14.2.2　制作夜景卡点遮罩效果 .mp4 |

**【操练 + 视频】**
**——制作夜景卡点遮罩效果**

STEP 01 选取工具箱中的选择工具，选中 V1 轨道上的素材，如图 14-12 所示。

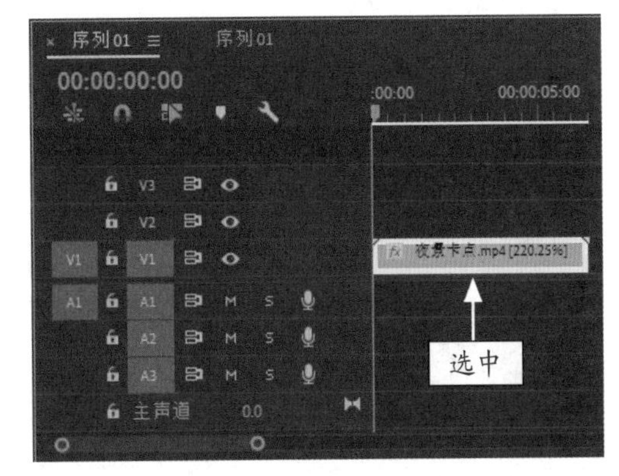


图 14-12　选择素材文件

STEP 02 按住 Alt 键，将 V1 轨道中的素材复制到 V2 轨道上，如图 14-13 所示。

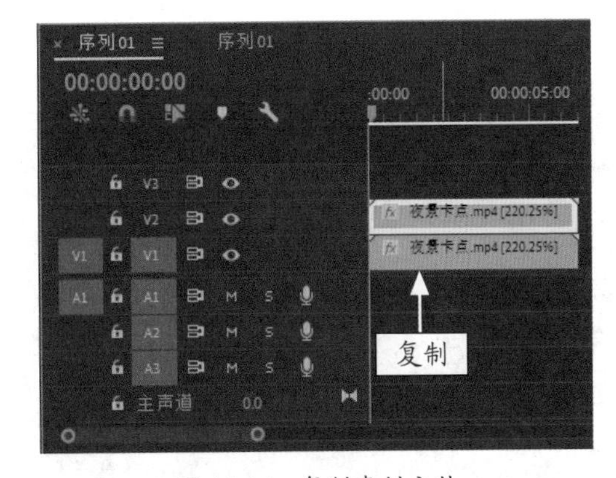


图 14-13　复制素材文件

STEP 03 选择 V1 轨道上的素材，在“效果”面板中展开“视频效果”|“图像控制”选项，选择“黑白”特效，如图 14-14 所示。

STEP 04 双击鼠标左键，即可为素材添加“黑白”特效，如图 14-15 所示。

STEP 05 将时间线调整至 00:00:01:05 位置处，切换至“效果控件”面板，在其中选取创建 4 点多边形蒙版工具，如图 14-16 所示。

图 14-14　选择“黑白”特效

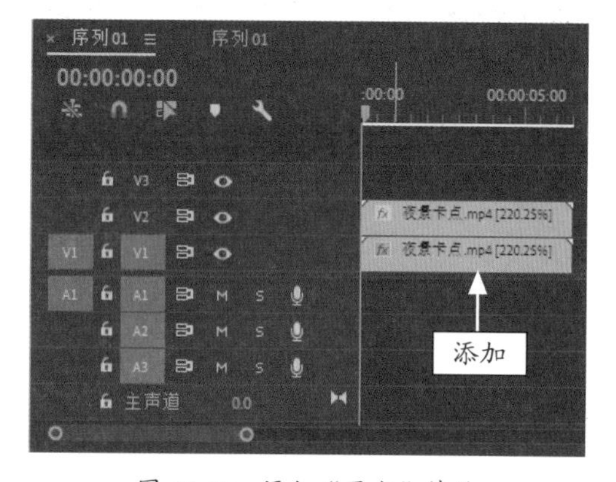


图 14-15　添加“黑白”特效

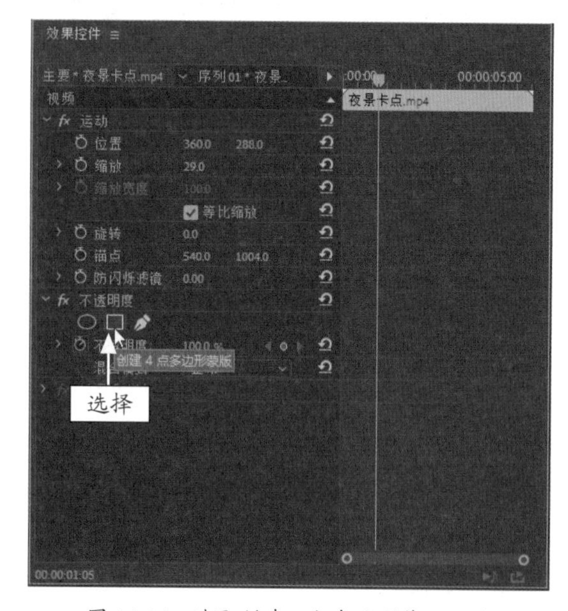


图 14-16　选取创建 4 点多边形蒙版工具

STEP 06 在“节目监视器”面板中的图像素材上，调整多边形的遮罩大小与位置，如图 14-17 所示。

图 14-17　调整多边形蒙版

STEP 07 选取工具箱中的剃刀工具，在 V2 轨道上 00:00:01:05 位置处单击鼠标左键，将 V2 轨道上的素材分割成两段，如图 14-18 所示。

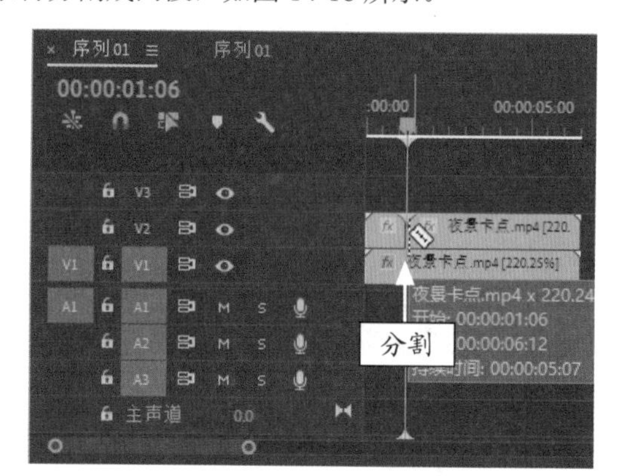


图 14-18　分割素材

STEP 08 选取工具箱中的选择工具，选中 V2 轨道上的第 1 段素材，按 Delete 键，即可删除多余的素材，如图 14-19 所示。

STEP 09 选中 V2 轨道上的素材，单击鼠标右键，在弹出的快捷菜单中选择“速度 / 持续时间”命令，如图 14-20 所示。

STEP 10 弹出“剪辑速度 / 持续时间”对话框，设置“持续时间”为 00:00:00:07，单击“确定”按钮，即可完成视频素材持续时间的设置，如图 14-21 所示。

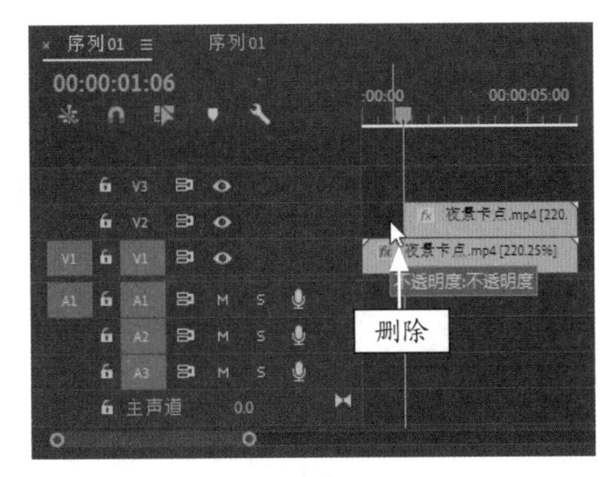


图 14-19　删除多余音频素材

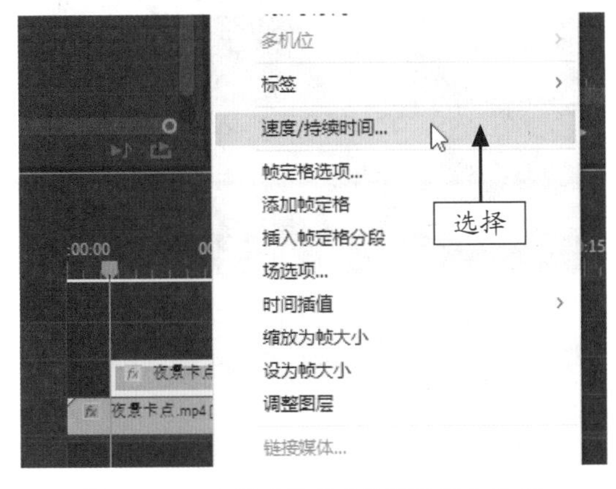


图 14-20　选择“速度 / 持续时间”选项

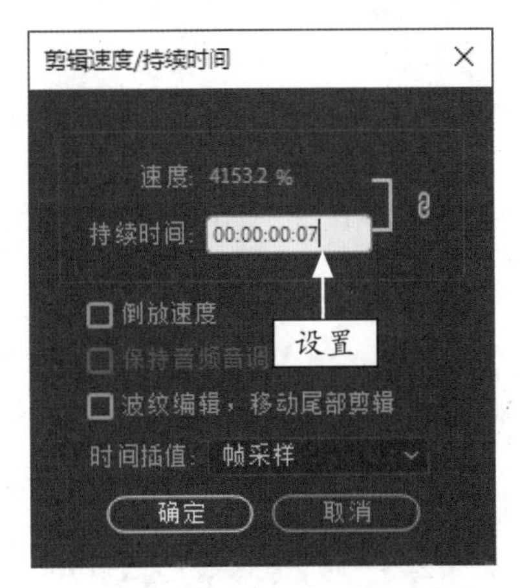


图 14-21　设置持续时间

**专家指点**

视频素材持续时间可以根据用户自己的体验感来设置，本章视频素材是为了配合所选择的卡点音乐设置的时长，若用户觉得视频时间太短的话，可以搭配其他音乐并更改素材的时长。

**STEP 11** 选中 V2 轨道上的素材，按住 Alt 键，将 V2 轨道上的素材复制到第 1 段视频素材的后面，如图 14-22 所示。

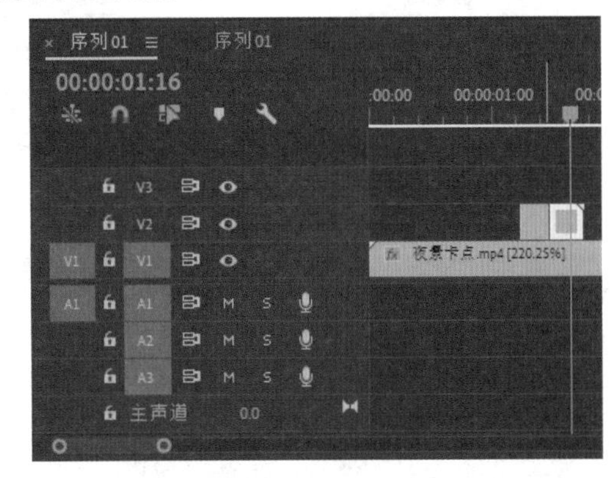


图 14-22　复制素材

**STEP 12** 选中 V2 轨道上的第 2 段素材，切换至“效果控件”面板，选择“蒙版（1）”，单击鼠标右键，选择“清除”命令，如图 14-23 所示。

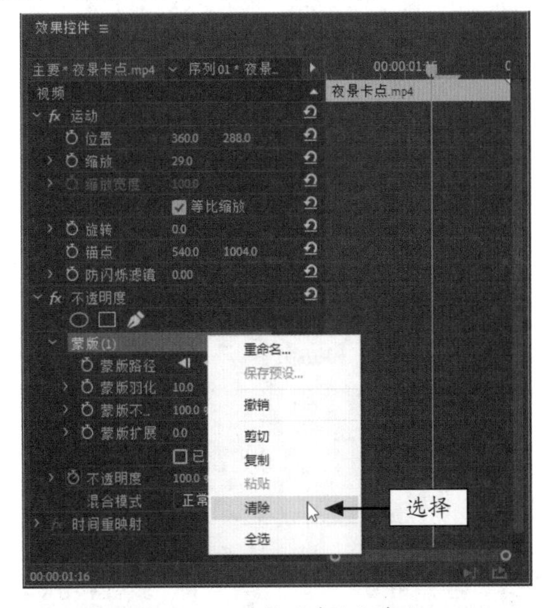


图 14-23　选择“清除”命令

**STEP 13** 用与上文同样的方法，复制其他视频素材到合适位置处，并删除蒙版，如图 14-24 所示。

**STEP 14** 选中 V2 轨道上的第 2 段素材，切换至“效果控件”面板，在其中选取创建 4 点多边形蒙版工具，如图 14-25 所示。

**STEP 15** 在“节目监视器”面板中的图像素材上，调整多边形蒙版的遮罩大小与位置，如图 14-26 所示。

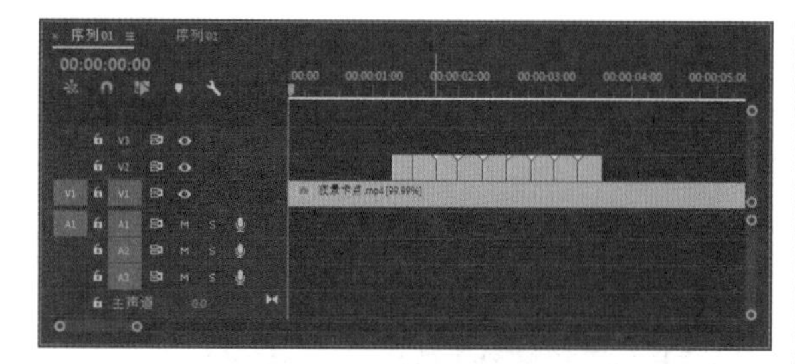

图 14-24 复制其他视频素材

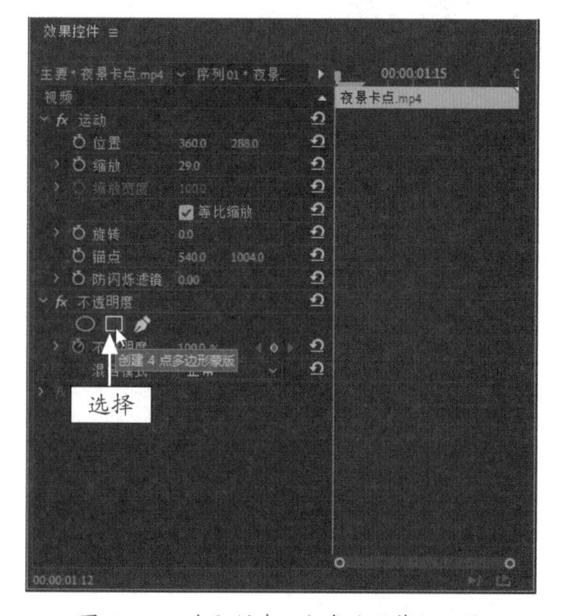


图 14-25 选取创建 4 点多边形蒙版工具

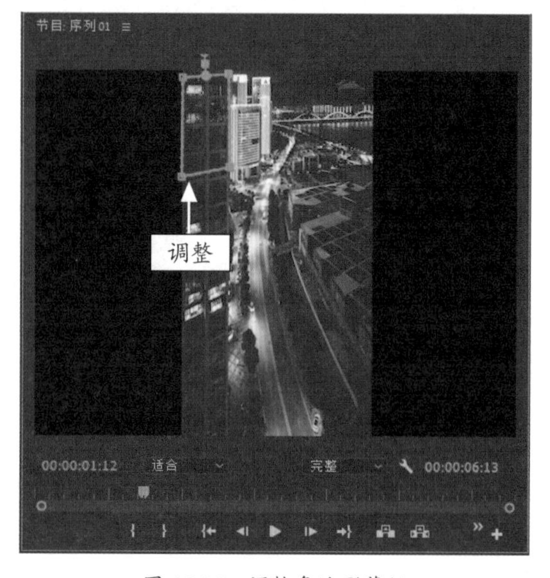


图 14-26 调整多边形蒙版

STEP 16 将时间线调整至 00:00:01:20 位置处，选中 V2 轨道上的第 3 段素材，切换至“效果控件”面板，在其中选取创建 4 点多边形蒙版工具，如图 14-27 所示。

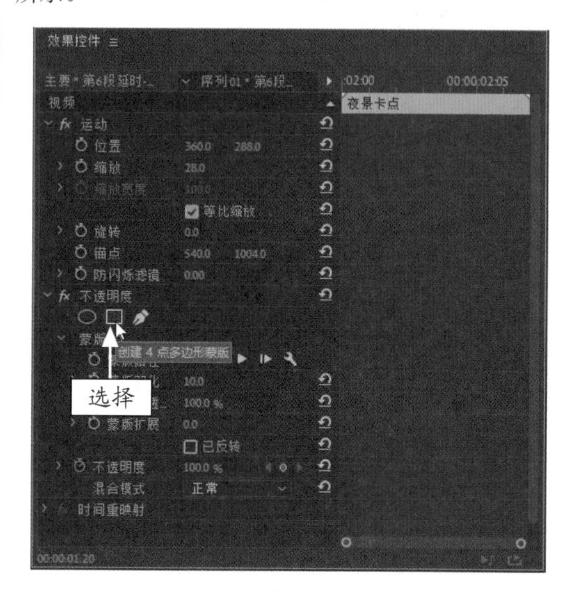


图 14-27 选取创建 4 点多边形蒙版工具

STEP 17 在“节目监视器”面板中的图像素材上，调整多边形蒙版的遮罩大小与位置，如图 14-28 所示。

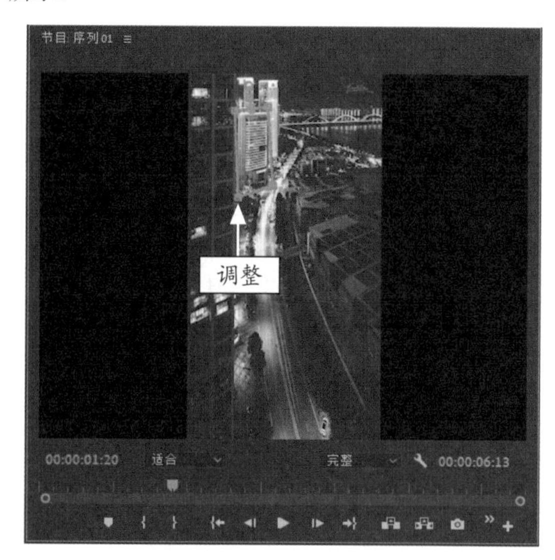


图 14-28 调整多边形蒙版

STEP 18 将时间线调整至 00:00:02:00 位置处，选中 V2 轨道上的第 4 段素材，切换至“效果控件”面板，在其中选取创建 4 点多边形蒙版工具，如图 14-29 所示。

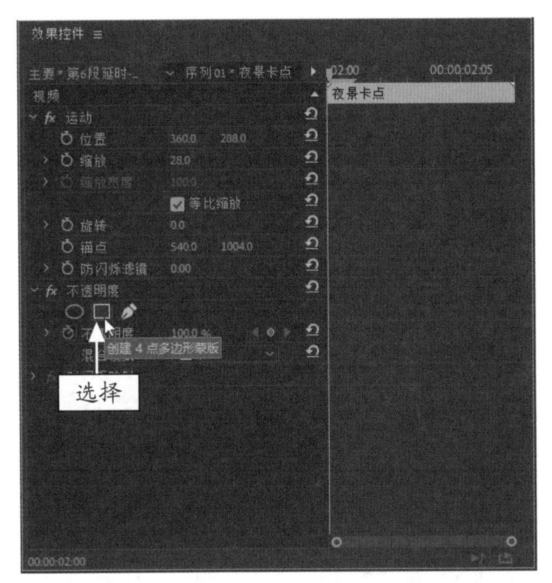


图 14-29　选取创建 4 点多边形蒙版工具

STEP 19 在“节目监视器”面板中的图像素材上，调整多边形蒙版的遮罩大小与位置，如图 14-30 所示。

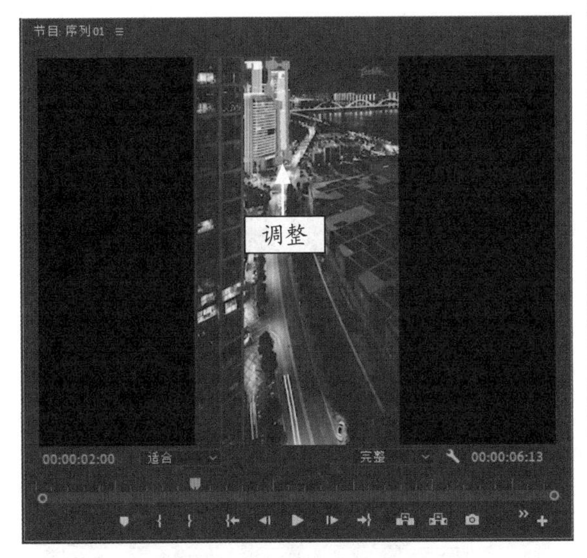


图 14-30　调整多边形蒙版

STEP 20 将时间线调整至 00:00:02:07 位置处，选中 V2 轨道上的第 5 段素材，切换至“效果控件”面板，在其中选取创建 4 点多边形蒙版工具，如图 14-31 所示。

STEP 21 在“节目监视器”面板中的图像素材上，调整多边形蒙版的遮罩大小与位置，如图 14-32 所示。

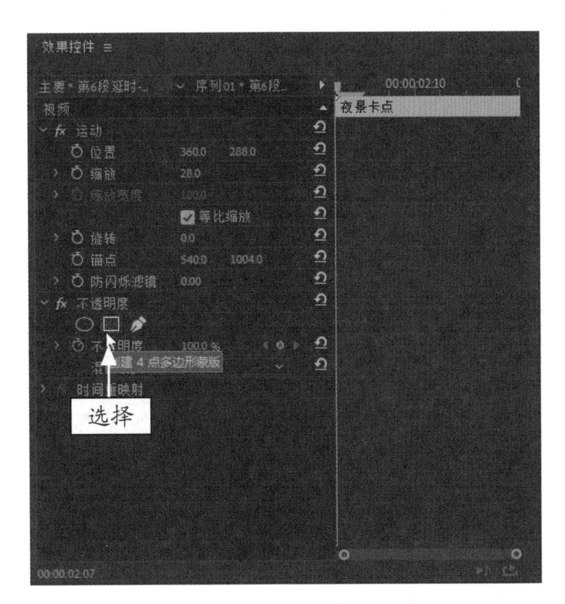


图 14-31　选取创建 4 点多边形蒙版工具

图 14-32　调整多边形蒙版

STEP 22 将时间线调整至 00:00:02:14 位置处，选中 V2 轨道上的第 6 段素材，切换至“效果控件”面板，在其中选取创建椭圆形蒙版工具，如图 14-33 所示。

STEP 23 在“节目监视器”面板中的图像素材上，调整椭圆形的遮罩大小与位置，如图 14-34 所示。

STEP 24 将时间线调整至 00:00:02:21 位置处，选中 V2 轨道上的第 7 段素材，切换至“效果控件”面板，在其中选取自由绘制贝赛尔曲线工具，如图 14-35 所示。

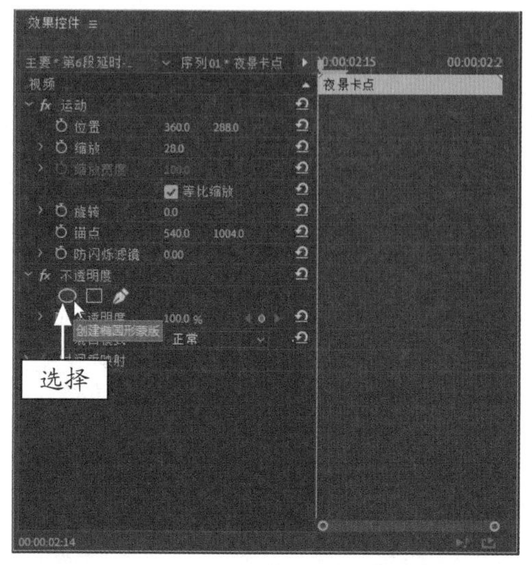

图 14-33　选取创建椭圆形蒙版工具

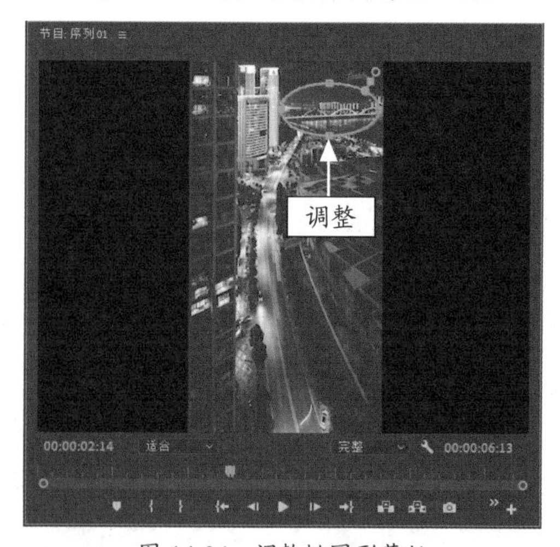

图 14-34　调整椭圆形蒙版

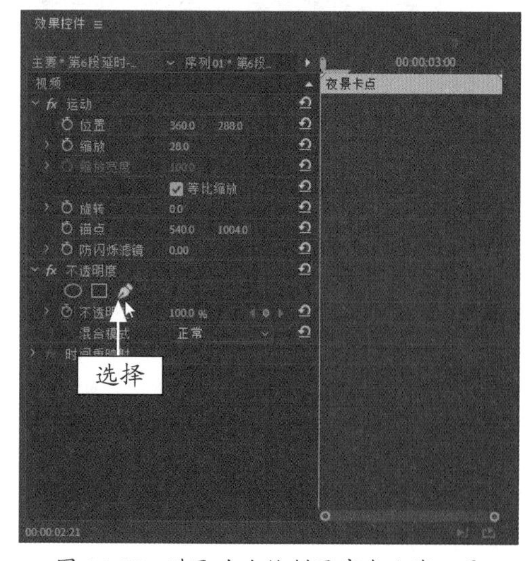

图 14-35　选取自由绘制贝塞尔曲线工具

STEP 25 在“节目监视器”面板中的图像素材上，调整贝塞尔曲线的遮罩大小与位置，如图 14-36 所示。

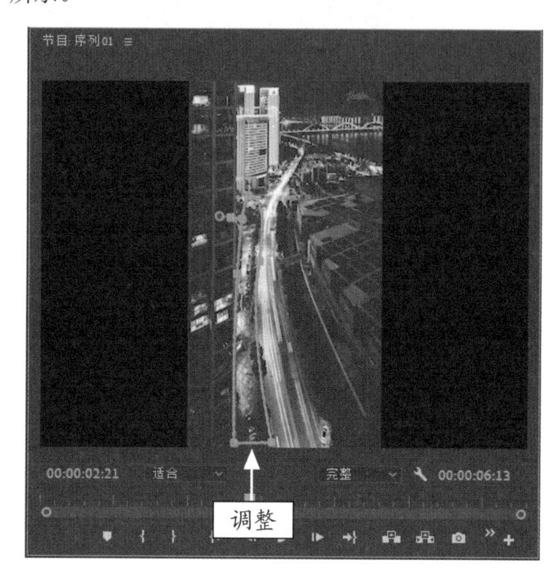

图 14-36　调整贝塞尔曲线蒙版

STEP 26 将时间线调整至 00:00:02:28 位置处，选中 V2 轨道上的第 8 段素材，切换至“效果控件”面板，在其中选取自由绘制贝塞尔曲线工具，如图 14-37 所示。

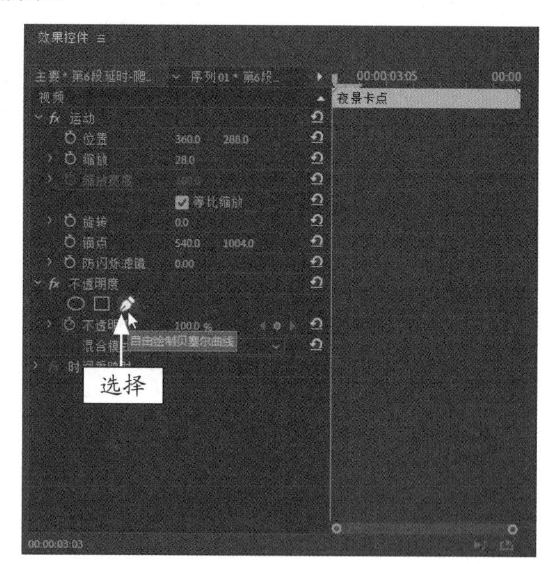

图 14-37　选取自由绘制贝塞尔曲线工具

STEP 27 在“节目监视器”面板中的图像素材上，调整贝塞尔曲线的遮罩大小与位置，如图 14-38 所示。

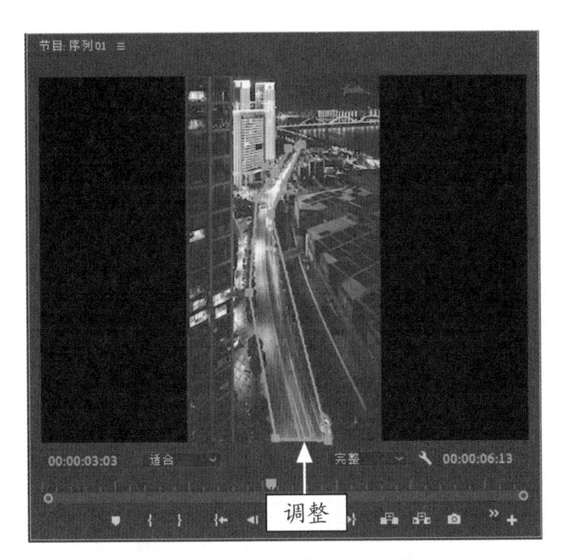


图 14-38　调整贝塞尔曲线蒙版

STEP 28 选择 V2 轨道上的最后一段素材，设置视频素材的持续时间为 00:00:02:20。执行以上操作后，即可完成夜景卡点视频的遮罩制作。在“节目监视器”面板中单击“播放 - 停止切换”按钮，即可预览图像效果，如图 14-39 所示。

> **专家指点**
>
> 除了可以使用蒙版工具制作视频的亮灯效果之外，也可以选取工具箱中的自由钢笔工具对图像进行抠图。给素材添加遮罩时可以选择由远及近或由近及远，增加视频画面的美观感。

图 14-39　遮罩效果展示

## 14.2.3　制作夜景卡点缩放效果

在完成夜景卡点视频的遮罩效果之后，就要为视频素材添加缩放效果了。缩放效果可以让视频更加富有冲击感。

| 素材文件 | 无 |
| --- | --- |
| 效果文件 | 无 |
| 视频文件 | 视频 \ 第 14 章 \14.2.3　制作夜景卡点缩放效果 .mp4 |

**【操练 + 视频】**
**——制作夜景卡点缩放效果**

STEP 01 在“项目”面板中，选择“文件”|“新建”|“调整图层”命令，如图 14-40 所示。

STEP 02 将“调整图层”拖曳到“时间轴”面板中的 V3 轨道上，如图 14-41 所示。

STEP 03 选中 V3 轨道上的素材，单击鼠标右键，在弹出的快捷菜单中选择“速度 / 持续时间”命令，如图 14-42 所示。

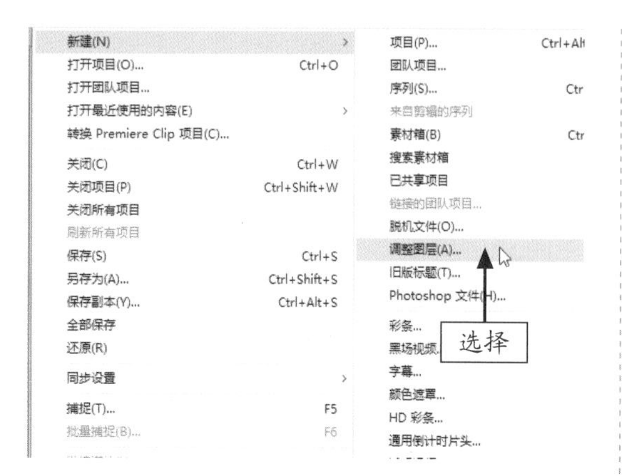


图 14-40　选择“调整图层”命令

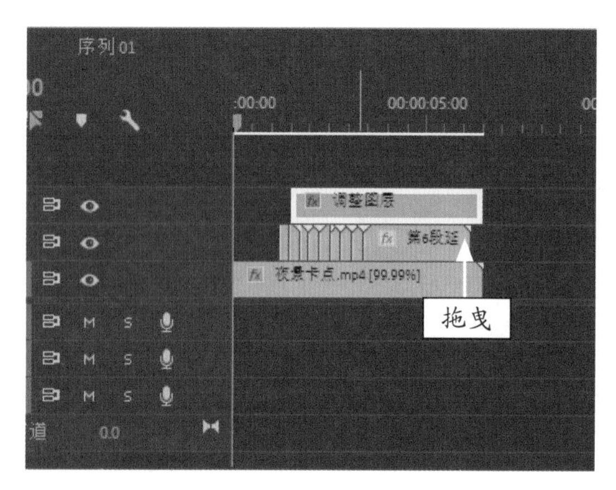


图 14-41　添加“调整图层”

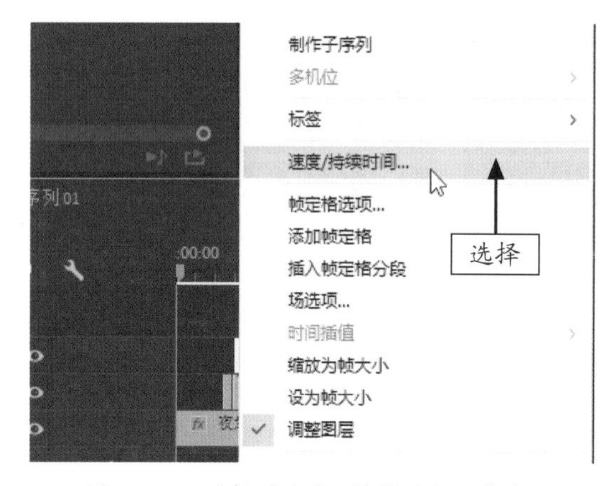


图 14-42　选择“速度 / 持续时间”命令

STEP 04 弹出“剪辑速度 / 持续时间”对话框，设置“持续时间”为 00:00:00:06，单击“确定”按钮，即可完成“调整图层”时间的设置，如图 14-43 所示。

STEP 05 在“效果”面板中展开“视频效果”|“扭曲”选项，选择“变换”特效，如图 14-44 所示。

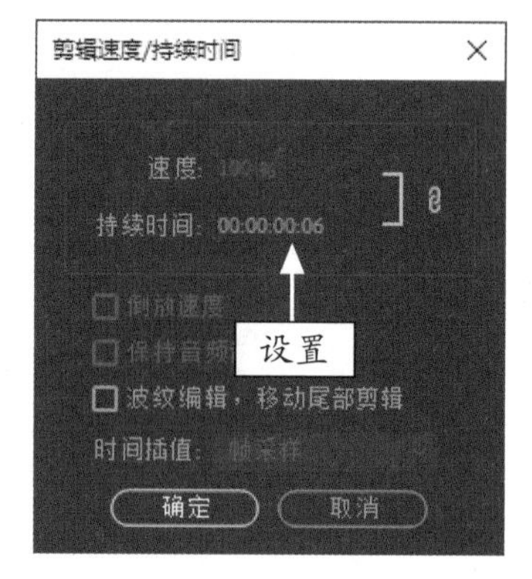


图 14-43　设置持续时间

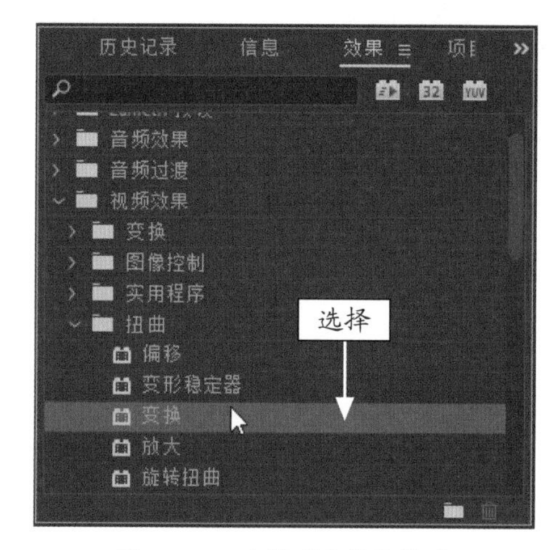


图 14-44　选择“变换”特效

STEP 06 按住鼠标左键，并将其拖曳至 V3 轨道中的素材上，添加视频效果特效，如图 14-45 所示。

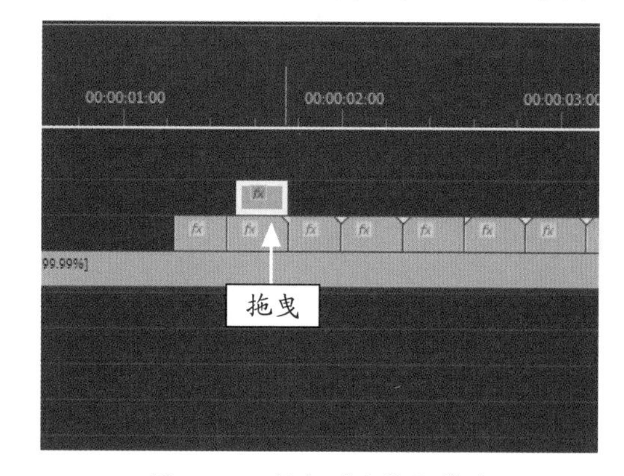


图 14-45　添加“变换”特效

STEP 07 在“效果控件”面板中，展开“变换”选项，单击“缩放”左侧的“切换动画”按钮，设置参数为 100.0；添加第 1 组关键帧，如图 14-46 所示。

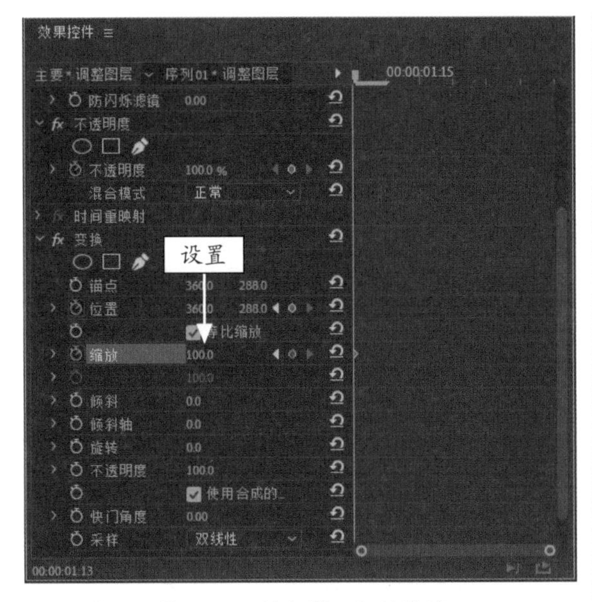


图 14-46　添加第 1 组关键帧

**STEP 08** 将时间线调整至00:00:01:16位置处，在“效果控件”面板中，设置“缩放”参数为 150.0；添加第 2 组关键帧，如图 14-47 所示。

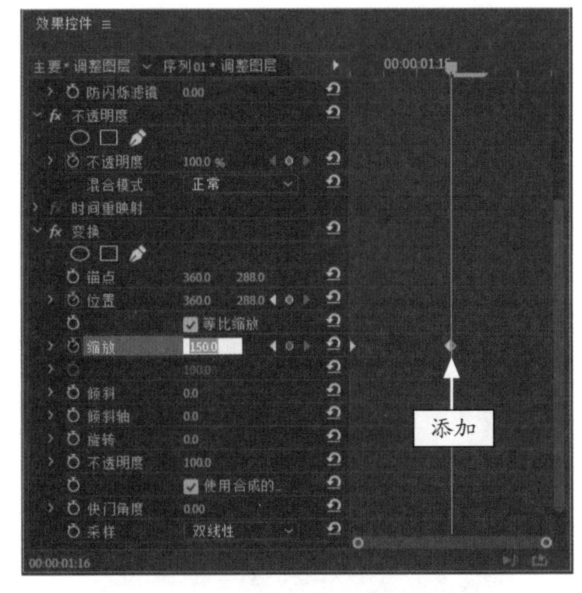


图 14-47　添加第 2 组关键帧

**STEP 09** 将时间线调整至00:00:01:18位置处，在“效果控件”面板中，设置“缩放”参数为 100；添加第 3 组关键帧，如图 14-48 所示。

**STEP 10** 选中 V3 轨道上的素材，按住 Alt 键，将“调整图层”复制到合适位置处，如图 14-49 所示。

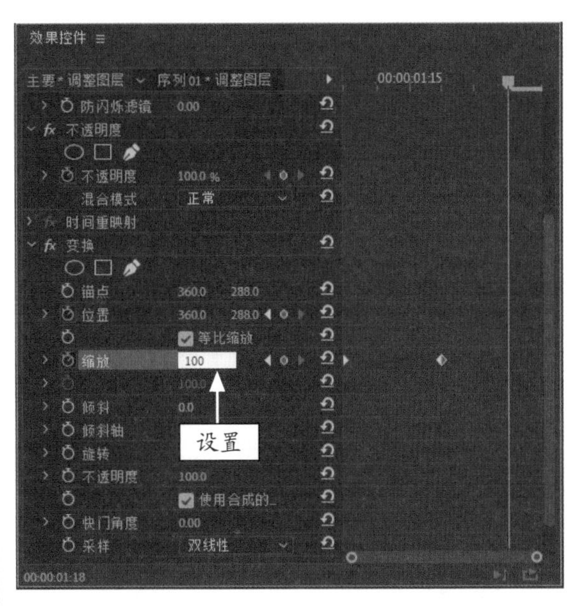


图 14-48　添加第 3 组关键帧

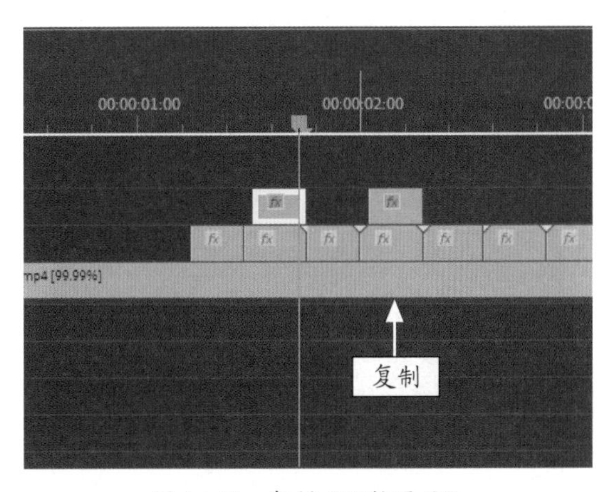


图 14-49　复制“调整图层”

**STEP 11** 用与上文同样的方法，复制多份“调整图层”至合适位置处，“时间轴”面板效果如图 14-50 所示。

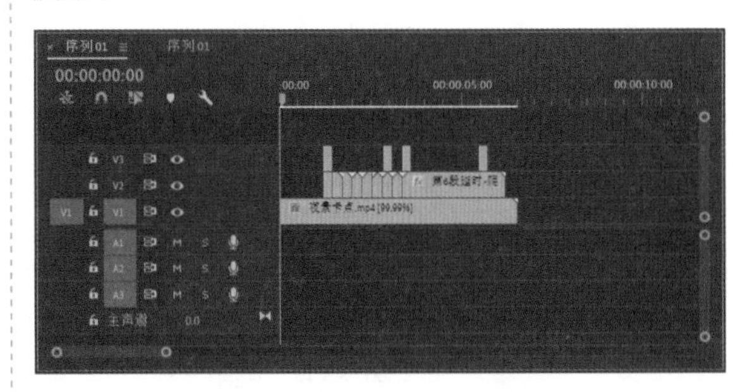


图 14-50　复制多份“调整图层”

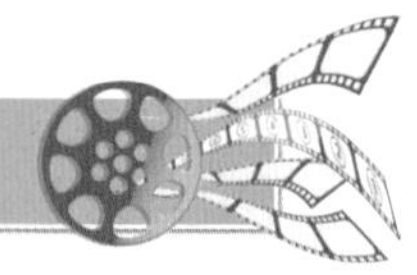

## 14.3 视频后期处理

对视频编辑完成后，接下来可以对视频进行后期编辑处理，主要包括在影片中添加音频素材以及输出影片文件。

### 14.3.1 添加夜景卡点音频文件

夜景卡点视频的灵魂，就是添加卡点音频文件，以更好地给视频增加感染力。下面介绍添加夜景卡点音频文件的操作方法。

|  | 素材文件 | 无 |
|---|---|---|
| | 效果文件 | 无 |
| | 视频文件 | 视频 \ 第 14 章 \14.3.1 添加夜景卡点音频文件 .mp4 |

**【操练 + 视频】**
**——添加夜景卡点音频文件**

STEP 01 将时间线调整至开始位置处，在“项目”面板中选择音乐素材，按住鼠标左键，并将其拖曳至 A1 轨道中，如图 14-51 所示。

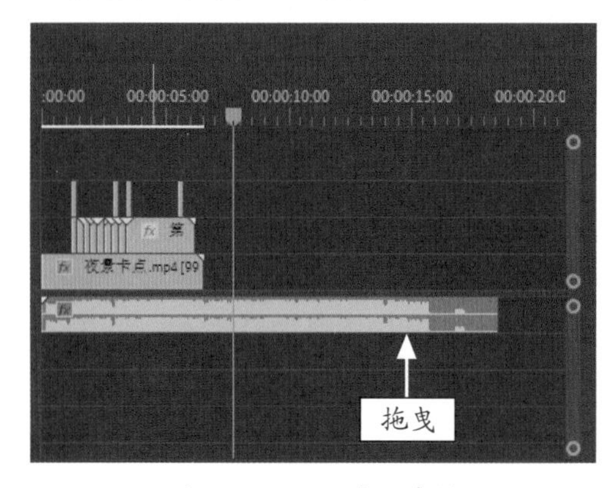


图 14-51 添加音乐素材

STEP 02 将时间线调整至 00:00:06:13 位置处，选取工具箱中的剃刀工具，在 A1 轨道上单击鼠标左键，将音频素材分割成两段，如图 14-52 所示。

STEP 03 选取工具箱中的选择工具，选中 A1 轨道上的第 2 段素材，按 Delete 键，删除多余的音频素材，如图 14-53 所示。

STEP 04 在“效果”面板中展开“音频过渡”|“交叉淡化”选项，选择“恒定功率”特效，如图 14-54 所示。

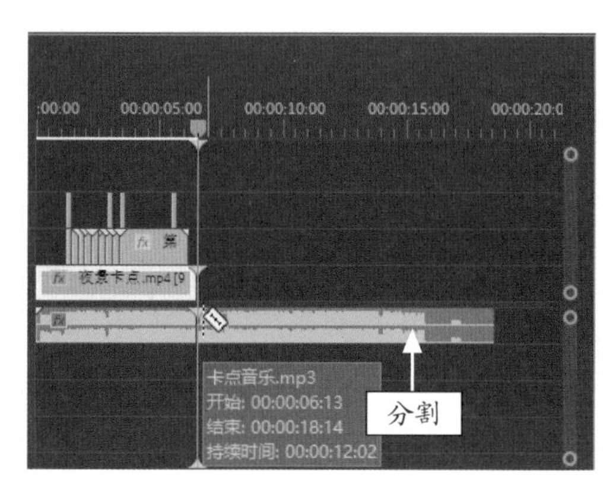


图 14-52 分割音频素材

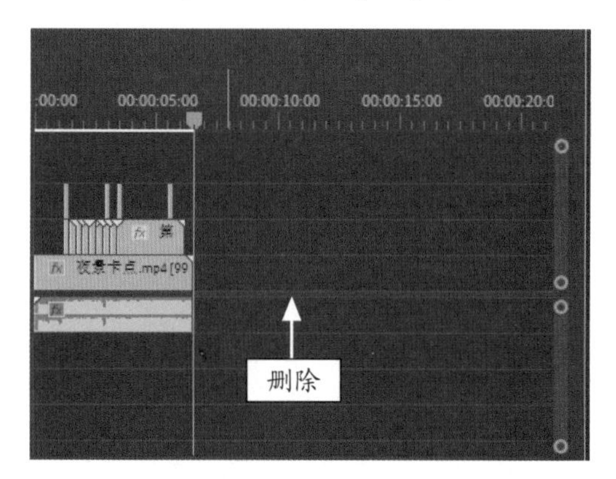


图 14-53 删除多余音频素材

图 14-54 选择“恒定功率”特效

STEP 05 按住鼠标左键，并将其拖曳至音乐素材的起始点与结束点，添加音频过渡特效，如图 14-55 所示。

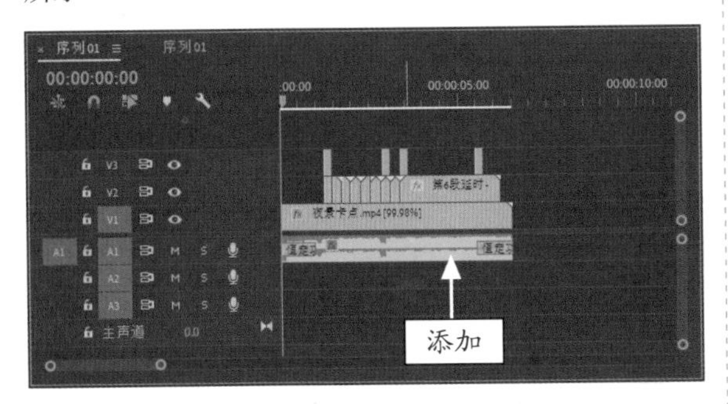


图 14-55　添加音频过渡特效

## 14.3.2　渲染导出夜景卡点视频文件

创建并保存视频文件后，用户即可对其进行渲染，渲染完成后可以将视频分享至各种新媒体平台，视频的渲染时间根据项目的长短以及计算机配置的高低而略有不同。下面介绍导出视频文件的操作方法。

|  | 素材文件 | 无 |
|---|---|---|
| | 效果文件 | 效果 \ 第 14 章 \ 夜景卡点 .avi |
| | 视频文件 | 视频 \ 第 14 章 \14.3.2　渲染导出夜景卡点视频文件 .mp4 |

**【操练 + 视频】**
**——渲染导出夜景卡点视频文件**

STEP 01 选择“文件”|“导出”|“媒体”命令，如图 14-56 所示。

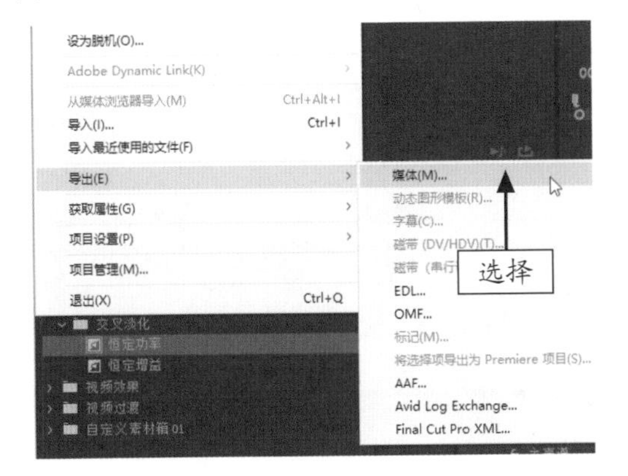


图 14-56　选择“媒体”命令

STEP 02 执行上述操作后，弹出“导出设置”对话框，如图 14-57 所示。

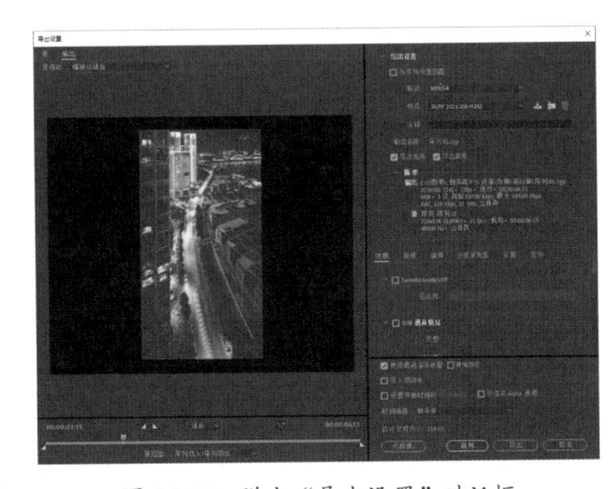

图 14-57　弹出“导出设置”对话框

STEP 03 在“导出设置”选项区中设置“格式”为 AVI、“预设”为 PAL DV，如图 14-58 所示。

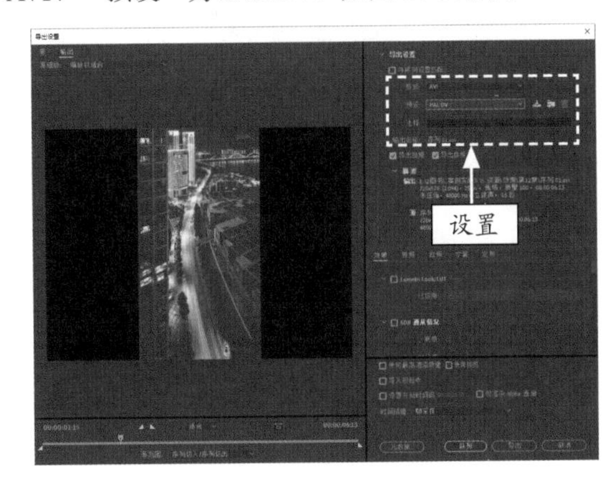


图 14-58　设置参数值

STEP 04 单击“输出名称”右侧的超链接，弹出“另存为”对话框，在其中设置保存位置和文件名，如图 14-59 所示。

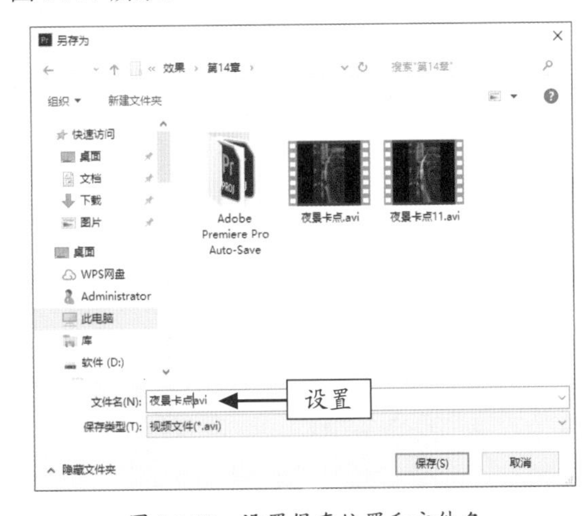


图 14-59　设置保存位置和文件名

STEP 05 设置完成后，单击“保存”按钮，然后单击对话框右下角的“导出”按钮，如图 14-60 所示。

STEP 06 执行上述操作后，弹出“编码 序列 01”对话框，开始导出编码文件，并显示导出进度，如图 14-61 所示。导出完成后，即可完成编码文件的导出。

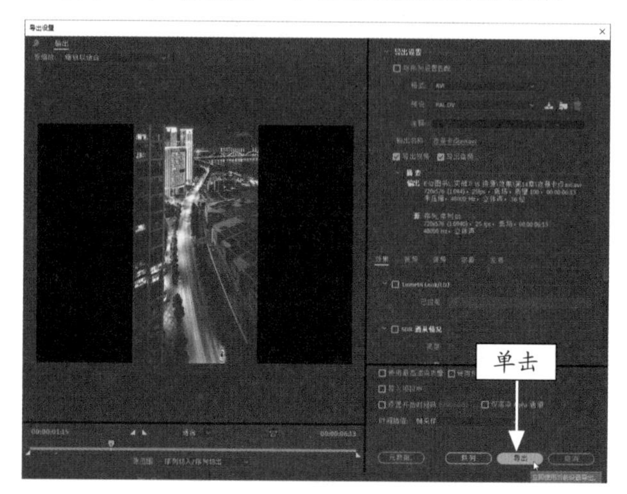


图 14-60 单击“导出”按钮

图 14-61 显示导出进度

**专家指点**

在导出视频的过程中，除了经常用到的 AVI 格式外，用户还用根据自己的需求设置为其他格式。

# 第15章

## 制作3D相册——快乐宝贝

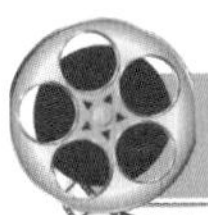

### 章前知识导读

众所周知，3D是新兴的一项科学技术。随着时代的进步，3D的应用也越来越广泛。本章就主要以3D相册的制作为案例，教大家怎样制作出大气、美观，又极具立体效果的3D相册，主要内容包括制作3D相册的片头效果、主体效果、运动效果、背景效果和导出视频文件等。

### 新手重点索引

- 3D相册视频效果
- 视频制作过程

### 效果图片欣赏

## 15.1 效果欣赏与技术提炼

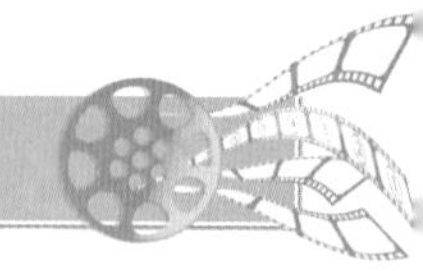

相册的形式有很多种，近来广受大家欢迎的莫过于 3D 相册了。众所周知，3D 效果更具有真实性，能给人一种身临其境的视觉感，如 3D 电影、3D 电视等。下面就来详细介绍 3D 相册的制作方法。

### 15.1.1 效果欣赏

本章以 3D 相册为例，主要介绍制作 3D 相册视频的操作方法，效果展示如图 15-1 所示。

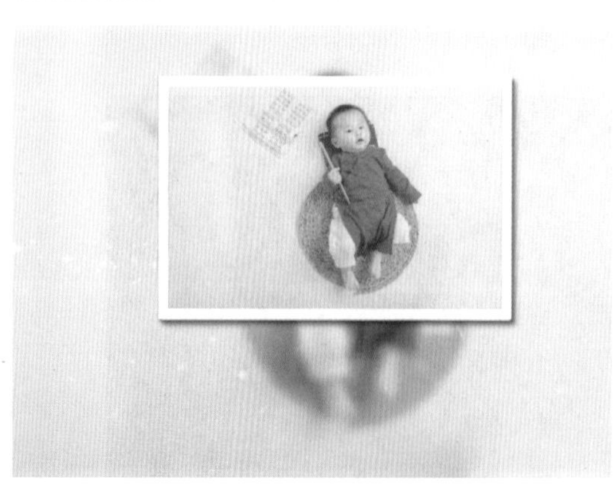

图 15-1　效果欣赏

### 15.1.2　技术提炼

用户首先需要将 3D 相册的素材导入到素材库中，接着将视频添加至视频轨中，为视频素材制作片头、主体效果、运动效果和背景效果，然后导出 3D 相册视频。

## 15.2　视频制作过程

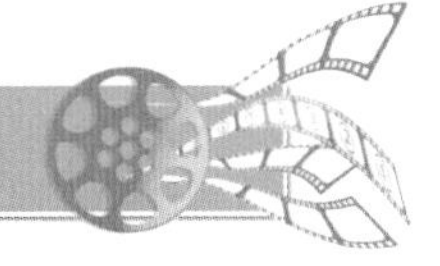

本节主要介绍 3D 相册视频文件的制作过程，包括导入 3D 视频素材，制作片头效果、主体效果、运动效果、背景效果、制作音频文件，以及导出视频文件等内容。

### 15.2.1　制作 3D 相册片头效果

在编辑 3D 相册视频之前，首先需要导入媒体素材文件。下面以“新建”命令为例，介绍导入 3D 相册素材的操作方法。

| | | |
|---|---|---|
| | 素材文件 | 素材 \ 第 15 章 \3D 相册 |
| | 效果文件 | 无 |
| | 视频文件 | 视频 \ 第 15 章 \15.2.1　制作 3D 相册片头效果 .mp4 |

**【操练 + 视频】**
**——制作 3D 相册片头效果**

STEP 01 ❶新建一个名为“3D 相册”的项目文件，❷单击“确定”按钮，如图 15-2 所示。

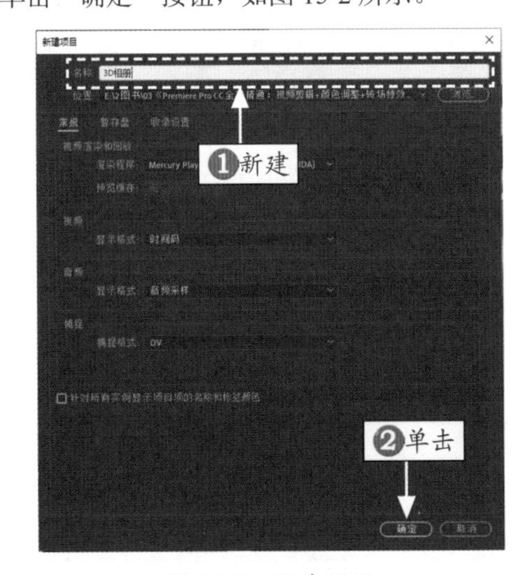


图 15-2　新建项目

STEP 02 选择“文件”|“新建”|“序列”命令，新建一个序列。选择“文件”|“导入”命令，弹出“导入”对话框，在其中选择“素材 \ 第 15 章 \3D 相册”文件夹下的素材图像，如图 15-3 所示。

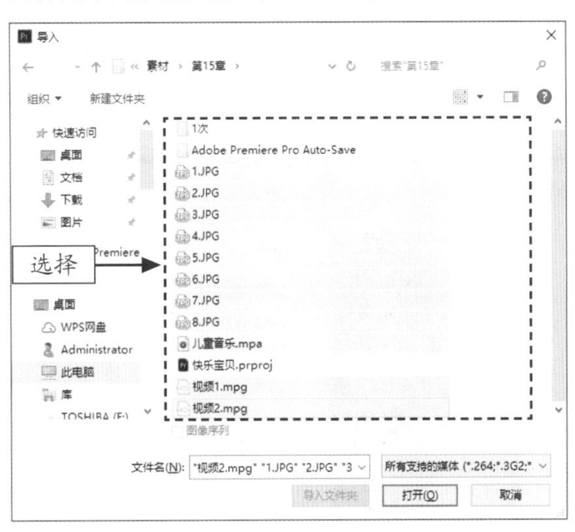


图 15-3　选择合适的素材

STEP 03 单击对话框下方的“打开”按钮，即可将选择的图像文件导入到“项目”面板中，如图 15-4 所示。

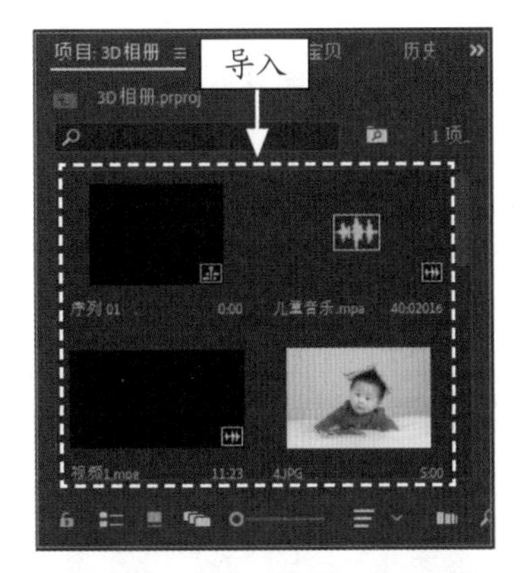


图 15-4　导入到“项目”面板中

STEP 04 调整当前时间指示器至开始位置，将导入的视频文件“视频 1.mpg”拖曳至“时间轴”面板中的 V1 轨道上，如图 15-5 所示。

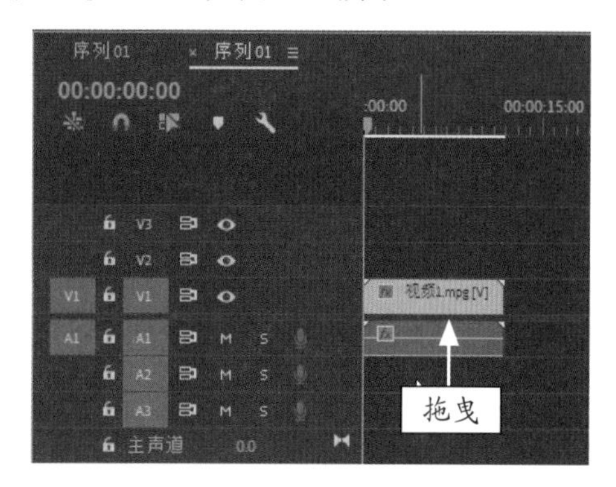


图 15-5 拖曳至“时间轴”面板中的轨道上

STEP 05 执行操作后，选中 V1 轨道上的素材，单击鼠标右键，在弹出的快捷菜单中选择“速度 / 持续时间”命令，如图 15-6 所示。

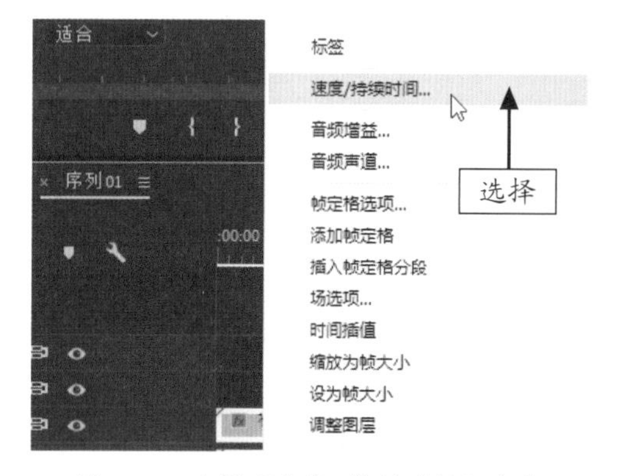


图 15-6 选择“速度 / 持续时间”命令

STEP 06 弹出“剪辑速度 / 持续时间”对话框，设置“持续时间”为 00:00:09:10，单击“确定”按钮，即可完成片头持续时间的设置，如图 15-7 所示。

图 15-7 更改持续时间

STEP 07 选中 V1 轨道上的素材文件，单击鼠标右键，在弹出的快捷菜单中选择“取消链接”命令，分离视频素材文件，如图 15-8 所示。

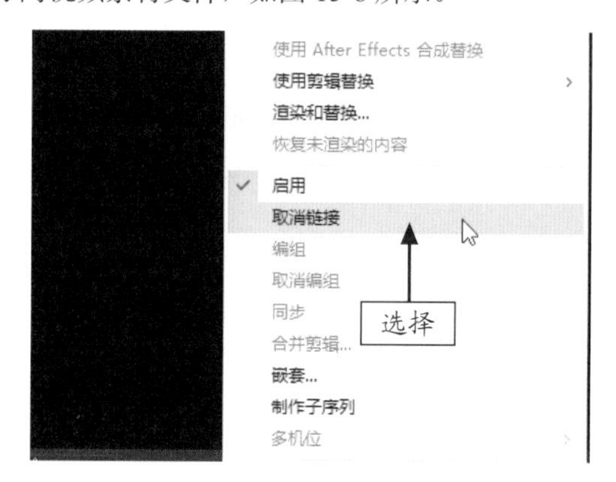


图 15-8 选择“取消链接”命令

STEP 08 选取工具箱中的选择工具，选中 A1 轨道上的素材，按 Delete 键删除，如图 15-9 所示。

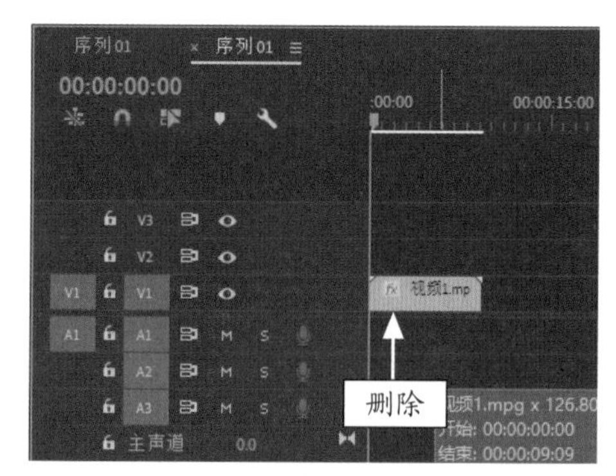


图 15-9 删除素材

STEP 09 调整当前时间指示器至 00:00:04:12 的位置，选取工具箱中的文字工具，在“节目监视器”面板中单击鼠标左键，新建一个字幕文本框，在其中输入项目主题“快乐宝贝”，如图 15-10 所示。

STEP 10 在“效果控件”面板中，❶设置字幕文件的字体为 STXingkai，❷字体大小为 100，如图 15-11 所示。

STEP 11 在“外观”选项区中，❶单击“填充”颜色色块，在弹出的“拾色器”窗口中设置 RGB 为（255，217，0），单击“确定”按钮。❷然后选中“描边”复选框，❸单击“描边”颜色色块，在弹出的“拾色器”窗口中设置 RGB 为（255，0，44），单击“确定”按钮。❹设置“描边”宽度为 1.0，❺选中“阴影”复选框，❻在“阴影”下方的选项区中，设置“距离”为 7，如图 15-12 所示。

图 15-10　输入项目主题

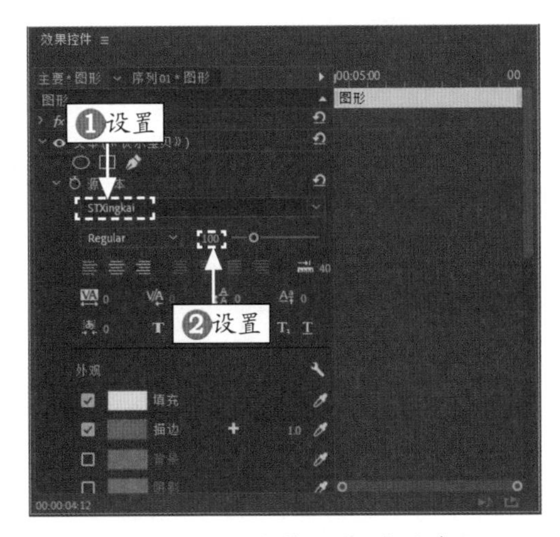


图 15-11　设置字幕文件的相应参数

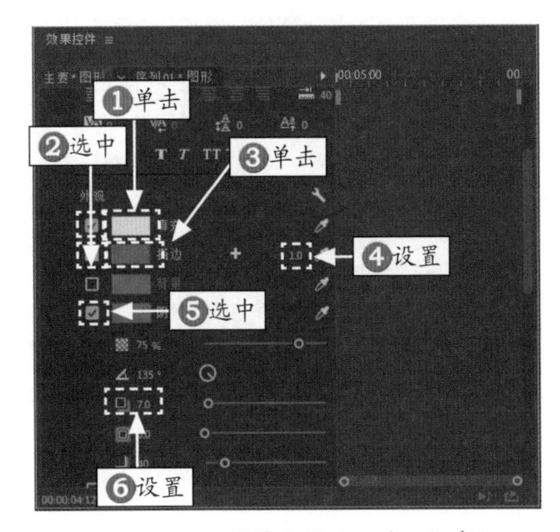


图 15-12　设置字幕文件的“外观”参数

**STEP 12** 调整当前时间指示器至 00:00:04:20 的位置，在“变换”选项区中，单击“不透明度”左侧的“切换动画”按钮，并设置参数为 0.0%，添加第 1 组关键帧，如图 15-13 所示。

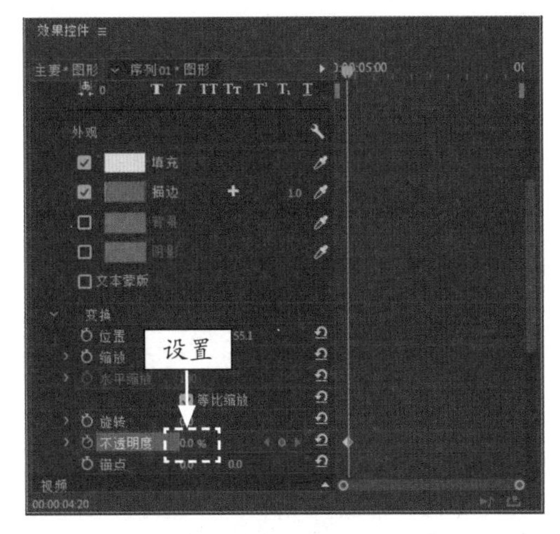


图 15-13　添加第 1 组关键帧

**STEP 13** 调整当前时间指示器至 00:00:06:10 的位置，在“变换”选项区中，设置“不透明度”参数为 20.0%，添加第 2 组关键帧，如图 15-14 所示。

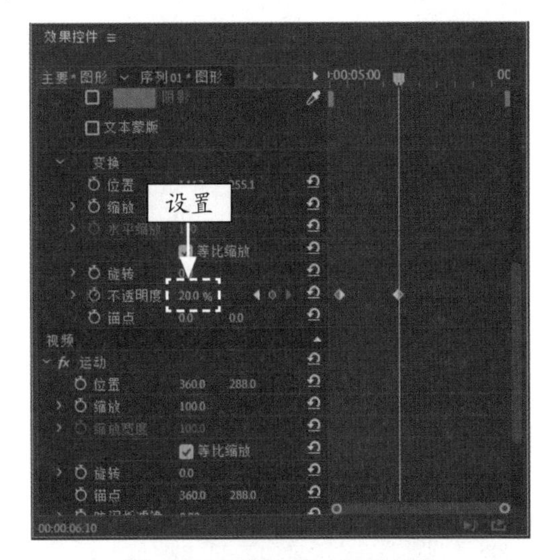


图 15-14　添加第 2 组关键帧

**STEP 14** 调整当前时间指示器至 00:00:07:05 的位置，在“变换”选项区中，设置“不透明度”参数为 100.0%，添加第 3 组关键帧，如图 15-15 所示。

**STEP 15** 调整当前时间指示器至 00:00:07:24 的位置，在“变换”选项区中，设置“不透明度”参数为 5.0%，添加第 4 组关键帧，如图 15-16 所示。

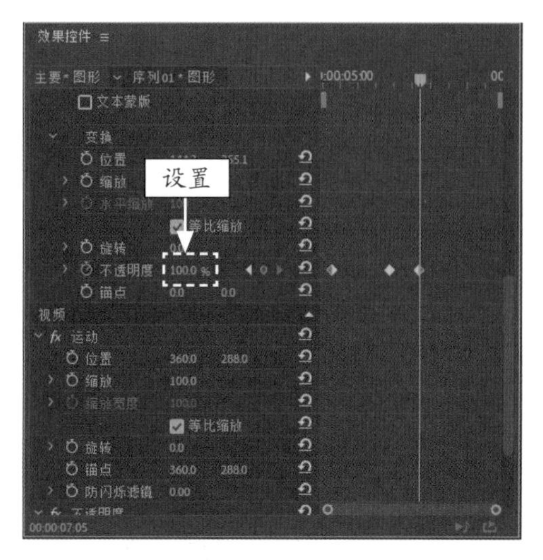


图 15-15　添加第 3 组关键帧

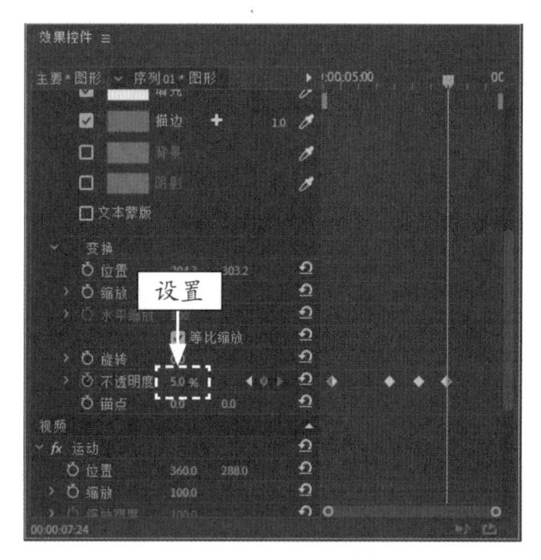


图 15-16　添加第 4 组关键帧

STEP 16 在“节目监视器”面板中，单击“播放 - 停止切换”按钮，即可预览 3D 相册片头效果，如图 15-17 所示。

图 15-17　预览 3D 相册片头效果

图 15-17　预览 3D 相册片头效果（续）

### 15.2.2　制作 3D 相册主体效果

在制作相册片头效果后，接着就来制作 3D 相册的主体效果。本实例首先在儿童照片之间添加视频特效，然后为照片绘制矩形、添加投影特效和进行组合嵌套等。下面介绍制作 3D 相册主体效果的操作方法。

|  | 素材文件 | 无 |
|---|---|---|
| | 效果文件 | 无 |
| | 视频文件 | 视频 \ 第 15 章 \15.2.2　制作 3D 相册主体效果 .mp4 |

**【操练 + 视频】**
**——制作 3D 相册主体效果**

STEP 01 在“项目”面板中选择“1.jpg”素材文件，将其添加到 V1 轨道上的“视频 1.mpg”素材文件后面，如图 15-18 所示。

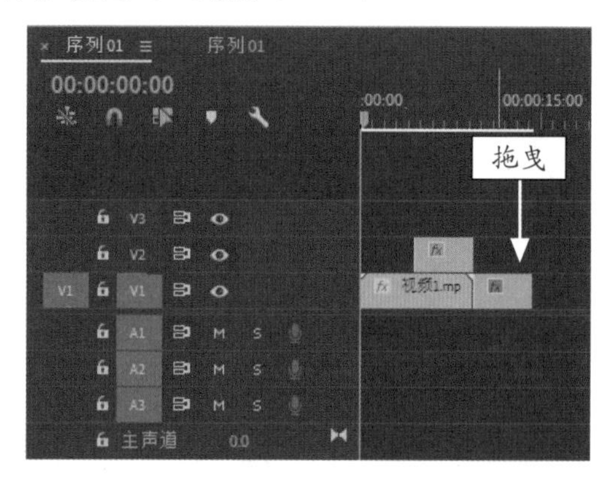


图 15-18　添加素材

STEP 02 选中“1.jpg”素材，按住 Alt 键，复制一个相同的素材到 V3 轨道上，如图 15-19 所示。

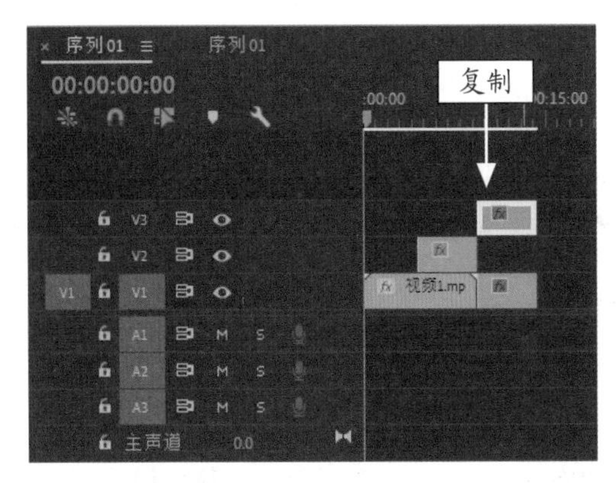


图 15-19 复制素材

STEP 03 选择 V1 轨道上的“1.jpg”素材，切换至“效果控件”面板，单击“缩放”左侧的“切换动画”按钮，设置“缩放”为 15.0，如图 15-20 所示。

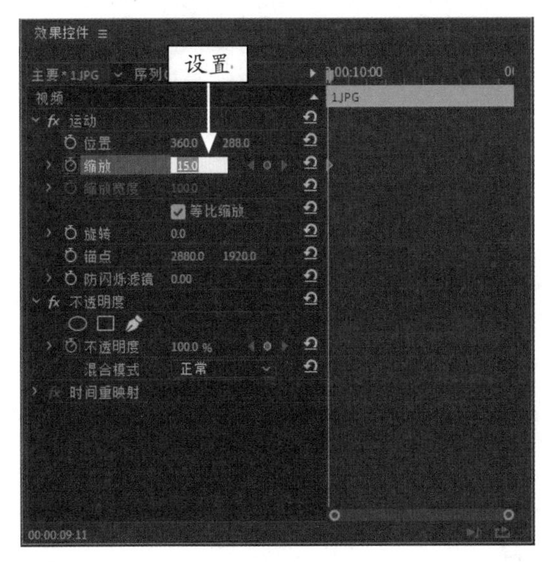


图 15-20 设置“缩放”为 15.0

STEP 04 在“效果”面板中，展开“视频效果”|“模糊与锐化”选项，在其中选择“高斯模糊”特效，如图 15-21 所示。

STEP 05 双击鼠标左键，即可为素材添加“高斯模糊”视频效果，如图 15-22 所示。

STEP 06 展开“效果控件”面板，在“高斯模糊”选项区中设置“模糊度”为 120.0，选中“重复边缘像素”，如图 15-23 所示。

STEP 07 选中 V3 轨道的素材，切换至“效果控件”面板，单击“缩放”左侧的“切换动画”按钮，设置“缩放”为 9.0，如图 15-24 所示。

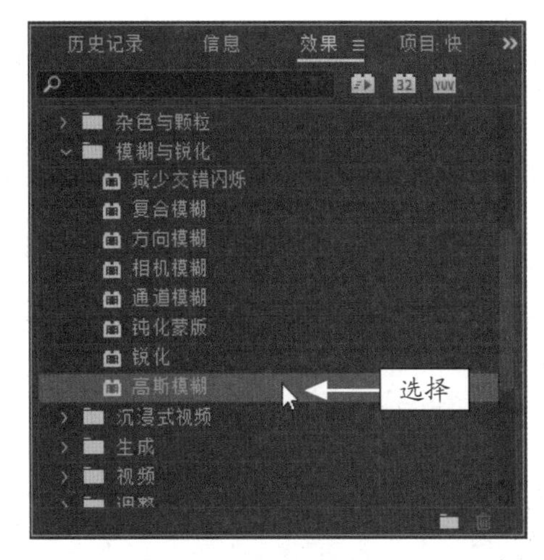


图 15-21 选择“高斯模糊”特效

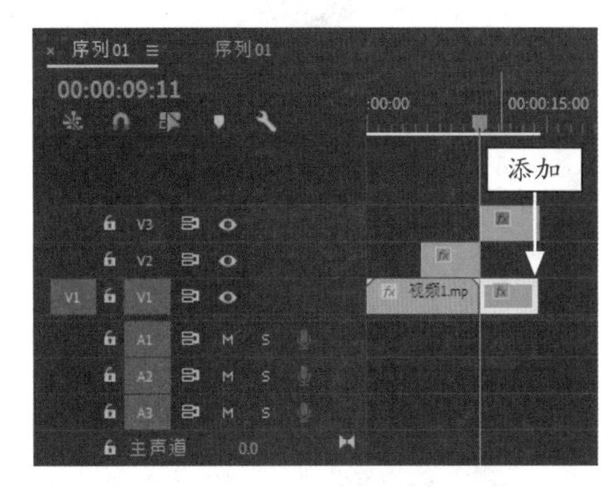


图 15-22 添加“高斯模糊”特效

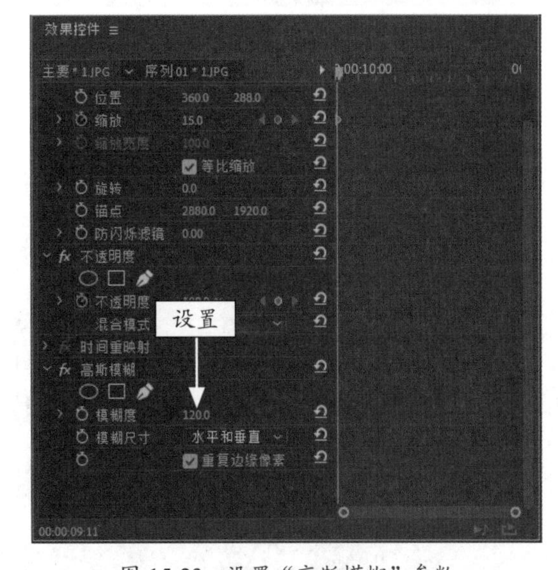


图 15-23 设置“高斯模糊”参数

STEP 08 选取工具箱中的矩形工具，如图 15-25 所示。

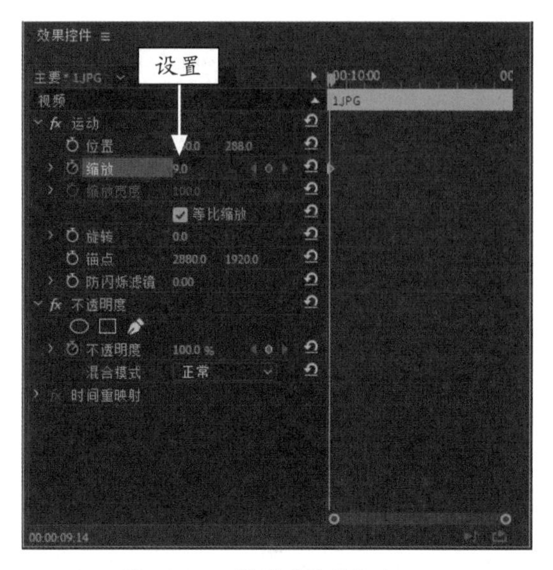


图 15-24　设置“缩放”为 9.0

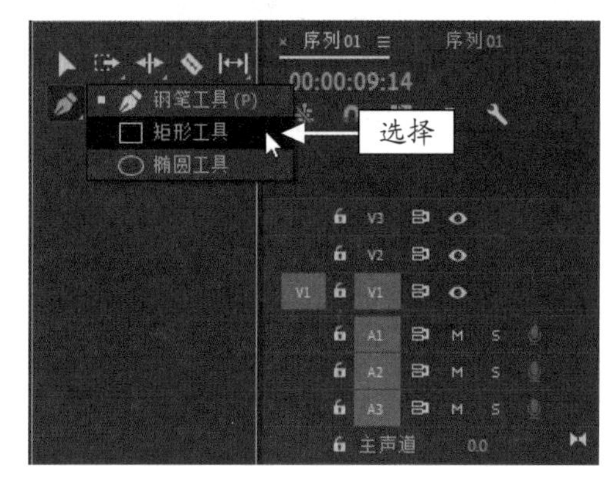


图 15-25　选取矩形工具

STEP 09 在“节目监视器”面板中绘制一个矩形，如图 15-26 所示。

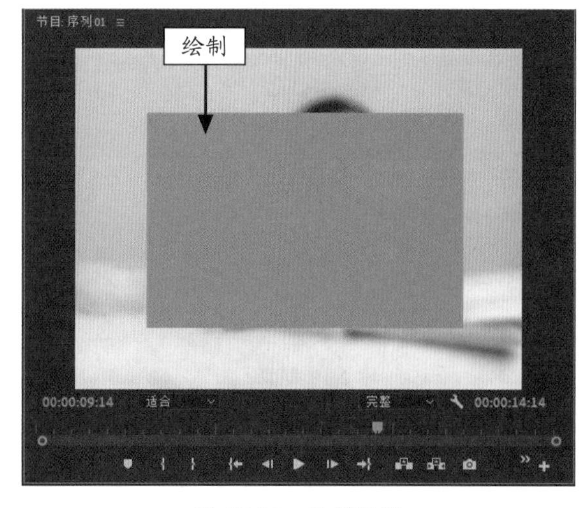


图 15-26　绘制矩形

STEP 10 展开“效果控件”面板中，取消选中“填充”复选框，选中“描边”复选框，设置颜色为白色、“描边宽度”为 15.0，如图 15-27 所示。

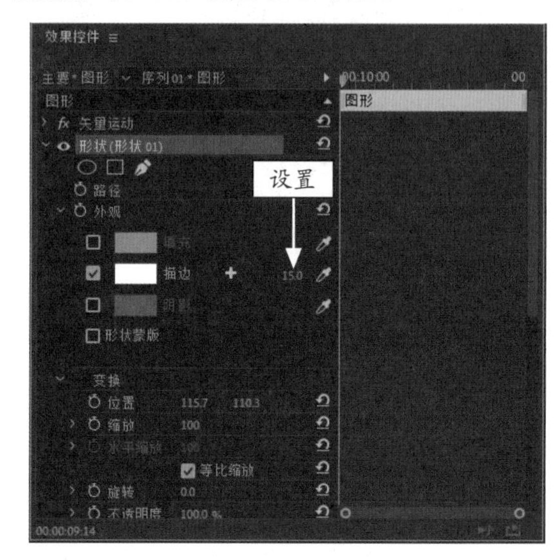


图 15-27　设置参数

STEP 11 将鼠标指针移动至“形状”选区上，调整矩形框的大小和位置，如图 15-28 所示。

图 15-28　调整大小和位置

STEP 12 展开“视频效果”|“透视”选项，选择“投影”特效，如图 15-29 所示。

STEP 13 按住鼠标左键，将其拖曳至 V4 轨道上的素材上，如图 15-30 所示。

STEP 14 在“效果控件”面板，设置“不透明”为 80%、“柔和度”为 5.0，如图 15-31 所示。

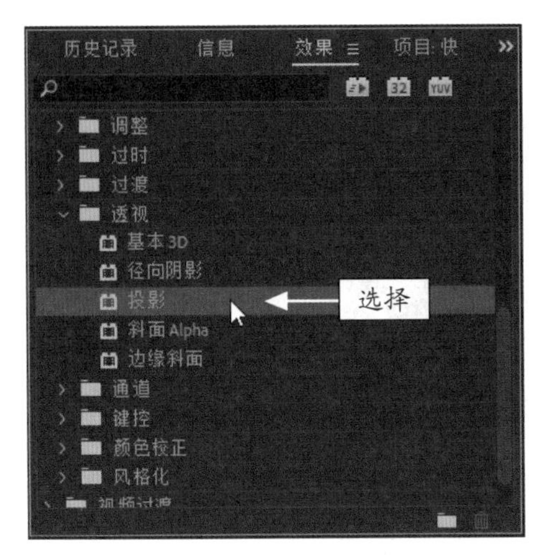


图 15-29 选择“投影”特效

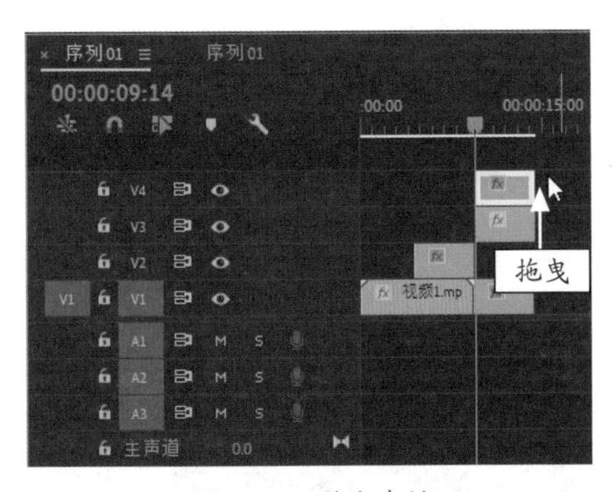


图 15-30 拖曳素材

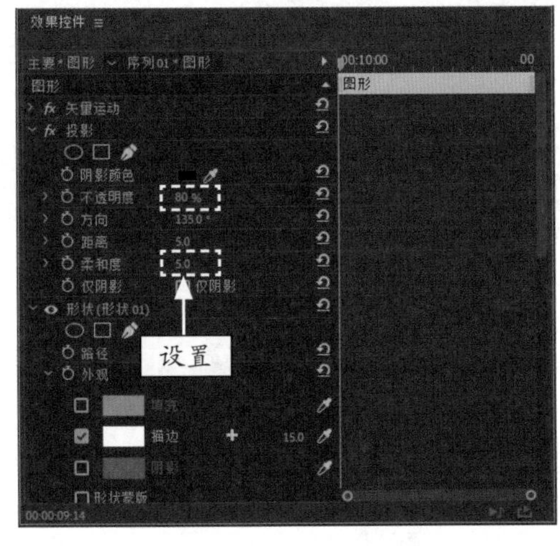


图 15-31 设置“投影”参数

STEP 15 在“项目”面板中选择“2.jpg”素材文件，将其添加到 V1 轨道上的“1.jpg”素材文件后面，如图 15-32 所示。

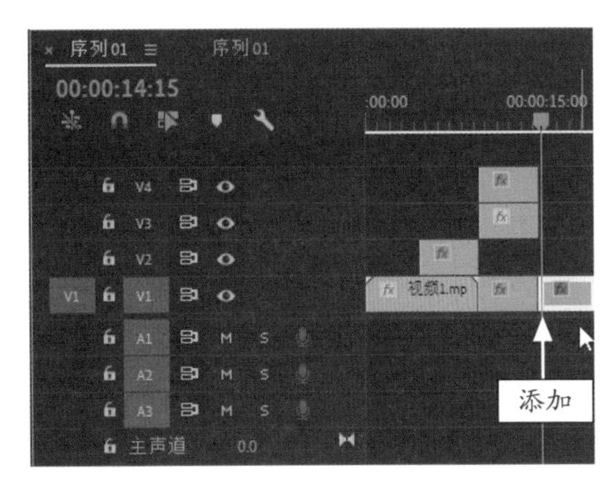


图 15-32 添加素材

STEP 16 选中“2.jpg”素材，按住 Alt 键复制一份素材到 V3 轨道上，如图 15-33 所示。

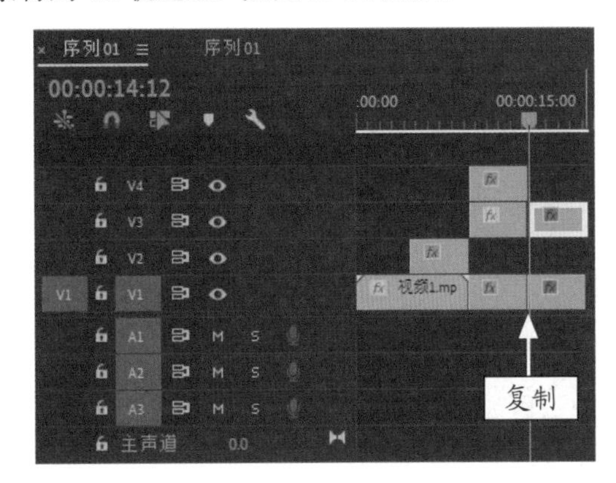


图 15-33 复制素材

STEP 17 选中“1.jpg”素材，单击鼠标右键，在弹出的快捷菜单中选择“复制”命令，如图 15-34 所示。

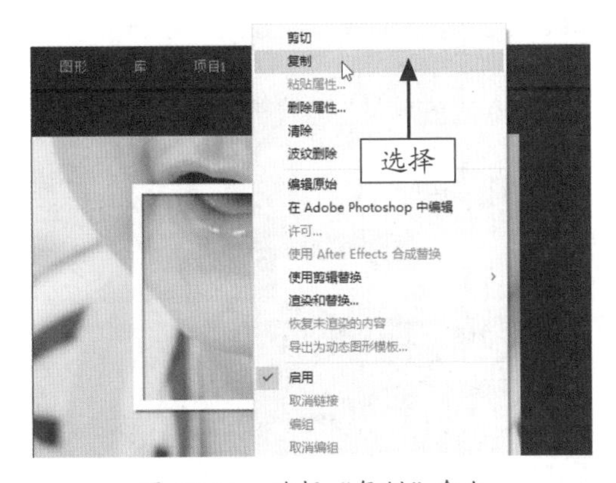


图 15-34 选择“复制”命令

STEP 18 在“2.jpg”素材上单击鼠标右键，在弹出的快捷菜单中选择“粘贴属性”命令，如图 15-35 所示。执行操作后，即可将素材上的效果复制到另一素材上。

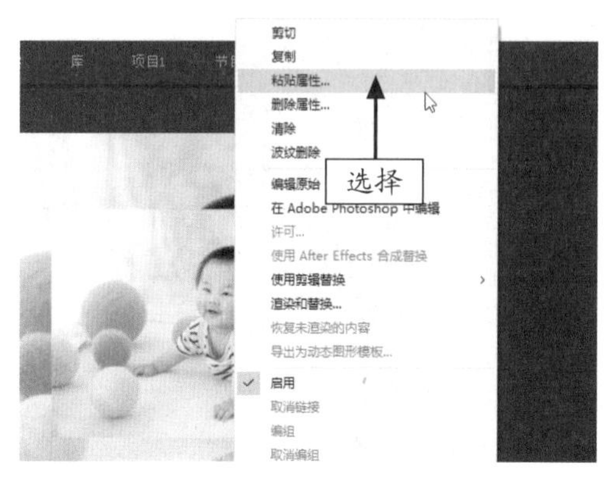


图 15-35　选择“粘贴属性”命令

**STEP 19** 用与上文同样的方法，为 V3 轨道上的“2.jpg”素材添加效果属性，如图 15-36 所示。

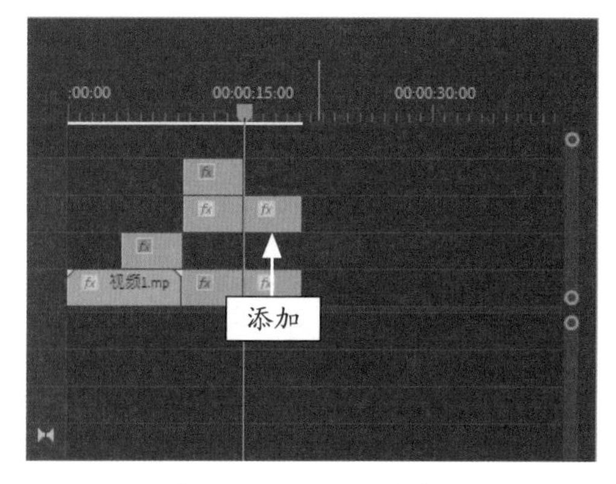


图 15-36　添加效果属性

**STEP 20** 选中 V4 轨道上的素材，按住 Alt 键，复制一个相同的素材到合适位置处，如图 15-37 所示。

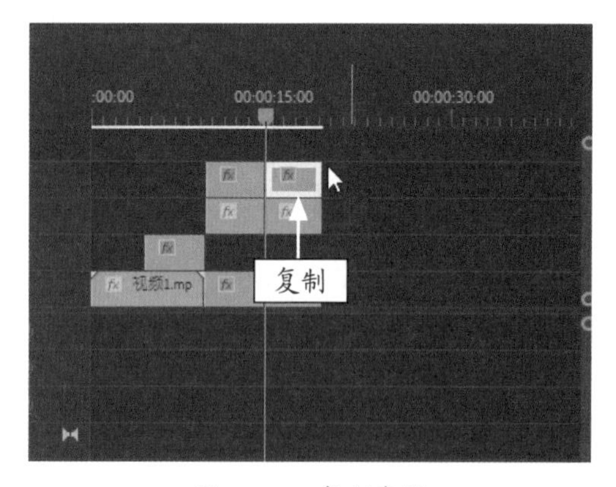


图 15-37　复制素材

**STEP 21** 在“时间轴”面板上，选中矩形和“1.jpg”素材，单击鼠标右键，在弹出的快捷菜单中选择“嵌套”命令，如图 15-38 所示。

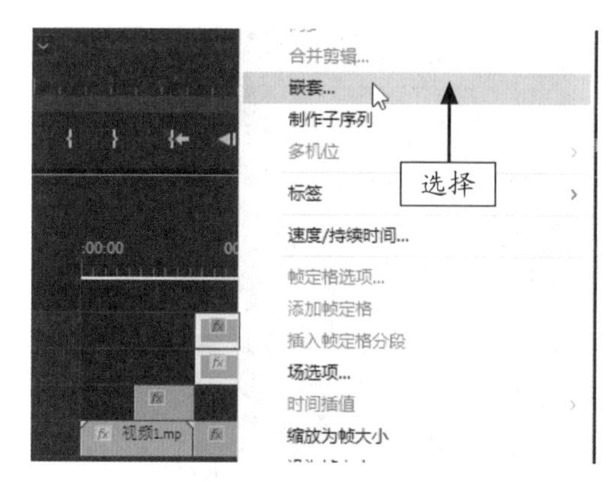


图 15-38　选择“嵌套”命令

**STEP 22** 弹出“嵌套序列名称”对话框，单击“确定”按钮，即可完成嵌套操作，如图 15-39 所示。

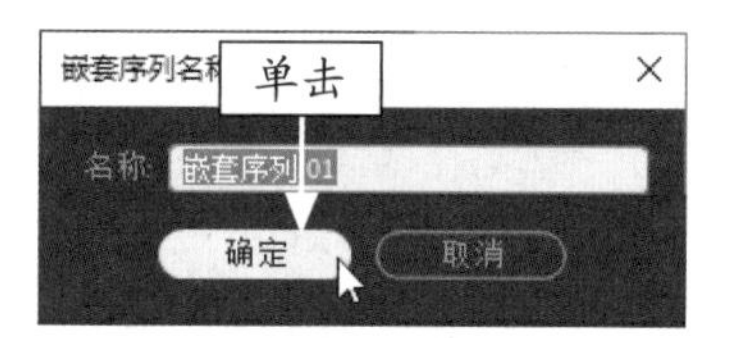


图 15-39　单击“确定”按钮

**STEP 23** 用与上文同样的方法，依次添加“3.jpg”～“8.jpg”素材文件，分别为素材绘制矩形图像、添加投影效果和组合嵌套，如图 15-40 所示。

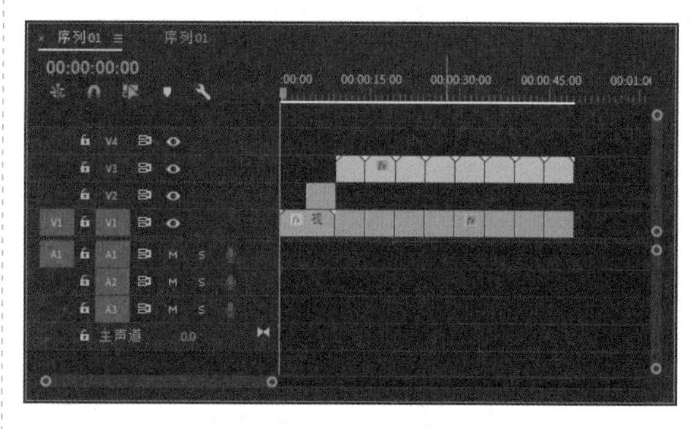


图 15-40　制作其他素材效果

## 15.2.3　制作 3D 相册运动效果

为 3D 相册制作完主体效果后，即可为 3D 相册添加与之相匹配的运动效果。下面介绍制作 3D 相册运动效果的操作方法。

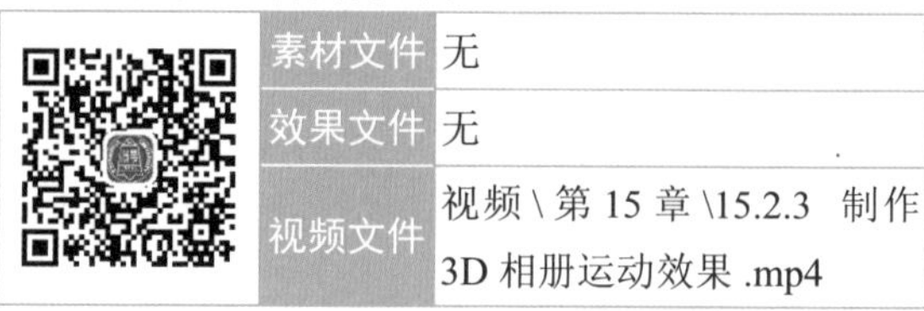

| | 素材文件 | 无 |
|---|---|---|
| | 效果文件 | 无 |
| | 视频文件 | 视频 \ 第 15 章 \15.2.3　制作 3D 相册运动效果 .mp4 |

## 【操练 + 视频】
## ——制作 3D 相册运动效果

STEP 01 在“时间轴”面板中选择 V3 轨道上的第一段素材，展开“视频效果” | “透视”选项，选择“基本 3D”特效，如图 15-41 所示。

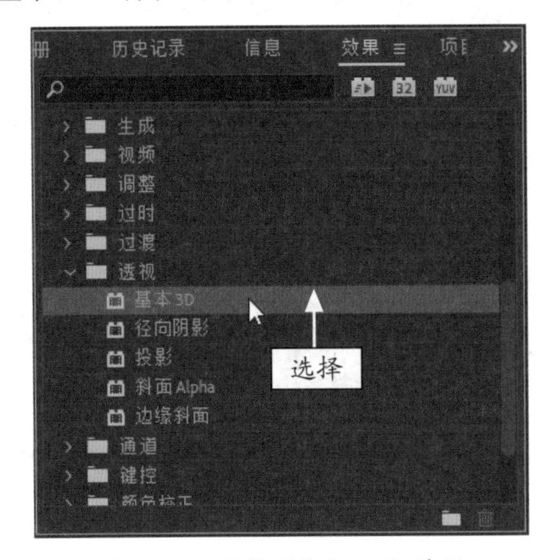


图 15-41　选择“基本 3D”特效

STEP 02 按住鼠标左键，将其拖曳至选中的素材上，如图 15-42 所示。

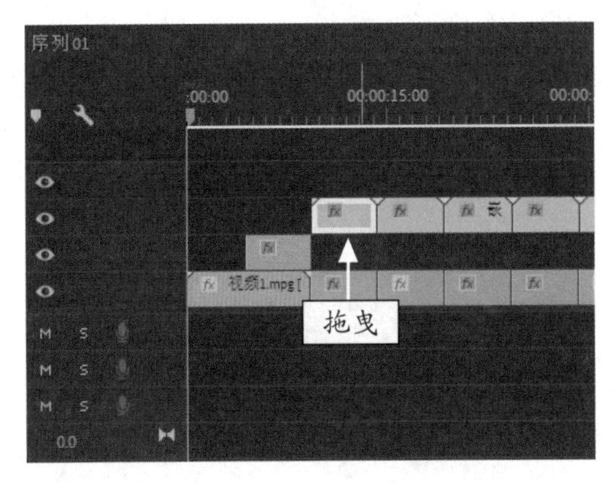


图 15-42　添加特效

STEP 03 选中 V3 轨道上的“嵌套序列 01”素材，❶调整当前时间指示器至 00:00:09:17 的位置，❷在“运动”选项区中，单击“位置”左侧的“切换动画”按钮，并设置“位置”参数为（213.7, 203.7）；❸单击“基本 3D”选项区中的“旋转”“倾斜”左侧的“切换动画”按钮，设置参数为 0.0°、-23.0°，添加第 1 组关键帧，如图 15-43 所示。

STEP 04 ❶调整当前时间指示器至 00:00:13:13 的位置，❷在“运动”选项区中，设置“位置”参数为（358.5、287.1）；❸在“基本 3D”选项区中，分别设置“旋转”“切斜”的参数为 0.0°、-0.2°，添加第 2 组关键帧，如图 15-44 所示。

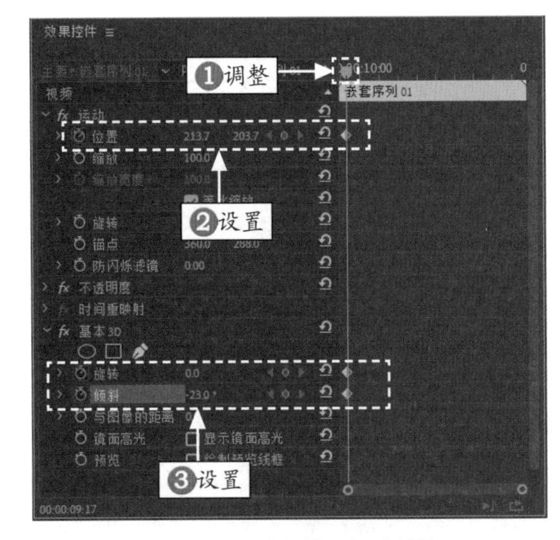


图 15-43　添加第 1 组关键帧

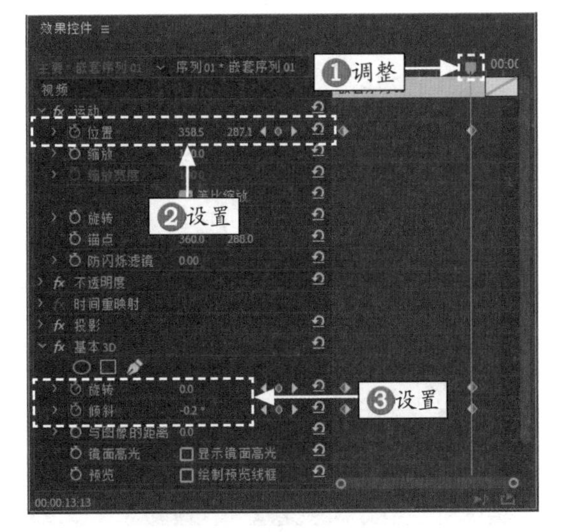


图 15-44　添加第 2 组关键帧

STEP 05 选中 V3 轨道上的“嵌套序列 02”素材，❶调整当前时间指示器至 00:00:14:18 的位置，❷在“运动”选项区中，单击“位置”左侧的“切换动画”按钮，并设置“位置”参数为（213.7, 203.7）；❸单击“基本 3D”选项区中的“旋转”“倾斜”左侧的“切换动画”按钮，设置参数为 0.0°、-23.0°，添加第 1 组关键帧，如图 15-45 所示。

STEP 06 ❶调整当前时间指示器至 00:00:18:13 的位置，❷在“运动”选项区中，设置“位置”参数

为（360.0，288.0）；❸在“基本 3D”选项区中，设置“旋转”“倾斜”的参数为 0.0°、-0.2°，添加第 2 组关键帧，如图 15-46 所示。

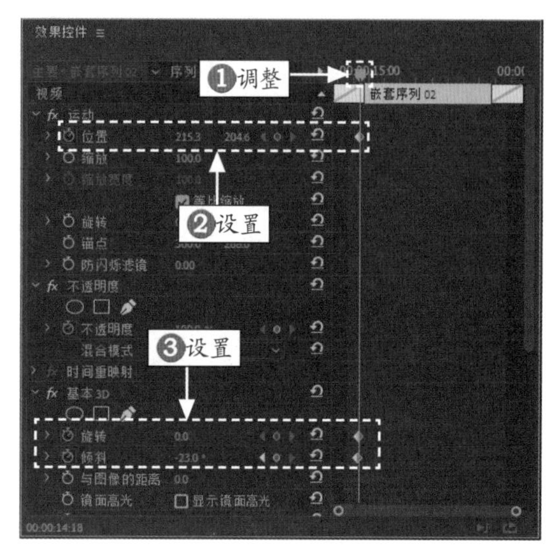

图 15-45　添加第 1 组关键帧

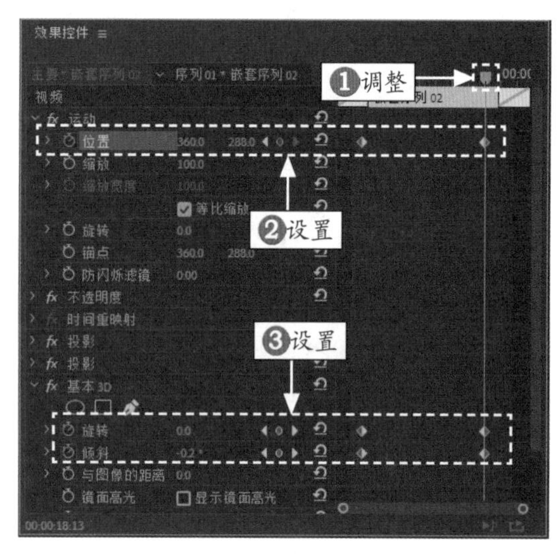

图 15-46　添加第 2 组关键帧

STEP 07 选中 V3 轨道上的“嵌套序列 03”素材，❶调整当前时间指示器至 00:00:19:17 的位置，❷在“运动”选项区中，单击“位置”左侧的“切换动画”按钮，并设置“位置”参数为（213.7，203.7）；❸单击“基本 3D”选项区中的“旋转”“倾斜”左侧的“切换动画”按钮，设置参数为 0.0°、-23.0°，添加第 1 组关键帧，如图 15-47 所示。

STEP 08 ❶调整当前时间指示器至 00:00:23:12 的位置，❷在“运动”选项区中，设置“位置”参数为（358.5，287.1）；❸在“基本 3D”选项区中，设置“旋转”“倾斜”的参数为 0.0°、-0.5°；添加第 2 组关键帧，如图 15-48 所示。

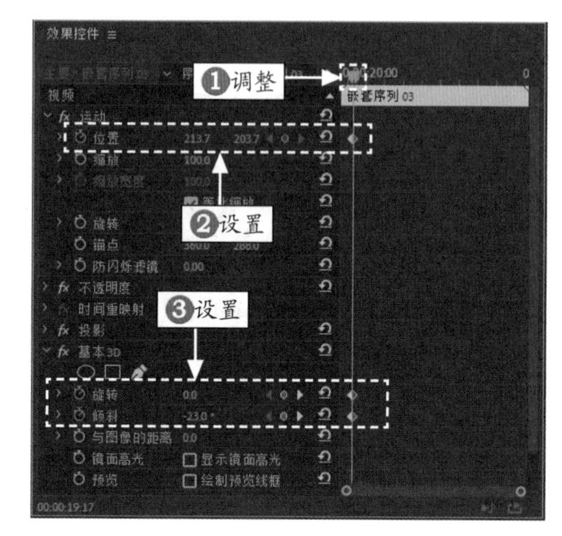

图 15-47　添加第 1 组关键帧

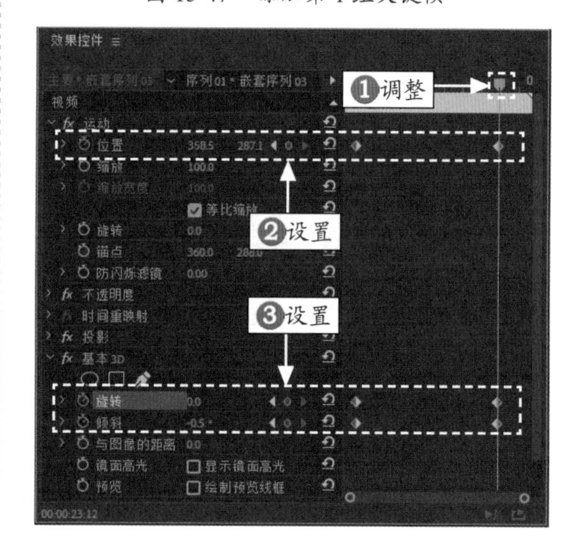

图 15-48　添加第 2 组关键帧

STEP 09 选中 V3 轨道上的“嵌套序列 04”素材，❶调整当前时间指示器至 00:00:24:17 的位置，❷在“运动”选项区中，单击“位置”左侧的“切换动画”按钮，并设置“位置”参数为（207.7，498.2）；❸单击“基本 3D”选项区中的“旋转”“倾斜”左侧的“切换按钮”，设置参数为 0.0°、-23.0°，添加第 1 组关键帧，如图 15-49 所示。

STEP 10 ❶调整当前时间指示器至 00:00:28:12 的位置，❷在“运动”选项区中，设置“位置”参数

为（358.4，290.2）；❸在“基本 3D”选项区中，设置“旋转”“倾斜”的参数为 0.0°、0.0°，添加第 2 组关键帧，如图 15-50 所示。

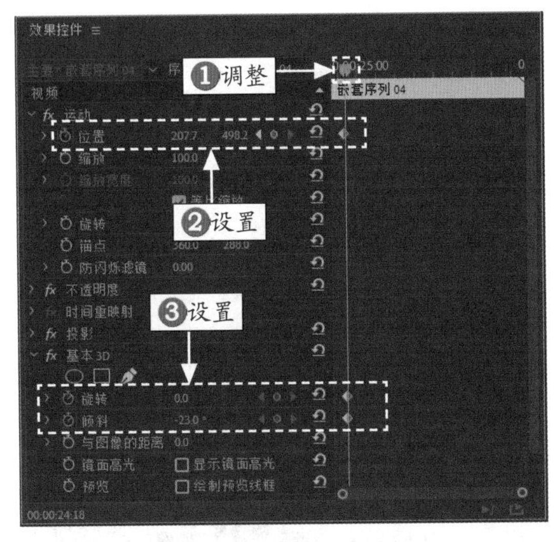


图 15-49　添加第 1 组关键帧

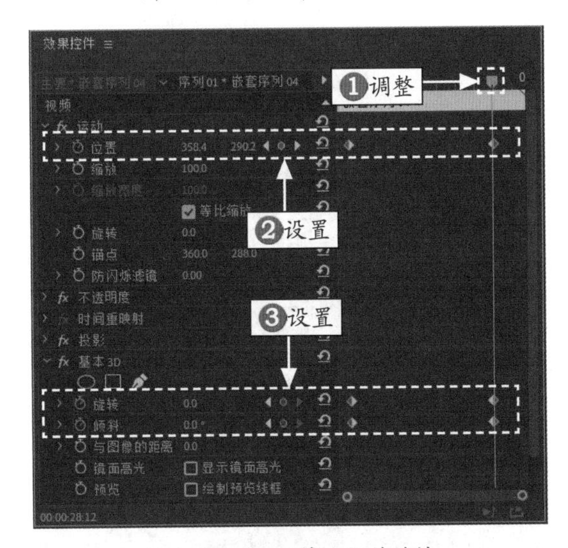


图 15-50　添加第 2 组关键帧

STEP 11 选中 V3 轨道上的“嵌套序列 05”素材，❶调整当前时间指示器至 00:00:29:18 的位置，❷在“运动”选项区中，单击“位置”左侧的“切换动画”按钮，并设置“位置”参数为（587.4，501.8）；❸单击“基本 3D”选项区中的“旋转”“倾斜”左侧的“切换动画”按钮，设置参数为 0.0°、-23.0°，添加第 1 组关键帧，如图 15-51 所示。

STEP 12 ❶调整当前时间指示器至 00:00:33:12 的位置，❷在“运动”选项区中，设置“位置”参数为（362.4，290.2）；❸在“基本 3D”选项区中，设置“旋转”“倾斜”的参数为 0.0°、-0.2°，添加第 2 组关键帧，如图 15-52 所示。

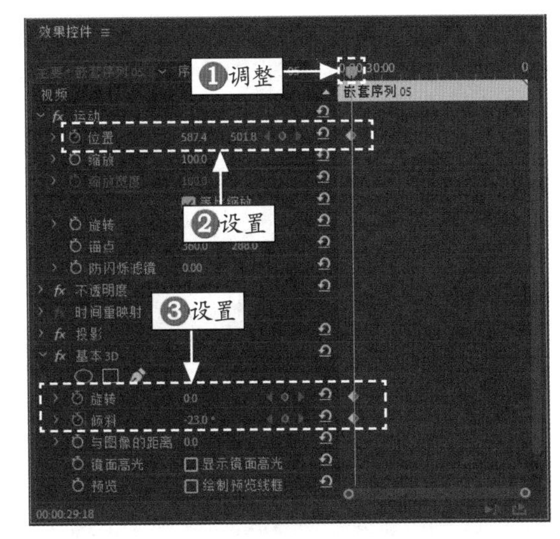


图 15-51　添加第 1 组关键帧

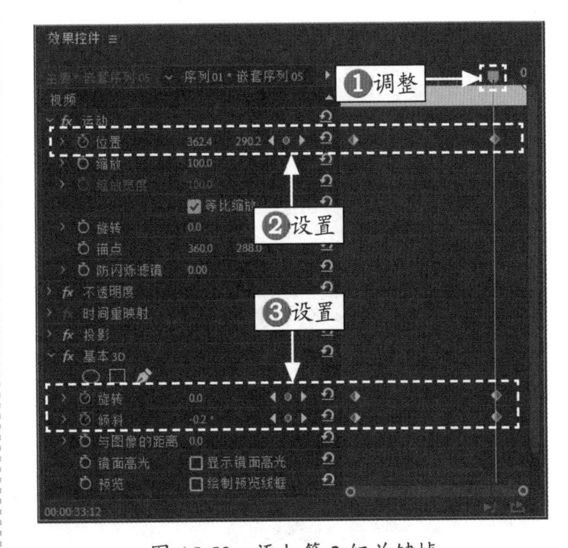


图 15-52　添加第 2 组关键帧

STEP 13 选中 V3 轨道上的“嵌套序列 06”素材，❶调整当前时间指示器至 00:00:34:17 的位置，❷在“运动”选项区中，单击“位置”左侧的“切换动画”按钮，并设置“位置”参数为（587.4，501.8）；❸单击“基本 3D”选项区中的“旋转”“倾斜”左侧的“切换动画”按钮，设置参数为 0.0°、-23.0°，添加第 1 组关键帧，如图 15-53 所示。

STEP 14 ❶调整当前时间指示器至 00:00:38:12 的位置，❷在“运动”选项区中，设置“位置”参数

为（362.4，290.2）；❸在“基本 3D”选项区中，设置“旋转”“倾斜”的参数为 0.0°、-0.2°，添加第 2 组关键帧，如图 15-54 所示。

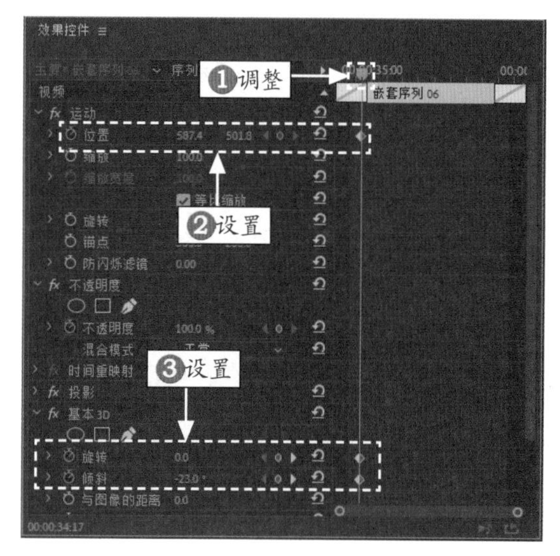


图 15-53　添加第 1 组关键帧

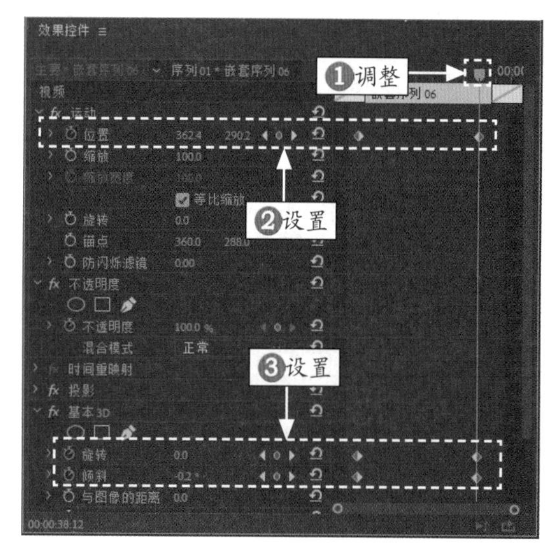


图 15-54　添加第 2 组关键帧

STEP 15 选中 V3 轨道上的“嵌套序列 07”素材，❶调整当前时间指示器至 00:00:39:18 的位置，❷在“运动”选项区中，单击“位置”左侧的“切换动画”按钮，并设置“位置”参数为（217.3，203.7）；❸单击“基本 3D”选项区中的“旋转”“倾斜”左侧的“切换动画”按钮，设置参数为 0.0°、-23.0°，添加第 1 组关键帧，如图 15-55 所示。

STEP 16 ❶调整当前时间指示器至 00:00:43:13 的位置，❷在“运动”选项区中，设置“位置”参数为（358.5，287.1）；❸在“基本 3D”选项区中，设置“旋转”“倾斜”的参数为 0.0°、-0.2°，添加第 2 组关键帧，如图 15-56 所示。

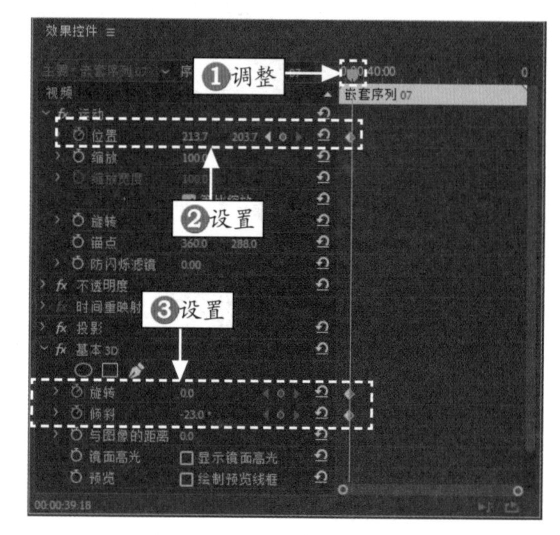


图 15-55　添加第 1 组关键帧

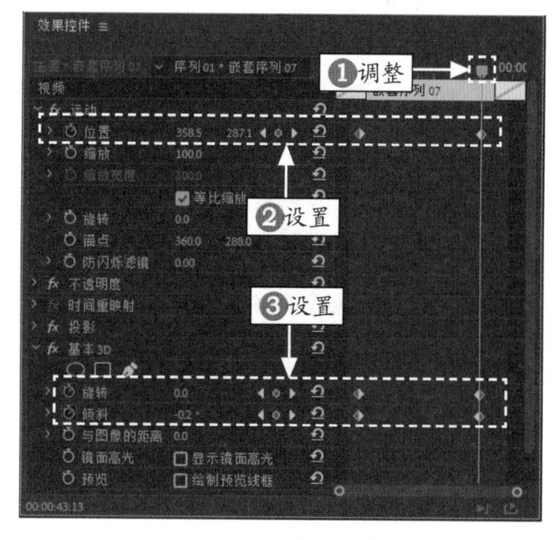


图 15-56　添加第 2 组关键帧

STEP 17 选中 V3 轨道上的“嵌套序列 08”素材，❶调整当前时间指示器至 00:00:44:19 的位置，❷在“基本 3D”选项区中，单击“旋转”左侧的“切换动画”按钮，设置“旋转”参数为 -30.0°，添加第 1 组关键帧，如图 15-57 所示。

STEP 18 ❶调整当前时间指示器至 00:00:48:09 的位置，❷在“基本 3D”选项区中，设置“旋转”的参数为 -0.3°，添加第 2 组关键帧，如图 15-58 所示。

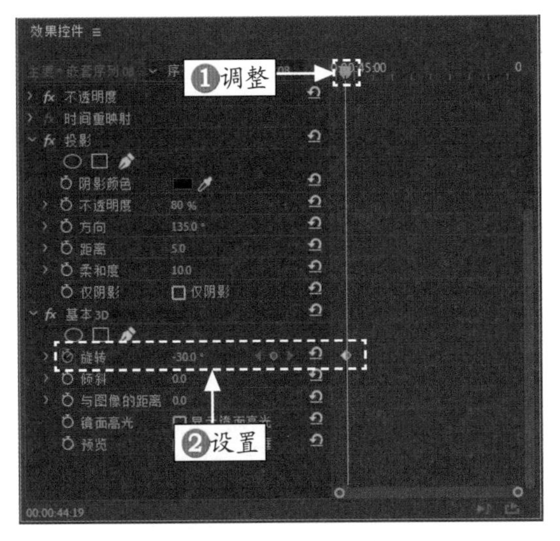


图 15-57 添加第 1 组关键帧

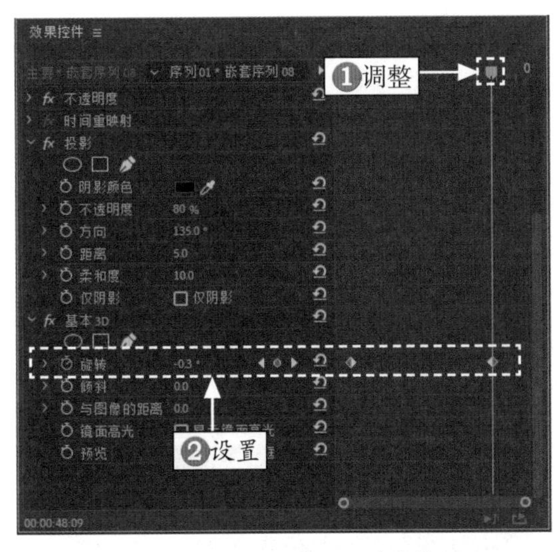


图 15-58 添加第 2 组关键帧

STEP 19 在“效果”面板中展开“视频过渡”|“溶解”选项，选择“交叉溶解”特效，如图 15-59 所示。

STEP 20 拖曳“交叉溶解”特效至 V1 轨道中的“1.jpg”和“2.jpg”素材中间，如图 15-60 所示。

STEP 21 用与上文同样的方法，为 V1 轨道上的其他素材文件添加“交叉溶解”特效，如图 15-61 所示。

STEP 22 在“效果”面板中，展开“视频过渡”|“擦除”|“内滑”|“溶解”|“页面剥落”|“3D 运动”选项，分别将“划出”“推”“划出”“交叉溶解”“叠加溶解”“翻页”与“翻转”视频过渡特效添加到 V3 轨道上的 8 张照片素材之间，如图 15-62 所示。

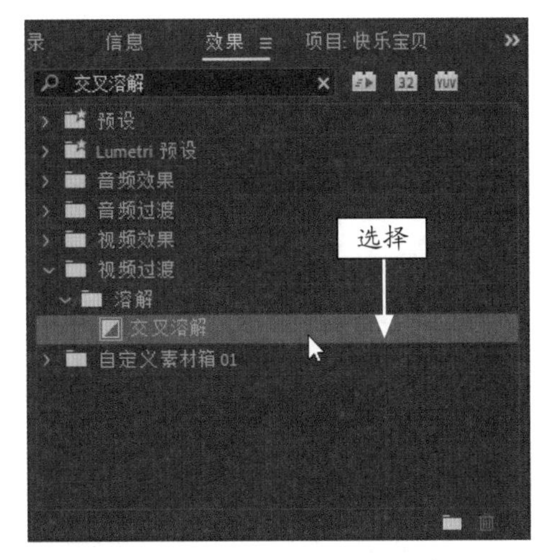


图 15-59 选择“交叉溶解”特效

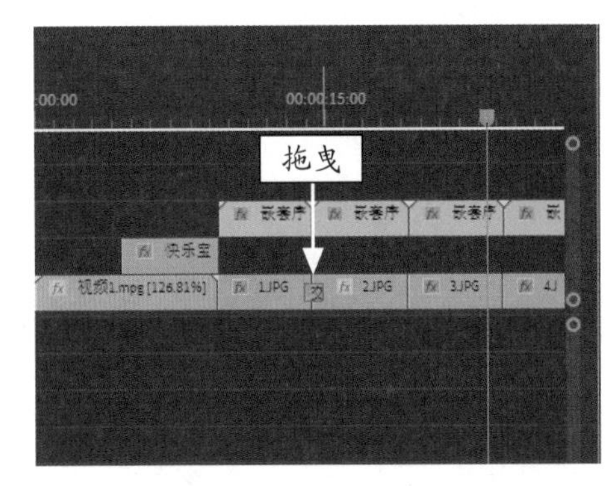


图 15-60 添加“交叉溶解”特效

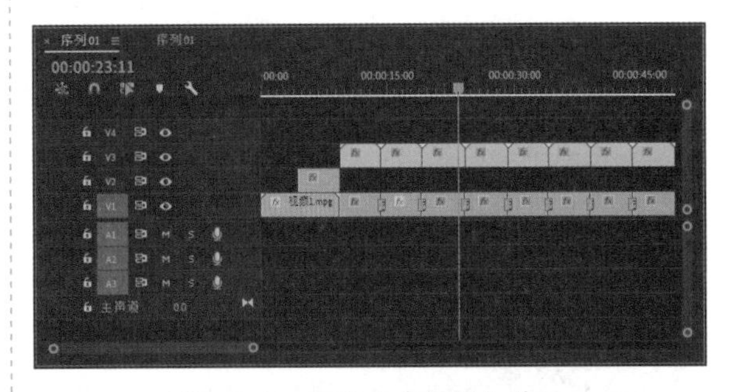


图 15-61 为其他素材添加特效

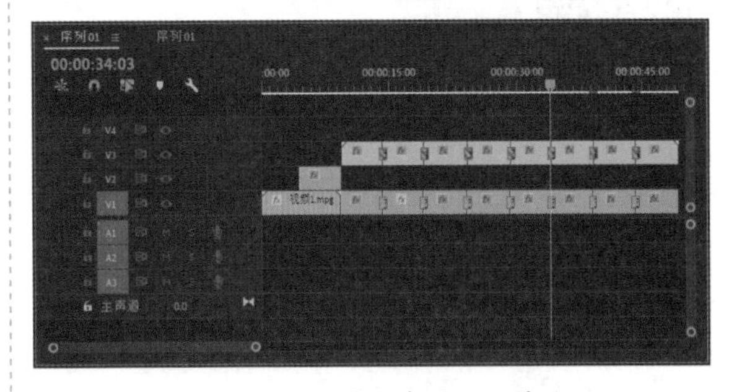


图 15-62 为其他素材添加特效

STEP 23 在“节目监视器”面板中，单击“播放 - 停止切换”按钮，即可预览制作的图像运动效果，如图 15-63 所示。

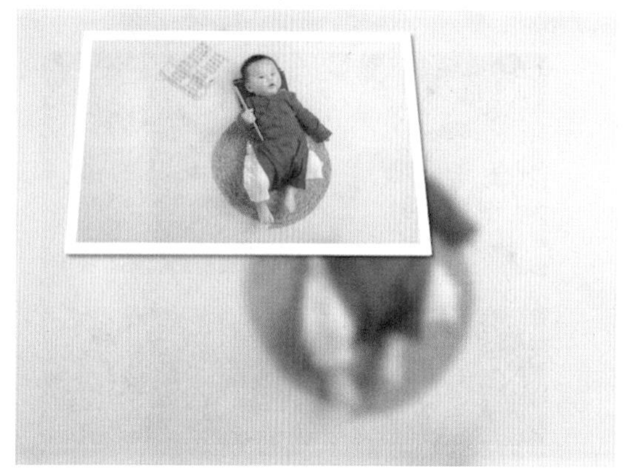

图 15-63　预览制作的图像运动效果

## 15.2.4　制作 3D 相册背景效果

运动效果制作完成后，即可开始制作 3D 相册背景效果。下面介绍制作 3D 相册背景效果的操作方法。

|  | 素材文件 | 无 |
|---|---|---|
| | 效果文件 | 无 |
| | 视频文件 | 视频 \ 第 15 章 \15.2.4　制作 3D 相册背景效果 .mp4 |

**【操练 + 视频】**
**——制作 3D 相册背景效果**

STEP 01 将“项目”面板中的“视频 2.mpg”素材拖曳到 V2 轨道上的合适位置，如图 15-64 所示。

STEP 02 选中“视频 2.mpg”素材文件，单击鼠标右键，在弹出的快捷菜单中，选择“取消链接”命令，如图 15-65 所示。

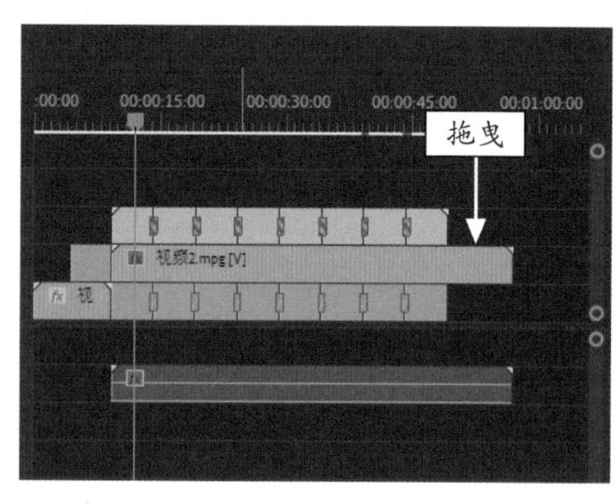


图 15-64　拖曳素材

STEP 03 选中 A2 轨道上的素材，按 Delete 键删除，如图 15-66 所示。

STEP 04 将时间指示器调整到 00:00:49:09 位置处，选取工具箱中的剃刀工具，在 V2 轨道上单击鼠标左键，即可分割素材文件，如图 15-67 所示。

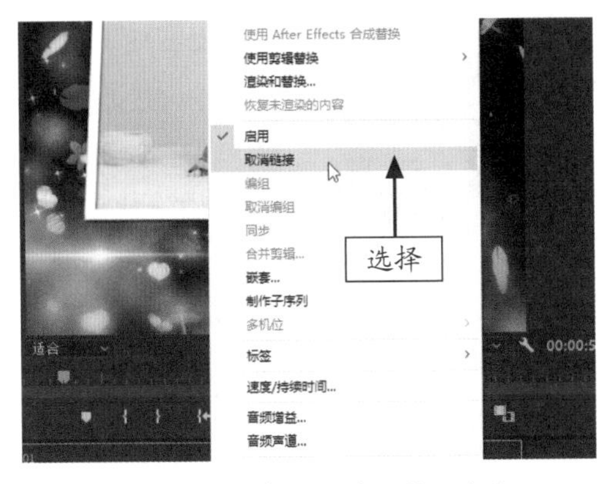


图 15-65　选择“取消链接”命令

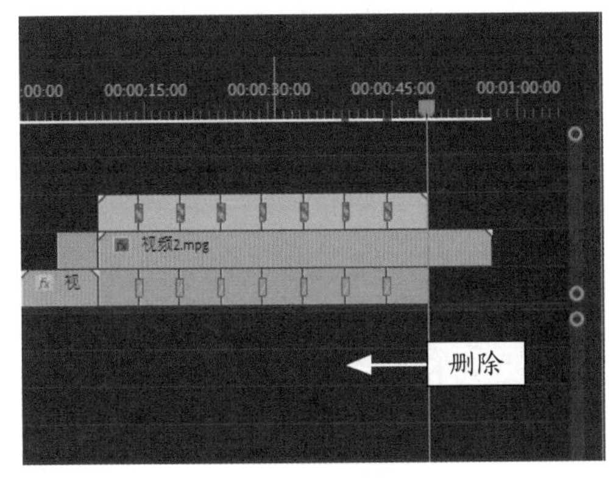


图 15-66　删除素材

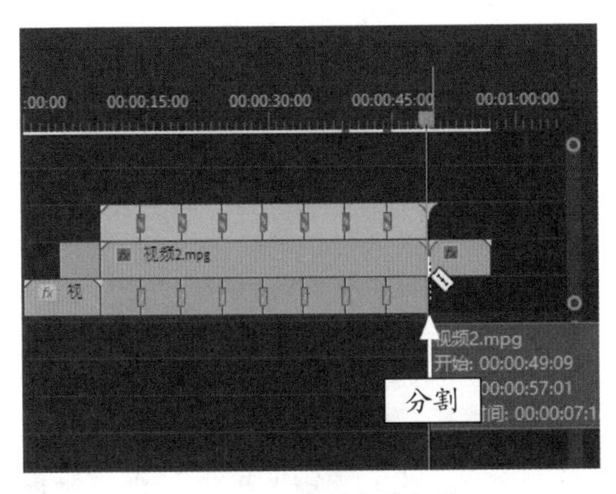


图 15-67　分割素材文件

STEP 05 选取工具箱中的选择工具，选中分割开的第 2 段素材，如图 15-68 所示。

STEP 06 按 Delete 键，即可删除多余的素材，如图 15-69 所示。

STEP 07 在“效果控件”面板中，展开“不透明度”选区，在其中设置“混合模式”为“滤色”，如图 15-70 所示。

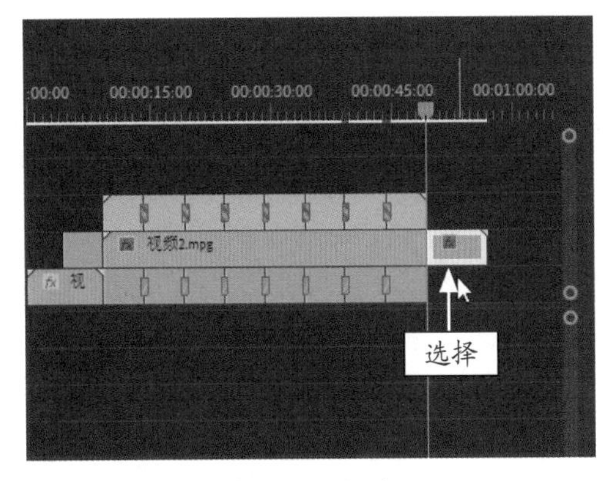


图 15-68　选择素材

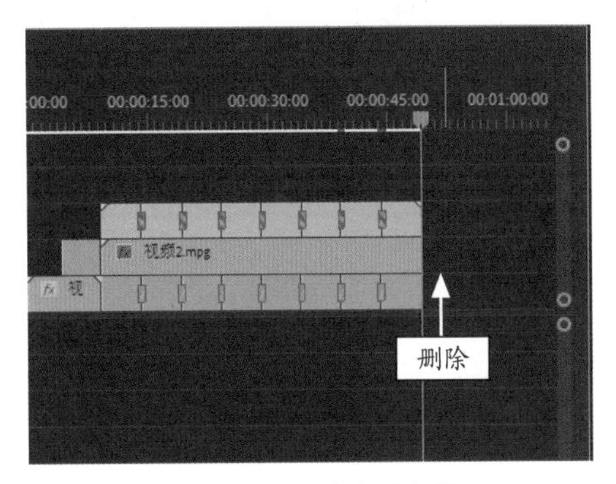


图 15-69　删除素材文件

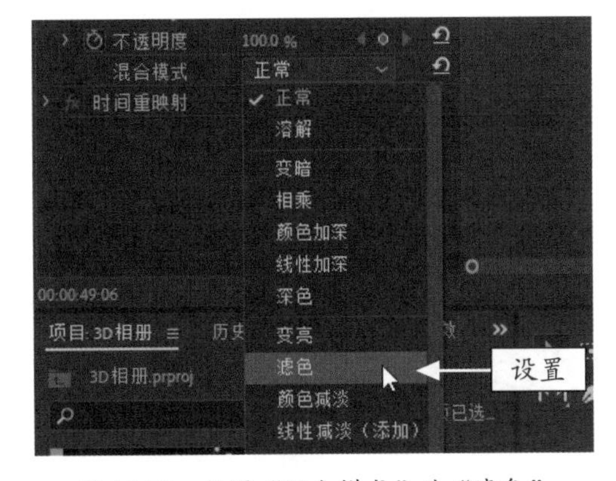


图 15-70　设置“混合模式”为“滤色”

STEP 08 设置“不透明度”参数为 80.0%，如图 15-71 所示。

STEP 09 在“节目监视器”面板中，单击“播放 - 停止切换”按钮，即可预览制作的图像背景效果，如图 15-72 所示。

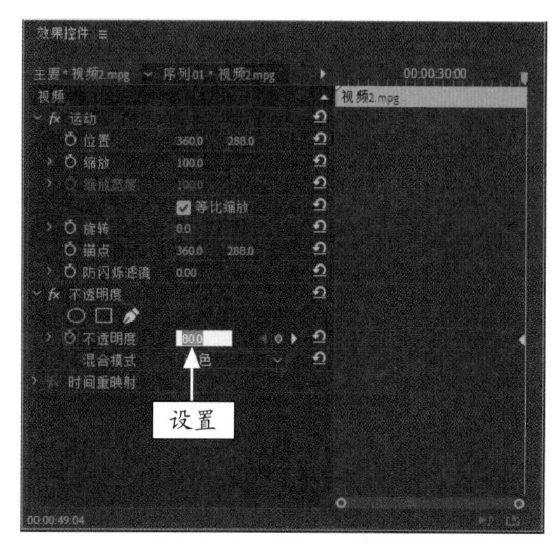

图 15-71　设置“不透明度”参数为 80.0%

图 15-72　预览制作的图像背景效果

## 15.2.5　导出 3D 相册视频文件

在制作相册背景效果后，接下来制作相册音乐效果——添加适合 3D 相册主题的音乐素材，并且在音乐素材的开始与结束位置添加音频过渡。下面介绍制作相册音乐效果的操作方法。

|  | 素材文件 | 无 |
| --- | --- | --- |
| | 效果文件 | 效果 \ 第 15 章 \3D 相册 .avi |
| | 视频文件 | 视频 \ 第 15 章 \15.2.5　导出 3D 相册视频文件 .mp4 |

**【操练 + 视频】**
**——导出 3D 相册视频文件**

STEP 01 将时间线调整至开始位置处，在“项目”面板中，将“儿童音乐 .mpa”素材添加到“时间轴”面板中的 A2 轨道上，如图 15-73 所示。

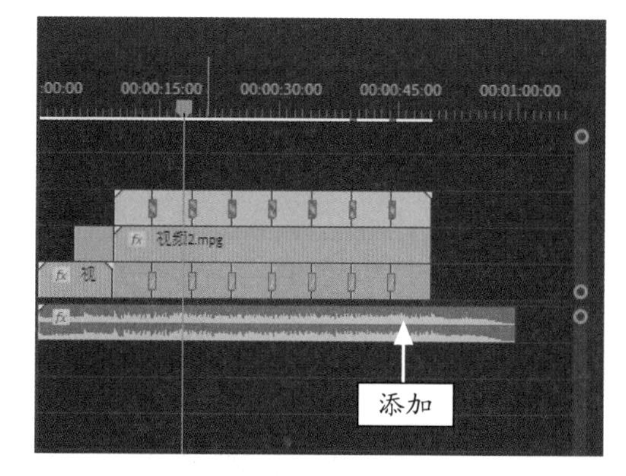

图 15-73　添加音频文件

STEP 02 将时间线调整至 00:00:48:22 处，选取工具箱中的剃刀工具，在时间线位置处单击鼠标左键，将音乐素材分割为两段，如图 15-74 所示。

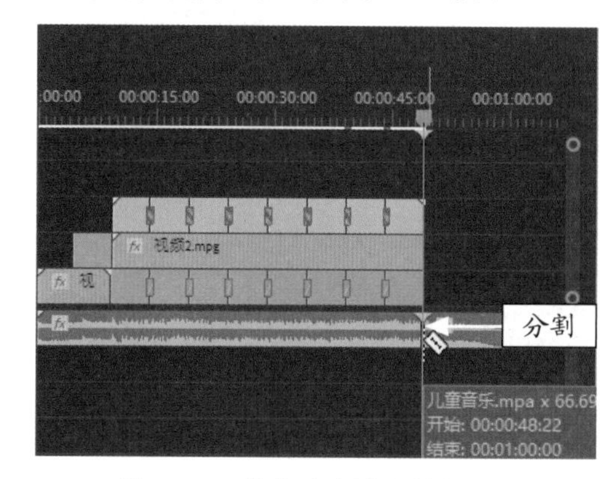

图 15-74　将音乐素材分割为两段

STEP 03 使用选择工具选择分割的第 2 段音乐素材，按 Delete 键删除，如图 15-75 所示。

STEP 04 在“效果”面板中展开“音频过渡”|“交叉淡化”选项，选择“指数淡化”选项，如图 15-76 所示。

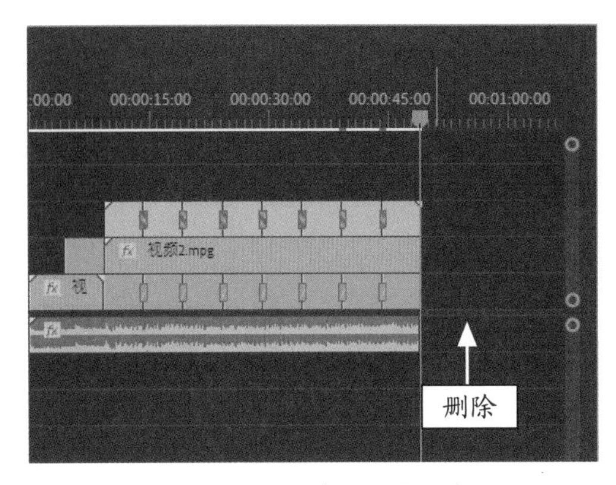


图 15-75 删除第 2 段音乐素材

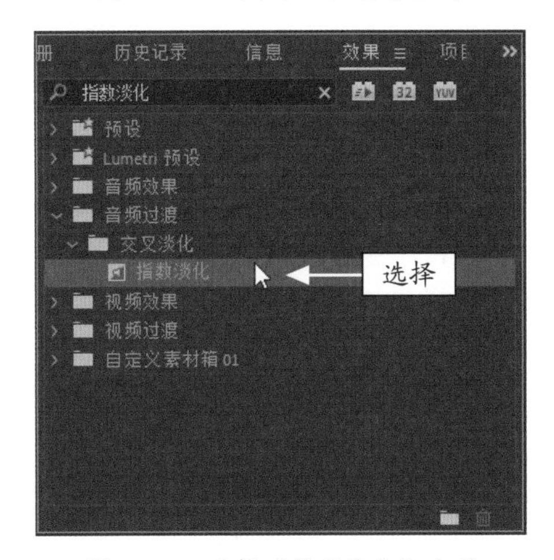


图 15-76 选择“指数淡化”选项

STEP 05 将选择的音频过渡添加到“儿童音乐 .mpa”的开始位置，制作音乐素材淡入特效，如图 15-77 所示。

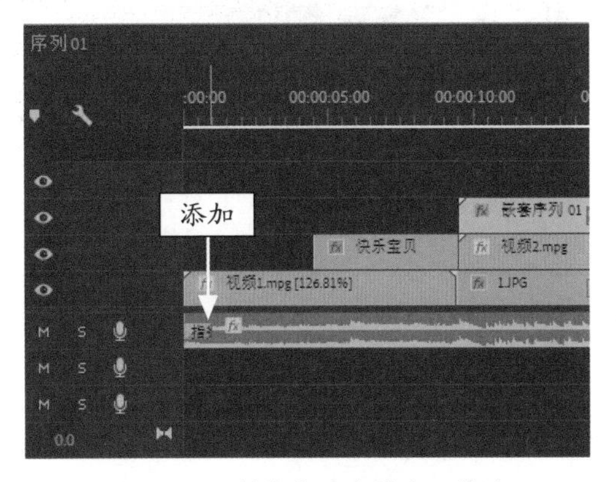


图 15-77 制作音乐素材淡入特效

STEP 06 将选择的音频过渡添加到“儿童音乐 .mpa”的结束位置，制作音乐素材淡出特效，如图 15-78 所示。

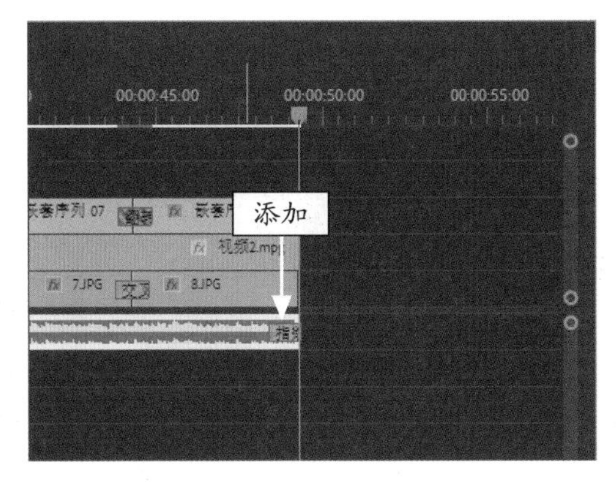


图 15-78 制作音乐素材淡出特效

STEP 07 在“节目监视器”面板中，单击“播放 - 停止切换”按钮，试听音乐并预览视频效果。

STEP 08 选择“文件”|“导出”|“媒体”命令，如图 15-79 所示。

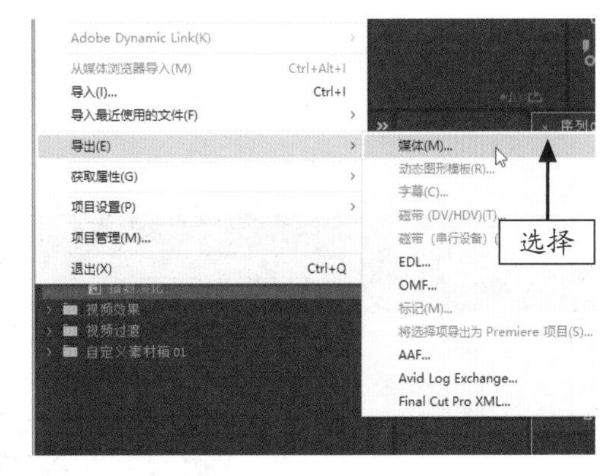


图 15-79 单击“媒体”命令

STEP 09 执行上述操作后，弹出“导出设置”对话框，如图 15-80 所示。

图 15-80 弹出“导出设置”对话框

STEP 10 在“导出设置”选项区中设置“格式”为 AVI、“预设”为“PAL DV”，如图 15-81 所示。

STEP 11 单击“输出名称”右侧的“序列 01.avi”超链接，弹出“另存为”对话框，在其中设置视频文件的保存位置和文件名，单击“保存”按钮，如图 15-82 所示。

图 15-81 设置参数值

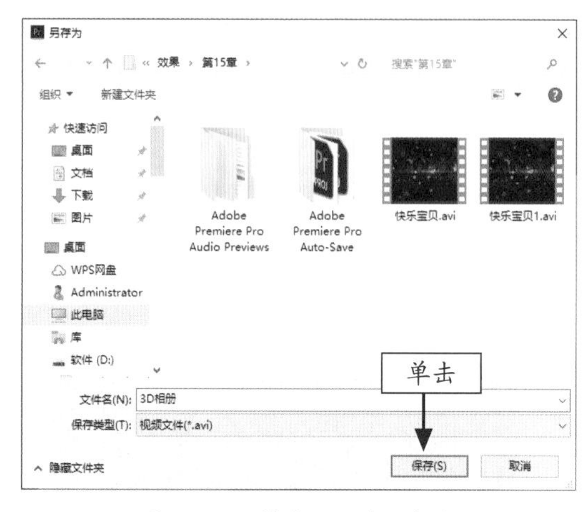


图 15-82 单击“保存”按钮

STEP 12 返回“导出设置”界面，单击对话框右下角的“导出”按钮，如图 15-83 所示。

STEP 13 弹出“编码 序列 01”对话框，开始导出编码文件，并显示导出进度，如图 15-84 所示，稍后即可导出 3D 相册。

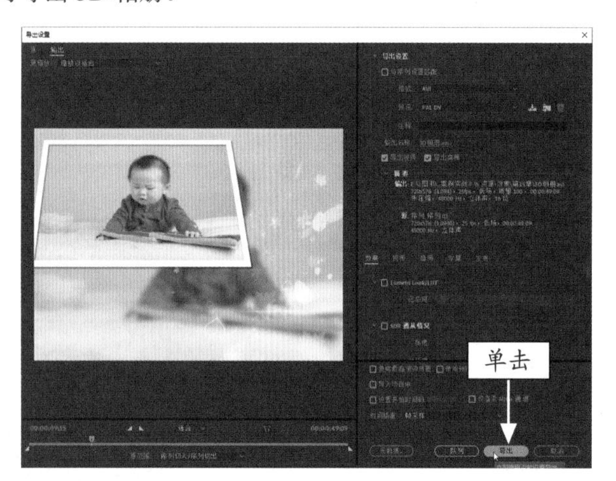


图 15-83 单击“导出”按钮

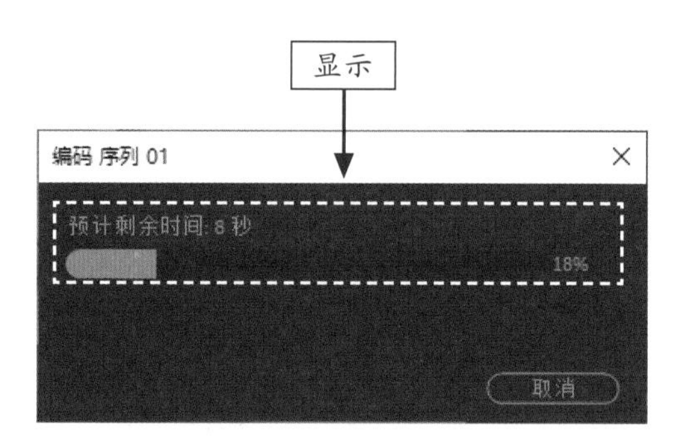


图 15-84 显示导出进度